PARIS.

GEORGES MASSON, ÉDITEUR,

PLACE DE L'ÉCOLE-DE-MÉDECINE.

ÉTUDE

DES

VIGNOBLES DE FRANCE,

POUR SERVIR À L'ENSEIGNEMENT MUTUEL

DE LA VITICULTURE ET DE LA VINIFICATION FRANÇAISES,

PAR LE D' JULES GUYOT.

DEUXIÈME ÉDITION,

AUGMENTÉE :

D'UNE NOTICE BIOGRAPHIQUE SUR LE DOCTEUR GUYOT,

D'UNE TABLE ALPHABÉTIQUE DES FIGURES,

D'UNE TABLE DES NOMS DES PERSONNES ET DES LIEUX CITÉS DANS L'OUVRAGE,

ET D'UNE TABLE ALPHABÉTIQUE ET ANALYTIQUE DES MATIÈRES,

PAR M. P. COIGNET,

ANCIEN OFFICIER DU GÉNIE, CORRESPONDANT DE LA SOCIÉTÉ CENTRALE D'AGRICULTURE DE FRANCE
ET DE LA SOCIÉTÉ DES AGRICULTEURS DE FRANCE.

TOME II.

RÉGIONS DU CENTRE-SUD, DE L'EST ET DE L'OUEST.

PARIS.

IMPRIMÉ PAR AUTORISATION DE M. LE GARDE DES SCEAUX

A L'IMPRIMERIE NATIONALE.

M DCCC LXXVI.

ÉTUDE

DES

VIGNOBLES DE FRANCE.

RÉGION DU CENTRE-SUD

ou

REGION DES MASSIFS DES CÉVENNES ET DE L'AUVERGNE.

DÉPARTEMENT DU TARN.

Le Tarn cultive environ 38,000 hectares de vignes, produisant moyennement à l'hectare 20 hectolitres, d'une valeur moyenne de 20 francs l'hectolitre, ce qui donne un rendement brut d'à peu près 15 millions pour tout le département.

La superficie totale du département est de 574,000 et quelques hectares, dont l'étendue des vignes forme le quinzième, et les quatorze quinzièmes restants du territoire ne donnent que 45 millions, ce qui revient à dire que la vigne produit le quart du rendement brut de la totalité du sol du Tarn. Elle y nourrit 60,000 habitants sur 355,513, soit un peu plus du sixième de la population.

Tout le long des rives du Tarn, depuis Albi jusqu'à Gaillac, sont des alluvions récentes, descendant jusqu'au confluent de l'Agout et remontant jusqu'à Lavaur; au nord d'Albi et de Gaillac jusqu'à Cordes, et au sud jusqu'à Castres, le sol est entièrement constitué par les terrains tertiaires moyens : boulbènes, meulières, terres à cailloux, à galets, à graves, sables, argiles, calcaires, mais plus de terrains argilo-siliceux que de calcaires. A l'ouest et au nord de Cordes, on voit les terrains du trias, les marnes irisées, les marnes blanches, dont quelques-unes sont fort estimées, et dont le prix s'élève, par petites places, jusqu'à 4 et 5,000 francs l'hectare. A l'est et au nord-est d'Albi, à Montredon, au nord-est de Castres, sont les grès rouges et terrains granitiques; et à l'est de Castres, les terrains de transition. Quelques coteaux et plateaux de calcaires presque purs se montrent de Cordes à Albi et aux environs de Castres. Tous ces terrains sont excellents pour la vigne; les pineaux et la mondeuse préféreront les terrains calcaires; la syra, la roussane, les petits gamays du Beaujolais, donneront de meilleur vin et se plairont mieux dans les granits; assurément les cots, les carbenets, les negrets, les sémillons, les muscadelles, réussiront à merveille dans les boulbènes plus ou moins fortes, et leurs produits y seront plus délicats.

Je dirai de l'altitude ce que je dis du sol : elle convient à peu près partout à la vigne dans le Tarn. La vigne, dans le Doubs, végète et produit à merveille dans la demi-montagne, qui est à 600 mètres, et dans la plaine, qui est à 300 mètres au-dessus du niveau de la mer. Le Tarn, dont le point le plus élevé ne dépasse guère 300 mètres, n'a donc point à craindre un excès d'altitude, surtout à sa latitude, qui est au-dessous du 43e degré, tandis que le

Doubs est au-dessus du 47ᵉ; il ne s'agit là aussi que de choisir les cépages. M. le docteur Bories a fait une très-bonne étude dans ce sens, et je puis assurer que les raisins de sa première catégorie, pineaux noirs, gris, blancs, chasselas et gamays, réussiront et mûriront parfaitement à toutes les altitudes du Tarn.

Le climat, dit M. Bories, est plus chaud que celui de Bordeaux et moins chaud que celui de Montpellier : c'est à cette dernière condition que le Tarn doit de produire les meilleurs vins d'ordinaire de tout le Languedoc, et de pouvoir être comparé avec avantage au Beaujolais. Plus les vignes s'étendront avec le pineau et le petit gamay, plus leurs produits seront fins, de salutaire et agréable consommation.

Le Tarn jouit d'un excellent climat pour les espèces, non pas de l'extrême midi et du midi, mais pour les cépages de la Gironde, de la Côte-d'Or, du Beaujolais, des côtes du Rhône et de la Drôme; c'est là le meilleur climat qu'il puisse désirer. On peut planter dans le Tarn les vignes à toutes les expositions, à plat ou en coteau, au sud ou au nord, et ce n'est pas à cette dernière exposition qu'il fera le moins de vin ni le plus mauvais. Il y gèle peu comparativement; malheureusement il y grêle beaucoup; l'humidité y fait couler le teret, l'aramon : tant mieux, mille fois tant mieux, car ce sont des cépages détestables partout; plût à Dieu qu'elle y fît couler le picpoule, le grenache et tous les ceps de l'extrême midi ! Les Albigeois y gagneraient de produire des meilleurs vins de France; non pas que je proscrive les bons ceps du midi : le grenache, le teret noir, le piran, le picpoule, les muscats, le morved, le mourastel; mais je demande qu'on ne les apporte pas là où ils ne font

pas d'excellents vins de liqueur ou de forts vins de coupage,
je demande qu'on ne les mélange pas aux cépages de la
Haute-Garonne, de la Gironde, de la Dordogne, de Tarn-
et-Garonne ni du Tarn, parce que le mélange des cépages
fins du centre et du nord et des fins cépages du midi font
des mariages impossibles : c'est comme si l'on mélangeait les
orangers aux pommiers à cidre ; les Normands n'accepte-
raient pas le mélange.

Dans les quatre arrondissements du département du Tarn,
Albi, Castres, Lavaur et Gaillac (le plus important de tous
pour l'étendue de ses vignes et de son commerce de vins),
la plantation, la conduite, l'entretien et le mode d'exploitation des vignes, ainsi que les vendanges et la vinification,
ont des règles assez peu dissemblables.

Partout les vignes y sont plantées et maintenues en
lignes, à 1^m,10 au carré à Albi, à 90 centimètres à Castres,
à 1^m,16 à Lavaur et à 1^m,33 à Gaillac.

Partout les remplacements se font, la première année,
par boutures nouvelles ou par jeunes plants enracinés ; partout, tant que la vigne reste assez jeune pour qu'on puisse
abaisser une souche en fosse, destinée à remplacer la souche
manquant, et la souche abaissée par un de ses sarments ra-
mené à la place qu'elle occupait, on a recours à ce moyen
d'entretien. Enfin, partout où la souche voisine d'un cep
manquant est trop vieille et trop forte, on remplace par un
sarment abaissé, couché dans un sillon recouvert de terre,
la pointe de ce sarment étant relevée verticalement hors du
sol. Ce sarment prend racine et pousse de beaux jets ; c'est
un de ces jets qu'on recouche encore sous terre pour le
faire sortir cette fois à la place du cep manquant, si le sarment primitivement abaissé n'était pas assez long pour y

parvenir du premier coup; on sépare ensuite, à la deuxième année, le sarment de la souche mère.

Je ne me lasserai pas de dire et de répéter toujours qu'il faut remplacer par du jeune plant, soit bouture, soit plant enraciné, en ayant soin qu'il provienne d'un rameau fertile, pris lui-même sur une souche très-fertile et de bon cépage; c'est le seul moyen d'entretenir la jeunesse, la vigueur et la fécondité des vignes. A Albi on m'a assuré qu'on prenait de préférence, pour le provignage, des gourmands sortis du pied des vieilles souches. Il y a là un danger énorme de créer des souches stériles, quand même le raisin se montrerait un peu à l'extrémité d'un tel provin.

Quoi qu'il en soit, la vigne de franc pied, plantée et maintenue de franc pied autant que possible, est la règle dans tout le Tarn; et le provignage, quoique beaucoup pratiqué, n'y est qu'un provignage non périodique ni systématique, comme en Bourgogne, comme en Champagne ou comme dans le Jura.

Le principe est excellent; seulement il faudrait, pour en obtenir tous les bons effets, comme dans l'Hérault, comme dans le Beaujolais, adopter en même temps le principe des assolements ou renouvellements périodiques des vignes à trente, quarante, cinquante, soixante ans ou plus, suivant la persistance de leur fécondité. Une vigne qui ne donne plus que 10 à 20 hectolitres à l'hectare ne vaut plus rien; et son vin, quoi qu'on en ait pu dire, ne vaut pas mieux que le vin produit par une jeune vigne adulte. C'est parce qu'on met de mauvaises espèces jeunes, à la place des bons ceps vieux, qu'on a fini par croire que les jeunes ceps donnaient de mauvais vin : je ne dis pas cela au courant de la plume, je le dis avec réflexion fondée sur la certitude de la comparaison faite. Un pineau d'un cep de huit ans sera égal sinon supérieur, en toute qualité, à un pineau d'un cep de cinquante ans, dans le même sol, à la même exposition, sous le même climat.

Les vignes à cultiver et cultivées à la charrue sont dans une assez grande proportion à Castres, à Lavaur et à Gaillac; il en existe moins à Albi; mais, faute de bras, il y a tendance générale à les multiplier. Les distances adoptées entre les lignes sont de 2 mètres, les ceps à 1 mètre dans le rang; souvent, toutefois, la distance des lignes est rapprochée à 1",50, et les ceps à 90 et même à 75 centimètres. Il est certain que les tailles étant restreintes comme elles le sont, la distance à 1",50 perd moins de terrain. S'il ne s'agissait que de faciliter la manœuvre de la charrue par la distance, on pourrait rapprocher les lignes à 1 mètre et même à 90 centimètres, puisque, de temps immémorial, les 20,000 hectares du Médoc sont labourés à cette dernière distance, avec de gros instruments à versoir et avec deux bœufs. M. de la Loyère, en Bourgogne, cultive plusieurs hectares en lignes, à 1 mètre de distance, avec un seul cheval : il est vrai que chez lui et dans le Médoc les lignes sont palissées; mais, sans aucun palissage, 1",30 entre les lignes pourrait suffire parfaitement, avec des instruments aratoires bien choisis.

Dans les quatre arrondissements, on plante sur défonçage général du terrain, à 50 centimètres de profondeur, ou bien en fossés qui ne défoncent que le tiers du terrain; à Lavaur et surtout à Gaillac, beaucoup plantent sur une simple culture, sans défonçage ni fossé.

La moins bonne des trois méthodes est sans contredit le fossé, qui fait un encaissement, infranchissable aux racines si le terrain est impénétrable de sa nature, et qui, si le terrain est pénétrable, permet aux ceps de développer d'abord une infinité de chevelus dans la terre remuée, et empêche ainsi de maîtresses racines de se former plus tard pour vaincre les difficultés du terrain naturel. Presque toujours, et partout, les vignes sur défonçage signalent leurs premières années par un luxe de bois qui les rend stériles; puis, quand la terre préparée est un peu épuisée et que cette végétation luxuriante diminue, le raisin paraît, mais le bois décroît rapidement, et la vigne est promptement usée.

A Albi, sur plein défonçage, on plante une crossette au pal, à la profondeur de la défonce; on pratique le couchis de la bouture au fond, si l'on plante en fossé. Dans la plantation au pal, on glisse du sable ou de la terre fine autour du sarment, et on tasse avec la pointe d'une baguette; on laisse deux ou trois yeux dehors; les premières pousses sont très-faibles. A Castres on ne coude pas les boutures; de même à Lavaur. A Gaillac, on plante deux boutures à 10 centimètres l'une de l'autre; on a renoncé à la plantation en fossés, jugée mauvaise.

Une excellente coutume dans tout le département, c'est de donner de suite les bras, ou cornes, à la souche : dès la deuxième taille, s'il y a deux beaux sarments, on laisse deux cornes, trois à la troisième année; à la quatrième année la souche est complète à Albi, où la tête est dressée à trois ou quatre cornes en gobelet, à 15 centimètres du sol; à trois cornes à Castres, en gobelet dans les cultures à la main, en éventail dans celles à la charrue. A Lavaur, les cornes sont plus ou moins nombreuses; mais c'est à Gaillac que le gobelet est le plus enrichi de cornes, trois, quatre.

à quatre ou cinq ans; cinq, six et sept, à neuf ou dix ans. Évidemment c'est la meilleure pratique, parce qu'elle constitue un arbrisseau plus complet et plus fort; malheureusement on taille partout, sauf quelques longs bois laissés à Lavaur, à un seul courson par corne, rabattu à deux yeux francs ou même souvent à un seul œil. A Gaillac, on laisse souvent trois yeux.

Cette taille est trop restreinte pour la vigueur du terrain, qui généralement est excellent pour la vigne partout où je suis allé. Dans le Tarn, comme dans les deux tiers de nos vignobles, on est profondément convaincu que laisser végéter la vigne, c'est la fatiguer, tandis que c'est la fortifier que de la laisser prendre un peu de sa puissante arborescence. Que les viticulteurs du Tarn en fassent l'essai, et bientôt ils seront convaincus de la vérité de ce que je dis là: soit, figure 1, une souche formée depuis longtemps sur

Fig. 1.

trois bras, à un courson à deux yeux francs; je la suppose bien ébourgeonnée, elle aura poussé les sarments *ss'*, *ss'*, *ss'*, etc. La taille ordinaire se ferait en coupant tous les sarments en *ooo;* ce serait ce qu'on appelle la taille préparatoire, laquelle est pratiquée très-souvent dans le département, de novembre en mars, comme elle se pratique dans la Haute-Garonne: la taille définitive ordinaire se pratiquerait en mars ou en avril, en taillant en *c* les sarments restants *scs'*, *scs'*, *scs'*. Eh bien! au lieu d'abattre les sarments *ss'*, *ss'*, *ss'*, que les viticulteurs veuillent bien les laisser et les tailler en mars en *ppp*, en même temps que les autres en *c c c*, et cela seulement sur une ligne de dix à vingt souches ; ces vingt souches auront l'aspect de la figure 3 au lieu de celui de la figure 2, qu'elles auraient eu dans la

Fig. 2.

Fig. 3.

taille ordinaire ; elles porteront douze yeux au lieu de six ; je puis dire, en toute assurance, qu'ils obtiendront le double de force en bois et le double de fruits aussi parfaits, surtout à partir de la seconde année de cette taille : car il arrive parfois que, les racines n'étant pas encore formées pour répondre à cet accroissement de tige, la pousse faiblit un peu la première année, et le raisin mûrit moins bien ; c'est probablement cette défaillance momentanée qui a fait croire à l'affaiblissement et à la ruine de la plante. Il n'en est rien, et j'affirme que la vigne à douze yeux, les ceps étant à 90 centimètres au carré, donnera le double en bois et en fruits, et vivra plus longtemps féconde que la vigne à six yeux, même sans ébourgeonnage, pinçage ni rognage. Qu'il y ait quatre bras, qu'il y en ait cinq ou six, les coursons doublés, à deux yeux, l'emporteront toujours sur les coursons simples dans 1 mètre, 1^m,30, 1^m,50 au carré. On peut compter, dans une bonne terre, sur douze à vingt-quatre yeux bien nourris par mètre carré. La Lorraine en nourrit ainsi de vingt à trente.

La méthode lorraine, que j'ai recommandée, est reproduite dans la figure 4, croquis *A ;* elle ne comporte jamais que deux coursons : l'un, le plus haut, *a b*, a quatre yeux ;

l'autre, le plus bas, *c d*, a trois yeux; mais il y a quatre ceps semblables par mètre carré, et le croquis *B* n'en repré-

Fig. 4.

sente que trois, qui, réunis, seront plus vigoureux que *A* tout seul : on en met huit ainsi à Rugy (Moselle) sur une seule souche, qui est plus fertile en bois et en fruits et plus durable que huit souches *A*, séparées, dans le mètre 3 o cen-timètres carrés que cette souche occupe.

Mais la méthode lorraine exige : 1° un ébourgeonnage rigoureux, fait de bonne heure ; un pinçage de tous les bourgeons, moins le plus bas sur chaque crochet ou cour-son, à deux ou trois feuilles au-dessus de la plus haute grappe, en même temps que l'ébourgeonnage, et un ro-gnage des mérins ou tire-séve, dès que le raisin est bien formé et tout à fait passé fleur, fin juin ou premiers jours de juillet. Les pointillés indiquent, dans le croquis *A*, les bourgeons en *d', d', d', d', d'*, à pincer et les tire-séve à ro-gner en *a'* et en *c'*. Il est bien entendu que chaque corne du croquis *B* doit être traitée de même.

Il est d'excellents cépages qui ne donnent beaucoup de raisin ni à la taille à simple courson ni à la taille lorraine ; alors il faut leur donner un ou deux longs bois à six, douze et quinze yeux : ce long bois doit toujours être le sarment le plus haut, par exemple *k l m n* de la figure 1, fiché en terre comme l'indique la ligne ponctuée *k' l' m' n'*, ou replié et attaché sur la souche ; mais le mieux est de l'attacher en ligne à la souche suivante, en éborgnant ou en ébourgeon-

nant les yeux qui se trouveraient de trop sur la branche à
fruit, dans les premiers jours de mai ; le sarment le plus
bas, sur le même courson que la branche à fruit, doit être
taillé à deux yeux pour reproduire les deux sarments de
l'année suivante.

On ébourgeonne à Albi, à Gaillac, à Lavaur, mais trop
tard d'un mois et avec peu de soin ; à Castres on n'ébourgeonne pas du tout ; du reste, on ne pince ni on ne rogne
en aucun point des vignobles du département. On effeuille
à Gaillac, surtout les vignes blanches, pour perfectionner
la maturité du raisin.

Les cultures de la vigne consistent, dans le Tarn, à enlever, au mois de mars, à la pioche à deux dents, une
écorce du sol d'environ 10 centimètres, et à la ramasser
en pyramides, qu'on appelle des *bourdons*, entre quatre
souches ; la seconde culture consiste à répandre ces bourdons et à biner à plat. Par le fait, la première culture est
un léger déchaussage des ceps.

Lorsque trop d'herbes encombrent les vignes après le
binage, quelques personnes soigneuses les font couper à
la ratissoire ou sarcler à la main ; mais cette opération se
fait bien rarement, et même, à Gaillac, il arrive souvent
que dans les vignes à bras on ne donne qu'une culture.
Dans les vignes à labourer, on déchausse avec une charrue à versoir à deux bœufs, dans l'intervalle des lignes,
à 20 centimètres de profondeur, et à la main, dans l'intervalle des ceps ; en mars et en mai, on rechausse à la
charrue et à la main, de la même façon, mais inversement.

On fume rarement dans le Tarn, mais on terre beaucoup à Albi : tous les douze à quinze ans on remonte la

terre du pied des vignes dans le haut, et l'on y porte souvent des terres prises au dehors, surtout des pelous de
prairies, dont on enlève le gazon à 1 o centimètres, et qu'on
ressème ensuite. Ces pratiques sont excellentes, mais elles
pourraient être avec avantage plus fréquentes et plus
générales : la vigne n'est pas difficile, toutes les terres rapportées lui sont bonnes.

Les anciens cépages d'Albi sont au nombre de six principaux : le mozac blanc, cépage excellent, figure dans les
vignobles pour un cinquième, le picpoule pour deux cinquièmes, le marustel pour un cinquième ; le rougeal, le
brocol et le pignol forment l'autre cinquième. Depuis peu,
le picpoule ayant été écrasé par l'oïdium, on a pris à sa
place le negret castrais ou mozac noir ; le negret, le bordelais ou grosse mérille, le prunelat (cot rouge) et le duros
figurent aussi dans les vignobles d'Albi.

A Gaillac, les plants les plus cultivés sont, en rouge : le
pignol, le brocol, le prunelat (cot rouge), le prunelar muscat, le prunelar bordelais, le negret, le duraze ; sont moins
cultivés l'œillade, le picpoule, le marustel et le rougeal. En
blanc, les plus cultivés sont : l'endelel, l'ondenc, le mozac
blanc, le sécal (plant dressé, plant quillard, jurançon) ; les
moins cultivés sont le verdanel, le rousselet, la taloche.

A Castres, le negret castrais, plant légendaire du pays,
la chalosse blanche, sont les plus cultivés, avec le picpoule,
le rédondal (grenache), l'œillade, le mourastel et le teret.
A Lavaur, les cépages sont les mêmes qu'à Castres et à
Gaillac.

Il est à regretter que tant d'espèces différentes entrent
dans la composition des vins du Tarn, les bons vins ne
s'obtenant qu'avec un, deux ou trois cépages au plus : les

viticulteurs du Tarn auraient une grande élimination à opérer, et la sélection faite en conséquence devrait garder les
cépages de la Haute-Garonne et du Bordelais pour arriver
aux vins de grande qualité ; ce serait surtout dans les remplacements par boutures, par plants enracinés, et dans les
plantations nouvelles, que ces améliorations devraient se
faire. La prudence exigerait même qu'on fît beaucoup de
plantations nouvelles sur terrains vierges ; car, dans les bons
crus d'Albi, j'ai vu des vignes très-anciennes qui probablement ne donneront bientôt plus des rendements en rapport avec les progrès de la viticulture.

L'épuration des races résoudra une question très-agitée
et très-controversable, dans la situation des vignes du Tarn.
Faut-il vendanger sur le vert ou attendre la parfaite maturité pour vendanger ?

Pour tous les vins d'ordinaire ou de grand ordinaire,
procédant des raisins du centre et du nord, des cots, des
carbenets, des pineaux, de la syra, de la mondeuse, des
sauvignons, des sémillons, qui n'ont jamais trop de sucre,
il faut toujours attendre la plus parfaite maturité.

Pour tous les vins de liqueur provenant des cépages du
midi, les grenaches, les clairettes, les muscats, les fur-
mints, il faut attendre aussi la maturité absolue, parce
qu'ils n'ont jamais trop de sucre.

C'est sans doute à cause du mélange des cépages du
midi et du centre qu'on a pris l'habitude de vendanger sur
le vert à Albi ; on a pensé que la vendange avant complète
maturité conserverait mieux les vins, et l'on est persuadé
que la verdeur acide dont sont affectés la plupart des vins
nouveaux disparaît avec l'âge. Eh bien ! j'ai cru constater
le contraire ; et quand la verdeur disparaît, le vin est passé

à l'amer : il s'y est fait de l'éther par la réaction de l'acide
sur l'alcool, ce qui est loin, à mes yeux, d'être une qualité.
Un propriétaire de la Côte-d'Or, en récoltant quinze jours
et trois semaines après le public, a réalisé des bénéfices
considérables, depuis quarante ans, par ses vins d'une qualité supérieure, d'une réussite parfaite et d'une garde inal-
térable ; propriété précieuse qui n'existe pas toujours en
Bourgogne, où les vins tournent parfois à l'acide et passent
à l'amer en peu d'années. Aussi parlait-on là, comme à
Albi, de vendanger sur le vert.

Le ban de vendange est supprimé à Albi : c'est justice et
raison ; chacun y vendange à sa guise, les uns en pleine
maturité, les autres en pleine verdeur, surtout les vignerons. J'ai goûté à Cunac ou au Roc le vin d'un bordier
des demoiselles d'Endorre, qui possèdent là un excellent
cru ; c'était à faire sauter les chèvres de verdeur. Ce vin
venait pourtant de bonne année, de 1863, de bonnes
vieilles et respectables vignes, et des meilleurs cépages du
pays ; mais il avait été récolté sur le vert.

En effet, si l'on voulait vendanger sur le vert à Château-
Margaux, au Clos-Vougeot, à l'Hermitage, on aurait le
même vin que le bordier des demoiselles d'Endorre. Vendanger sur le vert, c'est perdre toute la valeur du vin. Il y
a un moment où tous les fruits sucrés sont prêts pour la
fermentation alcoolique : à un moment précis correspondant à un travail achevé ; les uns en novembre, les autres
en janvier, les autres en mars. Certains raisins eux-mêmes
subissent le blettissement, qu'à tort on a appelé le moisi ou
le pourri : le château-iquem, le monbazillac, et peut-être
les bons gaillacs, sont faits avec les raisins blettis. Le vin
de sémillon et de sauvignon blanc bletti s'appelle *château-*

iquem, et vaut de 4,000 à 10,000 francs le tonneau ; non bletti, il s'appelle *sauterne* et vaut 1,000 francs le tonneau. Les vignes blanches, à Gaillac, sont vendangées quinze à vingt jours plus tard que les vignes rouges.

La cuvaison, dans le Tarn, se fait en partie sur d'excellants principes : ainsi l'on foule à la comporte ou à la barrique ; ou bien, à Albi et à Gaillac, on foule par petites portions, sur un fond en planches disjointes, ajustées dans les cuves en contre-bas de 25 centimètres au-dessous du bord supérieur ; on soulève les planches après le foulage, et la cuve s'emplit ainsi successivement des couches foulées ; malheureusement on met parfois deux ou trois jours à emplir une cuve : il faudrait que chaque cuve fût emplie en un jour. A la dernière foulée, le raisin dépasse les planches ; on les retire, et tout est terminé comme travail à la cuve. On laisse, avec raison, ensuite la cuvaison marcher seule. Mais là, encore une faute ; sauf quelques bons et intelligents propriétaires, tout le monde prolonge la cuvaison pendant quinze jours, trois semaines, un mois même, et l'on fait ainsi des vins mats, plats et durs. Le chapeau s'aigrit, et quoiqu'on l'enlève pour presser, là où l'on presse, et ce n'est ni à Castres ni à Lavaur, on n'ose pas, et l'on a raison, mélanger les vins de presse avec les vins de cuve, parce qu'il reste toujours des principes acides dans le marc ; tandis que, si la cuve avait été emplie en un jour de raisins chauffés au soleil et foulés, la fermentation s'accomplirait en quatre jours, sans la moindre acétification du chapeau. La cuve tirée alors et le marc pressé, les vins de presse seraient ajoutés avec infiniment d'avantage au vin de cuve ; et si le tout, en proportions égales, était mis en tonneaux neufs, au lieu d'être mis en vieux vaisseaux, le

Tarn fournirait des vins excellents et solides, qui seraient demandés partout.

Les uns égrappent : les autres n'égrappent pas : dans la courte cuvaison, l'égrappage est inutile : dans la longue, il a sa valeur. A Gaillac, tout le monde égrappe, au bident ou au trident, à la comporte. Les foulages se font à pieds nus ou aux cylindres cannelés.

A Gaillac, où l'industrie des vins s'applique à produire surtout des vins rouges de coupage et de commerce, la plupart des celliers possèdent deux et même trois chaudières, où l'on fait bouillir le dixième ou le huitième des moûts avec les grains des raisins égrappés, pour en obtenir la couleur, et ces moûts sont jetés chauds sur les cuves.

Les raisins blancs de Gaillac sont foulés rapidement, mis au pressoir, recoupés deux fois, pressés trois fois, et leur jus mis en barriques neuves, méchées. Autant la confection des vins rouges est lente, autant la confection des vins blancs est rapide. La vendange, le pressurage et la mise en barriques, tout doit être fait dans une journée : là est le succès. Les vins blancs fermentent en barriques et écument au-dessus de la bonde ; ils sont remplis tous les jours, jusqu'à ce que tout leur travail soit terminé.

A Castres et à Lavaur, on fait, avec les marcs non pressurés, des demi-vins et des piquettes. A Albi, on fait des piquettes avec partie de marcs non pressurés et partie de marcs pressurés; le reste des marcs pressurés n'est point soumis à la distillation.

A Gaillac, les rafles de l'égrappage, qui se fait en comporte à la vigne, sont laissées là sans emploi; tandis que ces rafles, mises dans l'eau ou lavées avec de l'eau, donneraient d'excellente piquette ou de très-bonne eau-de-vie.

On laisse volontiers les vins rouges sur lie à Albi; on les soutire à peine une fois, et pas toujours, pour l'expédition.

Telles sont sommairement les pratiques les plus générales de la viticulture et de la vinification dans le Tarn. Il y reste une belle place aux améliorations dans l'un et l'autre chapitre; mais il y a là des hommes d'une haute intelligence, d'une grande activité et d'un chaud dévouement à leur pays, qui sauront établir le progrès dans les deux voies : déjà des expériences et des applications de cultures, de tailles et d'espèces nouvelles sont installées, et des publications spéciales analysent et posent nettement les questions[1].

Je suis entré dans le Tarn par la Guépie et par Cordes, dont j'ai traversé le territoire avec M. Favarel, notaire, qui m'a donné de précieux renseignements sur cet intéressant canton.

Les vins de Cordes sont bons; ils constituent des vins de table et non de coupage. Les cépages qui les produisent sont surtout le negret et le mozac; on cuve en cuve ouverte, dix jours; on ne presse pas; le vin se vend de 20 à 25 francs l'hectolitre.

La main-d'œuvre est très-rare à Cordes, et cela n'a rien d'étonnant, puisque la journée d'hiver ne se paye que 1 fr. 25 cent. et celle d'été de 1 fr. 75 cent. à 2 francs, sans nourriture.

Le métayage à moitié, en toutes cultures, est à peu de chose près le mode exclusif d'exploitation. Le métayer commence à mieux réussir. Il faisait très-mal jusqu'en ces

[1] M. le Dʳ Bories a publié une excellente brochure sur la viticulture du Tarn.

derniers temps, le propriétaire se mêlant très-peu de la direction. Les conditions sont écrites pour un tiers, elles sont verbales pour les deux autres tiers ; mais, dans tous les cas, les parties deviennent libres en se prévenant six mois à l'avance.

La population de Cordes, où se fait, dit-on dans le pays, le meilleur pain de France, est économe et laborieuse, moins laborieuse qu'économe. La bourgeoisie possédant 100,000 et 150,000 francs y vit à peu près comme les métayers.

Les adjudications ne sont pas bonnes en ce pays : les hommes se respectent entre eux, dans leurs besoins et dans leurs convenances; ils ne vont point sur les brisées les uns des autres, à moins d'être ennemis, ce qui est très-rare : la concurrence, aux yeux des braves gens de Cordes, n'est pas une loi économique, c'est une plaie sociale.

Je ne m'attendais pas à trouver dans un coin du Tarn les bases et les pratiques aussi solides d'économie et d'harmonie sociales, ni un notaire d'esprit assez élevé pour admirer une délicatesse de mœurs contraire à ses intérêts. Mais le Tarn abonde en pareilles naïvetés : le Comice agricole d'Albi n'a-t-il pas trouvé que l'alcoolisation ne valait rien pour ses vins; et n'a-t-il pas refusé de signer les pétitions réclamant le maintien d'un privilége qu'il possédait, sans en user, avec six autres départements ?

En arrivant à Albi, je reçus les instructions et la direction de M. le baron Decazes, président, et de M. le docteur Bories, secrétaire du Comice, propriétaire viticulteur des plus savants dans la viticulture générale et des plus versés dans celle du pays. Ces messieurs m'ont fait visiter les coteaux et les vignes du Roc, à vins très-renommés, les vignobles de Cambon et de Cunac, qui, avec Rentel, Cahuzaguet et Rouffiac, constituent les meilleurs crus d'Albi.

J'ai trouvé les vins de Rouffiac, qui passe pour être le moins bon cru des quatre, si sains, si droits, si moelleux et si agréables à boire, que j'en ai acheté une pièce qui a supporté parfaitement le voyage de Paris et soutenu très-bien la comparaison avec le bon vin du Bas-Beaujolais, comme les vins du Roc, de Cahuzaguet, de Cunac et de Rentel.

A Castres, je fus guidé par MM. les délégués du Comice agricole, Defrance, directeur de la ferme-école, Félix Azaïs, Mahuzier, secrétaire du Comice; nous avons ensuite rejoint M. Combes, président, au vignoble de la Rafigue, où nous sommes allés confirmer l'enquête orale par des observations et des applications pratiques dans une vigne de M. Auguste Laeger. Là, sur un terrain essentiellement calcaire et à pierres lamellaires, j'ai vu une jeune vigne de quatre à cinq ans, vigoureuse, littéralement dévorée par les gourmands, et non pas taillée, mais hachée par le vigneron. Je taillai là quelques ceps à la méthode de M. Laforgue et à la méthode lorraine; mais c'était pitié d'avoir à démêler quelques bons sarments de taille au milieu de nombreux chicots mutilés et de gourmands sortant de terre et du vieux bois. L'oubli ou la négligence de l'ébourgeonnage sont portés à l'extrême à Castres ; cela tient à ce que les vignerons n'ont aucun intérêt à bien faire les vignes, qui sont toutes façonnées à la journée, payée en moyenne 1 fr. 50 cent. et un litre de vin, ou à prix fait d'environ 75 francs à l'hectare, pour la taille et les deux cultures. Jamais, dans de telles conditions, on ne persuadera au vigneron qu'il doit donner toute son attention à un travail si peu rémunéré, et sans compensation par le moindre intérêt aux produits.

2.

Si l'ébourgeonnage eût été pratiqué au printemps précé-
dent, la taille se ferait deux fois plus vite et beaucoup mieux
au printemps suivant. La figure 5 est le croquis d'une des

Fig. 5.

jeunes souches que j'ai vues dans la vigne de M. Laeger :
a, b, c, d, e, f, sont les gourmands, poussés hors des yeux
de la taille *g, h, i, j, k.* Avec quelle peine et quelles mutilations le vigneron sera-t-il obligé de tirer d'une telle souche
la taille *g, j, k,* de la figure 6 ? En six coups de sécateur
ou de serpette, il l'eût tirée du cep ébourgeonné, figure 7 :

Fig. 7.

Fig. 6.

trois en *a, a, a,* et trois en *b, b, b ;* ce cep ébourgeonné
eût été, d'ailleurs, beaucoup plus vigoureux, dans ses
sarments *a, a, a, b, b, b,* et sa souche serait restée saine
de toute plaie et de tout chicot.

Les vins de Castres sont beaucoup plus verts et moins

délicats que ceux d'Albi, mais ils sont droits et de bonne
consommation.

A Lavaur, j'ai surtout remarqué des tuteurs ou échalas
en branches de houx, soutenant des astes ou branches à
fruits en assez grande quantité. J'ai été reçu et dirigé dans
cet arrondissement par M. Étienne de Voisin, président du
Comice agricole. Sous son actif et bienveillant patronage
ont été accomplies l'enquête, la visite aux vignes et la conférence.

C'est M. de Bermont, président du Comice agricole de
Gaillac, qui m'a accueilli et reçu, et c'est sous son impulsion que nos études et nos conférences se sont accomplies à
Gaillac avec le concours de deux ou trois cents propriétaires et vignerons.

Je partage entièrement les excellentes appréciations de
l'*Ampélographie française* à l'égard des vins du Tarn, et surtout à l'égard des vins de Gaillac :

« Le vin forme la principale richesse du territoire de
« Gaillac ; il se distingue par sa couleur foncée, beaucoup
« de corps, de spiritueux, une grande franchise de goût et
« sa facilité à supporter les transports : aussi est-il fort em-
« ployé par les négociants de Bordeaux pour soutenir et
« relever les vins faibles. Le vin blanc de Gaillac ne manque
« ni de corps ni de générosité ; en primeur, sa douceur le
« rend très-agréable. »

J'en ai goûté de blanc au cellier de M. Cossé, pharma-
cien, qui avait, outre la douceur caractéristique des bons
vins de Gaillac, une saveur délicate et légèrement parfumée
qui n'appartient qu'aux vins blancs de grande qualité.

L'étude du département fut terminée par une conférence
départementale, à laquelle assistaient 3oo à 4oo personnes,

sous la présidence de M. Gorse, et avec l'assistance de
M. Mollet-Bacon, vice-président, secrétaire général de la
préfecture.

Je donne ici ces détails itinéraires et anecdotiques pour
montrer les sources de mes informations et le degré de
certitude que leur multiplicité peut leur donner.

DÉPARTEMENT DU LOT.

Sur une étendue territoriale de 574,216 hectares, le Lot cultive aujourd'hui environ 58,000 hectares de vignes, dont le rendement moyen est de 15 hectolitres à l'hectare, d'une valeur moyenne de 25 francs l'hectolitre; ce qui porte le produit brut de l'hectare à 375 francs et celui des 58,000 hectares de vignes à 21,750,000 francs, répondant au budget de 21,750 familles ou de 87,000 habitants; tout près du quart de la population, qui est de 355,513 âmes. Ces 21 millions représentent, sur la neuvième partie de la surface totale du sol, plus des deux cinquièmes du revenu total agricole, qui est d'environ 52 millions.

De Montcuq à Cahors et de Cahors à Luzech, à Puy-l'Évêque et à Fumel, le sol du Lot appartient entièrement aux terrains jurassiques et à l'étage supérieur de ces terrains.

Les vallées, les mamelons, les rampes et plateaux, sont tantôt de calcaire pur, tantôt de terres silico-argileuses, à cailloux roulés et à graves siliceux. Lorsque l'on examine de près les vignes plantées dans le calcaire pur, on croirait en beaucoup de lieux les voir surgir d'un lit de pierres cassées pour l'entretien des routes, sans apparence de terres. Dans quelques vignes la terre domine sur les pierres; dans d'autres, la terre et les pierres sont mélangées par parties égales.

Dans tous les cas, l'épaisseur du sol à remuer ne paraît guère avoir plus de 10 à 20 centimètres d'épaisseur sur la plupart des rampes rapides des montagnes. La couleur des terres arables varie du gris blanc (mauvaise terre siliceuse) au jaune, au rouge orange et au rouge sang; plus la terre est colorée, plus elle est fertile. La roche fendillée ou craquelée existe immédiatement et à une profondeur indéfinie sous la faible couche de sol cultivable; mais les vignes peuvent lancer profondément leurs racines dans les lits et les joints de ces roches, en tirer une vigueur de tige considérable et une durée pour ainsi dire illimitée.

Les terres silico-argileuses offrent une profondeur végétale beaucoup plus grande; les cailloux ou graviers qu'elles contiennent sont rares, et la proportion pierreuse est bien inférieure à celle de la terre; ce genre de sol repose, soit sur un banc d'argile, soit plus généralement sur une roche calcaire et silico-calcaire. La vigne vient plus vite, et se met tout d'abord plus à bois et à fruits dans les terres siliceuses que dans les terres calcaires, mais elle y vit moins longtemps. On dit aussi que le raisin est plus fin dans la silice que dans le calcaire.

Sauf la différence qui résulte nécessairement des coteaux et des mamelons élevés, à pentes rapides et formant une série indéfinie de vallons et de vallées, l'aspect des vignes du Lot rappelle immédiatement celui des vignes de l'Hérault, quant à la symétrie, à la régularité, à la propreté et à l'élégance, après la taille d'hiver.

Ces vignes sont en lignes parfaites, à $1^m,60$ au carré; chaque cep est constitué par un tronc de 10 à 20 centimètres de hauteur, surmonté d'un gobelet conique très-régulier, à quatre, cinq, six et sept bras, dont la grosseur

et la hauteur varient nécessairement avec l'âge de chaque
vigne, mais qui sont à peu de chose près les mêmes dans
la même vigne. Il me semble évident que, si l'un des deux
départements a dû inspirer l'autre dans l'ordonnancement
et la conduite de ses vignes, c'est le Lot qui a servi de
modèle à l'Hérault; car ce dernier ne pourrait, je crois,
offrir des titres d'existence de vignobles aussi anciens que
ceux du Lot, où l'on voit encore bon nombre de vignes
parfaitement alignées, à tronc vertical et à gobelet très-
haut, mais parfait, dont l'existence, déjà ancienne alors,
est constatée authentiquement depuis cent trente ans.

Ces vignes sont conduites à un seul sarment terminal de
chaque bras, rabattu à deux yeux francs et le bourillon;
on ne pince pas, on ne rogne pas : on se contente d'ébourgeonner, et on effeuille parfois avant la vendange.

Malgré cette parité dans la disposition et la conduite de
la vigne entre le Lot et l'Hérault, il n'y a, malheureusement pour le Lot, aucune égalité dans l'abondance des récoltes : les meilleures vignes donnent ici 40 hectolitres à
l'hectare, au lieu de 100, 200 et plus que donnent les
meilleures de l'Hérault, et les plus piètres (termes du pays)
n'en donnent que 5 à 6; en somme, la production moyenne
des coteaux du Lot n'est que de 15 hectolitres, et celle des
plaines de 25; ce qui donne pour l'ensemble 20 hectolitres : deux ou trois fois moins que dans l'Hérault.

D'où vient cette différence? Est-elle essentielle au sol, au
climat ou au cépage? Sans doute ces trois facteurs sont chacun pour quelque chose dans la différence des produits;
mais un quatrième élément y prend autant et peut-être
plus de part que les trois autres : c'est la taille. Ainsi la
grande production de l'Hérault lui est en partie assurée

par des cépages qui produisent abondamment sous la taille
courte : je citerai l'aramon et le teret-bouret; et la faible
production du Lot est causée par ses cépages dominants,
les cots ou auxerrois, qui donnent peu et souvent ne donnent rien à la taille courte : donc la taille favorable à
l'Hérault est nécessairement préjudiciable au Lot. Il est
vrai que c'est au tempérament différent des ceps que la
même taille doit de produire un résultat inverse.

Si le Lot conduisait ses cots rouges comme la Touraine
et surtout comme Montrichard et Chissay (Loir-et-Cher)
conduisent ces mêmes cots, il porterait ses moyennes
récoltes à 5o et même à 8o hectolitres.

Quoi qu'il en soit, jamais je n'ai vu de vignobles plus
pittoresques, plus réguliers et mieux tenus que ceux du Lot :
j'essaye de donner une idée de leur aspect d'ensemble par
la figure 8; mais pour bien comprendre l'effet extraordi-

Fig. 8.

Aspect des sites viticoles du Quercy.

naire de cet aspect au mois de mars, il faut se figurer les
points noirs des lignes de vignes se détachant en vigueur

Fig. 9.

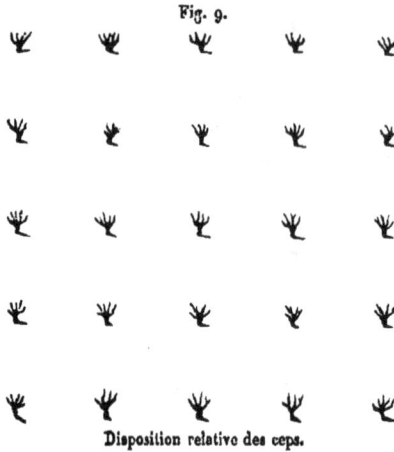

Disposition relative des ceps.

sur le sol jaune et rouge des coteaux, qui semblent ainsi
revêtus d'une brillante étoffe soutachée.

Fig. 11.

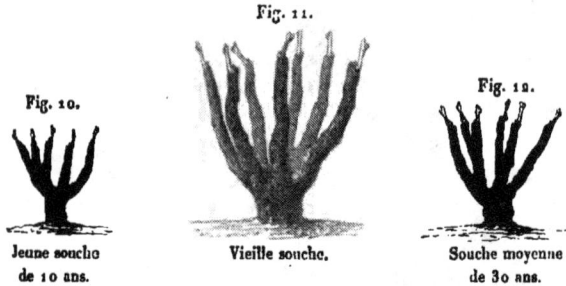

Fig. 10.

Fig. 12.

Jeune souche
de 10 ans.

Vieille souche.

Souche moyenne
de 30 ans.

La figure 9 indique, au centième, la disposition relative
des souches; les figures 10, 11 et 12 donnent l'aspect de

quelques souches taillées à l'échelle de un pour trente-trois.

Fig. 13.

Cep type de Luzech non taillé.

La figure 13 représente une souche du canton de Luzech,

Fig. 14.

avec tous ses sarments d'automne; et la figure 14 donne la même souche taillée.

Enfin la figure 15 reproduit une vieille souche de vigne passée à un état singulier de végétation échevelée.

Cep type de Luzech taillé. On appelle dans le Lot *vignes devenues*

Fig. 15.

Vieux cep du Lot passé à l'état de végétation dit *sauvage*.

sauvages les vignes arrivées à cette végétation, et la figure 16 indique la taille que l'on est obligé de leur faire subir pour

Fig. 16.

Taille des vignes sauvages.

en obtenir des fruits : la taille courte à un ou deux yeux par courson n'en donnerait jamais. Les fruits venus sur les longs bras de ces vieilles vignes affolées sont délicieux, dit-on, et meilleurs que ceux venus sur leurs coursons. M. Lurguys, juge de paix de Luzech et propriétaire viticulteur très-habile, qui me donne ces dé-

tails, m'assure que l'on constate une disposition inverse dans la qualité des raisins des jeunes vignes et sur les coursons des vieilles vignes même.

Ce phénomène de végétation énergique, qui se manifeste à une époque où la vigne semblerait devoir s'affaiblir d'année en année, ne se produit pas seulement sur quelques ceps; le plus souvent il appartient à la vigne tout entière : la vigne pousse alors des bois d'une longueur prodigieuse et en quantité; si l'on allonge la taille, en ajoutant quelques yeux seulement aux coursons, la vigne met tous ces yeux à bois et ne donne pas encore de fruits. Il faut, pour la mettre à fruit, laisser des sarments, presque tous les sarments, de la longueur de 60 centimètres, de 1 mètre, 1^m,50 et 2 mètres; il faut, en quelque sorte, lâcher la vigne en treille, car à la taille courte elle sera stérile pour toujours. La plupart des propriétaires arrachent les ceps et les vignes arrivées à ce singulier état : plusieurs savent en tirer un excellent parti; quelques-uns entrelacent tous les

sarments poussés et les tournent autour de la souche sans
les tailler. Il y a dans le Lot beaucoup de vignes qui ainsi
finissent; cette anomalie apparente n'est point exclusivement propre à ce département : elle se manifeste dans la plupart des vignobles plantés sur des fonds de roches à pierres
fendillées, offrant des failles et des lits terreux où la vigne
va puiser sa nourriture; toutefois cette particularité est
propre à ceux de ces vignobles où l'on pratique la taille
courte. Il semble que, malgré cette taille courte, la vigne
étend ses racines et les lance chaque année en plus grande
quantité à la recherche de sa nourriture; il est probable que
ces énergiques pourvoyeuses finissent par rencontrer certaines veines de terre promise, peut-être quelques nappes
d'eau qui leur conviennent, et c'est alors qu'elles montent
à la tige des matériaux de construction en une telle abondance, que la tige est forcée de les mettre les uns au bout
des autres, sous forme de ligneux, n'ayant ni le temps ni
le calme nécessaire pour les modeler en fruits. Et non-seulement ce phénomène se manifeste dans la plupart des
vignobles tenus à taille courte, mais il se montre, dans un
grand nombre de circonstances, sur les vieux espaliers
stérilisés par la taille courte, dans un terrain qui leur
convient. Ces espaliers font des efforts extraordinaires pour
se lancer à plein vent; et, quand on leur permet cette
allure, ils montrent une vigueur incroyable, et se couvrent de fruits abondants pendant de nombreuses années,
parfois pendant tout un siècle. J'ai vu cè cas très-souvent :
il y a peu d'anciens jardiniers qui n'aient été témoins de
faits analogues.

Les vignes du Lot sont généralement cultivées à la main
à cause de la raideur des pentes; pourtant, aussitôt qu'on

le peut aujourd'hui, on les dispose pour être cultivées à la charrue. Les vignes en coteaux sont plantées sur un simple défrichement, à 10 ou 20 centimètres de profondeur, depuis 1^m,30, au carré, jusqu'à 1^m,70. On plante le plus généralement à bouture et à crossette, soit au pal, soit à la pioche. La bouture est placée verticalement si le fond est suffisant; dans le cas contraire, elle est couchée; dans les fonds, les vallées et les plaines, très-exceptionnelles ici, on défonce, préalablement à la plantation, à 35 et 45 centimètres.

La souche est formée dès la deuxième année, si la pousse le permet, à la hauteur définitive où elle doit rester; cette hauteur en coteau n'est que de 10 centimètres, mais au bas des coteaux et en plaine elle varie de 25 a 50 centimètres. Le tronc de la souche est unique; il est maintenu verticalement pendant quatre ou cinq ans au moyen d'un bon tuteur; ce tronc est surmonté de quatre bras au moins et de cinq ou six en moyenne : j'en ai compté jusqu'à neuf. Le vigneron du Lot est très-soigneux et très-habile à former ces souches, dont les bras en *chaufferette* partent du même point, s'élèvent à la même hauteur, et sont tous taillés a deux yeux francs, en coteaux maigres; mais en plaine, là où la végétation est vigoureuse, on laisse une flèche ou branche à fruit de huit à dix yeux. On laisse plusieurs branches à fruit, outre les coursons, aux vieilles vignes affolées. Toutefois certains vignerons refusent absolument de sortir de la taille à deux yeux, quelle que soit la vigueur des pousses. On voit, aux environs de Cahors, quelques essais de vignes sur échalas et sur fil de fer, taillées à branches à fruit et à courson; mais ce ne sont que des expériences.

La question du défonçage préalable à la plantation est controversée. Évidemment le défonçage serait impossible, à cause du prix, sur le fond de roche; non-seulement il serait coûteux, mais il serait nuisible ici, comme à Banyuls, dans l'Aunis et autres lieux très-chauds et sans fond humide, parce qu'il préparerait aux racines dè la vigne un sol desséché et brûlant. Le défonçage est, au contraire, excellent partout où le sol est froid et humide, et surtout lorsqu'il est compacte et imperméable.

Les vignes destinées à être cultivées à la charrue sont plantées en lignes à 2 mètres, les ceps à 1^m,50 dans le rang. Cette dernière distance est trop grande; je préfère de beaucoup l'espacement de la Haute-Garonne, 1^m,50 entre les lignes et dans le rang : l'espacement normal de l'Hérault, qui donne des produits triples, est de 1^m,50 au carré.

La vigne, en Quercy, pousse, il est vrai, de magnifiques bois; j'ai vu à la ferme-école de Montat une vigne de cent trente ans, sur roche calcaire lamellaire, avec 10 centimètres de sol cultivable, sans un atome de fumier, produisant, tous les ans, cent trente énormes fagots du pays, à la taille, et 13 hectolitres de vin seulement, à la vendange. Un peu plus loin, une autre vigne de cent ans donnait cent quatre-vingts fagots et 16 à 17 hectolitres de vin. Évidemment, si l'on donnait plus d'yeux à la taille, les bois seraient moins riches et les raisins plus abondants. Ces derniers deviendraient plus beaux encore si l'on pinçait et si l'on rognait les pampres verts, au lieu de les laisser acquérir des longueurs de 2 et 4 mètres; la tige des ceps occuperait moins de place inutile, et la place occupée le serait plus fructueusement.

Les cépages noirs du Lot sont : l'auxerrois (cot) rouge et vert, le plant de mérot, variété d'auxerrois très-fertile, le melao, le monté, la roussane, le plant de couton ; mais l'auxerrois et ses variétés dominent partout. A Castelfranc on cultive aussi la mérille.

Les cépages blancs sont : le sémillon, la taloche, l'oubal, le rouxalin, la blanquette, la clairette, le mozac blanc. Le chasselas du Quercy est excellent. M. Bonafous-Murat, propriétaire du château d'Anglars, me dit que le chasselas du Quercy a été introduit à Fontainebleau par Henri IV, qui en avait apprécié les qualités à la prise de Cahors, laquelle eut lieu au mois de septembre.

On fait dans le Quercy des vins noirs de commerce, des vins rouges et des vins blancs de consommation directe.

Les vins noirs sont destinés aux coupages ; ils s'obtiennent en faisant bouillir les pellicules des raisins, préalablement foulées et séparées des moûts dans la comporte, ou en les faisant chauffer au four pour les rejeter ensuite dans le moût et leur faire subir avec lui une cuvaison d'environ un mois.

Ces vins, tirés et mis en tonneaux, sont livrés au commerce de Bordeaux pour colorer d'autres vins. Ils se vendaient, il y a quatre ans, 170 francs la barrique de 220 litres ; ils sont tombés aujourd'hui au prix de 90 à 100 francs. Les vins de table, bien meilleurs et de consommation directe, se vendaient 120 francs, et ils ne se vendent aujourd'hui que 70 francs. Ces vins de table un peu vieux sont excellents et très-sains, sans excès d'alcool. J'ai été surpris des bons effets de ces vins sur la digestion et sur les forces du corps et de l'esprit : aussi le commerce ne les achète-t-il pas, il n'estime et n'achète que la couleur ;

aujourd'hui que l'industrie des vins factices a créé, par ses offres et ses achats, des vins de coloration partout autour de ses centres de coupages, elle délaisse les vins noirs du Quercy et n'en offre plus qu'un prix réduit à peu près à sa volonté. Il en sera de même partout où les propriétaires et les vignerons seront assez peu intelligents pour se laisser aller au caprice et aux offres trompeuses des fabricants de vins. Une fois le mauvais produit créé, le commerce des vins d'industrie en sera le maître et ne l'achètera qu'à vil prix, s'il l'achète. Le consommateur finit toujours par s'éclairer, et il n'accepte pas longtemps les produits malsains que la fraude lui a fait accueillir d'abord.

J'ai trouvé à la ferme-école de Montat, chez M. Cellarié, son habile directeur, des vignes parfaitement tenues. M. Cellarié comprend mieux que personne le rôle important de la vigne en agriculture : aussi donne-t-il à son vignoble, par des plantations nouvelles, l'extension la plus énergique et la mieux entendue.

M. Lurguys, juge de paix de Luzech, viticulteur émérite, m'a mis à même de comprendre et de juger les belles cultures de son fertile canton. Rien ne peut donner une idée de la vigueur et de la richesse des vignes au milieu desquelles Luzech est assise dans un repli du Lot, dominé par les montagnes les plus pittoresques. C'est un des plus beaux sites du cours du Lot, qui d'ailleurs est bordé partout de vignobles importants.

Parmi ces vignobles, celui du château d'Anglars, appartenant à M. Bonafous-Murat, est un des mieux dirigés et des plus intéressants ; malheureusement tout y est conduit pour l'abondance et la beauté des bois de la vigne. Il semble là que, dans le culte affectueux dont la vigne est l'objet, on craigne de lui déplaire ou de la gêner en lui demandant des fruits : aussi M. Bonafous-Murat n'en reçoit-il que quatre-vingts ou cent barriques de vin dans 3o hectares, tandis que M. le curé de Castelfranc, ami et voisin du propriétaire de l'antique et curieux château d'Anglars, exige et obtient, par la taille longue, vingt-cinq barriques dans sa vigne de 8o ares. M. le curé de Castelfranc est persuadé qu'il honore plus la vigne en lui demandant beaucoup de fruits qu'en lui faisant produire beaucoup de fagots.

Mme Bonafous-Murat a bien voulu m'apprendre l'histoire du rogomme, comme M. Bonafous-Murat m'avait appris l'histoire du chasselas de Fontainebleau. J'avais souvent entendu parler du rogomme, et cela en mauvaise part; on disait d'une voix enrouée : C'est une voix de rogomme; d'une liqueur âcre et forte : C'est du rogomme : or, il y a quelques siècles, on faisait beaucoup de rogomme en Quercy, et on le faisait bon, puisque la Hollande en achetait pour 5 à 6 millions chaque année. On prenait de bon moût de raisin, on le faisait bouillir, et on y ajoutait autant ou plus de forte eau-de-vie : c'était là le rogomme.

Un autre mot usuel, dont il n'est pas sans intérêt de connaître l'origine, et que l'histoire de l'emploi des jus de la vigne ne doit pas laisser perdre, c'est le nom de la moutarde. La moutarde s'est préparée de temps immémorial et se prépare encore aujourd'hui, dans le midi, avec la fine farine du *sinapis nigra* et du moût de raisin (*mustum*); la farine de sinapis donne à ce moût une saveur brûlante (*ardens*) : *mustum ardens*, dont on a fait *moutarde*.

Les vignes sont cultivées dans le Lot à façon et à journées. La première façon, taille et labour, se fait à la journée; la deuxième et la troisième façon se font à la tâche, à prix

3.

fait, à 80 francs l'hectare : le prix de la journée est de 1 fr.
75 cent. l'hiver et de 2 francs l'été, plus deux ou trois litres
de piquette ou deuxième lessivage des marcs. On ne pressure pas, on jette de l'eau sur le marc après le tirage de la
cuve : ce premier lessivage donne du demi-vin, qui se vend
bien, dit-on, et *passe quelquefois pour du petit bordeaux;* le
deuxième lessivage donne la piquette. La culture à la charrue
coûte 9 francs; 18 francs pour les deux labours par hectare.

En arrivant dans le Lot, de Lauzerte à Montcuq, et en le
quittant par Puy-l'Évêque et Fumel, on voit beaucoup de
vignes en jouelles, en bordures et en treilles. Les jouelles

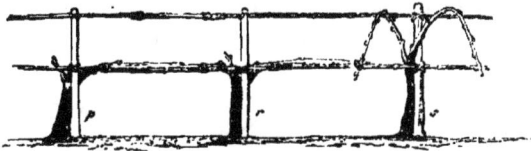

Fig. 17.

(Vignes en jouelles palissées.)

sont le plus souvent à un ou deux rangs de souches basses
sans échalas; mais souvent elles sont soutenues par des
pieux ou des palissades à un ou deux rangs. J'ai reproduit une de ces dernières dispositions (fig. 17) taillées et palissées horizontalement aux souches *p* et *r*, taillées à longues branches à fruits et recourbées en trajectoire, comme à Jurançon, à la souche *s*. La figure 18 donne

Fig. 18.

Vessoul ou fessoul du Quercy.

l'instrument de labour à la main du Quercy; on l'appelle *vessoul* ou *fessoul*. On trouve le même instrument en Basse-Bourgogne.

Je crois devoir une mention particulière aux vignes des cantons de Martel et de Vayrac; ces vignes doivent un inté-rêt spécial à leur situation et à leur mode de culture.

CANTONS DE MARTEL ET DE VAYRAC.

Le canton de Vayrac, limitrophe des cantons de Beaulieu et de Meyssac, du département de la Corrèze, se trouve à l'extrême nord du Lot, assis sur les grès bigarrés, sur l'oolithe inférieur et le calcaire à gryphées arquées, et contigu, à l'ouest, au canton de Martel, entièrement formé par l'oolithe moyen et inférieur. Les deux cantons se sont réunis pour former un comice agricole, sous le nom de *Comice agricole de Martel et Vayrac*, présidé par M. Amadieu, juge de paix du canton de Vayrac, et ayant pour secrétaire M. Fouilhade, propriétaire du domaine de la Rivière, commune de Montvalent.

M. Amadieu, agriculteur expérimenté, s'est occupé depuis quatre à cinq ans à transformer ses vieilles vignes et à en planter de nouvelles, selon les principes de la viticulture type, substituée à la taille restreinte. Ses transformations et ses plantations ont réussi à sa complète satisfaction.

M. Fouilhade, d'accord avec M. Amadieu, plante des vignes pour les conduire à la taille type, et, comme M. Amadieu, pour en tirer les principaux revenus de sa propriété.

C'est le désir de juger de ces transformations qui m'a fait étudier cette circonscription en particulier.

Les plantations de vignes se font dans le canton de Vayrac comme dans celui de Beaulieu; le sol, d'ailleurs, comme les pratiques de ces deux cantons voisins, ne diffère pas essentiellement.

Le climat est également le même; mais ce qui diffère essentiellement, c'est le cépage.

Les cots rouges et verts sont les deux plants dominants du cru, et cette seule différence suffit pour qu'à Bétaille, vignoble important du canton, les vins soient de très-bonne et très-agréable consommation directe.

Il y a bien aussi le mansenc blanc et noir, le mérot et le bru, mais en moindre quantité que les cots rouges et verts.

La plantation est faite pendant ou après le défonçage, au pal, avec terre vierge sur le pied, fumier par-dessus, légère pression et remplissage; la pousse de première année, de 10 centimètres, est rabattue à deux yeux sur le sarment le plus bas; la pousse de seconde année est en moyenne d'un mètre. Pendant deux ou trois ans encore on laisse une seule tige à trois yeux; à la cinquième année, on laisse deux tiges; enfin la souche est dressée à deux, trois, quatre cornes et plus, en sept ou huit ans, la tête étant arrêtée à 15 ou 20 centimètres au-dessus de terre; on met aussi des tuteurs non renouvelés aux souches.

La plupart des ceps sont tenus à la taille courte, un courson à un, deux ou trois yeux sur chaque corne; mais le mansenc noir et le blanc sont toujours tenus à verge et à cot de retour. Les anciennes vignes de Bétaille étaient plus richement taillées autrefois; car on m'a montré des vignes de plus de cent ans dont les têtes portaient encore vigoureusement six ou huit coursons, sur six ou huit bras. Je donne, dans la figure 19, une de ces souches moyennes, prise dans une vigne où toutes étaient aussi fortes. La

Fig. 19.   Fig. 20.

figure 20 est le croquis d'une souche à verge et à deux coursons, de la même vigne. En général, d'ailleurs, dans toutes les vignes que j'ai visitées, les sarments annonçaient une puissante végétation.

On ébourgeonne en juin, avant, pendant et après la fleur; on relève, on lie les souches ensemble en juillet, mais on ne rogne pas, si ce n'est tard et uniquement pour le bétail; on ne pince pas, on n'effeuille pas. On donne deux cultures à plat, l'une en avril et l'autre en juin; on ne fume jamais, si ce n'est au provin, mais on terre beaucoup et avec grand avantage.

On remplace, on entretient et on rajeunit par le provignage des vieilles souches enfouies ou par provin à marcotte.

Les vignes sont exploitées directement par journaliers ou tâcherons, rarement au métayage.

J'ai dit que les vins du canton de Vayrac étaient bons · nous en avons goûté de nombreux échantillons, de blancs et de rouges, de nouveaux et de plusieurs années, chez M. Bouygues; ces vins sont de beaucoup supérieurs à ceux d'Argentat et de Beaulieu.

La culture de Vayrac se rapproche beaucoup de celle du

centre du Lot; mais dans le canton de Martel les vignes
sont absolument conduites comme aux environs de Cahors
(fig. 21), sauf la distance des souches, qui est réduite à
1 mètre au carré.

Au nombre des vignerons qui nous accompagnaient dans

Fig. 21.

les vignes se trouvait M. Chassin, propriétaire vigneron *de manu*, ayant fait
la vigne toute sa vie, y ayant gagné l'aisance. Il boit tous les jours, à chacun
de ses deux repas, une bouteille de son
propre vin; il a quatre-vingt-onze ans,
il est vif, actif, et possède une intelligence remarquable.
Il m'a assuré qu'autrefois on taillait plus libéralement la
vigne, et pour lui-même il a conservé cette habitude et s'en
trouve toujours bien.

La propriété de M. Amadieu, qui réunit toutes les cultures, contient une belle superficie de vignes anciennes,
dont plusieurs hectares sont transformés et conduits, dans
la perfection, à la branche à fruit et à la branche à bois,
et plusieurs jeunes plantations sont disposées pour être traitées de même; mais ce qui m'a le plus frappé, et ce que tous
les assistants ont constaté, c'est le fait suivant.

Dans une très-vieille vigne que M. Amadieu met sur fil
de fer cette année, pour la dresser à longs bois avant
la pousse, les sarments sont grêles et courts; à côté est une
vigne également vieille, et dont les sarments étaient aussi
chétifs lorsqu'elle fut transformée, il y a quatre ans. Aujour-
d'hui les souches de cette vigne poussent des sarments longs
de 2 mètres et gros comme le doigt. Ni M. Amadieu ni ses
vignerons ne font doute que chaque souche de la vigne
qui va être transformée cette année ne devienne aussi

puissante, dans quatre ans, que celles de la première transformation. C'est ce qu'on observe partout dans la transformation des vignes de la taille courte et restreinte à la
taille riche et longue. M. Amadieu, excellent expérimentateur, estimé et honoré de tous, organise énergiquement
le progrès dans son canton.

Comme à Vayrac, les vins sont bons à Martel; comme à
Vayrac, les récoltes moyennes sont trop faibles, 20 à 22 hectolitres à l'hectare dans l'ancienne pratique, car, dans la
nouvelle, elle est de 40 hectolitres au moins; comme à
Vayrac, les vignes sont exploitées par propriétaires et par
journaliers, rarement au métayage, et les vins sont faits à
peu près comme à Beaulieu dans les deux cantons.

M. Fouilhade a planté, il y a trois ou quatre ans, une
vigne sur un terrain presque dépourvu de terre végétale et
dont le sol est tout formé de pierres lamellaires, à filons
terreux : à la deuxième pousse, plusieurs ceps ont montré
une vigueur extraordinaire; ils ont produit des sarments
gros comme le pouce et d'un mètre et demi à deux mètres
de long. Ces sarments ont été réduits à un seul, rabattu à
deux yeux; l'année d'ensuite, cette taille n'a presque pas
donné de végétation, et même plusieurs ceps sont morts,
évidemment ils sont morts d'apoplexie : je suis convaincu
que, si ces vigoureux sarments avaient été laissés à longs
bois ou dressés en treilles, le même développement eût
continué et même augmenté de vigueur.

J'espère que M. Fouilhade, qui se distingue dans tous
les genres de culture, suivra ses importantes études viticoles et qu'il en fera connaître les résultats.

Je n'ai taillé que deux souches d'épreuve dans le Lot,
et cette taille a été faite à la ferme-école de Montat.

M. Cellarié, propriétaire et directeur de la ferme-école, m'écrit à ce sujet :

« Les deux souches que vous avez taillées dans ma vigne, « à votre passage, ont donné le résultat prévu : augmenta- « tion de fruit sans épuisement de bois. »

DÉPARTEMENT DE L'AVEYRON.

En quittant le département du Tarn pour entrer dans celui de l'Aveyron par Villefranche et Villeneuve, et en étudiant ce dernier dans les vignobles de ces deux villes et dans ceux d'Aubin, de Marcillac et d'Espalion, on est d'abord frappé du changement radical dans le dressement, la taille et la conduite des vignes, d'un département limitrophe à l'autre.

Dans le Tarn, l'immense majorité des ceps est à court bois, et la moyenne du nombre d'yeux laissés à chaque souche est de six; dans l'Aveyron, l'immense majorité des ceps est à long bois, et la moyenne des yeux portés sur chaque souche est de dix. Le rendement moyen du Tarn est de 20 hectolitres, celui de l'Aveyron de 35 à l'hectare; et pourtant, selon moi, les terres de l'Aveyron, presque toutes en coteaux rapides et en gradins, qui ne pourraient guère produire autre chose que de la vigne, ne valent pas les terres du Tarn. Le nombre moyen des pieds est de 8,300 dans le Tarn et de 8,900 dans l'Aveyron : évidemment cette différence d'un septième, qui, ajouté, porterait à moins de 24 hectolitres le rendement du Tarn, n'est pour rien dans les trois septièmes dont la production moyenne de l'Aveyron dépasse la sienne. Évidemment la différence seule de l'amplitude de la taille explique et justifie la différence du rendement.

Pour bien faire saisir le contraste, je place immédiatement ici la taille moyenne de Marcillac (fig. 22), qu'on

Fig. 22.

peut comparer aux figures 5 et 6 de la taille moyenne du
Tarn. Une vieille souche dont j'ai pris le croquis à Villefranche (fig. 23), et dont les semblables forment, avec la

Fig. 23.   Fig. 24.

figure 22, la presque totalité des ceps de Villefranche,
d'Espalion et de Marcillac, servira aussi à établir la différence radicale de conduite et de taille de l'Aveyron avec
celles du Tarn. Toutefois quelques cépages particuliers sont
taillés à coursons : tels sont le saint-clair, à Villefranche, et
presque tous les ceps blancs. La figure 24 donne la taille
courte de Villefranche, qui représente tout à fait la taille
d'une vieille souche du Tarn. Mais à Marcillac la taille à
coursons est bien plus généreuse; le cépage appelé *le menu*
(le pineau, dit-on, de Bourgogne) est à peu près le seul
soumis à la courte taille. Voici le croquis d'un cep de menu
de huit à dix ans, représenté dans la figure 25, et celui

d'un cep de vingt à vingt-cinq ans, représenté dans la figure 26 : ce sont des ceps de menu pris à Marcillac. On

Fig. 25.

Fig. 26.

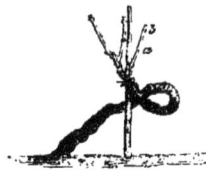

voit qu'à Marcillac la taille courte est plus généreuse que
celle de Villefranche et que celle du Tarn.

Ce n'est pas seulement la taille courte qui est plus
ample à Marcillac qu'à Villefranche, où souvent le courson
n'a même qu'un œil; mais le cercle ou la couronne sont
généralement beaucoup plus grands à Marcillac et à Espalion. Aussi lorsque Villefranche oscille entre 25 et 30 hectolitres à l'hectare pour sa moyenne, c'est entre 40 et 50
que cette moyenne se rencontre à Marcillac et à Espalion.

La taille, dans les arrondissements de Rodez, de Villefranche et d'Espalion, est commencée souvent aussitôt
après la vendange. La tête de la souche est généralement
fixée entre 20 et 50 centimètres au-dessus de terre; quand
la couche est faite, on laisse sur cette tête une verge de
50 à 70 centimètres (suivant la force, disent les viticulteurs), à partir de cinq à six ans. La première taille, sur
plantation, se fait sur un œil, puis sur deux yeux; puis on
laisse un courbet ou demi-couronne (croquis C, fig. 22),
puis souvent on fait une raquette (croquis B, même fig.),
puis on arrive à la couronne ou cercle complet (croquis A,

fig. 22), avec cot *d*, non de retour annuel, mais de rabatage de tout le cep tous les cinq à six ans, quand il est
monté trop haut.

Dans la taille à courson à trois yeux, comme dans la
taille en couronne, le cot d'attente ne fournissant point les
bois des tailles annuelles, on est obligé de rabattre très-
souvent; car, dans l'un et l'autre cas, c'est le deuxième et
souvent le troisième (*ab, ab, ab, ab,* fig. 22, 23, 25 et 26)
qu'on est obligé de prendre pour asseoir la taille courte ou
pour fournir la flèche de l'année suivante.

La vigne étant taillée à flèche, la flèche est laissée libre
et flottante dans sa position naturelle (fig. 27) jusqu'à ce

Fig. 27.

qu'il se présente un temps doux et humide, temps où le sarment est souple
et flexible au lieu d'être rigide et cas-
sant. A ce moment la flèche est recourbée avec précaution par-dessus la
taille *t*, suivant la ligne pointillée de la
figure, et liée au cep d'abord, comme
dans la figure 23, puis à l'échalas, comme dans la figure 22,
liages reproduits au pointillé dans la figure 27. On met
rarement deux flèches à une souche; on donne parfois une
flèche et demie. On fait la pliure par-dessus la taille *t*,
afin, dit-on, d'éviter l'ébranchement, c'est-à-dire l'éclat du
sarment au point *k*, s'il était plié en sens inverse; c'est bien
plus encore pour que l'arqûre passe au-dessus du cep et
permette d'y attacher à la fois la couronne et la tige.

La taille et le liage sont généralement terminés avant le
15 décembre : c'est là une pratique des moins rationnelles
et des moins bonnes, au point de vue de l'hygiène de la
vigne et de l'abondance des récoltes; elle n'a été absolu-

ment inventée que par le vigneron tâcheron, qui n'a rien
de mieux à faire, de la Toussaint aux Avents de Noël. Ici
le fait est reconnu et avéré; mais les propriétaires manquent rarement de faire une magnifique théorie sur les
faits accomplis qu'on leur impose ou qu'ils ne comprennent
pas : ils se font une *raison* pour se dispenser de l'étude sérieuse, et surtout de l'action répressive à l'égard de l'ouvrier; quand ils ont leur raison, ils s'en servent pour re-
pousser toute expérience nouvelle. « La taille étant faite de
« bonne heure, les yeux profitent de tous les beaux jours
« de l'hiver pour se perfectionner. » Voilà une raison; mais
cette raison est précisément celle qui prouve que la taille
avant l'hiver prive la vigne de fruits et l'expose à périr.
Pour mon compte, j'ai fait de nombreux essais à cet égard
et j'ai reconnu la vérité de ce vieux dicton : Taille tôt, peu
de vin et gros fagot; taille tard, beaucoup de vin et peu de
hart (sarments).

Sur les rives du Tarn, dans les arrondissements de Milhau
et de Saint-Affrique, que je n'ai pas eu le temps de visiter,
la taille de la vigne est analogue à celle du Tarn, du Gard
et de l'Hérault. La vigne y est plantée à plein, de franc
pied, à 1 mètre au carré environ, tenue près de terre, à
trois, quatre ou cinq bras, surmontés d'un courson rogné à
deux yeux; pas d'échalas, pas ou peu de provignage, si ce
n'est pour remplacer; les cépages sont aussi ceux du Tarn
et de l'Hérault : le mourastel en grande quantité, le teret,
le carignan, l'œillade, qui est en même temps un excellent
raisin de table de la contrée; en un mot, plantation, dressement, conduite, cépages et vins, tout se rattache au
Tarn, bien plus qu'aux arrondissements d'Espalion, de Rodez et de Villefranche.

Je dois ces renseignements, et beaucoup d'autres sur l'Aveyron, à M. Combes de Saint-Geniez, propriétaire de vignes à Saint-Geniez et à Marcillac, viticulteur très-distingué.

Les plantations, dans les trois arrondissements de Villefranche, Rodez et Espalion, n'ont rien d'original; elles se font tantôt sur défonçage, le plus souvent en fossés, mais fréquemment sur simple culture. A Villefranche et à Espalion, c'est la plantation en fossés qui domine, mais sur deux modes bien différents. A Villefranche, les fossés sont à 1 mètre de distance d'axe en axe, et les plants à 1 mètre dans le fossé; à Espalion, les fossés, de 70 centimètres de largeur, sont à 3^m,90 de distance, et les deux rangs de ceps du fossé sont provignés, chaque cep deux fois, en fossés perpendiculaires aux premiers; on *tombe* deux fois la vigne, c'est l'expression du pays, pour la garnir complétement. A Marcillac, on plante à la taravelle ou pal, en plein défonçage ou en fossés; il faut dire tout de suite qu'on plante très-peu de nouvelles vignes, et que la plus grande étendue des vignobles, dans ces trois arrondissements, est entretenue par un provignage considérable, c'est-à-dire renouvelant du douzième au quinzième des ceps par an. Ainsi la vigne est entièrement transformée dans cette période, et chaque cep n'y vit et n'y porte fruits que de douze à quinze ans, sur la même tige extérieure à la terre.

Au mois de mars, à la taille, on fait les provins, c'est-à-dire qu'on fait autant de fosses qu'il y a de places vides; on déchausse avec soin une des souches voisines de la fosse et portant deux beaux sarments, trois au plus; on l'abat au fond de la fosse; on y étale les deux ou trois sarments. qu'on recouvre de 10 ou 15 centimètres de terre, en faisant ressortir verticalement les pointes de ces sarments; ces pointes sont fixées à un échalas usé, fiché là où les ceps doivent être remplacés. Après la vendange, on recouvre les fosses de fumier de toute nature, mais spécialement de crottins de brebis, 20 litres par provin (1 fr. 50 cent. l'hectolitre); les plateaux et les pâturages voisins produisent en quantité cet excellent engrais; puis on achève de remplir la fosse avec de la terre. Parfois, et souvent, le fumier est mis au mois de mars, et la fosse remplie immédiatement. Je crois qu'il vaut infiniment mieux, pour la reprise et pour la récolte des provins, ne fumer qu'à l'automne le provignage de printemps.

On fait généralement 800 provins par hectare, coûtant 10 centimes le provin, ce qui constitue 80 francs de dépense ou 1,200 francs en quinze ans (sans compter 75 fr. de fumier qu'il faudrait fournir de même sans provin, car la fumure au provin est le seul fumier donné à la vigne). Or une plantation bien faite, au pal, ne coûte pas plus de 200 francs par hectare; et pendant cinquante ans, excepté la seconde année, il n'y a pas à remplacer cinquante pieds par an et par hectare, c'est-à-dire qu'il n'y a pas 5 francs à dépenser du chef de l'entretien; de plus, les lignes sont conservées, les cultures sont plus faciles et la fécondité plus grande dans les vignes de franc pied que dans les vignes provignées : à taille égale, c'est une différence de 50 pour 100.

Le provignage perpétuel est une duperie, qui n'a aucune raison de subsister, et qui sera supprimée partout dans moins de vingt ans.

Les vignes sont en foule et en désordre à Villefranche, à Marcillac, à Espalion; elles sont en lignes à Milhau et à

Saint-Affrique. De ce que l'oïdium a ravagé ces deux derniers arrondissements, on a voulu inférer que le provignage était le préservatif des trois arrondissements qui en sont à peine atteints (l'arrondissement de Villefranche en souffre pourtant); mais leur immunité ne tient qu'à une température plus fraîche et à la différence des cépages.

Les cépages de Villefranche sont en partie empruntés à la Haute-Garonne : le bouchalès, le negret, le mozac, le bordelais, le bourdelois, l'œillade, la clairette et une infinité de ceps à noms inconnus ou du moins désignés dans un patois sans rapport possible avec des noms connus.

Il n'en est pas de même à Marcillac : les cépages m'ont été indiqués avec beaucoup de détails, de caractères et de qualités ou de défauts correspondants. M. Girou de Buzareingues, correspondant de l'Académie des sciences et de la Société centrale d'agriculture, dans un excellent mémoire sur le vignoble de Marcillac, qu'il a publié en 1833, donne une bonne nomenclature des ceps de ce vignoble, nomenclature reproduite dans le bon et beau travail de M. Barrau sur la viticulture et la vinification de Marcillac, répétée par M. Combes dans la note qu'il m'a adressée, et signalée aujourd'hui par tous les viticulteurs : le *menu*, que tout le monde s'accorde à considérer comme le pineau de la Bourgogne, et qui en a en effet tous les caractères et toutes les qualités, est le cep au meilleur vin du pays; mais il en donne peu, parce qu'on le traite à la taille courte, tandis que la taille longue est la seule qui puisse le rendre très-fertile. Quelques viticulteurs de l'Aveyron le traitent à la taille longue depuis quelques années, et s'en trouvent fort bien. M. Girou de Buzareingues en fait la remarque : « Parce qu'on ne le ploie pas, dit-il, il

« coule souvent. » Le *mansois* ou saumansois, très-répandu
aujourd'hui, forme la masse des vignobles : ce serait le morillon noir ou plant vert de la Champagne, très-bon raisin,
donnant beaucoup et réussissant bien dans les calcaires et
dans les aubugues (marnes irisées du trias), tandis que le
menu, qui donne un vin supérieur, ne réussit bien que
dans les calcaires, et d'ailleurs donne beaucoup moins; le
mouyssaguès ou negret, plant des pauvres, est aussi très-
répandu et productif, donnant un vin faible et durant peu;
le *gaillaguès* (cultivé spécialement à Nauviale), le *maural*,
le *canut*, le picpoule, sont accessoires et appelés plants mous.
Viennent ensuite le tournemire, le peilloux, le teinturier,
l'œillat, etc. mais moins répandus encore. Je ne parle pas
des chasselas et des muscats, qui sont là des raisins de
table et de luxe.

À Espalion, je n'ai trouvé que le *balouzat*, ou cot rouge,
à ajouter à la liste ci-dessus.

Dans les trois arrondissements, on pratique l'ébourgeonnage, les uns avec le soin que mérite cette opération, les
autres avec une grande négligence, mais toujours trop
tard et très-irrégulièrement, en mai, juin et juillet. On ne
pince pas et on ne rogne pas. Pourtant je lis dans un modèle de traité du propriétaire avec le vigneron que celui-ci
devra avoir soin d'enlever la seconde pousse, appelée *tras-
bourrou*, et d'étêter légèrement la vigne, surtout le menu,
à l'époque de la floraison; une espèce de rognage se fait
aussi à la fin d'août ou au commencement de septembre,
sous le nom d'*épointage*, mais c'est beaucoup trop tard : le
vrai, l'utile et l'important rognage doit se faire dans la première quinzaine de juillet; le vrai pinçage doit avoir lieu
avant le 15 mai, ainsi que le bon ébourgeonnage. Quelques

4.

viticulteurs pratiquent aussi l'effeuillage peu de temps avant la vendange. L'ébourgeonnage n'exige que cinq journées d'homme par hectare; il en faudrait trois pour le pinçage, autant pour le rognage, en tout onze journées, douze au plus, pour toutes les opérations de taille en vert, et pour doubler par elles la production; tandis que l'on consacre cinquante-quatre journées au provignage, journées qu'on pourrait supprimer avec avantage, ou du moins dont on pourrait supprimer quarante.

On donne généralement deux cultures aux vignes. La première s'appelle le *fouissage;* elle commence le 25 mars : elle est pratiquée au moyen d'un bident, dont la denture mesure 30 centimètres de long; le fouisseur est tenu d'enfoncer ce bident jusqu'au manche, et pour cela il doit approfondir sa jauge en deux fois. Il résulte de ce travail des mottes autour desquelles l'air circule, ce dont on se félicite. Il est évident pour moi qu'une culture de 10 à 12 centimètres de profondeur, répétée trois fois, une en mars, une avant la fleur et une à la véraison, serait infiniment meilleure à la vigne, qui se soucie peu des mouvements profonds de la terre, et qui même les redoute.

Le fouissage exige soixante-quinze journées d'homme dans les terres fortes et vingt-cinq dans les terres calcaires.

La seconde culture doit se faire à la fin de mai, mais elle est ordinairement recommencée par le vigneron tâcheron dès que la première est finie, ce dont se plaignent amèrement les propriétaires. Elle consiste dans un binage de la surface, au tiers de profondeur de la première; cette façon comprend, dans les terres fortes, l'émiettage et le nivellement des mottes. Le binage n'exige que dix à quinze journées d'homme par hectare.

On donne ensuite, après l'ébourgeonnage, un sarclage qui consiste simplement à arracher les herbes à la main et qui n'exige que trois journées.

Il est impossible de parler des vignes de Marcillac sans parler des *mourières*, localités au sol excellent, mais où la vigne ne peut prospérer. Les prêles, les tussilages, qui poussent dans ces places, indiquent suffisamment qu'il existe là des sources, des eaux souterraines stagnantes, au milieu desquelles les racines de la vigne ne peuvent subsister. Plus on met d'engrais dans ces mourières, plus la vigne y périt rapidement; on améliore, au contraire, sa condition en y mettant des pierres, de la sciure de bois, etc. toutes choses qui diminuent l'action de l'humidité. La question des mourières a été parfaitement jugée par M. Girou de Buzareingues, par M. Barrau et par tout le monde. Par des fossés d'assainissement ou par des drainages, les mourières, dont les terres ne diffèrent en rien des terres voisines, redeviennent excellentes pour la végétation de la vigne.

Avant d'aborder la vinification, je dirai aux viticulteurs de l'Aveyron qu'en plantant leurs vignes de franc pied, à 1 mètre au carré, et en les maintenant en lignes; en continuant l'usage de leur couronne; en étendant leur couronne à quinze ou vingt yeux; en en mettant plutôt deux qu'une, toujours précédées d'un cot de retour, afin de reproduire le cot et la couronne de l'année suivante; en pratiquant le pinçage et l'ébourgeonnage avant le 15 mai; en pratiquant le rognage, l'abatage des contre-bourgeons et des repousses du 1ᵉʳ au 10 juillet; en épointant et en redrugeonnant à la fin d'août; en ne fouissant qu'à 10 ou 12 centimètres, et en donnant deux binages, l'un avant la fleur, l'autre avant

l'éclaircissement du raisin, au besoin, un sarclage à la main
entre ces deux binages; en supprimant le provignage et en
le remplaçant par les boutures ou les plants enracinés,
ils diminueront la somme du travail de leurs vignerons et
doubleront leurs récoltes, mais sous la condition expresse
d'octroyer à leurs vignerons le dixième du produit total de
leurs vignes.

Les vendanges, dans l'Aveyron, se font trop tôt : voilà le
seul reproche sérieux que je ferai, à cet égard, aux propriétaires et aux vignerons de l'Aveyron. Tout ce que dit
sur ce sujet M. Barrau, ancien président du Comice,
homme dont le nom et la mémoire sont, à juste titre, très-
honorés, est parfait de simplicité et de vérité : « Il est impossible, écrit-il, de faire du vin de bonne qualité avec des
raisins verts, tandis qu'on en obtient toujours de passable,
et souvent de bon, lorsque la maturité est complète. » Mais
je n'admets, ni avec lui, ni avec M. Girou de Buzareingues,
que dans l'Aveyron on doive vendanger en deux fois et
même en trois ou quatre fois; cela n'est praticable que
pour de très-grands vins. Une bonne vendange doit s'enlever rapidement et en une seule fois, sans même regarder
beaucoup à quelques grappes avariées : c'est la petite question; la grande question, c'est d'attendre une maturité parfaite : s'il pleut, attendez, le beau temps viendra; s'il fait
froid aujourd'hui, il fera chaud demain; attendez, attendez
jusqu'à parfaite maturité : neuf fois sur dix vous y gagne-
rez 100 pour 100. Si vous n'avez point vendangé par le
froid du matin, si vous avez laissé votre raisin au soleil, en
vingt-quatre ou quarante-huit heures votre cuve entrera
en ébullition. Laissez-la bouillir; contentez-vous d'écouter,
en mettant tous les jours votre oreille contre le bois :

lorsque vous entendrez le gros bruit du bouillon diminuer, écoutez plus souvent, toutes les deux heures; et dès que vous serez assuré que le bruit s'amoindrit notablement et que vous verrez le marc s'abaisser, tirez votre cuve en bonnes barriques de commerce, neuves, ou bien nettoyées et méchées; ne les emplissez qu'aux trois quarts. Pendant que la cuve coule encore, après l'avoir décalée et penchée, vite les chargeurs dedans; chargez le marc, portez au pressoir, pressurez, pressurez vite, quatre coupes et cinq serres. Remplissez également toutes vos barriques avec les jus du marc, mettez une feuille de vigne avec une petite pierre sur les bondes et laissez huit jours, dix jours, en cellier, jusqu'à ce que les vins ne travaillent plus. Bondez alors, descendez en cave, calez bien, remplissez, posez la bonde librement, et tous les huit jours allez remplir. Après un mois, scellez la bonde, et vous aurez alors le meilleur vin que vous ayez jamais pu faire; il sera limpide, brillant, bien coloré, généreux, droit, et se gardera plus longtemps sans s'altérer que par aucune autre méthode de préparation.

Que le gros bouillon baisse et s'éteigne après quatre et cinq jours seulement, tant mieux, ce sera un excellent vin; s'il tarde à six jours, sept jours, il sera moins beau et moins bon; si c'est plus tard, il sera moins bon encore; mais le véritable terme de la décuvaison, c'est la chute de la grosse fermentation. Ne foulez jamais à la cuve, parce que tout foulage retarde la fermentation, et tout retard dans la fermentation, toute prolongation inutile du contact du marc avec le vin l'affaiblit; car le marc s'empare de l'esprit du vin, comme le cassis, comme les cerises s'emparent de l'esprit de l'eau-de-vie. Quand on cuve bien,

c'est-à-dire en peu de temps, l'égrappage ne signifie rien,
et jamais le chapeau ne contient d'acide.

Plusieurs viticulteurs, à la tête desquels est M. Combes,
emploient le procédé de cuvaison à la Bertholon, c'est-à-
dire qu'ils fixent le marc à 30 centimètres dans la cuve,
par un châssis à claire-voie, ferment la cuve au-dessus,
puis laissent ainsi cuver douze, quinze et vingt jours. Ce
procédé ralentit la fermentation et aplatit les vins, mais il
diminue en effet les chances d'acétification. J'ai déjà vu ce
procédé pratiqué en Lorraine, j'ai goûté les vins qui en
résultent, comparés aux autres vins, et ma préférence est
pour les vins cuvés rapidement, en cuve ouverte, sans foulage pendant la fermentation.

Quand l'année est froide, que les raisins sont mal mûrs
et surtout déposés froids dans la cuve, le mouvement de
fermentation se fait attendre plusieurs jours et il s'opère
très-lentement. On a imaginé de faire chauffer une portion
de moûts en chaudière et de les verser au fond de la cuve,
au moyen d'un entonnoir à longue douille qui dépasse la
cuve en hauteur.

La cuvaison dure de dix à quinze jours dans l'Aveyron;
c'est moitié de temps de trop : la fermentation est troublée
chaque jour et retardée par un homme qui entre nu dans
la cuve et qui mélange le marc au jus, tout en y introdui-
sant l'air. C'est une pratique doublement vicieuse en ce
qu'elle refroidit le marc et introduit dans la cuve le principe le plus énergique d'acétification, l'oxygène de l'air
agissant sur l'alcool naissant et chaud.

A Villefranche, les vignes sont très-divisées et sont faites
par les propriétaires et des journaliers, à 1 fr. 50 cent.
l'hiver et 1 fr. 75 cent. l'été. Mais le plus souvent le pro-

priétaire fait cultiver, tailler, lier, ébourgeonner à la tâche et au prix fait de 70 à 110 francs l'hectare.

A Espalion, les conditions sont à peu près les mêmes, sauf l'emploi des journaliers, qui est remplacé par celui de domestiques logés et nourris, aux gages de 200 francs par an. Néanmoins il y a dans cet arrondissement quelques vignobles cultivés à la coutume de Marcillac : M. Tédenas, juge à Espalion, possède un de ces vignobles.

A Marcillac même, la plupart des habitants possèdent une vigne, un champ, un pré, un jardin, une chènevière et une habitation; mais une grande partie des exploitations y sont constituées en petits domaines, qui comprennent une maison plus ou moins spacieuse, 5 hectares de vignes en moyenne, des lambeaux de prairies, d'autres terres, un jardin à légumes et à fruits; ces petits domaines forment chacun ce qu'on appelle un vignoble.

Ces vignobles sont possédés la plupart par de riches habitants de Rodez et d'autres points du département.

Chaque domaine est tenu par un vigneron et sa famille à gages payés, partie en argent, partie en blé ou seigle, partie en vin. Parfois le vigneron est admis au partage des fruits ou produits accessoires, mais jamais au produit de la vigne. Aussi les vignes des propriétaires ne rapportent-elles, en moyenne, que 40 hectolitres à l'hectare, tandis que celles des vignerons rapportent 60 à 80 hectolitres : aussi les propriétaires se plaignent-ils des vignerons et les vignerons sont-ils assez mal disposés envers les propriétaires. Le propriétaire et le vigneron ont à la fois raison et tort chacun de leur côté. Si le propriétaire ajoutait aux excellentes dispositions prises à l'égard de son vigneron l'octroi d'un dixième de la récolte brute, il verrait sa moyenne s'élever à 60 hectolitres à l'hectare, ce qui augmenterait son revenu de 1,400 francs, à son grand contentement. Quant au vigneron, qui doublerait son salaire par les 120 francs qu'il aurait gagnés en sus par hectare, il serait heureux et dévoué à son propriétaire. Faute de cette prime au travail, bien légitime et bien acquise dans ce pays, une guerre ouverte, avec armement complet, existe entre le propriétaire et le vigneron. Je la trouve énoncée, organisée, imprimée et déclarée, en 1833 par M. Girou de Buzareingues, en 1861 par M. Barrau et en 1864 par le Comice agricole de Marcillac. Mais, outre la guerre déclarée, il y a une guerre sourde, dont la fin sera le passage définitif de la vigne dans la main du vigneron, par les difficultés et les exigences croissantes de celui-ci et par le dégoût et l'impuissance à cultiver de celui-là.

Le vigneron à prix fait ne peut prendre de *vicaires* (aides) sans qu'ils soient agréés par le propriétaire. Il est tenu de tailler et de lier la vigne, d'aiguiser, tailler, déplacer et mettre en place les échalas; il est tenu de ramasser la taille et les souches ainsi que les échalas hors de service, pour l'usage exclusif du propriétaire, et de les mettre à l'endroit désigné; il est tenu de provigner; il est tenu de mettre dans les provins tout le fumier qui est fourni par le propriétaire. Il doit donner deux façons aux vignes, le fouissage et le binage, à des époques déterminées; il doit épamprer par lui-même ou par personnes capables; il est tenu de relever les murs; il est tenu d'étêter la vigne à la fleur et de sarcler avant le 1er septembre, en épointant; il doit racler les rocs et arracher les ronces, arbrisseaux ou herbes qui croissent au pied des murs, nettoyer les capalières ou conduites d'eau; il doit soigner la cave et la vais-

selle; il est aussi responsable de son dépérissement; il
doit concourir aux travaux de vendanges, et est tenu de la
manipulation du vin, soit à la décuvaison, soit pendant
l'année; toute prestation est à la charge du vigneron; des
experts statuent sur les contestations.

Voici le salaire actuel (1861) d'un vigneron de la vallée
de Cruou, pour la culture d'un domaine contenant 5 hectares
26 ares 70 centiares (quatre-vingt-sept journées environ) :

Argent, 160 francs.........................	160 fr.
Vin, 15 hectolitres : moitié de plein coul, moitié de pressoir...............................	225
Seigle, 12 hectolitres 48 litres................	200
Lard, 12 kilogrammes........................	18
Huile de noix, quand il y a récolte, 4 kilogrammes 8 grammes............................	6
Jouissance de quelques petits lambeaux de terrain au bas des vignes...........................	11
Logement................................	100
Total des avantages faits au vigneron pour 5 hectares 26 ares 70 centiares de vigne..........	720

Or, d'après les chiffres les plus réduits de M. Girou de
Buzareingues, d'après les données les plus positives de
M. Barrau, et d'après ma propre expérience des cultures
de la vigne, il est impossible d'accomplir le labeur imposé
à moins de sept cent cinquante journées dans les terres
calcaires, et de neuf cents journées dans les aubugues ou
terres fortes. Il faut donc au moins trois personnes adultes,
deux hommes et une femme, pour accomplir ce travail dans
une année : c'est un salaire par journée qui varie de 80 à
97 centimes; et il faut que les femmes travaillent avec
autant d'énergie que les hommes, ce qui a lieu en effet.

Si les vignerons de Marcillac sont actifs, laborieux, intré-
pides, leurs propriétaires ont une force de volonté qui
n'est guère moindre que celle de leurs vignerons et une intelligence positive très-développée, par lesquelles ils ont su
maintenir les âpres natures de leurs serviteurs. Le Comice
de Marcillac, puissamment constitué, les dirige et les sur-
veille : il a su joindre à la force de ses règlements la stimulation de l'amour-propre du vigneron par des expertises
parfaitement faites et par des primes et des encouragements
habilement répartis; mais tous ses efforts n'empêcheront
point la propriété de passer aux vignerons, si l'ouvrier de
la vigne n'est associé pour un dixième de ses produits. C'est
par là seulement que les propriétaires garderont leurs propriétés, doubleront leurs revenus et répandront dans les
familles rurales une modeste aisance plus que méritée. Dans
la situation actuelle, si pénible et si ingrate pour le vigneron, les vignobles rapportent plus de 10 pour 100 à leurs
propriétaires.

Un vignoble complet vaut moyennement 20,000 francs
et coûte, en salaire de vigneron, achat de fumier, d'écha-
·las, en intérêts de l'argent et impositions, vendanges et
entretien, de 1,600 à 2,000 francs. Il rapporte environ
200 hectolitres de vin, qui, à 20 francs l'hectolitre, donnent 4,000 francs, soit 2,000 francs de revenu.

Après cet exposé de la situation et des rapports du vigneron avec le propriétaire de Marcillac, je laisse à quiconque
est doué d'intelligence et d'humanité à décider si l'ouvrier est
coupable ou si c'est la conscience du propriétaire qui doit
s'accuser de la tension qui existe dans l'Aveyron et de l'infériorité de production des vignes du maître bourgeois à
l'égard de la production des vignes du propriétaire vigne-

ron. J'ai toujours vu, en toutes erreurs sociales, le principe du mal et de la lutte dépendre du plus haut placé et du plus fort. Ce qui se passe ici n'est qu'un des mille faits qui démontrent la vérité de cette constatation, puisque les propriétaires peuvent donner l'aisance à leurs vignerons en augmentant leurs propres richesses, et qu'ils ne songent pas même à réaliser ce double progrès.

Je n'ai jamais rencontré de vignoble plus curieux et plus agréable à voir que celui de Marcillac, vu de la station du chemin de fer. Il forme un bassin profond et évasé, au centre duquel s'élève une montagne qui paraît presque isolée, et dont tous les flancs, comme ceux des montagnes environnantes, sont garnis de gradins à murailles et à terrasses couvertes de vignes bien tenues.

Les abords d'Espalion ne sont pas moins saisissants par l'aspect de l'entassement des montagnes, des gorges tortueuses et des vallées profondes, par les tons énergiques et les couleurs variées du sol, par les hachures bizarres des gradins des vignes diversement inclinées.

Entre Rodez et Espalion sont de vastes plateaux jurassiques, surmontant les terrains de trias qui sortent au nord de Rodez et au sud d'Espalion. Tout le nord d'Espalion appartient aux granits. Marcillac repose à la fois sur les calcaires jurassiques ou rougiers et sur les terrains triasiques ou aubugues, Villefranche sur les calcaires infrajurassiques, Milhau et Saint-Affrique sur les trois étages oolithiques. De Marcillac à Viviers, surtout de Saint-Christophe à Aubin et d'Aubin à Viviers, on voit des terrains houillers se dégageant entre les terrains du trias et les terrains jurassiques. Dans la dernière partie, sur toute la rive droite de l'Avéyron, dont le cours est des plus pittoresques, on voit

une succession de coteaux couverts de vignes ; tandis que
sur la rive gauche, versant nord des encaissements de cette
rivière, les coteaux sont presque partout couverts de belles
châtaigneraies.

L'Aveyron compte 20,000 hectares de vignes ; c'est environ la quarante-quatrième partie de sa superficie totale,
qui est de 874,333 hectares.

Le rendement général moyen de chaque hectare est de
35 hectolitres, dont le prix moyen est de 20 francs l'hectolitre, soit 700 francs bruts par hectare, ou 14 millions
de produit brut total pour les 20,000 hectares.

Ces 14 millions de francs fournissent le budget normal
de plus de 14,000 familles moyennes, et, dans l'Aveyron,
de plus de 60,000 habitants, plus du septième de la population, qui est de 400,070 âmes ; ils représentent d'ailleurs
le quart du revenu total agricole, qui est de 56 millions de
francs. 174,000 hectares en céréales donnent dans l'Aveyron, en moyenne, 160 francs par hectare ; 49,000 hectares
de pommes de terre, chanvres, prairies artificielles, donnent
164 francs par hectare ; et si l'on joint à ces deux chapitres
les 131,000 hectares de jachères qui en dépendent et
entrent forcément dans le roulement des cultures de céréales, prairies artificielles, racines, légumes, chanvres,
etc., on a les 354,000 hectares de terres labourables, qui
ensemble ne produisent que 35,400,000 francs ou 100 fr.
par hectare, sept fois moins que la vigne. Pour ce qui est
des 135,000 hectares de prairies naturelles du département, elles ne produisent, en moyenne, que 75 francs par
hectare, neuf fois moins que la vigne.

Ce n'est pas d'aujourd'hui que l'on constate cette supériorité locale de la vigne sur les autres cultures. En 1833,

M. Girou de Buzareingues écrivait : « Les 2,000 hectares
« de vigne du vallon de Marcillac produisent, à raison de
« 30 hectolitres à l'hectare, 60,000 hectolitres de vin, qui,
« au prix moyen de 12 fr. 50 cent. l'hectolitre, valent
« 750,000 francs; la même étendue de terrain, sous une
« bien meilleure qualité, consacrée à la culture des céréales,
« rapporterait au plus 50,000 francs de produit brut.

« Les domaines de vignes produisent donc quinze fois
« plus que les domaines composés de champs, de prés et de
« pâturages.

« Plus de mille six cents familles, ou environ huit mille
« personnes de tout sexe et de tout âge, vivent de la cul-
« ture de la vigne dans le canton de Marcillac; la culture
« d'une bien plus grande étendue de terrain, dans les do-
« maines à blé du plateau calcaire de ce même canton,
« occupe à peine quatre cents familles; et il est tel de
« ces domaines, d'une étendue totale aussi grande que celle
« de ce vignoble (ceux de la Garde, de la Vaissière et de la
« Goudalie réunis), où elle occupe à peine quatre-vingts
« personnes toute l'année.

« Aux produits pécuniaires de la vigne, si l'on ajoute
« le nombre des soldats que fournit à la patrie une popu-
« lation presque centuple de ce qu'elle serait en ces lieux
« sans les vignobles, *population portée au mariage par la na-*
« *ture de ses travaux*, on restera convaincu que la vigne est
« la poule aux œufs d'or qu'il convient de ne pas tuer. »

Je suis heureux de trouver dans un esprit aussi élevé et
aussi considéré que celui de M. Girou de Buzareingues
l'observation et l'expression nette et précise des vérités que
je vois et que j'exprime aujourd'hui; je suis heureux d'en
lire les meilleures formules imprimées, il y a trente-deux

ans, par un homme qui a laissé dans l'Aveyron les souvenirs les plus profonds et l'attachement le mieux fondé.

Reçu à Marcillac par M. de Monseignat, prime d'honneur de l'Aveyron et président du brillant Comice de cette
commune justement réputée, j'ai visité avec lui les vignes
environnant la gare, parmi lesquelles se trouvait précisément une vigne d'étude du Comice, déjà âgée de vingt ans,
encore toute de franc pied et conduite à différentes tailles
d'essai. Parmi ces tailles dominait une taille généreuse, à
longs coursons, qui ressemblait assez à la taille lorraine, et
dont je donne deux croquis dans les figures 28 et 29, pour

Fig. 28.

Fig. 29.

compléter la série des tailles observées par moi dans l'Aveyron.

A Espalion, je fus reçu par M. Affre, maire d'Espalion,
qui m'attendait avec un grand nombre de propriétaires et
de vignerons. Là, toutes nos opérations, enquête, visite
aux vignes, conférence, furent accomplies régulièrement.
M. Tédenas, ancien maire d'Espalion, viticulteur émérite,
âgé de quatre-vingt-un ans, nous suivit dans les vignes avec
la vigueur et l'activité d'un jeune homme; je lui dois sur la
viticulture les renseignements les plus précieux.

Il n'y a pas de vignoble à proximité de Rodez : pourtant
M. Fonteix, chef de division à la préfecture, me conduisit à
une petite vigne bien venant, mûrissant bien ses fruits,

quoiqu'à une hauteur de 550 mètres environ au-dessus du niveau de la mer. Cette petite vigne, d'une douzaine d'ares, est située au sud-est de la ville, au pied de ses murs. M. Roque, propriétaire de cette vigne, d'un produit satisfaisant et à laquelle il tient beaucoup, va la compléter et l'étendre; je l'y ai beaucoup encouragé, parce que c'est vraiment une curiosité : cette vigne est d'ailleurs déjà ancienne, et son succès peut amener des imitateurs.

DÉPARTEMENT DE LA LOZÈRE.

Le département de la Lozère possède très-peu de vignes, 1,000 hectares environ, dont 875 hectares à Florac, 18 dans l'arrondissement de Mende et 107 à Marvejols. Ces vignes rapportent en moyenne 25 hectolitres à l'hectare, valant 25 francs l'hectolitre, ce qui donne environ 625,000 francs de produit brut, budget de 2,500 habitants, cinquante-cinquième partie de la population, qui est de 137,263 individus; c'est la trente-cinquième partie du revenu total agricole du département, sur la cinq cent dix-septième partie de sa superficie, qui est de 517,000 hectares environ.

L'aridité des flancs et des sommets de ses nombreuses montagnes, l'altitude générale du pays (Mende est à 735 mètres, Florac à 540 mètres au-dessus du niveau de la mer), l'âpreté de son climat, qui en est la conséquence, sont autant de conditions qui rendent la culture de la vigne difficile et ingrate dans ce département.

Toutefois il y a lieu de penser que le voisinage du département du Gard et la préoccupation du climat chaud des basses latitudes du midi (44 et 45 degrés), auquel ils appartiennent, ont porté les habitants de la Lozère à s'exagérer, par comparaison, les mauvaises conditions de leur viticulture. A mes yeux, leur climat est meilleur pour la

5.

vigne que celui de l'Alsace, de la Lorraine, et surtout que
celui de l'Aisne et des Ardennes; car le mûrier y prospère
dans la plupart des vallées, en plaine et aux flancs *est,
ouest et sud* des rampes inférieures des montagnes; mais
les viticulteurs du pays ont emprunté d'abord la plupart de
leurs cépages au midi : le grenache, l'aramon, le bouret,
le maroquin, le mourastel, le muscat noir, et par-dessus
tout le salamençais ou salamancès (picpoule), cépage dominant à Marvejols et à Florac. Avec de tels cépages, il est
évident qu'aucune perfection dans la maturité n'est possible;
et, en outre, les gelées de printemps et les fraîcheurs de
juin font facilement disparaître, par la coulure, ces raisins
propres aux pays chauds.

Depuis quelques années les gamays, les liverduns, les
brugamays, ont été apportés à Florac, à Marvejols et dans
quelques clos disséminés et peu étendus des Cévennes,
notamment au petit vignoble de Rozier. Les gamays produisent les vins les meilleurs et les plus agréables du pays,
tandis que la plupart des autres vins sont d'une verdeur et
d'une acidité déplorables et déterminent parfois des pur-
gations assez fortes.

Je ne doute pas un instant que les morillons noirs ou
précoces des environs de Paris, le mollard des Hautes-
Alpes, les pineaux noirs, blancs et gris, les rieslings, les
traminers et les gentils de l'Alsace, les gamays et les meuniers ou fernaises de la Lorraine, les mesliers et les savagnins jaunes de la Franche-Comté, les petits gamays du
Beaujolais, les plants dorés et les plants verts de la Champagne, ne puissent constituer ici des vignes, sinon aussi
fertiles et aussi rémunératrices que dans les contrées diverses
que je viens de citer, au moins suffisamment productives pour

dépasser de trois ou quatre fois en valeur, à surface égale, la meilleure production agricole du pays.

Un tel résultat serait d'autant plus désirable pour la Lozère, pour sa partie des Cévennes surtout, que les mûriers, sur lesquels on avait fondé de grandes espérances, ne donnent presque rien aujourd'hui : la vigne remplacerait donc avantageusement les mûriers et une grande partie des superficies consacrées aux châtaigniers, qui ne rendent pas, en moyenne, 20 francs à l'hectare.

Sur les 192,000 hectares de terres labourées du département, le dixième au moins, d'après ce que j'ai vu dans mes parcours, pourrait porter d'excellentes vignes sur les parties les moins propres aux céréales. Ce serait là une immense création de richesse.

Mais, pour que la vigne réussît bien sous le climat et dans les terrains de la Lozère, il faudrait qu'elle y fût conduite suivant les méthodes lorraines, alsaciennes ou de l'arrondissement de Rethel; il faudrait qu'elle y fût plantée selon les méthodes du Beaujolais ou de l'Hérault; il faudrait, en un mot, qu'à l'adoption des cépages hâtifs les viticulteurs joignissent les pratiques propres à assurer une prompte mise à fruit, une vigoureuse végétation, une taille en sec préservatrice des gelées de printemps et une taille en vert préservatrice de la coulure et de l'oïdium; en s'assurant contre la grêle, dont rien, jusqu'à présent, ne peut conjurer les affreux désastres, ils pourraient se livrer à l'extension de la viticulture en toute sécurité.

La vigne vient dans les terres les plus médiocres, dans les pierres, sur la roche; si l'exposition est favorable, *est* et *sud*, si le site est bien abrité du nord, l'altitude n'est point un obstacle. C'est ainsi que tout près de Mende, à une altitude de 700 mètres, les coteaux ont porté autrefois des vignes; il en existe encore quelques-unes qui mûrissent très-bien leurs fruits. Évidemment les viticulteurs, très-rares d'ailleurs, de la Lozère ne savent pas toutes les ressources de végétation que présente la vigne.

Déjà les vignes sont mieux comprises à Marvejols, à Florac, et surtout à Ispagnac, où de bons propriétaires tirent 20, 30, 40 hectolitres à l'hectare. M. Austrui à Marvejols, M. Lamarche à Florac, M. Chaptal à Ispagnac, arrivent à des moyennes très-élevées.

La vigne, à Florac et à Marvejols, n'offre, d'ailleurs, rien d'original dans sa plantation, dans sa conduite ni dans sa culture. On plante à bouture, à 50 centimètres de profondeur, sur un défoncement général de pareille profondeur (on pourrait économiser un défonçage aussi dispendieux dans toutes les terres pierreuses et légères); les ceps sont à 80 centimètres et à 1 mètre au carré, tant que les lignes ne sont pas brisées par les provignages successifs. La souche est dressée à hauteur d'un *litre*, c'est une idée du pays (0^m,25), sur une corne, sur deux cornes le plus souvent, peu sur trois, plus rarement encore sur quatre (fig. 30); à Ispagnac on dresse sur trois, quatre et cinq

Fig. 30.

Fig. 31.

cornes; j'ai compté jusqu'à huit coursons, à deux yeux, sur plusieurs souches de ce vignoble (fig. 31), qui, par ce seul fait, produit moitié en sus des autres. Chaque corne est surmontée d'un seul courson taillé à deux yeux et souvent à un seul œil franc. Un échalas d'un mètre, hors de terre, est donné d'abord à chaque souche; mais on ne le remplace plus. La vigne est entretenue et bientôt mise en foule et en désordre par le provignage, qui la perpétue dans les conditions les moins favorables à la production. Un ébourgeonnage est fait au printemps par les viticulteurs les plus soigneux : les pampres sont relevés à la fleur et passés, à Florac, dans de petits cercles d'osier, préparés l'hiver à l'avance, sur un diamètre qui varie de 8 à 15 centimètres. Ce cercle maintient les pampres dressés autour de l'échalas et remplace, mais avec désavantage, les liens de paille de la Bourgogne, de la Champagne et de la Lorraine.

Au lieu de rogner ensuite les pampres ainsi groupés, on les entrelace et on les tord avec ceux des souches voisines, là où les pousses sont très-vigoureuses.

On donne deux cultures, l'une avant la végétation, l'autre vers la fin de mai ou au commencement de juin; on ne fume qu'au provin et on ne terre pas. Les terrages, qui sont le salut et font la prospérité des bons vignobles des Hautes-Alpes, seraient encore plus faciles et plus avantageux ici.

La vendange se fait en paniers, versés en comportes qui sont rapportées à dos de mulets ou sur voiture : on foule le raisin avant de le mettre à la cuve; mais, une fois la cuve remplie aux cinq sixièmes, on laisse la fermentation s'accomplir sans la troubler, ce qui est très-bien.

A Marvejols, on tire le vin à deux et à six jours de cuvaison; à Florac, on cuve de dix à douze jours; on tire en vaisseaux vieux, on presse les marcs, et les uns (à Marve-

jols) mêlent leurs vins de presse aux vins de cuve, les autres
(à Florac) ne les mêlent pas.

En somme, les vins de la Lozère se gardent peu; ils
sont, en général, verts et acides, par défaut de maturité
des ceps du midi ou par vendange trop précoce; mais
quand ils sont faits par une bonne maturité, et surtout avec
les gamays, ils sont très-sains et de bonne consommation.

L'extension de la culture de la vigne serait un grand
bienfait pour la Lozère. L'Administration préfectorale et la
Société d'agriculture le comprennent parfaitement et font
tous leurs efforts pour éclairer et encourager la culture de
la vigne. M. Delapierre, conseiller de préfecture et président de la Société d'agriculture, s'occupe activement de la
viticulture et du progrès agricole du département.

DÉPARTEMENT DE L'ARDÈCHE.

Le département de l'Ardèche comptait, en 1816, environ 16,000 hectares de vignes, dont la production moyenne était de 15 hectolitres à l'hectare. Il en compte aujourd'hui 30,000 et plus, savoir : 10,000 hectares environ dans l'arrondissement de Privas, 14,000 dans celui de l'Argentière et 6,000 dans celui de Tournon, dont la production moyenne n'est pas au-dessous de 24 hectolitres à l'hectare ; le prix moyen de l'hectolitre, depuis six ans, s'est élevé au-dessus de 25 francs. Chaque année, depuis six ans, la vigne a donc versé 18 millions de francs dans le département, ou bien une valeur correspondante en boisson alimentaire. Ces 18 millions représentent l'existence de 72,000 habitants ou de 18,000 familles moyennes, le cinquième de la population nourrie par la dix-huitième partie du sol. (La population est de 387,174 habitants et la superficie du sol de 552,665 hectares.) La vigne à elle seule donne plus du tiers du revenu total agricole, bien que les mûriers, qui donnent peu de chose aujourd'hui, entrent pour 5 millions dans ce revenu, les châtaigniers pour un million et demi et les pommes de terre pour près de 5 millions, comme les mûriers.

L'industrie des mines et la sériciculture entretiennent dans le département de l'Ardèche une population que les céréales récoltées dans le département seraient insuffisantes à nourrir. Les pommes de terre, par leur usage alimentaire en nature et par leur transformation en porcs, jouent un rôle de première importance dans l'alimentation directe des habitants du département, ainsi que le vin et les piquettes des marcs.

La culture des pommes de terre, l'élève des porcs, pour la consommation des populations vigneronnes, s'associent merveilleusement à la viticulture là où les prairies sont rares ou impossibles; quand les prairies sont étendues et faciles à établir, la culture des prairies et l'entretien des vaches sont l'accessoire obligé des vignes, comme dans le Beaujolais et en Suisse.

Les véritables ressources, les grandes et solides cultures de l'Ardèche, sont ses pommes de terre, ses prairies, ses plateaux à pâturages et ses vignobles.

L'Ardèche a parfaitement senti l'importance de la vigne, puisqu'elle a ajouté 14,000 hectares aux 16,000 seulement qu'elle possédait en 1816. Ses vins de l'Argentière et de Privas sont déjà bons comme vins ordinaires. Ils ont la même qualité dans la plus grande partie de ses vignobles. Mais parmi ses vins de Tournon plusieurs sont, à juste titre, considérés et payés comme vins supérieurs : là se trouvent des vignobles renommés, aux produits desquels la syra et la roussane maintiennent encore aujourd'hui une ancienne et solide réputation.

Malheureusement, si l'on excepte l'arrondissement de Tournon et ses côtes du Rhône, où la vigne est soignée pour elle-même et pour produire des vins de qualité, la plupart des autres parties du département, où pourtant le terrain et les sites sont essentiellement propres à la bonne et riche viticulture, ont considéré la vigne comme une culture accessoire des cultures herbacées et arborescentes, auxquelles elle est en quelque sorte subordonnée et auxquelles on prodigue les engrais et les soins minutieux refusés à la vigne.

Dans une grande partie de l'Ardèche, la vigne est cultivée en jouelles, appelées ici *treillons* ou *treilloux*, c'est-à-dire en bordures de cultures intercalaires, ou en garniture sous les mûriers ou arbres fruitiers, le long des bords saillants des nombreux gradins ou terrasses qui s'étagent aux flancs des montagnes.

Toutefois le long des pentes, rapides quoique sans gradins, et partout où le sol, par sa disposition ou sa nature trop maigre, ne peut point produire ni céréales, ni racines, ni légumes, ni arbres producteurs de fruits ou de feuilles industrielles, on trouve à peu près partout quelques vignes pleines et cultivées pour elles seules.

Dans ces cultures, les vignes ont été composées pêle-mêle d'une multitude d'espèces et de variétés de cépages dont les noms changent d'un pays à l'autre, et parmi lesquels j'ai distingué le grenache ou alicante, le tinto, morved ou espar, le picpoule, le teret noir, le mourastel ou maréchal, le pouquet ou quercy, le rouvier, le papadoux, le maroquin, le chatelus, le grez rouge, le cico, le liverdun, le picardan, la passerille ou olivette, le parvero, le duraze, les syras grosse et petite, la roussane, la marsanne, la clairette, le chasselas, etc.

J'ai trouvé cette abondance de cépages, cette multitude d'espèces et de variétés et cette confusion de noms partout où la viticulture et la vinification sont sans règles, sans réputation et sans grands profits.

Malgré la confusion qui règne dans les cépages des vignes de l'arrondissement de l'Argentière et de Privas, malgré le peu de soins et d'avances accordés à la vigne et aux vins, les vins les plus communs de l'Ardèche sont sains, bons à l'alimentation, d'une consommation courante agréable, d'une valeur qui n'est pas descendue au-dessous de 25 francs l'hectolitre depuis 1858, et qui s'y est élevée à 40 francs et au-dessus.

Dans l'arrondissement de Tournon, les vignes sont plus soignées, les cépages plus uniformes : aussi le prix des vins y a-t-il été toujours plus élevé.

. Dans le mouvement et le progrès viticoles qui s'accomplissent de toutes parts, l'Ardèche a une belle place à prendre, car le travail énergique, ingénieux, persévérant, est dans le cœur et dans les bras de ses habitants.

Je crois qu'il est impossible de trouver un témoignage plus gigantesque et plus surprenant de la puissance et de l'opiniâtreté du travail de l'homme que celui qui résulte de l'aspect des murailles, sans nombre et sans fin, qui soutiennent en gradins (appelés *échancs*, d'*échancrure*, dans ce pays) les flancs de presque toutes les montagnes de l'Ardèche, depuis leur base jusqu'à leur limite la plus élevée où la moindre culture soit possible.

J'ai bien vu des montagnes à gradins et à terrasses à Collioure, Port-Vendres et Banyuls ; j'en ai vu beaucoup le long des côtes du Rhône, beaucoup dans les Alpes-Maritimes, le Var ; mais ce n'est rien d'abord en comparaison du nombre et de l'étendue des échancs de l'Ardèche ; ensuite, dans ces premiers départements, ces travaux dispendieux ont été entrepris et exécutés, soit pour porter des vignes précieuses, des oliviers ou d'autres arbres fruitiers, soit, en un mot, pour recevoir des cultures qui donnent des produits proportionnés à la dépense, calculés et payés selon ces données.

Dans l'Ardèche, le calcul ne semble être intervenu pour rien dans l'exécution de ces travaux titanesques. Personne ne les a commandés, personne ne les a payés. Ce sont les habitants propriétaires qui, pour conquérir un sol cultivable, ont exécuté de leurs mains ces centaines de millions de mètres de murailles très-bien faites et très-solides ; mais le produit de ces terrasses, exécutées au prix de tant d'efforts et de tant de sueurs de tant de générations, n'offre rien qui se rapporte à la peine, rien qui représente sa valeur : un rang de vignes ou deux, quelques mûriers, un peu de blé, quelques légumes, soit mélangés, soit isolés, voilà ce que le propriétaire peut cultiver sur ces terrasses, et le tout ne rend presque rien.

Ainsi un de ces hectares en montagne (et il faut noter ici que les plaines sont bien petites et fort rares dans l'Ardèche), un hectare, dis-je, en bon lieu, en bon état d'exploitation possible, alors qu'il présente un développement de 3 à 4,000 mètres superficiels de bonnes murailles sèches, bien solides et bien faites, trouverait à peine acquéreur à 12 ou 1,500 francs.

Ces 4,000 mètres de murailles, entre les mains d'un vigneron de Thomery, rendraient facilement, en treilles, 2,000 francs par an, sans préjudice du produit des terrasses de 3 ou 4 mètres de largeur, d'excellent fonds, très-favorable à la vigne, qui rendraient peut-être encore autant en contre-espalier.

Rien, absolument rien n'est dressé ni palissé contre ces murailles ; la vigne surtout en est éloignée. Deux ou trois

rangs de ceps en *A* (fig. 32); un cep de vigne en *B*, un
mûrier souvent chétif, un peu de blé; en *C*, une bordure

Fig. 32.

irrégulière et édentée de ceps et de l'orge; un figuier en
D : telle est à peu près la culture générale des terrasses.
Pourtant les cultures des terrasses sont souvent régulières,
bien tenues et prospères, mais elles ne sont jamais suffisamment rémunératrices. Comment les céréales, les racines, les légumes, le mûrier, pourraient-ils équivaloir
au revenu d'une valeur qui n'est pas moindre de 15 à
20,000 francs? La vigne elle-même aurait peine à payer
ses façons et à donner 5 pour 100 de ce capital. Elle le pourrait pourtant si elle était formée de fins cépages, comme
la syra, le carbenet-sauvignon, le sémillon, le furmint, pour
les vins, les chasselas, le muscat, pour raisins de table. Il
suffirait, d'ailleurs, de produire 40 hectolitres de vin, à
50 francs l'hectolitre, pour donner 2,000 francs de produits bruts à l'hectare; il suffirait de produire un kilogramme de raisin de table par mètre de muraille pour

produire la même somme. Mais la vigne est jetée et traitée sur les terrasses avec un sans-façon qui ne répond pas à l'importance de l'installation; elle est éloignée de la muraille le plus souvent de toute la largeur de la terrasse; et quand elle garnit toute la terrasse, elle n'est jamais plus près que 50 à 60 centimètres du mur, auquel elle devrait être attachée et palissée.

J'ai demandé avec insistance aux meilleurs viticulteurs du département, et avant tout à M. Dejoux, président de la Société d'agriculture de l'Ardèche, et à M. Mamarot, archiviste de la préfecture, tous deux profondément versés dans les pratiques agricoles du pays et dans les motifs de ses pratiques, j'ai demandé, dis-je, pourquoi cette abstention de l'usage des murailles. Tout le monde m'a déclaré qu'on n'en connaissait aucune raison. Un vigneron de l'Argentière m'a dit toutefois que les rats mangeraient tous les fruits. Je m'enquis s'il avait éprouvé le fait; il m'a répondu que non, mais que cela arriverait infailliblement.

Un propriétaire d'Aubenas m'a répondu qu'il ne viendrait absolument rien contre ces murailles, mais il n'avait pas fait d'expérience; je ne puis me contenter de ces allégations.

La vérité est que, dans l'Ardèche, on ne sait conduire la vigne qu'à cornes et à coursons, et que nulle part on ne sait faire ni conduire une treille. Dans le peu de treilles qu'on aperçoit le long de quelques maisons on reconnaît immédiatement l'absence de toute donnée et de toute notion dans la conduite de la vigne, autre que celle en plein champ. Ainsi, la figure 33 donne l'aspect de la plupart des treilles qu'on aperçoit taillées à courson, à deux yeux, comme les ceps; elles ne peuvent donner que 8 à 10 raisins à leur maximum de production, à vingt ou trente ans; tandis qu'un

Fig. 33.

seul cordon de treille, de 2 mètres et à cinq ans, en donnerait 20 et 30 (fig. 34).

Il est certain que, par les vignes conduites en treilles et

Fig. 34.

en cordons, les échancs de l'Ardèche peuvent offrir contre leurs murailles une véritable base de richesses entièrement méconnues aujourd'hui.

A Privas, à Aubenas, à l'Argentière et dans la plus

grande partie du département, les échancs sont innombrables. Pour en donner une idée, j'ai demandé à M. Dejoux, président de la Société d'agriculture, une photographie d'une vallée quelconque, et M. Mamarot m'a envoyé

Fig. 35.

celle que l'Imprimerie impériale a fait reproduire ici
(fig. 35). C'est une vue d'une propriété appelée *la Ciga-
lière*, près l'Argentière : les premiers plans à gauche font
voir nettement les terrasses ; ces terrasses garnissent aussi le
fond et les hauteurs, mais moins distinctement. Cette vue

donne une faible idée de la prodigieuse étendue des gradins dans le département.

J'ai vu près d'Aubenas, à Saint-Étienne-de-Fontbellon, un enclos dans lequel la vigne est cultivée, sur une certaine étendue, d'une manière toute différente de celle de tout le département, c'est-à-dire à longs bois, sans coursons; les longs bois étant tous abaissés brusquement par un petit coude, destiné à faire pousser un long bourgeon de remplacement sur le premier ou le second œil, et inclinés entre 110 et 115 degrés.

Voici le croquis d'une travée des palissades, que j'ai pris sur place, et dont le propriétaire, M. Pansier, et M. Dejoux,

Fig. 36.

juge de paix et président de la Société d'agriculture de l'Ardèche, ont vérifié l'exactitude (fig. 36).

M. Pansier a déclaré à M. Dejoux et à moi qu'il cultivait sa vigne comme l'avait toujours cultivée son père et comme tout le monde la cultivait, de temps immémorial, à Saint-Pierre-le-Déchausselat, canton des Vans (Ardèche).

En allant d'Aubenas à l'Argentière, on voit encore quelques ceps taillés à longs bras et à longs bois; mais ce sont là de rares exceptions, qui ne sont d'ailleurs appliquées çà et là qu'à des syras. Partout ailleurs, dans l'arrondissement de Privas et dans celui de l'Argentière, la vigne est taillée à coursons à un ou deux yeux, trois au plus dans quelques vignes très-vigoureuses.

La vigne est plantée, dans les arrondissements de Privas et de l'Argentière, suivant trois modes différents :

1° En plaines ou sur des pentes douces, sans terrasses ni murailles; dans cette situation, elle est le plus souvent disposée en jouelles ou treillons, c'est-à-dire qu'elle sert de haies d'intersection ou de bordures à des cultures de céréales, de légumes ou de racines. Rarement ces haies ont un seul rang; le plus souvent elles sont sur deux rangs; quelquefois sur trois et quatre rangs, à 1 mètre les uns des autres, avec un espace libre de 5o centimètres de chaque côté des rangs extrêmes; les intervalles des cultures intercalaires sont de 2, 3, 4 mètres et plus. Généralement on observe le même intervalle dans une même propriété.

Fig. 37.

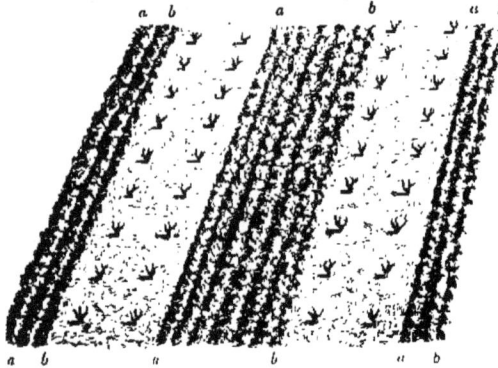

La figure 37 indique la disposition la plus commune des treillons et leur aspect le plus ordinaire, au centième.

Les ouillières, ou intervalles *a b*, *a b*, sont labourées à

6.

la charrue; les hautains, ou espaces des rangs de vignes, sont cultivés à la main.

2° En vignes pleines sans cultures intercalaires, mélangées parfois d'amandiers, de pêchers, de figuiers, dans le canton d'Aubenas, aux bonnes expositions; l'arbre le plus fréquemment imposé aux vignes est le mûrier. Les châtaigniers, qui sont nombreux et d'un grand rapport, ne sont heureusement jamais mêlés aux vignes. La plus grande partie des vignes pleines, il faut le dire, n'est point ombragée par des arbres.

3° En terrasses, soit toutes garnies de ceps, à l'exclusion d'autres cultures herbacées et arborescentes, soit en bordure sur un ou deux rangs, les ceps placés ordinairement à l'angle extrême et saillant des gradins, avec blés, racines, légumes, arbres fruitiers ou mûriers.

La vigne est plantée généralement sur un défonçage plus ou moins profond de 35 à 60 centimètres; j'ai vu même pratiquer cet effondrement avec pelversage, c'est-à-dire en mettant le sous-sol dessus, jusqu'à 1 mètre de profondeur, chez M. Trappier, à Chomérac. Je ne puis approuver toujours ces énormes mises de fonds, qui ne sont pas nécessaires souvent et qui parfois sont nuisibles, comme dans le cas dont je parle, où la bonne terre de 50 centimètres d'épaisseur se trouvait enfouie sous une couche de 50 centimètres de terre infertile; ce qui évidemment doit être défavorable à la reprise des boutures comme des plants enracinés, lesquels seront ainsi plantés dans la mauvaise terre.

On plante le plus souvent à la pioche, à mesure qu'on défriche; et les ceps sont disposés à 1 mètre ou à 80 centimètres dans les vignes pleines. Quand la plantation est faite à la pioche, la bouture est courbée en pied de bœuf,

à 3o ou 4o centimètres sous terre, comme dans Vaucluse;
mais, soit qu'on plante à la pioche ou au pieu, soit que la
bouture soit courbée dans le premier cas ou droite dans
le second cas, deux ou trois yeux sont toujours laissés
hors de terre, et la terre n'est pas foulée ou bien elle est
peu foulée autour de la bouture. C'est là une double disposition contraire à une reprise certaine et à une bonne
végétation : aussi les premières pousses des plantations
sont-elles misérables pendant deux ou trois ans, tant parce
que l'humidité capillaire ne peut pas se transmettre au sarment dans une terre soulevée, désagrégée et légère, que
parce que la surface d'évaporation, du sarment supérieur
au sol, est trop étendue.

M. Dejoux a fait à l'égard des boutures une expérience
qui mérite d'être constatée. Il a piqué en terre l'extrémité
libre de la bouture dans plusieurs lignes d'une jeune plantation, et j'ai vu ces boutures, de l'année dernière, offrir
des pousses deux et quatre fois plus grandes que celles des
boutures droites.

L'état des boutures ordinaires est représenté par la figure 38, tandis que la figure 39 représente les boutures
courbées et fichées en terre par
leur extrémité libre. Les deux méthodes étaient appliquées dans le
même terrain et dans les mêmes
conditions, à côté l'une de l'autre.

Fig. 38.   Fig. 39.

Cette expérience tendrait à
prouver qu'il s'évapore beaucoup
d'eau nourricière par l'extrémité
de la bouture verticale, et elle confirmerait ainsi les succès
extraordinaires que l'on obtient par les boutures rabattues

à un œil, cet œil étant ensuite lui-même couvert de terre légère ou de sable. La figure 40 représente une bouture disposée de cette façon, et la figure 41 montre cette bouture ayant poussé à travers sa petite butte de terre comme une asperge.

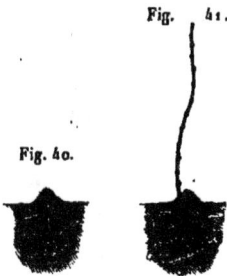

Fig. 41.

Fig. 40.

L'œil de la bouture se trouve ainsi placé dans la position d'une véritable graine, c'est-à-dire dans les meilleures conditions pour constituer un arbrisseau vigoureux et parfait.

Malgré le terreau que l'on ajoute ordinairement autour de la bouture plantée à la pioche ou au pieu, la végétation de la première et de la deuxième année, dans l'Ardèche, est presque toujours assez faible pour qu'on ne taille la vigne qu'au commencement de la troisième année; beaucoup de viticulteurs la taillent encore au commencement de la seconde; ils feraient mieux de tailler sur sa première pousse, quelque faible qu'elle fût.

Les vignes sont dressées plus tard à deux, trois, quatre, cinq et six bras, suivant la force de végétation de la vigne; la règle est trois bras; le plus ou le moins dépend plus encore de l'intelligence du vigneron que de la force de la souche.

Quelques vignerons ne mettent pas moins de six ans à donner trois bras à la vigne, sous prétexte de la fortifier : c'est une erreur de théorie et de pratique; il faut donner à la vigne ses trois ou quatre bras aussitôt que des sarments bien disposés permettent de les établir, pour l'affaiblir le moins possible.

La vigne étant formée sur un plus ou moins grand nombre de bras, tantôt très-près de terre en coteau et en terres légères, tantôt à 15, 20 et 30 centimètres du sol en terres fortes et humides, chaque bras ne porte le plus généralement qu'un seul courson taillé à deux yeux francs et le bourillon; beaucoup de vignerons ne veulent tailler qu'à un œil franc. Pourtant, dans plusieurs localités, à Vesseaux surtout, où la culture de la vigne se pratique et s'étend avec beaucoup d'entrain, j'ai vu plusieurs vignerons intelligents et hardis laisser deux coursons à chaque corne et jusqu'à trois yeux francs à chaque courson : sous ce régime la vigne, qui a plus d'expansion, se fortifie davantage et donne beaucoup plus de fruits.

La figure 42 représente une souche de vigne observée à

Fig. 42.

Vesseaux, taillée à nombreux et à longs coursons. Voici, d'ailleurs, une série de souches observées à Privas, à Chomérac, à l'Argentière, et croquées sur place parmi celles qui m'ont paru représenter

Fig. 43.   Fig. 44.

Fig. 45.

les formes et les proportions les plus générales. Les figures 43, 44 et 45 indiquent l'ensemble des souches à Privas, Alissas, Chomérac, etc.

La figure 46 montre les vignes très-basses, sur coteaux maigres, en descendant le col de l'Escrinet pour aller de Privas sur Aubenas. Dans les vignobles près de l'Argentière, on voit dans beaucoup de vignes les souches atteindre les proportions de la figure 47 et quelques ceps de syra prenant la disposition de la figure 48.

Fig. 46.

Fig. 47.

Vers la troisième année, les vignes sont échalassées assez régulièrement, mais avec des échalas de peu de choix et souvent bien inégaux par vétusté; après sept, huit ou dix ans, aussitôt que les vignes sont jugées assez fortes pour se soutenir seules, on supprime les échalas.

Fig. 48.

Dans tout le département, on comprend l'importance de l'ébourgeonnage, mais on le pratique avec beaucoup de

négligence; on ne pince pas, on ne rogne pas; partout on
effeuille un peu avant la vendange.

On donne une forte culture en mars, on taille, on met
les échalas, on lie; puis on donne un premier binage en
juin et parfois, mais rarement, un second binage en juillet.

Les vignes sont entretenues par le provignage et fumées
seulement au provin. Les branches de sapin et les buis sont
considérés, avec raison, comme excellents pour la vigne; et
on les emploie en grande quantité, surtout les buis, qui
végètent en abondance sur les garigues et dans les bois.
Les terrages, qui seraient faciles et peu coûteux, sont à
peine pratiqués dans l'Ardèche; on en ignore les bienfaits.

Fig. 49.

Fig. 5o.

La figure 49 montre la hotte à longs pieds obliques, avec
laquelle on monte les fumiers et la terre dans les échancs
ou gradins, sur les coteaux de l'Ardèche. Cette hotte, figures 49 et 5o, se nomme la *baisse*. On la voit ici appuyée
et prête à recevoir la charge, puis portée à dos d'homme.

Toutes les cultures sont faites à la journée et à prix fait : le prix de la journée varie de 1 fr. 50 à 2 fr. 25 cent. sans nourriture. L'ouvrier n'est point intéressé au succès ou à la perte du produit de son travail. On afferme souvent les terres, et dans le cas où des vignes sont intercalées, elles sont comprises dans la ferme; parfois les terres d'une même ferme sont à bail et les vignes en sont à moitié fruits.

La vendange est déposée des paniers dans des bennes, qu'on transporte sur voitures, ou à dos de bêtes de somme, à la cuve toujours ouverte; on foule à la cuve après deux ou trois jours, et l'on tient le marc plongé dans le liquide par des planches maintenues au moyen de poinçons ou chandelles qui s'arc-boutent contre les solives des vinées.

La cuvaison dure de huit à quinze jours, quelquefois plus; à l'Argentière on cuve jusqu'à trois semaines et l'on tire en vaisseaux vieux, toujours les mêmes, ce qui donne souvent au vin un mauvais goût, qu'on appelle à tort goût de terroir.

On ne pressure pas à l'Argentière, et l'on fait des piquettes avec les marcs non pressurés, sur lesquels on ajoute de l'eau. On pressure au contraire à Privas, à Alissas, à Chomérac, et l'on répartit les vins de presse par parties égales dans les tonneaux.

A Aubenas et à l'Argentière, le pouquet est très-répandu. Le pouquet est un raisin noir pyramidal, mauvais à manger, donnant un vin sur, peu alcoolique, mais droit et franc de goût; son cep se charge beaucoup près de la souche : ce sont les mêmes caractères que ceux du balzar ou balzac de la Charente-Inférieure.

Les vins d'Alissas, de Chomérac et de Privas ont bien plus de corps, de force et de couleur que les vins d'Aubenas et de l'Argentière; ils ont plus de qualité, mais ces derniers sont sains, alimentaires et de consommation agréable, quand ils sont francs et droits.

Les prix moyens sont de 45 francs la charge, de 150 à 160 litres, et les récoltes moyennes sont de 20 à 30 hectolitres à l'hectare. On obtient des produits de 60 hectolitres et plus à l'hectare en bonnes vignes; mais combien de vignes, en revanche, produisent 12 à 15 hectolitres et même rien, surtout depuis l'invasion de l'oïdium, qui sévit en beaucoup de vignobles! Depuis un an seulement on commence à combattre le fléau; tout fait espérer que désormais il sera partout poursuivi et vaincu.

L'arrondissement de Tournon, qui contient les meilleurs vignobles et produit les meilleurs vins de l'Ardèche, Saint-Péray, Baume, Cornas et Tournon, pratique la viticulture sur des données arrêtées et constantes, comme font tous les vignobles donnant de bons vins et sachant en tirer depuis longtemps un bon prix.

La viticulture de l'arrondissement de Tournon paraît plutôt se rattacher à celle de Tain et de l'Hermitage, dont Tournon n'est séparé que par le pont du Rhône, que de rien tenir, sous ce rapport, du département dont il fait partie.

D'abord, dans tout l'arrondissement, les vignes sont constamment munies de beaux et bons échalas de $1^m,66$ à 2 mètres de longueur, en acacia, en châtaignier ou en chêne, aiguisés par les deux pointes.

En montagne on prépare la plantation de la vigne par un défonçage de 80 centimètres à 1 mètre. La roche métamorphique appelée *gorre*, qui constitue le sol de la vigne, s'effrite et fuse à la gelée et à la pluie, de façon à donner la terre végétale, qui existerait à peine sans cette désagrégation. Le défonçage profond fournit non-seulement la terre, mais encore les pierres des gradins ou échancs. Dans le sol granitique, il y a des pierres qui fusent et d'autres qui ne fusent pas; ce sont ces dernières qui servent à la construction des murailles. Dans les plaines à cailloux roulés ou à sables pour sous-sol, on ne défonce que de 45 à 60 centimètres de profondeur.

On plante en bouture et au pieu, à 90 centimètres de distance au carré, et à 60 ou 80 centimètres de profondeur. Les vignerons de Tournon déclarent qu'ils préfèrent voir la moitié des boutures ne pas réussir, à la réussite complète de leur plantation, afin d'avoir à suppléer aux manques par le provignage : le provignage est le seul moyen, disent-ils, de faire produire la syra, cépage principal du pays. Quand on plante à barbues ou à marcottes, on plante en fossés distants du double de leur largeur, pour garnir l'intervalle par le provignage, tant aimé dans l'arrondissement de Tournon comme à l'Hermitage. Ce sont là des idées qui ne supportent pas l'examen : d'abord il vaudrait mieux ne planter que la moitié des boutures et les faire réussir toutes, que de les planter toutes en souhaitant qu'il en manque la moitié; ensuite, la pousse étant très-faible d'abord, par suite de la mauvaise méthode de plantation, ce n'est que vers la troisième ou la quatrième année que l'on peut pratiquer le provignage, ce qui constitue un retard énorme dans l'installation définitive de la vigne et un entretien des plus dispendieux par un provignage constant et extraordinaire; tellement extraordinaire que je ne puis m'expliquer sa pratique persévérante et générale et encore moins son succès.

On provigne de 60 centimètres à 1 mètre de profondeur;

c'est-à-dire que quand une place est vide par la mort d'un ou de plusieurs ceps, et qu'il existe au voisinage une bonne souche pour occuper cet espace par un provin, on déchausse la souche après avoir préparé la fosse à côté, on dégage ses racines jusqu'à ce que, sans la casser, on puisse la coucher au fond du trou; on coupe tous ses sarments, excepté deux, parfois trois, les plus beaux et les plus longs; on abaisse alors cette souche et on l'étend avec précaution sur le fond de la fosse : l'un des sarments est couché et relevé à une extrémité de la fosse, l'autre est également couché et relevé verticalement à l'autre extrémité; les deux sarments sont fixés, dans la position verticale, par un petit échalas.

La figure 51 indique les apprêts de l'opération et la fi-

Fig. 51.

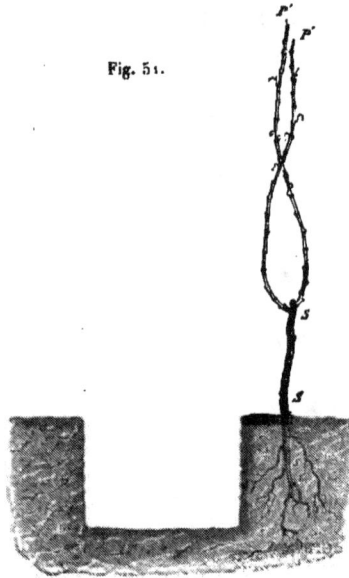

gure 52 donne l'opération faite. *S S* est la souche mère,
debout figure 51, couchée figure 52, dont on voit les sar-

Fig. 52.

ments *P′ P′* debout dans la première, *P P* couchés dans la
seconde et relevés le long des petits échalas; une couche de
terre *c′ c′* recouvre la souche mère et les sarments au fond
de la fosse; 25 kilogrammes de fumier sont mis, en couche
o o, au-dessus de ce premier lit de terre, et 12 à 15 centimètres de terre *c c* recouvrent le fumier et achèvent de
remplir la fosse aux deux tiers de sa profondeur; le dernier
tiers se remplit de terre d'année en année.

On fait ainsi environ 20 provins par 4 ares ou par journal du pays, et 500 provins par hectare; on renouvelle
donc la vigne tous les vingt ans. Chaque provin, à deux
pointes *P P*, coûte 10 centimes, un sou la pointe : soit
50 francs par hectare; le fumier coûte 20 francs les
1,000 kilogrammes rendus à pied d'œuvre : c'est une dépense de 250 francs, à 25 kilogrammes par trou, et chaque
lot de 25 kilogrammes dure vingt ans, ce qui reviendrait à
fournir 1,250 grammes de fumier par cep et par an.

Ce fumier est complétement usé à la huitième année ou
à la dixième année au plus tard; il y en a beaucoup trop
pour les premiers temps de la première période, tandis qu'il

n'y en a plus du tout dans la seconde; et, de dix à vingt ans, le cep se stérilise et périt.

Si l'on ajoute que le provin donne beaucoup la première année, moins la seconde et moins encore la troisième, la quatrième et la cinquième, pour reprendre une bonne fertilité jusqu'à la dixième ou douzième, d'où il dépérit jusqu'à la vingtième, on est en droit de se demander si toutes ces manœuvres ont été bien étudiées et si la culture de franc pied, bien faite à 25 centimètres de profondeur, bien fumée à 1,250 grammes par cep et par an, ne serait pas quatre fois plus profitable et deux fois moins dispendieuse que toutes ces pratiques hétérodoxes.

Tous les assistants à la conférence de Tournon m'ont affirmé qu'ils ne pouvaient rien récolter autrement. Je le veux bien, mais je le croirai quand un homme sérieux aura cultivé la vigne à Tournon comme on la cultive dans l'Hérault, dans le Beaujolais ou dans le Bordelais; jusque-là je ne serai pas convaincu.

La bonne production de ces vignes s'établit vers sept et huit ans, et la moyenne récolte est de 25 hectolitres à l'hectare, ce qui me paraît encore fort beau pour ce genre de culture.

Les souches montent de 40, 50 et 60 centimètres en vingt ans; on taille chaque souche sur un seul sarment, qu'on laisse à quatre yeux à Tournon, et à trois et même à deux dans les autres vignobles; dans les vignes fortes, j'ai vu plusieurs souches à deux et à trois porteurs; mais, le plus souvent, il n'y a qu'un seul porteur à chaque souche; chaque porteur a d'ailleurs son grand échalas.

Je donne, dans la figure 53, une souche type avec tous ses sarments. Cette même souche est taillée à quatre yeux

et attachée dans la figure 54 : le porteur *a b*, étant vigoureux et ses yeux très-éloignés, est courbé en arc et attaché
en *c*, la souche étant elle-même attachée par sa tête, en *d*,
à l'échalas; lorsque les yeux du porteur sont très-rapprochés,

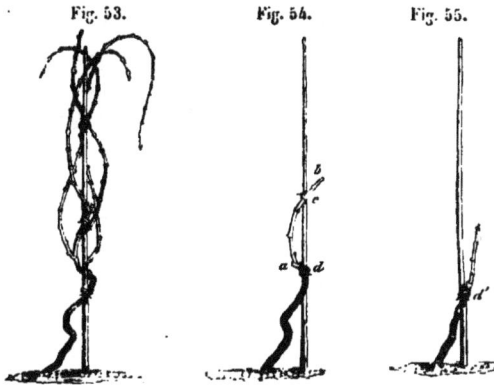

Fig. 53.   Fig. 54.   Fig. 55.

comme dans la figure 55, la tête de la souche seule est
attachée en *d* et le porteur reste libre.

On déchausse en mars en faisant une petite fosse autour
du cep; on taille, on plante l'échalas, on lie le cep et le
porteur; on ébourgeonne et l'on attache les pampres vers la
fin de mai; on fait le premier binage en juin et les seconds
relevages et liages du 3o juin au 15 juillet; on fait le second binage au moment où le raisin va changer.

On vendange à paniers, vidés dans les bennes qu'on
porte à la cuve; les uns égrappent, les autres n'égrappent
pas. On cuve en cuve ouverte, et vingt-quatre heures après
l'emplissage de la cuve, on foule deux fois par jour pendant quinze et vingt-cinq jours, durée ordinaire de la cuvai-

son. Ceux qui font le mieux tirent alors le vin en tonneaux neufs de 2 hectolitres ; on pressure aussitôt le tirage fait, et l'on répartit les vins de presse également dans les futailles.

Les vins non classés de l'arrondissement de Tournon se sont vendus, en 1863, 60 et 70 francs les 2 hectolitres; les bons vins de Saint-Joseph, de Baume, de Cornas et de Saint-Péray ont atteint jusqu'à 70 et 80 francs l'hectolitre.

Les frais de culture, de fournitures et de récolte d'un hectare de vignes peuvent s'élever à 4 ou 500 francs par an. L'exploitation des vignes se fait dans l'arrondissement de Tournon, comme dans le reste du département, à la journée et à prix fait.

L'arrondissement de Tournon est presque entièrement assis sur les sols granitiques. Au-dessous en descendant le Rhône, depuis les montagnes qui bordent le vallon de l'Ouvèze jusqu'à l'angle formé par le Rhône et l'Ardèche, ayant pour centre Viviers, dominent absolument les terrains des grès verts. C'est l'oolithe inférieur qui forme la bande comprise entre les grès verts et les calcaires à gryphées arquées, sur la rive gauche de l'Ouvèze et la rive droite de l'Ardèche, depuis Chomérac jusque près d'Aubenas, de l'Argentière, de Joyeuse et des Vans; les calcaires à gryphées arquées longent la région granitique sur la lisière de laquelle sont placés Privas, Aubenas et l'Argentière; enfin les terrains volcaniques et basaltiques forment une zone considérable depuis le col de l'Escrinet, entre Aubenas et Privas, jusqu'aux environs de Rochemaure. Un sixième terrain s'étend aux environs de Barjac, tout à fait au sud du département : ce sont les terres à meulières et les faluns. Telle est en gros la composition du sol de l'Ardèche. Sa superficie est des plus accidentées et des plus pittoresques par ses torrents à cascades, encaissés par des montagnes ou des collines pied à pied, formant de vastes entonnoirs ou galeries, à rochers et à gradins; les chaînes de montagnes présentent des crêtes et des cols s'élevant depuis 700 jusqu'à 1,700 mètres; de vastes plateaux froids, à prairies et à pâturages, s'étendent sur les sommets à divers étages : en un mot, l'Ardèche est un des départements les plus intéressants et les plus curieux à visiter.

DÉPARTEMENT DE LA HAUTE-LOIRE.

Les vignes dans la Haute-Loire n'occupent que la quatre-vingt-deuxième partie de la superficie totale du département, qui est de 496,225 hectares ; elles y jouent pourtant encore un rôle aussi curieux qu'important : 6,000 hectares, dont près de 4,700 appartiennent à l'arrondissement de Brioude, 900 à celui du Puy, 3 ou 400 à l'arrondissement d'Yssengeaux, donnent ensemble et en moyenne 45 hecto-litres à l'hectare ; le prix moyen de l'hectolitre est au-dessus de 20 francs, ce qui réalise une valeur brute de 5,400,000 francs.

Ce produit représente le budget annuel complet de 5,400 familles, ou de 21,600 habitants, seizième partie de la population totale, qui est de 312,661 habitants, sei-zième partie entretenue par la vigne sur la quatre-vingt-deuxième partie du sol.

Chaque hectare de vigne, dans la Haute-Loire, produit 900 francs ; chaque hectare de froment y donne 240 francs ; chaque hectare de pommes de terre, 240 francs ; chaque hectare de prairie irriguée, 240 francs, et non irriguée, 180 francs : chacune de ces riches cultures n'y donne donc pas le tiers de ce que donne la vigne. Si l'on prend à la fois toutes les terres labourables et labourées, le ren-dement brut moyen de chaque hectare est de 31 francs seulement : l'ensemble de toutes les cultures y donne donc moins du sixième du produit de la vigne.

Une autre remarque importante est relative à l'altitude des vignes : à Yssengeaux, les vignes sont à 700 mètres; au Puy, à 650; à Alleret, à 550, et à Brioude, à 300 mètres au-dessus du niveau de la mer. Or, à ces altitudes considérables, les pineaux noirs et gris, les gamays ronds et ovales, donnent des vins de très-agréable consommation et arrivent facilement à une fort bonne maturité.

Les vignes ou plutôt *les vignettes* du Puy (c'est ainsi que les propriétaires eux-mêmes les nomment) donnent un vin rouge ordinaire très-sain, très-droit, peu alcoolique (6 à 8 p. 100), mais très-alimentaire et très-bon à boire couramment. M. Pebélier, grand amateur et bon viticulteur, fait un vin de pur pineau noir de Bourgogne; ce vin est très-coloré, très-corsé et très-généreux. Plusieurs propriétaires font aussi un vin blanc fort agréable et des vins mousseux, frais, délicats, élégants, quoique sans force.

Les cépages du Puy sont bien choisis; je pourrais dire les cépages de la Haute-Loire, car Brioude cultive les mêmes espèces; ce sont : le gros et le petit rondelet ou gamay du Beaujolais, le gamay à grains ovales, peu de damas ou mondeuse, peu de chasselas rose et blanc, le pineau noir et le vermillon, que je crois être le pineau gris; on pourrait joindre avantageusement à ces bons cépages les plants dorés et les plants verts de la Champagne, le meunier, le traminer et le riesling de l'Alsace, le savagnin jaune du Jura et le précoce ou morillon noir hâtif des environs de Paris.

Toutes les vignes du Puy sont groupées au nord et à l'ouest de la ville et échelonnées sur des coteaux peu élevés, à gradins et à terrasses. Elles sont très-divisées, et constituent de très-jolies petites propriétés de campagne nommées *les vignettes ;* chaque propriété vignoble ne compte que quelques ares; elle est entourée de murs et gardée par une . petite villa qui domine le plus souvent l'enclos. Chaque bourgeois du Puy tient à avoir sa vigne et sa petite maison de campagne, c'est son amusement et son luxe. Des arbres fruitiers, des fleurs, des plantes potagères, complètent et ornent le petit domaine.

L'accumulation de ces vignettes, à maison et à murailles de clôture, donne aux coteaux un aspect original et intéressant, sinon pittoresque, à côté de la ville et bien au-dessous des rochers du château de Polignac, de Saint-Michel et du superbe piton aux flancs duquel s'assied d'une manière si remarquable la cathédrale du Puy, dominée par la statue colossale de Notre-Dame de France, qui se dresse majestueusement à 6o mètres au-dessus de son sommet. Au bas de ces formes gigantesques de la nature et de l'art, les vignettes du Puy ressemblent aux alvéoles d'un rayon de miel déposé au pied d'une ruche, et les vignerons n'y semblent pas si gros que des abeilles.

Au Puy, les ceps de vignes sont plus serrés qu'à Brioude : ils sont au nombre de dix-huit à vingt-deux mille à l'hectare, et ils sont, en outre, maintenus dans un pêle-mêle absolu, sans alignement, sans espace de sol mesuré, sans courants d'air, sans insolation suffisante, par un provignage excessif; et cela perpétuellement dans les mêmes lieux, sans renouvellement par plantation de jeunes ceps, sans terrage et sans fumure. On n'échalasse pas, on n'ébourgeonne pas; on relève les pampres en juin et juillet, on les tord ensemble et on les noue au-dessus du cep; on donne alors un second labour, le premier ayant été fait après la taille. Quelques personnes rognent les pampres et font un nettoyage à la fin d'août; et avec tout cela, ou plutôt malgré tout cela, l'on récolte encore 24 à 25 hecto-litres à l'hectare. On dresse la souche près de terre, sur terre pour ainsi dire, à un, deux, rarement à trois bras; deux bras sont la règle et la moyenne. Chaque bras n'a qu'un courson rogné à deux yeux, parfois à un seul œil, rarement à trois. J'ai relevé dans les vignes de M. le doc-teur Urbe, dont les vignes sont des mieux conduites et des mieux tenues, les deux croquis, figures 56 et 57 (au 33ᵐᵉ),

Fig. 56.   Fig. 57.

qui sont les types les plus fré-quents des souches du Puy. On verra plus loin, par les types de Brioude, que les yeux laissés à chaque cep, au Puy, sont en nombre moitié et deux tiers moindre que ceux laissés à Brioude : aussi la récolte est-elle, dans les vignes de ce der-nier pays, double et triple de celle des vignes du premier.

M. Durand, avec qui je suis allé visiter des vignes près du Puy, a dressé ses vignes tout à fait selon les principes de la taille type, et il s'en félicite.

C'est toujours un vigneron, souvent gardien du clos et de la maison, qui fait les vignes par arrangement et à la journée; il n'a que 25 centimes de plus que les autres journaliers, dont le salaire moyen est de 15 centimes l'heure.

Les vignes poussent très-vigoureusement au Puy; le sol volcanique y est merveilleux pour la vigne, puisqu'elle y végète pour ainsi dire éternellement, sans fumier et sans renouvellement de terre. Le climat lui est également très-favorable; il ne menace la vigne que par les gelées du prin-

temps (que l'on peut conjurer par les longs bois et les sarments de précaution) et par la coulure, plus terrible ici
que la gelée blanche. Mais cette coulure, on peut encore
en éviter très-bien les plus graves effets par les pincements et
par les rognages. Ainsi le climat du Puy, malgré son âpreté,
n'a rien qui puisse s'opposer à des récoltes rémunératrices
par la qualité et la quantité, au moyen d'une conduite
intelligente de la vigne. L'oïdium n'a rien à faire avec les
vignes du Puy, surtout si elles sont bien échalassées, bien
relevées, bien liées, bien ébourgeonnées, bien rognées et
bien redrugeonnées. La grêle est très-rare au Puy.

M. le docteur Langlois a rédigé et la Société d'agriculture, sciences, arts et commerce du Puy a publié une brochure sur les améliorations à introduire dans la culture
des vignes; cette brochure est un guide parfait dans lequel
chacun peut puiser des enseignements précieux. J'adresse,
à cet égard, mes plus sincères félicitations à M. Langlois et
à la Société d'agriculture du Puy, dont j'ai reçu le plus
gracieux accueil sous le patronage de M. Ch. de la Fayette,
auteur du poëme des *Champs*.

La viticulture au Puy était, jusqu'à présent, plutôt une
culture d'agrément qu'une branche sérieuse de l'agriculture :
j'espère qu'avant peu d'années il en sera tout autrement ;
mais, dans l'arrondissement de Brioude, la culture de la
vigne a toujours été, est et sera toujours un des principaux éléments de la richesse agricole : aussi la viticulture y
est-elle traitée avec beaucoup de soin, sans lui plaindre le
travail ni lui refuser la dépense.

En effet, les 4,700 hectares des vignes de Brioude constituent la trente-troisième partie de la surface totale du sol
de l'arrondissement et donnent 4,700,000 francs, à raison.

de 1,000 francs bruts par hectare. Dans cet arrondissement,
la moyenne production est de 50 hectolitres, et chaque hectolitre vaut, en moyenne, 20 francs. Ces 4,700,000 francs
représentent plus du cinquième du revenu total du sol et
le budget de 18,800 habitants, plus du cinquième de sa
population totale.

Les vignes sont parfaitement tenues, en lignes, dans l'arrondissement de Brioude; chaque cep y est armé d'un grand
échalas de 1ᵐ,66 (5 pieds). La taille est beaucoup plus
généreuse et, par conséquent, plus productive qu'au Puy;
elle s'approche beaucoup de la taille du Puy-de-Dôme. La
majorité des rondelets et des gamays est tenue à coursons,
deux et trois à chaque souche, à deux, trois et quatre yeux;

Fig. 58.

Fig. 59.

on voit peu de souches qui ne comptent pas de huit à douze
yeux; il y en a qui en portent davantage. Quant aux pineaux, auxquels on laisse toujours une verge de neuf à
douze yeux, plus un courson de retour de deux à trois, leur
taille est toujours suffisamment étendue. Je donne, dans la
figure 58, deux croquis des tailles à coursons les plus communes, et dans la figure 59, un spécimen de la taille à
verge. On voit dans cette dernière figure que la verge est
laissée libre : elle reste dans cette situation jusqu'à ce que
l'époque des gelées soit passée; alors elle est repliée en

arquet et attachée, avec un brin d'osier, à l'échalas, suivant la ligne ponctuée.

On plante la vigne, à Brioude, en fossés de 30 à 40 centimètres de profondeur sur 80 centimètres de largeur, avec des bancs, ou espaces intermédiaires, de 1ᵐ,66, 2ᵐ,33 et 3 mètres.

Deux rangs de boutures, à 80 ou à 90 centimètres de distance, sont plantés chacun à un des bords du fossé, le pied garni d'un peu de vieux bois, couché horizontalement au fond du fossé et la tête redressée verticalement ; 10 à 15 centimètres de terre sont rabattus sur le pied des boutures ; souvent on fait une espèce de drainage, en creusant un canal au fond du fossé et en remplissant ce canal de fagots.

A la deuxième année de plantation, on fume les fossés et on les remplit presque à fleur des deux bords. (C'est aujourd'hui la coutume la plus suivie.) Cette deuxième année la végétation ayant été vigoureuse, à la morte-saison suivante on ouvre un fossé parallèle au premier, en prenant la moitié du banc d'un seul côté, et on provigne la jeune souche d'un seul rang, en l'abattant dans ce nouveau fossé, en portant un de ses deux sarments de l'autre côté du fossé et en en ramenant le second au point de plantation de la souche provignée. On obtient ainsi deux rangs provignés et un rang qui reste de franc pied. Quand le banc a 2ᵐ,33, on provigne les deux rangs du fossé primitif, en faisant deux fossés parallèles, en dehors de chaque rang ; enfin, quand le banc a 3 mètres, on fait d'abord une double opération, comme celle dont je viens de parler, puis on ouvre, au milieu des 3 mètres, un fossé où l'on plante à nouveau des boutures.

Toutes ces pratiques sont déplorables par le temps et l'argent qu'elles exigent, mais plus encore parce qu'elles reculent la pleine récolte à six, sept et huit ans; elles ne peuvent, d'ailleurs, se justifier ni s'expliquer par aucune raison valable; les bons viticulteurs de Brioude le sentent si bien, qu'ils commencent maintenant à planter la vigne toute garnie; on défonce à plein et à plat, puis on fait des razettes étroites (petits fossés) au fond desquelles on met autant de boutures coudées qu'il doit y avoir de souches dans la vigne, sans avoir besoin de tomber la vigne (coucher les ceps).

La vigne étant munie de tous ses ceps, par une méthode ou par une autre, on dresse la souche à 15 centimètres au-dessus du sol et on la dresse sur deux cornes, l'une à un, l'autre à deux coursons; un, le plus bas, à deux ou trois yeux, l'autre souvent à trois ou quatre yeux. J'ai presque toujours vu sur toutes les vignes fortes, à Brioude, trois coursons, comme dans le croquis *A* de la figure 58, ou comme dans la figure 60, prise, comme la figure 58, à travers vignes, au milieu des vignerons et avec leur contrôle. Le plus souvent le premier courson est très-bas sur la vieille souche; on s'en sert pour rapprocher fréquemment les ceps, qui montent beaucoup trop vite sous cette singulière taille, que je regarde comme très-indisciplinée.

Fig. 6o.

Voici, sur un vieux tronc *a*, figure 62, un bras *a b* qui sera bientôt lui-même rabattu sur le courson *cd;* une grande quantité de souches sont ainsi mutilées cinq à six fois en vingt ans : aussi, à vingt-cinq ou trente ans, on est obligé de les arracher.

La végétation des vignes est d'une vigueur extraordinaire : voici, par exemple, figure 61, une souche, de troisième

Fig. 61.

Fig. 62.

année de bouture, que j'ai copiée religieusement avec tous ses sarments, au milieu de 10,000 ceps du même âge et de pareille vigueur. Il est évident pour moi que la taille, à Brioude, quoique deux fois plus généreuse qu'au Puy, est insuffisante pour répondre à la vigueur du sol ; il faudrait y dresser les gamays à cinq, à six bras en cul-de-lampe, sur terre, et chaque bras devrait porter deux coursons : l'un, le plus bas, à trois yeux, dont deux pincés, l'autre à quatre yeux, dont trois pincés. Il y aurait ainsi trente-cinq à quarante-deux yeux sur chaque souche, dont cinq à six bourgeons à bois et trente à trente-six bourgeons à fruit ; les viticulteurs de Brioude récolteraient 100 hectolitres à l'hectare, et leurs vignes seraient plus régulières et plus faciles à conduire.

On déchausse très-profondément (20 à 25 centimètres) avant la taille ; puis on taille la vigne, puis on ramasse les sarments, puis on échalasse toute la vigne ; mais, quand on est pressé, on n'échalasse que les ceps à verges, verges

qu'on attache. On a renoncé à attacher la souche à l'échalas
avec de l'osier, comme on le faisait autrefois. Toute cette

Fig. 63.

besogne terminée, on donne enfin la première culture, qu'on appelle le piochage, à
20 ou 25 centimètres, avec une pioche de
terrassier (fig. 63) pesant 2 kilogrammes :
cette culture si profonde n'a aucune raison
d'être; 10 à 15 centimètres suffiraient largement.

On ébourgeonne peu ou pas, parce qu'on déchausse ; ce
qui revient à dire qu'on fait une opération pénible et très-
mauvaise, pour éviter d'en faire une bonne, très-facile, qui
n'exige que cinq journées par hectare.

On donne un binage avant la floraison, avec le même
instrument, mais à moitié de la profondeur première; puis
on tierce, ou l'on fait un deuxième binage, à la véraison.

Après le second binage et avant la fleur, on relève et on
lie les pampres autour de l'échalas avec un lien de paille.

Après la formation du grain (première quinzaine de juillet), si les pampres sont longs, on les assemble et on les
tord en haut de l'échalas; s'ils ne sont pas assez longs, on
les lie une seconde fois.

On entretient ici les vignes par le provignage, en abaissant une belle et bonne souche pour en faire deux, qu'on a
bien soin de replacer en ligne ; on commence le provignage
d'entretien à quinze ou seize ans, ce qui n'empêche pas
d'assoler, c'est-à-dire d'arracher les vignes à trente ou
trente-cinq ans. La vigne, garnie de tous ses ceps à la plantation, pourrait parcourir ce laps de temps avec une fertilité
triple sans le moindre provignage, et par conséquent avec
toute l'économie de cette dépense. Je ne crains pas d'affir-

mer que le provignage disparaîtra entièrement des vignes de Brioude ; ce sera là la fortune des propriétaires.

On fume peu, mais on pratique trois modes de fumure : soit en longues rigoles intermédiaires aux vignes, soit en déchaussant plus profondément encore autour du collet de la souche, soit enfin en répandant le fumier au mois de mars, comme on fume les champs, et en l'enterrant au premier piochage.

On vendange en panier, on verse en bacholle, que l'on porte à la barre dans le bilon ou vageon ; on verse en cuve sans égrapper ; on remplit, si l'on peut, en un jour, et on laisse un vide de 20 à 30 centimètres.

Quand l'ébullition commence à s'apaiser, on fait entrer, jusqu'au cou, un ou deux hommes dans la cuve, pour y remuer le raisin, l'enfoncer sens dessus dessous et le mêler au jus ; on laisse reposer le lendemain et même le surlendemain ; on rentre dans la cuve jusqu'au genou et l'on trempe ainsi le marc deux ou trois fois ; ensuite on cale, c'est-à-dire qu'on enfonce le dessus du marc et qu'on le maintient sous le jus par un châssis à claire-voie fixé autour de la cuve par des cales.

Au lieu de caler, beaucoup de personnes arrosent deux ou trois fois par jour, jusqu'à ce qu'on croie le vin clair, soit avec le vin tiré par le corps de la cuve, soit par du vin puisé dans un trou pratiqué dans le marc, trou qu'on appelle une fontaine.

On tire après huit, dix et douze jours, puis on porte le marc au pressoir public ; si les pressoirs ne sont pas disponibles, on attend quinze jours, trois semaines, pour tirer. On commence aujourd'hui à mêler les vins de presse avec les vins de goutte, surtout dans les années molles ; on met le vin en vaisseaux vieux, qu'on préfère aux vaisseaux neufs ; plusieurs pensent que le vaisseau neuf ne garde pas si bien le vin, et qu'il peut lui donner un mauvais goût.

Il n'est presque pas besoin de dire que, traités ainsi, les vins de Brioude ne peuvent se garder ; ils tournent volontiers, à la fleur ou à la véraison de l'année suivante ; il n'en est point de même quand ils sont cuvés à la méthode beaujolaise : les vins de Brioude sont alors bien colorés, bien corsés, droits, fort agréables et se conservant très-bien.

En me faisant visiter ses beaux celliers, bien rangés et bien meublés, les foudres d'un côté, les cuves de l'autre, M. de Saint-Féréol, grand propriétaire de vignes, m'a fait goûter, au tonneau, ses vins nouveaux et d'autres vins remontant à plusieurs années : ces vins présentaient tous les caractères des meilleurs vins de la Loire ; je crois même qu'ils leur sont supérieurs. On peut donc avoir des vins de garde et de qualité, dans l'arrondissement de Brioude, en multipliant les pineaux et les petits gamays du Beaujolais, qui s'y plaisent admirablement, en y adjoignant pour un quart les savagnins jaunes de la Franche-Comté, en vendangeant très-tard, en cuvant rapidement et en vaisseaux neufs ou très-francs et très-sûrs de goût et de propreté.

C'est en grande partie ce que fait M. le marquis de Ruolz, grande prime d'honneur de la Haute-Loire, dans son magnifique domaine rural d'Alleret : là, j'ai goûté des vins nouveaux et anciens, que j'aurais pris pour du bon beaujolais s'ils n'avaient été tirés de grands tonneaux de dix à quinze barriques, en ma présence, dans les caves du propriétaire ; j'ai goûté aussi un vin rosé délicieux que M. de Ruolz peut faire en grande quantité. M. de Saint-Féréol m'avait fait apprécier un vin analogue ; ces vins rosés, de vingt-quatre heures de cuvaison, faits avec des raisins bien mûrs, sont vraiment remarquables.

M. de Ruolz et M. de Bonnefoy, son gendre, sont venus nous joindre dans les vignes, au milieu des propriétaires et des vignerons de Brioude. En arrivant, M. le marquis de Ruolz s'adressant à tous : « Messieurs, dit-il, j'arrive tard « et je regrette de n'avoir pas entendu ce que vous a déjà « dit M. Guyot; mais moi je vous déclare que, depuis « trois ans que j'applique ses indications à mes vignes, mes « récoltes sont doublées. » C'était là un bon salut, salut d'un homme de cœur, salut de loyauté, et si je n'avais déjà connu le caractère énergique et généreux de M. de Ruolz, je l'aurais compris par ces seules paroles. Un mot de pure vérité, un mot qui fait du bien à tous, ne se jette pas aujourd'hui; il se négocie, il se vend : et s'il ne se trouve pas d'acquéreur ou d'échangiste, il est dissimulé, déguisé, transformé en mensonge et en maléfice, dont le débit est assuré par le double plaisir d'empêcher le bien et d'augmenter le mal d'autrui. Heureusement les vignobles de France resteront le centre et le séjour éternels de la franchise et de la charité.

Sous la conduite de M. de Ruolz, j'ai visité son domaine et ses vignes d'Alleret, malheureusement ensevelis sous un linceul de neige, ce qui ne m'a point empêché de voir 15 à 16 hectares de vignes bien tenues, bien conduites, vigoureuses, à taille généreuse, à plusieurs coursons et à branches à fruit, donnant depuis trois ans 45 hectolitres à l'hectare de vins remarquables et irréprochables : cette belle et bonne production a lieu à 550 mètres au-dessus du niveau de la mer, sur un sol volcanique et, dans certaines places, de pouzzolane pure. M. le marquis de Ruolz est

reconnu pour le plus grand agriculteur du département : il
sait diriger la vigne comme les autres branches de l'agriculture, et la faire progresser comme il a fait progresser toutes
les autres cultures du pays. Personne n'apprécie mieux que
lui le rôle important de la vigne dans l'ensemble de son
exploitation rurale : aussi encourage-t-il sa culture par son
exemple et par ses conseils.

Trois modes de travail et d'exploitation économique sont
pratiqués dans l'arrondissement de Brioude :

1° On fait valoir soi-même, par travail direct du propriétaire ou par des ouvriers à la journée ; le prix de la
journée d'homme est de 2 francs en hiver, et de 3 francs à
partir de mars. Dans les grands jours, la journée est de six
heures du matin à six heures précises du soir, douze heures,
sur lesquelles sont prélevées quatre heures de repas et de
repos : à sept heures, la femme apporte la soupe chaude ;
à neuf heures, un second repas jusqu'à dix ; à midi, un
troisième repas qui dure jusqu'à une heure ; à trois heures,
un quatrième repas qui dure jusqu'à quatre. Les colons et
les hommes de confiance sont très-bien et très-convenables
avec les propriétaires ; les journaliers sont difficiles et rudes
à leur égard ; les ouvriers se louent à la place (grève) ; ceux
de la ville de Brioude repoussent ceux de la campagne. Le
paysan est très-actif, très-énergique, très-intelligent; mais
sa moralité n'est pas en raison directe de l'instruction qu'on
lui donne.

La vigne du vigneron donne, en moyenne, 5 hectolitres
à l'œuvrée (5 ares 70 centiares); celle du propriétaire, faite
par vignerons journaliers, donne 2 hectolitres et demi : la
différence est la même pour la vigne faite à façon, sans participation du vigneron aux fruits.

2° On paye à prix fait, aux vignerons, 10 à 12 francs, 11 francs en général, par œuvrée pour toutes les cultures et façons jusqu'au panier; la vendange, la confection des vins et le provignage sont payés à part.

3° On exploite aussi les vignes à mi-fruit et à mi-bois. Tous les travaux de la vigne, la vendange, les vinages (façon et soins des vins), et même la fourniture des échalas, sont à la charge du vigneron.

Je ne quitterai pas Brioude sans consigner ici une anecdote qui touche à une grave question de viticulture.

Nous étions réunis le soir, en petit comité, chez M. Dorville, sous-préfet. Je venais d'exposer les faits qui établissent la prédominance du cépage sur le terroir, lorsqu'un des assistants, homme honorable, instruit, et bon s'il en fut jamais, protesta contre mon dire et soutint énergiquement que les terroirs différents pouvaient transformer radicalement non-seulement tous les cépages d'une espèce dans l'autre, mais encore la plupart des autres végétaux. Il déclara que le sol d'une commune voisine était tellement ingrat et mauvais, qu'il transformait le seigle en avoine. Je crus d'abord qu'il voulait plaisanter, mais mon erreur fut bientôt dissipée : il était profondément convaincu, et toute la commune était convaincue comme lui; elle avait vu le fait, cinq cents personnes l'avaient vu : cinq cents personnes affirmeraient, sur l'Évangile, qu'elles ont vu le champ *désigné*, d'un propriétaire connu, semé en seigle, et couvert, à la suite de cette semaille, d'une avoine complète, où il n'y avait pas un épi de seigle. Je fis de vains efforts pour le détromper; j'essayai de lui montrer que la confusion eût été possible (non la transformation) du froment au seigle, mais que du seigle, dont les épillets sont réunis sur un

axe commun par des pédicelles nuls, à l'avoine, qui, au lieu
de pousser en épi, se développe en panicule, ses épillets
portés sur de longs pédicelles, il y avait une enjambée anatomique et physiologique telle, que toute transformation
était impossible; que toute méprise, à cet égard, serait absolument ridicule; qu'on avait donné du seigle à un semeur,
que le semeur était allé l'échanger contre de l'avoine pour
en boire la différence, ce qui arrive tous les jours, ce que
j'ai vu moi-même arriver chez moi; et que les honnêtes
gens de la commune, ne pouvant comprendre que la per-
versité d'un des leurs pût aller jusque-là, ont cru à un
miracle plutôt que de croire à l'improbité. Aucun raisonnement ne prévalut. Toutefois mon adversaire, après m'avoir
demandé sur quoi je fondais mes croyances, puisque je
rejetais le témoignage de toute une commune convaincue,
je lui répondis que je fondais volontiers ma croyance sur
tout témoignage à l'égard d'une chose possible, mais que
tous les témoignages de la terre ne pouvaient pas établir la
vérité d'un fait contraire aux lois naturelles, établies par le
principe de toute création, c'est-à-dire par Dieu.

Le cépage, l'espèce de raisin, domine le cru, comme le
seigle, l'orge, l'avoine, les haricots, les fèves, les lentilles,
les groseilles blanches ou roses, le cassis, les prunes, les
abricots, les poires, les pommes, le dominent. Le cru augmente ou diminue les qualités ou les défauts des différents
cépages, mais il ne les transforme pas, et ne fait point du
muscat un gamay ni d'un chasselas un pineau.

DÉPARTEMENT DU CANTAL.

Le Cantal ne possède pas de vigne à proprement parler : on en compte environ 240 hectares à Massiac, tout à fait à son angle extrême nord-est, à 22 kilomètres de Brioude ; par conséquent, les pratiques de viticulture et de vinification y sont les mêmes qu'à Brioude. Il y a aussi 120 à 130 hectares de vignes dans le canton de Maurs, tout à fait à son angle extrême sud-ouest, à 24 kilomètres de Figeac, arrondissement du Lot, auquel cette frontière du Cantal emprunte ses cépages et ses pratiques.

Je m'arrêtai assez longtemps à Massiac pour constater que son territoire possédait d'excellents terrains et des expositions fort belles, où la vigne prospérerait, sans nul doute possible ; j'y vis des vignes cultivées comme à Brioude, et plusieurs hectares de jeunes vignes, parfaitement disposées, à branches à bois et à longues branches à fruit, fichées en terre, un échalas à chaque souche.

J'y vis aussi la réalisation d'une idée que je crois bonne, et pouvant donner de grands avantages dans les pays à murailles ou à blocs de rochers : c'est le dressement ou le palissage de treilles à l'est, au sud et à l'ouest de ces espaliers naturels ; 1 mètre cube de terre existant sur place, ou rapporté dans un trou pratiqué au pied des escarpements, suffit à développer et à nourrir une treille de 8 à 10 mètres

8.

superficiels : une telle plantation, dût-elle être faite et entretenue par des terres et des engrais rapportés, pourrait
donner des résultats magnifiques et utiliser ainsi les lieux les
plus arides. Partout où existent des flancs de montagnes
bien exposés et recevant une chaleur suffisante, mais où la
pierre est absolument aride et nue, la vigne, plantée dans
des trous remplis de terres rapportées, pourrait être étalée
en treille à l'entour, payer largement tous les frais de création, d'entretien, et produire, en outre, de gros bénéfices.
Les vignes de Lavaux, en Suisse, ont été bien plus difficiles
et plus dispendieuses à établir que ne le seraient les treilles
dont je parle, dans une foule de conditions que j'ai observées dans les Bouches-du-Rhône, dans le Var, dans les
Pyrénées-Orientales, dans l'Ain, dans la Bourgogne, dans
les grès de Fontainebleau, etc., et pourtant les vignes de
Lavaux ont une valeur foncière énorme et rapportent un
revenu très-élevé.

J'ai donc vu avec plaisir, aux environs de Massiac, des
vignes dressées et taillées sur des escarpements de rochers.
J'ai vu, et je le constate ici, quoique en retard, des treilles
conduites avec succès et avec grand avantage le long des
murs de soutenement des vignes de l'Aveyron. Je signale
le fait, parce que dans l'Ardèche, dans les Bouches-du-
Rhône, et partout où existent des cultures de vignes, d'oliviers ou d'autres cultures en gradins, on n'utilise point les
murailles de soutenement pour y développer et y palisser
des treilles; on est, à tort, persuadé qu'elles ne réussiraient
pas. Cette conviction n'existe que parce qu'on ignore l'art
de conduire les treilles, et parce qu'on n'a pas foi dans la
vigueur expansive de la vigne.

En me rendant à Aurillac, je fis le voyage avec M. Dupuy,

voyageur d'une puissante fabrique de chaussures à Liancourt, département de l'Oise; ce voyageur m'affirma que les habiles et bienfaisants patrons de cet établissement, qui nourrit plusieurs milliers d'ouvriers, ont substitué depuis deux ans l'usage du vin à celui de la bière, et qu'il en est résulté une augmentation notable et constatée dans la quantité et la perfection du travail; il m'assurait que cet accroissement d'activité et d'intelligence apporté dans le travail par l'usage alimentaire du vin était officiellement connu, et il me donnait référence, à cet égard, à la préfecture de l'Oise. Un temps viendra où la valeur respective des aliments solides et liquides sera sérieusement étudiée et constatée par l'expérience directe; je suis certain alors que l'usage alimentaire du vin sera classé au premier degré comme moyen de développement de l'activité et de l'intelligence humaines.

Arrivé à Aurillac, je dus m'excuser auprès de M. d'Arnoux, préfet du Cantal, de ne pouvoir me rendre à Maurs, canton trop peu riche en vignes et aussi trop éloigné de ma direction sur la Corrèze.

Dans le peu de temps que j'eus le plaisir de passer avec M. d'Arnoux, il m'apprit qu'autrefois des vignes avaient existé autour d'Aurillac; que ce fait ne pouvait pas être révoqué en doute, puisque de nombreux contrats d'échange ou de vente existants en faisaient foi. Depuis que j'ai vu des vignes à Rodez, à Mende, au Puy et à Alleret, ce fait me paraît très-naturel. Je suis convaincu qu'avec les pineaux, les meuniers et les morillons hâtifs ces vignes reparaîtront bientôt sur quelques points bien exposés des environs d'Aurillac, surtout sur des terrains volcaniques qui paraissent des plus propres à donner à la vigne la précocité qui lui ferait défaut dans des terrains siliceux et argileux.

M. d'Arnoux m'a, en outre, donné une preuve qui lui
est personnelle de cette vérité, que la terre cultivée par
petites fractions et par les familles rurales donne plus de
produits et s'accroît plus, en capital, que la terre cultivée
par grands espaces et par les moyens les mieux entendus de
la grande culture.

M. d'Arnoux possède dans la partie du Puy-de-Dôme
appelée *le Marais* une terre d'à peu près 30 hectares, exploitée par seize fermiers, qui lui payent environ 4,000 francs:
tous ces fermiers possèdent, il est vrai, quelque bien de
peu d'importance, mais c'est de ces 30 hectares, divisés en
fractions de moins de 2 hectares, qu'ils tirent leurs principales ressources d'existence. Dans cette situation, si M. d'Arnoux voulait vendre ce fonds de famille, ce qu'il n'a nulle
intention de faire, il en obtiendrait un prix considérable.
Le frère de M. d'Arnoux, agriculteur habile, actif, énergique, fait valoir son lot correspondant du même domaine,
ainsi qu'un lot pareil appartenant à sa sœur : et, par son
exploitation directe, appuyée de toutes les qualités et de
tous les moyens qui assurent le plus grand succès, il ne
peut obtenir plus de revenu des deux lots, réunis en grande
culture, que d'un seul lot divisé en petites exploitations.

M. d'Arnoux m'a encore appris que la pomme de terre,
dans beaucoup de localités du Cantal, peut donner jusqu'à
400 hectolitres à l'hectare. Cette culture, bien exploitée et
tournée vers la production et l'engraissement des cochons,
pourrait presque jouer le rôle de la vigne, comme culture
à haute main-d'œuvre et à riches produits.

DÉPARTEMENT DE LA CORRÈZE.

Le département de la Corrèze ne possède que 16,000 à 17,000 hectares de vignes, sur une superficie totale de 586,609 hectares; 15,500 hectares de ces vignes sont dispersés dans tout l'arrondissement de Brives, tandis qu'un canton de l'arrondissement de Tulle, celui d'Argentat, limitrophe de la pointe sud-est de l'arrondissement de Brives, renferme à lui seul les 1,500 autres hectares. Tout le reste du département ne possède pas de vignes. Pourtant j'ai entrevu de magnifiques terrains à vignes aux environs d'Uzerche et entre Uzerche et Tulle, où les gamays du Beaujolais, les pineaux de la Bourgogne, les morillons et les meuniers viendraient admirablement et remplaceraient avec avantage des châtaigneraies et d'immenses champs de sarrasin.

Si l'on jette un coup d'œil sur le rapport de la population au sol de l'arrondissement de Brives, où sont les 15,500 hectares de vignes, on trouve presque un habitant par hectare; tandis que dans les deux autres arrondissements de la Corrèze, à peu près dépourvus de vignes, il faut compter plus de 2 hectares pour un habitant. Et non-seulement la population est doublée là où est la vigne, mais encore la richesse y est augmentée dans la même proportion, puisque le rendement moyen de l'hectare de vigne est, dans la Corrèze, de 30 hectolitres à l'hectare, et que le prix

moyen de l'hectolitre y dépasse 20 francs. La vigne y donne
donc de 9 à 10 millions, dont le dixième appartient au canton d'Argentat et les neuf dixièmes à celui de Brives. Ces
10 millions de francs entretiennent 10,000 familles ou
40,000 individus, le huitième de la population totale du
département, plus du tiers de celle de l'arrondissement de
Brives, et forment presque le quart du revenu total agricole, qui est de 42 millions.

Tous les terrains du département de la Corrèze appartiennent à des formations géologiques très-propres à la
vigne; les terrains primitifs, granits, gneiss, schistes, micaschistes, constituent à peu près exclusivement les arrondissements de Tulle et d'Ussel : ce sont les vrais terrains des
gamays du Beaujolais, des chasselas et des meuniers. A ces
formations très-étendues viennent se joindre, dans l'arrondissement de Brives, de vastes superficies de marnes irisées, de terrains houillers, plus quelques mamelons de calcaires à gryphées arquées et d'oolithe inférieur, surmontant
et longeant, au sud, les terrains de transition et les terrains primitifs. C'est sur les marnes irisées et les calcaires
que se développent les meilleurs et les plus grands vignobles
de l'arrondissement de Brives; tandis que le canton d'Argentat, sauf quelques vignes sur les alluvions de la Dordogne,
est entièrement constitué par les gneiss, les micaschistes et
les granits, sans le moindre calcaire.

Si tous les terrains de la Corrèze sont bons pour la vigne,
il n'en est pas tout à fait de même des sites et des altitudes,
qui en tiennent une grande partie à un état d'ombre et de
froidure telles, que la vigne ne pourrait y prospérer; mais,
entre les 639 mètres d'élévation d'Ussel au-dessus du niveau de la mer et la bonne altitude de Brives, de Beaulieu et

d'Argentat, il y a encore bien des degrés favorables; et, au-
dessous des grands plateaux froids qui retiennent l'eau, aux
flancs sud et est des coteaux qui sont assainis, il y a bien
des rampes où les vignobles prospéreraient, surtout avec
les cépages précoces, comme les pineaux, les gamays, les
chasselas et les morillons.

Le climat, sauf les altitudes, les plateaux et les marais,
sauf les cultures refroidissantes des châtaigniers et des sar-
rasins, est délicieux dans la Corrèze, partout où l'homme
veut bien le faire délicieux; car l'homme peut contribuer
beaucoup à faire un bon ou un mauvais climat, dans une
certaine limite. S'il dessèche, s'il déboise, s'il défriche, s'il
fait des céréales et des cultures sarclées, s'il fume, il assainit,
il réchauffe, il transforme tout un pays, prétendu impropre
à la vigne, en un excellent vignoble. S'il reboise, s'il couvre
le sol de prairies naturelles irriguées, s'il laisse les eaux
séjourner à la surface du sol, il amène le froid, la pluie,
les brouillards, l'insalubrité et l'abaissement de la générosité
du climat.

Rien n'est délicieux, rien n'est charmant, au printemps,
comme Brives et ses environs, comme Beaulieu, comme
Argentat. Dans ce dernier pays, j'ai vu en arrivant, le 8 avril,
et en visitant les beaux jardins de M. de Bart aîné, des
massifs de camellias de pleine terre, en parfait état de floraison. Les camellias, fleurissant en pleine terre, sont caractéristiques d'un climat délicieux et tout à fait exceptionnel;
car ces riches arbrisseaux ne supportent ni les températures
froides ni les températures à chaleurs excessives. En quittant le Cantal, couvert de neige et sans apparence de vie
végétale, pour pénétrer par Argentat dans l'arrondissement
de Brives, où se montrent partout la verdure et les fleurs, on

est émerveillé de passer, en deux heures, d'un hiver rigoureux et nu, au printemps le plus doux et le plus richement paré.

Je ne crains pas d'affirmer que le climat de la Champagne
et de la Lorraine est plus rigoureux, pour la vigne, que
celui des deux tiers du département de la Corrèze. Si donc
on ne plante pas la vigne dans tous les arrondissements de
ce département, c'est faute de hardiesse, faute de connaissance des cépages hâtifs, faute d'enseignement viticole : un
si riche et si beau pays serait, comme le Périgord, comme
les Landes, comme tant d'autres pays en France, facilement enrichi et peuplé par la vigne. La France n'a pas la
moitié de la population rurale nécessaire; si sa population
rurale était doublée, elle doublerait sa richesse et sa force
et ferait en même temps l'abondance et le bon marché des
vivres.

C'est par Argentat, sous le patronage et la gracieuse hospitalité de M. de Laveyrie, que j'ai commencé l'étude de la
viticulture et de la vinification de la Corrèze.

Dans le canton d'Argentat, on plante la vigne, le plus
généralement, par défonçage, à fossés successivement pel-
versés. Les plants, simples boutures, sont mis le plus souvent au fond du premier fossé, recourbés de 10 à 15 centimètres, recouverts de terre et de terreau tassé sur le
pied; puis de bruyères, de branchages de châtaignier; puis
de la terre du fossé suivant, fossé où l'on ne plante rien,
pour recommencer à planter au troisième fossé, et ainsi de
suite. Un fossé planté et son voisin non planté forment la
bancade (intervalle des ceps); la distance est de 1 mètre à
1^m,10 entre les lignes et de 80 centimètres entre les ceps.
On plante parfois sur défonçage général, au pal et droit,

mais toujours jusqu'au fond du terrain, qui est de 5o centimètres ordinairement. Il s'agit ici de roches schisteuses.

La végétation de la première année est faible : elle s'élève
de 1o à 2o centimètres. La seconde année, elle atteint 6o
à 75 centimètres, et la troisième année, elle est très-vigoureuse : elle offre alors non-seulement des sarments de taille,
mais elle peut servir au remplacement par provignage et
fournir jusqu'à quatre sarments et quatre pointes de provin.
Toutefois on tient ici la vigne de franc pied, et l'on ne provigne que pour remplacer les manquants.

Dans les premiers temps de leur plantation, toutes les
vignes sont munies d'échalas, tuteurs auxquels sont attachés d'abord les souches, puis les tailles, et plus tard les
pampres. Mais dans les vignes à taille courte, qu'on appelle
ici *vignes franches,* on ne renouvelle plus les échalas, tandis
qu'on les entretient perpétuellement dans les vignes taillées
à verges et à coursons de retour. Les verges s'appellent, à
Argentat, *astes, organelles* ou *charges;* elles sont à neuf ou
dix yeux. On les replie en cercle et elles sont attachées à la
souche et à l'échalas.

Les vignes franches sont dressées à 3o ou 4o centimètres
de terre, à deux ou trois bras en moyenne, plus ou moins,
suivant la vigueur de la végétation. Chaque bras est surmonté d'un seul courson, taillé à deux yeux le plus sou-

Fig. 64.

vent, quelquefois à trois, par
exemple au domaine de Soulages, chez M. de Laveyrie.
Je donne, dans la figure 64,
deux types de la taille moyenne
des vignes franches, consti-
tuées par le simoro ou picard et par le negrao ou morved

principalement, et dans la figure 65, une
ans, à organelle non attachée ou à souche fr
début, tous les ceps sont taillés à deux pouss
dans la figure 66, je donne l'aspect d'une vig

Fig. 66.

Fig. 65.

a b attachée, ayant cot de retour e d et un tiret
La figure 67 représente une souche à orgar
ans, qui devra être rabattue en b l'année p
cépages sont, outre le simoro et le negrao,
vermeil, la blanquette ou seyroula.

On ébourgeonne avec soin quand on se d
quer cette opération capitale. Les vignerons
lement l'importance, qu'ils ne confient pas
soin de l'accomplir : ils la font eux-mêmes;
ment ils la font trop tard, fin juin et com
juillet. On ne pince pas, on ne rogne pas. /
ou au commencement de septembre, on eff
le raisin. On donne une culture après la t
15 centimètres de profondeur, et une secon
véraison; mais cette seconde culture est rar
On ne remonte pas les terres et on ne rappor

de l'extérieur à la vigne. On ne fume pas autrement qu'avec
des bruyères mises dans les chemins ou des branches de
châtaignier coupées vertes et liées au mois d'août. Quelques
vignerons remettent aussi volontiers le sarment découpé
dans les vignes. Sans recourir à tous ces moyens, les viticulteurs d'Argentat possèdent, à proximité de leurs vignes,
toutes les terres nécessaires pour les entretenir dans un bon
état de vigueur et de fécondité.

M. le baron de Lauthonny, beau-frère de M. de Laveyrie,
s'occupe des vignes avec
beaucoup d'activité et d'intelligence; il a disposé des
vignes comme l'indique la
figure 68, à la grande gaieté
des vignerons, qui sont très-
persuadés qu'il tuera ses
souches; tandis qu'il aura,
tous les ans, deux fois plus de bons fruits et de beaux bois
par cette méthode que par celle des vignerons; et, de plus,
il n'aura pas d'oïdium.

Fig. 68.

Toutefois la taille des vignerons d'Argentat est assez bien
entendue et déjà un peu généreuse; puis, ils la montent
moins vite et moins haut qu'à Beaulieu, et ils sont ainsi
moins écrasés par l'oïdium. Les vignerons intelligents et
actifs obtiennent ici jusqu'à 80 hectolitres à l'hectare; la
bourgeoisie active, avec bonne surveillance et bonne impulsion, n'arrive qu'à 40; mais, en comptant toutes les vignes
des négligents et des soigneux, les bonnes et les mauvaises
vignes, les bonnes et les mauvaises années, la moyenne
générale n'est que de 30 hectolitres à l'hectare.

Le ban de vendange est supprimé à Argentat.

On vendange au panier; on vide dans de
sorties de la vigne par des porteurs qui les
la tête et sur le dos, que protége un épais et
lequel se prolonge en un bourrelet qui pa
front pour retenir le tout. Ces petites baste
vidées dans de grandes bastes qui contiennen
raisin ou plus. Quatre à cinq grandes baste
effet, disposées sur un char à deux bœufs ou à
Peu de personnes égrappent; celles qui suiv
tique font l'égrappage au trident, à la petite l

On est deux ou trois jours à remplir une cu
on laisse un vide de 3o à 4o centimètres; p
que l'ébullition s'accomplisse et soit près d
pour fouler à corps nu et à fond. On laisse
quatre heures et l'on tire. On pressure de su
les jus de presse avec les vins de cuve; génér
ration ne dure que huit à dix jours. C'est là u
façon d'opérer, et pourtant les vins d'Argent
pas pour se conserver longtemps. Il est vrai qu
en vaisseaux vieux.

J'ai goûté au château de Soulages, chez M
et à Argentat, chez M. de Bart, de très-bons
dois dire sans hésitation que les vins d'Argentat
très-corsés, quoique peu alcooliques, sont pl
coupages qu'à la grande consommation cour
ment pour moi, les petits gamays du Beaujol
vrai cépage des schistes du pays.

Les vignerons d'Argentat sont pleins d'intel
propriétaires parfaitement disposés; le pro
promptement dans le canton, d'autant mieux
tion de la vigne s'y fait de la meilleure façon

rager le vigneron et pour donner tout crédit au propriétaire. C'est le métayage, à moitié fruits, qui est la règle la
plus générale. Le colon fait tout, tout jusqu'à la mise en
cuve et en cave, et le propriétaire fournit tout : les intérêts
sont donc communs, puisque le travail a un droit égal à
celui du capital.

La plantation de la vigne se fait à Beaulieu à peu de chose
près comme à Argentat; mais, à la troisième ou à la quatrième année, si la végétation n'est pas assez forte dès la
troisième, on provigne tous les ceps et l'on fume au provin :
deux pratiques qui ne se font pas à Argentat, et avec beaucoup de raison. La vigne maintenue de franc pied, sur
tous ses ceps, est infiniment meilleure, plus précoce et plus
durable.

A Beaulieu, on distingue encore plus nettement qu'à
Argentat les ceps francs et les ceps non francs. Les ceps
francs sont taillés à deux, trois et quatre cots; chaque cot à
deux et trois yeux. Les ceps non francs sont traités à un
long bois, *fraille* ou couronne, et à un cot de retour, à deux
yeux.

Les ceps francs sont : le magro, le malpet, le bordelais,
le plant de Michel, le périgord, le pruniero, l'auxerrois, le
fromental, le bru, le picard, le bouillant blanc; le bécudel
est mixte.

Les ceps à bois longs sont : le mancep, le vermeil, l'agérié,
le rousselin jaune et vert et la blanque donzelle.

On ébourgeonne avec soin à Beaulieu, après ou pendant
la floraison; on ne pince pas, excepté le dernier bourgeon
de la fraille ou branche à fruit. On relève et on attache les
pampres dans le cours de juillet, et à la fin du même mois
on les rogne.

Dans les vignes franches et basses, où il y a peu ou point d'échalas, on tord et l'on noue ensemble les sommets des bourgeons d'une même souche ou de deux souches voisines.

On donne toujours deux labours à la vigne, souvent trois : le premier après la taille, l'échalassage et le proviguage ; le deuxième dans le cours de juillet, après l'épamprage ; et le troisième à la véraison.

On entretient ou plutôt on perpétue les vignes par le provignage, en abattant une souche pour en tirer le cep manquant et son propre remplaçant. On fume la vigne au provin, et l'on remonte les terres du bas en haut des vignes.

La moyenne récolte était de 30 hectolitres avant l'oïdium ; mais depuis dix à douze ans, que la maladie écrase ce malheureux pays, on ne peut plus indiquer de moyenne. Pourtant on commence à soufrer depuis l'intervention de M. de la Vergne. Moi-même, en 1861, j'avais été à Beaulieu constater le mal et faire quelques démonstrations risquées de soufrage, au soufre sublimé et au sulfure de potasse ; mais c'était au mois d'août, trop tard sans doute, puisque, malgré leur engagement formel, les autorités ni les propriétaires ne m'ont signalé les résultats. J'ai pourtant appris dernièrement, par des informations sérieuses, que nos opérations avaient eu quelque succès, surtout les aspersions avec le sulfure de potasse. L'année dernière, M. de la Vergne a fait plus et mieux. M. Planchard, M. Lestourgis, plusieurs propriétaires et vignerons, m'ont déclaré qu'il avait converti beaucoup de monde et décidé quelques applications couronnées de succès. L'oïdium a paru l'année dernière (1863) à Beaulieu, du 20 mai au 1er juin ; puis, après

la floraison, au commencement de juillet, une forte recru-
descence s'est encore produite à la véraison ; il a même
fait acte d'apparition une quatrième fois, après la maturité
du raisin.

Je dois dire ici en toute franchise, et dans l'intérêt du
pays, que j'y trouve peu d'ardeur et peu d'émulation chez
les viticulteurs pour se sortir eux-mêmes d'embarras. La
persévérance et l'intensité de l'oïdium y sont réellement
causées par l'élévation inutile de la plupart des souches,
et surtout des souches conduites à couronne et à frailles.
Chacun sait aujourd'hui, et depuis dix ans, que plus les
souches et les pampres sont élevés dans l'atmosphère, plus
l'oïdium s'y fixe et y prospère. Personne n'ignore que dans
tous les pays à vignes basses, près de terre et épamprées
avec soin, aux environs de Paris, en Champagne, en Bourgogne, en Beaujolais, etc. ces vignes ne sont pas atteintes
d'oïdium ; tandis que les vignes hautes et les treilles des
mêmes pays en sont dévorées, si on ne les soufre pas avec
soin et avec à-propos. Chacun sait aussi que les vignes
bien attachées, bien épamprées, bien aérées verticalement,
sont respectées par l'oïdium, parce qu'il ne trouve point
là ces couvoirs naturels que lui forment les pampres entre-
croisés, conservant la nuit la chaleur du jour. Mais, sans
aller chercher des exemples lointains, pourquoi Argentat,
pourquoi Brives, pourquoi Meyssac ne sont-ils pas aussi
flagellés que Beaulieu ? Parce qu'aucun de ces pays n'a des
souches aussi élevées que Beaulieu. Il suffira de jeter les
yeux sur les hauteurs respectives des souches de ces différents pays pour comprendre la vraie cause de la ruine des
vignes de Beaulieu.

Voici, dans la figure 69, une souche franche de magro,

et dont les vieux bois s'élèvent à 1 mètre et à 1ᵐ,20. Ces
vieilles souches sont très-communes à Beaulieu : on y voit des

Fig. 69.

vignes qui en sont toutes composées, à 10 et à 12,000 ceps à l'hectare. On remarquera une grande
différence entre cette souche et
celles de la figure 64 d'Argentat,
des figures 72 et 73 de Brives
et de la figure 74 de Meyssac,
qui sont à la même échelle.

Mais c'est principalement par les souches à frailles de
la figure 70 et de la figure 71, types qui occupent un très-

Fig. 70.

Fig. 71.

grand tiers des vignes de Beaulieu, et surtout les plus
malades et les plus incurables, que l'oïdium se maintient
et se multiplie à l'infini. Quand on pense que ces souches,
conduites à peu près comme l'indiquent les figures 65 et 67,

donneraient certainement tous les ans une récolte double, et que si elles étaient ébourgeonnées, pincées, rognées, comme nous le faisons dans la viticulture type, elles n'auraient jamais d'oïdium, on se prend à regretter qu'il n'y ait pas dans le canton de Beaulieu quelques hommes d'initiative qui étudient et expérimentent en grand tout ce qui peut contribuer à conjurer le fléau.

Ce rôle appartiendrait avant tout à M. Planchard, grand propriétaire de vignes tout près de Beaulieu, riche propriétaire d'autre part, président du Comice agricole, juge de paix du canton, homme d'esprit s'il en fut, actif, énergique, influent. M. Planchard réunit toutes les conditions pour donner l'exemple et l'impulsion.

Les bans de vendange sont abolis à Beaulieu, le grappillage n'y est pas pratiqué, deux graves abus justement réformés. Comme il y a une grande diversité de ceps dans le pays, on attend généralement la maturité des raisins les plus tardifs pour vendanger.

On vendange à la chaleur du jour et non à la fraîcheur du matin, quand on veut avoir une bonne et rapide fermentation. Quelques-uns nettoient les raisins et foulent à la comporte; généralement on foule une ou deux fois à la cuve, au début de la fermentation; parfois on s'abstient de fouler à la cuve; dans quelques communes on arrose le marc avec le vin. La cuvaison est en moyenne de huit jours. Souvent, pour ceux qui foulent à la cuve, il ne s'écoule que trois jours entre le foulage et le tirage dans les années chaudes. On tire en gros vaisseaux, on presse et l'on mélange le vin de presse avec le vin de cuve. On soutire rarement au mois de mars.

Les vins de Beaulieu sont vendus, en moyenne, 25 francs

l'hectolitre; mis en bonnes futailles et bier
conservent facilement, mais ils se gâtent asse
de précautions suffisantes. Ils sont généralen
et très-chauds, plus près de la consommatio
les vins d'Argentat, pourtant se rapprochant
qualités ou plutôt des défauts demandés ai
page. Les vins des vignobles du canton su
d'excellente consommation directe. J'ai bu
de Queyssac ayant toutes les qualités des tr
Saint-Émilion, et des vins blancs du même
fins et très-agréables.

L'exploitation des vignes se fait directem
gnerons propriétaires et par des aides à l
le salaire est de 1 franc, plus la nourritur
journée tend à augmenter); mais l'exploita
est à métayage à moitié fruits; autrefois le p
vait à faire faire ses vignes aux trois cir
profit.

Arrivé à Brives, j'appris à la sous-préf
les soins de M. le sous-préfet, parti en to
sion, un grand nombre de personnes venu
différents cantons de l'arrondissement m'att

Fig. 72.   Fig. 73.

tel de ville.
et la confére
encore nous
contrée de
Caste-Nègre,
de Brives. 1

l'indication des vignerons, les figures 72
types de leurs tailles, et je pus faire que
trations pratiques des modifications à y intr

Le lendemain, M. de Ménars réunit à son beau domaine de la Bastide MM. l'abbé Loubignat, de Lizas, de Conac père et fils, et il me fit visiter ses jeunes vignes d'essai en cépages de la Gironde, carbenet-sauvignon et noir de Pressac, qu'il se dispose à conduire à longs bois et à cots de retour. Il me fit visiter également ses vignes anciennes, groupées sur les coteaux et exploitées en métairies. Ces vignes sont plantées dans les schistes et dans les granits d'abord, puis en marnes calcaires et en calcaires purs; marnes et calcaires dont il peut tirer un excellent parti pour amender les terrains granitiques et triasiques, qui sont les plus étendus dans son domaine et aux alentours.

Comme à Argentat, comme à Beaulieu, la plantation se fait ici en défonçant, ou au pal après le défoncement, à 5o centimètres de profondeur, avec crossettes droites ou recourbées, avec fumiers, bruyères, branchages, etc.

A Donzenac on préfère les chevelus pour planter, parce que le bouturage y réussit mal; on plante à plein, et l'on remplace par plants rapportés. Le provignage n'est employé que pour l'entretien nécessité par la vétusté. La distance des ceps est de 8o centimètres à 1 mètre au carré. On ne tasse pas la terre autour des boutures : aussi la première pousse est-elle excessivement faible. On laisse deux et trois yeux dehors : quelques personnes qui n'en laissent qu'un disent qu'elles réussissent mieux et qu'elles obtiennent des pousses de 4o à 5o centimètres. Il doit en effet en être ainsi; on obtiendrait plus encore en tassant la terre autour des boutures et en plantant à o^m,2o de profondeur seulement.

On dresse la vigne le plus bas possible, à deux et trois cornes en moyenne, plutôt deux que trois; il y a toutefois

des souches à quatre, cinq et six cornes; j'en ai vu beaucoup qui n'en ont qu'une. Chaque corne ne porte qu'un
courson à un, deux, rarement à trois yeux; les longs bois
ne sont point en usage; on donne, au début, un tuteur ou
échalas à chaque souche, mais on ne le renouvelle pas. Les
vignes ne sont point entretenues à échalas.

On ébourgeonne à la fin de mai et à la Saint-Jean; ce
travail est fait par des femmes. On relève et on attache les
pampres des souches avec un lien de paille, sans rognage
au-dessus, en réunissant par le sommet, soit les pampres
d'une souche isolée, soit les pampres de deux ou trois
souches voisines.

On provigne pour entretenir une vigne vers son déclin
et l'on n'observe plus la ligne.

La vigne est usée à vingt-cinq ans dans les terrains de
grès blanc; elle dure cinquante ans dans les calcaires magnésiens, et indéfiniment dans les calcaires du lias. On fume
rarement la vigne; quelques propriétaires déchaussent les
souches et apportent autour des gazons et des bruyères.
On se met aujourd'hui à semer des lupins, à l'automne, pour
fumer au printemps en les enterrant. Dans le domaine de
M. de Noailles, on fume tous les deux ans avec de la colombine ou du terreau.

Les cépages de l'arrondissement de Brives sont nombreux,
trop nombreux.

Le pica noir et l'enrageat blanc dominent; le pied rouge,
la mérille ou le bordelais, le bouillenc (vionnier), le picpoule noir, le prunelat, le sauvignon, le sémillon, le gamay,
et le mancep, à Donzenac, sont perdus d'oïdium depuis
dix ans. Tous les cépages différents sont mêlés dans les
vignes.

Dans le canton de Brives, les gelées de printemps se font sentir souvent, mais la coulure est plus redoutable encore que ces gelées. La moyenne production varie de 20 à 24 hectolitres; à Donzenac, elle dépasserait 40 hectolitres à l'hectare.

Les vendanges se font trop hâtivement à Brives; on foule à la comporte et rarement à la cuve; on laisse la fermentation s'accomplir, et l'on tire sans avoir foulé.

Dans le canton de Donzenac on tire du vin, après deux jours on le reverse sur la cuve; et, quarante-huit heures après, on tire tout le vin et l'on porte le marc au pressoir. Dans la commune d'Ussac, on attend que le vin soit froid avant de tirer. La durée de la cuvaison est de huit à neuf jours. Les uns mélangent, les autres ne mélangent pas les vins de presse avec les vins de goutte. On tire en vaisseaux vieux.

Les vins se gardent peu, tournent facilement, et n'ont rien qui puisse les faire remarquer; mais ils n'en jouent pas moins un rôle très-important dans la fortune privée et publique de l'arrondissement. Ils se vendent en moyenne 24 francs l'hectolitre. M. de Ménars, par ses plantations de noir de Pressac et de carbenet-sauvignon, ouvre la véritable voie aux améliorations dans la qualité.

La principale exploitation des vignes se fait par métayage à mi-fruits: c'est certainement la meilleure de toutes les méthodes.

A Meyssac, moitié sur les terrains triasiques, moitié sur les calcaires infrajurassiques, on ne défonce pas pour planter la vigne; on plante en petites rigoles de 20 centimètres de section à 80 centimètres de distance au carré, en plant enraciné peu profondément, et l'on obtient peu de raisin à

la troisième année, mais pleine récolte à la quatrième et
à la cinquième.

Dans le rocher on élargit le trou pour planter. On
dresse les souches à deux ou trois cornes, près de terre,
à un courson, plus souvent à un qu'à deux yeux, plus
souvent à deux qu'à trois. On épampre, on relève et
on attache, fin mai et commencement de juin, les souches
entre elles; car il y a peu ou pas d'échalas, si ce n'est parfois dans le premier âge. On rogne quelquefois quand les
pampres sont trop longs. L'oïdium a sévi, mais avec peu
d'intensité et de persistance.

Le cep dominant est l'auxerrois (cot rouge) dans les terrains calcaires; le moro, le bordelais ou bourdelais, le morillon noir à queue verte, le picot dit *pied noir*, le pica, le
bouillenc blanc, le picpoule, l'enrageat, le sauvignon, le
saint-émilion, le chasselas, le muscat, le négrao, le tri-
gnon, tels sont les autres cépages, répandus en plus ou
moins grande quantité.

On entretient par le provignage, et souvent sans plus
observer de ligne.

La récolte moyenne à Meyssac est de 15 à 20 hectolitres à l'hectare, et le prix de l'hectolitre varie de 20 à
25 francs.

Le ban de vendange est aboli à Meyssac. Les vendanges
et les cuvaisons se font, à peu de chose près, comme à
Brives; pourtant on fait à Meyssac des vins blancs, et, pour
les obtenir, on charge tout simplement les cuves et l'on tire
le jus avant la fermentation.

Un excellent vigneron propriétaire, M. Fortuné, a bien
voulu diriger notre visite aux vignes, et naturellement il
nous a conduit dans les siennes, taillées beaucoup mieux

et plus généreusement que les autres : aussi récolte-t-il beaucoup plus. Le croquis de la figure 74 a été relevé chez lui : il est facile de voir, en comparant ce cep de cinq

Fig. 74.   Fig. 75.

ans à un cep ordinaire du même âge (figure 75), que son mode de taille est plus avancé vers une bonne production.

En résumé, l'arrondissement de Brives possède de trop nombreux cépages pour faire des vins de choix, qu'il peut produire et qu'il produira sous les exemples de propriétaires comme M. de Ménars et sous les leçons de viticulteurs comme M. Loubignat.

Les carbenets-sauvignons, la petite syra, les cots, les pineaux et les gamays du Beaujolais, en rouge; les sémillons, les sauvignons, la roussane et les gros pineaux de la Loire, en blanc, donneraient des vins de première qualité dans l'arrondissement de Brives. Ils en donneraient en grande quantité, ou du moins en quantité bien supérieure à celle obtenue aujourd'hui, s'ils étaient tous conduits à la taille généreuse de cinq à six bras pour les petits gamays et d'une ou deux longues tailles à fruit, avec un ou deux coursons à bois de remplacement, pour tous les autres cépages indiqués : si les plantations étaient faites en lignes distantes de 1ᵐ,20, les ceps à 1ᵐ,10 dans le rang, si les lignes étaient palissées en fil de fer, les pampres étant ébourgeonnés, pincés, relevés, liés et rognés avec soin.

DÉPARTEMENT DE LA HAUTE-VIENNE.

Connaissant à l'avance la minime étendue de la vigne dans la Haute-Vienne, qui n'occupe pas plus de 3,000 hectares environ, je ne pouvais m'attendre à l'accueil empressé et honorable qui a été fait à ma mission viticole dans ce département.

Le 31 mars, le bureau de la Société d'agriculture, des sciences et des arts de la Haute-Vienne, conduit par M. Benoist-Dubuis, vice-président, délégué par M. Boby de la Chapelle, préfet, a bien voulu me tracer l'itinéraire à suivre, itinéraire dans lequel MM. Benoist-Dubuis et M. E. Muret, secrétaire du Comice, m'ont constamment accompagné et dirigé avec une bienveillance et une abnégation dont je leur suis profondément reconnaissant.

Le 1er avril, nous avons visité les vignes de l'arrondissement de Limoges, à *Verneuil*, sous le patronage de M. Duverd, maire et propriétaire de la Gabie, charmant manoir dominant un des points les plus pittoresques du cours de la Vienne; ensuite à Pagnac, chez M. Aillaud, président du Comice agricole, qui possède 6 hectares de vigne, et qui réalise autour de lui toutes les merveilles de la riche habitation de campagne. Puis, entrant dans l'arrondissement de Rochechouart par Saint-Victurnien, nous sommes allés chez M. le docteur Lemat, maire de la commune; enfin, le soir même, nous sommes arrivés à Saint-Junien, où nous avons reçu la plus gracieuse hospitalité de M. Dupeyrat, maire de cette ville.

Le lendemain, sous la direction et la présidence de M. Dupeyrat, nous avons procédé à l'enquête, à l'hôtel de ville, puis à la visite aux vignes et à la conférence, au milieu d'un nombreux concours de propriétaires et de vignerons.

Partis le soir même pour l'arrondissement de Bellac, nous avons été accueillis et dirigés par M. des Termes, maire et président du Comice agricole de Bellac. Malgré le peu d'étendue des vignes situées au voisinage de la ville, nous les avons étudiées avec soin chez M. de la Toule, qui avec M. Duchâteau, arboriculteur habile, m'a donné sur place tous les renseignements désirables.

Les vins du département, composés de bretonneau gros et petit, de meunier, de balzar, de pineau noir et blanc, de sauvignon noir, de coni, de folle blanche, d'augustine, de saint-rabier, de boutezat, de folle, de noir-douce, de dameret et d'une foule d'autres espèces, présentent de grandes différences entre eux, suivant la prédominance des cépages qui les produisent. Le coni, les pineaux, le balzar, le boutezat (pulsart du Jura), le saint-rabier (cot rouge), donnent les meilleurs vins rouges et roses; le fond des vins blancs est fourni surtout par la folle blanche.

Les vins de Bellac sont plutôt des limonades que des vins. On attribue leur faiblesse alcoolique à l'altitude, qui n'est pourtant que de 250 mètres environ au-dessus du niveau de la mer : or, on sait que la vigne se cultive jusqu'à 800 mètres; jusqu'à 400 mètres elle donne encore des vins très-spiritueux. L'altitude n'entre donc pour rien dans le

peu d'esprit des vins de Bellac. Cette infériorité tient, avant
tout et par-dessus tout, à ce que les cépages ne sont point
appropriés au sol granitique, où les pineaux, le balzar, le
boutezat, ne donnent que des jus douceâtres et plats, alors
qu'ils en donnent des plus riches et des plus accentués dans
les terrains calcaires; en second lieu, elle tient au mélange
d'une infinité de cépages sans noms et sans vertus appré-
ciables. Voici la liste de ceux de Bellac, qui m'a été donnée
par M. Duchâteau :

Curanche noir, pineau blanc, pineau noir, dameret, jus-
tine blanc, balzar noir, blanche, gandouche blanc, rousse
blanche, grosse verte.

Comment faire du vin avec de pareils mélanges et de
pareils cépages croissant dans le granit? Il ne faudrait là
que les petits gamays du Beaujolais, d'une part, et les
chasselas (fendants verts et fendants roux de la Suisse), de
l'autre.

La deuxième cause de la faiblesse des vins de Bellac
tient à des vendanges prématurées et à des cuvaisons trop
prolongées.

La troisième cause tient à ce que les irrigations se multipliant de jour en jour à l'infini, et avec elles les prairies,
l'atmosphère est sans cesse de plus en plus refroidie par
l'humidité et les gazonnements.

La commune de Magnac, dans le même arrondissement,
donne des vins plus corsés, plus colorés et plus spiritueux;
Saint-Junien, Saint-Victurnien, Pagnac et Verneuil nous
ont offert des vins blancs, gris et rouges d'une véritable
qualité, s'approchant des bergeracs et des troisièmes crus de
Saint-Émilion. Mais si les vins de Bellac n'ont que quatre
à cinq degrés d'esprit, si ceux de Saint-Victurnien, Pagnac,

Verneuil et Saint-Junien en possèdent sept à huit, et, par
exception, neuf et dix, il n'en est pas moins démontré pour
moi que, dans tout le Limousin, les terrains, tous granitiques, couverts de bois, de châtaigneraies, de landes et
surtout de prairies irriguées, déjà froids naturellement,
deviennent de plus en plus froids et transforment leur climature, qui serait des meilleures pour la viticulture si les
landes, les bois, les châtaigneraies, les prairies, les prairies irriguées, diminuaient d'étendue au lieu d'augmenter.

Loin de moi la pensée de blâmer l'extension des prairies
et leur fertilisation par les irrigations, car c'est là un de nos
grands progrès, une de nos plus précieuses conquêtes agricoles; et j'ai eu autant de satisfaction à voir avec quelle
habileté, dans la grande comme dans la petite propriété,
le plus instruit comme le plus simple des agriculteurs du
Limousin savait profiter des eaux des chemins, des fossés,
du drainage, des ruisseaux, des rivières, pour les appliquer
à la création de leurs admirables prairies, que j'en aurais
éprouvé à voir développer l'étendue des vignes. Partout où
je suis passé, et surtout chez M. Noaillé, à Berneuil, la conquête des terres à la prairie, par les irrigations les plus
hardies et les plus impossibles, a excité mon admiration.

Le Limousin est plus fait pour produire la viande de
boucherie que pour produire le vin, surtout pour la production de l'espèce bovine et de l'espèce porcine (j'ai vu
chez M. Noaillé la gigantesque race craonnaise dans toute
sa beauté). J'admire donc qu'il produise l'espèce bovine et
l'espèce porcine, loin de le blâmer, et je l'y encouragerais, au
contraire, de toutes mes forces, s'il en était besoin et si j'en
avais le pouvoir. Mais ce n'est pas seulement par ses ingé-
nieuses irrigations et par les immenses tapis de prairies dont

il a garni les flancs et les fonds de ses riants et pittoresques vallons que le Limousin a excité mon plus vif intérêt : c'est surtout par son mode d'exploitation rurale, qui a pour base, à peu près absolue et presque unique, le métayage à partage de tous fruits et de tous produits végétaux et animaux, y compris le vin comme le blé, le bétail comme le blé et le vin.

Certes ce n'est pas la première fois ni la première province où je vois le métayage dominant en tout et partout. Ce n'est pas la première fois que je rencontre la douceur et la bonté des mœurs, ainsi que les rapports faciles et agréables entre la propriété et la main-d'œuvre rurale, comme conséquence constante et forcée de l'intérêt commun du propriétaire et de la famille ouvrière aux produits de la terre; mais c'est la première fois que je vois le métayage aussi nettement fondé sur des exploitations semi-agricoles et semi-pastorales.

40 hectares sont la moyenne surface accordée à chaque métairie: 6 à 8 hectares de prairies, autant de hautes et de basses céréales, 1 hectare de pommes de terre (qui rendent 120 hectolitres pour 12), 1 hectare de raves du Limousin, 1 de topinambours, quelques hectares de jarosses et de trèfle, le reste (la moitié le plus souvent) en châtaigneraies, pacages et landes; sur quoi sont nourris 6 bœufs, 6 vaches et leurs suites, 4 à 6 porcs et parfois un petit troupeau de moutons. (Le Limousin convient peu au mouton par la même raison qu'il convient peu au raisin, par la fraîcheur des prairies et l'humidité de l'atmosphère.) Malheureusement chaque métairie compte à peine, en moyenne, dix individus : un ou deux hommes mariés, un ou deux garçons, une ou deux femmes, une ou deux filles, des enfants peu, trois ou quatre; tandis qu'en Beaujolais,

en Mâconnais et dans d'autres pays, où des vignes quelquefois petites, mais quelquefois très-grandes, sont annexées à la métairie de 5 à 8 hectares, on compte également dix individus vivant dans l'aisance : un et deux individus par hectare, au lieu d'un quart d'individu!

Pourtant les terres du Limousin sont, en général, d'une rare fécondité : elles rendent souvent vingt pour un en froment, sans fumier, et sont facilement portées à trente avec le fumier; elles donnent facilement, et avec un peu d'engrais, 200 hectolitres de pommes de terre à l'hectare; elles pourraient rendre, à l'hectare, 60 hectolitres de vin alimentaire. Où trouver de pareilles conditions pour développer la population ? Et pourtant le Limousin n'est pas peuplé, parce que les grandes vérités, les grands principes du développement de la richesse agricole, ceux qui assurent l'accroissement de la population, ne sont point encouragés : on tend, au contraire, à obéir aux prétendues nécessités malthusiennes, et l'on s'éloigne des nécessités parfaitement prévues par les lois chrétiennes.

S'il était bien démontré aux propriétaires qu'une famille rurale mise sur leur terre, dans une chaumière, avec 5 ou 10 hectares, est en réalité un capital de 20,000 francs qu'elle y apporte pour peu de chose (et c'est la vérité sans hyperbole ni fiction), comme ils s'empresseraient de couper leurs 40 hectares de métairies en quatre et en huit! comme ils caresseraient les nombreuses familles! comme ils couronneraient les rosières! comme ils encourageraient les mœurs et les mariages! comme ils feraient des maisons proprettes pour les offrir aux jeunes ménages! Dix familles, 200,000 francs à gagner pour féconder 100 hectares! De quel œil irrité ne regarderaient-ils pas ces garçons stériles ou trouble-familles, de quels mépris ne poursuivraient-ils pas leur lâcheté et leur égoïsme! Et, en vérité, ces vieux garçons mériteraient toute proscription et tout mépris; car voilà de gentilles maisons, voilà de bonnes terres, voilà des jeunes filles qui aspirent légitimement au bonheur d'être mères : quel serait donc le misérable qui refuserait d'obéir à la voix la plus impérieuse de la nature, et sous quel prétexte? pour échapper au travail productif, la seule vertu, le vrai bonheur, le devoir absolu de l'homme sauvage ou en société !

D'un autre côté, les propriétaires sauraient bientôt que la terre est comme un rucher, qui n'est pas complet tant qu'il ne contient pas autant de ruches que son étendue le comporte; qui est relativement stérile, s'il ne contient pas autant d'essaims que de ruches; qu'un espace de terre qui est mal cultivé, peu cultivé, pas cultivé, est une ruche vide dans le rucher; que toute ruche vide ne donne point de miel, et que le rendement total n'est jamais proportionnel au nombre de places ni au nombre de ruches, mais au nombre des essaims.

Pas d'essaims, pas de miel! Oh! comme ils soigneraient leurs abeilles, les propriétaires; comme ils leur laisseraient la moitié du miel pour qu'elles se portassent bien; comme ils leur en fourniraient pour les conserver, dans les rudes années! Ils commenceraient à faire ainsi par raison et par intérêt; mais bientôt ils y trouveraient tant de bonheur, tant de satisfaction profonde, ils seraient si heureux des joies qu'ils n'ont jamais goûtées, qu'ils accompliraient ces nobles et intelligents devoirs de patriarches avec passion, avec amour. Croyez-moi, grands et excellents propriétaires du Limousin, la fonction de patriarche est plus noble et plus élevée dans l'ordre intellectuel, moral et financier, que celle de bergers, porchers, bouviers, vachers, maquignons, marchands, industriels, banquiers, etc. Vous faites et vous élevez des hommes agricoles, qui seuls créent les matières premières et qui seuls sont à la fois producteurs et consommateurs; qui seuls font la force, la valeur, la puissance excédant le nécessaire courant, c'est-à-dire le capital avec lequel vont trafiquer les marchands, que vont transformer les industriels, que vont décimer et user les banquiers. C'est vous qui faites le capital, et non le capital qui vous crée; ce capital est une force utile, immense, qui peut aider au progrès humain, mais qui peut démoraliser, désorganiser, détruire, si, chacun cessant de le produire, tout le monde se met à le dévorer : c'est alors l'essaim qui met son miel au pillage, qui s'attache à l'effet au lieu de s'attacher à la cause, qui adore le veau d'or, qui est la mort, au lieu du vrai Dieu, le travail créateur, qui est la vie.

Le Limousin n'est pas peuplé; il ne compte que 326,037 habitants sur 551,658 hectares : 59 centièmes d'individu par hectare!

Chaque métairie du Limousin devrait donc en former quatre, qui rendraient autant, chacune, que la grande métairie.

Les châtaigneraies, qui ne rendent rien ou presque rien, si ce n'est quelques châtaignes pour les cochons (M. Benoist-Dubuis et M. E. Muret m'ont dit que le propriétaire, le plus souvent, ne réclamait aucun partage du produit des châtaigneraies ni des jardins), seraient remplacées au centuple de produit sur le même espace; les landes et les pacages disparaîtraient au grand profit de la stabulation et de la production des fumiers. Les bois devraient se rétrécir également et rendre ainsi de vastes surfaces au soleil, dont la chaleur doublerait les produits des prairies irriguées et permettrait alors à la vigne de reparaître avec avantage et d'occuper les coteaux et les plateaux qu'elle enrichissait autrefois, d'après toutes les traditions locales, et au vu et su des anciens encore existants. Aucune ville n'a autant ni de plus belles caves à vin que Limoges, qui était entourée de vignes; il en est de même de Rochechouart et de Bellac.

La vigne n'y produit que 1,500,000 francs (3,000 × 20 × 25), sur un revenu total agricole de 35 millions (23ᵉ partie du revenu, sur la 183ᵉ partie du territoire) .La vigne donne un revenu brut de 500 francs (20ʰ × 25ᶠ), la prairie irriguée donne 180 francs, et non irriguée 120 francs, par hectare.

Les procédés de viticulture dans la Haute-Vienne, comme un peu partout, offrent de très-bonnes pratiques, avec omission de pratiques non moins bonnes, ou avec usage de pratiques mauvaises qui suffisent à diminuer considérablement les avantages des bons procédés observés. Les figures 76 et 77 donnent l'aspect des souches des environs de Limoges, les plus normales et les mieux conduites :

Fig. 76.   Fig. 77.

Dans l'arrondissement de Limoges et celui de Rochechouart, toutes les vignes sont sans échalas, plantées en

10.

lignes, à un mètre entre les lignes et à 66 centimètres
dans le rang. La plantation se fait simplement, sur un
bon défrichement ou sur un bon labour, par petits fossés
de 15 à 20 centimètres de largeur et de profondeur,

Fig. 78.

avec boutures des simples sarments
coudés au fond et redressés plutôt
à angle aigu qu'obtus (fig. 78).
Quelques-uns plantent à la règle
(tige de fer). On laisse deux yeux
dehors : à la première taille on ra-
bat sur le sarment le plus bas et on le rogne à deux yeux
francs. On tend à élever la souche de raisin noir (fig. 76),
mais on tient la souche de raisin blanc près de terre.

On commence à dresser, à la troisième ou à la quatrième
année, à trois bras en trépied et on ne laisse qu'un courson
sur chaque bras. La plupart des vignerons laissent ce courson à deux yeux francs; quelques-uns taillent à trois et
jusqu'à quatre yeux par courson.

La vigne blanche paye ainsi ses façons à la cinquième
année, et la vigne rouge à la septième seulement.

On donne une *darde*, flèche, arçon (long bois courbé),
aux bretonneaux petits et gros, au meunier, au sauvignon
noir, au boutezat (pulsart); mais aux blancs et aux autres
cépages rouges on ne la donne pas.

Cette darde est le plus souvent prise sur les sarments
sortis du vieux bois dans la pousse (c'est ainsi dans presque
tous les pays) : on prend un gourmand pour branche à
fruit, croyant que le sarment du vieux bois ne dérange pas
la taille et n'épuise pas autant la souche qu'un sarment de
tête; c'est là une grave erreur : le gourmand est rarement
fructifère, et généralement il épuise la végétation de tête.

La vraie taille à donner au boutezat (pulsart), c'est celle adoptée dans le Jura (fig. 79) : elle est d'une fécondité incroyable, sans jamais épuiser la souche.

Fig. 79.

La folle blanche, dont les figures 77 et 81 donnent la taille, est mise en plaine et là où la terre a le plus de profondeur. '

Du reste, on n'ébourgeonne pas, on ne pince pas, on ne rogne ni on n'effeuille. Si les vignes sont trop épaisses, on relève les pampres et on les attache, soit isolément, soit en tortillant les pampres de deux souches ensemble.

La vigne pousse vigoureusement, mais elle gèle et coule beaucoup par suite d'une taille trop courte et par le froid et l'humidité du pays. Le froid n'est redoutable qu'au printemps, car le malaga mûrit parfaitement et tous les ans en treilles ici, ce qui n'a lieu ni en Bourgogne ni en Champagne. Quant au chasselas, il y acquiert en plein champ une parfaite maturité.

La vigne est tenue de franc pied en lignes, mais elle est entretenue par le provignage (abatage d'une souche qui fournit quatre pointes ou jeunes ceps en fosse); le provignage finit souvent par détruire les alignements. On fume au provin, mais seulement avec des feuilles de châtaignier et des bruyères.

Les cultures de la terre sont bornées à deux : l'une, en mars, consiste à déchausser et à mettre de la terre en taupines ou en billons dans les lignes; l'autre, à la fin de mai, consiste à remettre la terre à plat; parfois, si la vigne est garnie d'herbe, on donne un binage avant la moisson. Si la vigne, dans la Haute-Vienne, craint la coulure et la gelée de printemps, au moins elle ne craint pas la grillure et n'est pas attaquée par l'oïdium.

A Saint-Junien on fait une taille préparatoire, que j'ai

Fig. 80.

reproduite dans la figure 80; je l'ai dessinée dans une fort belle jeune vigne, en folle blanche, chez M. Desars (François) : cette vigne donne 20 barriques, plus de 40 hectolitres à l'hectare. M. Desars a taillé cette souche devant moi suivant les lignes *o, o, o, o*. Avec l'âge, on ajoute aux trois bras primitifs un, deux et trois autres bras; j'ai compté jusqu'à huit coursons sur une souche, et ce sont celles-là qui se portent le mieux et rapportent le plus.

Dans une autre vigne j'ai dessiné une souche de bretonneau à cinq bras. Les souches de bretonneau et autres
plants fins rouges sont hautes et grêles, tandis que le pulsart et la folle sont toujours
à gros membres ; le contraste
entre la figure 80 et la
figure 81 s'observe en effet
tel que je l'ai reproduit; on
le comprend aussi dans les
figures 76 et 77.

Fig. 81.

Le produit moyen des vignes est de 20 hectolitres à
l'hectare; mais beaucoup le portent à 30 à Saint-Junien,
et quelques-uns à 40.

On met le vin en cuve ouverte, sans égrappage; on
écrase le raisin et on laisse cuver de dix à vingt jours.
Tout le monde tire clair et froid. On met en vaisseaux
vieux et on ne mélange point le vin de presse avec le vin
de goutte ; on soutire seulement les barriques de vin de
presse. Le vin se boit le plus souvent dans l'année, car il ne
se garde pas. Toutefois les vins de bretonneau et de coni
purs et vendangés bien mûrs, et ceux des vignes où ces
deux cépages dominent, sont excellents et se gardent fort
bien. J'en ai goûté de 1858, chez M. Duverd, qui rappelait
tout à fait les saint-émilion de 3ᵉ classe.

On fait aussi beaucoup de vins gris qui se gardent bien :
ils sont plus généreux que les vins rouges, parce qu'ils ont
peu cuvé; on produit également des vins blancs agréables
et parfois très-généreux.

Toutes les vignes sont annexées à des domaines, et elles
se font à moitié, si ce n'est les vignes exploitées directement par les propriétaires vignerons. Les vignes jeunes,

surtout, sont bien tenues et avec un grand intérêt par les tenanciers.

A Bellac, les terres consacrées à la culture de la vigne sont disposées de deux façons principales : ou en carrés d'un are environ, séparés par des allées d'un mètre en damier, ou bien en doubles lignes parallèles, à environ un mètre, séparées par des espaces intercalaires où on cultive des céréales ou des légumes, féveroles d'hiver, pommes de terre, etc. Ces mêmes cultures sont faites à la bêche dans l'intérieur des carrés. Il y a aussi des vignes pleines, en lignes à 1^m,3o de distance, et les ceps à 5o centimètres dans le rang : c'est ce que nous nous avons vu chez M. de la Toule.

Toutes ces vignes sont soutenues par des palissages dis-

Fig. 8a.

posés comme l'indique la figure 8a au 33ᵉ. Les échalas sont à 1^m,2o environ de distance, et ils soutiennent deux rangs de lisses : l'inférieur à 25 centimètres du sol, et le supérieur à 4o ou 5o centimètres au-dessus du premier. Des liens d'osier relient les lisses avec les échalas.

On plante en fosse à 15 pouces de profondeur, en simple sarment coudé ; on remplit la fosse et l'on rogne à deux yeux au-dessus de terre. La première taille se fait sur le sarment le plus bas à un œil, figure 8a *a;* à la seconde taille, on ne laisse également qu'un sarment à trois yeux, pour monter à la perche, mais on détruit l'œil supérieur *b;* à la troisième taille, on laisse trois yeux francs; on lie le haut du sarment avec un osier et on l'attache à la lisse supérieure *d.* A la quatrième taille, on forme le volant ou long bois, recourbé par-dessus la lisse supérieure et attaché par son extrémité à la lisse inférieure *c.* Souvent on met deux volants *e, f;* mais toujours il y a un tiret de rabatage *t t* pour rabaisser et rajeunir le cep. Parfois il y a, en outre, un courson de retour à deux yeux *r,* sur lequel on reprend le volant, et ce n'est que faute de mieux qu'on reprend volant sur volant.

On n'ébourgeonne, on ne pince ni on ne rogne, si ce n'est à la fin d'août, où l'on relève et l'on rogne, ou bien on tortille les pampres ensemble.

En mars, on donne une culture profonde, bêche entière, et en juillet on bine. Dans ce système, on récolte, au minimum, quinze barriques à l'hectare; mais parfois on en récolte soixante; l'emploi des longs bois y fait disparaître en grande partie les inconvénients de la gelée. La moyenne récolte est de 5o hectolitres à l'hectare.

On récolte beaucoup trop tôt et avant maturité; on écrase à la *basse* et l'on fait cuver en petites cuves ou même en barriques pendant quinze à seize jours; on tire clair et froid; on ne presse pas, on fait des piquettes.

La vigne n'est pas traitée de même dans tout l'arrondissement; à **Magnac** on ne met à la vigne qu'une seule perche, celle du haut, et l'on a toujours un courson de rabatage ou plutôt de retour, car on reprend tous les ans le volant sur ce courson. Les lignes sont à $1^m,5o$ et les ceps à 75 centimètres dans la ligne.

Dans la commune de Bussière-Boffy, la vigne est cultivée par planches de trois rangs de quatre pieds et demi, et les ceps à quatre pieds dans le rang, en quinconce; on plante en fosse à bouture coudée; on dresse à trois et à huit bras, ayant chacun un seul courson à deux et à trois yeux; l'augustine et la folle blanche et jaune sont les cépages dominants; les pineaux et les boutezats sont traités de même; il n'y a ni échalas ni palissages. Les vins y sont meilleurs et plus abondants, dit-on. Meilleurs, oui; mais plus abondants, non.

Dans le *Bulletin de la Société d'agriculture de la Haute-Vienne*, M. E. Muret a rendu compte de notre conférence à Limoges : c'est un prodige de mémoire qui réunit à l'exactitude la concision et l'expression nette de chaque idée et de chaque fait. Je dois à M. E. Muret mes remercîments tout personnels à cet égard.

DÉPARTEMENT DU PUY-DE-DÔME.

La vigne joue un des rôles les plus importants dans l'agriculture du Puy-de-Dôme.

Sur les 795,051 hectares qui constituent sa superficie totale, la statistique de 1852 en accuse 28,000 en vignes; mais, depuis cette époque, une grande activité s'est portée sur cette culture, qui paraît s'être étendue d'un quatorzième au moins, et d'après l'opinion exprimée par des hommes compétents à Clermont, Riom et Issoire, on reste au-dessous de la vérité en portant son étendue à 30,000 hectares.

Sur ces 30,000 hectares, beaucoup ont une valeur vénale de 25,000 francs; très-peu descendraient à un prix de vente inférieur à 5,000 francs. La moyenne valeur d'un hectare de vigne, dans les trois arrondissements de Clermont, Riom et Issoire, est bien de 15,000 francs. Le capital représenté par la vigne dans le Puy-de-Dôme serait donc aujourd'hui de 450 millions.

La moyenne production est de 45 hectolitres à l'hectare au moins; le prix moyen des six dernières années est supérieur à 25 francs l'hectolitre. Le produit brut de chaque hectare de vigne serait donc de 1,125 francs, et la production brute totale du département de 33,750,000 francs, ce qui répond au budget normal de 33,750 familles ou

de 135,000 habitants, entretenus sur la vingt-sixième partie du sol; plus du cinquième de la population, qui est
d'environ 572,000 individus.

La vigne produit aussi près du quart du revenu total
agricole, qui est de 110 millions, vigne comprise.

La dépense de culture, d'entretien et de vendange pour
chaque hectare varie de 250 à 300 francs, ce qui donne,
pour les 30,000 hectares, 9 millions de frais et 24 millions
de revenu net, ou 5 1/2 p. o/o du capital. Mais, pour les
propriétaires laborieux et intelligents, le produit est bien
plus élevé; car le rendement des vignes de Beaumont,
d'Aubière et de plusieurs autres vignobles du département
est de 20 pots à l'œuvrée de 4 ares, ou de 75 hectolitres
à l'hectare : voilà ce qui explique l'enthousiasme des travailleurs pour la vigne, car ils en tirent un parti bien
au-dessus de la moyenne.

Il n'est d'ailleurs aucune culture qui, même dans les
plaines si fertiles de la Limagne, puisse donner un produit
brut s'élevant à la moitié de celui de la vigne. Si l'on prend
dans leur ensemble les 414,000 hectares de cultures de
ferme, comprenant les cultures fruitières, potagères, prairies artificielles, chanvres et lins, racines, etc. et qu'on
ajoute un quart en sus à la valeur de leurs produits depuis
1852, ce qui est exagéré, on trouve que le rendement
brut moyen par hectare est de 192 francs. Les prairies
naturelles considérées à part n'atteignent pas 200 francs
de rendement par hectare; enfin l'analyse la plus détaillée
n'indique ni dans les racines, ni dans les plantes oléagineuses, ni dans les plantes textiles, ni dans les fruits, aucun produit qui s'approche de la moitié de celui de la
vigne.

Quelques vignes sont données à ferme, un peu plus sont exploitées à mi-fruits, mais la plus grande partie des vignes est exploitée directement par les propriétaires : les unes par des ouvriers à la journée ou à prix fait, les autres par les mains des propriétaires eux-mêmes, avec ou sans aide à la journée.

Ce qui m'a le plus frappé dans le Puy-de-Dôme et dans les observations du concours de Clermont, c'est que ce département marche plus et mieux sur ses propres inspirations et par sa propre tradition que sur les errements nouveaux et étrangers dans lesquels on a voulu le faire avancer : il a gardé ses assolements, ses cultures à bras, ses animaux, ses instruments, sa confiance dans la petite propriété et dans les ressources que son énergique et intelligente population sait en tirer; il ne se refuse à adopter aucun progrès réel, aucune amélioration évidente. C'est ainsi que M. Baudet-Lafarge y a vu accueillir ses découvertes, ses essais et ses conseils pour les marnages; c'est ainsi que le paysan adopte les meilleures limites dans le morcellement, dont il sait tout le prix relativement au travail humain, et tout le danger seulement à un émiettement extrême; c'est ainsi encore que le colonage, ou les cultures sous l'œil et avec le concours des capitaux du propriétaire, commence à s'étendre, et c'est sur ce principe que le marquis de Pierres a établi toute une colonie, qui produit beaucoup, là où la terre ne produisait presque rien, et fait vivre un grand nombre de colons là où était le désert presque absolu.

Quoi qu'il en soit, les vins du Puy-de-Dôme sont bons et les vignes y sont cultivées avec une rare intelligence.

A cette double déclaration, les gourmands et les gourmets, qui ne cherchent dans le vin que les qualités sen-

suelles, et les viticulteurs, qui ne voient que le travail et la
dépense, vont jeter les hauts cris.

Eh bien! je soutiens que les vins du Puy-de-Dôme sont
essentiellement alimentaires, hygiéniques, et donnent la
santé, la force et le contentement dans le travail. Quant à
la conduite de la vigne, comme elle consiste en un courson
à bois et en un arçon à fruit parfaitement palissés, je dois
la considérer comme excellente, puisque c'est la conduite
que je conseille partout, après l'avoir éprouvée pour moi-
même.

Les vins du Puy-de-Dôme sont d'une consommation
souvent agréable, saine toujours, et à laquelle on s'attache
promptement. Ce n'est point à tort que Jullien a dit que les
vins de Chanturgue, le meilleur cru des environs de Clermont, pouvaient acquérir toutes les qualités et même le
goût des vins de troisième classe du Bordelais. Je suis entièrement de son avis, non-seulement pour les vins de
Chanturgue, mais pour ceux de la côte de Serre, de Dallet, de Mezel, de Saint-Bonnet, du Broc, de Châteaugay,
de Saint-Maurice, de Mouton, de Montjuzet, des Roches,
de Buffevent, etc. C'est au genre des vins de Bordeaux que
se rattachent, en effet, les vins d'Auvergne : ils n'ont ni le
feu ni la générosité vineuse des vins de Bourgogne.

A Clermont, Riom et Issoire, de temps immémorial, la
branche à bois existe : elle est appelée *coutet, coute* ou *chevillon;* la branche à fruit existe : elle est désignée sous le
nom d'*arquet,* lorsqu'elle est pliée en demi-cercle, et de
vinouse, lorsqu'elle est abaissée et attachée sans courbure.
Toutes les vignes des trois arrondissements du grand vignoble du Puy-de-Dôme ont le coutet et l'arquet, le coute
et la vinouse.

J'examinerai d'abord la viticulture dans toutes ses pratiques.

Dans les arrondissements de Clermont, d'Issoire et de Riom, la plus grande partie des vignes occupe les coteaux, les rampes inférieures des montagnes et les relèvements en croupes et en mamelons, plus ou moins saillants, qui surgissent dans la vaste et riche plaine de la Limagne. Une portion de vignes, relativement faible très-heureusement, s'étend même dans la plaine, là où les blés, les chanvres, les racines, les prairies, peuvent produire d'abondantes et de précieuses récoltes.

Cette extension de la vigne est insignifiante, et surtout elle ne peut rompre aucun équilibre; elle n'a de limite sérieuse que l'intérêt même du propriétaire, et cet intérêt n'est point engagé sans appel : car si la vigne a été plantée suivant les meilleurs principes, dès la seconde, mais au plus tard à la troisième année, elle paye ses frais et ses intérêts; les années suivantes sont des plus rémunératrices, et la vigne peut être arrachée, sans dommages, dès qu'une autre production présenterait plus d'avantages : c'est ce qui a été parfaitement compris par les intelligents et courageux habitants d'Aubière, qui ont poussé la hardiesse, dit M. Baudet-Lafarge dans son excellent traité de l'agriculture du département du Puy-de-Dôme, jusqu'à louer des terrains nus, par bail de quinze années seulement, pour y planter des vignes. La vigne, bien plantée et bien conduite, est une culture à prompt remboursement et constituera bientôt une opération à courte liquidation.

Le sol des vignes du Puy-de-Dôme est généralement argilo-calcaire, et le calcaire domine tellement sur certains coteaux, qu'il donne une couleur blanchâtre au terrain :

pourtant plusieurs vignobles sont assis sur le granit et sur un sol volcanique, soit de position fixe, soit de transport alluvionnaire, soit pur, soit mélangé aux autres roches.

La préparation de ce sol, pour planter la vigne, varie beaucoup : partout où la terre végétale est mélangée aux roches poreuses, calcaires, volcaniques, mais surtout granitiques, on défonce généralement à 0^m,60 de profondeur; on se contente, au contraire, souvent d'un simple labour ou d'un bêchage de 0^m,25 à 0^m,40, surtout là où la terre végétale est profonde, et c'est le cas le plus fréquent à Clermont, à Issoire et à Riom.

Si la plantation de la vigne doit avoir lieu sur vigne arrachée, l'opération de l'arrachage bien faite équivaut à un défoncement, sur lequel on sème un blé ou une céréale quelconque, avec prairie artificielle, qui occupent la terre trois à quatre ans : la prairie est ensuite retournée, soit à la main, soit à la charrue, et la replantation de la vigne se fait sur ce simple labour. Trois ou quatre ans de repos suffisent à préparer à la jeune vigne une bonne végétation.

Les pratiques réservées des viticulteurs de l'Auvergne à l'égard des défonçages profonds ou de la simple culture du sol sont donc très-rationnelles; elles résultent pour eux d'une observation et d'une intention sérieuses, car l'esprit du travail, et du travail à bras, est porté chez les vignerons de l'Auvergne jusqu'à la frénésie. Il suffirait donc, pour qu'ils poussassent les défonçages plus loin qu'en aucun pays, que le défonçage se présentât à eux comme une difficulté à vaincre; mais à l'énergie et au courage du travail ils joignent la prudence et la raison, et ils ne font pas ce qui ne doit pas être fait.

On peut se faire une idée de la force et de la vigueur des

ouvriers de la terre, en Auvergne, par leurs instruments favoris des cultures à bras. Les louchets ou bêches des jardins mesurent ordinairement

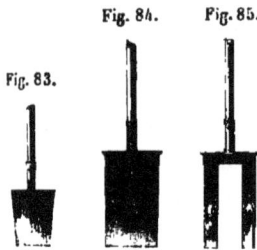

Fig. 84.   Fig. 85.

Fig. 83.

de 0^m,25 à 0^m,30 de hauteur sur 0^m,20 à 0^m,25 de largeur (fig. 83); ceux employés en Auvergne n'ont pas moins de 0^m,40 et vont jusqu'à 0^m,50 de hauteur de fer (fig. 84), soit en lame pleine, comme à la figure 84, soit en bident ou en fourche, comme à la figure 85, destinée aux terres argileuses et glaiseuses. La terre travaillée à un fer de bêche d'une telle dimension passerait pour être défoncée en beaucoup de pays; mais s'il emploie de puissants instruments pour les manœuvres de force et les cultures profondes, le vigneron du Puy-de-Dôme n'abuse point de son ardeur et de son pouvoir là où la culture doit être intelligente et légère, et il y emploie un instrument très-convenable pour

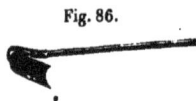

Fig. 86.

biner la terre, pour aller chercher les mauvaises herbes sous les ceps, pour enlever la terre de petites fosses : cet instrument est le fessou (fig. 86).

Lorsque le sol est convenablement préparé, la plantation de la vigne se fait généralement et le plus par

Fig. 87 et 88.

boutures, tantôt constituées par des sarments portant un peu de vieux bois à leur base, et alors les boutures prennent le nom de *maillots* (fig. 87), tantôt formées de simples sarments sans couronne inférieure ni vieux bois (fig. 88). Les vignerons ont grand soin de choisir les bou-

tures parmi les sarments qui ont porté fruit l'année précédente : c'est là, en effet, une précaution nécessaire; car les
sarments stériles peuvent· constituer des ceps stériles ou
très-peu fertiles.

Les vignes à Clermont, Riom et Issoire sont toutes plantées en lignes, le plus généralement aujourd'hui à 1 mètre
entre les lignes, les ceps à 1 mètre de distance dans le
rang; parfois les ceps sont à 0^m,80 au carré et même à
0^m,66. Souvent aussi on écarte les lignes à 1^m,10, 1^m,05,
et les ceps sont rapprochés à 0^m,90, 0^m,80 et 0^m,66 dans
le rang. Dans l'arrondissement de Clermont, on compte
dans beaucoup de localités jusqu'à 13,000 ceps et plus à
l'hectare; à Riom, 11,000 ceps; à Issoire, 10,000.

Deux modes de plantation des boutures sont adoptés
dans le Puy-de-Dôme : l'un à la pioche, l'autre à la cheville.

Dans le premier cas, une petite fosse allongée est pratiquée à 30 ou 40 centimètres de profondeur; on couche,
horizontalement au fond, le sarment sur une longueur qui

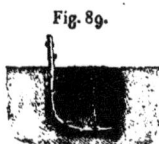

Fig. 89.

varie de 15 à 30 centimètres, puis on
le relève verticalement à l'extrémité de la
fosse, qu'on remplit en pressant la terre;
enfin on taille la bouture, ainsi placée, à
deux yeux au-dessus du sol (fig. 89).

Dans le second cas, on pratique à la cheville, au pal ou
plantoir, un trou vertical, également de 30 à 40 centimètres de profondeur et plus, et l'on y descend le sarment
tout droit jusqu'au fond du trou; puis on remplit le trou
avec la terre voisine, qu'on y presse en piquant la cheville
à côté en plusieurs sens, ou bien l'on glisse et l'on tasse
dans ce trou une terre fine plus riche ou bien amendée,

que l'on presse fortement, de façon qu'il ne reste aucun vide autour de la bouture (fig. 90).

Fig. 90.   Ce dernier mode de plantation, dit M. Baudet-Lafarge, est le seul possible et le seul pratiqué quand on plante la vigne sur prairie retournée, parce que la plantation à la pioche ramènerait les gazons à la surface.

Je n'hésite pas à dire que c'est le meilleur mode dans tous les cas.

En Auvergne, comme dans beaucoup d'autres pays, quelques-uns plantent les boutures en novembre, la plupart en mars et avril; très-peu commencent à planter en mai, époque qui est pourtant la meilleure : 1° parce qu'alors la plupart des travaux pressants sont finis; 2° parce que la température fait marcher immédiatement la séve et n'expose la bouture ni aux gelées ni à la dessiccation, par les longs retards avant toute végétation. Il est d'autant plus facile aux viticulteurs du Puy-de-Dôme de choisir cette époque favorable, qu'ils connaissent et pratiquent la stratification des sarments. Aussitôt la taille faite et les boutures choisies, on les couche horizontalement, en lits, dans une fosse de 0^m,40 ou de 0^m,30 de profondeur, et on les enfouit totalement; ainsi enterrés, les sarments peuvent attendre leur extraction et leur plantation jusqu'en mai et juin, toujours prêts à bien végéter dès qu'on les tirera de leur tombe, où l'air ne doit atteindre aucune de leurs parties.

Un excellent principe, celui qui domine à Clermont, à Issoire et à Riom, est de planter immédiatement à leur place autant de boutures que la vigne devra contenir de céps, et de les maintenir ainsi de franc pied jusqu'à ce qu'on les

11.

arrache : une vigne de franc pied, pendant vingt-cinq et
quarante ans, est beaucoup plus fertile qu'une vigne résultant du recouchage des sarments ou provignage.

Dans certaines parties du Puy-de-Dôme, aux environs de
Thiers par exemple, on ne plante que le tiers des ceps nécessaires pour garnir la vigne ou la moitié au plus; puis,
lorsque ces ceps fournissent de beaux sarments, après trois
années ordinairement, on recouche les sarments sous terre
pour en former les lignes voisines. Outre la dépense de ces
provignages, plus grande que celle de la plantation immédiate en vigne pleine, la production est retardée et dimi-
nuée pendant encore deux ou trois ans, et la vigne ainsi
traitée exige un entretien considérable par provignages
annuels.

Dans le grand vignoble du centre du Puy-de-Dôme, le
provignage n'est employé que pour remplacer une souche

Fig. 91.

qui vient à manquer par un sarment emprunté à une
souche voisine et enfouie.

Si je ne me trompe, la figure 91 indique bien le provin
de remplacement tel qu'il est pratiqué. J J est la souche
mère, dont un sarment est plongé dans une fosse que l'on
remplit de terre et de fumier, et ce sarment, rampant au
fond de la fosse, vient sortir en J', où ses deux yeux, surmontant le sol, offrent deux bourgeons commençant à se
développer. C'est ce sarment et sa tige rampante qui, séparés au bout de deux ans de la souche mère, formeront le
plant de remplacement. Eh bien! si, au lieu de faire passer sous terre ce sarment, on le plie en arc comme dans la

Fig. 92.

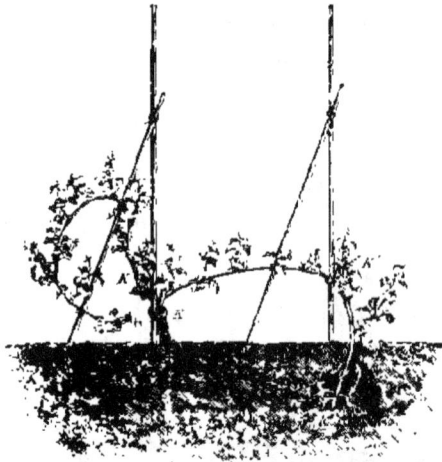

figure 92 et qu'on plante avec soin au plantoir son extrémité K′ K″ à 0ᵐ,25 de profondeur, cette extrémité prendra

parfaitement racine, donnera deux beaux bourgeons chargés de raisins entre le sol et K', sans préjudice de beaucoup
de raisins entre K' et K; et après la vendange ou après
l'hiver, si l'on supprime la partie du sarment entre K' et
K, on aura dans K' K″ un plant de remplacement de franc
pied, sans souche souterraine, d'une grande fécondité.

Ainsi la vigne sera bien renversée la tête en bas, et
néanmoins elle végétera à merveille et sera plus féconde
et plus précoce que les autres ceps : c'est là ce qu'on doit
appeler *versadi*.

Si le plant enraciné inverse est curieux et peut-être
précieux, je puis dire que le plant enraciné direct ne vaut
pas la bouture bien plantée et couverte comme une graine,
ainsi que je l'ai dit ailleurs : la bouture est plus hâtive,
plus vigoureuse et plus solide que le plant enraciné, même
de un ou deux ans, et elle reprend plus facilement dans
les terrains les plus difficiles. Aussi est-ce le mode de remplacement que je conseille.

Dès la première année qui suit celle de la reprise de la
bouture, on rabat la jeune tige sur sa pousse la plus basse

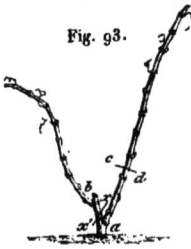

Fig. 93.

et l'on taille cette pousse à deux,
trois, quatre ou cinq yeux, suivant la
force de la végétation et surtout du
sarment : soit *a* et *b* les deux pousses
de reprises (fig. 93); la taille sera
faite suivant la ligne *x* *x′* sur la
bouture, et en *c d* sur le sarment inférieur.

L'année suivante, les trois yeux de *a c* (fig. 93) ayant
donné trois sarments, *b d*, *e f*, *g h* (fig. 94), assez forts,
la taille pourra être et est souvent dressée pour la troi-

sième pousse, c'est-à-dire pour la troisième année. Sur les
coteaux et dans les terrains légers, où le froid et l'humidité
sont moins à craindre, le sarment le plus bas, *b d*, sera

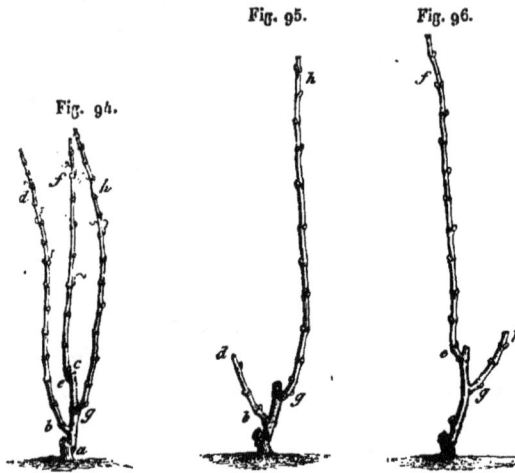

Fig. 94.   Fig. 95.   Fig. 96.

gardé de préférence afin de constituer la branche à bois
appelée *coutet* à Clermont, *coute* à Issoire, *chevillon* à Dallet,
et taillé à deux ou trois yeux; et le sarment *g h* sera gardé
pour constituer l'arquet ou branche à fruit courbée en
demi-cercle, ou la vinouse, branche à fruit simplement
abaissée droite. Là, au contraire, où la souche doit être
tenue haute de 15 à 30 centimètres contre les gelées et
l'humidité, c'est le sarment *g h* qui donnera le coutet et le
sarment *e f* l'arquet; le sarment *b d* sera supprimé. Dans
le premier cas, on aura la taille indiquée dans la figure 95,
et dans le second cas la taille donnée par la figure 96.
Dans la taille de la figure 95, le sarment *e f* est supprimé,

et c'est le sarment *b d* qui est abattu dans la taille de la figure 96.

Les tailles des années suivantes seront suivies sur le même principe d'un courson à bois, toujours inférieur, et d'une longue branche à fruit, toujours supérieure. On laisse parfois deux ou trois coursons; on dresse parfois deux arquets et même trois sur une seule souche, mais sans déroger à la règle de la branche à bois et de la branche à fruit correspondante. Il est rare que le coutet, coute ou chevillon, l'arquet, la vinouse et le mourat, petite branche à fruit ou long coutet à cinq ou six yeux, manquent. Toutefois, dans une grande partie de l'arrondissement d'Issoire, beaucoup de vignes sont taillées sur trois ou quatre coursons, sans longs bois superposés; mais souvent alors on laisse sur la souche un long sarment appelé *verge*. La longueur destinée à former les arquets, les vinouses ou les verges varie beaucoup, selon la force, selon l'âge, mais surtout selon la situation des vignes; en général, on les laisse plus longues dans les plaines et les rampes basses et exposées aux gelées, et plus courtes sur les coteaux élevés et dans les terrains secs et maigres, ce qui est parfaitement rationnel.

Pour éviter les gelées blanches du printemps, non-seulement les longueurs des branches à fruit sont proportionnées au danger à courir et varient de six à vingt yeux, mais ces branches sont laissées verticales, libres et flottantes au vent jusqu'après l'époque la plus dangereuse, c'est-à-dire jusqu'au 10 ou 15 mai, avant d'être attachées et de recevoir leur position définitive pour toute la saison. La même pratique est, de temps immémorial, aussi appliquée à Meudon, Clamart, Sèvres, Surènes, etc. aux envi-

rons de Paris. Du 1ᵉʳ au 15 ou 20 mai, chaque branche à
fruit est abaissée, soit en arc, soit en ligne droite, et solidement attachée.

La taille de la vigne dans le Puy-de-Dôme et le palissage rationnel de ses sarments et de ses pampres ont en-
traîné la nécessité et l'adoption d'un mode d'échalassage
aussi puissant qu'extraordinaire.

Dès qu'une vigne est plantée, elle est garnie, dans la
plupart des vignobles du Puy-de-Dôme, d'un échalas de
2 mètres à chaque souche. J'essaye de donner l'aspect d'une
plante de première année, garnie de ses échalas, dans la
figure 97, à l'échelle de 1 centimètre pour mètre. Quatre
échalas sont réunis en pyramide par le sommet et forte-

Fig. 97.

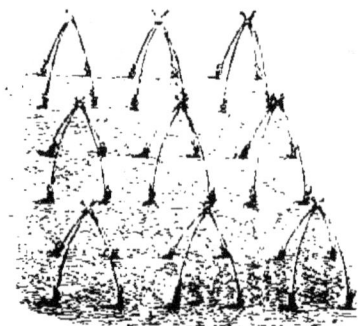

ment attachés ensemble, pour les garantir de l'action des
vents par leur solidarité.

Lorsque la vigne est assez forte pour être formée en coutet et en arquet ou en coute et en vinouse, deux échalas
sont consacrés à chaque cep, et alors l'échalassage de la

vigne prend la disposition de la figure 98, au centième.
Ce croquis donne l'aspect le plus général des vignes échalassées et à arquets ; les

Fig. 98.

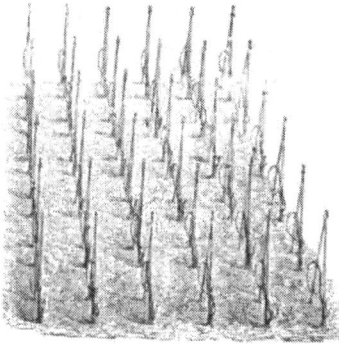

vignes à vinouse sont
échalassées de même,
mais leur différence
d'aspect sera facile-
ment comprise sur les
figures qui vont suivre
et qui donneront les
principales variétés de
taille et d'échalassage
au trente-troisième ou
à 3 centimètres pour
mètre.

Pour bien arrêter les idées sur la taille, le palissage

Fig. 99.   Fig. 100.

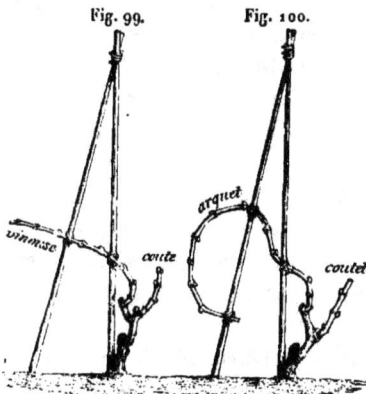

et l'échalassage de
la vigne dans le
Puy-de-Dôme, je
place en regard
les deux types les
plus généralement
adoptés. La fig. 99
donne le coute et
la vinouse, et la fi-
gure 100, le coutet
et l'arquet.

En reportant par
la pensée le cro-
quis détaillé de la figure 100 au coup d'œil général donné
par le croquis figure 98, on comprendra bien, j'espère, la

vue d'ensemble des vignes à arquets, et en rangeant de même en lignes le croquis figure 99, on se fera une idée suffisante des vignes à vinouses.

Ces deux types de taille et d'échalassage sont fort régulièrement appliqués, et l'on est émerveillé de voir des files d'arquets et de vinouses d'une symétrie remarquable, tous et toutes dirigés dans le même sens, c'est-à-dire le plus souvent de l'ouest à l'est. L'arquet et la vinouse, ayant leur souche d'origine à l'occident, sont tendus vers l'orient, pour que les vents d'ouest n'arrachent pas les bourgeons en les prenant à rebours. Lorsque les vignes sont en coteau, les vinouses sont dirigées vers le haut (fig. 101 : *a* le coute, *b* la vinouse).

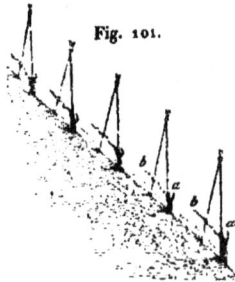

Fig. 101.

Quoi qu'il en soit, l'échalassage et les tailles types subissent nécessairement les variations et les déformations qu'entraînent souvent les caprices de la végétation, les accidents atmosphériques, et surtout l'âge et la vétusté des ceps et des échalas : aussi voit-on à côté de vignes jeunes et neuves, bien régulières dans leur ensemble et dans leur tenue, des ceps bizarres et surtout trop élevés, les uns à deux ou trois coursons, sortant de divers points de la souche, ou à deux ou trois branches à fruit, si les souches sont très-vigoureuses.

La figure 102 représente une souche de douze ans à deux arquets et à un seul coutet, ayant trois échalas en faisceau : cette souche est dessinée sur place, dans une vigne de Beaumont, et entourée de souches analogues, à un, à deux

et à trois arquets, à un, deux, trois coutets, placés au caprice de la végétation sans la moindre symétrie.

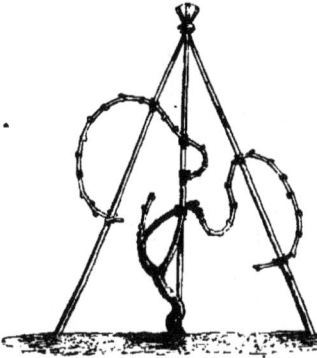

Fig. 102.

Lorsque les échalas,
cessant d'être neufs,
sont entretenus par
fournitures partielles
et annuelles, l'échalas
resté grand ou l'écha-
las neuf est planté
verticalement au pied
de la souche, et ce
sont les échalas rac-
courcis par l'usure
qui sont plantés plus
ou moins obliquement
pour porter les arquets ou les vinouses. La figure 103

Fig. 103.

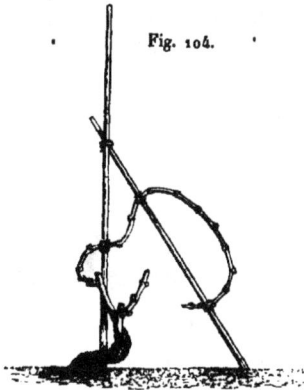

Fig. 104.

est un croquis à petit échalas oblique, pris à Issoire; la
figure 104 est un croquis pris à Aubière.

Si j'ajoute à ces données que quelques cultures à vi-
nouses n'ont qu'un échalas vertical de 1^m,30 à 1^m,50, qui
porte la vinouse aux deux tiers de sa longueur (fig. 105);

Fig. 105.

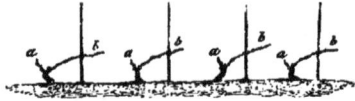

si je dis que, dans l'arrondissement d'Issoire, les souches
sont tenues généralement près de terre, et qu'à Cornon,
Mezel, Dallet, etc. elles sont généralement élevées à 25 ou
40 centimètres, et qu'à Clermont et Riom elles varient
entre 15 et 30 centimètres au début, mais que l'irrégularité des pousses et des tailles détruit le plus souvent, et un
peu partout, l'uniformité, chacun peut se faire une idée
assez exacte des vignes du Puy-de-Dôme après la taille,
l'échalassage et les premières pousses.

Je l'ai dit plus haut, la taille de la vigne, dans le grand
vignoble du Puy-de-Dôme, est précisément celle que j'ai
appliquée en grand et avec succès (fig. 106). En jetant un

Fig. 106.

coup d'œil sur les deux figures 105 et 106, tout viticulteur
reconnaîtra l'identité de branche à bois, a, a, a, et de
branche à fruits b, b, b; mais il est à regretter, dans le Puy-
de-Dôme, que la taille, excellente en principe, néglige
trop souvent son principe même dans ses applications.

Ainsi l'intention du vigneron en laissant un courson à deux ou trois yeux est, bien formellement, d'obtenir de ce courson de beaux sarments de remplacement pour l'année suivante : c'est bien là sa branche à bois.

En plaçant ce courson toujours au-dessous de l'arquet et de la vinouse, le vigneron se propose réellement d'empêcher sa souche de monter trop vite et trop en peu d'années, en reprenant son arquet ou sa vinouse sur ce courson. Eh bien! le vigneron, loin de reprendre son bois à fruit sur sa branche à bois, reprend le plus souvent ce bois sur sa branche à fruit. Son intention est bien positivement de ne recueillir que des fruits sur sa branche à fruit; eh bien! il fait tous ses efforts pour lui faire produire de longs bois. Au lieu de constituer son cep à la même hauteur par ses coursons, chargés de renouveler une vigoureuse arborescence, de laquelle il détournera chaque année un sarment pour en faire une longue bourse à fruit, il fait courir et grimper sa tige sur sa bourse à fruit; il fait concurrence à son bois du bas par une seconde émission de bois en haut.

Fig. 107.

Soit ab (fig. 107) le coutet qui a produit trois beaux sarments o, o', o''; d, e, f, g, h, l'arquet auquel le vigneron en a fait produire quatre autres. Il semblerait que le vigneron devrait, à la taille d'hiver, rabattre l'arquet et la souche jusqu'en *c*, pour ne laisser que le cep *b a*, sur lequel il prendrait son nouveau coutet sur *o″*, le sarment le plus bas, tandis que *o′* ou *o*, à son choix, formerait son nouvel arquet ; mais le plus souvent il choisira entre *d*, *e*, *f*, et surtout entre *e* et *f*, un sarment pour faire son nouvel arquet, tandis qu'il abattra *o* et *o′* en *a b* et n'y gardera qu'un coutet *o″* pour l'année courante. Il est évident que, dans cette pratique, le coutet ne joue plus le rôle de branche à bois, mais simplement le rôle de tout courson, et que l'arquet devient à la fois producteur de bois et de fruits.

Les inconvénients de cette déviation des principes de la taille à branche à bois et à branche à fruit sont : 1° d'empêcher le coutet de produire de beaux bois ; 2° de forcer l'arquet à produire bois et fruits sur un même canal ; de partager ainsi la séve et de n'y avoir ni beaux bois ni beaux fruits : si les fruits y sont abondants et beaux, les bois y seront nuls ; si les bois, au contraire, sont grands et forts, les fruits seront peu nombreux et faibles ; 3° de faire monter indéfiniment la souche et avec une rapidité extraordinaire, car il faut souvent prendre le deuxième, troisième ou quatrième sarment pour en faire l'arquet nouveau, le premier sarment étant douteux dans sa fertilité, et les suivants n'étant pas assez forts ; 4° de donner des arquets peu fertiles, parce que l'expérience démontre que les sarments repris• sur branches à fruit sont moins fertiles que ceux venant d'un courson : cela se conçoit parfaitement, puisqu'un même canal étroit et allongé n'a pu fournir, à beaucoup de bois et à beaucoup de raisins en même temps, qu'une séve insuffisante.

Lorsque les arquets ou les vinouses, greffés les uns sur les autres, auront trop élevé ou trop allongé la souche, ou ·

bien lorsque le vigneron verra ses arquets et ses vinouses devenus stériles, il se décidera à rabattre le tout en *c* (fig. 107)
et à reprendre *a b* pour cep: mais il recommencera à reprendre arquet sur arquet, vinouse sur vinouse, et à allonger sa souche pour la rabattre encore.

Ces pratiques constituent une déplorable perversion de
la taille à branche à bois et à branche à fruit ; elles sub-
stituent une fertilité capricieuse à une fécondité constante ;
elles introduisent dans la tenue de la vigne des disparates
et un désordre qui rendent sa conduite et ses façons difficiles ;
enfin elles s'opposent à une aération et à une insolation
régulières, et surtout elles exigent un échalassement formi-
dable et un déséchalassement également coûteux par les
fournitures, l'entretien et les façons.

Les viticulteurs de l'Auvergne le sentent si bien qu'ils
ouvrent l'oreille volontiers à des conseils de changement de
palissage et de taille, et ils s'engagent même, dans leur expé-
rimentation, sans trop savoir au juste ce qu'ils doivent y
gagner.

C'est ainsi que j'ai vu des vignes déjà dressées, aux environs de Clermont et de Riom, sur des palissages de contre-
espalier de jardin à trois rangs de fil de fer, à pieux de
sciage, à tendeurs et à amarres.

Je suis très-partisan du fil de fer employé pour attacher
et soutenir les pampres des branches à fruit ; mais il vaut
mieux, selon moi, un échalas à chaque souche pour attacher et élever verticalement les pampres des branches à
bois.

Un échalas de 1^m,35, planté à demeure au pied de chaque
souche et sortant du sol à 1^m,20 ; un carasson de 67 centimètres, planté à demeure aussi entre chaque souche et sor-

tant de 4o à 45 centimètres du sol ; une ligne de fil de fer
n° 14, fixé sur la tête de tous les carassons par une pointe
que le fil de fer entoure : tel est, selon moi et d'après une
longue et grande expérience, le meilleur mode de palissage

Fig. 108.

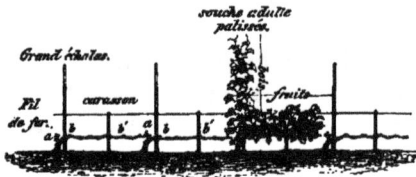

des vignes et en même temps le plus économique et le plus
profitable (fig. 108).

Déjà le Médoc emploie depuis longtemps cette ligne de
fil de fer, substituée à des lattes, sur la tête de ses carassons, précisément comme je conseille de l'employer.

Dans le grand vignoble du Puy-de-Dôme on emploie, par
hectare, au moins 20,000 échalas de 2 mètres à $2^m,35$ de
longueur, en saule, peuplier et sapin. Ces échalas coûtent
de 3o à 5o francs le mille, en moyenne 4o francs; ce qui
constitue une avance de 800 francs et un entretien d'au
moins 1/8, c'est-à-dire de 100 francs par an et par hectare.
L'arrachage annuel des échalas et leur mise en meule, le
renouvellement de leur pointe chaque année, leur mise en
place à chaque printemps et leur assemblage par un lien
d'osier à leur sommet, constituent des dépenses et un emploi de temps considérables.

Dans le palissage fixe, que je signale comme le meilleur,
l'économie de fourniture, d'installation et d'entretien est
d'environ 5o p. o/o.

II.   12

Les viticulteurs du Puy-de-Dôme se sont proposé avec raison, par leurs grands échalas, de favoriser le développement de leurs pampres de remplacement, en leur donnant la position verticale et en leur fournissant un point d'appui et des attaches pour grimper, comme on est obligé de donner des rames à certains haricots, à certains petits pois et au houblon : c'est là, en effet, une condition physiologique de la nature et de la végétation de la vigne ; mais doit-on exagérer ces moyens d'élévation et jusqu'à quelle limite sont-ils nécessaires ? La règle et la limite sont bien faciles à poser ; elles sont déterminées par la longueur des bois de remplacement dont on peut avoir besoin pour l'année suivante. Si la vinouse et l'arquet doivent avoir 1 mètre de longueur, un échalas de 1 mètre à 1^m,3o est suffisant; car à 1 mètre même, le dernier lien étant posé au sommet, on peut, en juillet, rogner les pampres, les nouer, les chabanner à 2o et 3o centimètres au-dessus encore. C'est là tout ce qu'il faut, et c'est aussi ce que font la Bourgogne, la Champagne, les environs de Paris à trente lieues à la ronde.

Le palissage que je conseille remplit mieux en réalité le double objet d'obtenir de beaux bois et de beaux fruits que le double grand échalas ; toutefois ce double grand échalas

Fig. 109.   Fig. 110.

a parfaitement été choisi pour obtenir le plus de bois et le plus de fruits possible, et la taille ainsi que le palissage du

Puy-de-Dôme diffère à peine de ceux que je propose :
aussi ai-je pu transformer une méthode dans l'autre, dans
plusieurs vignes, en faisant passer la disposition de la figure 109 dans celle de la figure 110. Mais il est facile de
voir que les pampres qui sortiraient de la branche à fruit
de la figure 110 demeureraient sans soutien, et qu'il faut

Fig. 111.

absolument adopter la disposition de la figure 111 pour
obtenir un palissage régulier et complet.

Les viticulteurs du Puy-de-Dôme pratiquent surtout la
taille normale; mais ils laissent flottant au vent les longs sarments qui doivent constituer leurs arquets et leurs vinouses,
et ils ne les abaissent et ne les attachent, dans la forme et
dans l'inclinaison qu'ils leur donneront plus tard, qu'après
l'époque des gelées.

Cette pratique a de graves inconvénients. Il arrive dans
les années chaudes et hâtives que les bourgeons supérieurs épuisent, par leur voracité, tous les bourgeons
sortis inférieurement; ils les stérilisent, et si ces branches
abaissées produisent des raisins, ce n'est plus qu'à leur
extrémité.

Aussi je crois aujourd'hui qu'il vaut mieux mettre les
longs bois dans leur situation définitive, à la taille normale,
que de les laisser libres et flottants verticalement jusqu'au
10 ou au 25 mai.

Des quatre opérations de l'épamprage, pincement, ébour-

12.

geonnage, rognage et effeuillage, on ne pratique guère que l'ébourgeonnage dans le Puy-de-Dôme.

L'ébourgeonnage s'appelle dans le Puy-de-Dôme *émandronage;* il est pratiqué, selon M. Baudet-Lafarge, avant la fleur, selon mes renseignements particuliers, au premier relevage et à l'application du premier lien de paille, c'est-à-dire après la fleur, et selon le cours d'agriculture de M. Jaloustre, après la fleur. La vérité est qu'il n'est point pratiqué régulièrement et que les viticulteurs très-soigneux, seuls, font émandroner avec soin un peu avant ou peu après la fleur, et qu'un second émandronage est très-souvent exécuté à la véraison, c'est-à-dire à la fin d'août.

Après l'ébourgeonnage, et lorsque le grain est bien formé, la fleur étant complétement passée, viennent le relevage des pampres et leur liage à l'échalas avec un lien de paille, du 20 juin au 10 juillet environ, suivant le climat.

Si les vignerons du Puy-de-Dôme ne pratiquent pas le rognage, ils ont bien soin du moins, à la seconde paille, c'est-à-dire au second relevage et au placement du second lien, de réunir tous les pampres en faisceaux au-dessus de l'échalas, de les tordre ensemble et de les nouer en en renversant les sommets; ou bien de saisir, en les réunissant, les pampres de deux ceps voisins et de les contourner fortement ensemble en forme de berceau : ce second procédé s'appelle *chabanner.* Le nouage ou le chabannage se fait, il est vrai, à la véraison, à la fin du mois d'août, et la plupart pensent que ces opérations ont pour unique objet de laisser circuler plus librement l'air et le soleil; mais ils produisent un autre résultat, c'est de rabattre les derniers efforts de la séve sur la partie inférieure des sarments. Le

rognage, et surtout le rognage fait entre les deux séves,
est infiniment meilleur que le chabannage, et ce premier
rognage, dans les vignes soignées, n'exempte nullement
d'un second rognage et du rasage de toutes les pointes à la
véraison.

Le chabannage, qui se pratique non-seulement dans le
Puy-de-Dôme, mais encore dans une grande partie du Beaujolais, dans l'Orléanais et dans plusieurs autres vignobles,
est loin de valoir le rognage; et, de plus, il laisse perdre
une quantité notable d'un fourrage précieux, quantité qui
s'élève souvent à 250 grammes par cep, 2,500 kilogrammes
par hectare, ou 100 rations de tête de gros bétail en fourrage vert, que fournirait le rognage bien fait et bien
conduit.

J'ai vu à Beaumont, près de Clermont, un expérimentateur, M. Papin, qui conduit ses vignes à longs sarments
verticaux en les palissant sur une sorte de tonnelle ogivale

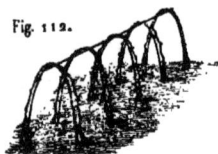

Fig. 112.

dont les arcs sont réunis au sommet
par un bon fil de fer (figure 112).
Je signale cette pratique, non pas
pour la recommander, parce que
les raisins mûrissent mal et inéga-
lement à mesure qu'ils se super-
posent et s'éloignent davantage de la terre, mais parce
qu'elle constate la puissance du pincement.

M. Papin dresse des sarments de 1^m,60 à 2 mètres de
long et les attache dans les positions indiquées dans la figure 111 (au 100e); il laisse pousser de toute leur longueur
les deux bourgeons les plus bas, tandis qu'il pince très-court
tous les bourgeons supérieurs. Malgré leur position inférieure, les deux bourgeons du bas donnent des sarments de

remplacement de 2 ou 3 mètres, tandis que les bourgeons
supérieurs, pincés, ne donnent que le fruit, le bois nécessaire pour le porter et les feuilles nécessaires pour entretenir
la végétation. La figure 113 montre le bourgeon non pincé
à la partie inférieure du
sarment à fruits, et les
bourgeons pincés et fruc-
tifères tout le long de ce
sarment.

Fig. 113.

CULTURES. — Les vignes
sont généralement très-
bien cultivées dans le grand
vignoble ; elles reçoivent
assez de façons pour être
maintenues dans le meil-
leur état possible de propreté du sol. Beaucoup
de viticulteurs donnent ou
font donner un premier
piochage au fessou, soit
après la vendange, soit
avant la taille et l'échalassage. Cette culture est
excellente pour hiverner
le sol, mais surtout pour diminuer la quantité de mauvaises herbes ; je l'ai vu réussir admirablement à Argenteuil, où l'on ne manque jamais de la pratiquer. Il n'y
a pas de comparaison à établir, pour la propreté, entre
une vigne binée d'hiver, surtout avant décembre, et une
vigne qui n'a pas reçu cette façon.

Le premier binage de printemps est donné dans le Puy-de-Dôme aussitôt après la taille et après l'échalassage ; le second est donné aussitôt le premier liage après la fleur et quelquefois avant, et le troisième à la véraison, un mois avant la vendange : telles sont les cultures normales ; mais les vignerons, presque tous très-soigneux et très-jaloux de la bonne tenue et de la prospérité de leur vigne, donnent jusqu'à quatre ou cinq binages entre l'échalassage et la vendange.

A Issoire et aux environs, où les souches sont tenues très-basses, on les déchausse soit après la vendange, soit avant la taille, en pratiquant autour du pied une espèce de cuvette de 0^m,30 de diamètre sur 0^m,15 de profondeur environ : on appelle cela *bigousser*. Le bigoussage a pour objet de débarrasser les souches, tenues sur terre, des rejetons et gourmands qui se produiraient au collet ou au-dessous. Les cuvettes sont remplies au premier labour qui suit la taille.

Les cépages dominants dans les vignes des arrondissements de Clermont, de Riom et d'Issoire sont les gamays. Le gros gamay ou double gamay est la variété la plus répandue, à cause de l'abondance de ses produits ; le lyonnais ou petit gamay du Beaujolais y occupe aussi une très-grande place, et c'est par une erreur d'appréciation sérieuse des faits qu'il n'est pas seul cultivé dans le Puy-de-Dôme.

Le petit gamay du Beaujolais, et ses variétés à petits grains ronds, qui toutes conviennent parfaitement au sol de l'Auvergne, est infiniment plus délicat et plus précieux dans ses produits que le gamay à gros grains ovales : c'est là un fait certain ; mais ce qui n'est pas moins certain, c'est qu'il est plus fertile que le gros gamay. Jamais et nulle part je n'ai vu le gros gamay donner autant que le petit, même à Argenteuil, son pays de prédilection et le pays des fumures abondantes avec les boues de Paris, le plus excitant des engrais. J'ai vu beaucoup de vignes de petit gamay dans le Bas-Beaujolais, chargées à 200 hectolitres à l'hectare ; j'en ai vu beaucoup dans le Haut-Beaujolais chargées à 120 hectolitres : le gros gamay ne saurait donner plus.

De pareilles productions ne sont certes pas rares dans le Puy-de-Dôme, et les moyennes productions de beaucoup de ses vignobles atteignent 50 hectolitres ; mais le petit gamay, surtout la variété dite *gamay picard*, d'une précocité et d'une fertilité incroyables, augmenterait de beaucoup la qualité et ne ferait certes pas baisser la quantité.

Après les variétés de gamays qui dominent, vient le nérou, que quelques personnes assimilent au noirien ou franc pineau ; c'est là une grave erreur : le nérou est tout simplement le meunier à petites grappes nombreuses, à petits grains, sujets à pourrir aussitôt leur maturité, donnant un vin plus généreux que le gamay, mais moins alcoolique que le pineau. A cet égard je ne puis avoir de doute ; car ses jeunes pousses et ses feuilles, que j'ai vues couvertes de farine, sont bien celles du meunier et n'ont jamais été celles du pineau.

Il existe encore un cépage assez répandu, surtout aux environs de Riom, à Volvic, à Châteaugay, etc. : c'est le damas noir, qui donne des grappes allongées, claires, à grains ronds, moyens, mûrissant tard, peu agréable à manger et donnant un vin très-coloré, très-solide, velouté dans les années de bonne maturité, sans excès d'alcool et prenant du bouquet avec l'âge. Cette description, et de plus l'aspect des feuilles du cep d'un vert tendre, ambré, et de son jeune bois pâle, m'ont porté à croire que le damas noir du Puy-de-Dôme n'est autre chose que la mondeuse. S'il en est ainsi, c'est un cépage que je recommande aux viticulteurs de l'Auvergne comme donnant des vins salutaires toujours, et de qualités sensuelles dans les années de parfaite maturité ; mais il faut choisir pour la mondeuse les meilleures expositions et les terrains les plus chauds.

Je suis convaincu que le cot rouge ou auxerrois, comme vin d'ordinaire et comme vin fin, le carbenet-sauvignon de la Gironde, feraient merveille au Puy-de-Dôme, où l'usage de l'arquet et de la vinouse donnerait à ces deux cépages toute leur fécondité.

En général, dans tous les vignobles du Puy-de-Dôme en coteaux ou en terrasses, on remonte les terres du pied de la vigne à la tête : c'est presque le seul terrage auquel on ait recours ; pourtant quelques viticulteurs distingués, M. Brunel, à Issoire, et M. de la Salle, à Buffevent, ont opéré des transports assez considérables de terre dans leurs vignes : le premier fait transporter, par an, environ 400 tombereaux de terre dans 12 hectares de vignes ; le second a rendu la vie et la fécondité à une vieille vigne stérile en y faisant transporter des terres, de façon à en charger le sol d'environ 0^m,05 partout.

On fume peu les vignes dans le Puy-de-Dôme, et c'est un tort quand on peut le faire ; car les fumures modérées et même abondantes n'altèrent jamais la qualité des vins. Pour prouver ce fait, il suffirait de dire que le Médoc, dont les vins sont si suaves de bouquet, si francs et si veloutés de goût, fume ses vignes autant qu'il le peut, et s'en trouve fort bien ; ses vins perdraient beaucoup si les vignes qui les fournissent n'étaient pas ainsi soutenues.

Les fumures se font l'hiver, au pied du cep, en colombine et fumier d'étable ; l'été, elles sont faites en couvertures ou paillis également en fumier d'étable, chiffons de laine, etc. Les bonnes fumures en couverture, l'été, sont le remède le plus certain contre la coulure et la brûlure.

L'oïdium a fait très-peu de ravages dans le Puy-de-Dôme, et rien ne fait présumer que ses vignobles aient à ressentir dans l'avenir des effets plus graves.

Aujourd'hui que les semences du redoutable cryptogame sont partout suspendues dans l'atmosphère, on peut présumer, sans trop de témérité, qu'il ne prospérera pas partout où il n'a pu s'établir avec quelque succès jusqu'ici. Toutefois, quelques années ou quelques saisons exceptionnelles peuvent survenir qui lui présentent, réunies, les conditions nécessaires à son large développement. Si le Puy-de-Dôme pratiquait avec soin les rognages, il diminuerait encore de beaucoup les chances d'être gravement atteint par cette maladie.

Pourtant, si l'oïdium se présente, il faut hardiment, sans délai, et toutes affaires cessantes, se mettre au soufrage : c'est une affaire de 3o à 4o francs par hectare qui sauveront une récolte de 1,ooo à 1,5oo francs et prépareront une belle végétation en bois et en fruits pour l'année suivante ; car il est démontré que le soufre est un stimulant très-énergique de la fructification et de la végétation.

Une maladie autre que l'oïdium atteint souvent les vignes du Puy-de-Dôme, c'est la brande, qui comprend le durcissement, le ridement et la brûlure du raisin, dans tous les cas son arrêt de végétation et son impossibilité de mûrir. Le remède le plus efficace de la brande est l'épamprage dans ses trois premières pratiques, pinçage, ébourgeonnage et rognage, qui suppriment le mauvais emploi de la séve, diminuent sa dépense et s'opposent à l'épuisement de l'humidité végétale ; le second remède, non moins efficace, c'est la fumure ou le paillage en couverture de tout le sol au mois de juillet.

L'époque de la vendange dans le Puy-de-Dôme varie, suivant les années chaudes ou froides, de fin septembre à fin octobre. Le jour précis de ce grand acte, qui reste toujours une fête pour les populations vigneronnes de l'Auvergne, est encore aujourd'hui fixé par un ban dans chaque commune. « Mais, dit M. Baudet-Lafarge, ce ban tend à « perdre de ses rigueurs, et plus d'un maire rapporte son « arrêté si des temps contraires, une gelée intempestive, « viennent jeter l'alarme parmi ses administrés. » Dans les environs de Riom, selon M. Simonnet, les bans de vendange ne fixaient pas seulement le jour de l'ouverture dans une commune, mais le jour de l'ouverture de cette vendange dans les divers quartiers du terroir ; en sorte que le propriétaire qui possédait une petite vigne dans chaque quartier ne pouvait faire sa vendange qu'à des intervalles de plusieurs jours et compléter sa cuvée qu'en une ou deux semaines.

A l'époque des vendanges, un grand nombre d'auxiliaires, hommes, femmes, enfants, vieillards, accourent des pays voisins et descendent surtout des montagnes pour offrir leurs services, qui chaque jour sont cotés en hausse ou en baisse, depuis 4o centimes jusqu'à 2 francs par jour ; c'est sur la place publique que chaque matin se fait le recrutement de chaque propriétaire.

La vendange se fait au cep, dans des paniers d'osier (figure 114), dont les vendangeurs vident le contenu dans la hotte (figure 115), en bois étanche, d'un porteur qui va d'un vendangeur à l'autre ; quand sa hotte est pleine, il va la

Fig. 115.   Fig. 116.

Fig. 114.

Panier.   Hotte.   Bacholle.

verser dans une bacholle (figure 116), ou baquet à deux poignées, de la contenance d'environ 1 hectolitre.

Les bacholles emplies de raisins (que les uns foulent et que les autres ne foulent pas dans la bacholle même) sont chargées sur voiture et amenées à la vinée. A Riom, des cuves sont disposées sur chars, et la hotte est versée directement dans des cuves ou balonges, qui à leur tour sont déchargées dans les cuves de fermentation.

Si les raisins n'ont été foulés ni à la bacholle ni à la balonge, dans beaucoup de localités on les décharge sur un châssis percé de trous, châssis qu'on appelle *civière* et qui est placé au-dessus de la cuve de fermentation : là les raisins sont foulés à pieds nus, puis versés de la civière dans la cuve de fermentation. Les cuves de fermentation sont à bouge ou coniques à base inférieure. Cette dernière forme est préférée et bien préférable, parce que le rebattage des cercles peut se faire sans déplacement, et surtout sans renversement de la cuve, renversement nécessaire pour le rebattage des cuves à bouge (figure 117, cuve à bouge ; figure 118, cuve conique).

Les vignerons du Puy-de-Dôme ont fort bien remarqué

que les raisins récoltés par la chaleur, depuis dix heures du
matin jusqu'au soir surtout, fermentaient beaucoup plus

Fig. 117.

vite que les raisins récoltés par le froid et depuis six heures
du matin jusqu'à dix heures, à maturité égale et à même

Fig. 118.

nature de cépage. On voit en effet souvent des cuvées rem
plies des mêmes récoltes qui fermentent rapidement et qui

commencent leur fermentation le jour même de la mise en
cuve, et d'autres cuvées qui mettent quatre et six jours à
se décider à commencer leur fermentation ; ce phénomène,
paradoxal en apparence, tient exclusivement à la température à laquelle les raisins ont été recueillis et mis en
cuves : aussi beaucoup de viticulteurs attendent-ils la chaleur
du jour pour vendanger. Le foulage entre pour très-peu de
chose dans le commencement de la fermentation.

Quoi qu'il en soit, le plus grand nombre des vignobles
du Puy-de-Dôme foulent soit à la bacholle, soit à la civière ; toutefois, dans l'arrondissement d'Issoire, beaucoup
de localités jettent la vendange en cuve sans la fouler. On
n'égrappe pas en général, et, en somme, le foulage et
l'égrappage préalables ont peu d'importance ; pourtant il
vaudrait mieux ne pas fouler ni .égrapper si l'on voulait
imiter les bonnes pratiques du Beaujolais.

Le raisin vendangé bien mûr, par la chaleur, la cuve
emplie le plus rapidement possible, en un jour ou deux au
plus, telles sont les meilleures, les seules conditions premières pour obtenir le bon vin.

Le plus souvent, une fois la cuve emplie avec ou sans
foulage, en un ou plusieurs jours, on laisse la fermentation
s'opérer, et aussitôt qu'elle est près de finir on commence
à piétiner et à fouler une fois et même deux fois pendant
trois et quatre jours.

Puis un, deux et jusqu'à quatre hommes, dans certaines
localités, descendent dans la cuve à corps nu, se partagent
la besogne en deux ou quatre et se mettent à fouler, à remonter et à retourner le marc avec des barres, comme s'il
s'agissait de faire du pain. Ce n'est pas tout : pendant trois
et quatre jours on tire, au cor de la cuve, une partie du vin

et l'on arrose le marc pour filtrer, dit-on, et clarifier le vin. Enfin, après quinze jours au moins et vingt jours au plus, on tire le vin et on le met en tonneaux de 7 à 8 hectolitres et plus; tonneaux qui sont toujours les mêmes et font partie du mobilier permanent des celliers et des caves.

Le vin des cuves tiré, les marcs sont soumis au pressoir, qui rend une quantité de jus égale au quart et parfois au tiers du vin tiré de la cuve. Ce vin du pressoir n'est pas généralement mêlé au vin de la cuve.

Je me hâte de dire que le travail des vins en cuve, tel que je viens de l'indiquer, n'est point accompli partout et par tous avec toutes ces exagérations; beaucoup d'excellents viticulteurs procèdent comme dans le Beaujolais, la Bourgogne et le Bordelais.

Les caves du Puy-de-Dôme sont généralement excellentes et d'une grande fraîcheur; c'est là un rare et précieux avantage pour faire et pour garder de bons vins.

Tous ceux que j'ai goûtés en cave ou sortant des caves, à Beaumont, à Aubière, à Buffevent, à Saint-Bonnet, à Mezel, à Riom, etc. étaient vraiment d'une excellente et très-agréable consommation; tous ceux, au contraire, qui m'ont été présentés dans les meilleurs hôtels comme vins purs d'Auvergne, même des premiers crus, par exemple de Chanturgue, n'avaient plus de ressemblance avec les vins goûtés au tonneau.

Dans le Puy-de-Dôme, lorsque les cuves ont été tirées et les marcs pressés, ces marcs sont remis dans les cuves, et l'on verse dessus une quantité d'eau égale à un quart, un tiers au plus des jus naturels obtenus; on fait ainsi une piquette très-agréable et très-saine pour les ouvriers.

On fait pour la consommation du pays une assez forte proportion de vins blancs peu remarquables, mais de fort bonne consommation locale. Pour les obtenir, on se contente de tirer le moût à la cuve, ou simplement à la bacholle, après le foulage et avant que la fermentation soit commencée. Ces moûts sont simplement mis en tonneaux, où ils travaillent et s'éclaircissent naturellement.

Les vins rouges d'Auvergne sont hygiéniques au plus haut degré. « Dans les marais d'Auvergne, me disait M. Talon, maire de Riom, il existait des maladies endémiques, « des fièvres intermittentes, des goîtres; toutes ces affections « ont disparu depuis que les habitants de ces contrées mal- « saines y boivent habituellement nos vins à leurs repas. »

Ces vins entretiennent dans les populations une grande énergie physique et morale, une grande franchise de relations et une cordialité hospitalière évidente. Je citerai un seul fait à ce sujet.

M. Jaloustre, chef de division à la préfecture, et moi, nous venions de parcourir les vignes de Beaumont avec plusieurs bons propriétaires et vignerons : pressés d'arriver à Aubière, nous avions résisté aux instances hospitalières qui nous étaient faites, nous réservant de réparer nos forces par une courte collation. A cet effet, nous sommes entrés dans l'unique salle de l'auberge d'Aubière, où se trouvaient sept ou huit tables ; autour étaient assis autant de groupes de vignerons déjeunant, selon leur coutume du dimanche, avec leurs propres vins, tirés de leur cave, et n'ayant pour tout vase à boire que chacun leur tasse d'argent. Les conversations étaient vives et gaies ; notre arrivée n'y dérangea rien. A quelques renseignements demandés par nous, il fut répondu avec obligeance, et chacun nous offrit bientôt de partager son vin avec nous; nous en goûtâmes volontiers : ces vins étaient tous droits, veloutés et agréables. Notre réfection terminée, les vignerons nous offrirent de nous montrer leurs vignes et de nous donner sur leurs cultures tous les renseignements que nous pourrions désirer. Nous acceptâmes avec empressement, et je puis dire que jamais je n'ai suivi un cours pratique aussi net et aussi complet d'une viticulture locale. ·

Ce n'est qu'après notre excursion et notre enquête ainsi faites, sans que nous fussions connus ni recommandés, que nous sommes allés faire visite à M. Baumez, maire d'Aubière, auquel nous avons raconté notre aventure, qu'il trouva toute simple pour le pays qu'il administre.

La commune d'Aubière compte 4,000 habitants, tous vignerons ou de familles vigneronnes; leur énergie et leur puissance de travail est telle qu'ils occupent non-seulement leurs vignes, mais encore les deux tiers de celles de Clermont, et qu'ils prennent en outre à bail de quinze ans, pour les planter en vignes, des terres maigres et presque délaissées à plus de 8 kilomètres de leur habitation. Ceux qui ignorent jusqu'où peut s'élever la somme du travail manuel de l'homme, soutenu par l'usage d'un vin salutaire, peuvent venir étudier cette question à Aubière : là ils comprendront que la plus puissante organisation, la plus intelligente et la plus efficace en agriculture, c'est l'organisation humaine, convenablement nourrie de pain et de vin; et que cette organisation laisse bien loin derrière elle le travail et les produits de tous les animaux et de toutes les machines en agriculture.

J'exprimais à M. Jaloustre mon étonnement et ma satisfaction d'avoir pu apprécier l'énergie, l'activité et la force des vignerons d'Aubière, en même temps que leur empressement obligeant et cordial envers deux étrangers inconnus. M. Jaloustre me répondit : « Vous n'auriez rien vu de pareil si, au lieu de boire du vin, ces hommes buvaient de la bière. »

MM. de Tarrieux père, président de la Société d'agriculture, Jaloustre, de Guérines, de Tarrieux fils, propriétaire à Saint-Bonnet, Simonnet, à Riom, M. Baudet-Lafarge, secrétaire de la Société d'agriculture, m'ont puissamment aidé dans mes études du Puy-de-Dôme.

M. de Tarrieux, de Saint-Bonnet, a appliqué en grand, depuis 1859, l'incision annulaire aux arquets et aux vinouses, avec des résultats admirables, que j'ai constatés en 1862, et qui se sont soutenus jusqu'à ce jour (octobre 1867), où ils ont été récompensés à l'Exposition universelle.

En envoyant des branches à fruits ayant reçu des incisions annulaires simples, sans décortication, à leur point d'insertion à la souche, les unes, dans le cours de leur longueur, les autres, et ces envois ayant été faits en juillet, après la formation du grain, et en septembre, à la maturité, M. de Tarrieux a prouvé et le jury a reconnu : 1° que l'incision annulaire empêchait la coulure et donnait beaucoup de force aux bois et aux fruits au-dessus d'elle; 2° qu'elle favorisait la maturation, rendue plus précoce, en ajoutant à la beauté et à la qualité des grains et des grappes.

RÉSUMÉ SYNTHÉTIQUE ET ANALYTIQUE

DE

LA RÉGION DU CENTRE-SUD

OU RÉGION DES MASSIFS DES CÉVENNES ET DE L'AUVERGNE.

La région du centre-sud cultive 2o3,ooo hectares de vignes sur une superficie totale de 6,o45,ooo hectares : la vigne occupe donc environ la trentième partie du sol régional des massifs des Cévennes et de l'Auvergne.

Ces 2o3,ooo hectares de vignes donnent un produit brut d'un peu plus de 11o millions; le cinquième à peu près du produit total agricole, évalué à 52g millions de francs. Ces 11o millions répondent au budget normal de 11o,ooo familles ou de 44o,ooo habitants, c'est-à-dire du huitième environ de la population de la région, qui se monte à 3,427,487 individus.

Un pareil résultat obtenu par la culture de la vigne a lieu d'exciter l'étonnement, si l'on considère les altitudes réfrigérantes, les envers des montagnes, leurs gorges étroites et profondes et les autres conditions si défavorables de la climature de cette région, que la Creuse, enclavée dans les massifs, n'a point de vignes, que le Cantal n'en compte que 45o hectares, la Lozère 1,ooo, la Haute-Vienne 3,ooo

et la Haute-Loire 6,000; mais surtout si l'on considère
l'absence de tout enseignement et de toute direction des
populations, qui pour la plupart ont adopté les cépages et
les modes de culture du midi par entraînement de voisinage : cépages qui mûrissent rarement leurs fruits, méthodes qui ne les préservent d'aucun des inconvénients de
la disposition physique défavorable des sols et des sites.

Qui pouvait dire en effet à la Creuse, au Cantal, à la
Lozère, à la Haute-Vienne, au Tarn, à l'Aveyron, que les
morillons noirs hâtifs, les meuniers, les pineaux, les verts-
dorés de la Champagne, les riesling, les traminer du Rhin-
gau, pourraient leur donner des vignes fertiles, hâtives, et
de bons vins? L'Aveyron, il est vrai, a deviné quelques-uns
de ces cépages et trouvé de bons procédés de leur culture;
mais qui pouvait lui révéler, ainsi qu'aux autres départements de la région, les excellentes méthodes de la Lorraine, de l'Alsace, des Ardennes, qui répondent admirablement aux nécessités de leur climature? Enclavés dans
le midi et dans le centre, comment les agriculteurs de cette
région pouvaient-ils soupçonner que leurs cépages et leurs
modes de culture progressive avaient toutes leurs variétés
et tous leurs principes dans l'extrême nord? L'influence de
la viticulture méridionale devait d'autant plus se faire sentir
dans le Tarn, l'Aveyron, la Lozère et l'Ardèche, que ces
départements sont limitrophes à l'Aude, à l'Hérault, au
Gard, et qu'ils offrent des sites très-chauds sur leur frontière sud; tandis qu'au nord ils touchent à la Haute-Loire
et au Cantal, qui n'ont presque pas de vignes et surtout
aucune méthode progressive. Toutefois le Puy-de-Dôme,
à l'extrême nord-est du centre-sud, était un excellent
modèle pour la région; malheureusement il s'est voué trop

exclusivement au culte du gamay. Quant au Lot, situé à
l'extrême sud-ouest, ses cultures, quoique les plus étendues
et les plus régulières, ne pouvaient qu'induire en mauvaise
voie tous les autres départements, parce que le cot rouge,
qui est son cépage dominant, est d'une maturité tardive et
que sa taille courte, près de terre, est absolument celle du
Languedoc. N'est-il pas curieux de voir le Puy-de-Dôme
cultiver à longues tailles le gamay, qui ne les supporte pas
bien et se trouve mieux de la taille courte sur plusieurs
bras, tandis que le Lot cultive à courte taille et en gobelet le cot rouge, qui n'est fertile qu'à la taille longue?

Cette région est, en effet, pleine de disparates et de
contrastes. Le Lot, le Tarn, la Haute-Loire, la Lozère,
la Haute-Vienne, pratiquent à peu près et exclusivement
la taille courte; le Puy-de-Dôme et l'Aveyron emploient
surtout la taille longue; la taille courte et la taille
longue se trouvent ensemble dans l'Ardèche et dans la Corrèze.

Les vignes sont en lignes dans le Lot, le Tarn, l'Ardèche,
le Puy-de-Dôme et la Haute-Vienne; elles sont en foule
dans la Lozère, la Haute-Loire et l'Aveyron; on provigne
à outrance dans ces derniers départements, tandis que
dans les premiers l'on ne provigne que pour remplacer.
On épampre avec soin dans le Puy-de-Dôme et dans l'Aveyron, tandis que les opérations de l'épamprage sont presque
nulles dans le Lot. Le Tarn, la Lozère, la Haute-Vienne, le
Cantal et le Lot n'emploient pas d'échalas; le Puy-de-Dôme
offre un grand luxe d'échalas; la Haute-Loire, la moitié des
vignobles de la Corrèze et de l'Ardèche, sont également
munis d'échalas.

Le Puy-de-Dôme et le Lot, chacun dans un genre dia-

métralement opposé, présentent une grande uniformité
de dressement et de conduite de la vigne ; le Tarn de
même. Mais dans tous les autres départements les différences se manifestent d'arrondissement à arrondissement,
de canton à canton, de commune à commune ; la même
anarchie se montre dans la confection des vins. Il n'y a
donc aucune règle à déduire des comparaisons de chaque
vignoble.

La seule observation générale que j'aie pu faire et qui ait
une valeur réelle d'enseignement, c'est que, dans chaque
vignoble, le rendement moyen est toujours proportionnel
au nombre d'yeux laissés à la taille sèche sur la souche.
Ainsi le Puy-de-Dôme, qui sur chaque souche laisse de
12 à 16 yeux, produira 45 à 50 hectolitres en moyenne;
l'Aveyron, qui en laisse de 10 à 12, en produira 35 ; le Lot,
qui en laisse 8 à 10, donnera 25 à 30 hectolitres, et le Tarn,
où l'on n'en laisse que de 6 à 8, ne rendra que de 15 à
20 hectolitres. C'est une loi qu'on peut vérifier dans tous
les vignobles, en tenant compte toutefois de l'espèce et du
nombre des ceps, de leur âge, de l'engrais et des amendements, du sol et du climat, et en ramenant toutes ces
conditions à une sorte d'égalité.

Le Lot, le Tarn, l'Ardèche, le Puy-de-Dôme et la
Corrèze produisent des vins de consommation et de commerce estimés et pouvant se classer peut-être au troisième
rang, mais pour sûr au quatrième des bons vins rouges de
France, suivant la classification de Jullien ; mais aucun
cru, si ce n'est, dans l'arrondissement de Tournon, Saint-
Péray et quelques communes des côtes du Rhône, justement estimés pour leurs vins, ne s'y fait remarquer par des
produits exceptionnels. Quant aux cinq autres départements

de la région, ils ne produisent guère que des vins alimentaires et très-sains de pays.

La Lozère et la Corrèze sont les deux départements qui ont le plus à faire et le plus à gagner dans l'extension et le perfectionnement de leur viticulture, par le choix des cépages, par l'adoption de modes de cultures économiques et à grands cordons, et surtout par l'annexion de vignes à des métairies créées.

Le Tarn, le Lot, le Puy-de-Dôme, le Cantal, la Lozère, l'Aveyron, cultivent les vignes à journée, à façon ou à prix fait, sans participation du vigneron aux produits; cette participation, ou plutôt la vigne à métayage, n'est donnée, et encore partiellement, que dans la Corrèze, à Argentat et à Beaulieu, dans la Haute-Loire, à Brioude, et dans la Haute-Vienne. Dans tous ces départements, c'est l'exploitation directe par le petit propriétaire qui domine. Malheureusement le petit propriétaire n'a qu'un petit nombre d'enfants, et l'exploitation de la terre par fermages ou par aides n'offre au prolétaire aucun moyen de constituer ni de multiplier les familles.

Ce qui diminue la population des campagnes, ce ne sont ni les besoins des armées, ni l'agrandissement des villes, ni l'accroissement des industries, ni l'extension des travaux publics, ni les chemins de fer; toutes choses utiles, nécessaires, indispensables même à tous les genres de progrès et notamment aux progrès agricoles : c'est l'absence de reproduction et de multiplication de l'homme. Ce sont les points de vue erronés auxquels ont été placés et se sont placés les moyens et grands propriétaires. Ces points de vue leur ont été inspirés par des formules d'économie rurale essentiellement fausses, mais tellement spécieuses et s'accordant si bien avec les calculs de commerce, d'industrie et de banque les plus lucratifs, que toutes les intelligences agricoles se sont empressées de les accueillir et de les appliquer.

Les conditions qui sont faites au travail humain par la propriété rurale, aujourd'hui, ne comportent aucune des conditions qui soutiennent, développent et fortifient la vie de la famille humaine par l'*attrait*, par l'*espoir*, par la *stabilité* et la *sécurité;* par l'attrait du drame rural, par l'espoir des profits que les fruits pourront donner, par la stabilité de l'œuvre agricole poursuivie en commun, par la sécurité dans la nourriture, le logement, le vêtement, assurés au moins à la famille.

Autrefois, pour arriver à peupler et à féconder leurs vastes possessions territoriales, les grands propriétaires des pays conquis ou découverts se contentaient de percevoir le dixième des produits, la dîme ou un revenu quelconque relativement faible. Plus tard, la propriété, plus restreinte, permit au propriétaire de prendre le tiers, la moitié, les deux tiers des produits. Plus tard encore, lorsqu'on put apprécier tout ce qu'un homme libre, petit propriétaire, rendu intelligent et infatigable par son dévouement à sa famille, pouvait tirer d'une très-petite fraction du sol par son travail, le grand propriétaire crut pouvoir obtenir le même profit en gardant le produit tout entier, en mettant à prix fixe, et sans participation aux fruits, le travail producteur à la journée ou à la tâche.

D'un autre côté, l'argent était rare autrefois, et la vie matérielle facile et à bon marché; l'ouvrier rural perdit de vue, pour toucher un peu d'argent, la valeur réelle des fruits de son travail, et il troqua volontiers la vie assurée de la famille par les fruits du travail en commun contre la

séduisante contre-marque de toutes les satisfactions indivi-
duelles. Posséder dans sa poche un talisman qui peut donner toutes les jouissances égoïstes et secrètes : telle est la
passion qui agite la plupart des hommes et surtout l'ouvrier
des champs, qui manque de notions sur les conditions les
plus heureuses et les meilleures de la vie.

Ce divorce accompli entre la terre et son ouvrier, le propriétaire finit bientôt par considérer les fruits du travail
comme le produit naturel de sa terre, que chaque prix fixe
d'une journée d'homme venait lui diminuer; quant à leur
plus ou moins d'abondance, c'est à ses yeux l'affaire du ciel,
du sol et du fumier; quant à leur valeur, c'est la demande
du commerce et de la spéculation qui la fixe.

Voilà comment l'ouvrier de la terre n'y trouve et n'y
cherche plus sa vie ni celle d'une famille désormais impossible, d'une famille onéreuse, d'une famille qui dévo-
rerait l'argent gagné.

L'ouvrier rural n'est donc, à ce point de vue, qu'une
charge pour la propriété : de là l'idée, aussi malthusienne
que peu chrétienne, de s'en débarrasser en le remplaçant
par des machines; idée aussi stupide qu'elle est simple;
idée dont l'absurdité est déjà démontrée par les faits existants, mais dont les effets désastreux ne laisseront aucun
doute avant que dix ans soient écoulés.

Toutes les machines qui travaillent sont bonnes, sont
excellentes : plus elles font de travail, meilleures elles sont;
mais plus les machines s'augmentent et se perfectionnent
en agriculture, plus il faut d'hommes pour parfaire et pour
consommer leur production.

La vigne jette une vive lumière sur cette grave question.

La vigne du propriétaire vigneron, faite par lui-même,

à côté de la vigne du bourgeois, faite par journalier ou par
tâcheron, donnera, en moyenne, 60 hectolitres quand celle
du bourgeois n'en donnera que 30. Voilà donc 30 hectolitres qui sortent des mains du vigneron intéressé, en sus
de 30 hectolitres qui sortent des mains du vigneron-machine.
Le vigneron-machine sent et sait fort bien qu'il reste 30 hectolitres dans son activité, dans sa sollicitude, dans son intelligence. Il ne veut pas, il ne pourrait pas les produire comme
machine; pourtant il a droit d'utiliser à son profit cette force
vive qu'il sent en lui. Le bourgeois comprend l'existence
de cette force; il en a la preuve chez son voisin : il voudrait
l'acheter à son ouvrier, qui désire la vendre; mais ils ne
savent plus quel en est le prix légitime, et jamais ils ne
pourront s'entendre, l'un pour en indiquer le prix, l'autre
pour être assuré de la livraison consciencieuse.

L'ouvrier demandera donc un prix de journée ou de façon
double, triple, quadruple; mais, dans son esprit même,
cette demande n'est pas une solution, c'est un défi, une
provocation. Il sait bien que, si la récolte manque, son travail sera surfait et le propriétaire rançonné; tandis que, si
la récolte est doublée de valeur, l'augmentation de son
salaire ne sera qu'une faible portion d'un excédant que le
travail devrait partager avec le capital.

Dans cette lutte déplorable pour l'ouvrier, pour le propriétaire et pour l'État, il y a plus d'ignorance que de mauvais vouloir de part et d'autre.

Pour se débarrasser des hommes et pour échapper aux
exigences et même aux impossibilités de leur main-d'œuvre,
on court donc aux engins, pour la vigne comme pour toutes
les autres cultures. Ici l'intervention de la machine est facile, simple et sûre; plus facile, plus simple et plus sûre

que pour bien des cultures. Aussi dispose-t-on les vignes,
partout où on le peut, pour être cultivées par les animaux
de trait et par les instruments aratoires. C'est là une mesure
excellente en elle-même, parce qu'elle permet d'accomplir
en un jour, avec un homme et un cheval, ce que ne pourraient faire vingt hommes ; mais, de temps immémorial, on
cultive, dans des provinces entières, les vignes à la charrue.
Tout le Médoc et une partie du Languedoc sont ainsi cultivés. Si le mode de culture à la main et à la charrue est
une question de dépense, l'économie est alors à peu près
négative, car la main-d'œuvre est doublée de prix dans le
reste des façons, et le reste des façons est le grand côté de
la question. Si c'est une question de produit, elle est absolument négative au profit de la charrue ; car la vigne cultivée, dressée, taillée, épamprée, en deux mots, conduite
et soignée par le vigneron propriétaire lui-même, donnera
toujours le double de la vigne faite par journalier et tâcheron, à la charrue comme à la main.

Le rapport entre la culture par l'homme intéressé et la
culture par l'homme sans intérêt sera toujours le même,
et la machine, ici, rend le service immense de faire plus de
cultures et de les faire plus vite ; mais elle n'éliminera les
hommes qu'au détriment de la production et de la consommation, par conséquent au détriment de la valeur et de la
fortune privée et publique. Les machines ne résoudront jamais
la question pendante aujourd'hui entre les propriétaires et
les ouvriers ruraux : plus les hommes diminueront, moins
il pourra s'en établir en familles qui se perpétuent dans les
campagnes ; plus la main-d'œuvre de ceux qui resteront
deviendra rare et chère, plus on verra de grands propriétaires et de grandes propriétés tomber en défaillance, parce

que sans la consommation locale et sans la main-d'œuvre humaine l'agriculture ne peut prospérer.

C'est ce que la loi sur la liberté de coalition démontrera bientôt, et, au moins en cela, elle aura produit un grand bienfait : la participation de l'ouvrier rural aux produits de son travail en sera la conséquence légitime et nécessaire, du moins pour la viticulture ; le propriétaire comprendra bientôt qu'il est impuissant à suppléer l'ouvrier et à répondre en même temps à ses exigences indéfinies d'augmentation de salaire et de diminution de temps de travail : sa propriété sera donc ruinée, et l'ouvrier, sans asile et sans travail, par la ruine assurée du propriétaire, comprendra que, si le propriétaire lui doit le strict nécessaire, c'est la terre et son travail seuls qui lui doivent ses profits.

Mais ce que le propriétaire comprendra surtout, par la force des choses, c'est que son sol ne vaudra, en foncier et en revenu, qu'en proportion du nombre de tenanciers ou locataires qui en tireront leur existence : c'est qu'il ne pourra faire d'agriculture perfectionnée qu'en proportion du nombre d'hommes qui seront rivés à son sol.

Il faut donc, pour augmenter et perfectionner la culture de la vigne, augmenter les populations rurales et constituer des familles qui se plaisent et se perpétuent dans le labeur des champs, en y trouvant les conditions d'attrait, d'espoir, de stabilité et de sécurité nécessaires.

Il faut à la vigne, en France, ce qu'il fallait au cotonnier et à la canne à sucre dans l'Amérique centrale : des hommes; seulement, au lieu de nègres esclaves, il lui faut des blancs libres.

Une métairie de 5 à 6 hectares peut s'établir, dans la moitié des départements de France les moins peuplés, pour

8 à 10,000 francs : valeur du sol, construction, petit cheptel
et avances à l'attente de la production compris. C'est précisément le prix d'une famille nègre, d'un nègre, d'une négresse et de deux négrillons. La valeur de l'homme est telle
en agriculture, surtout en riche agriculture, comme la culture de la canne à sucre, du cotonnier, du caféier, de l'arbre
à thé, et, par-dessus tout, de la vigne, qu'en Amérique on
n'hésite pas à acheter des nègres très-cher, et l'Afrique en
serait bientôt dépeuplée si ce trafic était encore permis.
Bien plus, s'il était permis d'acheter des Indiens, des Chi-
nois et surtout des Européens, tous les gens habiles en
agriculture s'empresseraient d'en acquérir pour peupler
leurs terres ; et, par ce moyen, tous feraient des fortunes
rapides et colossales. Alors les hommes seraient cotés à la
bourse, et lorsqu'un nègre, une négresse et deux négrillons
vaudraient 2,000 dollars, la famille européenne en vaudrait
4,000, et ce ne serait pas cher.

Grâce à Dieu, la civilisation nous offre aujourd'hui de
meilleures conditions : il nous suffira, pour acquérir la
famille européenne, de construire des métairies propres et
commodes, avec verger et jardin, pour 2 à 4,000 francs,
au centre de 5 à 6 hectares, valant de 4 à 6,000 francs, à
défricher ou à cultiver à moitié fruits ; plus, d'offrir l'avance
de la vie pendant trois ans d'attente des produits ; ou bien
d'établir la maison avec verger et jardin à la circonférence
d'un vignoble à créer, avec assurance de travail suffisamment rémunéré pour subvenir aux premiers besoins de
l'existence matérielle, plus une participation aux produits
bruts d'un dixième à un cinquième, suivant les circonstances et les conditions de la production, pour que la famille
européenne vienne s'y établir, au lieu de traverser les mers

et de s'exposer à tous les périls des vastes solitudes des nouveaux mondes, sans ressources, sans protection et sans lois.

Pour détourner le torrent de l'émigration européenne au
profit de la France (et le profit serait immense, car 200,000
individus pourraient ainsi être recrutés par an), il faudrait
d'abord que les grands propriétaires des terres incultes,
mal cultivées, et par conséquent peu ou point peuplées,
comprissent que toute richesse foncière et mobilière réside
dans le chiffre de la population locale ; qu'ils demandassent
l'autorisation de se réunir en syndicat ; qu'ils arrêtassent
entre eux les conditions du métayage ou du colonage par-
tiaire. Il faudrait que ces conditions fussent formulées défi-
tivement, chacun s'engageant à les observer et à construire
les métairies dans la mesure de ses convenances, pour y
installer les familles au fur et à mesure de leur arrivée, ou
des cantines et des dortoirs pour les individus isolés. Il
faudrait qu'en dehors des lieux spécialement connus par
le manque presque absolu de population, tous les propriétaires désireux de peupler leurs propriétés fissent
également connaître leur intention au Gouvernement et
prissent l'engagement de recevoir et d'installer les familles
ou les ouvriers demandés, dans des conditions arrêtées et
obligatoires du couvert, du vivre, du salaire et de la participation.

Si jamais le Crédit foncier ou le Crédit agricole pouvaient être utiles à l'agriculture, ce serait en faisant les
fonds des constructions rurales, avec hypothèques sur l'ensemble, suivant leurs clauses et conditions ordinaires.

Il faudrait enfin, ces premières bases arrêtées, que le
Gouvernement prît toutes les mesures de publicité pour
faire connaître les conditions offertes au travail rural par la

propriété française à l'émigration étrangère, sous sa surveillance et sous sa protection spéciales. Il ferait connaître
également aux familles et aux ouvriers agricoles français
les lieux où ces conditions seraient offertes.

Je suppose que 50,000 métairies soient ainsi construites
par an, et que la moitié des constructions aient recours aux
établissements de crédit public : ce serait un mouvement de
75 millions de francs par an. On verrait alors se réaliser,
dans les campagnes, les merveilles qui se sont produites
depuis douze ans dans les grandes villes de France.

Mais, je me hâte de le dire et de le répéter, la vigne est
le plus solide pivot d'un pareil mouvement, et ce mouvement devient nécessaire, indispensable même, pour rétablir
l'équilibre entre la consommation des villes et la production
des campagnes.

La France agricole n'est plus assez peuplée pour répondre
à tous les besoins des armées, des villes, de l'industrie, du
commerce, des travaux publics et de l'activité de la locomo-
tion; c'est du moins ce qui m'a paru compris et démontré
dans les départements que j'ai étudiés. Je n'ai pas vu un
seul de ces départements, même celui du Bas-Rhin, où l'on
compte plus de 6 habitants par 5 hectares, où un quart
de population en sus de la population existante ne fût un
bienfait; et j'en ai vu beaucoup où le double (la Dordogne)
et le triple (la Lozère) créeraient des richesses là où il n'y
a rien ou presque rien.

J'entends soutenir cette thèse, que, pourvu qu'il y ait une
grande population concentrée dans les villes, dans les industries, le commerce, les arts, etc., cela suffit à la prospérité
agricole! A la cherté des produits agricoles, oui; mais à
l'abondance des produits pour les villes, les industries, le

commerce, non. Supposons que les villes cotonnières, les industries cotonnières, le commerce et le trafic cotonniers, enlèvent, pour leur fonctionnement, la moitié, les trois quarts, la totalité des producteurs cotonniers : que deviendraient les villes, les industries, les transporteurs et les commerçants cotonniers, puisque la production cotonnière aurait disparu ? Après avoir langui et souffert de la rareté et des prix de plus en plus élevés de la production du coton, ils succomberaient, tous et tout d'un coup. Voilà où conduit nécessairement la prétendue prospérité par la rareté, la cherté et la suppression du producteur.

Mais, dira-t-on, dès qu'il y aura plus de profit à produire le coton qu'à le colporter et à le tisser, tout le monde se portera vers sa production. Cela est impossible, cela n'est pas vrai! la destination de la terre, le travail des populations, ne se transforment pas en un an, en cinq ans! et il ne faut pas plus d'une semaine à l'homme pour mourir de faim. L'humanité ne prospère pas dans ces fluctuations, dans ces ouragans préparés par les excès du commerce, de l'industrie, de la spéculation et du luxe : elle en pâtit, elle en meurt.

RÉGION DE L'EST

ou

RÉGION DES RAMPES JURASSIQUES.

DÉPARTEMENT DES HAUTES-ALPES.

Le département des Hautes-Alpes, sur une étendue de territoire de 558,961 hectares, dont 98,000 seulement sont livrés à la culture, ne compte que 6,000 hectares de vignes, tandis que Jullien lui en attribuait 7,000 hectares en 1816. Les vignes, qui depuis 1816 jusqu'à cette année 1863 se sont accrues dans tous les départements, auraient-elles diminué dans les Hautes-Alpes seulement? Je ne le crois pas; je crois plutôt à une erreur de Jullien. En tout cas, si elles ont diminué, elles augmenteront bientôt, si j'en juge par l'estime que les viticulteurs des Hautes-Alpes font aujourd'hui de la vigne, par les plantations nouvelles que j'ai vues et par les intentions que j'ai entendu manifester d'en créer encore.

Ces 6,000 hectares de vignes donnent une production moyenne de 30 hectolitres à l'hectare, dont le prix moyen est au-dessus de 25 francs l'hectolitre : c'est donc un produit total de 4,500,000 francs donné par la vigne dans ce département.

Ces 4,500,000 francs de produit brut représentent le budget annuel de 4,500 familles ou de 18,000 habitants, plus d'un septième de la population, qui est de 122,117 individus, et plus d'un cinquième du revenu total agricole sur la quatre-vingt-troisième partie du territoire total et sur la seizième partie du sol cultivé.

Les Hautes-Alpes peuvent donc étendre hardiment leurs vignobles sans préjudice aucun aux autres cultures; ni le sol ni les expositions ne lui manquent pour cela.

Le département des Hautes-Alpes repose presque entièrement sur les roches jurassiques et crétacées, terrains très-favorables à la viticulture; mais ses montagnes élevées et abruptes, ses vastes plateaux, à neiges et à glaces, ses vallées étroites, profondes, ombrées et froides, excluent toute tentative de viticulture pour les cinq sixièmes de sa superficie.

C'est principalement et presque exclusivement sur les contre-forts et les rampes inférieures, presque toujours sur les détritus terreux ou schisteux des montagnes jurassiques ou sur les alluvions à cailloux roulés des torrents, surtout dans les vallées ouvertes comme celle de la Durance, que sont assises les vignes des Hautes-Alpes. Ces éboulements réduits en talus au pied des montagnes, ces exfoliations de leurs escarpements, avec les atterrissements et les alluvions de diluvium pur ou mélangé de grèves ou de galets, quelque restreinte que soit leur superficie par les rochers, les murailles à pic, l'altitude et l'étendue des plateaux supérieurs, peuvent offrir aux vignes une superficie quintuple de celle qu'elles occupent aujourd'hui, avec sol, altitude et exposition

propices, non-seulement sans diminuer la production des
céréales et des autres plantes alimentaires, mais à leur grand
avantage, comme à l'avantage de la population; car ici,
comme partout, et plus que partout, la vigne donne les
seuls produits largement rémunérateurs et commanditeurs
des autres cultures.

Combien, par exemple, les 23,000 hectares de froment,
qui ne rendent que 8 hectolitres en moyenne à l'hectare
dans les Hautes-Alpes, n'auraient-ils pas à gagner en cédant
8,000 hectares aux vignes, qui rendraient 750 francs bruts
et 400 francs nets, c'est-à-dire la possibilité de donner
200 francs par an à chaque hectare de blé restant?
La moitié d'un tel secours, 100 francs de fumier par an,
porterait le rendement moyen à 16 hectolitres; celui des
seigles, qui est actuellement à 16 hectolitres, serait à 20,
et celui des pommes de terre, qui est déjà de 150 hectolitres à l'hectare, monterait à 200.

Ce n'est pas l'espace qui manque à l'homme, c'est
l'homme qui manque à l'espace, ou plutôt qui reste impuissant devant lui; c'est l'enseignement paternel sur les
meilleurs moyens de tirer parti de cet espace qui manque
à l'homme.

Des sophistes sont venus qui ont dit : Chassez l'homme
de l'espace et vous aurez les produits de la terre à bon
marché et la main-d'œuvre à bon marché; et l'agriculture
s'est fondée là-dessus, et les vivres sont devenus très-chers,
et la main-d'œuvre rare et à prix élevé. Tandis que la
vérité est celle-ci : avec 10 ares de jardin, 30 ares de
pommes de terre et de racines, 50 ares de fourrages et
de légumes, 80 ares de grosses céréales, 40 ares de menues,
10 ares de maïs et 30 ares de vigne, une famille de cinq

membres peut se nourrir parfaitement, plus un âne ou un
mulet, plus une vache, plus un cochon et même quelques
poules et des lapins. Sur 2 hectares 1/2, même médiocres,
même mauvais, grâce à l'engrais de la vache, du mulet,
du cochon et de la famille, cinq personnes, dont trois seulement en force de travail, peuvent produire tout le nécessaire à une nourriture saine et abondante et l'entretien complet de la famille.

Or, trois personnes en force de travail, plus la force
d'un âne ou d'un mulet, peuvent tenir 25 ares de jardin,
75 ares de pommes de terre et de racines, 125 ares de
fourrages, 200 ares de grosses céréales, 100 ares de menues, 25 ares de maïs et 75 ares de vignes en parfait état
de culture et de production, en se reposant soixante jours
dans l'année; avoir ainsi deux mules, deux vaches, deux
cochons, des lapins et des poules, et pourvoir à la bonne
nourriture et à l'entretien d'au moins une autre famille :
c'est-à-dire que la famille agricole peut donner la moitié
de ses produits sans se priver, et même en conservant un
dixième d'épargne.

Voilà où est le progrès, voilà où est le bon marché des
vivres. Quand 25 millions de producteurs agricoles groupés
en 5 millions de familles sur 32 millions d'hectares cultivés
(la France en compte 40 millions) peuvent donner un superflu de 25 millions de rations annuelles et en garder de
plus en réserve 12 millions et demi, l'aisance et la richesse
sont assurées à une population totale de 38 millions comme
jamais l'agriculture industrielle, à machines et à capital, ne
pourra les produire.

Je ne veux pas dire ici qu'il faille anéantir la fortune territoriale par la division, loin de là : je regarde la fortune

territoriale comme indispensable au progrès de l'agriculture et à la puissance autant qu'au bonheur et à la stabilité d'une nation. Je regarde cette fortune comme la seule solide, la seule civilisatrice, j'allais dire presque la seule respectable; je la regarde comme le seul moyen de porter aux campagnes l'instruction, l'émulation, la civilisation et les secours dans la détresse. La fortune territoriale, à mes yeux, est l'ancre de salut de toute nation, et les bénéfices du commerce, de l'industrie, des arts, de la science, n'ont pour moi de valeur que quand ils viennent fonder la production agricole et développer, par l'intelligence, l'expérience et la réflexion, le nombre et l'aisance des familles rurales. Mais doter les propriétés de familles à partage n'est pas diviser, anéantir la grande propriété : c'est la consolider contre les attaques de la petite propriété, c'est la perpétuer en lui assurant sa main-d'œuvre intéressée, sa population propre, vivant à l'aise sous la protection et la direction d'un bon chef, qu'elle enrichit d'autant plus qu'elle produit davantage pour elle-même.

Cela s'est fait de tout temps, sans comprendre la supériorité de ce mode d'exploitation; mais cela commence à se faire avec succès, avec intelligence, et en réaction contre les vaines théories agricoles du jour : MM. Servan, dans la Drôme; Anceaux et Driard, dans le Loiret; Bignon et Damourette, dans l'Indre, etc. etc. ont rétabli le métayage avec un avantage marqué.

Partout où la vigne peut prospérer, son introduction dans le lot de famille est le principal élément du succès. La vigne, ne donnât-elle que la boisson des repas, suffirait à doubler les autres produits par les vigoureuses et actives constitutions qu'elle développe, et on le sait bien ici.

M. Pinet, conseiller de préfecture et secrétaire de la Société d'agriculture des Hautes-Alpes, me dit qu'il est notoire que, pour avoir dix conscrits propres au service, à la révision, il en faut quatorze, y compris les exemptions légales, dans les pays vignobles, et qu'il en faut trente-deux ou trente-trois dans les pays non vignobles. Sans doute, le climat et les privations des altitudes des Alpes, d'où la vigne est exclue, contribuent à exagérer le chiffre de la différence; mais partout la supériorité du sang et de la constitution, partout les bonnes conformations, dans les pays où le vin est la boisson alimentaire, l'emportent d'une façon remarquable sur l'activité et la vigueur des pays à eau, à bière et à cidre.

Chacun, dans ce département, en est parfaitement convaincu. Aussi la vigne y est-elle cultivée avec ardeur et avec une grande intelligence.

A Gap, à Jarjayes, à Valserres, à Remollon, à Ventavon, à Tallard, à Château-Vieux, à Neffes, principaux vignobles du département, que j'ai visités, la culture de la vigne, la vinification et les cépages sont à peu de chose près les mêmes.

Le cépage caractéristique et dominant de ces vignobles est le *mollard*, qui compte deux variétés, le gros et le petit; ce dernier est plus délicat que le premier.

Le mollard est un raisin noir à grains ronds et clairs, quand la saison est sèche; mais par l'action des pluies persistantes, aux approches de la maturation, les grains du mollard se rapprochent, se serrent, au point de faire détacher des grains par pression; ses grappes sont très-allongées; il est excellent à manger, très-doux, très-sucré.

Les autres cépages sont, en rouges, le grec et, par

places, le grenache et le spanenk; en blancs, la clairette et le petit pineau blanc, un peu de pineau gris; mais c'est vraiment le mollard et la clairette qui dominent et donnent le cachet aux vins du département des Hautes-Alpes.

Le vin de mollard est frais et plat, et pourtant il contient de 9 à 11 degrés d'esprit; il est d'une bonne couleur grenat; il est facile à digérer et très-alimentaire; il se garde peu quand il est pur, non plâtré, et qu'il résulte d'une année très-abondante ou d'un pays à grande production, par exemple à Remollon, où la récolte ne descend pas au-dessous de 40 hectolitres et s'élève souvent au-dessus de 70 hectolitres à l'hectare, et où le vin ne se garde pas plus de deux ans. A Jarjayes, où la moyenne récolte est de 20 à 30 hectolitres, le vin se garde dix et douze ans et s'améliore beaucoup en vieillissant. J'ai bu du vin de Jarjayes de cinq ans, très-droit, très-bon et rappelant les vins de l'Ain. Le vin de mollard se placerait entre les vins de mondeuse, dont il a un peu le bouquet, et ceux de gamay; c'est un vin de bonne consommation courante.

La clairette réussit parfaitement et produit abondamment (50 hectolitres contre 30 donnés par le mollard) d'excellents fruits dans les Hautes-Alpes; elle est cultivée un peu partout, mais en quantités et en vignes spéciales (mieux et plus longtemps échalassées que les vignes rouges), sur le territoire de la commune de la Saulce. Ses moûts sont à peu près exclusivement consacrés à la production du vin blanc dit *clairette de la Saulce*, vin qui est parfumé, généreux, liquoreux et très-agréable, s'il est bu la première année, mais qui bientôt devient sec et fort, s'il est attendu longtemps.

Si la clairette était associée pour un cinquième, dans les

cuvées à vin rouge, avec le mollard, on obtiendrait un vin rouge plus éclatant, plus grenat foncé, et par-dessus tout plus solide et plus durable.

M. Meissonnier, grand propriétaire et excellent viticulteur à Valserres, m'a assuré qu'une petite vigne de tous raisins, spanenk, grec, clairette et mollard, lui donne un vin plus chaud, plus coloré et qui se garde mieux que tous les autres vins de mollard pur du pays. Le vin de Jarjayes et de Saint-Martin ne contiendrait-il pas beaucoup de spanenk et de clairette?

Le mollard fermente lentement à la cuve ; il bouillonne encore dix et même quinze jours après sa mise en fermentation : donc pour activer sa fermentation, pour augmenter sa chaleur, pour donner à sa couleur plus d'éclat et plus d'intensité, et pour assurer sa solidité et sa durée, il y aurait un grand avantage à lui associer un quart ou un cinquième de clairette qui activerait la fermentation et en réduirait la durée de moitié.

Le vin rouge de mollard subit une cuvaison de quinze jours d'abord, puis on foule encore deux fois après la fermentation éteinte; on laisse éclaircir le vin, on tire ensuite en tonneaux de 10 à 100 hectolitres. On presse les marcs, et l'on met à part les vins de presse.

Le vin de clairette s'obtient en pressant les raisins, dont on met de suite les jus en barriques ; après quinze jours on les soutire; puis, de huit jours en huit jours, on pratique jusqu'à quatre et cinq soutirages. Quand le vin de clairette ne s'éclaircit pas, on colle avant de soutirer.

La plupart des cuves et des tonneaux des Hautes-Alpes sont faits en mélèze, bois qui donne au vin un petit goût de résine pendant un ou deux ans; mais ensuite les vaisseaux vinaires de mélèze se comportent très-bien et durent des centaines d'années.

La culture de la vigne, dont les types les plus complets peuvent être étudiés à Remollon et à Tallard, est d'ailleurs partout la même, seulement avec plus ou moins de soins et de dépenses.

Le terrain est défoncé, avec un courage inouï, à 1 mètre et jusqu'à 1^m,20 de profondeur. La plantation s'y fait le plus généralement à boutures placées à 1 mètre au carré et enfoncées également à 1 mètre.

Parfois les vignes sont plantées à fossés profonds de 1 mètre, et les boutures y sont recourbées horizontalement sur le sous-sol de 40 à 50 centimètres, puis relevées verticalement ; mais dans ce cas on ne remplit le fossé que de 30 à 40 centimètres de terre, puis on achève de combler le vide à la troisième et à la quatrième année, à mesure que la végétation s'élève. Quand les sarments sont assez grands, on garnit la vigne, à droite et à gauche des fossés primitifs, par un provignage, toujours à la même profondeur.

Les vignes, d'abord mises en lignes, ne tardent pas à entrer en foule et en désordre par le provignage, qui est le mode d'entretien et de perpétuation des vignes des Hautes-Alpes. M. Marrou, maire de la Saulce, me dit qu'on a remarqué que les vignes de franc pied, les plantes, donnent beaucoup plus que les vignes entretenues par le provignage ; leur production diminue aussitôt que le provignage leur est appliqué : aussi préfère-t-il au provignage le remplacement par des plants.

Ce provignage se fait sans alignement, en fosses carrées, parallélipipédiques, triangulaires ou rondes, pour faire quatre, trois ou deux nouveaux ceps avec une belle souche qu'on déchausse et qu'on couche dans la fosse, à 1 mètre et plus de profondeur, en faisant sortir les pointes de ses sarments, relevées et soutenues avec des échalas, aux angles ou au pourtour des fosses. On met 12 à 15 centimètres de terre sur la souche et les sarments, puis une bonne charge de fumier, qu'on recouvre de 20 centimètres de terre, plus ou moins, mais de façon à remplir la fosse à moitié; l'année suivante, seulement, on remplit à peu près tout à fait le trou.

En admettant la nécessité d'un défonçage préalable à la plantation de la vigne aussi profond et aussi dispendieux (je doute que ce travail et cette dépense soient toujours également indispensables), je ne puis m'expliquer la nécessité de refaire encore des provins à la même profondeur. La vigne, ni aucun autre arbre ou arbrisseau, ne peut être plantée ni recouchée de plus de 0^m,30 de profondeur.

Mais, bien ou mal fait, le provignage est le plus mauvais mode d'entretien et de culture de la vigne. L'assolement des vignes à trente ou quarante ans produira toujours le double de vin et du bien meilleur que la perpétuation par le provignage.

Quoi qu'il en soit, la vigne ainsi plantée et entretenue n'offre plus d'alignement d'abord; elle présente, en second lieu, de vieilles souches hautes, de moyennes souches et de toutes jeunes souches, réduites à un sarment. J'essaye de donner une idée des diverses souches, ainsi groupées dans les vignes, par la figure 119, relevée au quartier de Puy-Mort, à l'est-sud-est de Gap. On y voit cinq ceps provignés récemment, *a a a a a,* une souche *b* de trente à quarante ans, une souche *c* de quinze à vingt ans, une autre *d* de dix à douze ans, et deux souches *e e* de deux à trois ans. A Remollon, à Tallard, les souches sont tenues, il est vrai, plus

Fig. 119.

régulières et plus uni-
formes, mais les diffé-
rences d'âge et de force
s'y font également re-
marquer.

Dans tous les cas, la
règle et la coutume sont
de dresser la souche,
sur terre ou à 15 cen-
timètres de terre, à deux, trois, quatre et même cinq bras,
suivant la force et l'âge. J'ai vu la plupart des vignes, à

Fig. 120.   Fig. 121.   Fig. 122.

Remollon, constituées en souches dressées comme les
figures 120 et 121.

La figure 122 donne une des dispositions les plus fréquentes des souches jeunes de renouvellement.

Sur chaque bras on ne laisse qu'un courson taillé à deux
bourres et le bourillon; la bourre et le bourillon le plus
souvent sont conservés seuls, excepté pour la clairette, à
laquelle on donne au moins deux bourres, souvent trois,
parce qu'elle pousse trop de bois.

A toutes les jeunes vignes et à toutes les jeunes tiges,
soit en provin, soit à plat dans la vigne, on met un échalas
qui reste jusqu'à ce qu'il soit usé ou jusqu'à ce que la
vigne se soutienne bien par elle-même; mais on n'en re-

met plus. J'ai cependant vu des vignes assez bien garnies d'échalas.

On donne généralement une seule culture à la vigne, en avril ; cette culture est faite à la bêche, à 20 ou 25 centimètres de profondeur. Il serait bien préférable de pratiquer le premier labour moins profondément et de le faire suivre d'un binage en juin, et même d'un second binage au moment où le raisin s'éclaircit pour mûrir ; mais à ces deux époques, les pampres de la vigne, enchevêtrés et pêle-mêle, couvrent toute la surface de la terre, et les binages sont impossibles, car on ne pratique ici qu'une opération sur les pampres verts, on ébourgeonne avec soin et on relève après la fleur ; mais on ne pince pas et on ne rogne jamais.

La maladie n'a point encore atteint sérieusement les vignobles des Hautes-Alpes. Cette immunité tient d'abord à ce que la vigne est tenue basse et sur terre, dans un climat tempéré et à nuits fraîches (les treilles sont atteintes énergiquement ici par l'oïdium). On peut ensuite considérer le sol schisteux, qui avoisine partout les vignes et même sur lequel elles se trouvent souvent, comme prophylactique de la maladie par ses émanations un peu sulfureuses. On emploie les schistes avec raison et avec succès comme amendement en couverture.

C'est un aspect curieux que celui de toutes ces roches schisteuses garnissant les flancs des montagnes, avec leurs contre-forts et la plupart des rampes qui sont à leurs pieds, de feuillets innombrables et de lamelles le plus souvent noires ou grises, parfois de couleur d'écorce de bois.

Les viticulteurs des Hautes-Alpes savent tirer un excellent parti de ces rochers schistes, comme ils les appellent,

qui sont souvent le sol même ou les chevets de leurs vignes,
mais qui sont souvent aussi à un kilomètre et plus. Près ou
loin, ils vont les chercher, et ils les amènent à tombereau
jusqu'à leur vigne, au taux de 150 tombereaux par *pourre*,
qui est le huitième d'un hectare.

Chaque tombereau ne porte que 10 baysses ou civières :
la baysse ou civière, fig. 123, sert à porter à bras d'homme

Fig. 123.

le rocher schiste dans la vigne. Lorsque le rocher schiste
est ainsi déposé en tas, en morceaux ou plutôt en lames de
1 à 10 kilogrammes, on l'écarte à la main de façon à en
recouvrir à peu près tout le sol, comme on ferait pour
couvrir un toit avec des tuiles ou des ardoises; et à la longue
ces morceaux se gonflent, se délitent, surtout l'hiver, et
finissent par se réduire en terres cendreuses.

Cet amendement, qui est excellent pour tenir le sol
frais et pour donner une grande vigueur à la vigne, tout
en diminuant, comme ferait un pavage, la nécessité de ses
cultures répétées, est suffisant pour quinze et vingt ans.
On fume en outre tous les dix ans, ou plus souvent quand
on le peut, avec fumier et broussailles pourries, sur le
pied de dix charges de 250 litres par pourre et par an, ou
de 20,000 kilogrammes par hectare en six ans.

L'hectare coûte en moyenne, par an, 320 francs de façons, de fournitures d'échalas, de fumier, de rocher schiste,
de vendange, de tonneaux, de loyer et d'intérêts compris.
Cette dépense s'élève, selon M. Amat, grand propriétaire et

viticulteur énergique, à 422 fr. 25 cent.; et, avec cette
dépense, il est assuré d'une récolte moyenne de 60 hectolitres à l'hectare, qui, à 25 francs l'hectolitre, moyenne
valeur actuelle du vin du pays, donne 1,500 francs; soit
plus de 1,000 francs de produit net.

Ce résultat est facile à obtenir et est obtenu dans plusieurs vignobles du département. Aucune récolte ici, même
celle des prairies irriguées, n'approche d'un tel rendement :
aussi serait-il à désirer que la culture de la vigne s'y étendît
et s'y perfectionnât.

Toutes les vignes sont cultivées à plein et le plus souvent sans aucun arbre dans l'intérieur. Pourtant, du côté de
Ventavon et à mesure qu'on se rapproche des Basses-Alpes,
on retrouve des vignes en jouelles avec hautains et ouillières,
à céréales, légumes, racines, etc.

Toutes les vignes sont ici dirigées par les propriétaires,
et toutes leurs façons sont faites à la journée, qui se paye
en moyenne 1 fr. 75 cent. Les ouvriers n'ont aucun intérêt
dans les produits.

M. Allier, directeur de la ferme-école de Berthaud, près
de Ventavon, s'est occupé avec grand succès de l'extension
et de l'amélioration des vignes; il a fait une application des
plus heureuses et des mieux dirigées de la culture à longue
branche à fruit horizontale et de la courte branche à bois,
à bourgeons élevés verticalement.

Dans une vigne de 40 ares, âgée de cinq ans, M. Allier
a conduit 20 ares à la branche à bois et à la branche à
fruit, palissée, pincée, ébourgeonnée, mais non rognée
(fig. 124); et les 20 autres, à la taille et à la mode du pays,
qui est, spécialement aux environs, la souche sur terre, à
trois bras et à un courson, taillé à bourre et bourillon seu-

lement, sur chaque bras (fig. 125). Il a récolté 18 hectolitres de vin dans la première et 6 dans la seconde : les

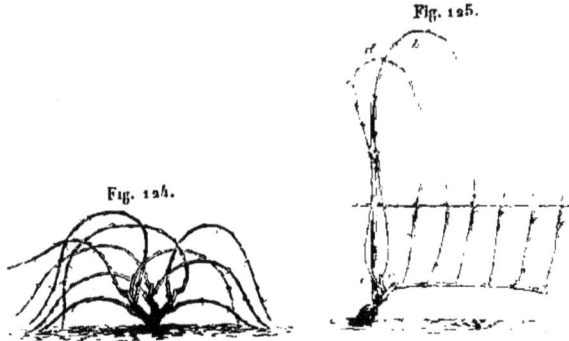

Fig. 125.

Fig. 124.

bois de remplacement *a d* et *c b* de toutes les souches des
20 ares, conduits selon la figure 125, sont de toute beauté.

M. Allier ne s'est pas contenté de cette épreuve compa-
rative, qu'il va suivre et étendre; il applique encore la taille
de la branche à bois et de la branche à fruit aux muscats,
aux chasselas et à la plupart des cépages à raisins de table,
dans ses potagers et vergers, avec un succès remarquable.

Je terminerai l'étude des Hautes-Alpes par la réponse à
une question précise posée par moi à M. le maire de la Saulce.
J'étais allé le chercher dans la plaine des alluvions de la Durance, en face de la commune ; cette plaine donne des prairies, des céréales, des légumes en abondance, et elle est couverte d'arbres fruitiers à plein vent, entre autres de poiriers
de la plus grande taille. Rentré chez M. Marrou et ayant
cette riche production en vue, je lui demandai si la vigne,
dans la commune, donnait plus ou moins de revenus, à
surface égale, que les prairies et les vergers où j'étais allé

le chercher et qui étaient devant nous. M. Marrou me répondit immédiatement, et sans hésitation, que la vigne rap-
portait moitié plus; il en est de même à Tallard, à Valserres
et à Remollon : aussi la vigne est-elle en grande estime dans
les Hautes-Alpes.

DÉPARTEMENT DE LA DRÔME.

Sur 652,155 hectares de superficie totale, le département de la Drôme compte aujourd'hui au moins 25,000 hectares de vignes, la vingt-sixième partie de son territoire; il n'en possédait que 18,000 environ en 1816 : ses vignobles se sont donc accrus de plus d'un tiers.

Ses moyennes récoltes s'élèvent à 20 hectolitres à l'hectare, et les prix moyens de ses vins, depuis six ans, ont dépassé 30 francs l'hectolitre. Le produit brut de ses vignes a donc été de 15 millions au moins, par an, depuis cette époque; ce qui représente le budget de 15,000 familles ou de 60,000 habitants, plus du sixième de la population, qui est de 324,251 habitants, et plus du cinquième du revenu total agricole, qui est de 72 millions.

Le département de la Drôme peut étendre sa surface vignoble autant qu'il le voudra, car son climat est un des plus favorables à la production des vins de consommation courante et des vins de première qualité : ses vins blancs et rouges de l'Hermitage, qu'on doit placer en tête des premiers vins de France, sont là depuis des siècles pour prouver cette assertion; et son sol, dans une grande partie de sa superficie, n'est pas moins favorable à la vigne que son climat.

Composé de diluvium alpin tout le long du Rhône, de

terres à meulières, de grès verts et de surfaces oolithiques avec quelques relèvements granitiques et surtout de vieux grès rouges, depuis Tain jusqu'à Montélimar et de Valence à Die, ce sol m'a paru présenter partout des terres et des expositions excellentes pour la vigne; et partout quelques vignes vigoureuses venaient prouver que l'arbrisseau colonisateur prospérerait à l'entour, sur d'immenses surfaces qui ne sont point encore occupées par lui.

Le département de la Drôme est appelé à jouer un grand rôle dans la production des bons vins de France. Mais c'est moins encore par son sol et son climat que par son cépage spécial, la petite syra, que les environs de Tain, surtout, se sont acquis une si grande et si légitime réputation.

Honneur au cénobite inspiré, moine ou chevalier, qui s'est retiré du monde ou des batailles pour cultiver autour de sa cellule le précieux cépage qui produit le roi des vins hygiéniques et alimentaires, la petite syra!

Par sa saveur riche et veloutée, par son bouquet fin et suave, et par sa vive couleur grenat foncé, le vin de syra séduit à la fois la vue, l'odorat et le goût. Mais, je le répéterai à satiété, la vue, l'odorat et le goût ne sont point les appréciateurs ni les juges suprêmes du vin; ce sont les serviteurs du corps et de l'esprit de l'homme. L'estomac, le cœur et la tête sont seuls aptes à se prononcer souverainement sur les propriétés bienfaisantes et malfaisantes des aliments en général et des boissons en particulier, et le vin de la petite syra donne la plus complète satisfaction à ces trois juges.

La syra a été providentiellement plantée à l'Hermitage · elle y a toujours donné, depuis le XIIe siècle, des vins délicieux; mais elle y est restée à l'état d'incubation, attendant pour ainsi dire, sous l'œil de Dieu, le moment où ses grandes qualités seraient reconnues et où la civilisation pourrait le mieux en profiter.

Aujourd'hui, depuis six siècles et plus peut-être, la syra (la petite ; la grosse est un cépage commun) est à peine descendue des coteaux de l'Hermitage pour s'établir dans quelques crus du canton de Tain et de l'arrondissement de Tournon ; on la suit dans l'arrondissement de Valence, près de Livron, et dans celui de Saint-Marcellin ; on la retrouve près d'Avignon, au seul domaine de Condorcet, un peu dans l'Ardèche, et enfin, à l'état naissant, dans le vignoble d'essai du Comice agricole de Toulon.

Comment un cépage si précieux, qui résiste bien à l'action de l'oïdium et qui donne, partout où il n'est point en mélange avec des cépages autres que la roussane, sa fidèle alliée, un vin supérieur à tous les vins du pays, comment un tel cépage est-il resté sans se répandre là où il peut mûrir et produire suffisamment ?

La première cause de ce délaissement et du peu d'extension des meilleurs cépages était sans contredit le manque de foi dans les espèces et la foi absolue dans le cru : c'était l'Hermitage qui faisait de bon vin, ce n'était pas la syra. Or, on ne pouvait transporter l'Hermitage ni dans le Languedoc, ni dans la Provence, ni dans le comtat d'Avignon, ni même aux terrains les plus rapprochés, et l'on ne croyait pas que la syra transportée valût rien hors de l'Hermitage.

Le second motif, pour les viticulteurs intelligents, a dû se rencontrer dans la difficulté d'obtenir beaucoup de fruits de la syra, et même l'impossibilité d'en obtenir à la taille courte.

15.

Enfin, un troisième et dernier motif qui a dû éloigner les tentatives pour vulgariser la syra, c'est la culture étrange et dispendieuse que l'Hermitage a adoptée pour ses vignes.

Tous ces obstacles disparaîtront bientôt, car la lumière se fait partout sur la viticulture et la vinification par la communication des vignobles entre eux.

En décrivant la méthode de culture de Tournon, j'ai décrit complétement la viticulture de l'Hermitage.

On défonce le terrain à $0^m,80$, à 1 mètre et souvent à $1^m,20$, soit qu'il s'agisse d'une terre vierge, ou bien qu'il s'agisse d'une vieille vigne à déraciner et à renouveler.

Dans ce dernier cas, l'*effondrage* est accompagné de l'enlèvement de toutes les racines et des moindres racines de la vieille vigne. Pour que ce travail soit fait avec plus de soin, le propriétaire abandonne le bois au vigneron ; cette extraction des plus petites racines semble indispensable, parce que, dit-on, les racines de l'ancienne vigne sont mortelles à la nouvelle. Il paraît cependant que ce danger n'est pas reconnu par tout le monde ; car j'ai ouï dire par des vignerons sérieux que dans les châssis tout près de Tain on s'était souvent contenté de tordre la tige des vieilles souches et de l'arracher ainsi grossièrement, pour replanter immédiatement de jeunes vignes qui ont parfaitement réussi.

Quoi qu'il en soit, les vieilles vignes étant arrachées avec un soin qui ne peut être que favorable, la coutume très-bonne aussi est d'occuper la terre pendant quatre ou six ans par diverses cultures annuelles, par des prairies artificielles et surtout par le sainfoin.

Avant la plantation on trace au cordeau, en long et en travers, des lignes marquées par de petites rigoles se croisant à angle droit et donnant, par leur intersection, la place où doivent être les ceps, qui sont en général à 1 mètre au carré.

Jusqu'à présent toutes les mesures prises, sauf un défonçage qui n'est utile aussi profondément que dans les grès, sont excellentes ; c'est à la plantation que commence la singularité des pratiques.

Un trou vertical, de 0^m,70 à 1 mètre de profondeur, est pratiqué au moyen d'un lourd pal de fer ; puis on descend dans ce trou, à 70 ou 80 centimètres, une longue bouture droite ; on coule autour, par portions et en les tassant successivement et fortement, soit du terreau, soit des vases ou sables de rivière, soit de bonnes terres fines ; puis on laisse sortir deux yeux hors de terre. On appelle cette dernière opération *terréauder*.

Pourquoi descendre le sarment à 70 ou 80 centimètres dans la terre, lorsque l'expérience a montré, sous les climats et dans les terrains les plus divers, dans l'Aude comme dans l'Hérault, comme dans les Charentes, comme à Nice, que les meilleures conditions de la prompte et grande végétation de la bouture étaient sa plantation à 20, ou 30 centimètres au plus, de profondeur ?

Est-ce que la tradition a prouvé à l'Hermitage que les bouturages à sa méthode réussissaient toujours ? Loin de là : il en manque toujours un tiers et souvent la moitié[1]. Mais, dans la moitié ou les deux tiers qui restent, est-ce que

---

[1] « Il est rare, dit M. Rey, viticulteur propriétaire à Tain, auteur d'une excellente monographie sur le coteau de l'Hermitage, il est rare que la première année il prenne assez de sujets pour garnir ; on repique donc l'année suivante et souvent pendant plusieurs années. Lorsque la plantation pousse des sarments assez longs et en assez grande quantité pour qu'elle puisse être garnie ou à peu près, on étend ces sarments vers les angles où les sujets n'ont pas prospéré, dans un provin d'environ 75 centimètres de profondeur. »

les bourgeons poussent avec une grande vigueur ? Il s'en faut de beaucoup, car ce n'est qu'à la troisième année, souvent à la quatrième et parfois à la cinquième, que le jeune plant donne des sarments assez longs pour qu'on puisse procéder au provignage ; quant aux fruits, il n'en faut pas parler, il ne s'en produit guère avant le provignage.

Aussi le provignage est-il le but de la plantation ; et c'est sur la façon dont le provignage est pratiqué par lui que le vigneron motive principalement la longueur de sa bouture et la profondeur à laquelle il la descend sous terre ; c'est-à-dire qu'il fonde la nécessité d'une pratique vicieuse sur une pratique plus vicieuse encore, le provignage, mais surtout le provignage comme il est pratiqué à Tain, à Tournon et partout où l'on a suivi les errements de l'Hermitage.

La fosse de provignage, ou provin, est descendue à 75 ou 80 centimètres de profondeur en coteau et à 60 centi- mètres en plaine.

Pour abattre et établir au fond de ce trou une souche voisine, il faut qu'elle soit déracinée jusqu'à cette profon- deur et qu'il lui reste encore quelques racines ; donc il faut que la bouture soit établie encore plus profondément : tel est le raisonnement du vigneron.

Les vignerons déploient encore une logique plus serrée et plus spécieuse : la syra, disent-ils, ne donne de fruits qu'après et par le provignage, donc le provignage est tout ; d'ailleurs on ne fume la vigne qu'au provin, donc le pro- vin est nécessaire pour fumer la vigne ; enfin, nous faisons d'excellent vin, ce vin est en quantité suffisante et d'un prix assez élevé (250 à 300 francs l'hectolitre) pour enrichir nos propriétaires : nous sommes donc fondés, en fait, en expé- rience et en raison, à continuer notre méthode de viticulture, notre vinification et toutes nos coutumes traditionnelles. Non-seulement les vignerons tiennent ce langage, mais les propriétaires l'appuient de toutes leurs convictions et de toute leur supériorité intellectuelle.

Je ne puis que m'incliner devant un succès séculaire, et, sans la moindre prétention de rien changer à la bonne viticulture de l'Hermitage, je soumets aux propriétaires du canton de Tain quelques points de vue qui me sembleraient devoir améliorer, sans risques, la conduite de leur précieuse vigne.

Vous savez mieux que moi, Messieurs, que la petite syra refuse de donner suffisamment de raisins à la taille courte, c'est-à-dire si elle est tenue à courson à un ou deux yeux seulement : aussi vous laissez un porteur à quatre yeux ; mais vous faites mieux, vous provignez tous les ans le vingtième de vos souches, ce qui revient à dire que vos vignes se stérilisent ou meurent en beaucoup moins de vingt ans, puisque, outre le renouvellement annuel par le provignage, vous arrachez entièrement vos vignes tous les vingt ou tous les vingt-cinq ans ; et, pendant ces vingt ou vingt-cinq ans de travaux inouïs, vous vous plaignez de la dégénérescence de vos souches et de leur stérilisation ; pourtant j'ai vu chez vous des sarments vigoureux, nombreux et longs, sur la plupart des ceps.

Que faites-vous donc par votre provignage, que je loue dans un sens ? Vous laissez de très-longs sarments à la syra et vous lui donnez sous terre l'étendue qu'elle comporterait parfaitement dessus.

Voici, par exemple, la souche *a b* (fig. 126) disposée à deux beaux sarments *cd, ef;* vous la faites déchausser jusqu'en *y* et vous l'abattez dans le fond du provin *P,* après

avoir mutilé ses principales racines *g h*, comme on le voit
en *i*; puis vous étalez le sarment *c d*, et vous le relevez
en *k*, et le sarment *ef*
est également étalé et
relevé en *j*. Vous re-
couvrez la souche et les
sarments étalés d'une
couche de terre *m m*,
puis d'une couche de
20 à 25 kilogrammes
de fumier *n n*, puis
enfin vous superposez
au fumier une seconde
couche de terre *o o*,
de façon que la fosse
soit remplie d'environ

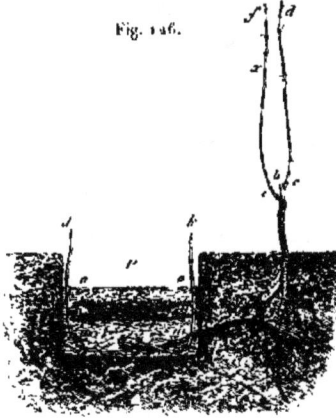

Fig. 116.

les deux tiers (50 sur 75 centimètres), et que trois ou
quatre yeux restent à l'air libre aux sarments *k* et *j* jusqu'en *o o*.

Eh bien ! les quatre bourgeons de *j* et *k* sont tout simplement les quatre bourgeons supérieurs de *ef* et de *c d* :
voilà pourquoi ces quatre bourgeons vous donnent de beaux
raisins ; c'est parce que ce sont quatre bourgeons très-élevés
sur la longueur du sarment, et non parce que la souche est
enterrée et fumée la première année ; ces quatre bourgeons
de *ef*, tous les autres étant supprimés de *e* en *x*, auraient
donné de plus beaux raisins si *ef* avait été abaissé horizontalement ou incliné sur terre à l'air libre, au lieu d'être
enfoui sous terre. Pour moi, c'est plus qu'une conviction,
c'est une certitude fondée sur l'expérience.

Mais, à la seconde année, vous laissez un sarment de deux,

trois ou quatre yeux, si les bourgeons ont poussé vigoureusement, ce qui n'arrive pas toujours, par suite de la mutilation des principales racines, des racines nourricières *g h*.
À cette seconde année, la fructification est déjà moindre,
quand elle existe ; car les sarments ayant poussé des colliers
de petites racines, vous avez alors affaire à un jeune plant
de deuxième pousse ; à la troisième année, vous avez comblé
à peu près la fosse, et votre plant a ses racines à 6o ou
7o centimètres sous terre.

Or aucun jeune arbre, aucun arbrisseau ne pourrait végéter vigoureusement ni porter fruit dans cette situation.
Pourquoi vouloir que la vigne prospère dans des conditions
impossibles ? Pourquoi s'étonner de sa dégénérescence ?
Pourquoi s'étonner de sa stérilité? Pourquoi s'étonner de
la brièveté de sa vie ?

Jusqu'en ces dernières années, la même erreur avait été
commise pour les asperges, qu'on obtenait maigres et rares,
leurs griffes étant à 7o centimètres sous terre, et qu'on
obtient aujourd'hui magnifiques et abondantes à la surface
du sol, leur griffe à 15 centimètres sous terre. La culture
contraire à la physiologie de l'asperge coûtait des sommes
folles ; la culture qui lui convient ne coûte pas plus qu'une
plantation de pommes de terre. Aussi la culture des asperges,
qui n'appartenait qu'aux châtelains ou aux riches bourgeois,
s'est-elle répandue avec rapidité et se pratique-t-elle dans
la vigne du vigneron comme dans le champ du laboureur ;
et le plus pauvre aujourd'hui, comme le plus riche, peut
se nourrir, en son temps, de ce salutaire et excellent turion.
Il en sera bientôt de même pour la syra, je l'espère.

Je suis profondément convaincu que celui qui plantera la
petite syra comme on plante le petit gamay dans le Beau-

jolais, et qui la conduira comme on conduit la vigne dans
le Puy-de-Dôme, dans le Jura, dans l'Aunis, dans le comté
de Foix, dans la Lorraine, dans l'Alsace, ou mieux encore
comme M. de la Loyère conduit le pineau, ou comme
M. Fleury-Lacoste conduit la mondeuse, celui-là fera produire à la petite syra tout ce qu'il jugera compatible avec
la qualité ou la quantité, surtout s'il met au pied de la vigne
1 kilogramme de fumier par cep et par an; ce qui représente
exactement le taux de la fumure de 20 kilogrammes par
provin.

La taille que j'ai décrite à Tournon est, à bien peu de
chose près, celle de Tain, ou plutôt celle de Tain a été complétement empruntée par Tournon (voir les figures 51, 52,
53, 54 et 55 comparées aux figures 126, 127, 128 et 129).

Un revers à trois ou quatre yeux (le revers est la longue
taille), et parfois un courson à un œil, le plus bas possible
sur la souche pour la rabattre quand elle est trop élevée :
telle est la règle la plus générale. Ne pas laisser trop d'yeux
capables, par la surabondance de fruits, d'épuiser la souche;
ne pas tailler trop court, de peur de faire jaillir trop de bois
et pas de fruits : telle est la bonne intention de la taille de
l'Hermitage. Mais les bonnes intentions n'atteignent pas toujours le but qu'on s'est proposé.

La taille longue horizontale fortifie la vigne et ne l'épuise
jamais, si elle est accompagnée de l'ébourgeonnage, du
pinçage, du rognage, et si on ne lui fait pas porter plus de
fruits qu'elle n'en peut nourrir; mais quatre yeux verticaux,
sans pinçage ni rognage, fatiguent ou plutôt dérangent plus
la vigne, dans sa conduite et dans sa vie, que la branche
à fruits horizontale à six et même à dix yeux ébourgeonnés,
pincés et rognés selon les règles.

En dehors de ces points que je viens de discuter, plutôt pour agiter les idées que pour imposer aucune pratique avant que l'expérience ait prononcé, j'ai hâte de dire que les vignes de l'Hermitage sont cultivées avec un extrême soin; les souches et les revers (tailles longues) sont attachés régulièrement et proprement à de longs et beaux échalas de châtaignier ou d'acacia ; les provins sont faits en lignes avec un grand soin et les pointes parfaitement dressées et attachées à de petits échalas.

Trois cultures sont données à la vigne : on déterre le pied des ceps en mars, c'est-à-dire qu'on pratique une cuvette autour de chaque pied, à 12 centimètres environ de profondeur, sur 50 centimètres de diamètre, pour détruire les mauvaises herbes et surtout les racines superficielles. La seconde culture est donnée dans les premiers jours de mai, et elle consiste à ramasser entre les ceps les terres des cuvettes et des allées, de façon à former entre quatre ceps une petite pyramide de terre, une taupinière ou un darbon; cette opération, qui se pratique dans certaines parties du Beaujolais et dans le vignoble d'Argenteuil, est un binage excellent lorsqu'il est très-superficiel.

Ces taupinières ou darbons sont répandus à plat à la fin de juin, ce qui constitue le deuxième binage ou la troisième culture.

Dans le courant de mai on ébourgeonne et l'on attache avec un lien de paille les pampres les plus longs. Vers la fin de juin ou le commencement de juillet, on relève et on attache, par un second lien, tous les pampres relevés près du haut de l'échalas. Vers la fin du mois d'août on épampre encore les pousses et les bourgeons adventifs qui gênent l'action de la lumière et la circulation de l'air, puis on déterre les raisins des provins ou ceux qui traînent sur le sol. En un mot, à l'Hermitage, comme dans tous les vignobles en renom, on apporte le plus grand soin aux pratiques qui assurent la perfection de la récolte; on effeuille donc aussi un peu avant la vendange, là où les feuilles sont trop abondantes et trop serrées.

Les vendanges ne sont pas faites avec moins de précaution : à l'époque fixée par le ban de vendange (dont M. Bergier, excellent propriétaire et des meilleurs crus, à Tain, a demandé avec raison la suppression dans une pétition au Sénat), tous les raisins sont cueillis ensemble, mais ils sont triés avec soin à la vigne; les grains verts ou pourris sont mis à part, et les grappes parfaitement saines et choisies sont seules mises à la cuve, après avoir été transportées au cuvage dans des bennes et passées à l'égrappoir à grillage; les rafles sont jetées au fumier; on pourrait en tirer un meilleur parti en les faisant fermenter dans une eau qui donnerait une excellente piquette à 2 1/2 p. o/o d'alcool par 100 kilogrammes de rafles pour 60 litres d'eau.

La cuve une fois remplie, le marc est foulé tous les jours, et deux fois par jour, pendant quinze jours et même pendant un mois; après quoi l'on tire en vaisseaux vinaires d'environ 2 hectolitres, vaisseaux neufs en chêne, nettoyés à l'eau bouillante et souvent rincés en définitive avec un peu de bonne eau-de-vie; on a remarqué à Tain une grande différence à l'avantage des vins nouveaux tirés en futailles neuves, contre ceux tirés en vieux vaisseaux, quelque soin qu'on apporte à rincer et à mécher ces derniers. C'est là une observation très-juste et très-importante; vingt départements vignobles de France auraient des vins très-francs et très-droits, si ces vins étaient tirés en vais-

seaux neufs; dans des tonneaux permanents ils passent
pour avoir un goût de terroir qui n'est autre chose que le
goût de vieille futaille.

Les marcs sont pressurés après le tirage de la cuve, et
les vins des premières presses sont répartis également dans
les tonneaux.

Les vins de l'Hermitage sont d'une solidité et d'une longévité remarquables. Ils n'ont besoin, pour se conserver un
nombre indéfini d'années, que d'être remplis et soutirés
deux fois par an; encore se passeraient-ils à la rigueur de
ces soins. C'est à l'excellent cépage, la petite syra, que les
vins doivent cet avantage inappréciable de supporter toutes
les négligences, le froid, le chaud, le vide, sans pour ainsi
dire en être altérés.

Les cépages du canton de Tain sont peu variés en rouge
comme en blanc; les meilleurs sont exclusivement la petite
syra pour les vins rouges et la roussane pour les vins
blancs; la marsanne est tout à fait inférieure à la roussane,
et la grosse syra donne un vin droit, mais de consommation commune. Quant aux proveral, dureza et corbeil, qui
ne se trouvent que dans les vignes sans aucune distinction,
les bons viticulteurs s'empressent de les faire disparaître,
soit par la greffe, soit par l'extirpation.

Les vins blancs de roussane, surtout ceux de l'Hermitage
ou de Tain, sont très-remarquables et très-estimés aussi
comme des premiers entre les vins blancs. La conduite des
vignes blanches est à peu près semblable à celle des vignes
rouges, sauf la taille, qui est toujours maintenue à coursons
à deux yeux.

La taille de la petite syra n'est pas toutefois absolument
la même partout dans le canton de Tain : j'ai vu à Beau-

séjour, chez MM. Servan frères, la syra taillée avec un
revers à quatre yeux et un courson de remplacement à

Fig. 127.   deux yeux, conservé au-dessous (fig. 127); le
revers, ou portant *a b*, sera abattu en *x* l'année
prochaine; et, des deux sarments venus sur le
courson *c d*, l'un *d*, le plus haut, fournira le
portant, et l'autre *c* fournira le courson de remplacement. De cette façon la souche ne s'accroît
et ne s'élève que très-lentement; tandis que
quand on prend le deuxième ou le troisième sarment du portant pour faire le portant de l'année suivante,
la souche monte avec une telle rapidité qu'elle atteint la

Fig. 128.

Fig. 129.

moitié de la hauteur de l'échalas en six ou huit ans, quelquefois plus vite, ce qui oblige à rabattre ou à provigner.

Je place ici en regard, avec tous leurs sarments, deux souches : l'une (fig. 128) donnant la taille normale de l'Hermitage et ses résultats, l'autre (fig. 129) donnant la taille observée chez MM. Servan frères; on voit, dans cette dernière, que le sarment *a a* du courson *c* fournira le courson de l'année suivante, et que le sarment *b b* donnera le portant ou revers sans qu'il monte plus haut l'année prochaine que le portant *d c* de cette année.

Il y a entre ces deux tailles la différence d'une récolte et d'une durée double, parce que la souche est moins étiolée d'une part, et, d'autre part, parce que les sarments venus sur le courson à deux yeux *c b* sont plus vigoureux et plus fertiles que ceux venus sur le portant *d d*, surtout si l'on a eu soin de pincer et d'ébourgeonner les sarments du portant.

La plus grande partie des cultures qui se font dans le canton de Tain et dans l'arrondissement de Valence se rapprochent plus ou moins des cultures de l'Hermitage; mais à mesure qu'on descend vers le sud, à Crest, à Montélimar, on voit reparaître les méthodes de Vaucluse, les jouelles avec ou sans échalas, mélangées de vignes pleines.

A Crest, joli pays vignoble au sud-est de Valence, les cultures de la vigne sont divisées en deux ordres :

1° Les vignes en jouelles, à palissades et à treilles conduites le long des cultures et à longs bois inclinés et attachés en trajectoires. Ce système, avant l'oïdium, était très-répandu et très-apprécié, parce qu'il donnait beaucoup de produits; mais les treilles ont été tellement atteintes par la maladie qu'on les a détruites presque toutes; pourtant j'en ai pu voir encore quelques-unes qui présentaient les dispositions de la figure 130 (au centième).

2° Les vignes dites *réglées* sont à souches basses. dressées sur trois bras en moyenne. toutes en lignes à un mètre

Fig. 130.

au carré. Chaque bras ou corne est à un seul courson, taillé à une bourre franche et le bourillon; il faut que les vignes soient bien vigoureuses pour qu'on taille chaque courson à deux yeux francs. On voit à la propreté des souches qu'elles sont ébourgeonnées avec soin; mais on ne pince ni on ne rogne; on effeuille parfois un peu avant la vendange. Pendant les premières années, les souches sont soutenues par un paisseau qu'on ôte aussitôt que la vigne est assez forte pour se soutenir : toutefois la plupart laissent l'échalas s'user dans la vigne; seulement on ne le renouvelle pas.

Qu'il y ait ou qu'il n'y ait pas d'échalas, lorsque les vignes sont fortes et touffues, on réunit les pampres de deux souches voisines et on les attache en arcade.

Les cépages des vignes de Crest sont : le grenache, les syras (grosse et petite), la passerille, le ribier, la clairette, le flouron, le fauna.

A la vendange, on foule à la benne, puis on met en cuve ouverte et libre; on est souvent trois et quatre jours à remplir une cuve; vingt-quatre heures après qu'elle est remplie, on foule une fois par jour. La cuvaison se prolonge de huit à quinze jours, puis l'on tire en vieux ton-

neaux de 6 à 700 litres; on pressure ensuite, mais on met
à part les vins de presse.

Les vins de Crest sont de bonne consommation locale,
mais ils ne se conservent pas. La moyenne production est
de 25 hectolitres par hectare, et les prix moyens sont de
25 francs l'hectolitre.

La vigne pousse très-vigoureusement dans les terrains
très-variés de Crest, meulières, jurassiques et de grès verts;
le sol paraît aussi riche que les sites sont pittoresques.
Crest est sur le pènchant sud d'un coteau dont les prolongements portent des vignes bien réglées, comme on les
appelle avec raison en ce pays. Je suis allé visiter, avec
quelques propriétaires et quelques vignerons, les vignes de
M. Breyton-Brachet, propriétaire, bon viticulteur.

Pour donner une idée de la puissance de végétation de
certaines souches, je reproduis ici (fig. 131) le croquis

Fig. 131.

d'une souche (au 33ᵉ environ) relevée sur
place. Après la taille de cette souche,
à quatre bras énormes et à sarments
immenses, je pris un de ces sarments
d'une longueur de 5 mètres et de la grosseur du pouce, je le réduisis à 3 mètres,
et, partant de *a*, je lui fis faire deux
fois le tour *a b c d e,* puis je le fixai aux bras et je l'atta-
chai lui-même au point *g*. Mais cette expérience n'a pas été
suivie.

Dans les environs de Montélimar on se contente, pour
planter la vigne, de défoncer à 40 et 45 centimètres, et ce
défonçage se fait souvent à la charrue.

Pour les lignes à labourer, les distances sont de 1ᵐ,75 à
2 mètres entre les lignes; et, dans les vignes pleines, cul-

tivées à la main, les rangs sont à 4 pieds ($1^m,33$) et les ceps à 22 pouces (60 centimètres) dans les rangs.

On plante à bouture ou à barbue; et j'ai vu des boutures, dans une plantation de l'année, auxquelles on n'avait laissé qu'un œil hors de terre. Chez M. Chabaud, maire de Montélimar, les vignes sont cultivées à la charrue, mais de si près, que la terre du sillon enfouit souvent les souches même de trois et quatre ans. J'ai vu ce fait se reproduire dans les Basses-Alpes, et je crois qu'il y a de grands inconvénients à accoster ainsi les ceps : outre la mutilation de plusieurs ceps, les racines de tous sont tourmentées et détruites assez profondément.

On dresse les souches sur deux ou trois bras près de terre et l'on taille à courson, un sur chaque bras et à un œil franc, ce qui fait sortir beaucoup de gourmands. On n'ébourgeonne pas, on ne pince pas, on ne rogne pas.

On donne deux cultures superficielles, l'une en mars, déchaussage, l'autre en mai, chaussage. Pour faire les défonçages et les cultures à la main, les terres à pierres et à cailloux roulés très-abondants ont nécessité l'emploi d'instruments spéciaux au pays; j'en ai remarqué deux : l'un

Fig. 132.   Fig. 133.

(fig. 132) qui s'appelle la *piccole*, l'autre qui est l'*exterpe* (fig. 133).

Les cépages dominants sont le picpoule et le plant de

Molleron; le grenache, la grosse syra, l'étrangle-chien, complètent les cépages rouges; la clairette, le chasselas, sont les cépages blancs les plus répandus.

À la vendange on foule à la benne, puis on verse dans la cuve, que l'on met deux ou trois jours à remplir. La plupart des propriétaires ne font plus fouler à la cuve; d'autres font fouler tous les jours, mais on prétend qu'ils font tourner leur vin et qu'ils en font du vinaigre. En enlevant le chapeau après quinze, vingt et trente jours de cuvaison sans foulage, le vin est franc et se conserve mieux, dit-on. Toutefois les vins de Montélimar ne se gardent pas longtemps et ne sortent pas des vins très-ordinaires de consommation. J'ai goûté du vin de Géry, de quatre ans, qui était droit, ferme, assez corsé et assez vineux, mais âpre et dur : c'est un des bons vins du pays.

L'arrondissement de Montélimar aurait tout avantage à adopter pour ses vignes la syra (petite), la mondeuse, les cots rouges et verts, et à étendre ses cultures de clairette pour les joindre dans la cuve à trois quarts au moins de raisins rouges. En réduisant ses cuvaisons à sept ou huit jours au plus, et en tirant en vaisseaux neufs, au lieu des vieux vaisseaux qu'il emploie, il ferait d'excellents vins et d'une grande solidité.

Le picpoule et le grenache n'acquièrent leurs vraies qualités que dans l'extrême Midi : c'est un malheur même pour Vaucluse, et à plus forte raison pour la Drôme, que l'engouement récemment adopté pour le grenache surtout, cépage qui n'a ni solidité de couleur ni stabilité de composition, si ce n'est dans le vin de liqueur qui porte son nom.

Les différents vignobles, à quelque latitude qu'ils soient

situés, devraient toujours emprunter leurs espèces à leur nord et jamais, ou bien rarement, à leur sud. Le meilleur raisin qui n'atteint pas la perfection de sa maturité là où on le cultive donnera toujours des vins très-médiocres et sans durée : quiconque voudrait faire du vin de muscat dans le centre ou dans le nord de la France ne produirait qu'une abominable boisson; il en est à peu près de même de tous les raisins, bien qu'on ne puisse pas aussi facilement constater leurs infirmités, parce qu'ils ont moins de parfum que le muscat; mais leurs propriétés intimes sont profondément altérées par l'insuffisance de leur maturité.

DÉPARTEMENT DE L'ISÈRE.

Le département de l'Isère, dont la superficie compte 828,934 hectares, ne possédait en 1816 que 20,000 hectares de vignes environ; la statistique de 1852 lui en attribue à peu près 26,000; et, d'après les nombreuses plantations faites depuis cette époque, et surtout depuis 1858, on resterait au-dessous de la vérité en estimant la surface de ses vignes aujourd'hui à 28,000 hectares, un peu plus de la trentième partie de la superficie totale.

Le rendement moyen des vignobles du département, par hectare, s'élève au-dessus de 35 hectolitres, et le prix moyen, depuis six ans, a été de plus de 25 francs l'hectolitre; ce qui donne 24 millions de produit brut pour les 28,000 hectares.

Le produit total agricole du département est de 69 millions sans le produit des vignes, et de 93 millions avec ce produit. La vigne donne aujourd'hui plus du quart de ce revenu total, et pourvoit à l'existence de 24,000 familles ou de 96,000 habitants, un peu moins du sixième de la population, sur la trentième partie du territoire.

La vigne est donc, plus encore que dans les départements précédents, une culture de première importance dans l'Isère, puisque, en occupant seulement un trentième de la surface, elle y donne le quart du revenu des végétaux.

Sauf les plateaux supérieurs et les flancs des rochers qui couronnent ses montagnes, sauf les versants nord sans soleil et quelques vallées humides et froides, l'Isère offre à peu près sur tout son territoire un sol des plus favorables à la végétation des vignes. De Chapareillan à Grenoble, le long de l'Isère, le sol est composé d'alluvions à cailloux roulés et à galets, au fond et au centre de la vallée; puis à droite et à gauche il s'élève en montagnes jurassiques, qui sont doublées, sur la rive gauche, par des montagnes granitiques et, sur la rive droite, par les terrains crétacés inférieurs ou grès verts. Ces mêmes dispositions forment et encadrent le cours du Drac depuis la Mure jusqu'au-dessous de Grenoble, où le Drac et l'Isère réunis traversent les grès verts jusqu'à Moirans, puis elles descendent à travers le diluvium alpin et les terres à meulières sur lesquels reposent les deux vignobles de Tullins et de Saint-Marcellin. Si de Moirans on s'avance dans la direction de Beaurepaire et de Saint-Rambert, on suit une large zone de diluvium alpin avec les expositions les plus propres à la vigne, sans autre vignoble important que ceux de la Côte-Saint-André et de Roussillon. Cette zone, qui s'étale dans le canton de Roussillon, sur la rive gauche du Rhône, paraît jetée, en courant de l'est à l'ouest, sur une immense surface d'alluvions anciennes de la Bresse qui commence au nord de Saint-Marcellin et de Moirans, pour s'étendre à la Tour-du-Pin, à Bourgoin, à Saint-Jean-de-Bournay et à Vienne. L'extrême nord du département est occupé à l'est par les relèvements oolithiques, et à l'ouest, entre la rivière de la Bourbre après Bourgoin, la ville de Vienne et Lyon, par les alluvions à cailloux roulés, à galets et à terres rouges et jaunes; quelques îlots granitiques s'observent auprès de Vienne. Les quatre surfaces géologiques où la vigne se plaît le mieux, le diluvium alpin, les alluvions anciennes, les grès verts et les oolithes, sont précisément celles qui occupent les plus grandes surfaces cultivables du département de l'Isère; et pourtant si la vallée de l'Isère, celle de la Bourbre et la rive gauche du Rhône sont bien garnies de vignes, les plateaux en sont presque entièrement privés : ainsi, de Moirans à la Côte-Saint-André, il ne s'en montre guère qu'à l'état d'échantillon. De même, entre Voiron et Virieu, et après Virieu jusqu'à la Toûr-du-Pin, où de beaux vignobles se montrent ainsi qu'à Bourgoin; mais après Bourgoin et jusqu'à Lyon des surfaces immenses, des plus propres à la vigne, paraissent à peu près désertes et exclusivement vouées à des céréales assez maigres. De place en place, toutefois, quelques vignes, couvertes de beaux raisins, apparaissent çà et là pour prouver que le sol et le climat, favorables à la vigne, permettraient d'enrichir et de peupler ces espaces par l'arbrisseau colonisateur.

On accuse ces plateaux d'être froids et sujets aux gelées blanches; sans doute ils sont moins chauds que les vallées de l'Isère, de la Bourbre et du Rhône, et la sérine ou la candive, la mondeuse ou persaigne, n'y mûriraient pas toujours très-bien; mais le pineau de la Bourgogne, les plants dorés de la Champagne, les petits gamays du Beaujolais, y réussiraient à merveille. La Champagne est bien plus froide que les plateaux de l'Isère, et pourtant on y fait de bons vins et en abondance; il s'agit tout simplement de savoir choisir les cépages du Nord pour y bien réussir.

Quoi qu'il en soit, le département de l'Isère est un des départements de France les plus difficiles à décrire et à bien faire connaître dans sa viticulture, par le nombre et la variété des méthodes qui s'y rencontrent et s'y confondent par des nuances presque insensibles.

Ainsi l'arrondissement de Grenoble, dans une banlieue fort étendue autour de la ville et jusqu'au fort Barraux, présente les plus grandes analogies avec les modes de cultures de la Savoie : 1° par vignes basses et pleines, en foule, avec un échalas à chaque souche, garnissant les rampes les plus rapides des montagnes et de leurs contre-forts; 2° par les vignes en treilles, les vignes en arbres, les vignes en jouelles et à cultures intercalaires qui occupent les mamelons et les fonds de la vallée; 3° par l'identité des cépages principaux : la mondeuse, le persan, les cots rouges et verts.

A Virieu, à la Tour-du-Pin, à Bourgoin, on retrouve les treillons de l'arrondissement de Belley, les cépages de l'Ain et du Jura : le mescle ou pulsart, le petit et le gros béclan, avec les cépages de Montluel et du Lyonnais, les gamays.

L'arrondissement de Vienne conduit la vigne en partie comme le Lyonnais, avec échalas droits et taille courte au gamay, mais en plus grande partie comme Condrieu et les Côtes-Rôties, à long bois et à courson, avec le faisceau à triple échalas et à triple engarde; la sérine et le vionnier sont aussi ses cépages traditionnels.

Enfin Saint-Marcellin a emprunté les cépages de la Drôme, la grosse et la petite syra, la roussane et la marsanne et les principaux errements de la conduite de ces cépages.

Mais tous ces types différents, tous ces cépages divers, se sont glissés les uns dans les autres et mélangés encore à d'autres cépages et à d'autres pratiques, tout à fait spéciales aux localités; de telle sorte qu'il est bien difficile d'être clair, précis et surtout complet dans toutes ces indications. Toutefois, guidé par M. Paganon, président de la Société d'agriculture de Grenoble, par les membres de cette société et de celles de Saint-Marcellin et de Vienne, par des propriétaires-viticulteurs de Tullins, de Saint-Jean-de-Bournay, de la Côte-Saint-André, de la Tour-du-Pin, de Bourgoin, etc. j'ai pu comprendre les pratiques essentielles de la viticulture et de la vinification de l'Isère.

Dans l'arrondissement de Grenoble, si on veut planter une vigne basse, on défonce le terrain à 70 ou à 80 centimètres de profondeur; mais ces plantations nouvelles s'y font bien rarement, d'abord parce que l'on fait peu de plantations, ensuite parce que l'on n'assole pas les vignes; on les entretient perpétuellement, ou du moins tant qu'elles veulent végéter, par le provignage.

Si toutefois on plante à neuf, ce qui arrive nécessairement quelquefois, on se sert soit de rajus ou plants enracinés, soit de crossettes ou sarments avec vieux bois, soit avec sarments sans vieux bois; plusieurs personnes m'ont dit avoir employé avec succès le haut des sarments, qui, en effet, est plus précoce, plus prolifère que le pied, quand il est bien aoûté.

Quand on plante à bouture, soit en défonçant, soit après le défoncement, la méthode varie : dans le premier cas, on recourbe horizontalement le pied de la bouture sur le fond de la fosse, on plante en pied de bœuf; dans le second cas, on plante au pal, et généralement on enfonce la bouture à 5o centimètres .de profondeur.

Mais la majorité de l'entretien ou du renouvellement des vignes se fait, comme je l'ai dit, par provignage ou bien par

petites plantations, au lieu et place de souches arrachées:
on fume presque toujours abondamment à la plantation.

Pour planter les treillages en hautains, on pratique un
fossé large de 1^m,50 sur 70 ou 80 centimètres de profondeur, dans lequel on place des rajus de 1 à 2 mètres de
distance; à défaut de rajus, on use des crossettes; on fume
le fond du fossé, on terre par-dessus. Quelquefois, au lieu
de pratiquer des fossés, on se contente de faire des trous
carrés de 1 mètre à 1^m,50, sur 80 centimètres de profondeur, et l'on y plante la crossette ou le plant enraciné.

Les vignes pleines et basses doivent être plantées à 1 mètre
au carré et en lignes; mais les provignages subséquents ont
bientôt détruit les alignements, et toutes les vignes basses
sont en foule et en désordre.

Dans l'arrondissement de Grenoble, on compte quatre
dispositions principales adoptées pour la culture des vignes:

1° Les vignes basses, occupant les coteaux, pleines, et
sans cultures intercalaires, herbacées ni arborescentes : c'est
c'est la très-grande partie;

2° Les vignes en lisses basses, également sans cultures
intercalaires, soutenues par de forts pieux, à 2 ou 3 mètres
de distance : une traverse est attachée aux pieux à 30 ou à
60 centimètres de terre; une seconde traverse à 80 centimètres au-dessus de la première; ce mode occupe aussi les
coteaux et les rampes les plus douces des montagnes;

3° Les vignes en treilles hautes, en poteaux, en bois
morts ou en arbres vivants, tels que merisiers, érables,
saules, osiers, etc. placés ou plantés à 3 ou à 4 mètres de
distance, et reliés par une première traverse très-forte, à
1^m,40 au-dessus du sol, et par une seconde traverse placée
parallèlement à 1^m,20 au-dessus de la première, reliées

entre elles par des montants appelés *chandelles*, attachés
en haut et en bas à 0^m,25 ou à 0^m,30 les uns des autres :
ce mode de culture est surtout appliqué dans les plaines
ou bien sur les dernières rampes douces et basses des montagnes, et toujours là où la charrue peut cultiver et entretenir des cultures intercalaires; en un mot, les cultures en
treilles sont en jouelles, à 6 et 10 mètres de largeur, plus
ou moins;

4° Enfin, le quatrième et dernier mode de viticulture
est la vigne montée et étendue sur arbres isolés, merisiers
ou érables; mais ce mode de culture, qui donne de fort
mauvais vins, qui est très-sujet à l'oïdium, qui se conduit
plus difficilement et avec moins de profit que les treilles
hautes, tend à disparaître de jour en jour, et aura bientôt
complétement disparu.

Les vignes basses pleines, à souches isolées et non palissées, sont dressées à 20 ou 25 centimètres de terre, sur

Fig. 134.

deux ou trois bras ou cornes; j'en
ai vu beaucoup plus sur deux que
sur trois. La règle est de tailler
chaque bras à un seul courson à
deux yeux francs, quelquefois à un
seul œil franc (fig. 134, taille et dressement des souches
ordinaires).

Mais il y a des cépages, tels que la sérine ou candive,
la cernèze, la petite étraire ou le petit persan quand il
est en vignes basses, qui exigent un arçon ou long bois
pour se mettre à fruit; parfois aussi l'arçon est donné quand
la vigne pousse trop vigoureusement. M. Buisson, viticulteur expérimenté, dit que tous les cépages supportent l'arçon, excepté l'étraire de la Duy, plant très-productif du

pays, et la mondeuse; pour ce dernier cépage, c'est une erreur, car, à quelques lieues de Grenoble, M. Fleury-Lacoste, à Cruet, tire un très-bon et très-grand parti de la mondeuse par des arçons de 1 mètre, et cela depuis de longues années.

Quoi qu'il en soit, les arçons, donnés par exception aux environs de Grenoble, sont de six à huit yeux, et disposés tantôt sur un bras, tantôt sur un autre, comme je le montre dans la figure 135 (ces deux souches ont été prises à la Grande-Tronche, dans les vignes de M. Jouvin):

Fig. 135.

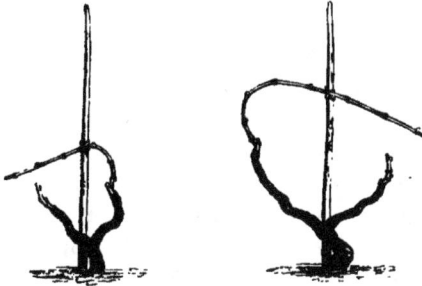

Toutes les souches des vignes basses sont toujours, et chacune, munies d'un échalas de 1 m,80 à 2 mètres de hauteur, soit en châtaignier, en mûrier, en sapin, soit même en saule.

Ces vignes sont ébourgeonnées après la fleur; c'est-à-dire qu'on jette bas tous les bourgeons qui ne portent pas de fruits et qui seraient inutiles à la végétation et à la taille de l'année suivante.

On relève les pampres et on les attache à l'échalas à la fin de juin; on ôte les contre-bourgeons en juillet et une

seconde fois à la fin d'août; rarement on ôte les feuilles
trop épaisses, qui cachent le soleil et empêchent l'air de
circuler, quelques jours avant la vendange; tout le monde
n'ébourgeonne pas toujours; ces pratiques s'accomplissent
pourtant en général, mais on ne pince pas et l'on ne rogne
jamais.

On donne aux vignes basses une bonne culture en mars
ou en avril : souvent c'est la seule; mais quand les vignes
ont beaucoup d'herbes, et chez tous les propriétaires soigneux, on donne un binage fin juin ou premiers jours de
juillet, rarement un second quand le raisin s'éclaircit pour
mûrir.

Les vignes, ai-je dit, sont entretenues par le provignage,
qui est descendu à 50 centimètres de profondeur seulement; on recouvre de terre les sarments, on fume abondamment, ensuite on ajoute de la terre afin de couvrir
le fumier, mais on ne remplit tout à fait la fosse que la
deuxième année.

Les cépages des vignes basses les plus répandus sont :
la mondeuse, la cernèze, la candive, la galpine, l'étraire
de la Duy, le pelussin ou pineau (à Beauregard), parfois le
petit persan, cultivé avec arçon. Quelques raisins blancs
sont mélangés aux rouges : le goulu, la marsanne, la clairette, la blanquette, la roussette, le chasselas, mais en
petite quantité. Outre les raisins rouges énumérés, il y en
a encore beaucoup d'autres, dont les noms varient d'une
commune à l'autre, en très-faible proportion, il est vrai,
dans les vignes courantes; ce nombre et cette confusion de
cépages différents, allant à la même cuve, ne permettent
jamais de faire des vins de grande qualité.

Les cépages des lisses basses, des treilles hautes et des

arbres sont le plus souvent le persan ou étraire, le cot rouge
ou le picot rouge, le pellarin et le provareau.

Les vignes en lisses basses sont plantées en fossés et
montées lentement, d'année en année, jusqu'à la hauteur
de la traverse inférieure, à 3o ou 6o centimètres de terre;
puis les sarments sont couchés le long de la traverse et
dressés en espèces de cordons de treilles le long desquels,
de 25 en 25 ou 3o centimètres, on laisse un portant à demeure, qu'on monte le long d'un échalas appelé *chandelle*,
attaché à la traverse du bas et à celle du haut, qui est à
o^m,8o au-dessus de la traverse inférieure. Je donne au centième, dans la figure 136, la vue d'ensemble d'une vigne en

Fig. 136.

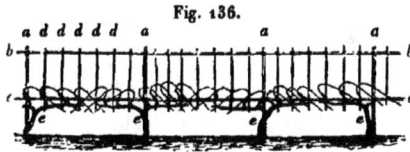

lisse basse, taillée et attachée, au mois de mars, avant toute
végétation; *a a a a* sont les pieux sortant de terre de 1^m,5o;
c c est la traverse inférieure; *b b* est la traverse supérieure;
d d d d sont les chandelles ou échalas; *e e e e* sont quatre
pieds de vigne jeune disposés en treille, ayant autant de
portants sur leurs bras qu'il y a de chandelles. Chaque portant est surmonté d'un sarment de 8o centimètres à 1^m,2o,
recourbé et attaché en trajectoire.

Pour faire mieux comprendre les dispositions prises pour
les lisses basses et la taille qu'on y donne à la vigne, je
donne ici, figure 137, une travée de lisse à 3 centimètres
pour mètre. *a a* sont les pieux; *b b b b* sont les échalas; *c* est
la traverse supérieure; *d* est la traverse inférieure; *e* est

une souche jeune (dix à douze ans); *o o o o* est un de ses bras, et le long de ces bras, vis-à-vis chaque *o* est un por-

Fig. 137.

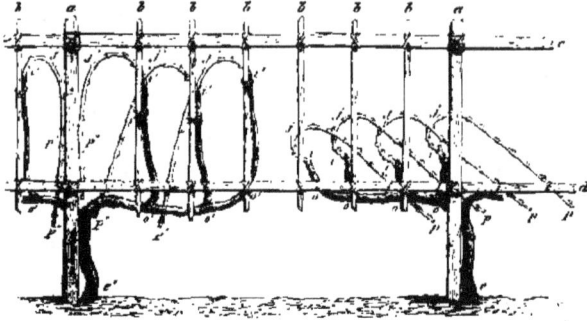

tant *o i, o i, o i, o i;* chaque portant est surmonté d'un sarment *i j, i j, i j, i j,* courbé en trajectoire, et s'inclinant, pour se terminer en *P P P P;* l'autre bras est taillé de même; les sarments *i j P* ont parfois 1^m,20 et plus de long et portent jusqu'à vingt yeux. Pour renouveler cette taille l'année suivante, on prend le pampre le plus beau, sorti soit du premier, soit du deuxième ou du troisième œil; mais le plus souvent c'est le deuxième œil qui donne le bourgeon de choix, ce qui fait rapidement monter le vieux bois des portants, comme on le voit sur la deuxième souche *e'* par *o' i', o' i', o' i', o' i'.* Les sarments peuvent alors être placés moins obliques, comme sont les deux sarments *i' j' P',* ou tout à fait verticaux en bas, comme sont *P'' P''* de la même souche.

Plus les vignes sont jeunes, plus les longs sarments se rapprochent de l'horizontale, et, pour former les bras, les

deux sarments laissés à ce dessein sont attachés horizontalement à la traverse inférieure *d*. Plus les portants montent
par l'âge, plus les sarments longs peuvent descendre verticalement le long de la chandelle. Ainsi tous les degrés d'inclinaison des branches à fruit, depuis l'horizon jusqu'à la
perpendiculaire, sont pratiqués tour à tour et pour ainsi
dire graduellement, selon la nécessité du palissage, sans
qu'on ait jamais remarqué un degré qui méritât une préférence tranchée sur un autre degré.

La différence de main de chaque vigneron et surtout
l'âge et la caducité des vignes introduisent des différences
bizarres dans cette conduite de la vigne, sans en altérer
sensiblement les principes ni les produits, qui sont toujours
considérables et s'élèvent souvent de 80 à 120 hectolitres
à l'hectare.

Pour donner une idée de ces variantes, je produis ici,
figure 140, une travée de vieilles lisses basses que j'ai prise
au domaine de Beauregard, au-dessus de Grenoble, chez
M. Félix Réal. Dans sa propriété patrimoniale se trouvent
réunis tous les genres de culture de la vigne : vigne basse,
pleine, à vins de pelussin ou peleursin (pineau) excellents;
vignes en lisses basses, vignes en treilles hautes; et dans
chacune de ces méthodes, parmi lesquelles se trouvent les
plus modernes, on peut observer encore des vignes bien
portantes, quoique fort contournées, qui n'ont guère moins
de deux cents ans.

Sur la même travée (fig. 138) se trouve une souche *a*
de remplacement, provenant d'un recouchage de sept à huit
ans, et une vieille souche *b*, de cinquante à soixante ans,
dont le vigneron sait tirer encore un fort bon parti pour
garnir sa treille.

Loin d'être épuisée par les longs bois, dont la plupart des yeux poussent avec vigueur et presque sans frein, puis-

Fig. 138.

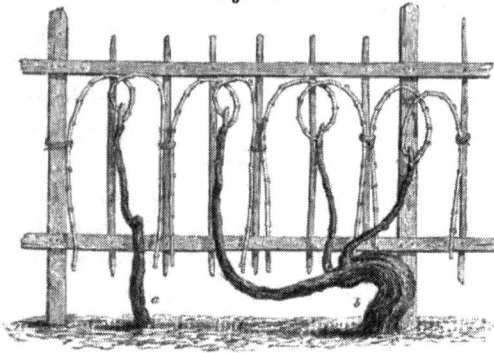

qu'on ne rogne pas, ces souches ne tirent au contraire leur vigueur et leur durée que de la longue taille. On remarquera, dans cette travée, que M. Félix Réal fait fixer ses traverses et ses chandelles par de longues pointes proportionnées à la force des bois, ce qui est plus prompt, plus économique et plus solide que les harts et les liens d'osier qu'on employait avant lui, lesquels se relâchaient, se pourrissaient et devaient être souvent remplacés.

Les travées de vignes en lisses basses sont placées à 2 ou 3 mètres les unes des autres, à 1^m,50 parfois quand elles n'ont pas de cultures intercalaires ; mais j'en ai vu à 6 et à 4 mètres, quelquefois même à 3 mètres, avec cultures intercalaires. Les cultures intercalaires sont déplorables pour les vignes en lisses basses : aussi les bons viticulteurs de l'Isère suppriment-ils ces cultures.

Autrefois la traverse inférieure n'était pas à plus de 30 cen-

timètres au-dessus du sol ; j'en ai vu beaucoup encore à cette
distance de terre et même à 20 centimètres. Pourquoi a-t-on
aujourd'hui posé cette règle : la traverse inférieure à la
hauteur du genou, la traverse supérieure à la hauteur de
l'épaule ? Je concevrais l'éloignement du sol en plaine, mais
en coteau 20 centimètres sont suffisants pour que le raisin
ne traîne pas à terre ; et plus le raisin est près de terre, plus
il mûrit vite et plus il acquiert de qualités. Pourquoi se
priver de ces avantages ?

Je dois m'arrêter ici à discuter les vignes en lisses basses,
parce qu'elles paraissent devoir être la fortune de l'Isère,
et le *nec plus ultra* de la production des vins en quantité et
en qualité.

Les vins de treilles ne sont pas jugés bons généralement,
mais ils ne sont pas mauvais ou moins délicats parce qu'ils
viennent sur treille ; il n'y a aucune différence radicale et
de constitution entre le raisin de cep et le raisin de treille,
mais il y a des différences de position qui entraînent de
grandes différences, non point de qualités de table, mais
de qualités de vinification : 1° les treilles étant éloignées de
terre et non pas appliquées contre une muraille à surface
de réflexion calorifique et lumineuse (la lumière joue un
rôle immense dans la confection et la perfection des fruits,
comme elle en joue un non moins grand dans la confection
et la perfection des bois), leurs raisins mûrissent mal et
trop tardivement pour donner les bonnes vendanges ; 2° les
treilles ayant le plus souvent divers étages et leurs raisins
étant à des altitudes différentes, jamais la maturité ne se
fait simultanément dans leurs fruits ; on peut observer deux
à trois semaines de différence entre la maturité des premiers
et celle des derniers raisins d'une treille.

Peut-on concilier ces difficultés, rapprocher la treille de terre et faire mûrir ses raisins en même temps ? Si on le peut, il n'y aura plus d'autre mode de viticulture à chercher ; car celui-là seul réunira la durée, la quantité et la qualité dans les fins cépages, plus encore que dans les gros.

C'est là le problème que les vignes en lisses basses sont appelées à résoudre et qu'elles résoudront de deux ma-

Fig. 139.

nières : 1° avec les cordons près de terre, à coursons, suivant les méthodes de Thomery, de Clerc, de Georges, etc.; 2° avec les cordons près de terre, à longues tailles, avec coursons de retour, suivant la méthode Cazenave; 3° en transformant la culture type en culture à cordon périodiquement rabattue et rajeunie.

Pour expliquer cette dernière pensée, je donne, figure 139, la taille et l'échalassage pour la deuxième pousse; figure 140, la taille et le palis-

Fig. 140.   Fig. 141.

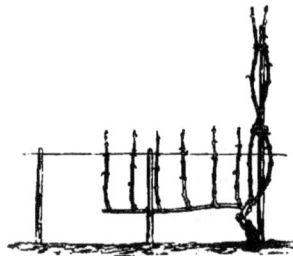 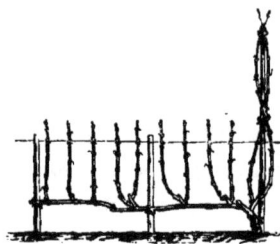

sage de la troisième pousse; figure 141, la taille et le pa-

17.

lissage de la quatrième pousse; figure 142, celle de la cinquième; et figure 143, la taille de renouvellement du bras.

Fig. 142.

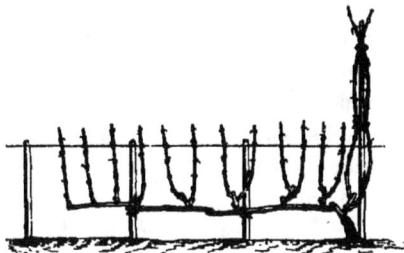

Je représente dans toutes les figures les sarments tels qu'ils
devront être traités; il n'y a pas un vigneron qui ne com-

Fig. 143.

prenne, au premier coup d'œil, ce mode de conduite de
la vigne, mode très-expérimenté, très-prouvé dans sa vigueur, sa fertilité, sa longévité, et dans les qualités de ses
raisins.

Il ne saurait en être autrement : aucun des inconvénients
de la treille ne se présente ici; les raisins sont également

rapprochés de terre ; sa réflexion de chaleur et de lumière
leur est également acquise : il n'y a pas deux étages, ni
trois, ni quatre étages de raisins, et les raisins sont tous
près du vieux bois, ce qui fait disparaître les reproches
qu'on adresse aux jeunes bois trop longs. Bref, ce mode de
culture de la vigne est, à mes yeux, le plus parfait; et c'est,
à peu de chose près, celui que Clerc a si bien exposé en
1825 : le renouvellement des vieux bras et leur allongement répété chaque année sont les causes principales de
son inépuisable fécondité.

Les treilles hautes sont bonnes pour les plaines et pour
les cultures en jouelles : elles donneront toujours des vins
très-médiocres et de consommation locale; mais ces vins
ont une valeur réelle pour l'usage habituel des familles
rurales, et à ce titre je les estime à l'égal des bons vins, et
je les placerais même avant, dans l'intérêt qui est dû à
l'hygiène des habitants des campagnes; intérêt bien plus
grand que celui qui est dû aux commerçants, aux industriels, aux citadins, qui ont à leur disposition toutes les
ressources imaginables pour entretenir leurs forces et leur
activité.

Donc les treilles hautes ont leurs raisons d'être; pourtant
deux conditions leur infligent une infériorité réelle : 1° les
frais de leur installation et de leur entretien; 2° l'oïdium,
qui les atteint plus et plus opiniâtrément que les autres
vignes.

J'ai vu de mes propres yeux, pendant l'été de 1862,
à la Grande-Tronche, près de Grenoble, des lignes nombreuses de vignes, en treilles hautes, abandonnées, perdues, à cause de l'oïdium, qui en dévorait les derniers bourgeons; j'y ai vu aussi des vignes basses en coteau, bien

moins frappées, il est vrai, mais fort endommagées par la maladie; tandis qu'à côté, et au milieu des vignes hautes et des vignes basses, un propriétaire intelligent et actif, M. Vial, tenait, par ses soufrages pratiqués depuis huit ans avec succès, ses vignes de l'une et de l'autre sorte dans un état parfait d'intégrité : l'objection faite aux treilles hautes, pour leur impressionnabilité à l'oïdium, n'aura donc plus de valeur bientôt, mais il restera la dépense et le temps de l'installation et de l'entretien, qui sont considérables.

La plus grande partie du val de l'Isère et des dernières rampes des montagnes qui le forment, ainsi que les plaines avoisinant Grenoble, remontant le Drac et s'étendant jusqu'à Moirans et au delà, sont plantées en treilles hautes et cultivées en jouelles. Les vignes y sont en lignes, tantôt sur poteaux à 4 ou 5 mètres de distance, jointes par une traverse inférieure à $1^m,40$ de terre, la traverse supérieure étant à $1^m,20$ au-dessus (hauteur totale, $2^m,60$), traverses portant des chandelles ou échalas verticaux attachés comme les traverses, soit par des harts en osier, soit par des pointes, et distantes les unes des autres de 25 à 30 centimètres, comme dans les vignes en lisses basses; tantôt les poteaux sont remplacés par des arbres vivants, tels que merisiers, érables, saules, aunes, osiers, etc. étêtés et tondus avec soin. Parfois dans les treilles, hautes et basses, pieux et traverses sont tous en bois de sciage; j'ai vu souvent un gros fil de fer substitué aux traverses, surtout à la traverse du haut.

J'ai vu aussi avec grand plaisir quelques-unes de ces vignes conduites en cordons à la Thomery, un portant vis-à-vis chaque chandelle, les pampres qui en sortaient attachés très-proprement, deux ou trois fois, le long du mon-

tant; mais l'immense majorité des treilles est conduite suivant les modes et les principes que j'ai figurés dans les
dessins 137 et 138.

J'ai mesuré chez M. Félix Réal une treille haute, portant
10 mètres d'envergure et vingt branches à fruit de 1 mètre
de long et plus, chacune à quinze et vingt yeux; j'ai vu là
aussi des quantités de treilles, de cent cinquante à deux cents
ans, offrant 0^m,25 de diamètre et une hauteur de 2^m,20
jusque sous le second coude à leur tronc, ayant des bras
décharnés de 4 et 6 mètres de longueur, et poussant encore
çà et là, et surtout aux extrémités, même après la taille,
de vigoureux sarments donnant des branches à fruit de
1^m,20 de longueur; ce qui suppose 2 mètres au sarment,
puisque la règle est de rogner les sarments d'un tiers au
moins pour faire les porteurs. Je donne ici le croquis d'une

Fig. 144.

de ces treilles plus que centenaires, croquis pris sur place
(figure 144, au centième environ).

Je crois que les treilles hautes, comme les treilles basses,
gagneraient à être conduites en cordons horizontaux à
coursons et à broches pour certains cépages comme les gamays; mais je pense que les longs bois sont indispensables
à la fécondité de certains autres cépages, tels que les cots,

les persans, les carbenets, les syras, etc. C'est, d'ailleurs,
aujourd'hui une expérience faite et un double résultat constaté.

Pour planter les lignes destinées aux treilles, on ouvre
des fossés de 1ᵐ,5o de largeur sur oᵐ,8o de profondeur,
puis on plante au fond des crossettes ou des rajus, à 2
ou 3 mètres de distance; parfois on remplit les fossés peu
à peu et l'on met sept à huit ans à laisser la vigne atteindre
la hauteur de l'arbre ou du treillage.

Quand il s'agit de réparer et non de créer des lignes de
treilles, on procède par le recouchage d'un long sarment
ou d'un cep voisin. On fume abondamment à la plantation
et au recouchage.

Les vendanges dans l'Isère se font ordinairement au
commencement d'octobre; elles sont fixées par des bans
dont la Société d'agriculture de Grenoble demande la suppression à l'unanimité : ces bans sont une atteinte portée
à la liberté, à la propriété, et un obstacle à tout essai et à
tout progrès de la viticulture et de la vinification.

On recueille le raisin dans des bennes, puis on le porte
directement à la cuve, qu'on met souvent trois et quatre
jours à remplir. La cuvaison ne dure que de quatre à six
jours sur la rive droite de l'Isère et de dix à quinze sur la
rive gauche; on dit aussi que la longue cuvaison s'applique
aux raisins de hautains et la courte aux vins de vignes
basses et de coteaux. Les raisins des treillages, de la rive
droite surtout, restent parfois huit jours sans fermenter;
la même raison fait sans doute qu'on laisse cuver quinze
jours aussi les vins de la rive gauche. Dans les longues cuvaisons on foule quatre et cinq fois; on foule rarement dans
les courtes.

Les vins de l'arrondissement de Grenoble sont sains et alimentaires; ceux de coteaux se gardent peu et sont très-bons à boire au bout de quatre mois; le mois de juillet leur est souvent fatal : c'est à cette époque qu'ils se piquent et qu'ils tournent; mais leur tirage et leur conservation en grands et en vieux vaisseaux en font perdre beaucoup, et les vieux vaisseaux leur communiquent des goûts qu'on s'obstine à appeler des goûts de terroir. Les vins de treillages et de la rive droite se gardent beaucoup plus longtemps, mais ils sont plus verts et moins délicats.

L'arrondissement de Grenoble, si l'on voulait y adopter quelques bons cépages isolés, comme le pineau, le plant vert doré, le carbenet, ou bien la mondeuse seule, la syra seule ou avec la roussane, ferait des vins aussi bons et aussi solides que ceux d'aucun autre pays; mais il faudrait les tirer en petits vaisseaux neufs (2 hectolitres) et conserver les vins en bonnes caves fraîches, à température invariable.

J'ai goûté, d'ailleurs, d'excellents vins des crus de M. Félix Réal, de M. Chapper, de M. Galbert de la Buisse, de M. Darce, de M. Durand et de M. Petit, qui prouvent qu'avec des cépages uniques, la mondeuse, le sémillon, le persan, etc. on obtient des vins de premier choix au fort Barraux, à la Buisse, à Saint-Nizier, à la Tronche, et qu'on en obtiendrait partout sur les coteaux d'aussi bons. Le rendement moyen des vignes basses est de 35 hectolitres et de 50 au moins pour les vignes en treilles.

Dans l'arrondissement de Saint-Marcellin, les vignes basses et pleines, en coteau, ne sont pas conduites comme celles de l'arrondissement de Grenoble : évidemment leurs cépages, leurs échalas et leur taille dérivent surtout des cultures de la Drôme et de l'Hermitage.

On plante sur un défonçage de $0^m,60$ à 1 mètre carré, à plein ou sur deux rangs; on dresse la vigne sur une seule tête et un seul sarment que l'on taille à deux ou trois yeux francs, au premier âge du cep; mais, aussitôt que le bois est suffisamment fort, on laisse six yeux au sarment : dans ce cas, ou le courbe et on l'attache à l'échalas, auquel la tête de la souche a été préalablement attachée. Voici, dans les figures 145, 146 et 147, trois souches de différents

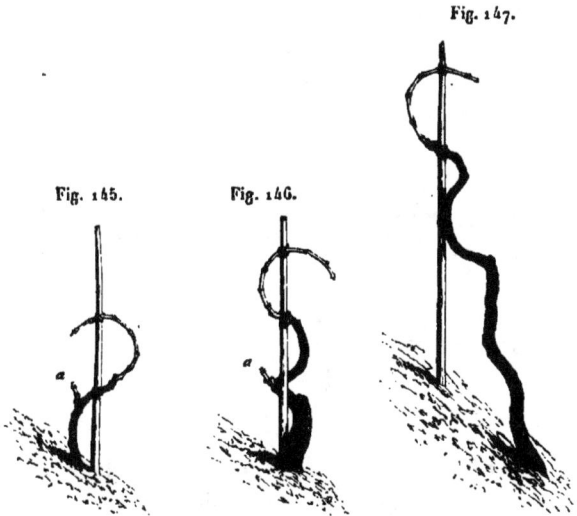

Fig. 147.

Fig. 145.   Fig. 146.

âges que j'ai prises à Tullins, dans les vignes de M. Silan, ancien notaire et maire de Tullins; on voit immédiatement, par ces figures, l'analogie de conduite avec l'Hermitage : le courson *a a* n'est qu'un courson d'attente pour le renouvellement de la souche par rabattage; toute la taille consiste dans un porteur unique, à six ou sept yeux, comme à Tain et à Tournon.

Du reste, les vignes sont entretenues par le provignage; seulement elles ne sont pas maintenues en lignes comme à l'Hermitage. On appelle ici les vignes basses *vignes brisées*. Il y a bien peu de vignes basses, à courson, à Tullins : on n'en compte qu'une seule; mais, au contraire, à Saint-Marcellin, on en compte beaucoup, qui sont alors dressées à deux, trois et quatre bras.

Les vignes en lisses basses sont conduites aussi autrement qu'à Grenoble dans l'arrondissement de Saint-Marcellin. A Tullins, on dresse les bras de la souche sur la traverse supérieure, au lieu de les dresser sur la traverse

Fig. 148.

inférieure, et l'on redescend les branches à fruit. Je donne ici, sous la figure 148, le système de Tullins.

Outre que les branches à fruit, ou longs bois de l'année, sont rabattus en dehors du centre sous différentes inclinaisons, il y a, à chaque portant, un courson de remplacement à sa base; et s'il en était autrement, le portant s'allongerait indéfiniment. Ce système-là est très-ingénieux et meilleur peut-être que celui de Grenoble, parce qu'il permet d'attacher les longs bois sans les élever, pour les arrondir au-dessus de la verticale.

Le système de Saint-Marcellin, pour les lisses basses, diffère encore de celui de Tullins : c'est, à proprement parler, un cordon vertical avec deux coursons de remplacement et deux longs bois de l'année à plusieurs étages, d'après la description que m'en a faite M. Duvernay aîné, président de la Société d'agriculture de Saint-Marcellin.

Les cépages de l'arrondissement de Saint-Marcellin sont la petite syra, la marsanne, la grosse syra, le corbeau, le Jurifle, la sereine ou sérine, tous ceps mélangés. A Saint-Marcellin, il y a des vignes de marsanne pure, et l'on commence à planter les gamays du Beaujolais.

L'arrondissement de Saint-Marcellin produit des vins de très-bon ordinaire, droits, d'une belle couleur et d'une saveur agréable ; ils gagnent en qualité et en bouquet en vieillissant et sont solides à la garde et aux voyages. Du reste, les noms seuls de la syra et de la sérine indiquent qu'il doit en être ainsi.

En entrant dans l'arrondissement de Vienne, on trouve d'abord les magnifiques vignobles de la Côte-Saint-André, qui s'inspirent encore des cultures de la Drôme. Les vignes basses et pleines y dominent ; les ceps y sont plantés à o^m,8o au carré, en fossés parallèles, à o^m,8o de large et de distance, et à o^m,3o ou o^m,4o de profondeur seulement, sur un sol varié de gravier, de poudingue et de terres glaises du diluvium alpin.

Les lignes de la plantation sont bientôt rompues par le provignage, qui est le mode de remplacement, de multiplication et d'entretien du pays. Les vignes, en foule et en désordre, y portent aussi le nom de *vignes brisées*.

Chaque cep est muni d'un échalas de 2^m,66 à 3 mètres.
Chaque souche est montée à 0^m,30 ou 0^m,40, sur une seule
tige, au sommet de laquelle on ne laisse qu'un seul brin.

Fig. 149.   Fig. 150.

La souche est d'abord bien
attachée à l'échalas, qui reste
à demeure, comme dans une
grande partie de l'Isère; puis
le sarment qui la surmonte
est rogné à six, sept, huit ou
neuf yeux, recourbé par une
façon que les femmes exé-
cutent, façon qu'on appelle
encerveler, et attaché à l'échalas au-dessous de la tête de la
souche (figures 149 et 150,
ceps de la Côte-Saint-André
taillés et attachés).

La courbure donnée à l'arçon ou porteur est tantôt ren-
voyée par-dessus la tête de la souche, comme l'indique la
figure 149, tantôt courbée en dehors (fig. 150). Dans une
partie de l'arrondissement de Vienne, on pratique exclusivement la méthode 149, et dans l'autre exclusivement la
méthode 150. Cette dernière est spéciale à la Côte-Saint-
André, où le premier œil du porteur donne toujours le
sarment de l'année suivante, ce qui fait que la vigne monte
moins rapidement le long de l'échalas. En général, les
souches montent de 33 à 66 centimètres en vingt ans.

Les provins ne descendent pas à plus de 0^m,40; ils sont
à deux pointes, reçoivent 40 livres de fumier et sont payés
10 centimes de façon : on les comble la première année.

On ébourgeonne à peine, on ne pince pas, on ne rogne pas; on relève les pampres, et on les attache deux fois le long du grand échalas avant et après la fleur, souvent une troisième fois en août. On jette bas deux fois aussi les contre-bourgeons en juillet et avant la maturation; on donne un piochage du 15 au 30 avril, et on bine avant la moisson.

On obtient ainsi, à la Côte-Saint-André, 50 hectolitres en moyenne à l'hectare. Les vins de la Côte se vendaient, au moment de mon passage (10 avril 1863), 38 francs l'hectolitre; 40 francs l'hectolitre était le prix moyen des six dernières années. Ces vins sont plus légers et se gardent moins que ceux de l'arrondissement de Saint-Marcellin, mais ils sont de bonne consommation ordinaire.

La candive domine dans ces vins; la bâtarde, la mondeuse, le petit grain blanc et d'autres cépages à noms tout à fait de clocher, impossibles à rapporter à quoi que ce soit, par exemple le charamiot, s'ajoutent, mais en petite quantité chacun, à la candive, pour former pêle-mêle les vignes de la Côte-Saint-André; celles-ci, du reste, sont tenues avec une régularité, une propreté et un ensemble qui font honneur aux viticulteurs du pays : le vignoble de la Côte-Saint-André est un très-beau vignoble.

La méthode de cuvaison de la Côte-Saint-André est singulière; elle se pratique de même, paraît-il, à Bourgoin; mais elle constitue aussi la méthode d'Annecy (Haute-Savoie).

On vendange à la benne, on verse de la benne dans la gerle (cuve sur voiture), et la gerle est amenée à la vinée; dans la cuve descend un homme qui foule deux et trois fois par jour. Au bout de deux jours, on retire une fraction du marc, on fait une pressée, et l'on rejette seulement le jus de cette pressée dans la cuve. Tous les deux jours on repêche du marc, et l'on refait une pressée dont on rejette le jus dans la cuve. On procède à une troisième et à une quatrième pressée, jusqu'à ce qu'il reste à peine un peu du marc et tout le jus dans la cuve. Cette cuvaison, avec ces manœuvres fantaisistes, dure de dix à seize jours, et le vin de la Côte se conserve peu ou point.

Ces pratiques n'ont aucune raison d'être, et ne peuvent s'expliquer que par l'intervention des ouvriers vignerons, pour établir des cérémonies de fête et de boisson et pour les continuer par leur pression traditionnelle. Le temps des vendanges mais plus encore celui des pressurages, sont des temps de joie et de libations, et en pressurant un peu de la cuve tous les deux jours et en rejetant le jus dans la cuve, c'est juste ce qu'il faut pour s'égayer avec le vin nouveau. Sans doute beaucoup de propriétaires sérieux font exécuter sérieusement ces pratiques et ne permettent aucun abus pendant leur durée; mais combien d'hommes graves pratiquent ou font pratiquer sérieusement des actes qui ne sont que des drôleries ! C'est une folie triste, au lieu d'être une folie gaie.

A Bourgoin et à la Tour-du-Pin, ces pressurages partiels du marc ont un but; c'est de laisser le vin dans la cuve en y pêchant et en en extrayant tout le marc : la cuve devient ainsi le tonneau du vin qui y a fermenté, sans que le vin en soit sorti, sauf celui des pressées. Quand on n'a pas de vase de rechange, ce procédé est une vraie ressource, puisqu'un seul vase sert à la fois pour les deux opérations; mais pour peu qu'on puisse transvaser, sauf à remettre tout le vin en cuve, le tirage complet de la cuve, et le pressurage en une fois, est plus rapide, plus économique et plus favorable à la qualité et à la conservation des vins que ces pêcheries et ces brassages indéfinis.

A la Côte-Saint-André, comme dans la plus grande partie
de l'Isère, les vins sont tirés en vaisseaux permanents de
6, 12 et 3o hectolitres; les caves et les celliers sont à demi
enfoncés en terre, mais tous sont loin d'être bons, c'est-à-
dire à température invariable.

La cuvaison, les vieux vaisseaux et leur logement sont
autant de causes du peu de durée des vins.

On voit entre les vignobles de la Côte-Saint-André et à
l'entour, sur le bord des routes et chemins, des vignes en
haies et à longs bois horizontaux ou légèrement obliques

Fig. 151.

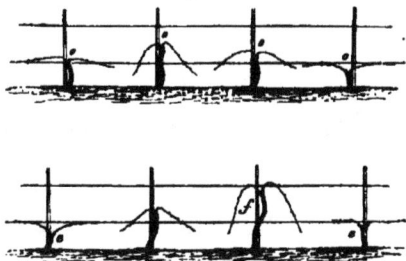

en bas, disposés comme l'indique la figure 151 au 100ᵉ.
L'obliquité des branches à fruit dépend de l'altitude des
têtes de souche *oooo*, d'où elles partent pour être abaissées
ensuite sur la traverse inférieure. Parfois ces branches sont
un peu obliques en haut, comme dans la souche *e;* souvent
elles passent sur la traverse supérieure pour venir s'attacher à la traverse inférieure, comme dans la souche *f*. Les
vignerons cherchent le meilleur point d'attache de leurs
longs bois, sans avoir jamais remarqué aucune différence
dans leurs produits.

A Semons, vignoble à raisins blancs surtout, on taille moitié à bras et à courson, moitié à arçon. A Saint-Jean-de-Bournay, toutes les souches sont à $0^m,66$ et jusqu'à 1 mètre au carré; on les dresse à deux, trois et quatre bras, et leur taille est à un seul courson, à bourre et bourillon; le per-saigne (mondeuse) domine, et l'on est convaincu qu'il ne donne rien à longue taille. A Saint-Jean-de-Bournay comme à Tullins, on préfère les rajus, ou plant enraciné, à la bou-ture. Les échalas ont ici également 8 pieds de hauteur. Saint-Jean-de-Bournay donne des vins plus colorés, plus corsés et plus solides que ceux de la Côte-Saint-André.

Fig. 152.

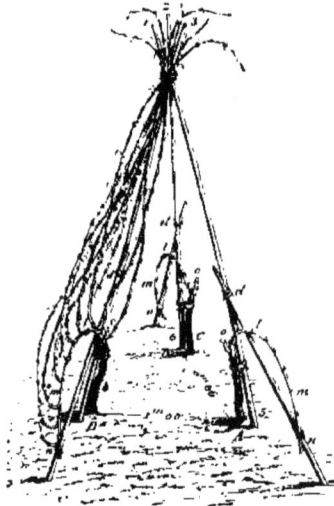

A Vienne, la mé-thode de viticulture dominante, ainsi qu'à Roussillon, est celle de Condrieu et des Côtes-Rôties; la sérine et le vionnier en sont les cé-pages principaux, leurs vins se conservent in-définiment. Les plan-tations sont faites sur défoncement, en lignes distantes de 1 mètre, les ceps à 66 centimètres dans la ligne.

Ainsi disposés, les ceps sont munis chacun d'un grand échalas de $2^m,60$, souvent plus grand; et ces échalas sont réunis en faisceaux de trois par leurs sommets (fig. 152).

Les échalas sont désignés dans la figure par leurs sommets 1, 2 et 3, et leur extrémité inférieure est indiquée par 4, 5 et 6. Les souches *A, B* et *C* ont chacune un courson *o o o* à deux yeux, et chacune un arçon ou branche à fruit *l m n*, fixé en bas d'un petit échalas obliquement attaché au grand échalas en *d d d;* ce petit échalas s'appelle une *engarde.*

J'ai figuré les sarments poussés et relevés le long du grand échalas et par-dessus sur la seule souche *B,* pour éviter toute confusion.

Ce système de conduite, de taille et d'échalassement étant en tous points semblable à celui des côtes du Rhône, je renvoie son appréciation, dans tous ses détails, au département du Rhône.

Mais le canton de Vienne ne s'est pas contenté d'emprunter ou de prêter la sérine, le vionnier et leur mode de conduite et d'échalassement à ses voisins du Rhône, il pratique aussi la culture du gamay du Beaujolais ou du Lyonnais, avec les mêmes procédés et les mêmes succès que dans le Rhône, c'est-à-dire avec les souches en lignes, à trois ou quatre cornes, et un courson à chacune, un simple échalas pendant huit ou dix ans à chaque souche, système qui donne des récoltes abondantes.

Dans le canton de Roussillon, on cultive beaucoup de hautains dont les cépages sont le bourdon ou gros plant, le gros noir ou noire douce ou cot rouge et vert. Les hautains rendent, dans ce canton, de 80 à 120 hectolitres à l'hectare.

Les vins de l'arrondissement de Vienne sont les meilleurs et les plus prisés de l'Isère. On met les raisins en cuve; on les foule avec soin, puis on estampe la cuve, c'est-à-

dire qu'on met un plancher mobile qui tient le marc en-
foncé sous le jus : cette cuvaison dure de dix à vingt jours.

Dans l'arrondissement de la Tour-du-Pin, les vignes
sont plantées en lignes à 1 mètre au carré; les souches sont
généralement dressées sur trois ou quatre cornes et taillées
à coursons, à un œil franc le plus souvent; pourtant on
donne des arçons, ou longs bois, à la mondeuse et surtout
au mescle de l'Ain ou pulsart du Jura, qui est cultivé à
Bourgoin et aux environs en quantité assez notable. Le
petit et le gros béclan du Jura, sous le nom de *martelet*, s'y
trouvent aussi cultivés avec les autres cépages du pays;
les vignes basses et pleines sont munies d'échalas droits et
isolés, un à chaque souche.

Les hautains de Bourgoin, centre de l'exploitation vini-
cole de l'arrondissement de la Tour–du–Pin, sont en rangs
distants de 3 mètres, la première lisse à hauteur du genou
et la plus haute à hauteur de l'épaule; les chandelles, qui
sont les échalas ou baguettes, allant verticalement d'une
traverse à l'autre, vont, dit-on, être remplacées par quatre
fils de fer horizontaux, tendus d'un pieu à l'autre.

C'est à Bourgoin que les plus grands propriétaires re-
tirent les marcs de la cuve, les pressurent, remettent les
jus dans la cuve, qu'ils ferment ensuite hermétiquement
avec des planches et du plâtre, et la cuve leur sert ainsi de
tonneau. La fermentation dure de quatre à huit jours dans
l'arrondissement de la Tour–du–Pin; mais à Vienne on est
persuadé que les vins ne seraient pas de garde s'ils n'étaient
pas laissés un certain temps dans la cuve.

L'exploitation des vignes, dans l'Isère, se fait directement
par les propriétaires ou par les hommes à la journée qu'ils
prennent et qu'ils payent de 2 à 3 francs par jour, selon

18.

les saisons : c'est là l'usage suivi dans la plus grande partie
des exploitations; d'autres vignes sont faites à la tâche, au
prix d'environ 115 francs l'hectare, vendange, travaux
d'hiver et provins non compris, non plus qu'aucun travail
de défoncement ou de transports de terre ou de fumier.
Les provins sont payés à raison de 5 centimes la pointe ou
de 10 centimes le provin à deux pointes; les défoncements
varient à l'entreprise de 750 francs à 2,500 francs l'hectare. A Vienne, les pierres tirées du défoncement servent à
faire les gradins qui s'appellent *chais*, et dont les murailles
sont payées à 2 francs la toise superficielle ou à 50 centimes le mètre carré, en sus du prix du défonçage.

Quelques vignes se louent à prix ferme, en argent; et
le prix de location est de 230 à 240 francs par hectare,
pour les vignes plaines et pour les hautains en bon état.

Un tiers environ de la superficie des vignes se loue à
partage de fruits. Pour les vignes basses, le propriétaire a
la moitié de la récolte, plus un prélèvement qui varie d'un
dixième à un quinzième; et, pour les hautains et treillages,
il perçoit les deux tiers des fruits, à la charge par lui de
fournir tous les bois nécessaires pour armer les hautains et
treillages; les échalas ou chandelles sont fournis par le
fermier.

Le prix moyen d'un hectare de vignes est d'environ
6,000 francs, contre 3,000 francs que valent les meilleures
terres.

Les rapports entre maîtres et ouvriers ne sont ni bons
ni mauvais; les derniers sont obligés d'user de grands mé-
nagements à l'égard des premiers, sans quoi ceux-ci laisseraient ceux-là dans un complet embarras, avec la plus
grande facilité.

DÉPARTEMENT DE LA SAVOIE.

Sur une superficie totale de 575,920 hectares, la Savoie cultive environ 10,000 hectares de vignes, la cinquante-septième partie de son territoire.

La production moyenne de l'hectare est estimée à 25 hectolitres, et le prix moyen du vin entre 20 et 40 francs l'hectolitre, soit à 30 francs; ce qui donne un produit brut de 750 francs par hectare, soit 7,500,000 francs pour rendement total des vignes, représentant le budget de 7,500 familles ou de 30,000 individus, la neuvième partie de la population, qui est de 271,663 habitants.

Le sol des vignobles de la Savoie est très-varié; toutefois il est le plus généralement calcaire, avec sous-sol de roches de même nature. A Conflans, en face d'Albertville, les vignes sont assises sur des roches de schiste talqueux; à Albertville, Aiguebelle, Aiton-l'Hôpital, la gauche de l'Isère est granitique et la droite est de grès vert et de calcaire blanc, par Montailleur, Saint-Pierre-d'Albigny et Montmélian. Dans la Maurienne, le calcaire blanc n'existe pas : c'est le calcaire noir alpin qui domine, avec les granits et les schistes métamorphiques ou gneiss. Le terrain qui, dans la Maurienne, donne le vin le plus capiteux, le Prinsens, est gypseux. Saint-Martin est sur le calcaire noir. Les vignobles de Saint-Julien et de Saint-Michel reposent sur des terres provenant du délitement et de l'exfoliation des schistes granitiques, mélangés de gros et nombreux galets ou cailloux roulés. Ces cailloux sont en partie extraits des terres et accumulés en lignes et en billons séparatifs, découpant bizarrement les vignes et appelés *mergers*. Chambéry, Aix-les-Bains, la Chautagne et la rive gauche du Rhône présentent des vignes sur les sols de grès vert, de meulières, et sur calcaires jurassiques.

Les vignes, dans la Savoie, occupent surtout les rampes inférieures des hautes montagnes et les mamelons compris entre ces hautes montagnes et les torrents; souvent même elles occupent les plaines alluvionnaires du fond des vallées; mais ces plaines, et même les rampes basses peu inclinées qui les accostent, sont surtout réservées aux céréales, aux prairies; dans les bas-fonds on voit encore trop souvent des marais à laîches et à roseaux.

On observe des vignes à toutes les expositions, mais celles des meilleurs crus sont est-sud et sud-ouest; pourtant on estime beaucoup l'exposition ouest à Ruffieux, dans la Chautagne, et l'on y récolte de fort bons vins.

Dans la vallée de l'Isère, les vignes montent à 200 et jusqu'à 400 mètres au-dessus du thalweg; dans la Maurienne et dans beaucoup d'autres points, elles ne paraissent pas craindre le voisinage des bois, qu'elles longent souvent, et dans lesquels parfois elles semblent enchâssées en petites parcelles (voir plus loin la fig. 155).

La disposition la plus générale des vignes, et de toutes les vignes à bons vins, est en souches irrégulièrement élevées de 20 à 50 centimètres de terre, à un, deux, trois ou quatre bras, sans la moindre symétrie; en Maurienne, les souches sont en tête de saule. La distance des souches (difficile à saisir, parce que les souches sont pêle-mêle, sans alignement ni espacement fixe, par suite des provignages continus) m'a paru être en moyenne de 2 pieds ou 66 centimètres au carré, soit 22,500 ceps à l'hectare ; mais le dépérissement successif amené par les provignages réduit le plus souvent ce nombre à moins de moitié : entre Saint-Jean-de-Maurienne et Saint-Michel, on voit le nombre des ceps varier de 5,000 à 50,000.

Pour faire les plantations de vignes, on ne défonce profondément que par exception ; on plante soit en plant enraciné, soit à simple bouture, soit au trou, soit au pal ; pourtant la méthode la plus générale autrefois était, et est encore aujourd'hui, de planter en fossés distants de 2 mètres (6 pieds), et à la troisième année de recoucher les sarments poussés à droite et à gauche à 2 pieds, de façon à garnir la vigne à 2 pieds carrés.

Cette méthode n'a besoin que du tiers du plant total ; mais elle coûte bien plus cher et donne des résultats bien moins avantageux que la mise en terre immédiate et simultanée de tous les ceps de la vigne, 1° parce que les recouchages de la troisième année sont une opération plus coûteuse que la plantation à bouture et au pal ; 2° parce que, au lieu d'obtenir une récolte franche et déjà notable dès la troisième année, cette récolte est retardée et en partie annulée par le recouchage ; 3° enfin parce que la vigne ainsi recouchée est une mauvaise vigne, qui n'a plus de francs pieds ; il faudra l'entretenir par des provignages annuels d'un douzième ou d'un quinzième.

Chaque cep de vigne doit être planté en place et y rester intact ; s'il meurt, il doit être remplacé par un jeune plant enraciné avec bon trou et bon engrais : la santé et la fertilité de la vigne sont ainsi bien mieux assurées que par le provignage.

Les plus vieilles souches de franc pied sont les plus fertiles ; la preuve en est acquise partout, excepté là où l'on
provigne et où il n'y a jamais de vieilles souches de franc
pied. En Chautagne, les vignes sur roches lamellaires fendillées ne sont pas provignées ; elles vivent très-longtemps
et sont plus fertiles que les autres, au dire des vignerons.

Dans toute la Savoie, et surtout près de Chambéry, on ne
fume la vigne qu'en la provignant. On pratique un trou d'un
pied de profondeur ; on y couche la souche et on en étale les
sarments aux angles ; on remplit de 10 à 12 centimètres de
terre, on ajoute une bonne charge de fumier (12 à 15 litres);
puis on recharge encore de terre le fumier, sans remplir
toutefois le trou tout à fait. Les sarments sont ainsi à 25 centimètres sous terre, et, pour prendre racine, il faut que les
chevelus remontent, contre nature, vers les engrais : aussi,
cette méthode de provignage ne donne-t-elle du fruit qu'après plusieurs années, et parfois les sarments languissent et
périssent. Lorsqu'on s'abstient d'apporter du fumier et de
compléter le provin, dans lequel on a mis seulement 10 à
12 centimètres de terre, les sarments poussent à merveille
et donnent souvent du fruit la première année.

La taille des vignes basses se fait à un seul courson par
bras, courson à deux et souvent à un seul œil franc, et encore la taille se fait-elle près de l'œil conservé, en supprimant la plus grande partie de sa cellule médullaire supérieure, ce qui estropie cet œil, le stérilise souvent et parfois
le fait périr. Sur les vignes en moignon ou à tête de saule,
comme dans la Maurienne, on laisse deux ou trois crochets
à un ou deux yeux ; et quand la souche est très-vigoureuse,
on laisse une broche de sept à huit yeux, qu'on courbe et
qu'on fixe en arc ou pleyure.

Les vignes traitées sans pleyures (longues tailles), et c'est l'immense majorité, sont, on peut le dire, relativement stérilisées. On a lieu d'être surpris qu'une pareille taille et une pareille conduite aient persisté si longtemps entre les mains des vignerons savoisiens; car généralement, tout autour de leurs vignes, ou dans les lignes séparatives de deux vignes, dans la Maurienne surtout, les vignerons dressent une ligne en cordons bas, sur petits piquets et lattes, et laissent aux ceps de longs sarments et des crochets de remplacement. Ces lignes sont couvertes de raisins à quinze et vingt grappes par cep; leurs bois sont plus longs et plus forts; tandis que, dans la même vigne, les ceps taillés court sont presque stériles et les bois en sont chétifs. Le long des mergers, à Saint-Michel, Saint-Julien, etc. les lignes des ceps sont lâchées à longs bois sur les pierres, et c'est là que se fait la plus belle récolte et parfois toute la récolte. Aussi, quand un métayer prend une vigne, a-t-il bien soin de regarder aux lignes palissées ou conduites sur les *mergers;* s'il n'y a point de ces lignes, il compte la vigne pour bien peu.

C'est là le principe du système appliqué depuis quinze ans, avec le plus grand succès, par M. Fleury-Lacoste. Le vigneron le pratique sans règles, mais avec persévérance et amour, en bordure; et pourtant jamais il ne lui est venu à l'idée de mettre toute sa vigne en bordures distantes de 8o centimètres à 1 mètre; et ce n'est pas à dire que ce procédé réussit en bordure et ne réussirait pas en vigne pleine : non, il n'a pas cette excuse, puisque la haie séparative de deux vignes qui se touchent est également couverte de raisins.

Aux environs de Chambéry, à Montmélian, Cruet, Saint-Pierre-d'Albigny, et jusqu'à Albertville, chaque souche est irrégulièrement dressée de 2o à 3o centimètres de terre,

sur un, deux ou trois bras; chaque souche est soutenue par un
échalas de 1^m,20 à 1^m,30. Les échalas toutefois sont, pour la
plupart, des brins de bois ronds et fort peu réguliers. La
figure 153 donne l'aspect de quelques souches de Montmélian.

Fig. 153.

Vignes de Montmélian et de la plupart des coteaux de la Savoie.

Dans la Chautagne, à Ruffieux, les vignes sur roches sont

Fig. 154.

Vieille souche de franc pied en Chautagne (Savoie).

moins provignées et plus de franc pied ; elles sont plus en ligne et assez bien formées sur trois ou quatre bras. La figure 154 représente une souche de Chautagne taillée *a* et une non taillée *b*. D'Aiton et d'Aiguebelle à la Chambre, on voit des vignes bordées et coupées par des haies, soutenues par de petits piquets et des traverses; les ceps inscrits entre ces haies sont très-bas et non soutenus (fig. 155).

Fig. 155.

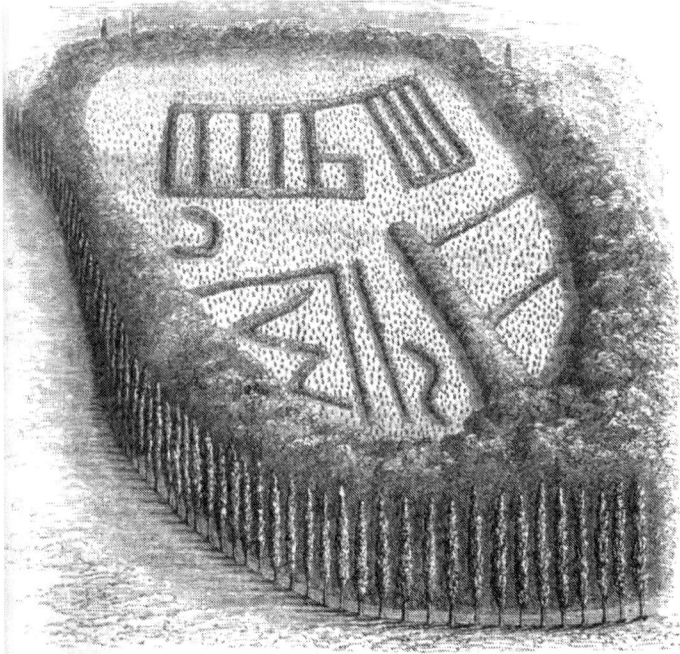

Vue d'un petit vignoble de la vallée de Saint-Jean-de-Maurienne, aux environs de la Chambre, enclavé dans les bois et coupé de vignes en haies.

À Conflans, chaque cep dressé à 5o ou 6o centimètres de terre a, au contraire des vignes de la Maurienne, une perche de 2ᵐ,5o pour échalas (fig. 156).

Fig. 156.

Aspect des vignes de Conflans, près d'Albertville.

Outre les vignes basses, on rencontre à peu près partout des vignes conduites en espaliers, sur poteaux et fils de fer, à 1 mètre, 1ᵐ,5o de terre; des vignes en treilles sur bois morts (fig. 157) et sur poteaux de 2 mètres et plus de hauteur. Les poteaux et les traverses en bois de ces treilles, nombreuses et répandues partout, sont parfois de véritables

charpentes, et souvent des arbres vivants, taillés en gobelet
pour porter des vignes, sont intercalés à distances régulières

Fig. 157.

Treilles avec des arbres morts intercalés (au 100°).

dans ces treilles, afin d'en assurer la solidité (fig. 158).
Enfin, des arbres seuls, plantés *ad hoc,* soit en quinconce

Fig. 158.

Treilles avec arbres vivants.

(fig. 159), soit en lignes de jouelles ou de bordures, servent
de supports à de grands ceps de vigne qui s'y appuient et
les surmontent comme dans le midi. On voit beaucoup de
ces vignes en arbres autour de Chambéry et surtout aux
environs d'Aix-les-Bains. Mais c'est principalement dans les

lieux bas et humides que les vignes se montrent ainsi conduites; on en remarque pourtant aussi sur des croupes et
des sommets de mamelons et de plateaux au pied des grandes
montagnes. Souvent chaque arbre (érable ou merisier) porte
son cep isolé (*a b c*, fig. 159); souvent aussi une division

Fig. 159.

du cep se porte en feston d'un arbre à l'autre, et les lignes
forment de cette manière une série de tiges en boules comme
des orangers, reliées entre elles par des guirlandes du plus
gracieux effet (*d e*, etc. fig. 159).

Il me serait impossible de reproduire par des figures toutes
les variétés de disposition des vignes en haies et en treilles
de la Savoie : tantôt les haies sont à 60 centimètres de terre
et forment des vignes en lignes presque pleines ; tantôt elles
sont à 1 mètre, à 1^m,50 et à 2 mètres au-dessus du sol, et
sont plus ou moins écartées les unes des autres. La vallée
de Saint-Jean-de-Maurienne, depuis Aiton jusqu'à Saint-
Michel, offre à elle seule plus de dix variétés de conduite
de vignes en haies, en treilles et en arbres. Ces variétés sont

de la négligence ou de la fantaisie ; mais les vraies treilles
et les plus répandues sont celles dont j'ai donné l'aspect
(fig. 157 et 158) : tantôt elles forment limite; tantôt, et c'est
le plus souvent, elles sont disposées depuis 7ᵐ,50 jusqu'à
15 mètres de distance les unes des autres en jouelles, et
elles inscrivent ainsi des cultures diverses. La plupart des
treilles, sur palissades hautes ou basses, sont formées de cordons plus ou moins longs, sur lesquels sont des portants, surmontés chacun d'un long sarment, soit incliné plus ou moins
en trajectoire, soit recourbé en demi-cercle et rattaché, son
extrémité supérieure en bas et en ligne perpendiculaire. Ces
sarments mesurent jusqu'à 1ᵐ,20 de développement chacun : aussi cette conduite
de la vigne donne-t-elle beaucoup de
fruits, dont le vin est malheureusement
fort médiocre. Pour augmenter encore la
production de ces treilles, on emprunte
à leur plant général, sur chaque cep, un
beau sarment de l'an-née, qu'on abaisse à
quelques degrés au-dessous de la ligne
horizontale et qu'on

Fig. 160.

Treille en sorbe.

a tache le long d'une traverse (a b, fig. 160). Ces sarments, le plus souvent remplacés par de nouveaux tous les ans, se couvrent de raisins. On appelle *sorties* ces cordons ou longs sarments; les sorties forment souvent de véritables galeries, couvertes de fruits le long des treilles[1].

Les vignes sont parfois ébourgeonnées et effeuillées au-dessous des raisins, avant le mois de juin; elles sont bien rarement rognées et ne sont jamais pincées : aussi voit-on les échalas, les treilles et les arbres avec des pampres très-élevés ou pendant de toute leur longueur. Les vignerons donnent pour excuse de leur abstention du rognage des vignes basses la nécessité de laisser les sarments longs pour provigner; mais ils pourraient ne pas rogner seulement les ceps destinés au provignage, ce qui réserverait un quinzième ou un vingtième des ceps; et d'ailleurs le provignage exige rarement un sarment de plus de $1^m,20$ de longueur, et j'ai vu beaucoup de pampres de 2 mètres à $2^m,50$ qui auraient dû être rognés.

L'effeuillage se fait ici au mois de juin et ne se pratique plus avant la vendange pour favoriser la maturité, comme il se pratique dans la plupart des autres vignobles.

Les cultures données à la vigne en Savoie se réduisent à deux : l'une en mars et avril, l'autre en juin ou juillet; dans certaines localités on se contente même de la première.

Aux environs d'Albertville, à Conflans, par exemple. les colons partiaires demandent aux propriétaires un morceau de vigne pour y avoir de l'herbe pour leur vache : à leurs yeux, l'herbe est le vrai produit de la vigne; tandis qu'en

---

[1] L'artiste n'a pas rendu, dans cette figure, la sortie telle qu'elle existe; au lieu d'un sarment à plusieurs bourgeons, il n'a indiqué qu'un simple bourgeon à fruit abaissé.

nettoyant la vigne et en utilisant les produits de l'épamprage, ils donneraient à leur bétail le double ou le triple
d'une excellente nourriture et doubleraient leurs produits
en raisin.

Dans la Chautagne, de bons vignerons m'ont soutenu
qu'un troisième labour était funeste à la vigne. Il ne faut
pas sans doute que la vigne soit tourmentée par des labours
profonds ; mais trois ou quatre binages superficiels sont tous
extrêmement profitables.

Deux cépages, trois au plus, constituent seuls les bons
vignobles du département de la Savoie ; ce sont : la *mondeuse*,
raisin noir à grains moyens ronds, à grappes allongées, à
feuilles d'un vert pâle ; — le *persan*, à grappes moins allongées, à grains noirs plus serrés, mais surtout remarquables
par leur forme, qui est plutôt celle de deux petits cônes
joints par leur base que celle d'un ovale : la queue de la
grappe du persan est perpendiculaire à la branche, dure et
roide comme celle du pineau ; la feuille du persan est d'un
vert foncé ; — la *douce noire*, qui n'est autre chose que le
cot rouge, pied rouge, pied de perdrix : elle a le grain rond,
noir, moins serré que celui du persan, l'axe de la rafle rouge
violacé, les feuilles très-vertes. La douce noire a une variété
à queue verte, c'est le cot vert.

Le persan et la mondeuse ont aussi chacun une variété
grosse et petite. Il existe encore une espèce de raisin spécial à Saint-Julien-en-Maurienne : c'est le hibou, à gros
grains noirs et à grosses grappes, donnant un vin singulier,
qui a l'avantage d'être bon à boire au bout de trois ou
quatre mois et d'être assez sain et assez agréable ; mais ce
vin est bien inférieur aux produits du persan et de la mondeuse. Il existe une grande variété de raisins blancs, appe-

lés plants d'altesse, plants de Chypre, gamay blanc, chasselas, etc.; mais je n'ai point arrêté mon attention sur eux, faute de temps. Ces cépages fournissent des vins de fantaisie, des vins, les uns très-spiritueux (plants d'altesse), les autres très-peu alcooliques (chasselas), ou bien des vins très-abondants pour le commerce et ses mélanges : les abîmes de Myans sont d'une fertilité extraordinaire en ce dernier genre; je regrette de n'avoir pu étudier cette grande production.

La mondeuse est le cépage producteur et caractéristique des vins rouges du département de la Savoie; cette espèce garnit à elle seule les cinq sixièmes de la superficie des bons vignobles à vins rouges, et ses vins sont dignes de fixer l'attention.

Les vins de Saint-Jean-de-la-Porte, les vins de Cruet, de Montmélian, d'Arbins, de Saint-Pierre-d'Albigny, de Challes, de Mont-Terminot, de Grésy, de Montailleur, de Conflans, de Ruffieux, etc. doivent tous leur origine et leurs qualités précieuses à la mondeuse.

Ces qualités sont d'abord un bouquet particulier aussi fin, moins prononcé et du même genre que celui des vins de Bordeaux, lequel se développe avec l'âge et devient de plus en plus agréable; une saveur douce et veloutée quand les vins sont cuvés de trois à cinq jours; quand ils sont moins cuvés, ils ont une petite pointe acidulée, rafraîchissante, mais qui masque leur valeur sérieuse; enfin, et par-dessus tout, les vins de bonne année de Saint-Jean-de-la-Porte, de Montmélian, de Cruet, d'Arbins et de Ruffieux, ainsi que de tous les pays avoisinants, sont essentiellement digestifs; ils ne portent point à la tête et n'agitent pas le système nerveux. Ils partagent ainsi, quoiqu'à un degré moins parfait, les qualités des vins légers du Médoc. Les vins des bons crus de la Savoie sont appelés à une bonne et légitime réputation, qu'ils ont eue autrefois et qu'ils méritent de recouvrer.

Ces vins sont aujourd'hui préparés diversement ; généralement ils ont leur véritable cachet quand ils sont cuvés de trois à cinq jours, selon l'année ; malheureusement, pour les avoir plus légers, la mode était venue de les faire cuver de 12 à 24 heures seulement, ce qui leur donnait le caractère des vins blancs un peu déguisés par le commencement de cuvaison. C'est comme vins rouges et non comme vins blancs que les vins de Savoie méritent leur classement élevé ; les œnophiles du pays le comprennent parfaitement.

Le persan, et surtout le petit persan, produit un vin exceptionnel et d'une rare qualité, le vin de Saint-Jean-de-Maurienne et de quelques vignobles environnants. La contrée du vignoble de Saint-Jean qui produit le meilleur vin de persan se nomme Prinsens ; la contrée de Bonne-Nouvelle vient ensuite.

Le vin de Prinsens a un riche bouquet, une saveur chaude et généreuse et une action physiologique stimulante comme celle des vins de Bourgogne ; malheureusement il faut attendre ce vin douze ou quinze ans pour le boire dans toute sa valeur ; vingt-cinq ans font mieux encore. Dans les premières années, le vin de persan est âpre et astringent au point d'être désagréable à boire.

Par contre, le vin de hibou, qui s'appelle aussi livernais, peut-être du liverdun, est agréable à boire au bout de quelques mois ; mais ces vins sont peu abondants, et c'est toujours la mondeuse qui reste le plant caractéristique de la Savoie. Le seul inconvénient de la mondeuse est d'être un peu tardive dans sa maturité ; le pineau mûrit au moins quinze jours avant elle.

Le persan et la douce noire sont à peu près exclusivement destinés à garnir les espaliers, les treilles et les arbres. On accuse la mondeuse d'être moins productive sous cette conduite ; j'ai vu cependant, chez M. Vérat, de grandes treilles de mondeuse chargées de nombreuses et magnifiques grappes.

Le persan est très-sujet à l'oïdium, qui paraît se développer sur les treilles et sur les vignes en hautains avec une intensité qui devrait être réprimée énergiquement par les soufrages, sous peine de voir le fléau devenir bientôt général. On ne paraît jusqu'ici prendre aucune précaution contre l'oïdium en Savoie, où le défaut d'épamprage est encore une cause puissante d'extension de la maladie.

A la vendange, les raisins sont foulés à la vigne, dans une grande partie de la Savoie, dans des vaisseaux appelés *gerles*, faits en bois étanche, vidés dans des cuves contenant 5o hectolitres de raisins. On met deux ou trois jours à remplir une cuve et l'on tire douze, vingt-quatre et quarante-huit heures après le remplissage de la cuve ; de cette façon on n'est jamais bien sûr du temps de la cuvaison, et d'ailleurs la cuvaison des diverses parties de la vendange est toujours inégale : pour bien cuver, il faut remplir toute la cuve en un jour, ou ne fouler, comme dans la Chautagne, que quand la cuve est pleine. A Ruffieux, on attend que la cuve ait jeté son premier bouillon, puis on foule à pieds nus jusqu'à la cheville ; la cuve reprend sa fermentation, et quand la fermentation tombe, on foule à fond, à corps nu. La cuvaison en Chautagne comme en Maurienne dure de huit à douze jours.

J'ai goûté chez M. Gaujon, à Arbins, deux vins de 1861, provenant d'une même vigne et des mêmes cépages, l'un ayant cuvé 12 à 15 heures, l'autre ayant cuvé 72 heures : le premier avait toute la légèreté des vins blancs et leur acidité ; l'autre avait tout le bouquet, tout le velouté et toute la plénitude des vins du Médoc, sans la moindre trace de liqueur ni d'acidité.

Les caves, en Savoie, sont généralement bonnes, bien voûtées et bien fraîches ; les vins, qui pour la plupart sont de garde et de transport, y sont parfaitement traités par les ouillages et les soutirages convenables. Les vaisseaux à garder le vin dans les caves sont de 3 à 8 hectolitres et plus.

Le prix moyen de la journée de travail en Savoie est de 1 fr. 50 cent.

Le mode de culture et d'exploitation des vignes le plus généralement répandu est l'apport de la vigne fait par le propriétaire au vigneron, contre tous les travaux de main-d'œuvre exécutés par ce dernier ; cet arrangement comporte la fourniture des fumiers et des échalas par moitié et le partage par moitié des produits en nature, c'est-à-dire du vin mis en futailles. Parfois le propriétaire prend un quinzième en sus de la moitié, mais alors il fournit tout le fumier ; parfois il fait toutes les fournitures, et le vigneron n'a droit qu'au tiers de la récolte. Enfin, les détails du contrat synallagmatique et essentiellement aléatoire de part et d'autre, en prévenant simplement après la vendange, peuvent varier et varient selon les localités ; mais le principe du partage entre le travail et la propriété est la règle, et c'est là la meilleure condition pour assurer la main-d'œuvre aux campagnes, pour y développer et y retenir la population.

Le ban de vendange existe en Savoie ; la Société centrale

d'agriculture de la Savoie en sollicite avec énergie l'aboli-
tion, comme s'opposant à tout progrès dans la viticulture
et dans la vinification. Ainsi le persan et le pineau mûrissent en moyenne quinze jours avant la mondeuse : il
faut donc perdre les produits des premiers ou vendanger la
seconde avant sa maturité : ainsi celui qui veut attendre
la plus grande maturité, pour faire un vin fin, est obligé de
vendanger en même temps que celui qui se hâte de récol
ter pour faire de la piquette.

La vigne, au dire de tous les propriétaires savoisiens
avec lesquels j'ai été mis en rapport, est leur principale
richesse et la plus grande richesse du pays; c'est elle qui
leur donne leurs plus beaux revenus, c'est elle qui com-
mandite leurs métayages.

Un métayer ne veut point d'une terre qui ne compte
pas un dixième de sa surface en vignes; si cette superficie
est de deux dixièmes, il augmente les conditions du fermage : Si je n'ai point de vignes, disent les métayers, avec
quoi payerai-je mon cens ? La vigne seule donne de l'argent
clair.

Un fait constant et bien remarquable en Savoie m'a été
signalé par M. Fleury-Lacoste, par M. Chalin, par M. Vérat,
et m'a été confirmé par tous : c'est que, dans toute contrée
de la Savoie où les vins sont bons et se vendent facilement,
la main-d'œuvre est abondante et à bon marché, et il n'y
a pas d'émigration ; partout où la vigne n'existe pas, et là
où elle ne produit qu'une boisson locale sans valeur, la main-
d'œuvre est rare et chère, et tous les jeunes gens et les
jeunes filles s'en vont dans les villes.

M. Fleury-Lacoste, président de la Société centrale d'a-
griculture de la Savoie, donne le plus beau modèle de con-

duite et de culture rationnelle dans ses vignes de Cruet et
dans son clos du Colombier : depuis plusieurs années et
sur une grande échelle (14 hectares de vignes) il prouve
tous les ans qu'on peut et qu'on doit récolter le double et
le triple de produits dans les mêmes sites, dans les mêmes
terrains, avec les mêmes cépages, en substituant la viticulture rationnelle et typique à la culture ancienne et actuelle
du pays. M. Fleury-Lacoste n'a pas seulement cherché et
satisfait son intérêt personnel en transformant ses vignes
en désordre, taillées à coursons, entretenues par les provignages, en vignes de franc pied, en lignes, à branche à bois
et à branche à fruit, ébourgeonnées, pincées, rognées et
palissées avec soin; mais il a plus encore cultivé pour dé-
montrer et vulgariser les meilleurs procédés de viticulture,
comme il le fait d'ailleurs pour les autres branches de l'a-
griculture.

Depuis plus de douze ans, M. Fleury-Lacoste était conduit aux mêmes conséquences que j'avais tirées de l'observation et de la pratique viticoles; et ses idées à cet égard,
ainsi que ses applications, se sont fixées définitivement à
la méthode type que j'ai publiée en texte et en gravures
depuis dix ans; mais il était dans la même voie bien avant
mes publications.

MM. d'Anglès, vice-président, Bonjean, secrétaire, les
docteurs Bénarié et MM. Dubouloz, Gaujon, Chalin, Vérat,
Guillermin, etc. membres de la Société centrale d'agriculture de la Savoie, ont été témoins avec moi du contraste
frappant de la culture ordinaire et de la culture réformée
de M. Fleury-Lacoste. Chaque cep de son clos du Colombier, de deux ou trois hectares, portait de trente à quarante grappes magnifiques; et si l'on jetait les yeux par-

dessus le mur d'appui séparatif des vignes du pays, en
contact immédiat et ayant un meilleur sol, au dire des habitants, on voyait seulement deux ou trois grappes au plus à
chaque souche : dans le clos éclatait la richesse et le progrès, en dehors était la médiocrité routinière. C'était l'opinion unanime des assistants, tous propriétaires et viticulteurs importants. La figure 161, que je mets ici en présence

Fig. 161.

Vignes communes de la Savoie.

de la figure 162, donne une idée vraie de la différence des
deux cultures et du contraste de leur production ligneuse
et fruitière.

Je termine en consignant ici une idée plus médicale que
viticole.

J'ai lieu de penser que le crétinisme serait vaincu par
l'usage alimentaire des vins légers du pays, à l'exclusion

presque absolue de l'eau, cause évidente de cette dégrada-
tion organique. Le crétinisme disparaîtrait de la Savoie,
comme les fièvres ont en grande partie disparu des Landes,
de la Sologne et des Dombes là où l'on a prescrit la substi-
tution des vins, même des demi-vins et de la piquette, aux
eaux malsaines de ces pays. Rien ne serait plus facile que
de créer un établissement où tous les crétins, enfants et

Fig. 160.

Vignes de M. Fleury-Lacoste.

adultes, hommes et femmes, seraient admis, employés à la
culture de la vigne et mis au régime continu des petits vins.
Un tel établissement s'entretiendrait et s'étendrait indéfiniment par ses propres produits. En estimant, en moyenne,
le travail de quatre crétins pour celui d'un homme, ils produiraient facilement 60 hectolitres de vin, dont ils consom-
meraient la moitié, à 8 litres par jour en moyenne pour
les quatre; il resterait 30 hectolitres, dont la valeur, à 20 fr.
suffirait facilement au surplus de leur entretien. Comme il
ne serait pas nécessaire que les vins fussent de choix et de
grande qualité, la culture des vignes en treilles et en jouelles

permettrait d'intercaler aux vignes toutes les cultures nécessaires à la consommation de l'établissement. Les enfants
et les jeunes gens, régénérés dans une telle institution,
deviendraient, à l'âge convenable, des ouvriers formés et
recherchés pour l'agriculture et la viticulture.

DÉPARTEMENT DE LA HAUTE-SAVOIE.

Le département de la Haute-Savoie, dont j'ai visité successivement les quatre arrondissements, Annecy, Bonneville, Saint-Julien et Thonon, m'a semblé posséder un sol plus fertile et plus riche encore que celui du département de la Savoie : il offre des surfaces considérables et des expositions magnifiques pour la vigne, et pourtant la vigne n'y occupe qu'une superficie presque insignifiante; elle n'atteint pas 5,000 hectares dans tout le département. Ce fait est d'autant plus surprenant, que dans les quatre arrondissements la moyenne production dépasse partout 50 hectolitres à l'hectare, et que partout le prix moyen de l'hectolitre s'élève au-dessus de 30 francs; il s'élèvera bien davantage, parce que les routes et les chemins de fer ont ouvert et ouvriront des débouchés de plus en plus faciles vers le nord.

Toutefois l'altitude des chaînes de montagnes et de leurs subdivisions, l'étendue de leurs plateaux, la mauvaise orientation la plus générale de leurs rampes, l'étroitesse des vallées et le voisinage des neiges et des glaciers, enfin la situation plus septentrionale et l'inclinaison d'une partie de son plan vers le nord, laissent à la Haute-Savoie des surfaces bien moins étendues et bien moins favorables à la viticulture que celles que possède le département de la Sa-

voie. Les bords du lac Léman, d'Évian à Thonon, de Thonon
à Douvaine, puis d'Annemasse à Bonneville, d'une part;
de Saint-Julien à Frangy et à Seyssel, de l'autre; ensuite
les bords du lac d'Annecy : tels sont les principaux points
vignobles de la Haute-Savoie. Il existe bien encore une
petite vigne vers Sallanches; il en existe aussi d'autres fort
bien cultivées par M. Mol dans le canton de Faverges;
mais, à mon grand regret, le temps m'a fait défaut, et j'ai
dû négliger ces vignes, ainsi que quelques autres également intéressantes.

Quoi qu'il en soit, les 5,000 hectares de vignes donnent
un produit brut total de 8 millions, sur la quatre-vingt-
sixième partie du territoire, qui est de 431,715 hectares;
ils répondent au budget de 8,000 familles ou de 32,000
habitants, le neuvième de la population, qui est de 273,768
habitants.

Le sol de la Haute-Savoie présente quatre catégories
principales : le terrain crétacé, les grès verts supérieurs et
inférieurs, les terrains jurassiques et le diluvium alpin. Sur
les bords des lacs, des rivières et des torrents, on observe en
outre les alluvions à galets et à cailloux roulés, mélangés
aux détritus des quatre roches que je viens de mentionner;
la vigne croît et prospère sur toutes ces variations du sol
de la Haute-Savoie.

La viticulture de la Haute-Savoie ne présente aucun type
original, sauf les cultures en crosses d'Évian et les cultures
en haies vives basses d'Yvoire et de Thonon.

Je reproduis (fig. 163) un spécimen cavalier de la culture
de la vigne en crosse, sur un croquis pris à la hâte en 1863,
époque où je ne pus que jeter un coup d'œil insuffisant sur
cette intéressante conduite de la vigne; mais en 1867 je

pus en faire une étude spéciale dont je vais tracer ici les
traits principaux.

Fig. 163.

Spécimen cavalier des crosses d'Évian (au 100° environ).

La culture la plus remarquable d'Évian appartient aux
cultures à grande arborescence.

Tous les voyageurs, tous les touristes, connaissent les

crosses d'Évian, constituées par de grands arbres avec toutes
leurs branches, revêtus du haut au bas par les ramifications
et les pampres de la vigne, qui présentent à l'œil de véritables futaies vignobles, avec autant de fruits que l'on voit
de glands sur les chênes des forêts. Tous sont persuadés
que la vigne est là abandonnée à elle-même sur ces arbres.
et sont loin de se douter qu'elle y reçoit les directions, les
attaches et les tailles les meilleures et les mieux raisonnées.

Chaque échalas est un grand arbre, un arbre de 3o
à 5o centimètres de diamètre au tronc et de 8 à 12 mètres
de hauteur, un châtaignier le plus souvent avec sa tige et
toutes ses branches dépouillées avec soin de leur écorce. Cet
arbre est acheté dans la forêt, sur des pentes ou des plateaux
difficiles à aborder; il doit être écorcé sur place, chargé
seul sur un grand chariot à deux bœufs, amené à la vigne.
repris à bras d'hommes, transporté au lieu qu'il doit occuper;
là, il est dressé et planté solidement à un mètre et demi
dans terre; une journée de six hommes et de deux bœufs est
à peine suffisante pour l'opération : tout cela représente
environ 2o francs de main-d'œuvre à joindre aux 2o ou
25 francs d'achat de l'arbre.

Autrefois le père de famille, avec ses enfants et ses serviteurs à petit gage et à grand travail, pouvait garnir un
demi-hectare de ses 72 crosses en 36 journées; le temps
alors n'était pas l'argent : le temps, c'était la vie en famille
avec les repas et le couvert, le coin du feu, les affections qui
suffisaient à payer le travail de corps, de tête et de cœur;
travail que tout l'argent du monde n'achète et n'obtient plus
aujourd'hui. D'un autre côté, les arbres deviennent de plus
en plus rares et de plus en plus chers, et tout porte à croire
que cette curieuse culture devra disparaître bientôt. Hâtons-

nous donc de la faire connaître et d'en déduire les enseignements qu'elle peut offrir.

Évian et son territoire jouissent d'un climat très-heureux
et très-favorable non-seulement à la vigne, mais encore à
tous les arbres fruitiers. Il est exempt des chaleurs et des
froids extrêmes; car les figuiers, les lauriers et même les
grenadiers y prospèrent en pleine terre et les deux premiers
arbustes y acquièrent de grandes dimensions; le maïs s'y
développe et y mûrit parfaitement ses épis.

Le voisinage du lac Léman, dans une de ses plus grandes
largeurs et profondeurs, contribue beaucoup à la modéra-
tion de la température, par ses brises l'été, par sa chaleur
propre l'hiver. Ce lac gèle rarement et seulement un peu
sur ses bords par les plus grands hivers, et sa chaleur propre
reste fixe à 6 degrés au-dessus de zéro, à 5o mètres de profondeur : aussi semble-t-il fumer par les grands froids. La
chaleur moyenne de ses eaux, comme celle des eaux des
mers, protége donc la végétation contre les gelées de printemps et d'automne dans toutes les cultures qui l'avoisinent ;
c'est là un fait constaté.

Si le climat d'Évian est favorable à la production de tous
les fruits, son sol ne lui est pas moins avantageux.

Formé, dans sa plus grande étendue, de diluvium alpin
argileux, siliceux et calcaire, tantôt pur, tantôt mélangé de
gravier ou de galets, tantôt reposant sur sables ou galets
lacustres perméables ou sur un sous-sol argileux et marneux imperméable, le sol cultivable offre des épaisseurs
considérables de un à plusieurs mètres, généralement traversé par l'eau ; sa composition est tellement heureuse qu'il
garde assez d'humidité pour entretenir toujours une riche
végétation, fruitière surtout, et rarement trop pour lui

nuire. Aussi voit-on partout, sur les bords du lac comme sur les rampes et les plateaux assez élevés, des cerisiers, des poiriers, des pommiers, des châtaigniers et des noyers gigantesques : j'ai vu dans les champs et dans les haies, sans culture, des poiriers couverts de fruits, qui n'avaient pas moins de 12 mètres de hauteur. On cite un poirier, dans la commune de Publier, qui s'élève à 20 mètres, offre un tronc de 3^m,45 de circonférence et une arborescence de 60 mètres de tour: il donne, tous les trois ans, de 100,000 à 120,000 poires, de 30 à 40,000 dans les deux années d'intervalle, et fournit ainsi de 15 à 20 hectolitres de poiré, dans ses grandes années, et de 5 à 7 hectolitres dans les années de repos relatif.

Assurément le terrain et le climat entrent pour beaucoup dans cette végétation et dans cette fécondité excessive des arbres fruitiers et de la vigne en crosse; mais la grande arborescence, à laquelle les habitants dn pays ont le bon esprit de les abandonner ou de les conduire, n'y contribue pas moins.

M. Decaisne, professeur au Jardin des Plantes et membre de l'Académie des sciences, proclame et répète avec raison depuis trente ans : que c'est la production fruitière à plein vent et à grande arborescence qui seule peut alimenter la consommation générale des fruits à bon marché; que la taille à outrance restreint au contraire cette production à des proportions infimes, et n'offre que l'avantage de plier beaucoup d'espèces aux exigences et à l'ornement de nos jardins.

Qui n'a admiré les pommiers et les poiriers à cidre et à poiré pliant sous le poids d'innombrables fruits? Mais en les admirant, qui ne s'est pas dit: Si ces arbres portent tant de fruits, c'est que ce sont des fruits à cidre et à poiré? — Eh bien, non! c'est qu'ils sont à libre et à grande arborescence. — Il y a une foule de poiriers et de pommiers, à délicieux fruits de table, qui en produisent autant quand ils sont en plein vent et à grande arborescence. La grande arborescence est la première condition de toute grande production fruitière.

Sans doute il est quelques exceptions : les pêchers, les figuiers d'Argenteuil en sont des exemples; mais la règle générale est que plus un arbre s'approche de son arborescence et de sa végétation naturelles, plus il est vigoureux, plus il vit longtemps, plus il est fertile. La vigne elle-même fournit des preuves irrécusables de cette grande vérité; mais, comme les pêchers et les figuiers, elle exige des conditions de préservation du froid et de rayonnement calorifique dans nos climats; elle exige partout, plus que les pêchers et les figuiers, des conditions de soutenement, d'attache et de délimitation qui demandent sans cesse l'intervention de l'homme; toutefois les vrais principes de sa durée et de fécondité n'en restent pas moins les mêmes que ceux de la généralité des arbres fruitiers : les crosses d'Évian en offrent la preuve la plus évidente.

Le territoire de la ville d'Évian ne contient que 70 hectares de vignes, mais son canton en compte 455 hectares, dont la moitié environ est cultivée en crosses et la moitié en vignes basses; quelques vignes mixtes ou en crossons (petites crosses) figurent pour un chiffre insignifiant dans ce total.

Le rendement moyen des vignes basses est compris entre 40 et 50 hectolitres à l'hectare; celui des crosses ou vignes hautes, avant l'oïdium, était compris entre 80 et 120 hec-

tolitres; et, en outre, les pommes de terre, les haricots, les
petits pois, les choux, les betteraves, les salades, le maïs,
les céréales, les fourrages, sont cultivés entre les crosses, et
y rendent autant, et même plus, dit-on, que si les crosses
n'existaient pas, tandis que les vignes basses n'admettent
aucune culture intercalaire.

La presque totalité des vins est faite en vin blanc et fournie par les fendants verts et les fendants roux ; le peu de
vin rouge produit est donné par le savoyan (mondeuse),
par le gamay, dit beaujolais et montferrant, et par quelques
ceps de noir doux ou cot.

Les vins des crosses d'Évian sont blancs et légers, et ils
sont aussi sains qu'agréables ; tous les étrangers les boivent
avec plaisir, et leur usage aux repas me semble contribuer,
au moins autant que celui des eaux, au rétablissement des
malades.

Les vins blancs des vignes basses sont un peu plus alcooliques et un peu plus corsés que ceux des vignes hautes ; mais
ils m'ont paru moins fins et moins délicats. Les habitants du
pays préfèrent de beaucoup leurs vins à leurs eaux, qui sont
toutes légèrement alcalines, très-limpides, très-fraîches,
franches de goût et des plus séduisantes à boire ; mais malgré
ces grandes qualités on en use très-peu dans les familles,
où le vin est bu presque toujours pur : ce qui n'empêche pas
les exemples des plus belles vieillesses, exemptes d'infirmités
de corps et d'esprit, d'y être très-nombreux et les maladies
endémiques et épidémiques d'y être inconnues.

Autrefois les crosses étaient plantées à 4 ou 5 mètres au
carré ; aujourd'hui on les éloigne de 8 à 12 mètres.

Quelquefois on fait grimper sur une même crosse jusqu'à
cinq et six ceps plantés autour ; parfois, un seul cep suffit

à la garnir, mais généralement trois ceps sont disposés et conduits à cet effet.

Le plant préféré, pour les crosses, est le plant enraciné, de deux ou trois ans, provenant du provignage d'une bouture de fendant vert ou roux, s'il s'agit de raisins blancs (chasselas), ce qui est le cas le plus fréquent, et de noir doux ou cot vert ou rouge, s'il s'agit de raisins noirs.

On défonce avec soin et l'on vide un trou de 1 mètre carré sur 70 centimètres et plus de profondeur; on le remplit de 30 à 40 centimètres de la terre extraite; on y place le ou les plants coudés de cinq à six colliers de racines, à 30 ou 40 centimètres; on recouvre de terre, puis de fumier consommé; on achève de remplir avec la terre; enfin on taille le sarment sortant à trois yeux au-dessus du sol.

Contrairement aux idées qui dominaient il y a quelques années, les viticulteurs du canton d'Évian, au lieu de faire de plants enracinés au mois de novembre leur plantation, ont trouvé beaucoup plus avantageux de la faire quand la sève monte, et même quand le bourgeon est sorti. La végétation est plus prompte, plus franche et plus vigoureuse. C'est là une vérité reconnue et une pratique établie depuis longtemps dans les Charentes pour les boutures; mais pour les plants enracinés, c'est ici que je la vois appliquer pour la première fois. Pourtant la plantation des arbres en pleine végétation est aujourd'hui reconnue comme bonne et se pratique avec un grand succès; il est donc utile de constater qu'elle s'adapte également bien à la plantation de la vigne.

Si des trois yeux laissés hors de terre trois bourgeons surgissent et prospèrent, à la première taille on abat les deux bourgeons ou sarments inférieurs et l'on garde de préfé-

rence le supérieur, s'il est assez fort; ce choix est motivé
par la nécessité de faire monter la tige.

La figure 164 donne l'aspect du plan taillé avant la
pousse, et la figure 165, l'aspect du même plan après sa
première pousse, sur laquelle sera assise la deuxième taille.

Fig. 165.

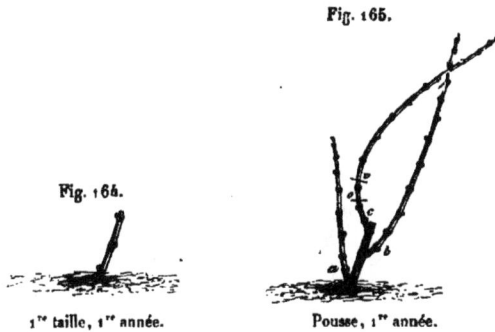

Fig. 164.

1ᵉ taille, 1ʳᵉ année.   Pousse, 1ʳᵉ année.

A cette deuxième taille, préparatoire de la deuxième
pousse, le vigneron coupera, rez la souche, les sarments

Fig. 167.

Fig. 166.

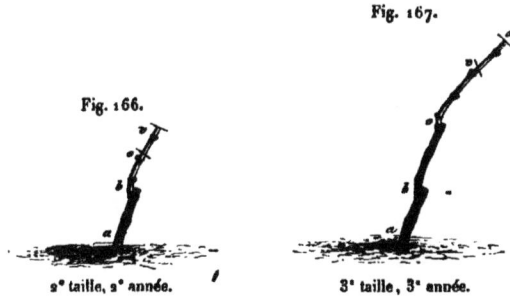

2ᵉ taille, 2ᵉ année.   3ᵉ taille, 3ᵉ année.

a et b et conservera le sarment c, soit en o, soit en r, à deux
ou à trois yeux, d'où sortira le cep a b o ou a b o v, fig. 167.

Le sarment qui poussera en *o* ou en *v* sera seul conservé et taillé à trois yeux, comme le sarment *c v* de la figure 165 ou *b o* de la figure 166. Quelquefois, s'il est très-fort, on lui donne quatre yeux et la souche taillée offre la disposition *a b o v* ou *a b o x* de la figure 167.

La figure 168 représente la pousse du cep de la figure 167.

Fig. 168.   Fig. 169.

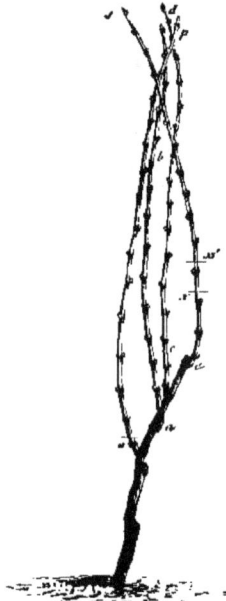

Pousse, 3ᵉ année.   4ᵉ taille, 4ᵉ année.

La plupart des vignerons laisseront, à la quatrième taille, en *o* (fig. 168 et 169), un courtot ou courson à un seul œil rarement à deux yeux; ils abattront, rez la souche, les sarments *a b* et *c d* et conserveront le sarment *e f* pour y asseoir la taille. Cette taille est encore à trois ou à quatre yeux, *x x'* (fig. 169); mais si le cep est vigoureux, beaucoup de vignerons la porteront à 50 ou à 60 centimètres de longueur, c'est-à-dire à six ou à huit yeux (fig. 168 et 169, *e f*). Cette dernière figure porte sa pousse au pointillé.

A la cinquième taille, le courtot *o* (fig. 169 et 170), sera continué à la même place, à un œil; le sarment *o' p* (fig. 169) fournira un second courtot *o'* (fig. 169 et 170) et parfois une longue taille *o' p' q'* (fig. 170), taille attachée en *q'* ou repliée en raquette *o' p' r s* et attachée en *s*. Tous les sarments au-dessous de *o'* seront supprimés, excepté le plus haut *c a v* (fig. 170), qui sera mis à la longue taille et attaché en *v v'*. Souvent un courtot *m n* est laissé encore au bas de la longue taille; j'ai vu ces dispositions dans les cultures de MM. Grandjux, excellents viticulteurs et agriculteurs de père en fils.

A partir de la quatrième année parfois, mais toujours de la cinquième ou de la sixième, la majorité des vignerons montent ainsi la treille de 40 centimètres à 1 mètre par an, laissant des courtots de 30 en 30 centimètres environ pour fortifier la tige. Mais, par contre, quelques-uns, un seul peut-être qui l'a déclaré, M. Armand Alexis, ne montent jamais la treille que de trois ou quatre nœuds par an, convaincus que, par cette sage lenteur, ils assurent aux racines une plus grande vigueur et à la tige une plus grande solidité. Dans ce système, il faut au cep vingt à vingt-cinq ans pour atteindre au sommet d'une crosse de 20 à 25 pieds (figure 176).

D'autres viticulteurs, plus hardis et plus en rapport avec

la science et les faits les mieux observés, prendront le sarment *op* (fig. 168) de la troisième pousse, ou le plus fort et

Fig. 170.   Fig. 171.

4ᵉ taille, 5ᵉ année.   5ᵉ taille, 5ᵉ année.

le plus long de cette même année, et le dresseront à 1ᵐ,50

ou à 2 mètres, jusqu'à l'embranchement de la crosse, d'un seul jet, en supprimant tous les autres sarments (fig. 172);

Fig. 172.

mais dans ce procédé, le sarment *o p*, destiné à former toute la tige d'un seul jet, ne conserve que trois ou quatre yeux devant végéter à sa partie la plus élevée, comme on le voit dans la figure *p″ p′ p*.

Dans la commune de Publier, près d'Évian, plusieurs cultivateurs, et entre autres M. Blanc-Marie, montent la tige de leurs crosses en un seul jet, et leurs treilles sont beaucoup plus tôt formées, plus vigoureuses et plus fertiles. On voit des treilles, ainsi conduites, déjà bien constituées et donnant 30 litres de vin à la troisième année, résultat qu'on obtient à peine à huit et à dix ans par la taille courte. Les viticulteurs traditionnels le reconnaissent, mais ils disent que cela ne durera pas.

Que les progressistes se rassurent : leurs crosses ainsi formées, suivant les forces et les lois de la nature, vivront plus longtemps fortes et fécondes que les vignes affaiblies et vieillies avant l'âge par les artifices humains.

5° taille, 4° année.

Du reste, la pratique qui consiste à former rapidement les treilles et les cordons de vignes, en mettant à profit toutes les forces de la végétation produite, est déjà depuis longtemps reconnue préférable à la formation lente et à courte taille et adoptée avec succès par les horticulteurs expérimentés, non-seulement pour la vigne, mais encore pour tous les arbres fruitiers.

Fig. 173.

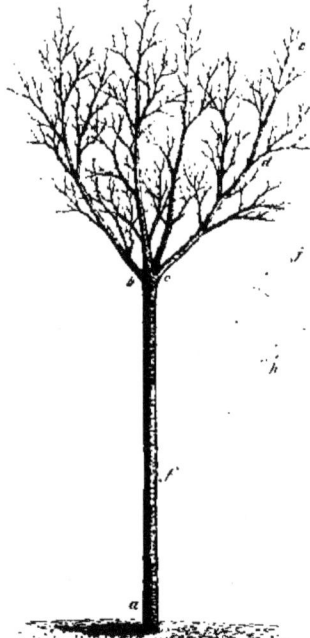

Jeune cerisier.

Les viticulteurs d'Évian peuvent donc sans crainte mettre à profit leurs longs sarments pour garnir rapidement leurs crosses.

La pensée de fortifier la tige du cep en lui laissant de distance en distance un courtot, comme dans la fig. 170 oo' et cc' dans la fig. 171, n'est pas moins chimérique que celle de la fortifier par des tailles courtes et des tronçons de divers âges.

En effet, qu'est-ce qui grossit et fortifie le tronc d'un arbre quelconque? L'étendue de son arborescence et la somme de la surface des feuilles qu'elle porte, surface qui forme le bois coulant ou la séve descendante : chaque branche ne fait que son bois et une partie correspondante du bois de la tige située au-dessous d'elle. Si une branche *f h j* poussait en *f* le long de la tige d'un jeune cerisier (figure 173), au lieu de pousser au sommet en *c d e*, la portion *a f* de la tige serait grossie en proportion de la surface foliacée de la branche, mais la partie *c f* de cette tige serait affaiblie de toute la production du bois qui eût été produite par *c d e*. Aussi se garde-t-on bien, quand on veut obtenir une tige également forte partout, de souffrir aucune végétation dans toute sa hauteur.

Si les courtots *c c'* (fig. 171) étaient destinés à produire du raisin, je ne les condamnerais pas; mais ils n'ont pas et ne remplissent presque jamais cette fonction, à peu près exclusivement dévolue aux longues tailles *o' p' q'*, *c a v* (figure 170) : ils doivent donc être supprimés.

Dans les figures 169, 170, 171 et 172 j'ai supposé les jeunes treilles montant le long d'un grand échalas pour rendre plus nette leur conduite; le plus souvent elles sont développées le long de la crosse, mais souvent aussi elles sont d'abord montées le long d'un échalas à part, en attendant qu'on les approche de l'arbre et qu'on les y attache. J'ai vu plusieurs jeunes ceps ainsi préparés chez M. Grandjux.

Aussitôt que la tige de la vigne est arrivée à la hauteur de la première branche de la crosse *a* (figure 174), on lui laisse à ce point un courtot *a b*, à deux yeux seulement, tandis que la tige continue à monter par une longue taille *c d e*, ou par une broche à quatre ou à six nœuds, pour laisser l'année suivante un courtot de ramification vis-à-vis de la branche supérieure, ou deux courtots vis-à-vis de deux branches.

Chaque courtot laissé à la naissance d'une branche est

chargé de fournir une ramification du cep, s'allongeant par

Fig. 174.

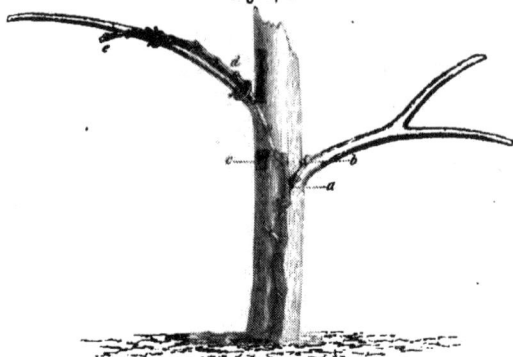

Premier dressement du cep sur crosse.

longue taille *c d e* (fig. 175) et laissant à son tour des courtots
a b (même fig.) partout où il est nécessaire de bifurquer et

Fig. 175.

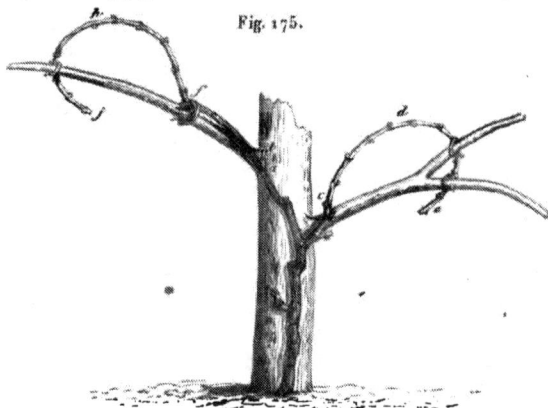

Deuxième dressement du cep sur crosse.

vers la fin de chaque branche, pour y reproduire indéfiniment le courtot à un œil et la longue taille terminale *f hj*.
— Les longues tailles terminales, et celles qui n'ont pas
pour objet d'allonger le cep, sont toutes courbées en trajectoire et fixées, par un ou deux liens d'osier, dans cette
position, *cde, fhj* (fig. 175).

Je reproduis (figure 176) une des plus belles crosses
moyennes et des mieux disposées, garnie de ses trois ceps,
entièrement développés et tels qu'ils sont taillés et disposés
après la taille et avant la pousse.

On peut se figurer quelle masse de raisins et de pampres
une pareille arborescence peut produire : j'ai vu cette riche
production cette année même. — J'aurais voulu la faire
reproduire par la photographie, mais je n'ai pas trouvé
d'artiste sous ma main ; je renonce à en donner une idée
par un dessin d'imagination, car il semblerait une exagération inadmissible.

Quoi qu'il en soit, les crosses ainsi chargées annuellement ne semblent éprouver aucune fatigue ; elles vivent avec
la force et la majesté des chênes, des châtaigniers et des
noyers séculaires, dont les fruits abondants paraissent bien
plus être un rayonnement de santé, une splendide parure,
qu'un fardeau pesant, une charge mortelle à leur gigantesque
et robuste couronne.

Lorsque de cette puissante végétation les yeux s'abaissent
sur les vignes naines, de mêmes espèces, qui sont à leurs
pieds (fig. 177, même échelle), on comprend sans peine que
les racines de ces dernières sont rachitiques comme leurs
tiges ; qu'elles dévorent rapidement tous les aliments du peu
d'espace qu'elles occupent sous la superficie du sol ; que leur
force vitale ne dépasse pas les proportions de leur volume

anatomique et celles des organes assimilateurs qui les surmontent et les animent; qu'il faut des cultures, des engrais
et des soins multiples pour réparer l'épuisement que la pro-

Fig. 176.

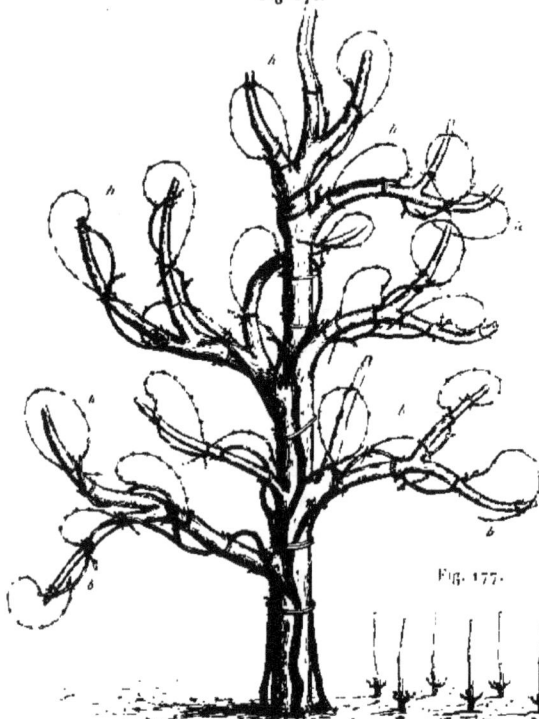

Crosse garnie de ses ceps tailles.   .   Vignes basses.

duction de quelques grappes leur inflige et pour conserver
un peu de vie à ces petits êtres artificiels.

La figure 178 est le croquis, dessiné à un centimètre

Fig. 178.

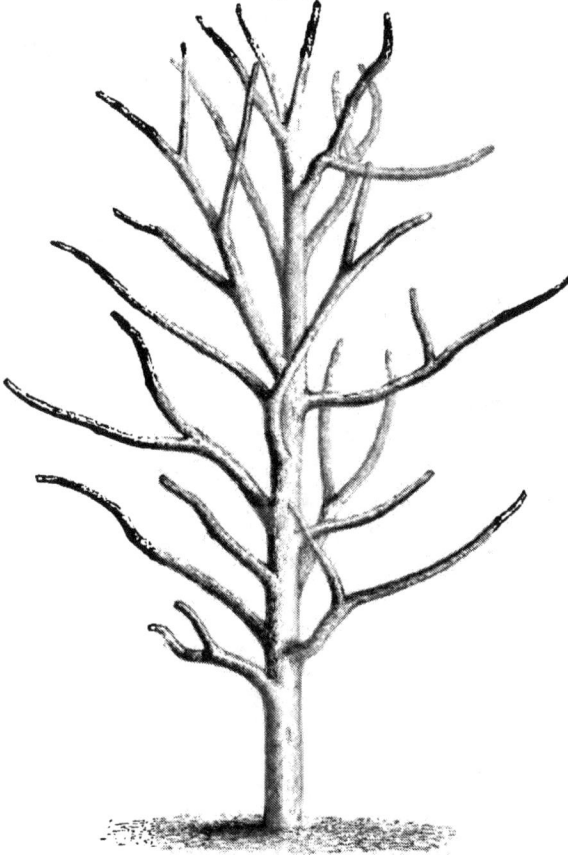

Type de crosse à Évian,

et demi par mètre, et pris sur place dans les environs

d'Évian, d'une crosse type, très-fournie de branches et haute de près de 10 mètres.

Les vignes basses à Évian sont plantées à 0^m,75 au carré; elles comptent ainsi de 17 à 18,000 ceps à l'hectare, parfaitement en ligne, et chaque cep est muni d'un échalas de 1^m,40 à 1^m,50.

Pour planter les vignes basses, on défonce préalablement toute la superficie du sol à 0^m,50 de profondeur et plus, si le terrain le permet. Pourtant on signale dans le pays une vigne, une seule il est vrai, qui a été plantée sur simple labour à la charrue, qui compte aujourd'hui de soixante à soixante et dix ans et qui conserve la plus belle vigueur. Ce fait ne m'étonne point : car le terrain d'Évian, surtout là où il est perméable à l'eau, doit donner des vignes plus fertiles et plus durables sans être défoncé qu'avec défoncement. J'ai vu bien des vignobles où le défoncement est reconnu désavantageux à la vigne : les Charentes, les Pyrénées-Orientales, par exemple, ont mis ce fait hors de doute. — On pourrait, à coup sûr, éviter à Évian la grande dépense du minage partout où l'eau n'est pas retenue par le sol.

On plante la vigne basse en boutures, sans vieux bois au pied, le plus souvent à la cheville, à 0^m,30 de profondeur; on coule dans le trou de la terre fine, un peu de cendre, et l'on tasse fortement la terre; on rogne à deux yeux au-dessus du sol.

L'époque de la plantation est le mois et même la fin de mai; entre la taille et la plantation on entretient la verdeur des boutures en les trempant de temps en temps dans l'eau.

La pousse de première année est de 15 à 25 centimètres. — Si le bourgeon supérieur a végété, on le préfère au sarment inférieur pour former la tête de la souche,

à 16 ou 18 centimètres de terre; on taille en mars le sarment supérieur à un œil et on supprime le sarment inférieur.

Pendant trois ou quatre ans, on taille tous les sarments,
sortis de la tête, à un œil de la couronne, pour grossir et
fortifier la tête (fig. 179 A); à partir de quatre à cinq ans,
on forme trois ou quatre bras horizontaux, le plus souvent

Fig. 179.

Vignes basses à Évian.

trois, sur la tête, taillés à un œil (fig. 179 B); et enfin,
plus tard, la taille de chaque courson, sur chaque bras, est
portée à deux yeux (fig. 179 C).

L'échalas, enlevé seulement à la taille, est remis au pre-

Fig. 180.

mier labour. — On ébourgeonne en mai (fig. 180, A); on
relève et on attache à la fleur, à la fin de juin et de juillet.

avec un, deux et jusqu'à trois liens de paille (fig. 180, B),
et l'on rogne à la fin de juillet et d'août (même figure, C) :
les rognages sont donnés aux vaches et aux chèvres.

Quand une souche est stérile, dépérit ou meurt, elle est
remplacée par un provignage qui consiste à enfouir une
souche, laquelle fournit un sarment à sa même place et un
à la place du manquant; c'est le mode le plus adopté de
provignage, toujours en ligne et en carré.

On donne deux cultures à plat à la vigne, rarement

Fig. 181.

trois : la première, à 15 ou 18 centimètres de profondeur, d'avril en
mai; la deuxième, plus superficielle,
de juin en juillet; et la troisième,
simple binage, à la véraison; toutes
ces cultures sont faites à la main. — L'instrument le plus
employé est représenté figure 181.

On fume généralement les vignes basses tous les trois
ans, sur le pied d'une hottée (de 33 centimètres cubes)
pour 16 ceps ou de 2 litres à 2 litres et demi par cep:
36 à 45 mètres cubes de fumier par hectare. C'est là une
très-bonne fumure, qui revient à peu près à un litre par
cep et par an et qui coûte environ 160 francs annuellement; mais c'est une lourde charge pour une récolte de 40
à 50 hectolitres, charge qui n'incombe pas aux cultures en
crosses, crossons ou piliers, car ces grandes arborescences
ne reçoivent d'autres fumures que les fumures ordinaires
données aux cultures intercalaires. On remonte aussi, tous
les huit à dix ans, les terres du pied des vignes à leur
sommet.

Si l'on joint ces dépenses de fumure et d'amendement.
qui ne restent guère au-dessous de 200 francs, à l'entre-

tien de 18,000 échalas, vaïant au moins 30 francs le mille et
renouvelés par dixième, on atteindra facilement 250 francs
par an et par hectare, avec la paille d'accolage. En estimant
à la même somme la main-d'œuvre, y compris la vendange
et le pressurage, on arrive à la somme de 500 francs d'entretien annuel, somme qui reste au-dessous de la vérité.
Si l'on ajoute à cette somme l'intérêt de la valeur du fonds
et du capital avancé à l'installation de la vigne (lesquels
ensemble, et en moyenne, ne sont pas moindres de 6,000
francs dans le pays), on verra qu'il ne reste guère par
hectare que 200 francs de profit net au propriétaire; et
malgré ces frais énormes. il y a peu de cultures qui donnent
un tel bénéfice, main-d'œuvre, fournitures et intérêts à 5
pour 100 payés.

Les charges annuelles des cultures en crosses sont bien
inférieures à celles des vignes basses : elles ne sont point
grevées de la valeur du terrain ni de celle des engrais, qui
sont payés par les autres cultures intercalaires. La taille et
le palissage des crosses se faisant en hiver, une fois pour
toutes, le temps qui leur est consacré a aussi une moindre

Fig. 182.

valeur; enfin, leurs produits sont plus
abondants, à part l'action de l'oïdium.

Les vendanges des vignes basses se
font en paniers, versés en brindes ou
hottes en bois cerclées et étanches,
portées à dos d'homme, au moyen de
bretelles (fig. 182), jusqu'à la vinée ou
jusqu'au char sur lequel elles sont placées. Celles des crosses exigent l'emploi
d'une grande échelle et même de deux
opposées, quand les crosses sont vieilles, pour équilibrer

leur pression et éviter les ruptures. Il serait bon de vendanger les crosses en deux ou trois fois, car la maturité
des diverses hauteurs présentent deux ou trois périodes
bien distinctes : les raisins du bas mûrissent les premiers,
viennent ensuite ceux du milieu, et enfin ceux du sommet
présentent de six à neuf jours de retard sur ceux du bas;
les parties ouest et nord influent également sur le plus ou
le moins de précocité par rapport à l'est et au sud.

Pour les vins blancs, les raisins, étant apportés au pressoir, soit à dos d'homme, soit sur char, sont foulés au double
cylindre cannelé, puis immédiatement pressés; mais quand
le pressoir n'est pas disponible, on met les raisins en cuve
en attendant. Dans ce cas, le vin est plus dur, mais il gagne
au premier soutirage (deux ou trois mois après); au second
soutirage (quatre ou six mois après), le vin cuvé est aussi
bon que le vin pressé sans cuvage, et au troisième soutirage il est devenu meilleur, dit-on.

Quant au vin rouge, les raisins qui doivent le produire
sont d'abord foulés, puis mis dans la cuve. Les cuvaisons
se font à cuve découverte et à marc flottant, pour la plupart; très-peu de propriétaires tiennent le marc plongé
sous le jus; la cuvaison dure de dix à douze jours.

Quand, par une circonstance quelconque, une crosse est
brisée au-dessus du sol, on la raccommode ou on la remplace en reliant la tige au pied par des liens de fer. J'ai
vu chez MM. Grandjux des crosses ainsi reconstituées
(fig. 183): *a b*, biseau de jonction; *c c'*, cercles de fer.

Quand une ou plusieurs branches sont rompues, ou font
défaut pour bien garnir la crosse, on pratique des mor-
taises *m n*, *m' n'* (fig. 183) dans le tronc principal, et
l'on y insère soit une branche *o p m*, équarrie en tenon

en *p m,* soit un madrier de sciage *n′ k l.* La dépense causée
par le premier établissement des crosses est assez considé-

Fig. 183.

rable pour justifier parfaitement toutes ces pratiques de
réparation.

La meilleure méthode qui puisse être mise en concurrence et en comparaison avec celle des crosses serait, sans
contredit, la méthode appliquée avec tant de succès dans
la Gironde et dans la Dordogne par M. Cazenave et par
M. Marcon. C'est aussi, sans aucun doute, la méthode qui
reproduit le mieux toutes les conditions de l'extension de la
végétation et de la taille appliquées aux crosses, moins la
hauteur et la superposition, qu'il sera facile de réaliser.

Je reproduis dans la figure 184 la taille et le palissage,
au mois de mars, de la méthode Cazenave, et dans la

figure 185 je montre comment cette taille et ce palissage pourraient être modifiés : par exemple , on pourrait sup- primer le fil de fer *a b* (fig. 184), auquel sont attachées

Fig. 184.

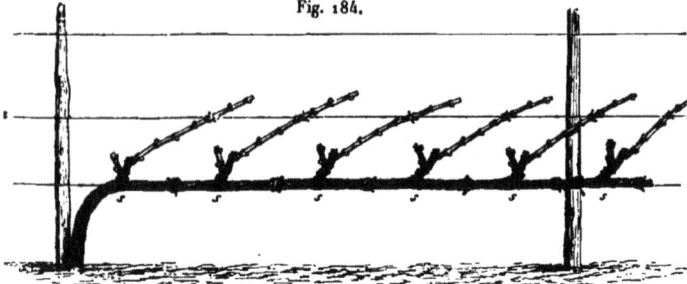

Vigne conduite à la méthode Cazenave (Gironde).

les branches à fruits, en courbant et en attachant les branches à fruit, comme l'indique la figure 185. Le cordon, au lieu

Fig. 185.

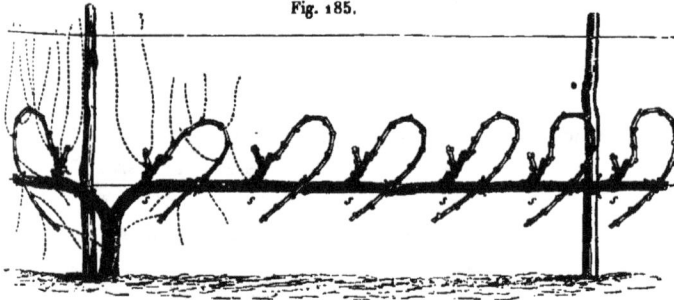

Méthode Cazenave modifiée à la manière d'Évian.

d'être simple, pourrait être double, comme l'indique cette dernière figure. Enfin, le premier cordon n'étant qu'à 5o centimètres de terre, on pourrait facilement faire un second cordon à 1 mètre au-dessus.

Mais le simple cordon des figures 184 et 185 suffisant à donner 100 hectolitres à l'hectare, lorsque les lignes sont à 2 mètres de distance, un second cordon superposé ne pourrait qu'être nuisible.

Toutefois, si les lignes de palissage étaient à 6 mètres de distance, il faudrait pour donner le même produit trois cordons l'un au-dessus de l'autre. Ces trois cordons pourraient être disposés soit sur un seul pied, soit sur plusieurs, comme l'indique plus loin la figure 186; le premier rang à 50 centimètres de terre, le second à 1 mètre au-dessus et le troisième à 1 mètre du second, chaque cordon étant attaché à un fil de fer n° 16 recuit.

Cette disposition des rangs, à 6 mètres, laisserait 4 à 5 mètres aux cultures intercalaires; et ces cultures seraient très-prospères si les lignes étaient dirigées du nord au sud.

Des supports en petits sapins, de 3 mètres de longueur et de 7 à 10 centimètres de diamètre au pied, enfoncés et scellés en terre à 50 centimètres de profondeur, disposés de 4 mètres en 4 mètres, suffiraient à donner, avec les trois fils de fer, un palissage très-solide, s'élevant à 2^m,50 au-dessus du sol et par conséquent toujours à la portée de la main.

Ce palissage reviendrait par hectare, savoir :

Fourniture de 400 sapineaux, à 30 centimes........	120^f
Fourniture de 5,000 mètres courants de fil de fer n° 16, au bois, recuit, pesant 200 kilogrammes, à 60 francs les 100 kilogrammes........................	120
Pose, scellements et tendeurs..................	60
Dépense totale par hectare..............	**300**

3oo francs au lieu de 4,5oo francs (15o crosses à 3o fr.) assurent déjà plus de 2oo francs d'intérêt à 5 p. o/o d'économie, en supposant que l'entretien des crosses ne soit pas plus onéreux que celui des palissages.

La taille, le palissage et la vendange restant partout à la portée de la main, on peut évaluer encore largement à 125 francs l'économie de main-d'œuvre et l'avance d'un capital insignifiant.

Enfin, les épamprages et rognages, opérés au croissant, seraient une dépense très-minime et fourniraient une abondante nourriture au bétail, une augmentation notable de produits, et surtout l'assainissement contre l'oïdium et sa préservation presque assurée.

En laissant 1 mètre de chaque côté du pied des palissades consacré à des cultures sarclées, les récoltes intercalaires seraient aussi abondantes et meilleures que sous les crosses.

Voilà bien des motifs qui me portent à conseiller aux propriétaires des environs d'Évian de planter toutes leurs vignes nouvelles en lignes dirigées du nord au midi, à 4 ou à 6 mètres de distance, et à les dresser ou conduire sur palissades en fil de fer, sur cordons simples et superposés; laissant partout, sur chaque souchet *ssss* (fig. 185 et 186), de pied en pied (33 centimètres), un courtot et une branche à fruit disposée et recourbée comme dans les figures 185 et 186; ce qui vaut mieux que la disposition de la figure 184, parce que la branche recourbée se met plus à fruit et moins à bois. Ce n'est là d'ailleurs que la méthode du pays, mieux réglée, plus disciplinée et plus économique : pour se convaincre de la ressemblance, il suffit de comparer la figure 186 avec la figure 175.

Chaque cordon doit être fourni, exactement comme les

bons viticulteurs du canton garnissent les branches de
leurs arbres, par un courson laissé vis-à-vis chaque fil de
fer; et dès que ce courson a donné un beau sarment, il
faut l'attacher au fil de fer, ôter tous les yeux du dessous
et laisser pousser les yeux du dessus, tout le long du sarment. L'année suivante, on garde de pied en pied (de 33
en 33 centimètres) un des sarments ainsi poussés et l'on
en fait autant de branches à fruit recourbées. Enfin, la
troisième année, on laisse au pied de chaque souchet *ssssss*

Fig. 186.

Trois cordons en trois ceps superposés

un courson à deux yeux *cc'* (fig. 186), et plus haut, une
branche à fruit recourbée *abegf*, attachée en *eg*.

Cette méthode est assurée du succès, car elle repose sur les mêmes principes que celle de MM. Cazenave et Marcon (fig. 184 au 33ᵉ et 187 au 100ᵉ), et elle a pour garantie de

Fig. 187.

Méthode Cazenave, au centième.

durée les méthodes de l'Isère, qui comptent cent cinquante ans d'existence et d'une fécondité persistante (fig. 188 et 189 au 100ᵉ); mais sa meilleure garantie pour les viticulteurs

Fig. 188.

Treilles de l'Isère, à 15 ou 20 ans

du pays est dans la fécondité et la durée de leurs propres crosses, dont elle n'est qu'une forme variée.

Fig. 189.

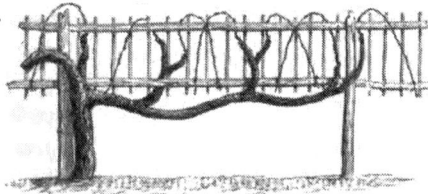

Treille de l'Isère, à 150 ans.

Ce qui forcera peut-être le canton d'Évian à abandonner les crosses, les crossons et même les piliers, bien plus encore que la dépense exigée par ces méthodes, c'est la prise que ces dispositions donnent à la maladie, à l'oïdium, qui chaque année s'attache aux raisins qu'elles produisent et en détruit la moitié, les trois quarts et souvent la totalité, sans qu'on puisse les débarrasser de ce fléau, tandis que les vignes basses en sont très-peu et très-rarement atteintes; j'ajoute que les palissages verticaux, comme ceux des figures 185 et 186, lorsque les pampres en sont rognés avec soin, partagent la même immunité et peuvent d'ailleurs être facilement traités, soit par la fleur de soufre, soit par les aspersions de sulfures alcalins, dissous dans l'eau.

Après cette étude de la vigne en crosse, il est curieux de jeter un coup d'œil sur les vignes en haies contre terre, dont on voit encore des échantillons entre Yvoire et Thonon, dans le même arrondissement qu'Évian.

J'essayerais vainement de donner une idée de leur aspect dans la figure 190 : les feuilles de l'érable, qui constitue la haie, et ses rameaux se confondent avec ceux de la vigne de telle façon, qu'il est très-difficile de distinguer la vigne de l'arbrisseau auquel elle est mariée et de comprendre rien à la vue d'ensemble. Les crosses d'Évian et les haies d'Yvoire sont les deux extrêmes de la culture de la vigne sur arbres.

On voit encore sur les bords du lac des vignes sur arbres en quinconce ou en lignes; on y voit également des treilles plus ou moins élevées, et entre et sous lesquelles se font diverses cultures; mais ces dispositions rentrent dans les types de la Savoie et ne forment point, d'ailleurs, le fond des vignobles.

Dans sa viticulture en plein champ et basse sur terre, la Haute-Savoie s'est absolument inspirée de deux méthodes, l'une suisse et l'autre savoisienne, qui la partagent à peu près par moitié, chacune de ces cultures dominant de plus en plus à mesure qu'elle s'approche davantage du pays du-

Fig. 190.

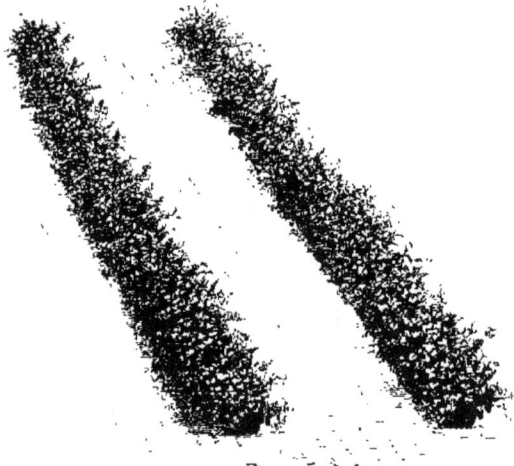

Aspect des vignes basses en haies de Thonon et d'Yvoire.

quel elle dérive évidemment. Sur les bords du Léman et le long de la rive gauche du Rhône qui en sort, les minages ou défonçages se pratiquent de jour en jour davantage, comme en Suisse : la vigne en lignes parfaites, à 80 centimètres, les ceps à 80 centimètres dans le rang, devient la loi commune; les échalas à chaque cep de 1^m,30 à 1^m,50, parfaitement alignés, y sont adoptés; l'ébourgeonnage (ap-

pelé *effeuillage* dans le pays) s'y fait avec soin ; le relevage
et le liage y sont faits deux fois ; le rognage entre les deux
séves pour refouler la séve (comme disent avec raison les
vignerons) s'y pratique scrupuleusement; un ou deux labou-
rages, avec deux binages ou ratissages et plus, tiennent les
vignes constamment en bon état; les fumures abondantes y
sont données tous les trois ans. Le fendant vert et le fendant roux (cépages suisses, sortes de chasselas) y sont cultivés de prédilection ; ce sont des professeurs de Genève et
des inspecteurs du canton de Vaud qui y viennent donner
des leçons (car en Suisse on enseigne la viticulture), et ils
y sont particulièrement influents. Sous ce régime bien observé, la plupart des vignes rendent de 80 à 100 hectolitres à l'hectare ; mais le vin de ces vignes, comme celui
de la Suisse, est bien inférieur à celui du département de
la Savoie et à la plupart des vins de France; toutefois, il
se vend bien et aussi se vend cher, à cause de ses faciles
débouchés.

Les fendants verts et les fendants roux, qui donnent
abondamment à la taille courte, sont loin cependant d'être
encore exclusivement adoptés : la blanquette et la roussette
grosse et petite s'observent encore à Évian, à Thonon, à
Douvaine, à Féterne, parmi les blancs, et le savoyan ou
savoyen, gros rouge, le plant de Lyon, le savagnin, le
plant de la Dôle et le cortaillaud sont toujours la base des
vins rouges, surtout le savoyan ou savoyen, qui n'est autre
que la mondeuse de la Savoie. Grâce à la roussette, à la
blanquette et au klevnet ou pineau gris, on fait d'excellents vins blancs à Évian, à Seyssel, à Frangy, à Aïsse, etc.
Les vins rouges de Thonon, de Frangy, de Menthon,
de Veyrier, de Talloires et de certains coteaux de Bonne-

ville à Annemasse sont très-bons, se conservent bien et se transportent de même, surtout en montant et en allant vers le nord.

A mesure qu'on observe les vignes plus près du département de la Savoie, on retrouve prédominante la culture sans défonçage profond : les vignes sont sans alignement et parfois sans échalas ; le savoyen ou mondeuse domine dans les plants rouges ; on y voit reparaître le persan gros et petit, la douce noire ou cot, la blanquette et la roussette, parmi les blancs ; on ébourgeonne, mais on ne fait plus le rognage entre les deux séves ; les vignes sont bien moins attachées et sont binées moins souvent ; elles sont moins en état permanent de propreté : en un mot, la culture de la Savoie se retrouve tout entière. Mais si les traditions défectueuses sont conservées, les bons et anciens cépages le sont aussi ; et, à mes yeux, il y a par là plus que compensation entre la méthode savoisienne et la méthode suisse.

Rien n'est mieux planté, dressé, échalassé, aligné, épampré, lié, rogné, labouré, sarclé et fumé qu'une vigne suisse au bord du Léman ; mais aucune taille, selon moi, ne serait moins intelligente et moins productive, si elle ne s'appliquait à des cépages qui donnent énormément à la taille courte. La taille suisse est la taille en tête de saule, sorte de moignon renflé sur lequel poussent les sarments porteurs au nombre de trois, quatre, cinq et jusqu'à six, suivant la force de la végétation (fig. 191, *a*). A la taille sèche, chaque sarment est taillé à un œil franc et le borgne (œil assis à l'empatement du sarment sur le vieux bois) ; souvent même le sarment est rabattu sur le borgne sans œil franc, quand la vigne ne semble pas assez vigoureuse. On varie la taille en tête de saule en donnant à la souche

deux, trois ou quatre petites cornes ou moignons (fig. 191,
b). Les fendants, ainsi que quelques autres cépages à

Fig. 191.

Souche taillée à cornes. Souche taillée en tête de saule (au 15ᵉ environ).

vins négatifs et communs, supportent très-bien cette première et deuxième taille en Suisse et dans la Haute-Savoie.
comme les gouais, guenche, foirard, gamay, etc. la supportent en Jura, en Bourgogne et en Beaujolais; comme le
jurançon, les terets-bourets et les aramons, le grenache, etc.
la supportent dans le midi.

J'essaye de donner ici l'aspect général d'une vigne suisse
ou de Seyssel, ou de Collonges, comme on voudra, soit
qu'on entende établir que la France a imité la Suisse ou
bien que la Suisse a imité la France. Ce qui est malheureusement certain, c'est que la viticulture suisse est la plus
soignée des deux dans la même méthode (voir la fig. 192).

A Annecy, quelques rares propriétaires défoncent pour
planter; la majorité plante en fossés de 1 mètre de large.
à deux rangs qui seront provignés plus tard pour garnir
l'intervalle de 2 mètres laissé entre chaque fossé de première plantation; on dresse la souche sur deux ou trois
bras taillés à courson à un ou deux yeux; on met des échalas de 1ᵐ,30 à chaque cep; dans plusieurs vignes il n'y en
a même pas du tout; l'on n'ébourgeonne pas, l'on ne rogne
pas: en un mot, les pratiques de viticulture de la Savoie se
retrouvent à peu de chose près à Annecy. Les principaux vi-

gnobles de l'arrondissement occupent la rive nord-est du lac:
les vignobles de Veyrier, de Menthon et de Talloires y sont

Fig. 192.

Aspect d'une vigne de Saint-Julien, méthode de G. issé (au 33ᵉ environ).

étagés au-dessous de la Tournette, qui les domine en magnifiques frontons de rochers, à 4,000 mètres de hauteur, et
leurs vignes descendent jusqu'à l'eau du lac. Le château de
Menthon s'élève sur le sommet d'un cône de vignes, entre
le lac et la montagne, et il semble commander tous les
vignobles de la côte.

M. Gaillard, président du Comice agricole d'Annecy,
M. Poulet, maire de Talloires, MM. Sautier, Dunand et
Jacmod et M. Augier, secrétaire du Comice, qui m'ont fait
visiter leurs vignobles, déguster leurs vins, et qui m'ont

édifié sur tous les faits de leur viticulture, classent ainsi le
rendement respectif des trois principaux vignobles : Menthon, 5o hectolitres (production moyenne) ; Talloires,
7o hectolitres; et Veyrier, 8o hectolitres à l'hectare. Une
telle production impose une réserve extrême dans les ré-
formes de la culture. Le cépage dominant, qui est la mondeuse, véritable trésor de la Savoie, mérite aussi d'y être
parfaitement respecté.

La vendange se fait ici dans des paniers, dont le contenu
est versé dans des hottes, lesquelles sont portées et vidées
dans les cuves, sans que le raisin soit foulé. Aussitôt que la
fermentation est déclarée, le vigneron foule la surface de
son marc pour qu'il ne s'aigrisse pas; il recommence, toutes
les douze heures, ce foulage superficiel pendant trois jours.
(Il faut noter qu'il a fallu deux ou trois jours pour emplir
la cuve.) Cinq à huit jours après ces trois jours de foulage,
on reprend la grappe dans la cuve pour en sortir le liquide:
le jus exprimé est remis dans la cuve, qui a gardé le quart
environ de son marc. On suspend pendant trois jours le
pressage; on attend que le jus s'éclaircisse, et après le tirage
de la cuve on presse le dernier quart, dont le jus trouble
est mis à part.

C'est là la pratique du pays; on m'affirme que les vignerons n'en changeraient pas.

J'ai goûté des vins rouges du lac d'Annecy de 1855, de
1846, de 1834 et de 1802 : ils ont bien le bouquet, la
saveur et les qualités hygiéniques des vins de mondeuse,
et, quoique inférieurs aux vins du département de la Savoie, ils sont néanmoins très-sains et très-bons; mais leur
mode de cuvaison est compliqué fort inutilement et trop
prolongé, puisque la cuvaison dure au moins douze jours.

On met le vin dans de grands et vieux vaisseaux, qui souvent donnent des goûts de fût et déterminent l'acescence; néanmoins les vins que j'ai goûtés étaient pour la plupart très-droits, surtout ceux de M. le docteur Roger, âgé de quatre-vingt-cinq ans, propriétaire de vignes et grand œnophile de Talloires.

Nous avons goûté, outre les vins rouges, des vins blancs de roussette de 1861 et de 1859 : le premier rappelait la tisane de Champagne et la blanquette de Limoux; le second avait plus d'alcool formé et tirait à l'amer des vins du midi. Les vins blancs de Bonneville de l'année, ceux d'Aïsse, sont légers, agréables, coulants; à mesure qu'ils vieillissent, ils prennent du spiritueux et rappellent un peu le pouilly.

Les vignes de l'arrondissement de Bonneville sont surtout assises sur les flancs est, sud et sud-ouest et sur les rampes inférieures du môle de la côte Hyot, au nord de Bonneville, et elles s'étendent en suivant l'Arve dans le sens d'Annemasse. Elles sont encore, pour la plupart, plantées sans alignement; mais la méthode suisse pénètre déjà dans leur culture et finira par s'y installer entièrement, car elle est plus parfaite et plus productive que la méthode savoisienne. A propos de cette observation, M. Dufour, maire de Bonneville, me dit qu'avant que la vigne y fût cultivée et bien cultivée, la misère existait dans la commune d'Aïsse, tandis qu'aujourd'hui Aïsse est un des plus riches pays de la contrée, grâce à ses vignes et à ses vins blancs très-estimés.

Les propriétaires et vignerons progressistes minent le sol jusqu'à 1 mètre, au prix de 860 francs les 29 ares plantés, avec crèche ou muraille intermédiaire faite. On plante au pal, à 30 centimètres de profondeur, on ajoute du sable de l'Arve, légèrement humecté, et l'on tasse fortement; on laisse trois yeux dehors; la distance est de 80 centimètres entre les lignes et les ceps au carré. La taille est en tête de saule; la conduite est la même qu'en Suisse, sauf pour la roussette, grosse et petite, à laquelle on laisse trois yeux francs, au lieu d'un laissé aux fendants verts et roux. Le gringet complète la liste des cépages blancs de Bonneville avec les roussettes et les fendants. Quant aux cépages rouges, la mondeuse (savoyen) en est la base avec un peu de persan et de douce noire. On cuve les vins rouges dix à douze jours; mais les trois cinquièmes des vins de l'arrondissement sont blancs. L'exploitation des vignes se fait à moitié fruit entre le vigneron, qui fournit toute la main-d'œuvre, la moitié des échalas et du fumier, et qui paye la moitié des impôts, et le propriétaire, qui fournit l'autre moitié et partage les vins, les marcs et les sarments. M. Jacquier, secrétaire du Comice agricole, a bien voulu me faire visiter les vignes et me fournir tous ces renseignements.

Le plant dominant à Saint-Julien est encore le savoyen, auquel se joignent le plant de Lyon ou gamay et le savagnin, espèce de pineau noir, mais très-rare aujourd'hui; le cortaillaud est aussi un peu cultivé dans l'arrondissement. Les cépages blancs qui dominent sur les rampes du Salève, à Saint-Julien et à Annemasse, sont les fendants verts et roux; tandis qu'à Seyssel, Frangy, Musiége, ce sont les roussettes hautes et basses, qui donnent des vins plus fins et plus spiritueux. Les vins de Musiége, récoltés sur l'asphalte pur, sont très-fins et très-agréables; ceux de Frangy sont beaucoup plus forts et peuvent entrer en ligne avec les vins blancs secs de liqueur.

Pour les vins rouges, la cuvaison est plus simple et

moins prolongée qu'à Annecy et à Bonneville; elle varie de cinq à huit jours.

Nous avons visité, en compagnie de M. le sous-préfet de Saint-Julien, de M. le procureur impérial, de M. Pissard, membre du Corps législatif, président du Comice agricole, de M. le docteur Chantens, une fort belle vigne très-bien conduite et entretenue à la méthode suisse, et appartenant à M. Albert, secrétaire du Comice agricole de Saint-Julien. Le rendement moyen de cette vigne est de 70 hectolitres à l'hectare, et ce rendement moyen est à peu de chose près celui de tout l'arrondissement. Le prix moyen était d'environ 20 francs l'hectolitre avant l'établissement des chemins de fer; il est aujourd'hui de 40 francs. En présence d'une telle fécondité du sol et d'un prix aussi rémunérateur, tout fait espérer un accroissement de la viticulture locale.

A Collonges-sous-Salève, les cépages blancs sont ceux du canton de Vaud maintenant; on les a substitués aux anciens, provenant sans doute de Frangy et de Seyssel.

Quant aux cépages rouges, ce sont : le gros rouge, dit savoyen, mûrissant tardivement; le plant de la Dôle ou cortaillaud, le plant de Lyon ou gamay avec le savagnin ou petit pineau; puis une variété précoce de pineau provenant de Zurich, appelée *klevner :* c'est probablement notre morillon hâtif, dit *précoce* aux environs de Paris.

La culture des vignes du Salève est celle de la Suisse : du moins cette méthode y domine. Les vignes sous Salève sont souvent gelées et grêlées : cela diminue le chiffre du rendement moyen, qui, pour les raisins blancs, s'approche pourtant de 80 hectolitres à l'hectare. Aussi étend-on la culture de la vigne partout où elle peut réussir.

22.

Ici M. Bouthillier de Beaumont place une observation très-importante :

« Au dire des agriculteurs âgés de l'endroit, une des « raisons qui ont le plus déterminé l'accroissement de la « vigne se trouverait dans la destruction entière d'une « grande forêt de sapins située sur le versant de la mon- « tagne faisant face au village de Collonges, point milieu de « cette contrée. Une différence notable, disent-ils, s'est fait « sentir depuis lors dans le climat, devenu plus chaud, « moins humide et moins sujet aux brouillards froids et aux « gelées du printemps. »

A Thonon, comme à Saint-Julien, comme à Bonneville, comme à Annecy, le cépage rouge dominant est le sa- voyan, savoyen, gros rouge, ou mondeuse, qui ne cons- titue qu'une seule et même espèce à deux variétés, grosse et petite. Le savagnin et le pineau gris se joignent à la mondeuse pour les vins rouges, qui sont la principale pro- duction de l'arrondissement. Toutefois la roussette et la blanquette donnent, avec le gringet et le verdet, pour vignes basses, et la séchette, pour treilles, de très-bons vins blancs; les fendants verts et roux sont également cultivés pour vins blancs, mais surtout pour la quantité.

La production moyenne des vignes de Thonon est de 40 hectolitres, et les vins rouges et blancs s'y vendent de 35 à 40 francs l'hectolitre.

Le sol est calcaire, silico-ferrugineux, avec sous-sol de gravier marneux à 66 centimètres de profondeur.

Les cultures de la vigne sont mi-partie à la suisse, mi- partie à l'ancienne méthode savoisienne. Les plants rouges sont à 80 centimètres et les blancs à 66 centimètres. J'ai vu beaucoup de vignes bien échalassées et alignées; j'en ai vu d'autres sans échalas et sans alignement. Les cuvaisons durent de six à dix jours; on mêle les vins de pressurage aux vins de cuve, et l'on conserve les vins en bonnes caves voûtées.

L'exploitation la plus générale des vignes se fait à moitié produits. Le prix des journées est de 1 franc à 1 fr. 25 cent. et nourri. Un bon domestique se paye 200 francs par an, nourri, logé et blanchi. Les vignes suisses, en face de Thonon, emploient les femmes savoisiennes pendant six semaines aux opérations de l'épamprage, qui ne se font guère ou qui ne se font pas bien en Savoie. Une femme est payée 20 francs et nourrie pour ses six semaines.

M. Duboloz, trésorier du Comice, me dit, en présence de M. le baron Dupas et de M. Borin, maire de Thonon, que la vigne est ce qui rend le plus dans l'arrondissement. Les vignes rendaient 7 p. o/o quand le chart de vin se vendait 100 francs; aujourd'hui il se vend 200 francs.

M. le président du Comice ne peut approuver les fraudes provenant de l'exagération des cultures de betteraves pour la distillation; il pense que la betterave engraisse le bétail, mais qu'elle ne le crée pas; il regarde la culture industrielle comme engendrant la misère et la dépopulation. J'étais heureux de rencontrer chez un agriculteur aussi distingué que M. le baron Dupas des convictions raisonnées qui sont absolument les miennes.

En somme, dans tous ses arrondissements, la Haute-Savoie peut faire de bons vins de consommation ordinaire; dans chacun d'eux elle compte des surfaces considérables où la vigne peut prospérer. Près d'Annecy, en venant de Saint-Julien, avant et après le torrent du Fier, j'ai vu des sites et des terres à vignes magnifiques. La plus grande partie de la plaine, entre la Roche et Bonneville, n'est propre qu'à la vigne. De Saint-Julien à Beaumont les environs de Thonon ne comptent pas la douzième partie des vignes qui pourraient y prospérer,

Aucun pays ne possède des débouchés plus faciles et plus sûrs vers le nord que la Haute-Savoie; elle peut donc, elle doit se livrer à l'extension énergique de ses vignobles.

DÉPARTEMENT DE L'AIN.

Le département de l'Ain n'offre pas de cultures de vignes tout à fait originales; il emprunte un peu ses méthodes aux pays environnants. C'est ainsi que Pont-de-Vaux, Pont-de-Veyle, Thoissey, Trévoux et Montluel se sont inspirés, et dans leurs pratiques et dans le choix de leurs cépages, du voisinage de Châlons, de Mâcon, du Beaujolais et du Lyonnais; c'est ainsi que le Revermont a adopté, en les modifiant un peu en archets, les courgées du Jura et son principal cépage, le pulsart; que le Bas-Bugey et surtout le Haut-Bugey possèdent les cépages de la Savoie, ses cultures en coteaux, à ceps non alignés, et ses hautains et treilles en plaines; que Nantua et Gex ont une grande analogie avec la Haute-Savoie et la Suisse dans leur viticulture.

Bien que le département de l'Ain ne possède encore aujourd'hui que 19,000 hectares de vignes, sur une étendue totale de 579,897 hectares et pour une population de 371,643 habitants, il n'en produit pas moins de 855,000 hecto-litres de vin, qui représentent une valeur de 21 millions 375,000 francs, plus du quart de la valeur totale des produits agricoles du département, qui n'atteint pas 82 millions de francs; et ce quart est obtenu sur une superficie qui est à peine la trentième partie du sol. Les 21 millions 375,000 francs, produit total brut de la vigne, repré-

sentent le budget normal de 21,375 familles moyennes, soit
de 85,500 individus, près du quart de la population totale.
Si l'on ajoute à ces faits que la production du vin répond à
peine aux besoins de la consommation du département, il
sera facile de comprendre que la culture de la vigne peut
s'y étendre avec grand avantage.

Le sol du département de l'Ain est constitué, depuis
Pont-de-Vaux jusqu'à Lyon, jusqu'à Montluel, et en remontant par Loyes, Bourg et Saint-Amour, par les alluvions
anciennes de la Bresse; et d'Ambérieux à Saint-Rambert
et Belley, pour remonter le Rhône jusqu'à Gex, redes-
cendre à Nantua afin de regagner Saint-Amour, par les
divers étages des terrains jurassiques. Son sol tout entier
serait partout excellent pour la vigne, si les Dombes étaient
débarrassées de leurs eaux et la Bresse de ses froidures.
Sauf ces deux points, le climat de l'Ain n'est pas moins favorable à la vigne que le sol. Les gelées de printemps, qui
dans la plupart des vignobles de l'Ain emportent un grand
tiers de ses récoltes en raisins, peuvent être conjurées en
grande partie par l'usage des longs bois de précaution;
en compensation de gelées, d'ailleurs, la grêle fait peu de
ravages dans ce pays.

Au surplus, pour établir sans conteste la bonté rare du
sol et du climat de ce département pour la viticulture, il
suffit de constater que la vigne donne une moyenne récolte
annuelle au-dessus de 45 hectolitres par hectare. Si l'on
peut parer aux gelées du printemps, cette moyenne générale pourra s'élever à plus de 50 hectolitres.

Je commencerai l'étude du département de l'Ain par
l'arrondissement de Belley. Trois sortes de cultures de la
vigne sont adoptées dans cet arrondissement : 1° la vigne

basse sur souches à deux ou trois bras irréguliers, sans
échalas, comme dans la Chautagne (voir la fig. 154), ou
avec petits échalas de 1 mètre parfois, à 80 centimètres
de distance au carré, comme aux environs de Chambéry
(voir la fig. 153), taillée à crochets ou coursons à deux
yeux francs au plus; — 2° la vigne dite à hautains, ou
plutôt en treilles qui s'élèvent graduellement, en palissades,

Fig. 193.

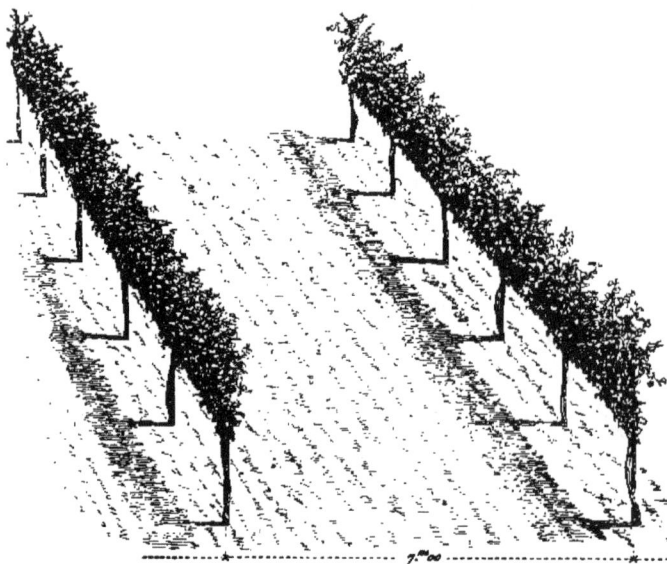

Vignes en hautains de l'arrondissement de Belley, avec cultures intercalaires
aux treilles (au 100°).

de 40 centimètres de terre jusqu'à 2 mètres, à mesure que
la vigne prend de la force (fig. 193): des intervalles de 12
à 15 mètres sont laissés entre ces treilles, pour y recevoir

toutes les sortes de cultures, chanvres, grains, fourrages, racines, etc.; le nom de *hautains* s'applique à l'ensemble de la terre et des treilles ainsi disposées; — 3° les vignes en treillons, qui sont des vignes sans intervalles de culture; le plus souvent ce sont des hautains dont les intervalles sont garnis de treilles à 1m,30 ou 1m,50 de distance (fig. 194). On tient les vignes à treillons un peu moins élevées que

Fig. 194.

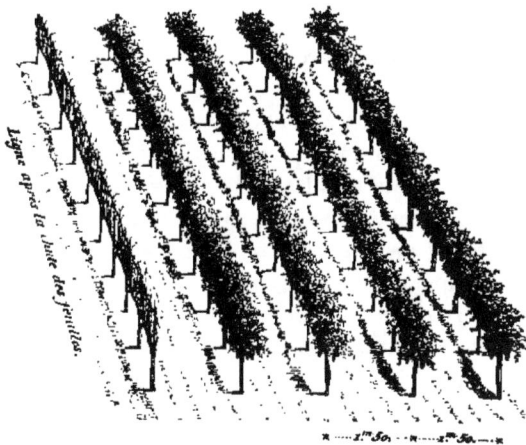

Treillons ou vignes en treilles sans cultures intercalaires :
arrondissement de Belley (au 100°).

celles à hautains, mais leur palissage et leur conduite sont à peu près les mêmes.

Les vignes à hautains présentent parfois chaque rang double, c'est-à-dire formé de deux treilles à 50 centimètres et à 1 mètre de distance.

Les treilles ou treillons sont soutenus par des pieux ou

paligots distants de 1 mètre à 1ᵐ,50, portant deux perches horizontales attachées aux paligots, à 30 centimètres ou 40 centimètres l'une au-dessus de l'autre. Ces deux perches sont remontées et rattachées plus haut, d'année en année, sur les paligots, à mesure que la vigne grandit.

Les ceps des treilles et treillons sont taillés à deux et quatre longs bois, portant dix à vingt yeux chacun, et à crochets ou coursons de remplacement annuel, à deux ou trois yeux.

Les longs bois sont, comme à Jurançon, courbés par-dessus la perche supérieure et ramenés en trajectoire à la perche inférieure, où ils sont attachés. Quand le sarment n'est pas assez long, on y ajoute un osier et on le tend fortement, en l'attachant à la perche inférieure.

Les vignes basses sont les seules qui donnent les bons vins ; elles sont tantôt à souches à deux ou trois bras, sans échalas, tantôt avec des échalas, comme en Savoie.

Les vins que nous avons goûtés à Culoz, de 1857, de 1854, de 1848, de 1834, sont presque aussi bons que ceux de Saint-Jean-de-la-Porte et de Montmélian. Ils sont, d'ailleurs, produits par le même cépage, la mondeuse, qui prend ici le nom de *maudouze* (maudouce, maldouce, parce qu'elle est âpre à manger). Les vins d'Artemare, de Virieux, de Machurat, de Manicle, sont également bons et tirent leur origine du même cépage, auquel se joint un peu de roussane.

Quant aux vins des treillons et des hautains, ils sont, en général, de qualité tout à fait inférieure et de consommation locale : c'est surtout la douce noire, à queue rouge et verte, dite de Montmélian, qui est cultivée en treilles : ce sont deux variétés de cots.

Dans l'arrondissement de Belley, à Culoz, Artemare et Virieux, les treilles et treillons sont en plaines seulement; mais à Belley, et dans ses environs, les hautains et treillons occupent les coteaux et les croupes. Il n'y a guère que ce genre de culture autour de la ville. Les hautains, séparés de 12 à 15 mètres, donnent presque autant à l'hectare que les vignes basses, qui ne fournissent guère, en moyenne, que 30 hectolitres, et les vignes en treillons donnent souvent 1 hectolitre par are. On ne fait, d'ailleurs, aucune opération d'épamprage dans l'arrondissement de Belley. Si les treillons subissaient les quatre opérations de l'épamprage et s'ils étaient tenus près de terre, sous la conduite adoptée par M. Fleury-Lacoste, ils donneraient de meilleurs vins, plus abondants et plus constants dans leur production.

Je dois à M. Nivière, agronome très-distingué et bien connu dans les fastes agricoles, beaucoup de renseignements sur la viticulture locale. M. Nivière, après avoir consacré aux expériences et aux observations agricoles une grande partie de sa vie et de sa fortune, en dehors de la viticulture, déclare aujourd'hui que la viticulture, qu'il étudie avec soin, est la plus riche culture de la France et le vrai pivot de l'agriculture française. L'opinion d'un tel agriculteur est trop sérieuse et trop grave pour que je néglige de la mentionner ici.

Les vins du Haut-Bugey, j'entends les vins des bons coteaux, ont la plus grande analogie avec ceux de la Chautagne et ceux de Montmélian, Cruet, Saint-Jean-de-la-Porte, Saint-Pierre-d'Albigny, Challes, Saint-Alban, etc. c'est-à-dire qu'ils ont en partie le bouquet, la saveur et les effets bienfaisants des petits vins du Médoc.

J'exprimais cette opinion à M. le sous-préfet de Belley,

tout en manifestant la crainte que mes souvenirs de la Gironde, quoique récents, me servissent mal. M. Belloc fit alors monter de sa cave une bouteille de saint-estèphe, ou plutôt d'une vigne voisine de Saint-Estèphe, appartenant à M⁰ᵉ Belloc : l'origine était donc certaine et pure. La dégustation de ce vin me confirma dans mon opinion, et M. Belloc et M. Nivière la partagèrent entièrement.

Ce petit médoc, produit par la mondeuse, a un certain mérite de bouquet et de goût, mais incontestablement un vrai mérite hygiénique pour ses propriétés digestives, son innocuité pour la tête et pour le système nerveux.

La cuvaison se fait dans l'arrondissement de Belley comme dans la Chautagne et dans le reste de la Savoie ; c'est-à-dire qu'elle est comprise entre quatre et huit jours, selon les chaleurs et la maturité de l'année.

La récolte moyenne des vignes en coteaux est de 30 hectolitres à l'hectare ; elle est supérieure dans les hautains à jouelles, et elle atteint 60 hectolitres dans les treillons.

Les vignes d'Ambérieux (Bas-Bugey) et des communes environnantes sont remarquables à plusieurs titres : d'abord elles sont tenues avec le plus grand soin et la plus grande propreté ; puis elles sont les plus fertiles du département avec celles de Jujurieux. Leur rendement moyen est de 60 hectolitres à l'hectare : on assure qu'en 1858 la moyenne générale a été de 150 hectolitres ; il y a un grand nombre d'hectares où l'on récolte 200 hectolitres en certaines années. La moyenne valeur de l'hectare de vigne est de 15,000 fr. ; les plus hauts prix se sont élevés à 35,000 francs.

Les vignes du canton d'Ambérieux sont perpétuées, entretenues par le provignage et par des fumures considérables. Les ceps sont à environ 1 mètre au carré ; mais ils ne sont

pas maintenus en lignes. Quand on en plante, c'est générale-
lement, comme dans le Haut-Bugey, en fossés de 80 centimètres en largeur et 60 centimètres en profondeur, à
4 mètres de distance ; vers la troisième année, on recouche
les souches à droite et à gauche, pour prendre les distances
d'environ 1 mètre.

Les souches sont dressées sur deux ou trois bras, que
l'on taille à un ou deux crochets à deux yeux francs chacun, souvent à un seul œil franc. Quand il gèle, il n'y a pas
de récolte, et l'année suivante on taille les sarments à cinq
ou six yeux, sans quoi il n'y aurait point encore de raisins. Ce fait, tout d'observation, est d'une haute importance : il prouve combien la taille trop courte comporte de
mauvaises chances de peu de fécondité et de stérilisation
absolue, pour un an ou deux, et aussi combien la taille
plus allongée offre de certitude de production constante et
de saine végétation.

La vigueur des pousses de la vigne, à Ambérieux, est
considérable : elle est favorisée, d'ailleurs. par la position
verticale qu'on leur assure en les attachant, après les avoir
relevées, jusqu'à deux et trois fois, le long d'un échalas de
$2^m.33$; au-dessus des liens, et souvent au-dessus de l'échalas.
les pampres acquièrent encore 1 mètre à $1^m,50$ de longueur (fig. 195).

On monde (ébourgeonne) avec un grand soin, c'est-à-
dire qu'à la fin de mai ou en juin on jette bas tous les gourmands sortis du vieux bois et les sous-bourgeons mutilés,
même quelques-uns portant des raisins ; mais, une fois l'é-
bourgeonnage fait, on ne pratique plus aucune opération
d'épamprage : ce qui fait que les raisins sont séparés de l'air
libre et du soleil par une épaisseur de 2 mètres d'obstacles

à la circulation de l'air et à l'accès de la lumière directe.
Chaque cep est, à la vérité, bien propre et bien isolé ; mais

Fig. 195.

Aspect des vignes d'Ambérieux (Ain).

la hauteur est telle, que les raisins mûrissent à l'ombre et à
l'état chlorotique : aussi se plaint-on à Ambérieux que trop
souvent les raisins ne mûrissent pas suffisamment. Dans
presque tout le Haut-Bugey, les vignes, toutes garnies de
leurs pampres, n'ont pas plus d'un mètre au-dessus de terre,
tandis qu'ici elles ont de 2 mètres à 2^m,50. Ce contraste
n'a aucune raison d'être ; Ambérieux ferait des vins bien

meilleurs s'il réduisait ses échalas de moitié et s'il rognait ses pampres à 1 mètre au-dessus de la souche.

A la vendange, les cuves ne sont souvent remplies qu'en trois ou quatre jours, sans fouler les raisins; puis on attend que leur fermentation soit presque éteinte, pour fouler la cuve et ranimer ainsi un peu de fermentation. On répète quelquefois cette opération. Dans les bonnes années, la cuvaison est ainsi prolongée jusqu'à quatre et cinq jours, sans compter le temps d'emplissage; et, dans les mauvaises, elle peut aller jusqu'à douze et quinze jours : c'est beaucoup trop. Dans le Haut-Bugey, on ne cuve que de trois à cinq jours, ce qui est encore une cause de supériorité des vins. Dans le Bas-Bugey, les vins sont à leur apogée vers la deuxième ou troisième année, tandis que dans le Haut-Bugey ils gagnent, en vieillissant, plus de saveur et de bouquet. Les vins sont tirés en tonneaux vieux et gardés généralement en bonnes caves; mais souvent aussi ils restent une partie de l'année au chaud et au froid, dans les maisons construites pour vendangeoirs, au milieu des vignes. Le prix moyen des vins d'Ambérieux et de ses environs est de 3o à 35 francs l'hectolitre. Cette année, le prix en moyenne est de 25 francs.

Les vignes, ai-je dit, s'entretiennent par le provignage, qui porte sur 333 souches par hectare et par an, réparties en 190 provins ou fosses, creusées à 6o centimètres, où l'on recouche les souches, après en avoir rogné les racines mutilées; on remet environ 15 centimètres de terre par-dessus, on fume fortement et on ne remplit pas entièrement de terre la première année. Les vignes sont donc ainsi entretenues par trentième, c'est-à-dire qu'elles vivent trente ans fertiles à Ambérieux; c'est à peu près la durée féconde

des vignes qu'on ne provigne jamais et qu'on plante de suite
à plein et en place. 25 kilogrammes de fumier par chaque
provin est la seule fumure que la vigne reçoive. Cette fumure est trop abondante pour un cep à la fois et trop faible
pour toute la vigne : c'est moins d'un litre de fumier par
cep et par an.

Le cépage principal est toujours la mondeuse; mais il
prend ici le nom de *meximieux*, nom d'un bon vignoble des
environs. On possède aussi dans le pays le pleusard ou
pulsart du Jura, mescle ou méthie du Revermont, mais
il n'existe qu'accessoirement; on m'en a montré seulement
quelques ceps.

Pour le canton d'Ambérieux, la vigne est considérée,
plus qu'aucune autre part, comme la plus riche et la
première de toutes les cultures. Personne n'oserait dire
le contraire là où quelques hectares de vignes se vendent
35,000 francs et où la valeur moyenne de l'hectare est de
15,000 francs.

A Jujurieux, la culture de la vigne est à peu près la
même que celle d'Ambérieux; c'est-à-dire qu'elle est à
échalas de 7 pieds pour le meximieux, qui s'y appelle chétuan, tandis que pour le bourguignon (gamay) l'échalas est
de 1^m,20 seulement.

Les vignes y sont un peu moins régulières que celles
d'Ambérieux, mais elles sont conduites et soignées à peu
près de même; seulement on mouche (rogne) les pampres
en travers. A Cernon les échalas n'ont que 1^m,20, et les
pampres, même ceux du chétuan, y sont attachés et rognés
à fleur : Cernon est le vignoble le plus considérable du canton de Jujurieux. En mondant (ébourgeonnant), on enlève
les feuilles de dessous les raisins. Est-ce une bonne pra-

tique? Je l'ignore; mais elle a lieu en Savoie et en diverses parties du Bugey.

Dans le canton de Jujurieux, outre le chétuan, on compte le plant calarin, qui est le cot vert; le bourguignon, qui est le gamay; le mescle ou méthie, qui est le pulsart; la fnsette, qui est le savagnin du Jura; le monstrueux ou moustrous; le gouais blanc; le bourguignon blanc, qui est le morillon de Chablis; le blanc de Varais, qui est une variété de chasselas.

La vigne est plantée et entretenue par le provignage: la première culture se donne en mai, après la sortie des bourgeons, et la seconde en juin, vers la fin du mois, ou au commencement de juillet; rarement on donne un troisième binage.

On vendange le plus souvent dans des tonneaux, à grands trous carrés dans le flanc ou dans le fond supérieur, mis sur voiture; on foule dans la benne, à la vigne; on foule pour faire entrer dans les tonneaux, et l'on foule à la cuve jusqu'à trois fois en trente-six heures. Après les foulages, on laisse encore reposer vingt-quatre heures pour donner au marc le temps de remonter, puis on tire.

M. Aristide Pittion se souvient d'avoir vu un temps où les cuvages duraient trois semaines; à cette époque, une grande quantité de vins se piquaient. Depuis que la cuvaison est réduite de cinq à dix jours, les vins se piquent très-rarement.

Les tonneaux se gardent ici, comme dans tout le département, jusqu'à ce que l'âge les détruise. C'est une funeste coutume qui nuit à la vente des vins, en ce qu'il faut que l'acquéreur fournisse les tonneaux d'enlèvement; de plus, il est reconnu que les vieux tonneaux gâtent tous les vins. Les fûts, d'ailleurs, sont mis en bonnes caves.

Les vins de Jujurieux sont généralement sains, mais ils sont moins bouquetés et moins agréables qu'à Ambérieux; les récoltes sont aussi abondantes, et la vendange n'est jamais trop parfaite en maturité dans le canton.

Les vignes, comme à peu près dans tout le département, s'exploitent à moitié. A Jujurieux, le propriétaire fournit le fumier et les échalas; à Cerdon, les vignerons sont moins exigeants.

En quittant Bourg pour aller à Treffort, j'ai traversé une partie des belles plaines de la Bresse, où de vastes plateaux à terres rouges silico-argileuses et à cailloux roulés sont éminemment propres à la culture de la vigne, malgré un peu de fraîcheur. Si un douzième seulement de la superficie du sol y était planté en vignes, ces plaines auraient une grande population et une richesse doublée, tant par l'augmentation de produits que par l'augmentation de la consommation. La consommation locale du vin est ici dix fois plus forte que son exportation; et cette nourriture hygiénique et salutaire vaut, à elle seule, autant que les autres éléments de la nutrition humaine, et même plus dans les pays de fièvre comme la Bresse et les Dombes, où le vin doit remplacer en grande partie l'usage des eaux fébrifères.

Je passe à Jasseron, où se montrent des treilles de muscat blanc immenses et couvertes de fruits sans maladie; bientôt les coteaux du Revermont offrent une quantité de petites vignes sans échalas, entourées de mergers et disputées aux roches.

Nous suivons les coteaux du Revermont, ayant leur rampe, à l'exposition *ouest*, couverte de vignes basses sans échalas, tandis que le contre-coteau, exposition *est*, très-peu élevé

23.

et surmonté des plateaux de la Bresse, est garni de chène-
vières, de maïs, de fèves, de trèfles, de pommes de terre, etc.
sans qu'une seule vigne profite du bon terrain ni de la
bonne exposition ; et cette vigne, ainsi reléguée, est encore
la plus grande richesse du pays et y nourrit le plus de bras.
Le paysan est amoureux de sa vigne, mais platoniquement,
car il la cultive et la fume le moins possible, tout en lui
souriant toujours ; tandis qu'il comble ses champs de fumier
et les arrose de ses sueurs, en face d'elle.

En entrant dans la belle et riche vallée de Meillonnas, les
vignes commencent à garnir les côteaux à droite et à gauche,
et l'on ne tarde pas à arriver à Treffort, chef-lieu de canton,
le plus fort vignoble du Revermont. Là les vignes n'ont pas
d'échalas, et ne s'élèvent guère qu'à o^m,6o ou à 1 mètre au
plus de terre.

Les vignes sont, à Treffort, conduites de deux façons :
1° sur souche basse sans échalas ; 2° sur perches ou perchettes basses, à o^m,3o ou o^m,4o du sol. Dans l'un ou l'autre
cas, les vignes ne sont ni ébourgeonnées, ni pincées, ni rognées, ni effeuillées. Les vignerons du pays aiment les vignes
où les pampres couvrent entièrement la terre. Quand ils
voient la terre dans une vigne, ils disent, par dérision :
« C'est une vigne *à neutro maître* (à notre maître). »

Dans les vignes à souches basses sans échalas, celles-
ci sont, en moyenne, à o^m,8o de distance et au nombre
de 15,ooo ceps à l'hectare ; mais, comme ces vignes sont
entretenues par le provignage et mal entretenues, dans les
vignes bourgeoises ou de forains, c'est-à-dire d'étrangers,
beaucoup de vignes ne comptent que 1o à 12,ooo ceps.

Toutes les souches sont munies d'un long bois à huit,
dix ou douze yeux, recourbé en archet et piqué en terre à

son extrémité, dont on a éborgné les yeux. Chaque souche porte, en outre, un crochet à deux yeux francs, qu'on appelle ici *reprise*, pour reproduire un archet ou un crochet ou reprise pour l'année suivante. Enfin les souches qu'on veut rajeunir ou rabattre portent en outre, le plus bas possible, un tiret, taillé à un œil d'abord et à deux yeux l'année suivante, pour remplacer la souche qui sera coupée

Fig. 196.

Souche de Treffort-en Revermont (Ain) (au 33°).

ou sciée au-dessus en *a a*, l'archet étant tous les ans coupé en *b* (fig. 196).

Les vignes en perches ou perchettes sont également très-près de terre, puisque la perche, qui est attachée à de petits piquets de 1 mètre à 1^m,20, ou même à 1^m,50 de distance, est fixée horizontalement à 0^m,30 ou 0^m,40 de terre, comme dans le Médoc, par des liens d'osier qui l'attachent près du sommet des piquets. Chaque cep est à 0^m,70, 0^m,80 et à 1 mètre de distance du cep voisin, sous la perche ; il est muni d'un long bois de 0^m,50 à 1 mètre de longueur, et attaché également à la perche. Cette souche a aussi sa

pousse, sa reprise ou son crochet à deux yeux, et souvent
un tiret taillé sur gourmand au bas de la souche, pour la
remplacer (fig. 197). On n'épampre pas plus les vignes en

Fig. 197.

Vignes en perches du Revermont (Ain) (au 33ᵉ).

perches que les autres, et c'est dommage, car déjà ces
vignes sont plus fertiles que les autres ; puis elles sont soutenues, puis elles sont en lignes ; l'horizontalité y distribue
la séve également aux fruits, et enfin cette disposition permet de parer en partie aux gelées de printemps.

M. Rodet nous dit que, dans les hautains, les plus belles
grappes sont à l'extrémité des sarments, et à l'instant même
nous constatons qu'il en est de même dans les vignes sur
perches.

La conduite des vignes à Treffort et à Ceyzériat, ainsi
que dans tout le Revermont, serait la plus productive du
département, si les vignerons mondaient (ébourgeonnaient),
s'ils pinçaient et s'ils rognaient ; mais ils n'en font absolument rien. Bien plus, ils ne donnent que deux cultures, le fos-
surage et le binage ; quant au tierçage, ils s'en abstiennent.
Ils fument très-peu, d'ailleurs : aussi ne récoltent-ils guère

qu'une demi-pièce à l'œuvrée en moyenne, c'est-à-dire
32 hectolitres à l'hectare ; mais ils sont bien convaincus
qu'avec le peu de culture et d'engrais qu'ils donnent ils ne
récolteraient rien s'ils n'avaient pas recours à l'archet et au
long bois.

M. Piquet me donne l'assurance que, ayant rogné les
pampres verts de plusieurs lignes de ses vignes, les raisins
ont grossi beaucoup plus qu'ailleurs, et que les lignes
rognées ont donné le double de celles qui ne l'étaient pas.

On plante la vigne à la pioche et l'on met immédiatement tous les plants aux distances voulues, de 0ᵐ,66 à 0ᵐ,80
au carré.

Les vignes en chétuan, en mescle et en quelques autres
plants sont conduites à l'archet et au crochet ou reprise, et
souvent le crochet ou la reprise manque; alors on choisit,
pour le nouvel archet, le sarment le plus beau, venu sur
l'archet de l'année précédente; mais cette pratique est mauvaise, l'expérience ayant prouvé que les branches à fruit
ou archets pris le long d'une branche à fruit précédente
se stérilisent promptement.

Le bourguignon et le gros plant se dressent à corne ou
à bras, au nombre de deux, trois ou quatre, et se taillent à
un ou deux crochets par courson.

On cueille les raisins dans des hottes ou vases de bois.
Autrefois les vases étaient rapportés à la vinée à dos de
mulet ou d'âne; aujourd'hui, grâce aux chemins nombreux
qui traversent le vignoble, les hottes peuvent être vidées
dans un cuvier ou baignoire sur voiture, et l'on fait ainsi
en un jour ce qu'on faisait à peine en huit jours autrefois.
Malgré cette accélération, due à la création des chemins, le
vigneron n'en met pas moins encore de quatre à six jours à

emplir sa cuve, ce qui soumet le raisin à des fermentations successives et différentes. On foule le raisin dans le cuvier, on le refoule à la cuve le lendemain, le surlendemain, et jusqu'à quatre fois en quatre jours ; puis on attend à la fin de la fermentation que le marc tombe, que le vin soit froid, ou qu'il n'ait plus de sucre à la dégustation, pour tirer la cuve. Cette seconde période dure trois à quatre jours dans les bonnes années, huit jours dans les mauvaises.

On partage le vin à la cuve entre le vigneron et le propriétaire, on le transvase en tonneaux de 225 litres, et l'on met de suite en caves voûtées, qui sont très-bonnes.

Les vins du canton de Treffort sont plus délicats que ceux de Jujurieux. M. le juge de paix de Ceyzériat, qui nous assiste, m'assure qu'il envoie à Valence, à ses neveux, des vins du Revermont pour leur tenir lieu du médoc, le seul vin, avec ceux de l'Ain, qu'ils puissent boire sans en être incommodés.

Les vins de Treffort seraient bien meilleurs si les cuves étaient remplies en un jour, et que la cuvaison ne durât que trois à six jours. Ce résultat serait facile à atteindre si les vignerons s'associaient pour faire ensemble leurs vendanges, par ordre de maturité ou par décision du sort. C'est ce qui se fait à Lagnieu, le plus riche vignoble de l'Ain, à côté d'Ambérieux. Cette association est indispensable à la bonté des vins dans les vignobles à métayage et à petites vendanges.

M. Chanel, maire de Treffort, dit que, quelle que soit la beauté des récoltes en céréales, chanvres, fèves, pommes de terre et même prairies, la vigne produit toujours plus que le double dans son canton, et que c'est elle qui depuis longtemps ici achète les terres et les prés.

A Ceyzériat, chef-lieu de canton, dans le sud-est de la vallée du Revermont, existe un vaste et beau vignoble en côte à l'exposition ouest, sud-ouest et sud.

Les vignes sont cultivées ici comme celles de Treffort, mais avec plus de soin et avec quelques différences que je vais signaler.

Le cépage dominant est aussi le chétuan, meximieux, maudouze ou mondeuse ; mais il y a dans le vignoble des vignes entières de mescle ou méthie et de gamay du Beaujolais. Les vignes en gamay sont toutes dressées à deux ou à trois cornes, taillées à courson à deux yeux, et dont les pampres sont relevés et attachés à des échalas ordinaires de 1ᵐ,10. Nous visitons une de ces vignes, à M. Darmes, très-bien conduite et chargée de raisins sur le pied de deux pièces à l'œuvrée, c'est-à-dire de 130 hectolitres à l'hectare ; puis nous gravissons un grand coteau planté exclusivement en mescle (pulsart).

Le mescle taillé à coursons donne peu ou rien, mais à archet et à longs bois il est très-productif.

Au milieu des vignes de mescle les vignerons me font remarquer des faits qui leur sont familiers et qui sont d'une haute importance en physiologie végétale.

Le mescle est un raisin à longues grappes, à grains clairs et ovales ; ses feuilles sont profondément lobées, à cinq divisions en général ; mais quelques ceps sont à feuilles peu lobées et à limbe bien garni de membrane (*a a a*, fig. 198), tandis que d'autres souches sont à feuilles déchiquetées et n'offrant de chaque côté de leurs nervures principales (*b b b*, même figure) que très-peu de surface membraneuse. Les premières feuilles *a* indiquent un cep très-fertile ; les secondes *b*, un cep absolument et éternellement stérile. Les

vignerons appellent les ceps garnis de ces feuilles maigres
et laciniées *plants craputs*.

Les plants craputs sont vigoureux en bois et ne se

Fig. 198.

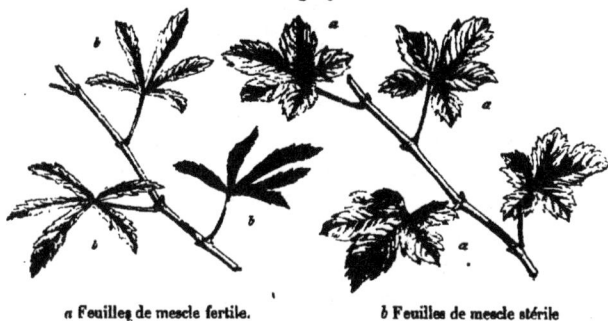

a Feuilles de mescle fertile.   *b* Feuilles de mescle stérile

méttent jamais à fruit; leurs boutures partagent leur stérilité. Selon M. Darmes, les plants craputs proviennent du
provignage des sarments venus sur vieux bois, sans avoir
été taillés, du provignage d'un gourmand de l'année. Ce
gourmand serait devenu fertile par une taille de deux ans
sur le cep; mais si on lui fait prendre racine à un an, la
taille ne le fertilise plus. Cela semble indiquer que le bois
d'un an tire ses conditions de fertilité du bois de deux ans
et non de la souche mère, et qu'il ne peut se donner à lui-
même ces conditions s'il devient souche séparée avant de
les avoir obtenues. C'est un sarment incomplet; c'est un
mulet.

Autre question grave : existe-t-il un rapport entre le
limbe des feuilles et la fécondité de l'arbrisseau? Les vignerons affirment qu'entre les plants parfaits et les plants
craputs il y a des degrés de laciniation des feuilles corres-

pondant au degré de fécondité du cep. Tous m'ont désigné à la feuille, à distance, la quantité de fruits relative qui se trouverait sur tel ou tel plant, et ils ne se sont jamais trompés; plus la feuille était pleine, plus il y avait de raisins à la souche. En serait-il ainsi pour toutes les variétés de cépages? Je le crois; car, dans les serres, tous les ceps à feuilles laciniées sont à peu près stériles.

Le mescle à feuilles pleines est toujours productif; c'est un raisin rouge très-délicat pour la table et pour les vins blancs ou rosés. Il se plaît, mieux que le chétuan, sur les terres à sous-sol marneux, à $0^m,3o$ ou $0^m,4o$ de profondeur, disposition qui se trouve sous une bonne partie des vignobles du Jura et de Ceyzériat.

Les mescles et les chétuans se traitent à la culture à peu près de la même façon qu'à Treffort, si ce n'est qu'à Ceyzériat chaque cep est muni d'un petit échalas pour attacher et soutenir simplement l'archet, comme l'indique la figure 199.

Fig. 199.

Conduite du mescle à Ceyzériat (Ain) (au 33°).

Chaque souche porte une reprise et un seul archet, qui forme presque toujours, et partout, un cercle complet, dont

la partie la plus élevée n'est guère à plus de $0^m,50$ du sol.
Pour le surplus, on n'ébourgeonne, on ne relève, on n'attache ni on ne rogne pas plus les pampres à Ceyzériat qu'à
Treffort : aussi l'échalas est-il une petite baguette qui soutient seulement l'archet, en le fixant aux deux points de
rencontre de son diamètre vertical.

Les vignerons mettent deux ou trois jours à remplir
leur cuve ; mais les grands propriétaires la remplissent en
un jour. On foule à la baignoire, mais on ne fait plus d'autre
foulage ; on laisse cuver quatre à cinq jours dans les bonnes
années, et huit à dix dans les années froides.

La moyenne production du pays est de 30 hectolitres
à l'hectare ; mais certaines vignes donnent 60 et 120 hectolitres.

On mine tous les sols à la plantation et l'on plante à
plein. On laisse dix à douze yeux à la taille en archet, dans
les vignes à longs bois, et deux à trois à chaque corne,
dans les vignes à cornes au nombre de trois à quatre, ce
qui charge la souche de la même quantité d'yeux.

La conduite et la taille la plus employée à Ceyzériat est
sans contredit la taille en archet, ou plutôt en cercle, attaché à un petit échalas, comme je l'ai dit et représenté,
figure 199.

Il existe aussi dans le vignoble de Ceyzériat, comme dans
tout le Revermont, des vignes sur perches. On les détruit,
dit-on, parce que les perches coûtent cher et parce que le
vin de ces vignes est de qualité inférieure. La première
raison est seule vraie, et elle ne vaut rien ; car on peut
obtenir des vignes sur perche le double de la récolte des
vignes en ceps isolés, et la dépense des perches ne peut
être comptée pour quelque chose dans un pareil résultat.

D'ailleurs le fil de fer remplace aujourd'hui les perches dans le Médoc, et son emploi est simple et très-économique.

Les vins de Ceyzériat, que nous avons dégustés sur place, sont supérieurs à ceux de Treffort, surtout les vins provenant de moitié mescle et moitié chétuan. Ces vins sont plus chauds et plus généreux que ceux de pur chétuan; mais ils ont à un degré moindre le bouquet spécial au pays.

A Montluel, c'est encore la mondeuse qui domine sur tous les coteaux, sous le nom de *gros plant*.

Le raisin du gros plant de Montluel se vend en partie à Lyon pour faire de la piquette aux familles d'ouvriers. Ce cépage a une grande réputation pour cet usage; son prix est de 30 à 36 francs les 100 kilogrammes, rendus à Lyon. Les familles s'en trouvent très-bien.

A Montluel, le gamay occupe à peu près exclusivement les plaines, où il est cultivé selon la méthode lyonnaise. On voit peu de jouelles et peu de vignes en treilles à Montluel; les cultures sont en général en vignes pleines et en lignes.

Le gros plant est aussi cultivé en lignes, à 1 mètre de distance, les ceps étant à 1 mètre dans le rang; les échalas qui le soutiennent sont bien plus forts et plus grands que ceux des gamays; ils sont en châtaignier ou en acacia; ces échalas ont 2 mètres. Les souches sont dressées sur trois bras et taillées à un œil franc. On ébourgeonne, on relève et on lie; mais on ne rogne ni gamays ni gros plants, si ce n'est dans des pratiques très-exceptionnelles. Le rendement moyen n'est pas moindre de 50 hectolitres à l'hectare, en pleine comme en coteau. On cuve de quatre à cinq jours le gamay, et de six à huit jours le gros plant.

Quand les vignes sont vieilles et qu'elles refusent de
pousser et de produire sur la taille courte, on les met parfois à une taille beaucoup plus longue; et, sous ce nouveau
régime, elles reprennent vigueur et fécondité pour plusieurs
années.

On plante à la barre, sur un minage de 0ᵐ,50 de profondeur pour le gamay et plus profond encore pour le
gros plant.

Le mode d'exploitation le plus général est à façon. Pour
toutes les façons d'été le prix est de 6 francs à l'œuvrée,
environ 180 francs à l'hectare. Le prix ordinaire de la journée est de 2 francs; mais dans l'été et à certains moments
les prix s'élèvent au double et même au delà.

M. Simonnet, juge de paix de Montluel, m'a conduit
jusque dans les Dombes : j'ai pu y voir dans sa propriété,
près de Tramoy, une jeune vigne plantée par lui, avec des
ceps très-vigoureux et couverts de fruits. J'ai vu aussi à la
ferme-école de la Saulsaye une très-belle collection d'un
grand nombre de cépages divers, dirigée par M. Verrier,
jardinier chef, arboriculteur des plus expérimentés. Beaucoup de ces cépages étaient conduits selon la méthode type
que j'ai recommandée dans mes publications. M. Verrier
enseigne cette méthode aux élèves de la Saulsaye, comme
la plus rationnelle pour la production du bois et pour la
production des fruits de la vigne.

En constatant par l'examen de ses spécimens d'arboriculture de la Saulsaye, uniques en France, et je puis dire dans
le monde, par leur diversité, leur beauté et leur nombre,
que M. Verrier était l'arboriculteur le plus instruit et le
plus capable que j'aie vu, j'ai été charmé d'être d'accord
avec un homme si supérieur en théorie et en pratique, et je

n'ai pas été surpris de voir l'excellent et spirituel directeur de la Saulsaye, M. Pichat, le considérer comme un artiste hors ligne et le traiter comme tel avec une tendresse toute paternelle.

Ce qui m'a frappé le plus à Montluel, à Tramoy et à la Saulsaye, c'est que la vigne vient à merveille dans les Dombes, et qu'elle s'y couvre de fruits très-beaux et très-bons; il devait en être ainsi, puisque, dans les Hautes- et Basses-Pyrénées, dans une partie du Gers, la vigne acquiert une grande vigueur et une grande fertilité dans les terrains tout à fait semblables à ceux des Dombes, c'est-à-dire dans les anciennes alluvions de la Bresse. Je disais à M. Bodin, membre du Corps législatif, l'un des premiers et des plus habiles conquérants des Dombes, qui honorait de sa présence notre conférence de Montluel, qu'un jour viendrait bientôt où la vigne nourrirait une grande population dans les Dombes, et où le propre vin des terres du pays ferait disparaître les funestes effets de leurs eaux malsaines. On sait aujourd'hui, à n'en pas douter, que l'usage du vin dissipe et prévient les effets des infections paludéennes des Landes, de la Sologne et des Dombes elles-mêmes.

Les principes de viticulture et de vinification sont fort bien appliqués à Montluel. On défonce le sol, on cultive en ligne, on échalasse, on attache et l'on cuve un temps raisonnable. La vigne est là d'ailleurs, comme partout, la plus riche culture. Je regrette seulement que les principes de l'exploitation à moitié n'y prévalent pas sur les cultures à façon; c'est sans doute le voisinage de Lyon qui a transformé l'association rurale en exploitation industrielle dans cette seule partie du département de l'Ain.

En remontant de Seyssel, pays qui produit à la fois de

bons vins blancs de roussette et de bons vins rouges de mondeuse et de negret, jusqu'à Ruffin, commencement du pays
de Gex, les cultures passent de la méthode savoisienne à
la méthode suisse, en lignes parfaites au cordeau, épamprées, liées, échalassées, les lignes et les ceps à o^m,80;
elles sont plantées des cépages suisses, les fendants verts et
roux, plus que de roussette et de mondeuse, à mesure
qu'on approche plus de Genève.

DÉPARTEMENT DU JURA.

Le département du Jura ne possède guère plus de 20,000 hectares de vignes; et, de cette superficie totale, je n'ai pu étudier que les trois quarts, n'ayant pas eu le temps de visiter l'arrondissement de Dôle, qui d'ailleurs diffère essentiellement par ses cépages, ses cultures et ses produits, de l'arrondissement de Lons-le-Saunier et de celui de Poligny. Ces deux arrondissements, avec celui de Dôle, contiennent à peu près toutes les vignes du Jura, l'arrondissement de Saint-Claude n'en possédant qu'environ 100 hectares.

Malgré le peu de terrain qu'elle y occupe, la vigne joue le premier rôle dans les arrondissements de Lons-le-Saunier et de Poligny, auxquels elle donne, m'a-t-on assuré, 18 millions de francs, et où elle entretient et nourrit 20,000 familles ou 80,000 habitants. M. Nau de Beauregard, préfet du Jura, et M. Ruty, président du Comice agricole de Lons-le-Saunier, m'ont dit, d'accord en ce point avec un grand nombre de hauts fonctionnaires et de propriétaires importants du département, que la vigne est la principale richesse du pays; qu'elle y produit environ cinq fois plus d'argent que toute autre branche de l'agriculture : céréales, fourrages, bétail et fruiteries. L'importance des cultures se classerait ainsi : vignes, froments, prairies, fromageries et bétail. Un second fait, également reconnu, c'est que la condensation des populations des vignobles donne le plus de bras à l'agriculture locale, et les bras les plus actifs et les plus vigoureux. Enfin, la culture de la vigne à moitié fruits entre le propriétaire; généralement très-bon, et le vigneron, très-énergique et très-intelligent, assure l'aisance aux travailleurs, et aux possesseurs du sol un revenu triple au moins du revenu de leurs autres propriétés, à surfaces égales.

D'après mes propres renseignements et mes calculs, le revenu brut des 20,000 hectares de vignes du Jura s'élève au moins, en effet, à la somme de 18 millions (40 hecto-litres à 22 fr. 50 cent. fournissent par hectare 900 francs qui, multipliés par 20,000 hectares, donnent 18 millions). Ces 18 millions entretiennent 18,000 familles ou 72,000 habitants, le quart de la population, qui est de 298,477 individus, sur la vingt-cinquième partie du territoire, dont la superficie se monte à 499,401 hectares, et produisent plus du quart du revenu total agricole, qui est de 72 millions.

La variété des cépages cultivés dans le Jura et la singularité de leur choix présentent les conditions de viticulture et de vinification les plus originales que j'aie jamais eu à observer. La plantation, les cultures proprement dites de ces divers cépages, offrent des particularités qui méritent l'examen et la discussion : la taille et la conduite des vignes, dans l'arrondissement de Lons-le-Saunier et dans celui de Poligny, sont des plus remarquables et des plus dignes d'attention; et, de plus, aucune circonscription vignoble de France ne fait plus de sortes de vins naturels, ayant chacune une valeur réelle et un cachet distingué. Vins communs et vins fins rouges, vins blancs ordinaires, vins secs, tisanes, mousseux, vins rosés ordinaires, vins de pulsart, vins jaunes secs, de demi-liqueur ou de garde : telle est la gamme des vins du Jura.

J'étudierai d'abord les conditions de la viticulture.

Les préparations du sol des vignes et leurs cultures se font généralement à la main, les vignes étant pour les deux tiers sur des pentes trop rapides pour admettre l'emploi de la charrue; toutefois, même en plaine, où l'on compte presque un tiers des vignes, les façons à la charrue sont encore une rare exception.

Le minage ou défonçage général du sol à 4o et à 6o centimètres, préalable à la plantation, tend à prévaloir sur la coutume, la plus répandue et la plus ancienne, d'ouvrir des fossés de 5o à 6o centimètres de largeur et de les descendre à une profondeur de 5o à 66 centimètres, selon la profondeur du sol et l'habitude de la localité, et en rejetant les terres sur un intervalle de 2 mètres de largeur laissé entre les fossés. Au fond de chaque fossé, dont les terres sorties ont augmenté la profondeur d'un tiers, ce qui porte cette profondeur parfois à 8o centimètres et au delà (je donne, fig. 2 0 0, cette disposition, relevée dans une plantation près de Poligny), on plante de chaque côté et dans l'angle soit une bouture, soit plus souvent encore un plant enraciné. Chaque année, à mesure que le plant végète et croît, on l'élève en faisant tomber dessus la terre des ados et en faisant disparaître peu à peu l'arête séparative du fossé et de l'ados. On emploie parfois six années à amener ainsi chaque cep au niveau général du sol, par la double action de l'élévation du creux et de l'abaissement de l'ados; vers la troisième ou la quatrième année, on recouche un sarment de chaque cep, en le faisant pénétrer dans l'ados de façon

24.

à doubler les ceps par ce premier provignage ; ce qui met ainsi les ceps de 80 centimètres à 1 mètre les uns des autres.

Fig. 200.

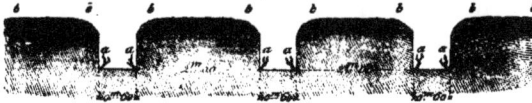

Plantation de la vigne en fossés (au 100°).

Cette plantation des vignes au fond du sol végétal est contraire à tous les principes de la physiologie végétale. Les racines ne peuvent descendre dans le sous-sol et les lois naturelles s'opposent à ce qu'elles remontent : aussi la vigne n'est-elle constituée que lorsque le fossé est rempli et que de nouveaux colliers de racines sont sortis des par ties du bois nouvellement enterrées.

J'essaye de montrer le rapport des racines sorties suc- cessivement d'un cep planté au fond du fossé : les racines

Fig. 201.

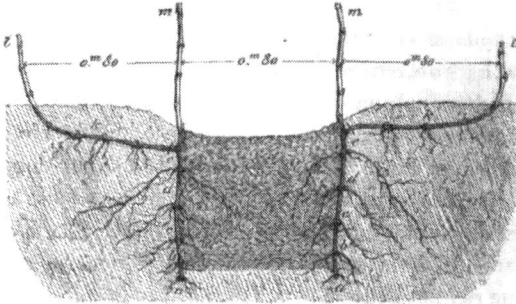

Etude du développement des racines sur les boutures plantées profondément.

primitives *a a* ne peuvent descendre au delà du sous-sol (fig. 201, au vingtième) ; les racines *b b* ont déjà plus de

force et d'expansion; les racines *c c* en ont bien plus encore;
et les plus puissantes et les meilleures sont les racines *e e*,
à 25 ou 30 centimètres, au plus, de profondeur : c'est bien
là la disposition relative que présentent les colliers des racines des vignes ainsi plantées à la première, deuxième,
troisième, quatrième et cinquième année. Les racines *a b*
et même *c* ont poussé maigrement et n'ont donné qu'une
faible tige, qui, placée successivement en *b*, *c*, *d*, n'a reçu
chaque année qu'une médiocre action du soleil; aussi ces
sortes de plantations ne donnent-elles une récolte passable
qu'à la sixième et souvent à la septième ou huitième année
seulement.

Si, au contraire, les boutures et les plants enracinés sont
plantés sur un sol à niveau, défoncé dans toute son étendue

Fig. 202.

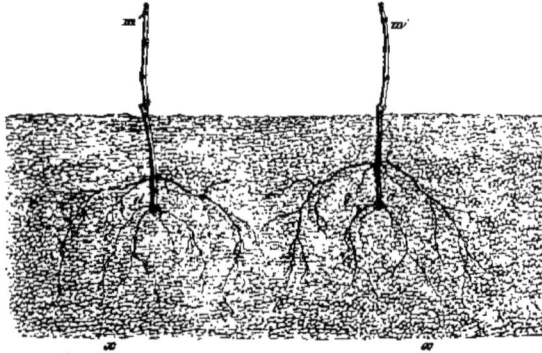

Étude du développement des racines sur les boutures plantées à 0ᵐ.20 et 0ᵐ,30
de profondeur (au 20°).

ou simplement bien cultivé à la surface, les racines se forment
aux points *e'* et *d'* (fig. 202), dans toutes les meilleures con-

ditions de stimulation extérieure et de sol végétal inférieur; elles descendent profondément et s'épanouissent avec énergie, et dès la troisième année elles sont plus fortes et donnent plus de fruits que les vignes plantées selon la méthode indiquée fig. 200 et 201. Les recouchages de la figure 201 (*e*, *k*, *l*) constituent aussi de fort mauvais plants, à souches souterraines qui épuisent *e*, *m*, tant qu'ils n'en sont pas séparés, et ne sont plus que des couchis quand on les a coupés en *e*, au lieu des deux vigoureux et fertiles plants de franc pied donnés par *e'*, *m'* de la figure 202.

Cette différence dans les deux modes de plantation commence à être parfaitement sentie dans le Jura : aussi les viticulteurs les plus avancés plantent-ils sur minage général et mettent-ils tous leurs ceps de franc pied à la distance et à la profondeur définitive, c'est-à-dire à 80 centimètres ou 1 mètre de distance et à 25 ou 30 centimètres de profondeur. M. Guichard, excellent vigneron, plante à plat sur minage avec le plus grand succès depuis longtemps, quoiqu'à une profondeur encore un peu trop grande : aussi récolte-t-il deux ou trois ans avant les autres, c'est-à-dire à trois et quatre ans. S'il plantait seulement à 25 centimètres, il récolterait à deux et trois ans.

Un fait dont j'ai été témoin à Salins et que M. Coste m'a fait remarquer, c'est que les vignerons, qui généralement sont à moitié fruits avec le propriétaire, utilisent les ados *b b* (fig. 200) pour y planter des boutures et faire du plant enraciné, qu'ils vendent pendant le temps que les ceps *a a* mettent à pousser du fond des fossés; or, en moitié moins de temps, les boutures plantées en *b b* deviennent deux fois plus fortes que les plantes *a a*.

Le sol est merveilleux pour la vigne dans le Jura, et

presque partout d'une grande épaisseur végétale ; tantôt calcaire, tantôt argilo-calcaire, ferrugineux, alumineux, généralement rouge et jaune, souvent mêlé de pierres calcaires
lamellaires ou de cailloux roulés, surtout dans les plaines
alluvionnaires, souvent juxtaposé à des marnes irisées,
schistoïdes, qui sont un très-bon amendement, reposant
parfois sur roches fendillées, mais le plus souvent sur marne
argilo-calcaire ou alumineuse.

On fume très-peu les vignes dans le Jura, mais on les
terre en revanche beaucoup en provignant. Le provignage
s'y pratique à outrance, non-seulement pour entretenir et
regarnir les vignes, mais pour tirer des fosses, qu'on pratique
à cet effet, le plus de terre possible, terre dont on charge
les ceps environnants. On pratique de 10 à 16 mètres carrés
de fosses par are, à 50 ou 60 centimètres de profondeur,
divisés en fosses irrégulières dans les éclaircies, là où il y a
des ceps à remplacer ; les ceps, recouchés dans ces fosses
profondes, sont dans les mêmes mauvaises conditions que
les plantations au fond des fossés ; s'ils s'y comportent un
peu moins mal, c'est que les plants nouveaux, ou pointes,
tirent leur nourriture d'une souche mère. La terre retirée
de chaque fosse engraisse autour d'elle une superficie huit
fois plus grande environ. Il reste de ce travail, qui se fait en
août et pendant l'hiver, trois graves inconvénients : le premier est d'offrir, aux yeux de tous et aux façons de l'ouvrier,
un sol tourmenté outre mesure et ressemblant à des fouilles
ou à des ruines ; le second, c'est de rendre toute espèce
d'ordre et d'alignement impossible dans les vignes ; le troisième, c'est d'engendrer des ceps qui n'ont ni vigueur ni
durée. Je donnerai pour preuve irrécusable de ce que
j'avance la nécessité de provigner sans cesse, et générale-

ment par vingtième de la superficie; ce qui signifie que les ceps, ainsi multipliés à grands frais, ne vivent que vingt ans.

Quoi qu'il en soit, non-seulement on terre les vignes dans le Jura par le provignage, mais on les terre aussi en remontant à la hotte les terres du bas en haut des coteaux. On y apporte également des terres recueillies dans des minières et des argiles schisteuses, quand il y en a dans le voisinage, comme à Château-Chalon, à Poligny, etc. ˙

La vigne une fois plantée et espacée, ses ceps à 80 centimètres le plus souvent, à 1 mètre parfois et pour certains cépages, le pulsart par exemple, vers trois, quatre ou cinq ans, lorsqu'elle a acquis la hauteur et la force suffisantes pour donner beaucoup de bois et beaucoup de fruits, le vigneron la dresse en courgée, c'est-à-dire à un, deux ou même trois longs sarments, suivant son âge et sa force.

Fig. 203.

Souche moyenne du Jura à deux courgées : celle de gauche, vue l'été;
celle de droite, vue l'hiver.

La figure 203 représente une souche moyenne du Jura d'environ quinze ans, taillée à deux courgées. La souche proprement dite *A B* porte deux bras ou cornes *B E* et *C D*, et chacun de ces bras porte sa courgée, savoir : *h h′ J J′* sur *CD* et *F F′*, *g g′* sur *B E*; c'est là un type moyen dessiné sur place. Chacune de ces courgées est repliée en demi-cercle, la pointe en bas, comme l'indique la figure, et fortement attachée à l'échalas *k l* en ses deux points extrêmes, son point d'origine *F h* et son extrémité libre *g′ J′*. Souvent aussi la souche n'a qu'une courgée. Chaque courgée compte de 10 à 15 yeux; l'extrémité inférieure *g g′*, *J J′*, est fixée à 25 ou 30 centimètres du sol, pour faciliter la culture et pour éloigner les raisins de terre, et son attache supérieure est à 70 ou 75 centimètres de terre; chaque courgée a son échalas, et l'échalas a $1^m,10$ à $1^m,20$ de longueur. Les souches sont tenues un peu plus hautes ou un peu plus basses, suivant leur âge, la vigueur de leur pousse et l'humidité plus ou moins grande de leur site; elles sont plus hautes en plaine et au pied des coteaux que sur les rampes et les sommets.

Lorsque le vigneron dresse pour la première fois sa jeune vigne en courgée, il courbe son sarment en prenant son genou pour mesure de hauteur; au niveau ou au-dessus du genou il attache fortement l'origine de sa courbure en haut à l'échalas; puis il décrit l'arc de cercle et met sa seconde ligature en rognant la courgée ainsi faite, juste au delà du second lien; les années suivantes, il établit une seconde et une troisième courgée en constituant ainsi un ou deux bras de plus.

La conduite de la vigne en courgées ainsi disposées est caractéristique de la viticulture du Jura; on la suit dans ce département depuis Salins jusqu'à Arbois, depuis Arbois jusqu'à Poligny, de Poligny à Voiteur et Château-Chalon,

de Château-Chalon à Lons-le-Saunier, de Lons-le-Saunier
à Beaufort et de Beaufort à Saint-Amour, d'où elle s'étend
encore en dehors du département dans les vignobles de
l'Ain.

Cette taille, des plus intelligentes, est parfaitement en
harmonie avec la physiologie de la vigne; elle est bien
d'invention jurassienne, car je ne l'ai vue nulle part ailleurs, ni aussi régulière, ni aussi condensée, ni aussi traditionnelle. La vigne peut vivre ainsi des siècles, demeurer
fertile et pousser des bois nouveaux et vigoureux chaque
année; car chaque année, en février et mars, la courgée est
rabattue, non pas en F, ni en h, pour garder le sarment
PP, mais en xx, pour être remplacée par le sarment oo;
le sarment PP est supprimé comme sortant de l'œil trop
près du vieux bois pour que sa fertilité soit garantie. C'est
donc le deuxième sarment sur la courgée, quelquefois le
troisième ou le quatrième, suivant leur force, qui remplace
la courgée abattue, juste au pied du sarment réservé; tous
les sarments qui le précèdent sur la courgée sont taillés au
ras du bois de la souche.

La taille à courgées, c'est-à-dire à très-longues branches
à fruits, simples, doubles et triples, pratiquée de temps
immémorial dans le Jura, ajoute une preuve éclatante aux
mille preuves qui existent dans nos vignobles français que
les longs sarments, laissés chaque année sur les ceps isolés,
n'épuisent pas la vigne et ne la stérilisent ni en bons bois
ni en beaux fruits, même sans pincement et sans rognage
méthodique. Toutefois les vignerons du Jura sont trop bons
observateurs et trop habiles pour n'avoir pas compris que,
pour avoir de beaux sarments de remplacement entre h et
h', F et F', il fallait rogner les bourgeons compris entre J

et *J'*, entre *g* et *g'* : c'est ce qu'ils font aussitôt que le raisin est passé fleur; ils *mouchent* (moucher veut dire rogner, écimer) les trois ou quatre derniers bourgeons de la courgée à deux ou trois feuilles au-dessus du raisin : par ce moyen, ils empêchent la séve de s'emporter par les bourgeons inférieurs et la contraignent de s'utiliser en beaux bois de remplacement dans le bourgeon supérieur.

Il semblerait que, à cause de leur position la plus déclive, les bourgeons sortis en *g'* et *j'* devraient être les plus chétifs et les plus courts; eh bien! ce sont presque toujours les plus vigoureux, et ils seraient souvent plus forts et plus longs que les bourgeons sortis en *h* et en *F*, s'ils n'étaient pas mouchés, rognés ou pincés. Il paraît bien évident que la séve qu'on appelle ascendante vient prendre un point d'appui plus énergique, exercer une pression plus forte vers l'extrémité de ses vaisseaux vecteurs, que collatéralement à ces vaisseaux et le long de leur parcours.

Quoi qu'il en soit, la taille et la conduite de la vigne en courgées, telles que les pratique le Jura, présentent de grands avantages, des inconvénients et quelques imperfections.

Les avantages sont les suivants : d'abord, de faire rendre moyennement beaucoup à d'excellents cépages, qui ne produiraient presque pas de fruits à coursons (bacots, dans le Jura); en second lieu, de parer en partie aux terribles effets des gelées de printemps. J'ai vu au mois d'août, dans la plaine de Poligny, des vignes à longue courgée qui avaient été gelées et qui promettaient de 60 à 80 hectolitres de récolte. J'ai vu à Salins, chez M. Coste, directeur de la poste, une vigne de 40 ares conduite à longs bois horizontaux, selon la pratique que je conseille : cette vigne

avait été gelée, et promettait à la même époque au moins
30 hectolitres sur ses branches à fruits.

Les inconvénients de la conduite de la vigne en courgées
du Jura sont d'abord d'allonger rapidement les souches par
le remplacement de la courgée au moyen du deuxième ou
troisième sarment pris sur elles. Je montre l'effet de cette
pratique dans la figure 203, où les sarments *ho*, *Fo*, devront
l'année suivante prendre la place de leur courgée respective. Chaque courgée s'allongera ainsi forcément de 5 à
6 centimètres de vieux bois par an, et du double si l'on
est forcé de recourir au troisième sarment; en vingt ans les
bras de la souche auront donc acquis au moins chacun
un mètre, ce qui rend toute conduite régulière extrêmement difficile.

Sans doute les vignerons profitent, aussitôt que cela est
nécessaire et que l'occasion s'en présente, d'un sarment
qui sort du vieux bois des bras, pour le tailler pendant un
an ou deux; et dès que ce nouveau bras est assez fort pour
leur donner des bois convenables, ils suppriment tout le
surplus de l'ancien bras, et ils se trouvent ainsi rapprochés
de leur culture première.

La figure 204 explique ce que je viens de dire : AB est
une souche à deux bras BE et CD, portant chacun leur
courgée : le premier, *ff′ gg′*, et le second, *k k′ jj′*. Les bras
BE et CD ont chacun plus d'un mètre de longueur : le vigneron désire les raccourcir; un gourmand *mn* a poussé en
1860; le vigneron l'a taillé en *n*, en mars 1861, à un œil
qui a engendré le sarment *n n″n‴* dans le cours de la végétation de la même année. En mars 1862, le bras BE a pu
être coupé en *nn′*, et le sarment *n n″n‴* a pu servir de courgée sans interruption de fructification; mais, cette même

année, est sorti sur le bras *CD* un gourmand ou sarment
stérile sur le vieux bois en *O;* en mars 1863, ce gourmand
sera taillé par le vigneron en *PP'*, et l'œil *O* donnera pro-

Fig. 204.

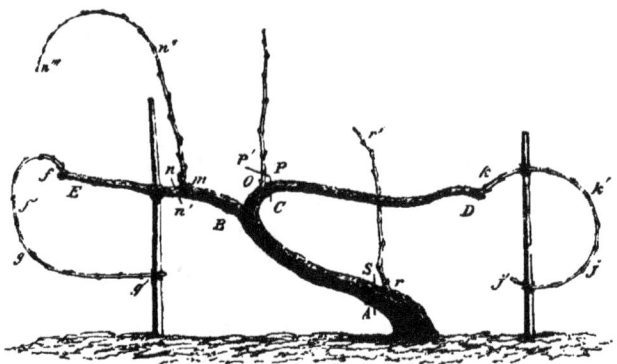

Vieille souche du Jura, à raccourcir et à rabattre (au 33°).

bablement un beau sarment fertile, qui sera la courgée en
1864, quand le bras *CD* aura été coupé en *PC*. Ainsi la
souche de la figure 204 sera, à cette époque, rentrée dans
les conditions de la figure 203.

Les vignerons ne font pas seulement le ravalement des
bras; il arrive un âge où les bras et la souche ont subi tant
de tailles successives que les vaisseaux séveux sont entra-
vés, contournés, obstrués par une foule de chicots, de cica-
trices intérieures, et par des ulcères et chancres extérieurs :
alors la séve, que les racines tirent toujours avec force,
crève le vieux bois en *r* par un jet vigoureux. Ce jet est
taillé à un ou deux yeux, pendant un ou deux ans, et quand
les vignerons voient que la séve s'y porte avec énergie, ils

coupent toute la souche en *A S* et en recommencent une
nouvelle avec *r r'*.

Ces pratiques sont très-intelligentes et très-bonnes relativement; mais, absolument parlant, elles ne vaudront jamais,
ni pour la vigueur ni pour la fécondité, une jeune souche
de franc pied et de tige primitive, de cinq à cinquante ans.
Il est facile de comprendre que les jeunes œuvres des ceps
m n n" n''', *POP*, *r S r'*, ne peuvent jamais reprendre tous
les vaisseaux séveux des vieux bras ni de la vieille souche :
ce sont des espèces de greffes qui n'y trouvent, en quelque
sorte, qu'un point d'appui.

Les vignerons du Jura éviteraient immédiatement cet
inconvénient de l'allongement des bras en taillant toujours
le premier sarment *PF* et *Ph* (fig. 203) en bacots à deux
yeux francs, qui donneraient tous les ans deux beaux sarments chacun, dont le plus bas, l'année suivante, serait à
son tour taillé en bacot et dont le plus haut fournirait la
courgée : de cette façon, les bras de la souche ne s'allonge-
raient jamais. J'essayerai de faire comprendre mon conseil
par la figure 205.

Si, en taillant la courgée en *xx*, on fait la courgée nouvelle avec le sarment *do*, et qu'on taille le sarment *ap* en
c b à deux yeux francs, on aura la disposition indiquée dans
le bras opposé *a' b' e' f' g'*. Il est facile de comprendre que les
yeux *a' b'* pousseront chacun un beau bourgeon et donneront chacun un sarment de taille plus fort que n'en donneraient les premiers bourgeons de la courgée, puisqu'il
est acquis par la pratique et à la théorie que les bois
d'un courson ou bacot sont toujours plus vigoureux que
ceux d'une très-longue taille : donc, en prenant le sarment
de *b'* pour courgée de l'année suivante et en rabattant le

· sarment de *a'* pour en faire le bacot de renouvellement de l'année suivante, le bras de la souche n'aura pas allongé d'un millimètre; il en sera de même tous les ans. L'expé-

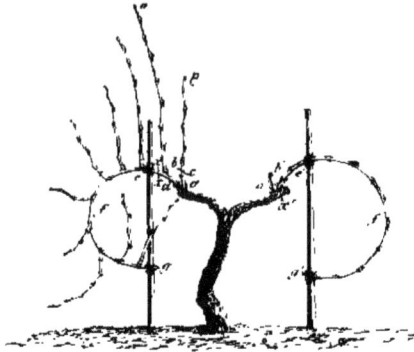

Étude pour arriver à perfectionner la taille du Jura (an 33°).

rience montre que non-seulement le sarment pris le long d'une longue branche à fruit est moins vigoureux que celui qui pousse sur un courson, mais encore qu'il est beaucoup moins fertile. Cette diminution de fécondité dans les sarments d'une branche à fruit est telle, qu'après un certain nombre d'années cette succession de branches à fruits, prises l'une sur l'autre, amène une stérilité complète.

Un autre inconvénient de cette taille en courgée est de trop élever les souches, de tenir la plupart des raisins trop éloignés du sol et généralement trop recouverts d'une grande épaisseur de pampres enchevêtrés; enfin de nécessiter de nombreux échalas, sans que ces échalas puissent assurer aux bourgeons de renouvellement les avantages de la position verticale, puisque le haut des souches est presque aussi élevé que les échalas.

Les raisins à vins rouges ordinaires sont l'enfariné et la mondeuse; les raisins à vins rouges grossiers sont le troussais, le gueuche et le gamay.

Tous les fins cépages du Jura ont été très-heureusement

Fig. 206.

Effet du pincement opéré sur les grappes : *ab*, grappe non pincée; *de*, grappe pincée.

choisis par les créateurs des vignobles : le salvagnin ou savagnin jaune, qui fait la base des vins de garde, de paille, de demi-paille de Château-Chalon, est surtout remarquable par sa liqueur, son parfum et la richesse alcoolique de ses vins. Le pulsart est aussi un cépage pour ainsi dire spécial au Jura, dont les vins sont généreux, vifs et brillants. Le trousseau, le savagnin noir ou noirien, donnent aussi des vins rouges très-distingués, dont le meilleur type est fourni par les Arsures. Pour leurs vins ordinaires et de consommation courante, ils n'ont pas, à mes yeux, de vins plus hygiéniques que ceux produits par le maldoux, quoiqu'on le classe très-bas dans l'opinion du pays.

Les cultures de la terre sont trop peu nombreuses dans le Jura; elles se bornent ordinairement à deux : le sombrage ou soumardage, culture profonde, qui se pratique en avril et en mai; et le binage ou rebinage, qui se pratique après la fleur, en juin et juillet. Un binage à la véraison et un antivernage après la vendange ajouteraient beaucoup à la fertilité. Les cultures se font à la main avec un instrument appelé *bicorne* ou *bigot* (fig. 207).

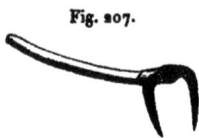

Fig. 207.

Les moyennes des récoltes sont généralement très-élevées dans le Jura, relativement aux autres moyennes de la France. Ainsi à Salins, où les vignes sont toutes en coteau, la moyenne récolte est de 25 hectolitres; à Arbois, elle est de 30; à Poligny, on l'estime à 30 hectolitres en coteau et à 60 en plaine; et à Lons-le-Saunier, elle est de 40 en coteau et de 70 à 80 hectolitres, à l'hectare, en plaine.

Dans certains vignobles, à Poligny par exemple, on enterre une partie des vignes de la plaine pendant l'hiver pour préserver le bois des ceps de la gelée. Il paraît que les gelées d'hiver y prennent souvent une intensité telle, que tous les ceps de la plaine ont leurs bois gelés jusqu'à terre. Pour éviter ce grave malheur, tantôt on enterre tous les ceps sous le sol en novembre, tantôt on enterre seulement un cep sur deux. Avant l'opération de l'enfouissage on fait subir au cep une taille préparatoire; puis on ouvre une jauge où on le couche, et en le recouvrant on a soin de laisser sortir un sarment pour le retrouver facilement. On déterre les ceps le plus tard possible en saison, parce

25.

que les ceps déterrés sont plus sensibles aux gelées tardives.

On vendange généralement dans des *seaux*, que l'on vide dans une *bouille* (hotte en bois cerclée, portée à dos) qu'on va verser dans une *sapine* ou cuve, d'environ 5 hectolitres, fermée en haut par un crible ou diaphragme, percé de trous, sur lequel on égrappe la vendange sans écraser les grains, jusqu'à ce que la sapine soit pleine. Les rafles sont mises à part dans des seaux pour faire de la boisson.

Les sapines pleines sont vidées de suite dans de grands tonneaux à ouvertures carrées, qu'on roule au-dessus d'un entonnoir à gaîne communiquant à des foudres, également à ouvertures carrées, rangés dans des caves voûtées. On emplit ainsi ces foudres des jus et des grains au fur et à mesure que la vendange s'accomplit. Ces grands tonneaux, placés à demeure, contiennent depuis 10 jusqu'à 50 hectolitres, plus ou moins. Lorsqu'un tonneau, foudre ou cuve, est plein, on le laisse travailler à l'aise et à l'air, qui communique par la grande ouverture carrée du haut, pendant quinze jours ou trois semaines, après quoi on ferme hermétiquement. C'est seulement après six semaines ou deux mois de cuvaison, c'est-à-dire aux environs de Noël, que l'on tire le vin et qu'on le sépare de son marc. On pressure et l'on mélange les jus des marcs aux autres jus.

Telle est la manière la plus générale de faire les vins rouges dans le Jura. Souvent il arrive que, faute de temps, on laisse passer l'hiver sans séparer les vins du marc. J'ai vu moi-même des vins encore sur marc au mois d'août. On m'a assuré que parfois on avait laissé la vendange un an sans tirer le vin; mais il ne s'agit là que de négligences tout à fait exceptionnelles. Par contre, beaucoup de propriétaires

ont commencé à ne laisser les marcs avec les vins que pendant huit à dix jours; d'autres ont fait cuver en cuves ouvertes, à l'air chaud et libre; et déjà les résultats très-satis-
faisants obtenus par ces amis du progrès fixent l'attention
générale. Ce qu'il y a de certain, c'est que la cuvaison,
bien que très-prolongée dans des caves à 10 et à 12 degrés,
température qui retarde et refroidit toute fermentation,
donne des vins très-peu colorés, quoique résultant de raisins
noirs, et très-peu alcooliques, quoique provenant de jus
très-riches en sucre.

Les vins rouges du Jura n'ont point de goût de terroir;
je puis l'affirmer, car j'en ai goûté partout et de toutes les
contrées : chez M. Coste, à Salins; chez M. le baron Lepin,
à Arbois; chez MM. Bertherand et Vuillot, à Poligny; chez
M. Monnier, à Voiteur; chez M. Moreau, à Quintigny; enfin
chez M. Ruty, à Lons-le-Saunier; et partout j'en ai trouvé,
dans les vins fins et dans les vins ordinaires, qui étaient
d'une droiture et d'une qualité parfaites, sans le plus petit
goût de terroir. Partout aussi la plupart des mêmes vins
présentaient, à des degrés plus ou moins sensibles, des
goûts de fût très-variés ou de pique plus ou moins avancés; et chacun de ces petits défauts était rapporté au terroir. C'est aux vieilles futailles et au mode de cuvaison et
de logement que toutes ces imperfections et altérations
sont dues.

Les caves, très-saines, bien voûtées, sont garnies de
foudres pleins de vins de diverses années. Chaque foudre
est muni, dans son fond, d'un petit appareil bien com-
mode, quoique d'une simplicité toute primitive. Ce petit
appareil, qui se fabrique à Saint-Claude et se vend quelques centimes, s'appelle une *guillette* : il permet de goûter

les vins sans forage et sans perte de vin ni de temps; il consiste dans une petite cannelle droite en bois, fermée par un fausset et mise à demeure dans la paroi du fût, sur

Fig. 208.

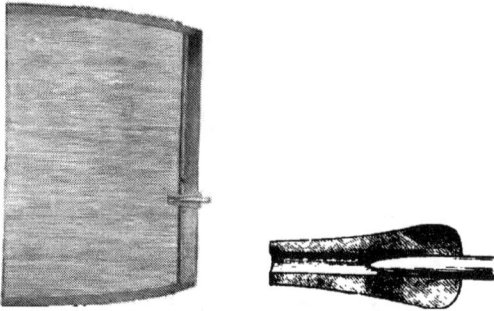

Coupe d'un foudre plein avec la guillette dans son fond. — Guillette
(grandeur naturelle).

laquelle elle fait saillie par une partie arrondie (fig. 208). J'ai visité bien des celliers et des caves, et je n'ai vu l'emploi des guillettes que dans le Jura.

Si, à mes yeux, la préparation des vins rouges du Jura est défectueuse, ou tout au moins douteuse dans ses bons effets, il n'en est plus de même pour la préparation des vins rosés, des vins blancs, des vins mousseux, des vins de demi-paille et de paille et des vins jaunes et de garde. Ces préparations sont parfaites; elles donnent des produits très-agréables, très-bons et tout à fait supérieurs, en ce qui concerne les vins jaunes et de garde.

J'ai dû à M. Ruty, président du Comice agricole de Lons-le-Saunier; à M. Coste, de Salins; à M. le baron Lepin, d'Arbois; à M. Bertherand, de Poligny, et à M. Monnier, de

Voiteur, de pouvoir étudier les vignes et les vins du Jura avec fruit.

M. Barbe, percepteur du canton de Voiteur, m'a dit qu'en aucun pays les impôts ne sont si faciles à recouvrer qu'à Voiteur, Château-Chalon, Baume, Ménétru, etc. et dans toutes les communes qui ont des vignes. Dans ces communes, les impôts sont toujours payés d'avance, et dans toutes les communes sans vignes les impôts sont recouvrés difficilement et en retard.

Je rappelle, à cette occasion, que dans tout le Jura les vignes sont à moitié fruits entre le propriétaire et le vigneron; que les propriétaires se trouvent si bien de ce mode d'exploitation, qu'ils sont d'une bienveillance excessive pour leurs vignerons, et que les vignerons sentent parfaitement, et peut-être même un peu trop, l'importance du rôle qu'ils y jouent.

Ce n'est point le vigneron qui tremble d'être congédié par son propriétaire, mais c'est bien le bourgeois qui craint d'être quitté par son vigneron : en effet, l'ouvrage ne manque point à l'ouvrier de la vigne, tandis que le propriétaire ne sait où trouver des bras pour les travaux qu'il ne peut pas et même qu'il ne sait pas faire. Jusqu'en ces dernières années, la propriété, satisfaite des bons revenus que l'intelligence et la vigueur de ses vignerons à moitié fruits lui procuraient, était restée étrangère à toutes les pratiques, à toutes les notions, à tous les progrès viticoles; les ouvriers au contraire, quoique renfermés dans la stricte observation de leur localité, s'ingéniaient chaque jour, chaque année, pour faire de mieux en mieux et réussissaient vraiment à porter, par leur intelligence et par leur travail, la production à un taux très-élevé. Aussi malheur au propriétaire qui le dimanche,

en passant sur la place publique, oubliait de saluer le
créateur du plus clair de son revenu agricole, son vigneron!
car bien souvent, le lundi, ce dernier venait lui déclarer
qu'il le changeait et prenait un autre propriétaire. Mais
aujourd'hui, sans que la valeur et le mérite des vignerons
aient déchu, les propriétaires se pénètrent à l'envi des notions générales sur la viticulture des différents pays et
apportent à l'intérêt commun un contingent de lumière de
plus en plus important, qui rend leur position plus digne
et plus respectable.

Malheureusement rien ne remédie à l'insuffisance de la
population; et les mesures qui doivent assurer sa juste proportion avec l'étendue du sol et les besoins de sa bonne
culture ne sont point encore adoptées dans l'économie politique et sociale.

DÉPARTEMENT DU DOUBS.

M. Pastoureau, préfet du Doubs, qui connaît à fond son département, m'avait dit, à mon arrivée à Besançon : « Tout « le monde en ce pays est doué d'une intelligence peu com- « mune ; tout le monde comprend et explique parfaitement : « vous serez donc bien renseigné, d'une part, et, d'autre « part, vous serez écouté, car la viticulture et la vinification « sont ici d'un grand intérêt. »

Pourtant le département du Doubs ne compte que 7,688 hectares de vignes, sur une étendue totale de 522,755 hectares ; mais les vignes y sont regardées, à juste titre, comme les joyaux les plus riches et les plus pré- cieux de la plaine et de la demi-montagne. Le vieil adage : *La vigne achète le champ,* a dit M. Paul Laurent, n'a pas cessé d'être vrai dans le Doubs.

Voici, du reste, le rôle économique et statistique de cette petite surface de vignes. La récolte moyenne de chaque hectare n'est pas moindre de 40 hectolitres, et le prix moyen de l'hectolitre est d'au moins 30 francs, ce qui donne un produit brut de 1,200 francs par hectare et un produit total de 9,225,000 francs, représentant le budget de 9,225 familles ou de 36,900 habitants, le huitième de la population, qui est de 298,072 individus, et le sixième du produit total agricole, qui s'élève à 59 millions, sur la soixante-sixième partie du territoire.

La haute montagne n'a pas de vignes. Cette zone, située à l'est de la Loue, à une altitude d'environ 300 mètres au-dessus de la demi-montagne, ne contient que des prés, des bois et des pâturages.

La vigne prospère au contraire dans la demi-montagne, située entre la Loue et le Doubs, bien que l'altitude moyenne de cette zone soit encore de 300 mètres environ au-dessus de la zone dite *de la plaine*, qui s'étend entre le Doubs et l'Ognon et est elle-même à 200 mètres au-dessus du niveau de la mer.

La demi-montagne possède de magnifiques vignobles qui se développent d'Ornans à Mouthiers, sans interruption, sur les flancs des coteaux que baigne la Loue.

La plaine comprend tous les vignobles qui environnent Besançon, ceux de Miserey, de Châtillon, de Pouilley, de Jallerange; les vignobles moins étendus des environs de Baume-les-Dames, Quingey et Byans, quoique sur la rive droite du Doubs, tiennent plus à la plaine qu'à la demi-montagne.

Tous les terrains de ces deux zones du Doubs appartiennent aux trois étages oolithiques des terrains jurassiques; Byans seul repose sur des alluvions anciennes. Tous les sols du Doubs, calcaires, ferrugineux, magnésiens, gypseux, alumineux, seraient propres à la viticulture, si les collines et les montagnes qui en tourmentent la surface ne présentaient des gorges étroites et des pentes rapides qui, par les ombres portées, par leurs versants nord et surtout par l'altitude des chaînes dominantes, restent dans un état de fraîcheur contraire à la végétation et à la fécondité de la vigne et surtout à la bonne maturité de ses raisins.

C'est donc seulement aux expositions est, sud-est, sud et quelquefois sud-ouest que les vignes sont cultivées dans le Doubs. Toutefois une grande étendue de rampes inférieures, de contre-forts, de mamelons, de plateaux abrités et même de flancs de coteaux très-propres à la vigne par leur site, leur exposition et leur sol, sont cultivés en céréales, racines, prés ou prés bois, ou même sont délaissés en broussailles et en friches, qui pourraient être couverts de vignes, plus fertiles et mieux situées que celles qui existent aujourd'hui.

Les vignerons du Doubs apportent un soin extrême dans la culture de leurs vignes, qui leur donnent de 7 1/2 à 20 pour 100, c'est-à-dire de trois à neuf fois plus que les autres cultures : pourtant on ne plante pas de vignes dans le Doubs; on en arrache plutôt, faute de bras.

On maintient d'ailleurs éternellement les vignes aux mêmes places par des provignages séculaires; on n'y admet point la vigne plantée et entretenue de franc pied par les fumures et les assolements ; on n'engraisse les ceps que par la terre des fosses de provignage; et comme cette terre est toujours la même, le sol finit par s'épuiser.

Aussi les pineaux noirs, le trousseau, le pulsart, en raisins rouges, les savagnins jaunes, le luisant, le chardenet, en raisins blancs, qui faisaient le fond de tous les vignobles du Doubs, comme de la Haute-Saône et du Jura (c'est-à-dire de toute la Franche-Comté), ont-ils été remplacés par les gouais (gueuche, gauche) noirs et blancs, mais surtout par les gamays et autres cépages communs, dans l'espoir d'augmenter ou plutôt de ranimer la production. Mais cet espoir sera déçu, car les gamays sont des plants très-gourmands et très-exigeants sur la richesse du terrain, tandis que

les pineaux et le trousseau (trissaut, tresseau, trussot)
sont d'une vigueur et d'une sobriété relatives très-faciles
à constater.

Aux cépages rouges que je viens de nommer il faut
ajouter le meunier, l'enfariné, le margillien, le bregin gros
et petit, qui joue un grand rôle dans les vignobles du Doubs
(le bregin, qui donne un vin commun, a le bois rouge,
vigoureux; il fournit des grappes très-grosses, mûrit tardivement; il a des feuilles cotonneuses en dessous et très-
vertes en dessus; son fruit est bon à manger), le grappe-
noux ou grappenot (fin cépage) et le carmet, très-rare. Aux
cépages blancs il faut ajouter le fromenteau et le viclaire.

Pour les pineaux noirs, gris et blancs, pour le trousseau
et le pulsart, les vignerons du Doubs laissent presque
toujours, outre un courson de renouvellement à deux yeux,
une longue taille à six, dix et quinze yeux, suivant les sols
et les pays. Tantôt cette longue taille est attachée droite à
l'échalas, quand la vigne est cultivée en souches isolées,
tantôt elle est abaissée et attachée obliquement, la pointe
en bas, dans la culture en perches et dans la culture en
chevalets; tantôt, enfin, la taille est recourbée et rattachée
en raquette ou en demi-cercle, comme à Gy, à l'échalas de
la souche, ou bien chaque courgée (corgée) est fixée à un
échalas spécial auquel elle est liée en deux points, à sa
courbure du haut, à 60 ou 70 centimètres de terre, et à
sa pointe inférieure, à 15 ou 20 centimètres du sol; dans
ce dernier cas, qui est la pratique de Quingey, il y a
toujours deux courgées et souvent trois à chaque cep, par
conséquent deux et trois échalas, comme dans le Jura, dont
Quingey suit d'ailleurs toutes les pratiques par imitation de
voisinage immédiat.

Les gamays, les gouais noirs et blancs, sont tenus à taille courte près de terre; chaque souche a deux ou trois cornes, un sarment à chacune, taillé à deux ou trois yeux. Le savagnin jaune, le meunier, le margillien, sont conduits tantôt à la taille courte, tantôt à la taille longue; parfois aussi le gouais blanc, le luisant, le trousseau, le pineau, sont mis à la taille courte, mais c'est par exception. J'ai vu à Miserey le pulsart lui-même tenu à la taille courte : aussi ne donnait-il absolument rien.

Dans la banlieue de Besançon, où se trouvent d'excellents vignobles, à fins cépages bien conservés, les vignes, généralement maintenues en lignes, sont d'un aspect charmant, au pied des forts et sur les flancs des coteaux qui bordent le Doubs. Le soin avec lequel elles sont relevées, attachées, épamprées et rognées, la propreté de leur sol, débarrassé de toute mauvaise herbe, attirent et fixent agréablement le regard au milieu des sites pittoresques et grandioses qui les encadrent.

Parmi ces vignes, les unes, en majorité, sont en souches isolées, munies chacune d'un échalas de $1^m,3o$ à $1^m,6o$, le plus souvent planté à demeure et bien aligné; les autres

Fig. 209.

sont dites *en perches*, parce qu'une perche, ou lisse horizontale, est attachée aux échalas à 60 centimètres de terre;

d'autres enfin sont en chevalets, c'est-à-dire que les échalas d'une ligne sont réunis par leurs sommets aux échalas de la ligne voisine, et qu'une perche, ou plutôt un cours de perches, réunit ces sommets entre eux (fig. 209, au centième, vigne en chevalets).

Fig. 210.

La figure 210 donne l'aspect d'une vigne dite *en perches*, et la figure 211 celui d'une vigne à échalas isolés.

Fig. 211.

Dans ces trois cas, les distances sont de 66 à 75 centimètres, au carré, entre les ceps dans tous les sens, et les échalas ont de 1^m,30 à 1^m,60 de longueur; une fois plantés et alignés, ils restent généralement en place.

Dans toutes ces dispositions, consacrées le plus souvent aux ceps à longue taille, pulsart, trousseau, pineau, etc. la longueur des échalas a pour objet de pouvoir monter les ceps assez haut, parce que le vigneron, comme dans le Jura, reprend presque toujours sa *taille* (taille est ici le nom de la branche à fruit) sur la taille de l'année précédente, ce qui fait remonter le cep très-rapidement; on le rabat, quand il est trop haut, sur un bourgeon sorti du bas et taillé, pendant un ou deux ans, pour attendre le renouvellement.

La perche ni le chevalet ne changent rien à la taille ni à la conduite de la vigne; seulement ces dispositions consolident les lignes d'échalas, permettent de monter plus haut et surtout de courber la taille et de l'attacher sur la perche. J'essaye de représenter une disposition en chevalet à la vendange et à la taille de mars (au trente-troisième, fig. 212) :

Fig. 212.

A, cep à taille droite près d'être vendangé; A', cep après la taille; B, cep à taille courbée sur la perche, près de sa vendange; B', cep après la taille.

La figure 213 représente quatre ceps en perches, deux à taille droite et deux à taille recourbée et attachée à la perche. *A'* donne l'aspect de la taille droite à la vendange et *A* celui

Fig. 213.

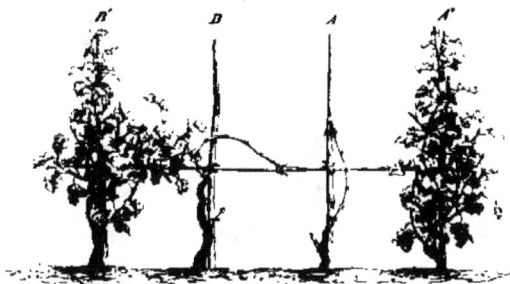

de la taille de mars, *B'* l'aspect de la souche à taille abaissée et attachée à la perche, aussi à la vendange, comme le montre *B* à la taille de mars.

Quant à la taille à échalas isolés, elle se compose toujours de deux crochets : l'un bas, à deux yeux, l'autre plus haut, à trois, quatre et jusqu'à six yeux, suivant le cépage et le terrain ; mais il arrive que le cep monte avec les années et que, à dix ou douze ans et moins, la vieille souche s'élève aux deux tiers de l'échalas : dans ce cas, il faut la rabattre ou la provigner. J'indique, sur des croquis pris sur place, diverses hauteurs relatives de souches à grands échalas.

En visitant les vignobles des coteaux qui avoisinent Besançon, on est surpris souvent de voir des parties de vignes se détacher, en très-fort relief, sur la surface régulière de la vigne, sans que les lignes ni le palissage soient en rien modifiés ; ce sont des parties de pulsart et de trousseau, cépages beaucoup plus vigoureux dans leur végétation que les autres, qui prennent ainsi et auxquels on est obligé de

Fig. 214.

laisser plus d'exubérance. J'essaye de rendre cet effet dans la figure 215, au centième ; *ABCDEF* est une partie de

Fig. 215.

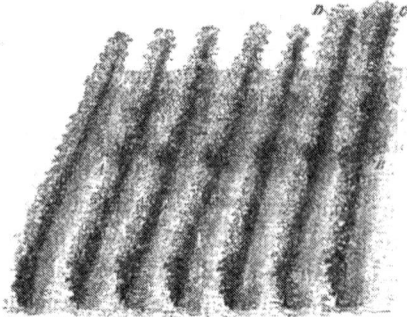

trousseau et de pulsart dans une vigne de pineau, bregin, enfariné, etc.

Telles sont les principales dispositions relatives à la taille et au palissage des vignes aux environs de Besançon. On y

voit trop souvent, mêlés aux vignes, de nombreux arbres
fruitiers et surtout des pêchers, ombrageant les ceps et les
amaigrissant par leurs racines.

Beaucoup de vignes sont à échalas plus petits (1 mètre
à 1^m,20) et à souches plus basses; les ceps sont alors un
peu plus serrés : les lignes étant à 60 centimètres entre elles,
les ceps sont à 50 centimètres dans la ligne.

La vigne est plantée dans la banlieue de Besançon,
comme dans toute la Franche-Comté, en fossés de 66 centimètres de largeur et depuis 35 jusqu'à 80 centimètres de
profondeur, suivant l'épaisseur du sol arable; les boutures
ou plants enracinés (on préfère ces derniers) sont placés le
pied d'un côté du fossé et la tête relevée verticalement de
l'autre côté. On remplit de 20 centimètres de terre la première année, et chaque année suivante on ajoute pareille
quantité de terre; on fume rarement, mais quand on fume
le fossé est comblé plus rapidement. C'est à la troisième ou
quatrième année qu'on double les rangs par le provignage.
l'intervalle nécessaire (1^m,80) ayant été laissé entre les
fossés : ce n'est guère qu'à la cinquième et à la sixième
année qu'on amène ainsi les vignes à pleine production.
Aussi ce mode de plantation, ruineux par les avances de
temps et d'argent, sera bientôt abandonné partout.

M. Hudelot, habitant Beure, une des plus riches communes de la banlieue de Besançon par ses vignes et ses

Fig. 216.

arbres fruitiers, a pensé que chaque nœud des
sarments de l'année pouvait représenter une
graine et produire un bon plant de vigne. En conséquence, il se mit à découper des nœuds de sarments, en 1859, comme l'indique la figure 216
(grandeur naturelle); il les stratifia dans sa cave et les

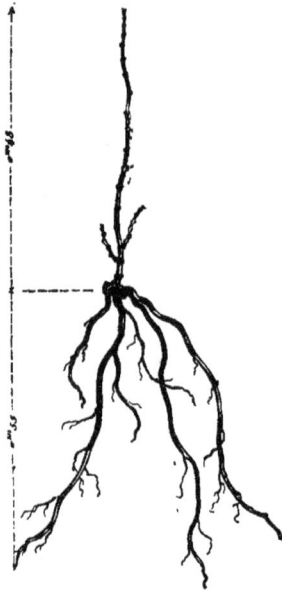

sema en pleine terre, sur la montagne en face de Beure, dans le courant du mois de mai 1860. Sa terre étant bien préparée, il y ouvrit, à la serfouette, des rigoles de 8 à 12 centimètres de profondeur et y déposa chaque graine au fond, l'œil en l'air. La rigole fut remplie et la terre plombée, c'est-à-dire tassée par-dessus les graines. M. Hudelot réussit parfaitement : la plupart de ses graines levèrent et lui donnèrent des tiges de 50 à 60 centimètres de hauteur et des racines nombreuses et plus belles en proportion ; il réussit de même en 1861, en 1862 et en 1863. Ses plants s'accrurent à la deuxième année et quelques-uns purent donner du fruit à la troisième. Je suis allé visiter ses essais nombreux et étendus avec MM. Laurens, Berger, le colonel Briant, Marchand et Hory et nous avons vu là tout ce que M. Hudelot a fait connaître aux expositions et aux concours des départements voisins. Nous avons arraché plusieurs plants de semis de l'année, et je donne l'aspect de l'un d'eux, pris parmi les moyens, dans la figure 217, au 33°.

Fig. 217.

Ces semis des nœuds de la vigne, en pleine terre, avaient déjà été réalisés avec succès à diverses époques et en divers pays, mais sans pénétrer dans la grande pratique. Les jardi-

niers, les pépiniéristes habiles, avaient aussi fait germer et
pousser de simples yeux de vigne, même sans bois, avec bois
fendus en deux ou avec bois complet, dans des bâches vi-
trées, dans des serres chauffées, pour multiplier des cépages
rares dont ils n'avaient qu'un sarment ou un fragment de
sarment; mais jusqu'à M. Hudelot, qui certainement igno-
rait ces diverses pratiques, jamais la grande viticulture en
plein champ ne s'était occupée du semis des nœuds de sarments. Y présentera-t-il une grande supériorité sur la bouture et le plant ordinaire? Pourra-t-il les suppléer partout
et toujours? Je crois que dans la plupart des circonstances
on devra de préférence, et même par nécessité absolue,
recourir à la bouture ou au plant enraciné; mais je crois
aussi que ce semis sera utilisé désormais dans les pépinières,
et qu'il facilitera surtout l'échange des cépages entre les
contrées les plus éloignées, par l'expédition des nœuds,
tenus frais et humides.

Assurément un nœud de vigne n'est pas une graine;
mais, quoi qu'on en dise, il en présente toutes les conditions principales de végétation : le bourgeon représente
parfaitement l'embryon de la graine; l'amas de substances
amylacées, dans le nœud, équivaut à l'approvisionnement
des cotylédons; la diastase, qui doit rendre soluble la fécule,
existe à la base de l'œil, comme elle existe à la base du
germe, et le nœud, comme la graine, s'imprègne de l'eau
végétale par endosmose et capillarité.

On entretient les vignes par le recouchage des souches
et par le provignage. Le provignage se fait à la profondeur
du sol végétal, c'est-à-dire de 35 à 60 et 80 centimètres de
profondeur. Les ceps étant couchés et étalés à deux sarments
au fond de la fosse, on la remplit au quart dès le début, et

généralement on met quatre années à la remplir complétement. L'entretien normal d'une vigne exige 15 fosses à
l'ouvrée, c'est-à-dire 4 à 500 fosses à l'hectare, soit 800 à
1,000 ceps provignés par hectare et par an, engendrant
1,600 ou 2,000 ceps nouveaux, environ un quinzième de
la totalité des ceps, ce qui équivaut à une replantation de la
vigne tous les quinze ans, mais à beaucoup plus de frais
qu'une plantation nouvelle : car le provignage, à 10 francs
le cent de pointes, revient, en seize ans, à 800 francs ou
à 50 francs par an; or une plantation faite à plat, sur
défonçage à 35 centimètres, ne peut revenir à plus de
600 francs.

Les moyennes récoltes varient, selon les vignobles, entre
30 et 45 hectolitres par hectare; mais entre les mains de
certains viticulteurs ces moyennes doublent et triplent,
selon les soins donnés et selon la richesse des terres.

Les rendements moyens des vignobles ne devraient jamais être estimés sur le nombre d'hectolitres récoltés dans
toute une contrée, divisé par le nombre d'hectares, car la
vigne du négligent, de l'ignorant, du paresseux, ne rapporte rien; la vigne entretenue à journée ou à façon, sans
participation aux fruits, par le mercenaire non surveillé et
non dirigé, rapporte très-peu, tandis que la vigne du propriétaire vigneron rapporte énormément. Pour apprécier
le rendement moyen de la vigne dans un pays, il faut considérer ce qu'elle y peut rendre sous une bonne conduite,
avec des soins, des engrais et des amendements convenables.
Dans ce sens, les vignes du Doubs peuvent donner facilement 50 hectolitres à l'hectare, aussi bien que l'Alsace, les
Vosges, la Meurthe et la Moselle.

On vendange le raisin en seille, petit baquet à une anse

en sapin; on verse la seille dans une bouille ou hotte également en sapin, qu'on porte à dos d'homme et qu'on verse dans un cuveau n° 1; on prend le raisin de ce premier cuveau, et on l'égrappe sur un cuveau n° 2, surmonté d'un crible ou égrappoir sur lequel on agite alors le raisin avec un râteau curviligne ou triangulaire (fig. 218); les grains

Fig. 218.

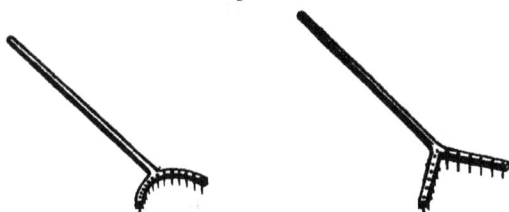

et les jus passent à travers le crible et les rafles sont laissées sur le terrain. Quand le cuveau n° 2 est trop plein, on en vide le clair dans un cuveau n° 3.

Ce dernier cuveau est vidé, ainsi que le n° 2, dans une *bosse*, espèce de tonneau allongé placé sur voiture et muni supérieurement d'une large ouverture. La bosse est conduite à la vinée et vidée dans la cuve en la roulant la bonde en bas. Comme cette manœuvre entraîne quelques inconvénients et parfois des accidents, on a imaginé des bosses qui s'ouvrent, en bout, au moyen d'une trappe ou porte à coulisse; ce qui exempte de rouler la bosse sur la cuve.

Les jus et les grains sont versés ainsi dans des foudres de 5o à 6o hectolitres; on laisse fermenter huit à quinze jours, et aussitôt que la fermentation est terminée, on ferme les foudres, pour tirer du 15 novembre au 1er décembre. Plusieurs bons viticulteurs tirent aussitôt que la fermentation est terminée, et ils produisent ainsi de bien meilleurs vins.

Les vins de bons cépages des environs de Besançon sont assez fins, assez délicats, souvent d'une belle couleur et d'une générosité suffisante : ils peuvent rester quatre et cinq ans en tonneau et se garder douze à quinze ans; les vins de gros cépages sont peu agréables, et les vins mixtes constituent de bons ordinaires. Les prix moyens varient depuis les meilleurs, à 50 francs l'hectolitre, jusqu'aux plus inférieurs, à 20 francs. Les vins blancs sont fort agréables, et quand ils sont de demi-garde ou de garde, ils approchent de ceux d'Arbois et de Château-Chalon.

Les cultures données aux vignes sont au nombre de trois aux environs de Besançon. L'ancien usage d'exploitation était à moitié fruits : cet usage existe encore pour toutes les vignes productives; mais, lorsqu'elles donnent peu, les vignerons n'en veulent point à cette condition. L'absence ou la faiblesse des récoltes, de 1850 à 1857, avaient déterminé les vignerons à abandonner l'exploitation à moitié; avec des propriétaires indifférents et ignorants dans la viticulture, laissant tout faire et tout supporter au vigneron, il était difficile qu'on n'en vînt pas à une telle extrémité. Comment le vigneron, qui ne fait que des vignes, peut-il vivre à moitié, quand il n'y a pas de récolte? Comment peut-il parer aux gelées, aux intempéries, à l'épuisement du sol, si le propriétaire, qui seul a le temps de s'instruire, ne lui montre pas comment on peut conjurer les fléaux, ne l'aide pas à engraisser la terre, à renouveler sa vigne, et surtout s'il ne lui fait aucune avance, pour qu'il puisse au moins se nourrir, lui et sa famille, dans les années notoirement désastreuses?

Aujourd'hui, depuis que le vin est plus cher, que la vigne produit mieux et que l'on sait mieux la faire produire, les vignerons redemandent à prendre à moitié.

En attendant, le prix des façons est fort cher : 3 francs la journée et, à prix fait, 9 à 10 francs les 3 ares 60 centiares ou 270 à 300 francs l'hectare, la vendange et le provignage en dehors ; ce qui porte les frais d'exploitation d'un hectare, avec fourniture et entretien d'échalas, de vaisseaux vinaires, de paille et d'osier, à 5 ou 600 francs.

Même au prix de 3 francs la journée de douze heures, la main-d'œuvre est rare et souvent impossible à trouver aux environs de Besançon. Lors de la taille, les propriétaires offraient aux vignerons de Miserey des salaires à leur discrétion ; M. Hory a été obligé de demander des soldats au général pour tailler ses vignes. Aussi a-t-on arraché une certaine quantité de vignes par impossibilité de les cultiver ; pourtant, M. Marchand, homme sérieux et très-honorable autant qu'habile vigneron, m'a déclaré que ses vignes lui rendaient constamment de 15 à 20 p. 0/0.

Les vignobles de Miserey se distinguent par une grande quantité de savagnins jaunes qui peuplent des vignes entières et se mêlent aux autres vignes. Le savagnin jaune est un cépage des plus précieux : c'est lui qui donne les vins de garde de Château-Chalon, dans le Jura. Les vins du savagnin jaune sont d'une solidité et d'une longévité à toute épreuve ; mélangé dans la proportion d'un quart ou d'un tiers avec les vins rouges, le savagnin jaune leur communique ses qualités de conservation, son brillant et son bouquet. Lorsque les raisins du savagnin jaune sont vendangés tardivement (ils peuvent rester au cep jusqu'après la Toussaint sans craindre les gelées blanches), ils donnent des

vins d'une richesse, d'une saveur et d'une vertu cordiale et
digestive extraordinaires. Je ne connais que le tokay qui
présente ces qualités à un plus haut degré. Le savagnin
jaune, qui pousse vigoureusement et donne beaucoup de
fruits, devrait être multiplié dans tous les pays où les vins
se gardent peu ou point et où les vins sont peu généreux
et sans bouquet; cet excellent raisin pourrait leur donner
tout ce qui leur manque.

Le savagnin jaune produit beaucoup à la taille longue,
et pourtant à Miserey on ne le traite qu'à la taille courte;
tous les cépages sont taillés à la taille courte à Miserey,
même le pulsart. Les gamays, le gauche, le viclaire, le luisant, s'étendent dans les cultures nouvelles plus que le
savagnin jaune; tout est dressé à deux ou trois cornes près
de terre, avec un courson à deux ou trois yeux sur chaque
corne. Je donne dans la figure 219 une souche type de Miserey, avec sa taille *A* et sa tige développée *B*.

J'ai pris sur place le croquis d'une souche de pulsart à

Fig. 220.

Fig. 219.

courson : je l'ai prise au hasard entre mille pareilles, toutes
sans un seul raisin (fig. 220).

Les plantations et les provignages se font à Miserey à une grande profondeur; aussi la surface des vignes est-elle tourmentée par des fosses et des bosses dont l'aspect est on ne peut plus pénible : ou un tel travail excède le vigneron, ou bien il coûte énormément. En voyant des raisins, même abondants, dans ces fosses, on comprend qu'ils ont coûté beaucoup plus d'argent ou plus de sueurs qu'ils ne valent.

Avec tout ce labeur, on ne récolte que six *cotes* en gamays et autres gros cépages par ouvrée, et trois *cotes* en cépages fins et mixtes, c'est-à-dire 68 hectolitres de gros raisin donnant 48 hectolitres de vin et 34 hectolitres de fin raisin donnant 24 hectolitres de vin à l'hectare; et pourtant les terres marneuses et argileuses de Miserey sont excellentes.

A Quingey se retrouvent les provignages profonds et le sol de la vigne en est aussi bouleversé; mais là on donne la courgée aux ceps qui l'exigent, au pulsart, au trousseau, au luisant, au savagnin jaune, au pineau noir, au maldoux,

Fig. 221.

tandis que le gamay toujours, et parfois le gauche noir et blanc, sont à taille basse et courte. J'y ai pris sur place un cep de pulsart, que je mets (fig. 221) en regard du pulsart de Miserey (fig. 220). Les ceps, à Quingey, sont à 1 mètre au carré et en foule au lieu d'être en lignes.

Quand les souches sont assez vigoureuses, on donne jusqu'à trois et même six cour-

gées au même cep, et les ceps en sont plus forts, loin d'en
être épuisés.

Ayant remarqué une grande quantité de buis sauvages
dans des friches communales très-étendues, j'ai engagé les
vignerons à s'en servir pour mettre au fond de leurs provins; car le buis, employé dans beaucoup de vignobles et
notamment dans le département de l'Ardèche, est un excellent engrais pour la vigne.

Les vins de Quingey, en fins cépages, sont fort bons;
leur prix moyen est de 3o francs l'hectolitre et les récoltes
moyennes sont de 4o hectolitres à l'hectare.

Je suis allé visiter les vignes d'Ornans avec M. Machard
(Henri Machard), auteur du meilleur traité pratique que
j'aie jamais lu sur l'art de faire et de soigner les vins.

Les vignes d'Ornans, qui représentent, m'a-t-on dit, tous
les magnifiques vignobles de la vallée de la Loue, en remontant jusqu'à Mouthier, sont parfaitement tenues; les ceps
y sont très-rapprochés (5o centimètres au carré); tous sont
munis d'un petit échalas; tous sont tenus à la.taille basse
et courte; chaque cep est dressé sur deux ou trois cornes,
à un seul courson à deux yeux francs. Après la plantation
qui se fait en fossé, suivie de provignage, on taille à un seul
brin, à deux ou trois yeux, jusqu'à trois ou quatre ans. On
ébourgeonne avec soin dès le commencement de la végétation; on ne laisse que quatre à six bourgeons par souche,
dût-on jeter bas des raisins; on relève et on lie à la fleur;
on rogne, après la fleur, les pampres au niveau de l'échalas,
et souvent une seconde fois au mois d'août. On ne donne
que deux labours, le premier un peu avant la fleur, comme
à Quingey, dans la crainte des gelées et faute de bras qui
sont occupés aux fosses et à la taille au mois de mars; et le

deuxième, à la véraison. On vendange et on cuve comme à
Quingey et à Besançon, en cuves ouvertes et en foudres; on
foule tous les jours ; on marne les premières et on ferme
les secondes. Les seilles de vendange sont en écorce de til-
leul avec fond de sapin. Les vignes se font à moitié et le
partage a lieu à l'égrappage et en moût. La récolte moyenne
est de 40 hectolitres à l'hectare. Le prix des journées est
de 2 francs et nourri. Je donne (fig. 222) le croquis d'une
souche d'Ornans, à la taille et à la vendange. Ces souches

Fig. 222.

sont plus petites que celles de Miserey; le gamay domine.
Les vins d'Ornans sont alimentaires et sains, mais très-
ordinaires; leur prix moyen est de 20 à 25 francs l'hectolitre.

Le dernier vignoble que j'ai visité dans le Doubs est celui
de Baume-les-Dames, sous la direction de M. Champin,
sous-préfet de l'arrondissement.

La plantation, la conduite et l'échalassage des vignes se
font à Baume comme à Ornans et à Quingey pour les gamays noirs et blancs, pour le bregin et le gauche, c'est-à-
dire que la taille en est basse et courte; que chaque souche
a son échalas, autour duquel sont relevés et liés les pampres,

après un ébourgeonnement préalable et un rognage après-
le liage.

Le cépage dominant aujourd'hui à Baume, à Lessey, à
Rougemont, et généralement dans la plupart des vignobles
de l'arrondissement, est le gamay ; viennent après le pineau
noir et la mondeuse.

Le pulsart, les pineaux noirs et blancs, sont conduits à
longs bois recourbés en courgées ; le pulsart reçoit jusqu'à
trois courgées, mais il y en a peu dans les vignes, peu de
pineau blanc, peu de naturé.

Les vignes fines, où domine le pineau, donnent en
moyenne 25 à 30 hectolitres à l'hectare; et les vignes communes, dans lesquelles domine le gamay, donnent à peu
près le double.

Les vendanges, les cuvages et les tirages se font comme
dans le reste du département. On cuve pourtant un peu
moins longtemps, de huit à quinze jours, et les rafles de
l'égrappage servent à faire de la piquette; les jus des pressurages sont mis à part des jus de goutte et consommés les
premiers. L'exploitation des vignes se fait aussi à moitié
fruits; le propriétaire paye l'impôt et le vigneron est obligé
de faire vingt-cinq fosses par an à l'ouvrée (on compte
vingt-quatre ouvrées à l'hectare et huit à neuf cents ceps à
l'ouvrée); ce provignage considérable équivaut à un dixième
de la vigne renouvelé par an.

Les vins de Baume-les-Dames sont regardés comme très-
communs par la plupart des ampélographes. Toutefois,
les vins ordinaires de Baume m'ont paru aussi bons que
ceux d'Ornans; leur prix moyen est de 25 à 30 francs
l'hectolitre.

M. Champin nous en a fait goûter de 1859 et 1857,

en pulsart et en pineaux du pays, très-agréables et très-généreux.

M. Grenier, grand propriétaire et viticulteur habile de l'arrondissement, tire d'une vigne de pineaux blancs plus ·de produits que de ses vignes de gamays par un bon emploi des longs bois, comme on le fait à Pouilly, à Fuissé, etc. en Saône-et-Loire.

DÉPARTEMENT DE LA HAUTE-SAÔNE.

Sur 533,992 hectares de superficie totale, le département de la Haute-Saône compte environ 14,000 hectares de vignes, dont le rendement moyen est de 30 hectolitres à l'hectare ; le prix moyen de l'hectolitre étant de 25 francs au moins depuis 1856, la vigne y représente un revenu brut annuel de plus de 10 millions, plus du septième du revenu total agricole, lequel entretient 40,000 individus, le huitième de la population, qui est de 317,706 habitants, sur la trente-huitième partie de la surface du sol.

Le département de la Haute-Saône est constitué, dans sa plus grande étendue, par l'étage supérieur et l'étage moyen du système oolithique ; on y voit pourtant de grandes superficies de terrains tertiaires moyens entre Vesoul et Gray, sur la rive gauche de la Saône ; des alluvions anciennes, à l'ouest et au sud de Gray ; des alluvions récentes, des marnes irisées et des grès bigarrés à Lure, à Luxeuil et aux environs ; à Conflandey, Faverney, Amance et Jussey, on voit aussi des prolongements du calcaire à gryphées arquées.

Tous ces sols sont favorables à la vigne ; j'ai vu partout des sites admirables où la vigne pourrait être cultivée avec succès.

Le climat de la Haute-Saône est d'ailleurs des plus favorables à la production des vins délicats, puisque ce département est tout entier compris entre le 47ᵉ et le 48ᵉ degré de latitude ; on sait que la vigne prospère encore dans trois départements plus septentrionaux, les Vosges, la Meurthe et la Moselle, qui le séparent de la frontière nord de la France. Son voisinage des Vosges, et les grands cours d'eau qui le traversent lentement dans de larges vallées, le rafraîchissent un peu et disposent la terre, par l'humidité atmosphérique, aux gelées blanches, mais dans une moindre proportion que dans les trois départements à latitude plus élevée : aussi présente-t-il d'excellentes conditions à l'extension de sa viti-culture.

Si la vigne n'a pas pris jusqu'ici le développement qu'elle pourrait et devrait y prendre, ce n'est pas que les habitants de la Haute-Saône méconnaissent la valeur de sa culture : ils savent tous et ils déclarent que la vigne achète le pré, à plus forte raison la terre arable ; ce n'est pas non plus qu'ils ne comprennent point les soins à donner à la vigne et que leur courage faiblisse devant les nombreux et rudes travaux qu'elle exige : ils aiment passionnément leurs vignes et se donnent énergiquement à leur culture ; mais les bras manquent absolument pour la moindre extension viticole ; ils font même défaut, en plusieurs endroits, pour compléter les cultures des vignes qui existent.

C'est à Champlitte surtout, pays vignoble de l'arrondissement de Gray, qu'on peut observer les singuliers effets de l'insuffisance de la main-d'œuvre.

Les habitants de Champlitte sont tous propriétaires de vignes et de terres arables, et la grande majorité des propriétaires accomplissent toutes leurs cultures par eux-mêmes. Ils mettent un grand amour-propre à mener de front toutes

leurs productions, et se portent de l'une à l'autre de leurs
cultures avec une espèce de frénésie. La vigne, placée dans
leur estime bien plus haut que toutes les autres cultures,
est précisément celle qui montre le mieux leurs négligences
forcées. Ainsi la plupart des vignes n'ont pas d'échalas, d'autres en ont à moitié, d'autres sont à peu près complétement
échalassées. Parmi celles qui n'ont pas d'échalas, les unes
sont attachées par trois ou par deux souches, les autres ne
le sont pas, et la moitié de leurs ceps gisent à terre.
Eh bien! aucun vigneron ne connaît mieux l'importance de
l'échalas que le vigneron de Champlitte. Un excellent propriétaire d'entre eux déclarait avoir ses échalas sous son han-
gar; mais il n'a pas le temps de les mettre, il ne les mettra
pas. Les vignerons disent tous que l'échalas vaut du fumier
pour la vigne; mais le temps leur manque absolument; ils
songent tous à renoncer aux échalas. Ils courent butter leurs
pommes de terre, moissonner leurs grains, mais ils laissent
la vigne l'été; en revanche ils provignent à outrance, par
fosses profondes, pêle-mêle, et font à leurs vignes un sol
tourmenté jusqu'à l'étrangeté, parce que c'est un travail
d'hiver, où le temps ne leur fait pas défaut. Par les mêmes
raisons de presse, les vignerons de Champlitte taillent leurs
vignes à coursons, deux ou trois par souche; et ils ont écarté,
même pour les *pineaux* et les *maillés* ou *arbannes*, tout long
bois piqué en terre, attaché à un autre échalas ou courbé en
cercle ou en replet, dernière pratique observée religieusement à peu près dans tout le département.

On donne à Champlitte trois labours, qui n'exigent pas
moins chacun de vingt jours à l'hectare, soit soixante journées de printemps et d'été, qu'on peut transformer en trois
ou six jours d'un cheval et d'un homme, par la houe, l'extir-

pateur, le bineur ou la charrue à cheval. Mais une pareille
transformation de toute la culture ne peut s'opérer que par
l'exemple. C'est cet exemple que M. Lanet se propose de
donner dans sa propriété de Champbois, à 6 ou 7 kilomètres de Champlitte.

On plante la vigne, à Champlitte, en fossés distants de
1^m,80 et de 0^m,80 de largeur au fond, et sur deux rangs
de plants aux angles : à 32 centimètres, s'ils sont enracinés;
à 16 centimètres, si c'est en boutures.

Les plants enracinés produisent à trois ou quatre ans,
et les boutures à quatre ou cinq ans. A quatre et cinq ans
on provigne les ceps ainsi venus, pour peupler les intervalles; et les provins sont faits généralement très-profonds.

Les vignerons ont remarqué que, une fois le provignage
commencé, il fallait le continuer toujours. Le provignage
d'entretien comprend un douzième environ des souches : dix
fosses par journée (vingt-deux journées à l'hectare) comprennent chacune deux à trois ceps enfouis et neuf à dix
pointes ou sarments de renouvellement.

La taille ne laisse généralement que deux bras à chaque
cep et un courson à deux yeux sur chaque bras, quel que
soit le cépage, maillé, gamay, troyen ou feuille ronde, qui
sont les plants dominants, on pourrait dire exclusifs, du
vignoble; toutefois quelques propriétaires ont encore des
pineaux, qui dominaient autrefois (fig. 223 et 224, spécimens de taille de Champlitte).

L'ébourgeonnage est pratiqué avec soin à Champlitte:
on jette même bas des bourgeons portant fruit, quand il
y a trop de charge. L'ébourgeonnage se fait de très-bonne
heure et l'on y revient à la fleur ou après la fleur, s'il
est ressorti de faux bourgeons. On relève et l'on accole

après la fleur, par souches isolées pour la feuille ronde et par deux et trois souches pour les autres ceps ; on rogne

Fig. 223.   Fig. 224.

les pampres au-dessus du lien ; on ôte en même temps deux ou trois feuilles au-dessus des raisins, et, si le temps est humide, on ôte une troisième fois les repousses avant la vendange.

On donne un premier labour en taillant au mois de mars : un bon ouvrier taille et laboure une journée (4 ares 5 centiares) en un jour. L'on donne un second labour en mai, un troisième à la fin de juin et souvent un quatrième à la véraison. Toutes ces cultures se font à la maille (fig. 225),

Fig. 225.   Fig. 226.

surtout où il y a des pierres, et au fessou (fig. 226) là où il n'y en a pas.

On a constaté, à Champlitte, que des vignes plantées en excellentes terres à chènevière, sans pierres dans le sol, poussaient énergiquement à bois jusqu'à la douzième année et diminuaient rapidement, pour périr à vingt ans.

On vendange en paniers qu'on vide dans la bouille (hotte

27.

de bois), qu'on porte au cuveau, au-dessus duquel on égrappe ; puis on verse le contenu du cuveau en cuve ou en foudre. On foule à la cuve tous les soirs, si la fermentation marche vite ; tous les deux jours, si elle marche lentement. Quand la fermentation est terminée et qu'on veut attendre plusieurs semaines, si la cuvaison s'est faite en foudre, on se contente de fermer la bonde ; si c'est en cuve, on bat la surface du marc, on y étale des feuilles de vigne, puis sur les feuilles on étend une couche de terre grasse qu'on jointoie chaque jour, tant qu'elle se crevasse. On tire le vin en vaisseaux de 8 à 30 ou 40 hectolitres. Les uns mêlent les vins de presse avec les vins de goutte, les autres ne les mélangent pas. On soutire au mois de mars.

La plupart des vignes sont faites par leurs propriétaires ; très-peu sont à façon, dont le prix est de 10 francs pour 4 ares 5 centiares (journée), et de 11 francs, fosses comprises.

Un habitant de Champlitte, M. Marcoux, a installé dans un clos de 1 hectare et demi à 2 hectares une culture de vignes à échalas et à courgées, qui rappelle la culture du Jura. Il étudie la viticulture type et en établit quelques lignes.

Fig. 227.   Fig. 228.

La figure 227 donne la taille des gamays, et la figure 228 celle de l'enfariné, des maillés, des meuniers et des pineaux de M. Marcoux.

Les vignes du canton de Gy, il faut le dire, sont tenues

avec beaucoup plus de régularité et de soin que celles de
Champlitte ; elles sont toutes échalassées : *Point d'échalas,
point de raisin*, tel est le dicton des vignobles de Gy. Par
leur bonne tenue et leur ensemble, les vignes de Gy font
plaisir à voir ; l'examen détaillé ne leur est pas moins favorable. Le gamay à grains ovales et à grains ronds et le
grisard sont parfaitement distingués, dans leur conduite,
des pineaux noirs et blancs, du meunier et du maillé, qui
sont les fins cépages de Gy.

Les gros cépages sont conduits en gobelet à trois ou quatre
branches, avec un crochet à deux yeux à chaque branche
et un bon échalas de trois à quatre pieds (1 mètre à 1^m,30)
à chaque souche (fig. 229). Les fins cépages, les pineaux
noirs et blancs, les maillés, etc. sont élevés à 15 ou 20 cen-

Fig. 229.	Fig. 230.	Fig. 231.

timètres de terre et munis d'une branche à bois, ou crochet
à deux yeux, et d'une branche à fruit pliée en cercle, appelée *replet*, à huit ou dix yeux (fig. 230), dès qu'ils sont
assez forts pour la supporter. Les fins cépages sont souvent
taillés comme l'indique la figure 231, et parfois les gamays
reçoivent une taille analogue.

La distance des ceps est de 5o à 66 centimètres au carré; ils sont plantés en fossés, avec traînage horizontal des plants, multipliés et entretenus par le provignage. On commence le relevage et le liage avant la fleur; et après on met souvent deux liens. On ébourgeonne dès qu'on voit les raisins; on rogne au-dessus de l'échalas à la fin de juillet; à la fin d'août on ôte les contre-bourgeons et l'on effeuille en même temps. On donne deux cultures, rarement trois; au premier labour, on déchausse pour ôter les racines du collet; on emploie aux cultures deux instruments à dents (fig. 232 et 233).

Fig. 232.   Fig. 233.

Les vins fins ou de pineau se récoltent à part : ils sont cuvés seulement six à huit·jours ; les vins ordinaires sont cuvés un mois ou cinq semaines et, dans ce cas, les marcs sont battus et couverts d'une couche de terre grasse (on appelle cela *marner* les cuves). La vendange se fait dans des *seilles* de sapin que l'on vide dans des bouilles également de sapin ; puis on verse sur un crible de hêtre, placé sur un cuveau à la tête de la vigne, où on laisse les rafles. Le cuveau est vidé dans deux ou trois tonneaux ouverts, placés sur voiture ; le contenu de ces tonneaux est versé dans les cuves, qu'on met deux ou trois jours à remplir. On foule jusqu'à six fois pendant la fermentation ; le vin est tiré en foudres de 10 à 100 hectolitres.

Les vins de Gy sont de bonne consommation et de garde suffisante.

Les vignes sont cultivées par propriétaires, par journaliers, mais le plus souvent à moitié fruits; les propriétaires
fournissent les échalas; les vignerons les préparent et les
aiguisent.

En somme, les vignes sont conduites et cultivées très-
bien et sur de bons principes dans le canton de Gy : aussi
la vigne en fait-elle en grande partie la richesse, comme elle
en a fait la population. Tous les vignobles de l'arrondissement de Gray sont devenus, par leur importance et leur
population, chefs-lieux de canton.

M. Mugnier, président du tribunal de Gray, nous a dit,
en conférence, qu'à Gy on replantait presque tout en pineau, parce que le gamay s'y comportait mal et y mourait
très-facilement. Nous retrouverons des faits analogues dans
la Meurthe et dans la Moselle.

En visitant les vignes d'Arc et de la Maison-du-Bois, j'ai
vu non-seulement des vignes parfaitement soignées, quoiqu'à deux bras et à coursons seulement, à souches assez hautes
(de 20 à 50 centimètres), mais encore des vignes parfaitement établies et conduites selon la méthode type. M. le com-
mandant Cuënot a fait établir une grande vigne en lignes,
avec grands et petits échalas, fil de fer, branche à bois et
branche à fruit; et cette vigne transformée est magnifique
en bois et en fruits. M. Cuënot nous a fait goûter d'excellents
vins provenant de ses vignes, où les fins cépages dominent,
et il m'a appris que les vins d'Arc et de la Maison-du-Bois
se conservent de vingt à trente ans.

Plus loin nous avons visité une vigne de M. Perron, vigne
d'environ 1 hectare, transformée en vigne type avec une
grande perfection et un rare bonheur. Les branches à fruits
présentaient pour la plupart des fruits magnifiques se tou-

chant les uns les autres : les pineaux, les meuniers, les enfa-
rinés, mais surtout les mesliers (maillés), se faisaient remarquer entre tous par une fécondité vraiment extraordinaire.

J'ai commencé l'étude de la viticulture et de la vinification de la Haute-Saône par Vesoul et ses environs; si j'en
parle en dernier lieu, c'est que la méthode adoptée dans les
environs de Vesoul est la plus intéressante et la meilleure.
Cette méthode est celle de la culture en lignes basses
à perches et à carassons, à branche à bois et à branche
à fruit. Cette culture est à peu près exclusivement pratiquée sur les flancs de la Motte de Vesoul et sur les jolis
coteaux de Chariez, Vaivre, Noidans, Navenne et Quincey,
qui présentent à l'ouest et au sud de Vesoul, sur la rive
gauche du Drugeon, les sites les plus pittoresques.

Dans tous ces vignobles, la plantation se fait en fossés de
80 centimètres environ de plafond, à une distance triple les
uns des autres; deux rangs de boutures ou de plants enracinés, coudés, un rang de chaque côté, à 30 ou 36 centimètres de profondeur, mais recouverts d'abord de $0^m,15$ de
terre seulement. Dans ce mode de plantation, il faut attendre
la troisième année et souvent la quatrième pour commencer à former, par le provignage, les deux rangs intermédiaires aux fossés : la vigne n'est complétement garnie
qu'à la cinquième et parfois à la sixième année.

A cette époque, et dans la suite à perpétuité, les vignes,
si elles sont entièrement en pineaux, sont taillées et palissées comme l'indiquent la figure 234, en élévation latérale,
et la figure 235, en perspective. *a b, a b* (fig. 234), sont les
longs bois appelés *replets*, courbés tous dans le même sens,
excepté le replet de la souche de tête qui se croise avec
l'avant-dernier replet de la ligne. *c, c, c, c*, sont les coursons

ou crochets à deux yeux, un par souche, ménagés au-dessous des replets et destinés, soit à produire le replet de

Fig. 234.

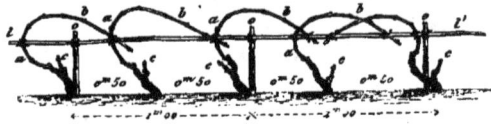

l'année suivante, soit à rabattre le cep quand il monte trop
haut : le replet compte ordinairement de huit à dix yeux.

Fig. 235.

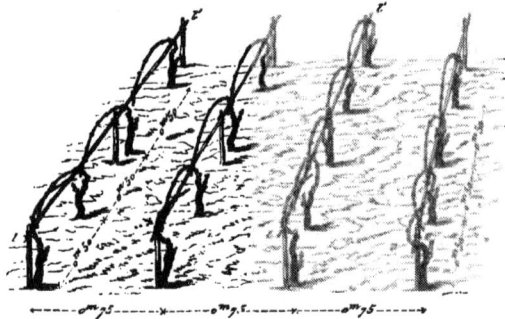

On voit, par la figure 234 et par la figure 235, que les ceps
sont, dans le rang, à environ 50 centimètres les uns des
autres et que les rangs sont à 75 centimètres. Cette distance
est celle adoptée à la Motte de Vesoul; mais à Chariez elle
est de 1 mètre. Les lisses *l*, *l'*, sont attachées depuis 20 jusqu'à 40 centimètres de terre, à la tête des carassons ou
petits échalas *o, o, o*, plantés à environ 1 mètre les uns des
autres. Les replets sont attachés deux fois à la lisse avec

de l'osier, à l'ascension de la courbe et à la partie descendante de la trajectoire.

Chaque année le replet est jeté bas à la taille de mars et remplacé par un nouveau replet, qui malheureusement est le plus souvent choisi parmi les deux ou trois premiers sarments de l'ancien replet, au lieu d'être pris sur le courson de renouvellement, lequel ne joue plus alors que le rôle de crochet d'attente pour rabattre le cep lorsqu'il s'est trop allongé.

Si les cépages qui garnissent les vignes, au lieu d'être de fins plants, sont des gamays, la plantation, le provignage et le palissage restent les mêmes, mais la taille diffère. On met rarement le replet au gamay, qui se taille à deux coursons : l'un, le plus bas, à deux yeux; l'autre, le plus haut, à trois ou quatre yeux (fig. 236).

Souvent les vignes sont à la fois plantées de pineaux et

Fig. 236.   Fig. 237.

de gamays; dans ce cas, chaque cépage reçoit la taille qui lui est spécialement affectée dans le pays (fig. 237). La plupart des vignes de la Motte sont à cépages mêlés, tandis que les vignes de Chariez sont toutes en fins cépages, pineaux noirs et blancs; le pineau blanc ne compte que pour un centième.

On ébourgeonne généralement avant la fleur; après la fleur, on rogne tous les pampres à quelques feuilles au-dessus du dernier raisin, à moins qu'on ne veuille provigner, c'est-à-dire remplacer des ceps manquants par un sarment emprunté au cep voisin : dans ce cas, on laisse croître deux sarments destinés au provignage. Sauf le cas de provignage d'entretien et le provignage qui suit la première plantation, on laisse ordinairement la vigne de franc pied à la Motte de Vesoul. Il n'en est pas de même partout, surtout à Chariez et à Vaivre, où l'on provigne, en moyenne, cent ceps sur douze cents à l'ouvrée, soit un douzième.

A Vesoul même, le pineau n'entre guère que pour un dixième dans le vignoble; le pineau blanc y est encore en moindre quantité. On y rencontre le melon ou gamay blanc et le plant vert ou vert noir; mais c'est le gamay qui domine et qui tend à remplacer tous les fins cépages. C'est, à mes yeux, une détérioration fâcheuse d'excellents vignobles, et d'autant plus regrettable qu'elle ne compense point l'abaissement de la qualité par une quantité bien remarquable, car la moyenne production de Vesoul est de 40 hectolitres à l'hectare; celle de Chariez, tout en fins cépages, n'est, il est vrai, que de 20 à 25 hectolitres; mais il serait facile de l'élever à 40, si la branche à bois était munie d'un tuteur vertical et si cette même branche à bois remplissait son véritable rôle de remplacement annuel.

La vigne reçoit deux cultures, l'une à la taille et l'autre en mai; rarement une troisième culture est donnée avant la moisson. On fume toutes les fois qu'on le peut; dans les coteaux la terre est remontée tous les trois ans, au prix de 1 fr. 50 cent. par ouvrée, ou de 33 francs par hectare.

Au pied des coteaux, à Quincey et à Navenne, l'on remarque plusieurs vignes toutes en gamays, à souches iso-

lées et à échalas verticaux. A Mailley, joli vignoble à 14 kilomètres sud de Vesoul, les vignes sont en foule et aussi à
échalas isolés. Les fins cépages en constituent presque
exclusivement les vignes : les pineaux blancs et noirs y ont
aussi leur crochet et leur branche à fruit; mais la branche
à fruit, à six ou huit yeux, au lieu d'être recourbée, est
attachée verticalement le long de l'échalas.

A Vesoul et dans sa banlieue, les vendanges se font en
paniers et hottes de bois, qui sont vidés sur un crible placé
sur un cuveau; là les raisins sont égrappés, les grains et le
jus passent à travers le crible et les rafles sont abandonnées comme à Gy. En lavant ces rafles dans un cuveau
moitié plein d'eau, au moment de l'égrappage, on obtiendrait une très-bonne piquette ou bien d'excellente eau-de-
vie.

La plupart des vins sont vendus en moût (jus et grains)
au pied même de la vigne à des habitants des Vosges et
du Haut-Rhin, qui préfèrent les acheter en cet état, pour
les faire fermenter eux-mêmes et n'être pas trompés. Le
prix moyen de ces moûts n'est pas inférieur à 3o francs
l'hectolitre; le surplus des moûts est mis en cuve ouverte
ou en foudres pour y subir, avec les pellicules et les
grains, la fermentation. Plusieurs foulages sont pratiqués,
avec des bâtons foulants, dans le cours de la fermentation,
dont la durée varie de huit à quinze jours, en cuve ouverte,
et de six semaines à deux mois, en vaisseaux fermés ou en
cuves marnées. Les vins de pressurage sont rarement mélangés aux vins de mère goutte.

L'arrondissement de Vesoul possède des vins rouges et
de fins cépages, d'une grande délicatesse et de beaucoup
d'agrément. Malheureusement, ici les vins de pineau ne se

gardent pas toujours longtemps; la facilité qu'ils ont de passer à l'acétification ou à l'amer tient en grande partie à la cuvaison très-prolongée, aux foulages réitérés et surtout au remisage en vieux fûts mal conservés. Quant aux vins de gamay, ils sont un peu durs ou un peu verts, selon les années; ils constituent de petits ordinaires.

La plupart des vignes, dans l'arrondissement de Vesoul, sont cultivées à moitié fruits. Le vigneron fournit les échalas, qui sont le plus souvent en saule et qui durent de huit à dix ans; le propriétaire fournit le fumier et paye les provins à raison de 3 francs le cent de plants. Cette coutume est excellente et profitable aux deux parties : aussi les vignes sont-elles parfaitement tenues. Elles rendront beaucoup plus aussitôt que les propriétaires voudront apporter le concours de leurs lumières au travail des vignerons; c'est précisément ce qu'ils commencent à faire aujourd'hui, sous l'impulsion de la Société d'agriculture, de son président, M. Galmiche. M. de la Martinière a constaté que les vins rouges du pays avaient une faiblesse alcoolique marquée, eu égard aux vins blancs de même cépage; les vins rouges marquant huit, neuf et dix degrés d'esprit pur, les vins blancs donneront neuf, dix et onze degrés au moins. Cette différence, qui est constatée à peu près partout, entre les vins rouges et les vins blancs tient à l'absorption de l'alcool des premiers par le contact plus ou moins prolongé de leurs marcs, au cuvage.

Je termine par un fait en l'honneur de la vigne, entrant dans le cercle cultural de la famille du métayer.

M. Galmiche possède une petite métairie composée de 1 hectare 80 ares de vigne, de 1 hectare 30 ares de prairie et de 1 hectare 20 ares de terre pour pommes de

terre, blé, chanvre et légumes. Cette métairie est tenue
de longue date, à moitié fruits, par un vieux métayer qui
y vit et y nourrit dans l'aisance lui, son gendre, sa belle-
fille et huit enfants. La moyenne production de la vigne est
de 150 litres à l'ouvrée : la récolte totale est donc de 60 hectolitres pour 1 hectare 80 ares ; à 30 francs l'hectolitre, le
produit total est de 1,800 francs. Cette vigne, bien cultivée, a donné souvent le double. Avec une telle avance,
deux vaches, un cochon, le blé, les pommes de terre, la
chènevière et le jardin, on conçoit qu'une nombreuse famille puisse vivre à l'aise, en payant même 1,000 francs à
son propriétaire. Si la vigne est supprimée, tout est perdu;
les 4 hectares ne rendront pas la moitié, et quand bien
même le propriétaire réduirait son fermage à 500 francs,
la famille ne pourrait pas vivre, s'imposât-elle toutes les
privations possibles.

RÉSUMÉ SYNTHÉTIQUE ET ANALYTIQUE

DE

LA RÉGION DE L'EST.

Sur une étendue territoriale de 5,203,730 hectares, la région de l'Est cultive 208,600 hectares de vignes, dont le produit brut est de 118,100,000 francs, plus du cinquième et moins du quart du revenu total agricole, qui est d'environ 534 millions de francs.

Ces 118,100,000 francs fournissent le budget normal de 118,100 familles moyennes ou de 472,400 individus, à peu près le sixième de la population, qui est de 2,858,843 habitants.

Les neuf départements de cette région sont essentiellement montueux, et chacun d'eux offre les sols et les climats les plus opposés par leurs sites et leur exposition. Toutefois leur climature générale offre une diminution de température bien graduée du nord au midi : ainsi les Alpes et la Drôme offrent les degrés les plus élevés de chaleur; quelques cépages de l'extrême midi, tels que le grenache, la clairette, y prospèrent encore, mais c'est la petite syra et la roussane, dont la Drôme est le quartier général, qui en constituent le meilleur et le principal cachet, par les excellents vins

qu'elles produisent, soit réunies, soit séparément. La clairette de Die (Drôme) a une moindre mais une réelle valeur.

Les carbenets, les sémillons et sauvignons blancs, les
cots, la sérine et le vionnier s'y plairaient à merveille; mais
ils se montrent surtout dans l'Isère, où la petite syra réussit
encore au sud. Dans le nord et dans les deux Savoies et
l'Ain, on n'observe plus que les cots rouges et verts.

Le cépage dominant de la seconde climature de la région est la mondeuse; cépage précieux par les qualités
hygiéniques de son vin, par sa rusticité et sa fécondité,
mais tardif et donnant des vins de qualités sensuelles,
étagées depuis le bouquet et la saveur des petits médocs
jusqu'aux défauts des vins les plus âpres et les plus verts,
suivant le degré de maturité et suivant la cuvaison plus
ou moins prolongée.

La mondeuse s'étend largement dans l'Isère, la Savoie,
la Haute-Savoie, l'Ain et le Jura : elle y porte les noms de
mondeuse, *maudouze*, *meaudouce*, *savoyen*, *savoyan*, *gros-
rouge*, *gros-plant*, *plant-modo*, *margillien*, *chétuan*, *meximieux*, *persaigne*, etc. Je suis convaincu qu'elle reçoit encore cinq à six autres noms de commune à commune.
C'est peut-être, avec la folle blanche, le cépage qui porte
le plus de noms différents, quoique présentant les caractères les plus reconnaissables et les plus identiques dans
tous ces pays, d'ailleurs très-voisins : aussi les études synony-
miques devraient-elles tendre toujours à la simplification et
à la concentration des noms et des espèces dans le plus
petit nombre possible de tribus, comme l'a fait le comte
Odart. L'ampélographe qui cherche et crée des variétés bo-
taniques infinies prépare le trouble et le chaos dans la pratique de la viticulture et de la vinification : celui qui réuni

les variétés en familles naturelles, à produits et à propriétés analogues, en assurera le progrès.

Les Hautes-Alpes offrent un cépage spécial, le mollard, qui donne les vins communs et abondants du pays. La Savoie possède le persan, sorte de pineau qui produit les excellents et solides vins rouges de Prinsens; la Haute-Savoie cultive la roussette, qui donne les vins blancs de Seyssel. Quant au Jura, il se distingue par son pulsart et son trousseau, qui produisent ses meilleurs vins rouges, et par ses savagnins jaunes et ses gamays blancs ou melons, qui engendrent les fameux vins jaunes et de garde de Château-Chalon.

Quant à la troisième climature, à température la plus basse, représentée par le Doubs et la Haute-Saône, elle comporte quelques cépages de l'Ain et du Jura, mais elle rentre surtout dans les cultures de pineau, de gamay, de chasselas, qui s'y comportent mieux que tous les autres cépages.

Les plantations se font, dans toute la région, soit sur un défoncement général du terrain, soit sur défoncement partiel en fossés, complété plus tard par des fossés de provignage. Le provignage de garniture et d'entretien est pratiqué à outrance dans tous les départements de la région. Dans la Drôme, dans le Doubs et la Haute-Saône, et dans quelques vignobles de l'Ain, les vignes sont gardées en lignes malgré le provignage; mais dans toutes les autres parties de la région les vignes sont en foule, c'est-à-dire sans le moindre alignement des ceps.

Excepté dans les Hautes-Alpes, où l'on n'accorde l'échalas qu'aux premières années de la vigne, tous les autres départements tiennent leurs vignes échalassées ou palissées; la Drôme et l'Ain se distinguent surtout par des échalas

réguliers et choisis, sauf dans le Revermont, où l'on n'échalasse pas du tout.

Les vignes à grande. et à moyenne arborescence sont
palissées avec un grand soin dans l'Isère, dans la Savoie,
dans l'arrondissement de Belley; les vignes sur arbres de la
Savoie sont presque toujours sur arbres vivants; mais dans
la Haute-Savoie elles sont conduites sur des arbres écorcés
avec la plus grande perfection.

Toutes les vignes à grande et à moyenne arborescence sont
conduites à longues tailles de 0^m,6o à 1 mètre, avec ou sans
courson de retour à la base; chaque cep en porte un grand
nombre. Quant aux vignes basses et à petites souches, elles
sont taillées à courson à un ou deux yeux dans les Hautes-
Alpes et dans les deux Savoies, à trois ou quatre yeux dans
la Drôme, et tantôt à courtes tailles et à longues tailles dans
l'Isère, dans l'Ain, dans le Jura et dans la Haute-Saône.
L'Isère conduit la syra et les cots à une courte taille sur un
membre et à longue taille sur l'autre; l'Ain refuse les longs
bois à la mondeuse et les accorde au pulsart, au trousseau
et à quelques autres cépages; le Jura taille ses pulsarts, ses
trousseaux, ses cots, ses savagnins, à deux longues courgées
ou tailles; la Haute-Saône donne une longue taille à ses
pineaux et une taille courte à ses gamays; le Doubs distingue
également ses ceps à longue verge et à courson.

Dans toute la région, les ébourgeonnages, les liages, les
rognages, ne sont vraiment bien faits que dans le pays de
Gex et dans la Haute-Savoie, là où l'on applique la méthode
suisse; partout ailleurs on relève et on accole bien, mais
on ébourgeonne et l'on rogne irrégulièrement, mal ou pas
du tout; nulle part on ne fait le pincement; dans le Jura
on mouche partiellement les pampres des courgées.

Dans toute la région, les cultures des vignes à la charrue sont une rare exception : elles n'ont lieu que dans les vignes en jouelles et dans quelques vignes nouvellement disposées ; l'immense majorité des cultures sont faites à la main et varient de deux à quatre. Il serait difficile qu'elles fussent pratiquées autrement qu'à la main dans ces pays accidentés, où la vigne occupe, le plus souvent, des rampes impraticables aux instruments de grande culture.

C'est un grand bien qu'il en soit ainsi, car la population se maintient saine et vigoureuse par les travaux manuels ; et l'exploitation des vignes se faisant à moitié fruits dans la plus grande partie de la région, notamment dans le Jura, l'aisance et la satisfaction se manifestent dans toutes les classes de la population. La main-d'œuvre est abordable et facile pour tous les autres travaux.

Malheureusement, dans tous les départements de l'Est, la proportion des vignes, relativement aux autres cultures, est trop petite pour produire et pour retenir une population suffisante. Ainsi l'Isère, qui possède le plus de vignes, n'en compte que 28,000 hectares, et la Haute-Savoie, qui en contient le moins, n'en a que 5,000 hectares. Ensemble, les neuf départements ne rendent que 4,042,000 hectolitres de vin, dont le prix moyen ressort à 29 francs 20 centimes l'hectolitre.

C'est pourtant dans ces départements à petite proportion de vignes qu'on aperçoit le mieux la richesse comparée de cette culture avec les autres, le nombre de bras qu'elle paye et la vigueur qu'elle donne à ces bras. Pour constater tous ces avantages il n'est besoin de recourir à aucun raisonnement ; il suffit de s'adresser aux percepteurs des finances et aux conseils de révision, pour être convaincu' qu'aucune culture ne paye mieux les impôts et ne fournit autant d'hommes propres au service militaire. C'est là un fait établi et que j'ai vérifié dans les neuf départements de cette région, comme dans beaucoup d'autres départements. La vigne y donne argent et force non-seulement à l'État, aux propriétaires et aux vignerons, mais encore à l'agriculture, mais à l'industrie, mais aux villes.

La culture forestière ne donne ni hommes ni argent; la culture pastorale donne peu d'hommes et plus d'argent; la culture fermière s'entretient à peine d'hommes et d'argent; la viticulture seule, avec quelques autres cultures à haute main-d'œuvre, crée plus d'hommes et plus d'argent que toutes les fermes, tous les pâturages et toutes les forêts. Elle n'a de concurrence sérieuse que dans la petite propriété ou le petit métayage pour peupler et faire du capital, c'est-à-dire du produit en excès et à bon marché. Mais ce qui élève et honore encore plus la viticulture, c'est qu'elle est la providence de la petite propriété et de la petite métairie : un hectare de vigne bien conduit verse au moins une valeur de 1,000 francs sur 4 à 5 autres hectares que peut cultiver la famille rurale.

Évidemment les progrès sociaux exigent aujourd'hui un accroissement proportionnel de population : les villes s'agrandissent et appellent des habitants; l'industrie s'accroît et réclame chaque jour un plus grand nombre de bras; les chemins de fer, la navigation, doublent et triplent les relations commerciales et mobilisent un tiers de la population enlevée à la population du sol. Si donc la terre, l'agriculture, ne créent pas des hommes en proportion des nouveaux besoins, et surtout pour remplacer ceux qui délaissent sans retour les travaux des champs, l'équilibre entre les divers services sera rompu dans un avenir très-prochain, et la prospérité nationale sera compromise dans sa base principale de force et de richesse.

Quel que soit le point de vue économique auquel on se place, le nombre d'hommes représente seul la valeur de la terre. Un planteur compte sa fortune par le nombre de ses esclaves, un seigneur russe par le nombre de ses paysans, une colonie, une nation quelconque, par le chiffre de sa population. L'étendue de la terre, le nombre des troupeaux, la quantité des produits, sont des accessoires qui n'entrent en ligne de compte qu'après la population et pour la population.

Il semble donc urgent aujourd'hui de mettre la population des campagnes en rapport : 1° avec les progrès agricoles; 2° avec les besoins nouveaux de l'industrie; 3° avec l'accroissement des villes; 4° avec l'accroissement des populations flottantes; 5° avec les besoins de l'armée de terre et de mer.

Certes, cette préoccupation a toujours été celle du Gouvernement de l'Empereur, et sa sollicitude s'est manifestée à cet égard par les exemples, les enseignements, les encouragements et les honneurs les plus multipliés accordés à ce qu'on croit être l'agriculture. Toutes les branches de cette agriculture de convention ont été surexcitées, électrisées, depuis dix ans, au point d'avoir donné le plus haut produit et, pour ainsi dire, le dernier mot de l'école qui les inspire. La vigne, la petite propriété, la petite métairie et toutes les riches cultures à haute main-d'œuvre sont restées à peu près en dehors de ces exemples, de ces enseignements, de ces encouragements, de ces honneurs. La ferme, la grande ferme surtout, les assolements, le bétail de ferme, les instruments de ferme, ont absorbé à eux seuls 90 pour 100 de ces grands stimulants destinés à l'agriculture réelle. Et pour cet objet même, dont je ne prétends pas contester l'importance, l'école d'agriculture, qui formule les lois et donne les récompenses, semble avoir posé ainsi le problème à résoudre : étant donné le plus grand terrain possible, y réaliser le plus de produits possible avec le moins d'hommes possible; de là les primes au bétail, aux machines, aux engrais, aux assolements, et rien aux hommes.

Le vrai problème de l'agriculture nationale semblerait devoir être inversement posé et résolu : produire le plus possible, avec le plus d'hommes possible, dans le plus petit espace possible. Dans ce sens, non-seulement la viticulture prendrait son véritable rang tout naturellement, mais bientôt les cultures sarclées, les plantes potagères de toute sorte, la pomme de terre surtout, ajouteraient aux céréales et aux fourrages une masse énorme de substances alimentaires pour les animaux et pour les hommes. Si la division de la propriété peut avoir des inconvénients, la division de la culture entre les personnes et les familles logées, commanditées et dirigées par les grands propriétaires, en un mot le patriarcat rural, ne sauraient en avoir; et seuls ils rétabliront la richesse et le bon marché des produits, aussi bien que la densité de la population. Telle était la haute pensée de l'Empereur dans ses études de colonisation; mais cette pensée n'a été ni comprise ni réalisée : dépopulation et cherté des vivres, telle est la conséquence nécessaire et établie des théories prêchées et des pratiques encouragées dans la grande culture à animaux ultra-adipeux, à industries complémentaires et à machines exagérées.

RÉGION DE L'OUEST

ou

RÉGION DE LA CHARENTE ET DU BASSIN INFÉRIEUR DE LA LOIRE.

DÉPARTEMENT DE LA CHARENTE.

Le département de la Charente est un des plus riches départements de France par ses vignes et par leurs produits.

Ses eaux-de-vie, les meilleures du monde entier, sont désignées et connues sous le nom de *Cognac*, ville et arrondissement de la Charente· qui en produisent en effet les prototypes; elles constituent, avec celles de la Charente-Inférieure, un monopole national, une des sources les plus importantes et les plus légitimes de la fortune publique.

Si l'Amérique a son coton, si la Chine a son thé, si d'autres pays ont leur sucre, leur café, leur poivre, leur indigo, etc., la France a ses vins, ses eaux-de-vie, son cognac, son armagnac, mais ses eaux-de-vie des Charentes, son cognac, avant et au-dessus de toutes ses eaux-de-vie.

Si la France entend le commerce, si elle sent le prix d'un

produit qui s'est fait accepter dans l'univers par les qualités réelles qu'il possède, elle sera jalouse de lui conserver sa pureté, seule cause de sa réputation ; elle entendra qu'il soit livré sincère et loyal, à l'intérieur comme à l'extérieur, pris sur ses côtes et transporté sous son pavillon ; elle poursuivra comme ennemi de sa fortune, comme faux monnayeur, quiconque aura mis dans ses vins et dans ses eaux-de-vie de vin des alcools de grains, de betterave, de pomme de terre, de topinambour, de bois, de bitume, etc., même des alcools de vin.

Car les alcools, c'est-à-dire les esprits des substances fermentées, dégagés de leurs essences originelles et amenés à l'état de principes immédiats chimiques, sont impropres à faire des eaux-de-vie, impropres à faire du vin ; l'hygiène et la physiologie les condamnent, comme elles ont condamné et rejeté des aliments tous les principes immédiats extraits de leurs radicaux, animaux ou végétaux, et comme elles ont condamné l'acide acétique et la gélatine chimiques.

Si la société tolérait des abus tels, qu'il fût permis au premier venu de déclarer alimentaire toute substance qu'il veut vendre, simplement pour gagner quelques sous au détriment de ses semblables, ce serait plus qu'un délit, plus qu'un crime, comme disait, je ne sais plus quel diplomate, ce serait une *faute ;* dans l'espèce surtout, faute contre la richesse publique, faute contre la fortune privée.

En effet, si les alcools de grains, de betterave, etc., etc. peuvent remplacer les vins et les eaux-de-vie de raisin, ou s'il ne faut plus qu'une fraction de ces vins et de ces eaux-de-vie pour donner aux produits des céréales et des racines de parfum et le goût inhérents au raisin, la France n'a plus le monopole, elle n'a plus d'objet d'échange qui lui soit propre.. La Russie, l'Allemagne, l'Amérique, fourniront les quatre cinquièmes, les neuf dixièmes, les quatre-vingt-dix-neuf centièmes des vins et eaux-de-vie à bien meilleur marché que nous. Voilà donc notre fortune publique anéantie de ce chef. Mais si cinq à six cents fabricants d'esprit de grains et de racines (il y en a plutôt moins que plus en France) font accepter cette prétention, contraire à toute vérité, que leurs produits suppléent parfaitement, améliorent même nos vins et nos eaux-de-vie de raisin, que deviendront les eaux-de-vie et les vins de France? que deviendront les 2 milliards qu'ils produisent et les 8 millions d'individus qu'ils nourrissent? Les milliards seront anéantis, les 8 millions d'individus souffriront pour enrichir 4 à 500 industriels, et surtout quatre à cinq chaudronniers.

L'arrondissement de Cognac est à la tête de la production viticole du département pour les eaux-de-vie, surtout dans sa fine champagne, dont Segonzac est le canton central en même temps qu'il en est le modèle.

La moyenne récolte de l'arrondissement de Cognac n'est pas moindre de 15 barriques au journal (tiers d'hectare) en vin blanc et de 12 barriques en vin rouge (la barrique est de 228 litres). Celle de Barbezieux est de 12 barriques en blanc et de 8 en rouge, et la moyenne de Ruffec est à peu près la même que celle de Barbezieux; celle d'Angoulème est de 10 en vin blanc et de 6 en vin rouge. Ces moyennes donnent pour Cognac 92 hectolitres, pour Barbezieux et Ruffec 68 et pour Angoulème 54 hectolitres à l'hectare.

En prenant pour moyenne générale 50 hectolitres, c'est-à-dire 4 hectolitres au-dessous de la moyenne la plus basse, on est assuré de rester au-dessous de la vérité.

D'un autre côté, le département de la Charente comptait environ 60,000 hectares de vignes en 1816, 90,000 en 1842, 97,000 en 1852; et aujourd'hui il en compte plus de 100,000 hectares.

La production totale du département serait donc, sur ces données, de plus de 5 millions d'hectolitres de vin.

La moyenne du prix de l'hectolitre, résultant des prix des vins blancs et des vins rouges compensés, n'est pas moindre de 12 francs (28 francs la barrique), ce qui porte la valeur totale des produits bruts des vignes de la Charente à 60 millions de francs; plus de la moitié du revenu total agricole, qui est de 110 millions de francs.

Cette somme représente le budget normal de 60,000 familles moyennes de quatre membres, ou de 240,000 habitants sur 378,000, près des deux tiers de la population totale du département, sur le sixième de la superficie de son sol, qui est de 580,000 hectares environ.

Dans ce même département, 282,000 hectares de terre labourable ne rapportent que 140 francs bruts par hectare, ou 39,480,000 francs; 69,000 hectares de prairies ne rapportent que 7,600,000 francs, moins de 112 francs par hectare; tandis que la vigne y donne 600 francs bruts par hectare, et près de 500 francs nets, car elle coûte, de façon, de 15 à 25 francs le journal, 45 à 75 francs l'hectare.

Le département de la Charente, avec ses 48 millions de céréales, racines, légumes, prairies artificielles, naturelles et diverses, avec ses 21 millions de produits animaux et ses 60 millions de produits vignobles, complète un total de 129 millions, qui représente le budget normal de cinq cent seize mille habitants : il produit donc le nécessaire de cent trente-huit mille habitants de plus qu'il n'en possède; c'est là une richesse énorme qu'il épargne ou qu'il exporte, et c'est à sa vigne seule qu'il la doit, car si ses 100,000 hectares de vignes étaient en terres labourables, à 140 francs bruts, ou en prairies naturelles, à 112 francs bruts, il lui manquerait encore le nécessaire de trente-cinq à cinquante-huit mille rations d'habitants pour entretenir sa population de 378,000 individus.

Dans soixante départements français la véritable industrie rurale, la seule commanditaire, sérieuse et permanente de l'agriculture française, c'est la viticulture : le vin est, comme le pain, un aliment de grande consommation, consommation qui s'étendra plus que celle du pain et de la viande quand on connaîtra mieux (et ce sera bientôt, grâce aux grandes et belles voies de communication établies) ses effets bienfaisants sur l'organisation humaine. Avec du pain et du vin, l'homme est plus fort, plus actif, plus entreprenant, plus courageux, plus bienveillant, plus franc et plus homme, en un mot, qu'avec toutes les nourritures possibles. Un peu de viande ne gâte rien, surtout quand elle n'est pas soufflée de graisse et d'eau ; mais si elle joue le premier rôle dans l'alimentation anglaise, danoise, allemande et russe, elle ne joue que le second en France et dans les pays du centre et du sud.

La véritable agriculture est celle qui procède de la famille rurale, des mains de laquelle sort d'abord tout son nécessaire et qui livre ensuite son superflu ; tandis qu'au rebours c'est la famille rurale qui achète son nécessaire aujourd'hui. Je parle de la famille ouvrière ou prolétaire, qui n'a plus de raison d'être par elle-même, et qui en effet n'existe plus aux champs.

Le département de la Charente est très-riche, et partout

il manque de prolétariat rural. La petite propriété y fait disparaître la grande, mais sans peupler, on l'a dit; elle rêve l'enfant unique pour son petit bien, et souvent l'enfant unique meurt. La grande propriété n'existe que là où l'agriculture est inférieure ou délaissée, là où il y a peu ou point de population. Dans l'arrondissement de Cognac, où il y a des fortunes colossales, on ne trouverait pas cinq propriétaires ayant 30 hectares de vignes, pas dix en ayant 15, pas trente en ayant plus de 5. Il n'en est pas de même dans les autres arrondissements; mais déjà on ne trouve presque plus de prix-faiteurs (tâcherons de la vigne); à Cognac, la vigne ne se fait plus qu'à la journée ou par domestiques. Les journées se tirent du temps perdu des petits propriétaires ; les domestiques viennent de loin et ne constituent que des non-reproducteurs nomades, toujours prêts à quitter leur maître d'un jour au moment où leurs services lui sont le plus indispensables.

Le sol de la Charente est partagé, presque en deux parties égales, par l'étage inférieur des formations crétacées, dites *terres à fine champagne*, et par les formations oolithiques dans leurs trois étages : l'arrondissement de Confolens présente seul, dans sa partie nord-est, les terrains granitiques. Angoulême, Jarnac et Cognac sont assis sur les terrains crétacés inférieurs; mais à leur limite nord commence la zone oolithique, qui comprend tout l'arrondissement de Ruffec et une grande partie de celui de Confolens, tandis qu'au sud de Cognac et d'Angoulême règnent exclusivement les terrains crétacés, au milieu desquels sont assis Barbezieux, Segonzac, Châteauneuf, c'est-à-dire une grande partie des arrondissements d'Angoulême et de Cognac et tout l'arrondissement de Barbezieux. Au

nord de Cognac sont des formations alluvionnaires récentes ;
et dans les surfaces infracrétacées, au sud-est d'Angoulème, comme dans les strates oolithiques, au nord de
cette ville, existent des dépôts de terres à meulières assez
étendus.

Le sol propre à la fine champagne et à la contrée dite
Champagne est une terre grisâtre et blanchâtre, tantôt
argilo-calcaire, tantôt argilo-siliceuse, reposant sur des lits
de craie tuffau ou de craie blanche se délitant à l'air, et,
par ses petits fragments, cailloutant et gravelant en blanc
les vignes et les terres, parfois sur le calcaire grossier ou
sur des marnes. Tous ces terrains sont excellents pour la
vigne. Les gamays du Beaujolais réussiraient à merveille
autour de Confolens; les plants dorés et les plants verts,
l'épinette blanche de la Marne, les pineaux de la Loire ou
le morillon blanc de Chablis, le sauvignon et le sémillon
blanc de Sauterne, donneraient d'excellents vins dans toute
la partie infracrétacée de la Charente. Les pineaux noirs
et blancs de la Bourgogne, la mondeuse de la Savoie, réussiraient très-bien, au contraire, dans la partie jurassique
du département, et j'ai tout lieu de croire que le breton ou
carbenet-sauvignon serait très-productif partout. Avec ces
divers cépages substitués à la folle blanche et au balzac, qui
sont les deux cépages fondamentaux de la Charente, on arriverait à y faire des vins blancs et rouges de bonne et grande
qualité.

Le climat de la Charente conviendrait, d'ailleurs, parfaitement à tous les cépages que je viens de nommer. Ce
climat, déjà très-chaud, permet d'obtenir en plaine et en
plateau ce qu'on n'obtient en Bourgogne et en Champagne
qu'en coteaux bien exposés. Pourtant les gelées du prin-

temps s'y font assez souvent et cruellement sentir; moins
pourtant, beaucoup moins qu'en Bourgogne et en Champagne. La coulure, par les intempéries de juin, y est peu
à craindre; mais, sur les terres à roches sous-jacentes, la
brûlure des grappes (le brûlis), par les chaleurs de juillet
et d'août, fait des ravages considérables.

Le climat comporte aussi le développement de l'oïdium;
le colombar, le maroquin, le balzac ou balzar, la folle elle-
même, quoique plus rarement et à un moindre degré, en
sont souvent atteints.

La préparation du sol varie dans les différents arrondissements pour la plantation de la vigne. A Cognac, on
défonce tout le sol à trente ou cinquante centimètres, plus
ou moins, suivant que le sous-sol est plus ou moins près;
à Barbezieux, on suit la même coutume; toutefois on défonce avant la plantation quand on a l'intention de planter
en mai, et si l'on plante depuis novembre jusqu'en mars,
on ne défonce qu'après la plantation. Dans l'arrondissement
d'Angoulème, on plante sur simple culture; c'est l'ancienne
méthode. Autrefois nulle part on ne défonçait pour planter;
rarement, très-rarement, on a recours aux fossés pour faire
la plantation.

Généralement toutes les vignes, dans la Charente, sont
plantées à la barre; et cette coutume est si générale et si
ancienne, qu'on ne dit plus planter, on dit barrer une
vigne. Les trous sont faits de quarante à soixante centimètres de profondeur; et si un banc de roche en sous-sol
est à une moindre profondeur, on brise et on ébranle ce
banc avec la barre.

Les boutures sont généralement de simples sarments. A
Cognac on choisit, et avec raison, les sarments qui offrent

le plus de queues de fruits; on les cueille à la taille, de novembre en mars. Aux environs de Cognac on dit que, pour avoir de bonnes boutures, il faut qu'elles portent encore des feuilles; à Angoulême on recherche encore la crossette, c'est-à-dire le sarment avec un peu de vieux bois au pied.

Un grand nombre de viticulteurs font la plantation au moment de la taille, c'est-à-dire de novembre en mars; la majorité plante à cette dernière époque. La bouture est descendue dans le trou à trente ou cinquante centimètres; de la terre fine, le plus souvent du terreau, des poussières de charbon quelquefois, aux environs d'Angoulême surtout, sont glissées dans le trou autour du sarment et *profichées* ou *gougées*, c'est-à-dire tassées avec une cheville : le haut du sarment qui sort de terre est laissé tout entier pour être rabattu, par la taille du printemps, à deux ou à quatre yeux au-dessus du sol.

Mais une autre partie des viticulteurs ne plantent ni avant ni pendant l'hiver : ils attendent pour planter que la vigne soit en pleine végétation, c'est-à-dire du 1er au 30 mai. C'est ce qu'ils appellent plantation d'été.

Avant de procéder à cette plantation, les cultures et les trous ont été faits pendant l'hiver; et, dans chaque trou, on a descendu une baguette ou un sarment provisoire. Quant aux boutures définitives, elles ont aussi subi une disposition préparatoire : au moment de la taille on les a enfouies entièrement sous le sol, dans un lieu bien sain et bien exposé au soleil, à 10 ou 12 centimètres sous terre, de façon à les faire disparaître. A cette faible profondeur la chaleur agit; et, en même temps que les vignes poussent, un mouvement de végétation s'opère aussi dans les sarments ainsi stratifiés. Dès que le vigneron aperçoit aux sarments de petites racines ou seulement les tubercules qui indiquent leur sortie prochaine, il dit que les sarments ont *rayé* ou *régné*, et le moment est venu d'opérer leur mise en place définitive. On enlève le sarment provisoire, qu'on appelle une *moque*, et on le remplace par le sarment qui a *régné*; le trou est rempli avec soin, mais non tassé : c'est à une veine d'eau d'arrosement qu'on laisse le soin de tasser la terre; et, en effet, c'est le moyen le plus énergique et le plus efficace du tassement.

Les vignerons charentais réussissent parfaitement bien leurs boutures quant à la reprise; ils en perdent à peine 8 ou 10 pour 100. Toutefois la végétation de la première année est toujours très-faible, trop faible pour jamais donner du fruit à la deuxième année. Le sarment, étant mis en place, est rabattu sur deux ou trois yeux.

On ne taille pas généralement les petits sarments de la première année, ni même de la seconde; souvent on ne taille qu'au commencement de la quatrième année; pourtant la majorité se décide à tailler au commencement de la troisième année, et même quelques-uns taillent les ceps les plus forts au commencement de la deuxième.

A quelque époque que la première taille s'accomplisse, les uns, et ce sont les mieux inspirés, cherchent, sur la tête en buisson, une ou deux branches, parfois trois, des plus convenablement disposées et les taillent à deux nœuds, jetant bas tout le reste; les autres, sans tant de soins, coupent la tête tout entière rez la terre; beaucoup de ces derniers ceps, ainsi mutilés, ne repoussent pas du tout; quelques-uns lancent un ou deux jets difformes et énormes; le plus grand nombre poussent, autour de la section, quatre à six sarments.

Quel qu'ait été le mode de procéder, la quatrième ou la cinquième année, on laisse trois ou quatre coursons pour donner trois ou quatre bras; dans l'arrondissement de Cognac on porte les bras à cinq et à six. J'en ai vu à huit et à neuf. J'ai compté dix et douze bras sur des souches en vignes pleines, à Saint-Fort; mais le minimum est de quatre. Dans l'arrondissement de Barbezieux, le minimum est de trois, et les maximum exceptionnels atteignent aussi huit et neuf bras; dans celui d'Angoulême, le minimum des bras est de deux, et même dans le canton de la Valette, en approchant de la Roche-Beaucourt (Dordogne), j'ai vu énormément de souches à un seul bras, et dans des terrains aussi favorables que dans les autres circonscriptions.

Non-seulement le nombre des bras diminue de Cognac à Barbezieux, de Barbezieux à Angoulême et d'Angoulême à la Roche-Beaucourt, mais aussi le nombre d'yeux laissés sur chacun de ces bras.

Ainsi, dans l'arrondissement de Cognac, on ne laisse qu'un courson (pousse) sur chaque bras; mais il a toujours quatre et cinq nœuds (yeux) sur la folle et deux ou trois sur le balzac. Je donne, dans la figure 238, un type de taille

Fig. 238.   Fig. 239.

de folle blanche à six bras et à six coursons, à quatre et à cinq yeux; dans la figure 239, un autre type à quatre bras

et à cinq coursons ; et je reproduis, dans la figure 240, une
taille à *jambes de prou*, prise dans une vigne située dans un

Fig. 240.

fond humide et très-sujet à la gelée. Quant à la figure 241,
qui n'est pas moins fidèle que les trois autres, j'en ai re-

Fig. 241.

levé le croquis, entre mille
souches pareilles, dans une
vigne de Saint-Fort, dernière
commune de l'arrondisse-
ment de Cognac sur la route
de Barbezieux. Voilà des
tailles généreuses, et qui
expliquent les rendements de 80, 100 et 120 hectolitres
à l'hectare dans ce riche arrondissement.

A Barbezieux, la taille est moins généreuse et plus irrégulière en général, car, en particulier, il y a des vignes
parfaitement tenues à Barbezieux; mais si parfois on donne
deux pousses à un bras, ces pousses n'ont jamais plus de
trois yeux à la folle et jamais plus de deux au balzac.
Pourtant le sol y est excellent, et la vigne y supporterait
autant de bras et de charges que dans l'arrondissement de
Cognac; ce qui prouve que la taille pourrait y être plus
épanouie, c'est que les souches présentent d'énormes loupes

ou goîtres à leur base, et toujours de nombreux gourmands.
J'ai dessiné une de ces souches, d'abord avec tous ses sar-

Fig. 242.

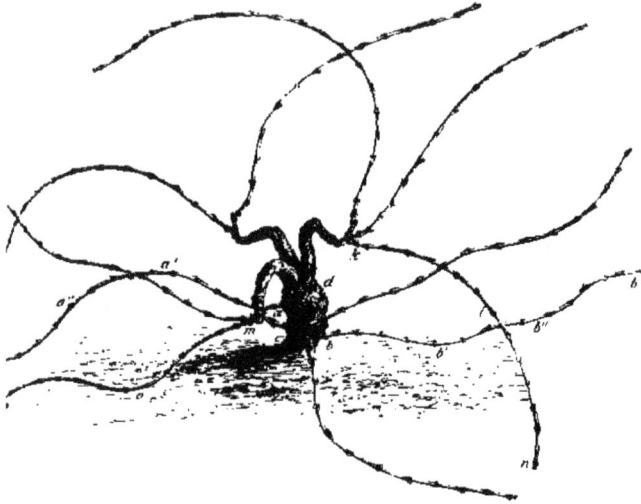

ments (fig. 242), et puis lorsqu'un vigneron l'a eu taillée à
la coutume (fig. 243); on
peut y voir le renflement
goîtreux du pied $acbd$
d'une souche de douze à
quinze ans, puis, dans la
figure 242, deux gour-
mands $aa'\,a''\,a'''$, $b\,b'\,b''\,b'''$,
plus deux doubles yeux km,
ayant fourni chacun un
sarment de trop $k\,ln$, mop, en tout quatre sarments en sus

Fig. 243.

des yeux de taille ; ce qui prouve qu'on pouvait, sans danger, laisser au moins quatre yeux de plus à la tête. Pourtant, je dois le dire, la taille 243 est fort bonne encore :
elle est plus riche que la taille générale d'Angoulême. Je
fais remarquer que chaque bras porte le plus souvent deux
pousses ou coursons à Barbezieux, comme on le voit dans
la figure 243, ce qui a rarement lieu dans les tailles de
Cognac, dont les figures 238 et 241 sont les meilleurs
types. La taille de la figure 240, à longs bois et à cot de
retour, est tout à fait exceptionnelle ; elle se pratique un
peu partout et plus souvent dans l'arrondissement de Ruffec
qu'ailleurs. A Baignes et à Brossac, on cultive beaucoup
de noirs : le cot rouge, le noir doux, le noir cendré, le
griffarin, le carbenet, avec des échalas et deux hastes à
chaque cep.

A Angoulême, la taille va en s'amoindrissant : les types *A*
et *B* (fig. 244) sont les plus fréquents aux environs d'An-

Fig. 244.

goulême, surtout dans les directions de Barbezieux et de
Cognac ; mais, à mesure qu'on approche de la Roche-
Beaucourt, les types *B* et *C* prédominent au point qu'au
voisinage du château de la Haute-Faye ils sont à peu près
exclusifs dans les vignes : le type *C* y est le plus commun ;
son unique courson même est réduit souvent à un œil,

quoique les souches soient à 1 mètre ou à 1ᵐ,3o comme dans toutes les autres vignes pleines.

M. Bouraud, maire de Cognac, m'a dit qu'à Tilloux, commune de Bourg, les vignerons laissaient jusqu'à huit broches, à cinq nœuds, sur chaque souche, et souvent des verges de toute la longueur des sarments; qu'ils récoltaient jusqu'à 15o hectolitres à l'hectare et que la vigne n'en était pas fatiguée. Il a ajouté, ce que j'ai constaté par moi-même dans tous les pays vignobles, que les anciens propriétaires végétaient, tandis que les vignerons et les propriétaires nouveaux (novateurs) s'enrichissaient.

Aussi, dans toutes les parties du département, trouve-t-on d'intelligents propriétaires qui s'étudient à donner à leurs vignes, nouvelles ou anciennes, une taille généreuse sous différentes formes : les uns, comme M. Gonthier, maire de Fléac, songent à se rapprocher des tailles de l'arrondissement de Cognac (la figure 245 est une souche de sept

Fig. 245.

Fig. 246.

ans dont j'ai relevé le croquis chez lui, ainsi que la figure 246, qui est la reproduction fidèle d'une souche de cinquante ans, conduite traditionnellement); les autres, comme M. Durantière, ont demandé la vigueur et l'abondance aux cordons horizontaux superposés; d'autres, M. le comte de

Béarn, à son domaine de la Roche-Beaucourt, M. Ducoux, à la Chapelle, appliquent avec succès la branche à bois et la branche à fruit; d'autres enfin, comme M. de Thiac, étudient le système bilatéral du Médoc, à double aste et à double cot de retour, avec échalas et palissages.

Quoi qu'il en soit, il reste démontré pour moi, dans la Charente comme ailleurs, que les circonscriptions qui laissent le plus d'yeux sur leurs souches à la taille, soit par le nombre de bras et de coursons, soit par les longs bois, ont les vignes les plus vigoureuses et les récoltes les plus abondantes, et que, dans chaque localité, les mêmes avantages sont acquis à chaque particulier, en proportion de la richesse de sa taille.

La taille de la vigne, dans l'arrondissement de Cognac, est un des meilleurs types qui puissent s'appliquer à la folle blanche et à tous les cépages qui, comme elle, donnent constamment et beaucoup à la taille relativement courte; mais elle ne vaudrait pas autant, elle ne vaudrait rien même, pour les cépages coureurs, qui ne donnent pas volontiers leurs fruits près de la souche, tels que les carbenets, les pineaux, les cots, la syra, etc.

On distingue dans la Charente trois sortes de vignes : les vignes pleines, les vignes en allées et les vignes à bœufs.

Dans ces trois dispositions de la vigne, les ceps sont en lignes et restent en lignes et de franc pied; c'est-à-dire que chaque cep reste à sa place et n'est remplacé qu'à sa mort par un autre cep, indépendant ou rendu indépendant des autres.

Dans les vignes pleines, les lignes sont à 1 mètre, 1^{m}30, 1^m,50, les unes des autres, et les ceps à la même distance entre eux, c'est-à-dire qu'ils sont plantés au carré. Ces vignes sont généralement cultivées à la main; toutefois, quand la distance entre les lignes est de 1^m,30 au moins, on y passe souvent un ou deux traits de charrue avant de commencer la culture. La tendance générale est à augmenter la distance des ceps : cette tendance est excellente si elle répond à l'intention d'augmenter le nombre d'yeux des souches en proportion de l'espace; sinon, l'augmentation de l'espace serait une perte réelle.

Les vignes en allées ou en planches sont, à proprement parler, des vignes pleines à trois, à quatre, à cinq et même à sept rangs (par conséquent très-étroites et très-allongées), entre lesquels sont d'autres champs, un peu plus larges et aussi longs, où l'on cultive les céréales, les légumes, les racines, les tubercules et les fourrages.

Dans ces vignes, les lignes sont à 0^m,70, à 1 mètre, 1^m,30, et les ceps sont à 1^m,60, 2 mètres et 2^m,30 dans la ligne; les ceps d'un rang alternant avec ceux de l'autre.

Dans les allées à trois rangs, on plantait autrefois, et encore aujourd'hui, les deux rangs en bordure en cépage rouge, en balzac, et celui du milieu en folle jaune ou verte (à Barbezieux on admet la folle frisée, mais c'est évidemment une dégénérescence), en folle jaune surtout, qui est supérieure. M. Gonthier prétend que la maladie, le cottis, qui attaque les ceps rouges, et notamment le balzac, ne l'atteint pas du tout s'il est planté entre deux ceps blancs.

Les vignes en allées étaient et sont encore la forme la plus appliquée à Cognac et dans la plus grande partie de la fine Champagne; elles sont labourées, dans la pluralité des cas, à la main; les intervalles seuls, destinés aux cultures herbacées, sont façonnés à la charrue.

Enfin les vignes dites *à bœufs* sont celles où toutes les cultures de la vigne, sauf le déchaussement des souches et le décavaillonnage, sont faits par les animaux de trait. Les lignes de ces vignes sont généralement à 2 mètres, les ceps à 1 mètre dans le rang; parfois ces lignes sont à 1^m,50 seulement. J'indique les trois dispositions des vignes, au centième, dans les figures 247, 248 et 249.

Fig. 247.

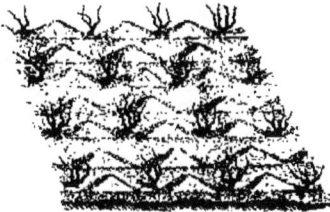

La figure 247 représente une vigne pleine, après la taille et après sa mise en mottes. La figure 248 représente

Fig. 248.

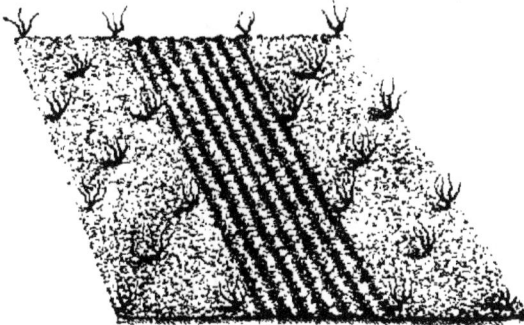

deux allées de vignes, séparées par une bande de terre la-

bourée : les mottes n'y sont point encore faites ; et la figure
249 donne l'aspect d'une vigne à bœufs, alors qu'elle est

Fig. 249.

déchaussée et que ses billons sont complétés, à la suite du
labour à la charrue.

La grande majorité, la presque totalité des vignes de la
Charente, n'a pas d'échalas. Quelques communes, quelques
particuliers, s'en servent ou commencent à s'en servir,
ainsi que de quelques palissages au fil de fer ; mais le tout
constitue une infiniment petite exception.

On déchausse, dans la plupart des arrondissements,
avant la taille. Après la taille, on bêche et l'on forme les
mottes à la main ; ou bien ce sont des vignes labourées, et
l'on forme les billons à la charrue et l'on déchausse ou l'on
décavaillonne à la main. A la fin de mai, on abat les mottes
ou les billons, et l'on remet ainsi la vigne à plat ; bien peu
de personnes font donner un binage ou un sarclage.

Quelques vignerons pratiquent l'opération de l'ébourgeonnage, mais c'est un très-petit nombre ; la généralité
n'ébourgeonne pas, ne pince pas, ne rogne pas et n'effeuille
pas. En un mot, aucune opération n'est pratiquée sur les

pampres verts : on ne paraît pas comprendre l'importance
de ces pratiques dans la Charente.

On remplace les ceps morts soit par un plant nouveau,
ce qui est mieux, soit par un long sarment, tenant à une
souche, provigné en rigole. Le provignage proprement dit
n'est point pratiqué, du moins en grand.

On ne fume ni on ne terre les vignes dans l'arrondissement de Cognac. On fume peu, mais un peu, dans les arrondissements de Barbezieux et d'Angoulême; mais on y terre
beaucoup avec les terres des extrémités ou du voisinage des
vignes. C'est là une excellente opération; 250 mètres cubes
suffisent à entretenir la fertilité pendant dix et douze ans et
ne coûtent pas 250 francs. Partout où la craie ou la marne
crayeuse existent, elles pourraient amender les vignes d'une
façon très-profitable.

Les moyennes récoltes sont très-belles dans la plus
grande partie de la Charente : elles sont certainement au-
dessus de 60 hectolitres à l'hectare à Cognac, vin rouge
et vin blanc compensés; de plus de 50 à Barbezieux, et
seulement de 40 à Angoulême, dont les cantons limitrophes de la Dordogne se sont rapprochés des coutumes
de ce département, à taille très-restreinte et produisant
très-peu. La moyenne production de 50 hectolitres à l'hectare, une des plus hautes moyennes de France, sera dé-
passée avant peu, car les progrès en viticulture marchent
rapidement ici.

Les cépages cultivés dans la Charente sont avant tout
la folle blanche et le balzac; à Cognac se joignent, en
blanc, le colombar, le saint-émilion, et, en rouge, le maroquin et la folle noire. A Barbezieux, un peu de chalosse
et le saint-pierre, mauvais raisin, s'ajoutent aux blancs

précédents ; le saint-rabier ou cot rouge, le noir doux, le noir cendré, le griffarin, le carbenet, se joignent aux rouges. Angoulême cultive aussi le gouais et la chalosse avec la folle, pour eau-de-vie, et le saint-rabier avec le balzac pour vin rouge.

La vendange se fait à peu près de même à Cognac, à Barbezieux et à Angoulême; on recueille le raisin dans de petites seilles rectangulaires évasées, formées de cinq planches minces, ajustées et clouées, formant une caisse ouverte en haut, et munie d'une anse comme un panier (fig. 250); les raisins sont versés en hottes et les hottes vidées en cuve sur voiture. Ici les opérations changent s'il s'agit de faire du vin rouge ou du vin blanc.

Fig. 250.

Pour le vin rouge, à Angoulême, un enfant est dans la cuve, et il foule le raisin à mesure que les hottes y sont vidées; au canton de la Valette on ne foule pas : on fait tomber les grains des rafles, et, sans fouler, on remet en cuve rafles, grains et jus. Partout ailleurs, et dans tout le département, on foule le raisin, soit en cuve sur voiture, soit à la vinée, soit aux pieds, soit aux cylindres, et le tout est mis en une grande cuve, qu'on a le tort de trop remplir. Le marc étant égalisé, quelques viticulteurs mettent par-dessus un lit de raisins blancs non foulés; puis la grande majorité laisse le vin se faire en cuve ouverte, sans plus s'occuper de la cuve : ce qui est très-bien. Mais ce qui n'est pas si bien, c'est qu'on laisse cuver dix, quinze et trente jours, quand on ne devrait cuver que de quatre à huit jours.

Dans tout le département, on ne mêle point les vins de presse avec les vins de goutte. Ces vins de presse sont bus les premiers ou distillés. Mais il s'en faut qu'on presse partout les marcs de vins rouges : la plupart versent de l'eau dessus pour en faire des demi-vins, et ces demi-vins étant tirés, on remet de l'eau pour faire des piquettes, souvent de deux ou trois lessives successives.

Le vin rouge est tiré en vaisseaux vieux, souvent douteux de goût, généralement peu vérifiés et conservés sans précaution et sans méchage; le vin est rempli avec peu de soin et souvent laissé sur la lie. Il est vrai que la production des vins rouges ne constitue pas l'industrie ni le commerce spéciaux de la Charente, et que les vins blancs à eaux-de-vie, qui constituent sa grande et sa vraie spécialité, n'exigent pas, pour la distillation, toutes les pratiques préparatoires et conservatrices des vins rouges.

Tous les raisins destinés à faire les vins de distillation sont passés au cylindre, à leur arrivée des vignes, sur une plate-forme ou une maie à rebords, à plan légèrement incliné, de façon à diriger les jus vers une gargouille qui les déverse dans un réservoir, soit en bois, soit en maçonnerie : le plus souvent la plate-forme et le timbre (réservoir) sont en pierre de taille. La plate-forme touche ordinairement à la maie d'un pressoir; souvent, dans les grandes exploitations, elle est flanquée de deux pressoirs, l'un à droite et l'autre à gauche. Les raisins arrivent à voiture, et sont vidés par une porte-fenêtre au fond de la plate-forme. leurs jus étant recueillis en avant, au-dessous de son bord opposé à l'ouverture du service de la vendange.

A mesure que les raisins sont foulés au cylindre et qu'ils sont égouttés du gros de leur jus, on les jette à la pelle sur la maie d'un pressoir; et quand la quantité des grappes foulées est suffisante, l'on en forme la motte, c'est-à-dire qu'on la dresse au milieu de la maie, dans la forme d'une meule de moulin ou d'un grand fromage, qu'on soumet à la pression. Les jus coulent en abondance à cette première presse, mais il en reste encore beaucoup dans le marc. On relève la presse, on retaille la motte écrasée tout autour, on rejette et on égalise dessus les déblais de la taille et l'on presse de nouveau. On répète cette opération trois fois, c'est-à-dire qu'on fait trois tailles et que l'on donne quatre presses; à chaque pression on laisse les jus s'écouler pendant une heure ou deux; mais à la dernière, qui a lieu vers le soir ordinairement, on laisse passer la nuit pour égoutter le marc.

Tous les jus sont versés, au fur et à mesure de leur production, soit dans des barriques, soit dans des pièces doubles ou dans des pipes de 5, 6, 7, 10 et 15 hectolitres; soit dans des cuves ou dans des foudres de 50, 100 et 200 hectolitres; soit enfin dans des citernes, suivant l'importance des exploitations et l'abondance des récoltes. Les récoltes de 1,000 à 2,000 hectolitres et plus ne sont pas inconnues en Charente.

Une fois dans leurs vaisseaux, à bonde ouverte, les jus sont abandonnés à eux-mêmes pour opérer leur fermentation, qui marche le plus souvent vite et bien, mais qui ne convertit jamais tous les sucres des moûts en esprit, si les moûts contiennent plus de 6 à 7 p. o/o de sucre. Aussi fait-on des pertes considérables en distillant quinze jours, un mois, trois mois même après la vendange, à moins qu'on n'ait réduit les moûts à 6 p. o/o de sucre, en y ajoutant la quantité d'eau voulue pour les ramener à ce taux, où tout le sucre se convertit en esprit à la première fermentation.

Les vins de folle jaune, recueillie bien mûre, faits avec soin et mis dans des barriques neuves ou bien conservées par le méchage, méchées de nouveau et bien rincées, soutirés en janvier par le froid, puis soutirés de nouveau en mars après un collage fait avec 10 blancs d'œufs, 30 grammes de tanin, 15 grammes d'acide tartrique, par barrique de 228 litres, sont très-bons et très-agréables à boire et se conservent indéfiniment en s'améliorant. Le colombar donne des vins blancs très-fins, très-délicats, bien supérieurs à ceux de la folle.

Lorsque les raisins sont pressés, pour vins rouges et vins blancs, on les jette au fumier ou on les emploie dans les jardins et les vignes, et quelques-uns les font manger au bétail. On perd là une valeur notable en eau-de-vie, alors que cette valeur est bien facile à réaliser tout entière. Aussitôt que la troisième ou quatrième presse est donnée, on étale le marc sur la maie, dont on a préalablement étanché les goulots d'écoulement. On arrose le marc avec des arrosoirs de jardin munis de leur pomme, d'autant de fois 25 litres d'eau que le marc a fourni d'hectolitres de jus, ou bien jusqu'à ce que le marc baigne dans l'eau. Deux hommes munis de pioches ou de râteaux gâchent le marc pendant une demi-heure, comme on gâche le mortier. Cela fait, on débouche les goulots d'écoulement et on recueille l'eau de lavage, on reforme la motte et on presse une seule fois. Tous ces jus, étant mis dans un vase à part, entreront promptement en fermentation, laquelle sera complète en moins de six jours. Ce vin ainsi fait donnera, pour un marc de 50 hectolitres, 20 à 25 litres d'eau-de-vie, aussi droite et aussi suave qu'aucune autre eau-de-vie : on peut donc le joindre aux vins du premier foulage.

En abaissant tous les moûts à distiller à six ou à sept degrés, on obtiendra des produits plus abondants et bien meilleurs.

Pour opérer cette réduction, il faut, avant tout, peser le moût de chaque opération de foulage et de presse, avec l'aréomètre de Baumé ou avec le glucomètre à trois échelles — *degrés Baumé* — *centièmes de sucre* — et *centièmes d'esprit* à produire. (J'ai fait disposer cet aréomètre, que M. Danger, quai Conti, 3, à Paris, fabrique, vend et expédie partout.) Il faut noter ensuite le nombre de degrés qui dépasse six et préparer, pour les verser sur les raisins au fur et à mesure du foulage, autant d'hectolitres d'eau que le nombre des degrés excédant six, multipliant le nombre d'hectolitres de vin à extraire de la quantité de vendange sur laquelle on agit, contiendra de fois le nombre six. Exemple : un moût marque dix degrés de Baumé : le chiffre des degrés excédant six est quatre; la vendange qu'on va cylindrer et presser est de 25 hectolitres, qui rendront 15 hectolitres de jus. Multipliant quatre par quinze, on obtient le chiffre soixante, lequel contient dix fois six. Il faut donc ajouter 10 hectolitres d'eau au jus du raisin pour obtenir 25 hectolitres de moûts à six degrés, au lieu de 15 à dix degrés.

Le seul inconvénient de cette façon de rendre rapide et complète la fermentation des moûts à eau-de-vie est d'exiger beaucoup plus de vaisseaux vinaires.

L'avantage de l'abaissement des moûts n'est pas seulement de produire une fraction d'eau-de-vie de plus, c'est aussi de rendre l'eau-de-vie beaucoup plus pure, plus fine et plus franche. En effet, tout le sucre étant converti en esprit, il n'en reste plus qui se dépose sur les parois de la chaudière à mesure que le niveau du liquide baisse par l'évaporation; dépôts qui, dans les autres vins, sont décomposés par les coups de feu directs sur le cuivre.

On avait déjà remarqué depuis longtemps que les eaux-de-vie de petites années valaient mieux que celles d'années très-favorables au développement du sucre dans le raisin. Cette supériorité tient exclusivement à l'abaissement naturel du degré des moûts; on obtient le même résultat par l'abaissement artificiel.

A Cognac, et partout où les eaux-de-vie sont supérieures, on préfère la distillation en deux fois, au lieu de la distillation à un seul jet.

L'instrument est l'ancien alambic, à grande chaudière, à feu nu, avec couvercle ou têtard, et une longue trompe qui va se joindre directement au serpentin du réfrigérant.

Dans la chaudière on met 500 litres de vin à distiller; ensuite on en distille de 112 litres à 125, qu'on met à part, et l'on continue à distiller pour tirer 40 ou 60 litres de queue, qui n'est point mélangée avec la tête.

On répète quatre fois la même opération, ce qui donne environ 500 litres des quatre têtes qu'on a réunies et qu'on remet dans la chaudière; c'est alors qu'on distille l'eau-de-vie à soixante-cinq et à soixante et dix degrés.

Quant aux queues, elles sont remises dans le vin à distiller et n'ont pas plus de degrés que le vin. On opère de même à l'égard des queues dans les appareils qui donnent l'eau-de-vie du premier jet à soixante-cinq et à soixante et dix degrés également.

Les appareils à eau-de-vie du premier jet les plus adoptés aujourd'hui comportent deux chaudières juxtaposées latéralement, de façon que l'une soit plus haute que l'autre;

un chauffe-vin superposé, à serpentin de retour de flegmes, et enfin un serpentin de condensation et de réfrigération définitives.

Dès que l'eau-de-vie, tombant au bas de ce dernier serpentin, ne marque plus que quarante degrés, on change de vase récepteur; parce que le produit de la distillation, que l'on continue jusqu'à zéro degré, n'est plus considéré que comme queue ou seconde, à remettre avec le vin.

Quand le produit de la distillation est à zéro, on écoule au dehors par un robinet de vidange le liquide contenu dans la première chaudière; quand la chaudière est vidée, on ferme le robinet de vidange et l'on ouvre le robinet de la deuxième chaudière, dont le liquide, déjà épuisé, tombe dans la première; on ferme le robinet de communication et l'on ouvre le robinet du chauffe-vin, qui remplit la deuxième chaudière; on ferme ce troisième robinet, et, au moyen d'une pompe, on remplit le chauffe-vin : ces nouveaux approvisionnements épuisés, on recommence la même opération.

Cet appareil est intermittent comme le premier, mais il fonctionne plus rapidement et mieux.

Il existe, en outre, des appareils continus, où le vin coule toujours dans le chauffe-vin, venant d'un réservoir dont l'écoulement est réglé par un robinet flotteur. Le vin chauffé tombe, après avoir circulé dans des colonnes à plateaux, au fond de la chaudière, d'où il sort à jet continu, dépouillé de tout son esprit. Ces appareils continus sont sans contredit les meilleurs, mais ils exigent de grands soins de nettoyage et une conduite très-mesurée de leur feu. Le plus parfait de tous, pour produire les eaux-de-vie de consommation directe à cinquante et à cinquante-cinq

degrés, est l'appareil du docteur Chambardel, appareil qui
fonctionne à merveille chez M. le baron de Chassiron, au
château de Beauregard, près de Nuaillé, arrondissement
de la Rochelle. Le dessin, le prix et les conditions de son
rendement sont donnés plus loin (page 494), dans la Charente-Inférieure.

Autrefois on distillait les eaux-de-vie à quarante-huit,
cinquante et cinquante-deux degrés ; aujourd'hui les marchands ne les acceptent plus qu'à cinquante-neuf degrés au
plus bas, et ils les préfèrent à soixante-cinq et à soixante
et dix degrés.

A ces degrés, les eaux-de-vie sont singulièrement dété-
riorées dans leurs qualités hygiéniques, dans leur saveur
et dans la délicatesse de leur parfum. Ce ne sont point ces
hauts degrés qui ont fait la réputation des cognacs, car on
ne savait pas, il y a cinquante ans, distiller les eaux-de-vie
au-dessus de cinquante-cinq degrés ; et les trois-six étaient
tenus pour produire des eaux-de-vie de coupages, bien inférieures aux eaux-de-vie faites directement.

Les hauts degrés n'ont aucune raison d'être pour les
eaux-de-vie, si ce n'est, pour les spéculateurs, celle d'ôter
aux propriétaires la faculté de faire goûter directement
leurs produits ; car, au-dessus de cinquante-cinq degrés,
les eaux-de-vie ne sont réellement pas potables : c'est à
cinquante degrés qu'elles sont les meilleures, unissant la
force à la finesse, et ce n'est qu'au-dessous de cinquante-
cinq degrés qu'on les livre à la consommation directe en
effet.

Produisant leurs eaux-de-vie de soixante à soixante-
quinze degrés, les propriétaires ne sont plus fabricants
d'eaux-de-vie, ils sont fabricants de matière première pour

les usines à eaux-de-vie ; et si les usines trouvent les matières premières, en esprits de grains, de betterave, etc. à bas prix, elles offrent aux propriétaires des Charentes les prix de ces alcools, ou bien elles leur laissent pour compte leurs eaux-de-vie, même à soixante et dix degrés, dont ils ne savent que faire.

Le remède à ce mal est que tous les propriétaires se mettent à distiller leurs eaux-de-vie à cinquante et à cinquante-cinq degrés au plus, et à vendre directement leurs produits jusqu'à ce que le commerce les accepte au taux potable.

Les vignes sont cultivées, dans la Charente, à la journée par domestiques, à prix fait et à moitié fruits ou à participation aux fruits ; ce dernier mode d'exploitation est tout à fait exceptionnel. Il existe dans l'arrondissement d'Angoulême pour une fraction ; l'on y donne beaucoup de vignes à faire à moitié pour vingt-neuf ans. Dans le canton de la Valette, un quart des vignes est à moitié fruits, et tous les métayers qui ont un peu de vignes (ils en ont très-peu, pour leur consommation) les tiennent à moitié. A Cognac, il y a extrêmement peu de vignes à tiers ou à moitié.

A Angoulême et à Cognac, la grande majorité des vignes est cultivée à prix fait, de 75 à 103 francs l'hectare ; beaucoup de vignes sont cultivées par leurs propriétaires et à journées : c'est le mode de faire valoir le plus répandu dans tout le département ; le prix des journées est, en moyenne, de 2 fr. 50 cent. non nourri et de 1 fr. 50 cent. nourri. A Barbezieux et à Cognac, beaucoup de vignes sont faites par domestiques vignerons, payés 350 francs par an. Ce mode d'exploitation est usité un peu partout aussi. La valeur

30.

foncière des vignes varie de 3 à 10,000 francs : cette valeur était moitié moindre il y a vingt ans[1].

[1] Je dois à MM. Gellibert des Séguins, président de la Société d'agriculture de la Charente; Chasseignac, secrétaire général ; le docteur Chapelle ; Bouraud, maire de Cognac; de Thiac, membre du conseil général, prime d'honneur du département; Durantière, maire de Rougnac; Gonthier, maire de Fléac; Rochard, secrétaire du Comice agricole de Barbezieux; de Riberolles, maire de Rivières; Guérin-Prieur, maire d'Anais; Labruyère, maire d'Yvrac; Monteilh, maire de Chazelles; Mathieu Bodet, maire de Saint-Saturnin; de la Revanchère, maire de Saint-Projet; Rambaud-Delaroque et Sazerac de Forge, membres du conseil général; docteur Dufresse, Feyler et Ducoux, la meilleure direction de mes études et mes meilleurs renseignements dans la Charente.

DÉPARTEMENT DE LA CHARENTE-INFÉRIEURE.

La première mission d'étude et d'enseignement qui m'a été confiée comprenait la Charente-Inférieure seule.

C'était mon début dans un rôle que je n'avais jamais rempli et auquel je n'étais pas préparé : aussi je l'abordai avec une appréhension légitime et une circonspection qui devait en diminuer singulièrement les bons effets ; pourtant mon rapport fut accueilli, et je lui laisse ici sa simplicité primitive, en retranchant toutes les généralités pratiques qui se retrouvent dans les autres départements.

J'ai parcouru tous les points de la Charente-Inférieure qui pouvaient différer entre eux par le sol, par la plantation, par la culture et la conduite de la vigne ; par les cépages et par leur destination soit à la consommation directe, soit à la distillation.

La vigne occupe aujourd'hui dans la Charente-Inférieure environ 120,000 hectares, un peu plus du sixième de son territoire, qui comprend 682,569 hectares. Le rendement moyen est de 30 hectolitres à l'hectare et le prix moyen de l'hectolitre est de 14 francs, ce qui donne 420 francs par hectare et 50 millions de produit brut total : près de la moitié du produit total agricole, qui est de 108 millions. Ces 50 millions représentent l'entretien de 50,000 familles ou de 200,000 habitants, deux cinquièmes environ de la population, dont le total s'élève à 479,529 individus.

Sol et plantation. Dans les six arrondissements de la
Charente-Inférieure, sur les terrains oolithiques, crétacés,
argileux, sableux, argilo-calcaires ou calcaires purs, dans
les terres dites de *varennes* ou de *groix*, de lais de la mer
ou d'alluvion des vallées, la vigne est plantée et réussit fort
bien. Généralement elle végète plus fortement en bois dans
les terres de varennes (argilo-calcaire sur tuf jaune ou
blanc infertile), et elle donne des fruits meilleurs et plus
riches en sucre et en esprit dans les groix (terres calcaires
mélangées d'une forte proportion de pierres oolithiques ou
de fragments de craie tuffau sur bancs oolithiques ou crayeux,
à lits et à failles généralement pénétrés par les racines de
la vigne).

La bouture, plantée à la barre ou au pic de fer, est le
mode de plantation le plus généralement employé. — Un
trou est pratiqué au moyen du pic dans la terre végétale,
et souvent jusqu'à plusieurs centimètres dans le roc sous-

Fig. 251.

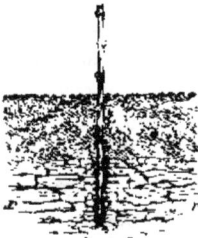

jacent; on y descend jusqu'au fond
un simple sarment fraîchement dé-
taché du cep, ou mieux encore un
sarment enterré et stratifié depuis la
dernière taille (fig. 251); on glisse
autour du sarment une ou deux
jointées de terreau, de cendres, de
charrée ou d'une terre riche; on
scelle fortement cette terre autour
du sarment, et tout est fait. Les uns
laissent sortir le sarment, enfoui de 30 à 40 centimètres,
de 25 à 30 centimètres au dehors; d'autres le rognent à
deux yeux.

Beaucoup de propriétaires et de vignerons ont délaissé

l'ancienne méthode de plantation hâtive, c'est-à-dire de
novembre en mai, pour adopter la nouvelle méthode de
plantation tardive, du 15 mai au 15 juin, époque où la
séve se met de suite en mouvement et ne laisse au sarment
aucune chance de pourriture dans la terre et aucune chance
de gelée ou de dessiccation à l'extérieur.

La méthode de plantation tardive, la meilleure sans contredit, serait encore plus avantageuse si, suivant l'expérience et les conseils de M. Leroy d'Angers, l'épiderme de la
partie du sarment enfouie dans la terre était enlevé préalablement à la plantation. Cette opération est facile après
la macération dans l'eau ou la stratification des sarments
dans terre.

On pratique aussi la plantation avec du plant d'un ou de
deux ans enraciné en pépinière. Cette plantation s'opère en
trous faits à la pioche et approfondis dans le roc, appelé
banche dans le pays. (La banche est constituée par les lits

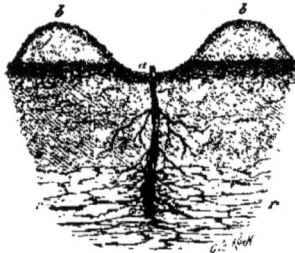

Fig. 252.

Bouture graine à un seul œil recouvert.

de pierre ou de craie qui
sont immédiatement sous
le sol végétal ; cette banche
est à lames horizontales et
à failles verticales [voir les
fig. 251, 252 et 253, *r r*,
banche]. — Débancher s'entend du défonçage des lits
de banche.) Les trous sont
remplis avec de bonne terre
amendée.

Quoi qu'il en soit, on plante très-bien et l'on réussit parfaitement la plantation de la vigne dans la Charente-Inférieure, dans les terrains même qui n'offrent pas 10 cen-

timètres de terre végétale sur la roche. Je ne crois pas exagérer en disant que je viens de voir au moins 1,000 hectares de plants de vignes à boutures d'un, de deux et de trois ans, toutes parfaitement reprises.

Espacement des ceps. Il n'existe peut-être pas en France un département qui présente autant de diversité que celui de la Charente-Inférieure dans l'espacement des ceps de vignes dans les rangs et dans leur division par nombre de rangs et par allées.

Toutes les vignes y sont plantées en lignes, tous les ceps y sont en rangs; mais dans chaque rang la distance des ceps est de 80 centimètres à 2 mètres, et la distance des rangs entre eux varie de 80 centimètres jusqu'à 10 mètres. Je dois dire immédiatement que cette distance extrême est très-rare; je l'ai observée au delà de Saint-Hilaire-du-Bois, arrondissement de Jonzac, en allant à Saint-Sorlin. On voit à droite de la route plus de quarante lignes de vieilles souches, à 2 mètres dans le rang, dont les rangs sont à 10 mètres de distance. Les souches, de quatre-vingts ans et plus, sont couvertes de belles et nombreuses grappes; mais c'est là une exception, et peut-être une relique. Dans tout l'arrondissement de la Rochelle, dans l'île de Ré, à Marennes, à Oleron, à Surgères, dans la plus grande partie de l'arrondissement de Saint-Jean-d'Angely, dans celui de Rochefort, les ceps sont généralement plantés de 1 mètre à 1^m,30 dans les rangs, et les rangs sont tous de 80 centimètres à 1^m,20 au plus les uns des autres. Dans un grand nombre de vignes les ceps sont en quinconce, dans d'autres ils sont au carré. Dans les lieux que je viens de citer, les vignes sont à plein champ et ne sont divisées ni par des allées ni par des intervalles différant de la distance normale des lignes de ceps. Les dispositions autres, empruntées aux pays voisins, y sont une rare exception.

C'est donc principalement dans les arrondissements de Saintes et de Jonzac que se font remarquer les distances des ceps et des lignes, leurs groupements et leurs intervalles les plus variés.

Dans l'arrondissement de Saintes, l'ordre adopté le plus généralement depuis quelques années est celui-ci : les ceps sont plantés à 1^m,50 dans les rangs; les rangs sont groupés par deux rangs à 1^m,06, séparés par un intervalle de 2^m,12 de deux autres rangs à 1^m,06, ce qui n'empêche pas d'y rencontrer beaucoup de vignes pleines à 1 mètre de distance et les ceps à 1^m,20 dans les rangs.

On rencontre également trois ou quatre rangs de vignes à 1 mètre, séparées par des intervalles de 2, 3 et même 4 mètres : c'est ce qu'on appelle *vignes en allées*. Cette disposition de vignes en allées s'observe plus encore dans l'arrondissement de Jonzac, surtout en se dirigeant sur Cognac, pour traverser la contrée dite *Fine-Champagne*, qui est garnie en grande partie de vignes en allées.

A Saint-Bonnet, à Saint-Thomas, à Saint-Romain et dans une grande partie du Blayais (on appelle ainsi la région des arrondissements de Saintes et de Jonzac qui longe la Gironde), les cépages rouges, portés sur échalas et palissés sur balises ou traverses, sont plantés à rangs distants de 1 mètre, les ceps à 2 mètres dans les rangs.

En résumé, l'espacement des ceps et des lignes varie à chaque pas dans les arrondissements de Saintes et de Jonzac, qui comptent l'un 6,337, l'autre 4,857 ceps à l'hectare dans leurs dispositions les plus générales.

Mais les arrondissements de la Rochelle, de Saint-Jean-d'Angely, de Rochefort et de Marennes présentent plus de régularité : ils contiennent en moyenne, par hectare, le premier, 8,320; le second, 8,043; le troisième, 8,469; et le quatrième, 9,954 souches.

Conduite et taille. Ce que j'ai dit de la diversité des espacements pourrait se répéter ici pour le dressement et la taille des ceps. Dans tout l'Aunis on forme la base du cep aussi près que possible de la terre, on pourrait dire sous terre; car l'espèce de tête de souche aplatie qu'on appelle *cosse* serait enfouie dans le sol si elle n'en était dégagée par la formation de deux billons, à droite et à gauche, dont les sommets sont de 15 à 20 centimètres plus élevés qu'elle (fig. 253, *bb, billons*). Le vigneron obtient cette *cosse*

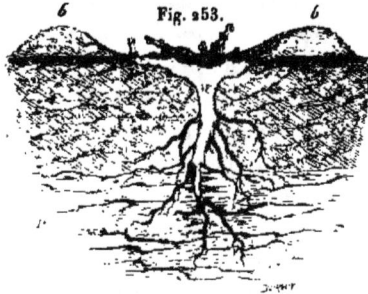

Fig. 253.

Coupe verticale d'une cosse de l'Aunis.

en formant les *bras* ou *nombres* du cep, en taillant très-court les sarments qui sortent du collet même de la souche (fig. 252, 253, 254 et 255). Trois, quatre, cinq et six bras, taillés à un œil, deviennent bientôt de gros tubercules qui finissent par se toucher et par représenter assez bien

un plateau rugueux, ovale ou rond, très-irrégulier, de la circonférence ou des cornes duquel sortent les sarments, dont
les uns seront supprimés et les autres taillés à un ou à

Fig. 254.

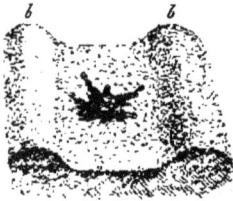

Souche de 8 ans, taillée.

Fig. 255.

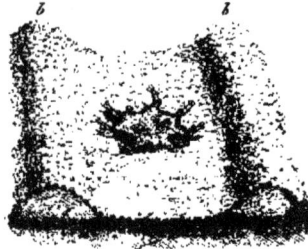

Souche de 15 à 20 ans, taillée.

deux yeux, suivant la force de la végétation du cep. Ces
tailles, opérées de janvier à mars, constituent les crochets,
qu'on appelle *poussis* ou *pousis* dans le pays. Souvent des
bourgeons sortent de dessous la cosse; et lorsque le vigneron a besoin de remplacer un bras ou nombre, il taille
à un ou deux yeux l'un de ces sarments, qui, après deux
ans de taille, devient un bon bras, donnant des sarments à
fruits : c'est ainsi qu'il entretient sa cosse toujours basse.

Un ou deux cépages (le cépage s'appelle *visant* dans la
Charente-Inférieure), la folle et le colombar, se prêtent à
peu près seuls, sans trop de rébellion, à cette taille étrange.
Les autres visants, le balzac principalement, font de grands
efforts pour y échapper, et, s'ils y sont maintenus, ils sont
peu fertiles; mais la folle blanche et ses variétés y gardent
imperturbablement leur fécondité, fécondité opiniâtre sous
toutes les formes, sous toutes les tailles : car, dans la
Saintonge, on leur laisse des tiges ou plutôt un tronc qui

s'élève à 10, 30 et 60 centimètres et plus, suivant les âges et les pays. On leur donne aussi deux longs bras en T, ou cinq ou six bras en gobelet, ou bien on ne leur laisse qu'une tête de saule.

Quoi qu'il en soit, le vigneron de l'arrondissement de la Rochelle cultive la vigne sur souche à terre; celui de l'île d'Oleron et de l'île de Ré de même, celui de Surgères également. A Rochefort, à Tonnay-Charente, à Marennes, à Saint-Just, dans l'arrondissement de Saint-Jean-d'Angely, quoique la vigne soit peu élevée, la souche se monte à 20 ou 30 centimètres, surtout pour les visants ou cépages rouges. Le balzac, que l'on appelle aussi balzar, s'élève au-dessus de tous les cépages et semble échapper à toute discipline.

Je ne crois pas que la conduite à terre, presque sous terre, soit la meilleure pour une bonne et grande fructification. Je ne sais pas si l'Aunis a des motifs sérieux et particuliers pour la maintenir ainsi, car les raisins y coulent, y brûlent et y pourrissent beaucoup.

Que les vignes soient tenues à terre ou soient élevées sur souche, la taille à un ou à deux yeux, à chaque poussis ou crochet, n'est pas la seule qu'on applique. On joint souvent aux poussis un, deux et même jusqu'à trois sarments, d'une longueur variable de 50 à 90 centimètres, dont on pique l'extrémité en terre, ou bien que l'on rattache à la souche après leur avoir fait décrire un arc soit au-dessus, soit à côté. Chacun de ces sarments s'appelle un *arçon* ou une *late* (fig. 256 et 257); c'est ce que j'appelle une branche à fruit.

Dans le département de la Charente-Inférieure, la moitié du département proscrit l'emploi de la branche à fruit, et l'autre moitié l'applique, de temps immémorial, avec un grand succès et avec un profit constant.

Dans les environs de la Rochelle, chaque cep est muni

Fig. 256.

Taille de la vigne à long bois dans l'Aunis.

d'un arçon; dans l'île d'Oleron, dans l'île de Ré, chaque cep en a au moins deux, souvent trois (fig. 257); à Marennes, on donne des lates au colombar, au griffarin, au

Fig. 257.

saint-pierre; trois quarts de late au picardan, une demi-late au quercy, point à la folle blanche ni à la folle noire.

A Saintes, à Pons, à Jonzac, les uns laissent une branche à fruit, les autres n'en laissent pas; à Mirambeau, à Saint-Bonnet, à Saint-Sorlin et dans tout le Blayais, tous les ceps rouges ont leur branche à fruit, la folle blanche n'en a pas.

J'ai vu dans l'île de Ré deux ou trois lates ou branches à fruit aux folles blanches vigoureuses; deux toujours aux ceps les plus faibles. J'en exprimai mon étonnement à un propriétaire d'une grande expérience et à plusieurs vignerons; ils m'assurèrent que ces lates portaient toujours à peu près, sauf les accidents, autant de raisins que j'en voyais (fig. 257) (environ 500 grammes sur chaque late); et que cette fécondité, loin de nuire aux vieilles et faibles souches sur lesquelles elles étaient laissées, semblait entretenir au contraire leur vitalité.

La branche à fruit ou le sarment laissé au cep de tout ou partie de sa longueur (50 à 80 centimètres et jusqu'à 1 mètre et plus, suivant la vigueur des pousses ligneuses) est le seul régulateur possible entre la production du fruit et du bois dans les vignes en plein champ.

Dans les jeunes vignes de cinq à quinze ans de la Charente-Inférieure, la taille courte détermine une végétation ligneuse considérable. Les pampres qui sortent de l'œil ou des deux yeux, laissés à chaque poussis ou crochet, atteignent jusqu'à 4 et 6 mètres de long, tandis que chaque œil ne peut produire que deux grappes, si elles ne sont pas emportées par la coulure que détermine souvent la puissance d'absorption des branches. Il y aurait donc lieu de faire tourner au profit de la fructification cette vigueur perdue et nuisible, en laissant à la base du cep beaucoup d'yeux fructifères; la production du bois en serait modérée et transformée en une production utile. Cette grande pro-

duction d'un bois toujours nouveau, chaque année, fatigue
d'ailleurs et la plante et le terrain autant et plus que la production du raisin. Ce qui le prouve, c'est que vers quinze
ou vingt ans d'existence de la vigne cette fougue ligneuse
se modère d'elle-même et le fruit devient plus abondant;
puis, vers trente ou quarante ans, le ligneux se produit à
peine; et j'ai vu, dans des vignes de cet âge, toutes les
souches présentant autour d'elles une petite couronne de

Fig. 258.

végétation, composée d'autant de raisins que de feuilles,
s'élevent à peine de 15 à 20 centimètres (fig. 258).

J'ai donc recommandé l'usage des branches à fruit dans
la Charente-Inférieure, là où on ne les admettait pas. Et
depuis sept ans l'expérience s'est prononcée en faveur de
cette pratique sur une très-grande échelle.

Épamprages. Après la taille , les opérations les plus importantes pour régler la végétation de la vigne et pour lui
faire produire le plus de raisin possible et les meilleurs consistent dans le pinçage, l'ébourgeonnage, le rognage et
l'effeuillage de chaque cep pendant le cours de sa végétation, c'est-à-dire du mois de mai au mois de septembre. Ces
diverses opérations sont comprises sous le nom d'épamprage.

Les diverses opérations de l'épamprage sont absolument négligées dans tout le département de la Charente-Inférieure ; cet abandon est la principale cause de la coulure, de la brûlure ou brûlis et de la pourriture des raisins, et il contribue à propager et à entretenir l'oïdium, quatre fléaux qui se disputent, dans le pays, la destruction des raisins échappés à la gelée.

De ces quatre opérations, la première, l'ébourgeonnage, fait grossir la charpente du cep ; la seconde, le pinçage, prévient la coulure ; la troisième, le rognage, fait grossir le raisin, fortifie les bois de charpente et les rend fructifères pour l'année suivante. Enfin, la quatrième empêche la pourriture déterminée par l'humidité de septembre et favorise la maturité du raisin.

L'expérience en grand s'est prononcée, dans la Charente-Inférieure, en faveur des opérations de l'épamprage en augmentant d'un tiers les produits des vignes ébourgeonnées, pincées et rognées.

L'épamprage est la première condition de la fécondité, de la salubrité et de la prospérité des vignes.

CÉPAGES. La folle blanche et ses variétés, jaune, verte ou grosse folle, est le véritable cépage à eaux-de-vie de la Charente-Inférieure ainsi que de la Charente. Ce cépage (visant) est très-fertile à taille courte ou longue, basse ou haute, avec ou sans late, arçon ou branche à fruit : il coule difficilement ou ne coulerait pas du tout s'il était épampré avec soin ; il se comporte très-bien sans palissage ni échalas ; il prend très-difficilement l'oïdium, et il ne le prendrait jamais s'il était pincé, ébourgeonné et rogné et surtout palissé verticalement ; il prospère dans tous les terrains du département, maigres ou gras ; il végète avec une vigueur inouïe, donne des récoltes incomparablement plus abondantes et plus sûres qu'aucun autre visant; il produit la plus fine eau-de-vie du monde. Il n'existe donc aucune raison plausible pour lui adjoindre aucun autre cépage dans les vignes dont les produits sont destinés à la distillation, pas même le colombar, qui se comporte le mieux après lui, et encore moins la chalosse, le balustre, le saint-pierre, le blanc ramé, l'aubier, la franche, le pouillot, le muscadet, le clairet, dont les allures sont bien différentes, parmi les cépages blancs.

Si les cépages blancs ne doivent point être mélangés à la folle dans les vignes à eau-de-vie, à plus forte raison les cépages rouges doivent-ils en être écartés avec soin; car leurs besoins et leurs allures sont encore plus opposés. Ainsi le balzar ou balzac, le plus répandu des raisins rouges dans la Charente-Inférieure, échappe à toute contrainte qui voudrait le maintenir à une allure régulière; le dégoûtant rampe à terre de façon à justifier son nom; le quercy (cot rouge, noir doux, pied de perdrix) demande à être soutenu, dans ses branches à fruit, pour être très-productif; il en est de même du griffarin, qui n'est qu'une variété de cot; le saint-émilion aurait aussi besoin d'être palissé; enfin la folle noire, qui n'est autre chose que le gamay, n'a aucune valeur pour les eaux-de-vie. Le chauché noir, variété de pineau, a été cultivé jadis en grande quantité dans la Charente-Inférieure; c'est un cépage très-fin, qui produisait peu, et qu'on a fait disparaître parce qu'il était si bon et si précoce que bêtes et gens le dévoraient avant la vendange.

La Charente-Inférieure peut-elle, doit-elle cultiver des

cépages à vins de consommation directe? Ma réponse n'est
pas douteuse. Ce département peut produire de bons vins
d'ordinaire et même distingués; son sol et son climat sont des
plus favorables à cet égard. La plupart des ceps de la Champagne et de la Bourgogne pourraient y prospérer sur des
terrains jurassiques et crétacés; mais c'est surtout ceux de
la Gironde, qui y sont déjà acclimatés, dont elle tirerait
les meilleurs produits : rien ne s'oppose donc à ce qu'elle
ajoute à ses bonnes eaux-de-vie la ressource de la production de bons vins de table.

PALISSAGES. Je n'ai parlé jusqu'ici ni de l'échalassage ni
du palissage des vignes, parce que l'usage des échalas et
des palis est exceptionnel dans la Charente-Inférieure; c'est
dans le Blayais, c'est-à-dire dans la partie des arrondissements de Jonzac et de Saintes qui longe la Gironde à une
distance de 5 à 6 kilomètres, qu'on voit les meilleurs palissages.

Là, les vignes à raisin rouge seulement (les vignes de
folle ne sont, avec raison, nulle part échalassées) sont garnies de grands échalas de 1^m,80 à 2 mètres de hauteur.
plantés en rangs distants d'un mètre, et à 2 mètres dans le
rang, correspondant ainsi à autant de ceps rouges, parmi
lesquels le quercy, noir doux ou cot rouge, m'a paru dominer; le saint-émilion, le balzac, le pineau, s'y font aussi
remarquer (fig. 259).

Dans les rangs, les échalas sont unis entre eux par une
balise transversale, courant parallèlement au sol, à 70 centimètres de terre. Cette traverse est surmontée d'un mètre
au moins par la tête des échalas. Les ceps montent le long
de l'échalas et leurs verges sont attachées à droite et à

gauche de la traverse, tandis que leurs pampres s'élèvent jusqu'au haut de l'échalas et de là retombent les uns sur les

Fig. 259.

autres et se mêlent dans un fourré de plus d'un mètre d'épaisseur, qui ne laisse arriver l'air et le soleil qu'aux raisins de la circonférence de la vigne. Les rognages diminueraient ici la coulure, qui m'a paru avoir atteint une grande quantité de grappes presque sans grains, et surtout l'infection de l'oïdium, qui écrase entièrement ces vignes hautes, tandis qu'il épargne complétement les vignes basses voisines, séparées toutefois des vignes malades soit par une route, soit par un champ, de façon que leurs pampres ne puissent aller se mêler aux pampres affectés.

31.

J'ai vu, près de Saint-Sorlin même, une vigne dont les pampres semblaient avoir été enlevés; car elle n'offrait aucune pointe, et l'air circulait librement autour de ses ceps. Elle était en pleine santé et sa récolte, presque mûre, était magnifique : je ne crois point exagérer en estimant cette récolte à 3 kilogrammes par cep.

Si les vignerons du Blayais voulaient se livrer avec soin aux pratiques de l'épamprage, ils auraient bientôt raison du double fléau qui les frappe. Sauf ce point essentiel, leur culture est fort bien entendue et très-productive; elle comporte d'ailleurs l'emploi de l'arçon : j'ai compté quinze grappes de pineau très-belles sur un arçon pris au hasard.

REMPLACEMENT DES CEPS. Pour remplacer les ceps que l'on veut changer, et surtout ceux qui sont morts de vieillesse, par le cottis ou tout autre accident, dans l'Aunis et dans quelques parties de la Saintonge, on a recours au marcottage, appelé à tort *provignage ;* c'est-à-dire qu'on couche sous terre, dans la direction du cep à remplacer, un fort et long sarment d'une souche voisine, et, au bout de deux ans, ce sarment, qui a pris de fortes racines, est séparé de la vigne mère.

Le remplacement par bouture ou par plant de pépinière enraciné de un ou de deux ans est infiniment préférable pour la fertilité et la durée des vignes. Le marcottage par versadi, c'est-à-dire par l'extrémité libre d'un arçon piqué en terre, est un fort bon mode de remplacement; on emploie même dans l'Aunis le versadi à la plantation des jeunes vignes : j'ai vu chez M. Rabardeau, à Périgny, arrondissement de la Rochelle, des jeunes vignes plantées en versadis (extrémités enracinées des arçons *d d'* (fig. 260) au mois de novembre 1862, offrant deux fleurs, comme l'in-

Fig. 260.

Versadi ayant pris racine.

dique la figure 261 ; et d'autres, plantées en 1861, en portant quatre et plus (fig. 262). Au dire de MM. Bouscasse

Fig. 262.

Fig. 261.

Pousse de mai d'un versadi
planté en novembre.

2ᵉ pousse de mai d'un versadi.

et Rabardeau, ces arçons enracinés constituent les plants
les plus fertiles et sont très-recherchés des vignerons de
l'Aunis.

Assolement. Dans le département de la Charente-Inférieure, on voit encore des vignes auxquelles on attribue
plusieurs centaines d'années et qui sont très-vigoureuses et
très-fécondes, aussi bien dans les souches élevées et éloignées que dans les souches basses et très-rapprochées, même
à moins d'un mètre carré; mais aujourd'hui ces vignes
sont rares, et les vignerons s'accordent à attribuer à la
culture actuelle une période d'existence rémunératrice de
trente à quarante ans au plus. Après cette durée, beaucoup
de vignes sont arrachées et ne sont replantées au même
lieu qu'après que la terre en a été livrée à d'autres cultures
pendant au moins cinq ans.

Rajeunissement. Toutefois des propriétaires rajeunissent
leurs vignes, devenues infertiles, en rasant toutes les souches
contre le sol; le mieux serait un peu au-dessous du sol : la
séve, n'ayant plus à traverser un vieux bois devenu presque
imperméable, lance de nouveaux jets vigoureux et semble
reprendre sa vigueur et sa fécondité de jeunesse.

D'autres propriétaires ont rendu la fertilité à des vignes.
devenues stériles par vétusté et par amaigrissement des
racines, en pratiquant, tous les deux rangs, un fossé de
défonçage d'une largeur proportionnée et moitié moindre de
l'intervalle. Ils jettent d'un côté la terre, ils brisent et sou-
lèvent la banche calcaire ou crayeuse et en jettent les plus
gros fragments de l'autre côté, puis ils mettent au fond du
fossé les engrais, les amendements ou les terres, rapportées
d'ailleurs, dont ils peuvent disposer. Ce procédé réussit à
merveille et prolonge son influence pendant huit ou dix
années. Lorsque la fécondité diminue ils renouvellent l'opération dans les intervalles qui n'ont pas été travaillés.

Les roseaux, les bruyères, fougères, foins de marais ou menus branchages quelconques, mis au fond des fossés sont d'excellents amendements pour la vigne.

Souvent la stérilité des vignes tient à la taille trop courte répétée et maintenue opiniâtrément pendant un trop grand nombre d'années. Quelques expérimentateurs leur ont rendu une grande fertilité en les taillant en branches à fruit et même en les lâchant en treilles.

CULTURE. Les cultures de la vigne sont faites, en Aunis et en Saintonge, à la main et à la charrue, plus encore à la main qu'à la charrue aujourd'hui; elles seront faites plus à la charrue qu'à la main probablement dans un très-prochain avenir, car toutes les dispositions de plantations nouvelles sont prises pour l'emploi des animaux de trait dans les cultures.

Que les vignes soient cultivées à la main ou par des animaux de trait, le premier labour de printemps consiste à déchausser en mars toutes les lignes de ceps et à former, de la terre retirée du pied des ceps, un billon moyen entre les lignes, haut de 25 à 30 centimètres. La seconde

Fig. 263.

Fig. 264

culture, en juin, rabat le billon presque à plat ou bien

rechausse les ceps, qui semblent, dans ce dernier cas, être
placés sur le sommet des billons au lieu d'être dans le
fond, comme au béchage de mars, et enfin, à la troisième
culture, en août, on redéchausse les ceps et on reforme le
billon intermédiaire à leurs lignes.

En Aunis, où toute la culture se fait à la main, au
moyen des instruments représentés figures 263 et 264,
les billons intermédiaires et parallèles aux lignes de ceps
(fig. 265) sont, à la seconde façon, abaissés d'un tiers

Fig. 265.

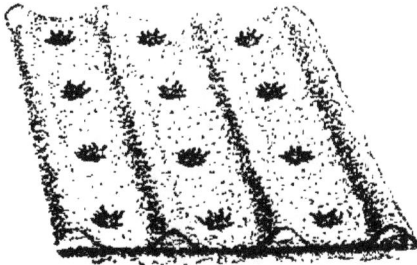

1ᵉʳ billonnage de la vigne en Aunis.

pour former des billons perpendiculaires aux premiers, et
un peu moins élevés, en sorte que chaque cep occupe le
fond d'un carré de billons formant une cellule rectangulaire
(fig. 266). La plus grande partie de l'arrondissement de la
Rochelle, Surgères, Marennes, l'île d'Oleron et l'île de Ré
cultivent ainsi.

Je n'ai pu comprendre les raisons qui justifient la mise
en cellule des ceps; j'ai conseillé, en conséquence, la suppression de ces cultures accidentées, et depuis plusieurs
années l'adoption des cultures superficielles et à plat, sur
une grande échelle, a prouvé leur supériorité.

Engrais. Tant qu'une vigne donne à ses poussis ou crochets des pampres de 1 mètre de long et plus, elle n'a besoin ni d'engrais ni d'amendement. Aussitôt que la végétation de la vigne tombe au-dessous de 1 mètre de pousses, il faut la soutenir par des amendements, des terrages ou des engrais. Les engrais employés dans le département sont les fumiers d'étable, ceux de marais, les marcs de raisin, les herbages enfouis, les goëmons tirés de la mer, mis en tas et fermentés, les vases des ports et des marais salants, des

Fig. 266.

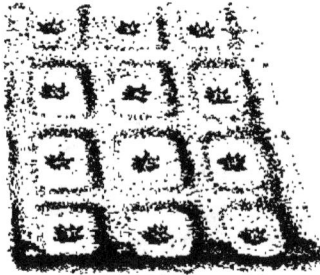

2° billonnage ou mise en fossette de la vigne en Aunis.

cendres crues ou lessivées. On emploie aussi le guano et la colombine. On pratique peu l'usage des amendements, on commence quelques transports de terres.

Les habitants de l'île de Ré, qu'on accuse à tort de prodiguer les goëmons et le varech ou *sart* directement à leurs vignes, ne s'en servent que pour engraisser leurs champs; et c'est quand leurs champs sont bien engraissés qu'ils y plantent la vigne. Pourtant, quand une vigne devient stérile, ils la chargent parfois de sart; ils enfouissent cet engrais et sèment une orge à plein sans s'embarrasser de la vigne, qui après la récolte de l'orge, et la même année, leur donne encore quelques raisins; mais, les années suivantes, la vigne redevient très-fertile. J'ai vu plusieurs vignes, avec leur chaume d'orge, offrant passablement de raisins pour la récolte actuelle.

Il est certain que les vignes fumées, lorsqu'elles ont perdu leur première vigueur, donnent des produits doubles de celles qui ne le sont pas.

Trois litres de fumier par cep, tous les trois ans, suffisent à entretenir une bonne production dans les terrains les moins favorables. Le guano, la colombine et les autres engrais forts et pulvérulents peuvent être semés autour des ceps à la dose de 3o à 6o grammes, et recouverts de terre ou placés dans de petits trous à 25 ou 3o centimètres du cep. Les fumures, ainsi que les terrages, sont faites l'hiver, de novembre en mars.

VENDANGES. Les vendanges, soit pour les vins à eau-de-vie, soit pour les vins de consommation directe, se font toujours beaucoup trop tôt dans le département de la Charente-Inférieure.

Toutes les dépenses et tous les efforts de la viticulture, en tous pays, ont pour objet d'obtenir le plus de sucre de raisin possible.

Vendanger lorsque le moût ne marque que 4 et 6 degrés quand le cépage peut en donner 12, c'est perdre la moitié, les deux tiers de la dépense de toute l'année.

Il importe de savoir quel est le degré du sucre formé dans le raisin avant de se décider à vendanger.

C'est le *glucomètre* ou *pèse-moût* qui doit juger souverainement du moment le plus avantageux de faire vendanger.

Mais si les degrés du glucomètre sont établis de façon à représenter une quantité de sucre qui répond à peu près à la formation d'un degré correspondant en esprit, et il en est ainsi, il en résulte que le vin fait devra rendre, en degrés alcoométriques, les degrés glucométriques observés et inscrits avant la fermentation des moûts.

Sous ce rapport, et dans un pays dont la fortune repose sur l'extraction des eaux-de-vie, l'usage constant du glucomètre est plus important même que celui de l'alcoomètre, car il établit le plus puissant contrôle sur la fermentation complète ou incomplète des vins, au moment où on les distille; et faute de ce contrôle, faute d'avoir constaté la richesse saccharine des moûts jusqu'à ce jour, je suis convaincu que chaque année, et de temps immémorial, on a distillé des vins qui n'avaient pas subi toute leur fermentation, et qui ne contenaient pas tout l'esprit qu'ils devaient produire.

J'engage donc tous les viticulteurs, et spécialement ceux de la Charente-Inférieure, à se servir du glucomètre : 1° pour classer leurs divers cépages par richesse de sucre; 2° pour fixer l'époque de leur vendange; 3° pour constater et inscrire le degré de leurs moûts destinés à faire les vins de distillation, afin d'attendre que leur fermentation soit complète, ou de prendre les mesures nécessaires pour qu'elle se complète rapidement.

Sauf son époque, toujours prématurée selon moi, la vendange s'accomplit fort bien dans la Charente-Inférieure, au moyen de paniers en bois ou en osier, au moyen de cuves ou balonges ou de tombereaux étanches qui rapportent les produits de la vigne au cellier. Le foulage s'y fait tois au moyen des pieds, soit au moyen des cylindres cannelés. Enfin, le pressurage y est opéré immédiatement pour les vins blancs.

FERMENTATION. Les jus sont recueillis du pressoir dans un timbre ou baquet de bois, de pierre ou de ciment, et mis immédiatement en demi-tonneaux de 4 hectolitres et demi ou en tonneaux de 9 hectolitres, ou en cuves fermées, ou en foudres, disposés dans des celliers à température à peu près ambiante, pour y subir leur fermentation à loisir, c'est-à-dire une fermentation d'abord apparente et tumultueuse, bientôt sourde, latente ou nulle s'il fait froid.

Pour activer cette fermentation et réduire promptement le sucre en esprit, je propose de réduire, par une addition d'eau, la densité des moûts à 6 ou 7 degrés; à cette densité, la fermentation transforme la totalité du sucre en esprit, si la température naturelle ou artificielle des celliers est de 18 à 20 degrés. Au-dessous de 15 degrés la fermentation n'a pas lieu : il faut donc chauffer les celliers s'il fait froid. Si les moûts marquent plus de 7 degrés, l'observation a fait voir que, même dans la température la plus favorable, la totalité du sucre ne se convertit pas en esprit et que le sucre restant sans transformation est d'autant plus considérable que le degré du moût est plus élevé.

Les raisins destinés à faire le vin rouge, de consommation directe, sont versés dans des cuves, et là ils subissent leur fermentation et une macération de dix à quinze jours.

CAVES ET CHAIS. La Charente-Inférieure n'a point ou a bien peu de caves souterraines ni de chais à vin de table; elle ne possède, en général, que des chais à eaux-de-vie, c'est-à-dire à température variable. Aucun bon vin de table ne se conserverait dans ces conditions.

Vaisseaux vinaires. Les mêmes inconvénients d'altération des vins résultent de l'emploi de vieux vaisseaux vinaires aigris, moisis et infectés, ou dans l'insuffisance d'approvisionnement de vaisseaux convenables à l'époque de la vendange. Les vins sont bien rarement tirés en vaisseaux neufs ou parfaitement francs. De là les prétendus goûts de terroir.

Distillation. Je ne répéterai pas ici ce que j'ai dit de la distillation dans la Charente.

Je m'arrêterai sur un seul point, le degré élevé fixé par le commerce au taux vénal de l'eau-de-vie.

Il n'est point indifférent, pour ses qualités alimentaires, que l'eau-de-vie soit distillée à son degré potable ou bien à un degré très-élevé, pour être descendue ensuite à un degré plus bas acceptable par le goût et par l'estomac.

La science a reconnu, par l'expérience, que plus les produits végétaux et animaux s'approchaient de la pureté chimique, c'est-à-dire que plus ils tendaient à constituer ce qu'on appelle un *principe immédiat*, moins ils se prêtaient à l'alimentation.

Il est démontré que l'eau-de-vie à 5o degrés est beaucoup moins assimilable que le vin; qu'elle est un stimulant agréable et utile souvent, mais peu alimentaire. Il est démontré que l'alcool est un poison qui n'est ni utile ni agréable dans l'alimentation; il ne s'assimile en aucune façon. Cet alcool ne fait pas plus de l'eau-de-vie, quand il est étendu d'eau, que l'eau-de-vie ne ferait elle-même du vin; et plus l'alcool a été élevé, plus il devient destructeur de l'organisation.

Il ne peut donc être permis, sous aucun prétexte, de faire

de l'eau-de-vie avec de l'alcool pur, ou à 86, ou même à
75 degrés.

Par la même raison, c'est une détérioration imposée à
l'eau-de-vie que de lui infliger un degré commercial qui
n'est pas potable, c'est-à-dire 60 degrés et plus, tandis
qu'elle n'est acceptée, sans nuire à l'organisation, qu'à 50
ou 55 degrés au maximum.

Il faut donc distiller de 50 à 55 degrés pour produire
de bonnes eaux-de-vie, et rien n'est plus facile.

Voici, du reste, figure 267, le croquis de l'excellent appa-

Fig. 267.

Appareil du docteur Chambardel, à production continue d'eau-de-vie
à 50 et 55 degrés.

reil du docteur Chambardel, rétabli par MM. Minet frères, à
la Rochelle. Cet appareil donne d'un seul jet continu les eaux-

de-vie à 50 et à 55 degrés, sans pression. Il coûte, pris sur place, réservoir, flotteur, chauffe-vin et chaudière, tout en cuivre, 1,000 francs (portés depuis peu à 1,200 francs, je ne sais pourquoi), et fournit 3 à 4 hectolitres d'eau-de-vie en vingt-quatre heures. Les produits en sont parfaits; il fonctionne au château de Beauregard, près de Nuaillé, chez M. le baron de Chassiron, sénateur, qui a fait rétablir l'appareil Chambardel, pour produire désormais toutes ses eaux-de-vie au degré potable.

On prétend qu'on donne à l'eau-de-vie 60 et 70 degrés parce qu'elle les perdra en vieillissant : c'est une erreur accréditée par le commerce habile.

L'eau-de-vie ne perd point de degrés en vieillissant si elle est enfermée dans un vase imperméable et hermétiquement clos, comme serait une bouteille de verre fermée par un bouchon à l'émeri ; elle ne perd de degrés que dans les vases perméables. Dans une futaille en bois, par exemple, et dans un lieu sec et chaud, elle perdra 4 à 5 degrés en vingt ans, c'est-à-dire qu'elle aura évaporé son esprit et peut-être pris en échange un peu de vapeur d'eau atmosphérique.

L'abaissement du degré se fait par de l'eau et non par l'âge : la coloration se fait par le caramel et non par le chêne du tonneau : ces pratiques sont constatées.

Je tire simplement de ces faits notoires la conséquence que les propriétaires ont tort de distiller leurs eaux-de-vie à 70, à 66 et même à 59 degrés, parce qu'ils en attaquent ainsi la finesse et la salubrité au profit seul du commerce, qui se garde bien de les laisser à ce taux et de compter sur cent ans pour les abaisser à 50 degrés : lorsqu'un peu d'eau suffit à faire gagner un siècle, on serait bien simple de s'en passer.

Je n'entends pas nier le bon effet de l'âge sur l'eau-de-vie; j'admets très-bien que l'eau-de-vie de l'année ou *nouvelle* ne vaut pas l'eau-de-vie *rassise* ou de deux vendanges, et que celle-ci ne vaut pas l'eau-de-vie *vieille*, ou de trois vendanges et plus, pourvu qu'elles ne dépassent ni les unes ni les autres 50 ou 53 degrés; mais au delà de quatre ou cinq ans, la vieillesse de l'eau-de-vie n'est plus qu'une relique, précieuse sans doute, mais qui n'a rien de commercial.

Je signalerai encore une singulière irrégularité dans le commerce des eaux-de-vie : c'est l'emploi de l'alcoomètre de *Tessa*, qui n'a aucun étalon ni aucun contrôle légal possible. Aussi les fabricants en font-ils de différents pour *vendre* et pour *acheter*. 4 degrés de Tessa constituent le taux commercial : ils représentent environ 59 à 60 degrés de l'alcoomètre centésimal de Gay-Lussac; ensuite, au-dessus, 1 degré représente, dit-on, 3 degrés centésimaux. Qu'est-ce qu'un appareil alcoomètre? Quelque imparfait que soit l'alcoomètre centésimal, il a au moins un étalon permanent entre les mains des employés de la Régie et peut toujours être contrôlé pour les transactions.

EMPLOI DES MARCS. Les marcs de raisin rouge ou blanc servent généralement, du moins en partie, à faire une boisson pour les ouvriers et les gens de maison. Si ce sont des marcs de vins de consommation, souvent on les laisse dans les cuves sans les pressurer; et l'on ajoute au jus qu'ils contiennent encore une certaine quantité d'eau qui est tirée, comme le vin, après quelques jours de macération. Cette boisson ou piquette est fort appréciée par ceux qui doivent la consommer.

Quant aux marcs de vin blanc ou de vin de chaudière,
ils étaient naguère, et la plupart sont encore aujourd'hui,
destinés à retourner dans les vignes ou à l'engrais des jardins, sous forme de compost. Quelques bons agriculteurs
les emploient, en mélange, dans l'engraissement des pour-
ceaux ou pour la nourriture des bœufs; ils valent mieux
sous ce rapport que la pulpe de betterave. J'ai dit d'ailleurs,
dans la Charente, le parti le meilleur à tirer des marcs,
comme production d'eau-de-vie, par le lavage immédiat,
et comme nourriture du bétail, même après le lavage.

Maladies. Outre les fléaux ordinaires, la gelée, la coulure, la brûlure, la pourriture, qui tous quatre, le premier
surtout, ont frappé cruellement cette année le département
de la Charente-Inférieure, deux autres maladies affligent
encore le département.

La première est l'oïdium, qui sans s'étendre à toutes
les vignes du département, ni à toutes celles d'un arrondissement, ni à toutes celles d'un canton, ni même à toutes
les vignes d'une commune, se montre néanmoins à peu près
partout. Les arrondissements de Saint-Jean-d'Angely et de
la Rochelle m'ont paru être les plus épargnés. Le premier a
pourtant certains cépages atteints, notamment les balustres,
dont la pousse est vigoureuse ; le second est surtout atta-
qué, sur le continent, dans ses cépages rouges, le dégoûtant et le balzac, un peu la folle blanche, vers les extrémités de ses pampres et dans les vignes les plus touffues.
Mais dans l'île de Ré, et principalement à Ars, des vignes
entières sont perdues, pampres et raisins blancs et rouges :
c'est le plus grand désastre que j'aie vu dans le département.

Après le vignoble d'Ars, ce sont les bords de la Gironde qui sont le plus maltraités. La moitié des vignes du Blayais sont fortement atteintes : j'en ai vu bon nombre, parmi les vignes à vins rouges surtout, dans lesquelles les grappes. en quantité considérable, n'offraient plus un seul grain qui ne fût pourri. L'oïdium devient moins intense en remontant vers Marennes et Rochefort ; on y voit cependant çà et là des vignes atteintes. Vers la Clisse, à la Jard et à Pons, dans l'arrondissement de Saintes, l'oïdium est peu grave et il atteint surtout les cépages noirs. Autour de Jonzac on voit peu de vignes malades.

En général, l'oïdium attaque peu la folle, cépage le plus abondant et le plus précieux du pays.

La seconde maladie qui sévit aussi dans tout le département, mais surtout dans l'arrondissement de Saint-Jean-d'Angely, est le *cottis* ou pousse en ortille. Cette dernière dénomination est tirée de l'altération de la pousse des feuilles, qui se rétrécissent, présentent des dentelures plus profondes, offrent d'abord une coloration foncée vert bouteille, puis se recoquillent et finissent par passer à l'étiolement blanchâtre, signe de mort prochaine de tout le cep. Un cep malade du cottis est promptement entouré d'autres ceps qui prennent la maladie à leur tour, et de grands espaces se dépeuplent ainsi. C'est surtout au balzac que le cottis s'attaque ; mais les autres cépages n'en sont pas exempts. Le cottis met une ou deux années à tuer le cep, mais il le tue infailliblement.

Cette maladie paraît résider dans le sol ; elle se manifeste plus dans les terres blanches que dans les terres rouges. Elle s'attaque aux racines et au corps même du cep. Lorsqu'un cep est mort du cottis, on trouve des moisissures le long de ses racines, et si l'on donne un coup de pied sur le tronc, il se casse net, comme ferait une carotte.

Je crois que l'on peut trouver le remède du cottis dans l'arrosement des racines et du cep, soit avec la solution de 1 kilogramme de foie de soufre dans 100 kilogrammes d'eau, soit plutôt avec la solution de 5 kilogrammes de sulfate de fer dans la même quantité d'eau. Quatre à cinq litres de ces solutions versés au pied du cep, lors de la montée de la séve du printemps, et la même dose répandue avant la séve d'août, me sembleraient exercer une influence marquée contre cette maladie, dont la prédilection pour les terres blanches et pour les ceps rouges indique que l'absence de l'élément ferrugineux n'est pas étrangère à son développement.

Ces applications ont été faites depuis quatre ans avec succès.

DÉPARTEMENT DE LA VENDÉE.

L'aspect des campagnes de la Vendée surprend et charme à la fois, moins par l'aspect de leurs cultures, fort belles d'ailleurs, en céréales, fourrages, racines et légumes, colzas, choux, lins, prairies, et par leurs beaux et nombreux animaux de ferme, que par leurs clôtures de haies vives mélangées d'arbres forestiers à hautes tiges, bordant les routes et les chemins, et découpant, partout et à l'infini, les propriétés.

On reconnaît, au premier coup d'œil, que la terre est l'objet de l'amour, du culte du Vendéen, et que l'appropriation personnelle du sol, avec son usage exclusif, doit être la principale loi sociale de l'habitant de la Vendée : aussi n'est-ce pas là que la vaine pâture, comme en Corse ou en Algérie, viendrait, par un abus sauvage de la terre, s'opposer à toute culture, à toute amélioration sérieuse, sous la menace et les dégâts des troupeaux ambulants. Dans combien de départements, où la vaine pâture existe encore, compterait-on un meilleur et un plus nombreux bétail qu'en Vendée ? La forêt aussi y est presque démontée et vaincue en grande partie ; les haies et les arbres laissant place à l'air et aux rayons du soleil, suffisant à toutes les conditions du chauffage, de la construction et de l'entretien d'un bon climat, protégeant la vie des plantes et des animaux utiles au lieu de l'anéantir. Oui, c'est là le vrai *bocage*, bien différent de la forêt.

Mais ce qui m'a plus encore frappé, c'est le caractère doux, bienveillant, serviable, des populations vendéennes, les rapports simples et bons établis entre le travail rural et la propriété. Jamais ces populations n'ont été et n'ont pu être violentes ni fanatiques, si ce n'est pour défendre une situation heureuse, si ce n'est par des sentiments de déférence, d'attachement, de solidarité, entre le métayer et le propriétaire, sentiments qui offrent les garanties les plus solides et les plus désirables du bonheur et de la stabilité sociales.

Le métayage a dominé de tout temps l'agriculture vendéenne ; malheureusement le fermage tend à le remplacer. Toutefois le métayage est encore le mode d'exploitation du sol le plus répandu ; et, comme dans la Haute-Vienne, il n'a qu'un inconvénient, c'est la disproportion de l'étendue des terres avec les forces de la famille rurale. Les métairies comptent, en Vendée, de 30 à 50 hectares de terres de grande qualité et de grand prix : c'est quatre à huit fois plus qu'une famille n'en peut exploiter, sans capital et sans auxiliaires, pour en tirer tout le produit possible.

Beaucoup de bons propriétaires, pour ajouter à l'aisance et à la bonne hygiène de leurs métayers, ont doté leurs métairies, partout où cela leur a paru possible, d'environ 40 ares de vignes dont les produits sont partagés comme tous les autres : mais tous les vignobles un peu étendus sont façonnés par les propriétaires directement ou à la journée ; le plus souvent, toutefois, c'est au prix fait de 8 à 10 francs le journal de six ares que les vignes sont façonnées.

La vigne n'a joué jusqu'à présent qu'un rôle très-secon-

daire et très-accessoire dans la Vendée : elle n'y était considérée que comme un moyen d'alimentation locale, sans importance commerciale au dehors, sans importance comme
revenu au dedans.

Mais on comprend enfin que la culture de la vigne
est, en soi, la culture la plus riche et la plus capable d'accroître considérablement les revenus et d'augmenter la
population et la culture des autres produits ; tout le monde
songe donc à accroître l'étendue des vignobles et à rendre
leurs vins plus dignes d'être offerts au dehors : on plante
énormément dans l'arrondissement de Fontenay, dans celui
des Sables et même dans celui de Napoléon. M. de Puiberneau plante, M. Chevallereau plante, M. Gauly plante,
M. de Beaumont plante ; je citerais vingt grands propriétaires et cent petits qui plantent aujourd'hui la vigne dans
le département de la Vendée.

Cette extension et ces améliorations sont assurées du
succès : le sol, le climat et les traditions du métayage offrent,
à cet égard, toute espèce de garantie.

Parmi les excellentes terres argileuses, calcaires, argilo-
siliceuses, argilo-calcaires, siliceuses, schisteuses et granitiques qui composent tout le sol de la Vendée, plus d'un
dixième offre des sites et des expositions éminemment propres
à la vigne. Tout l'arrondissement de Napoléon offre, au nord
et à l'est, les granits et les terres à meulières ; à l'ouest, au
sud et au sud-est, les schistes, des terrains de transition à
Mareuil, des terrains jurassiques à Chantonnay. L'arrondissement de Fontenay, granitique au nord, est tout entier sur
les terrains jurassiques inférieurs à son centre et alluvionnaires à son extrême sud ; celui des Sables-d'Olonne, outre
une grande étendue de formations schisteuses, présente, à

son nord-ouest, de vastes surfaces porphyriques, de transition, de grès verts et d'alluvions éminemment propres à la
viticulture. La Vendée peut donc augmenter ses vignobles
sans diminuer en rien ses autres cultures.

Le climat de la Vendée est des meilleurs pour les bons
vins ; l'oïdium ne s'y développe, d'une façon grave, qu'au
bord de la mer et sur certains cépages, et si les gelées du
printemps y sont redoutables, les vignerons les conjurent
en partie avec leurs gaules.

Malheureusement le cépage qui domine partout, et qui
semble vouloir exclure tous les autres, est un cépage à vin
de chaudière et à mauvais vin, surtout sous les climats
plus froids que les Charentes : c'est la folle blanche. On
arrache pour elle les muscadets ou francs blancs, les bons
noirs et les bons blancs (pineaux) ; le dégoûtant seul (folle
noire, gros gamay) est conservé, pour donner quelques
vins rouges ou plutôt quelques vins rosés. On ne fait
presque pas de vins rouges en Vendée, parce que la Charente-Inférieure et la Loire-Inférieure, d'où la Vendée a
tiré ses inspirations et ses trois principaux cépages, la folle,
le franc blanc et le dégoûtant, en font peu.

Dans chacun de ces départements il se produit pourtant
de bons vins rouges, quand le cépage est bon et que le vin
est bien fait.

Dans la Vendée même, à Mareuil, les pineaux noirs et
blancs garnissaient seuls certains coteaux de ce pays et y
sont encore conservés en suffisante quantité pour juger leurs
produits. Eh bien ! ces pineaux ont donné et ils peuvent
donner encore des vins rouges ayant toutes les qualités des
produits secondaires de la Côte-d'Or.

Je suis convaincu que les pineaux noirs de la Côte-d'Or,

que les plants noirs (dits dorés et verts) de la Champagne réussiraient à merveille dans les terrains calcaires et argilo-calcaires de la Vendée; que le breton (carbenet-sauvignon), les cots rouges et verts, donneraient de très-bons vins sur les schistes, et le petit gamay noir du Beaujolais sur les granits; que les cots et les meuniers réussiraient très-bien dans les sables, et que l'on réaliserait avec ces divers cépages des vins rouges valant au moins 20 francs l'hectolitre en moyenne, au lieu de 12 francs, qui est la valeur moyenne aujourd'hui.

Quoi qu'il en soit, la vigne n'occupe aujourd'hui que 16,000 hectares environ en Vendée, étendue qu'elle occupait en 1816; les huit dixièmes sont en raisins blancs et les six dixièmes au moins en folle blanche. La production moyenne, vins rouges et vins blancs compensés, d'après tous les chiffres qui m'ont été donnés en enquête publique à Sainte-Hermine, à Mareuil, aux Sables, etc. est de 35 hectolitres à l'hectare, et le prix moyen de chaque hectolitre est de 12 francs; ce qui porte à 420 francs le produit brut par hectare, pour une dépense de 120 francs tout compris; 300 francs restent donc en produit net. Le propriétaire qui fait valoir ses vignes à prix fait et à l'ancienne coutume trouve à peine ses frais; il n'en est pas de même du propriétaire planteur à nouveau et sur de nouvelles bases, ni du propriétaire vigneron, qui récoltent beaucoup plus que la moyenne indiquée; mais ce sont précisément ces différences qui font la moyenne.

Les 16,000 hectares de vigne, quarante-deuxième partie de la superficie totale du territoire, qui est de 670,350 hectares, donnent donc, en produit brut, 6,720,000 francs, lesquels fournissent le budget normal de 6,700 familles.

ou de 26,880 habitants, douzième partie de la population,
qui s'élève à 404,473 habitants.

La vigne, en Vendée, est plantée partout sur simple culture, donnée soit à la charrue, soit à la main, et le plus
souvent à la charrue, comme pour semer une céréale.

On plante généralement en lignes.parfaites, à un mètre
entre elles, les ceps à un mètre dans le rang (10,000 ceps
à l'hectare), dans les vignes à cultiver à la main, qui sont
encore les plus étendues; mais les lignes sont à 2 mètres
ou 2 mètres 1/2 dans les vignes que l'on cultive à la charrue, vignes qui tendent à se multiplier.

Le plant enraciné est préféré aujourd'hui à la bouture;
toutefois la généralité des vignes est encore, heureusement,
plantée en boutures, sans vieux bois.

La plantation se fait quelquefois à la cheville et à boutures droites, ou bien à la pioche, faisant fonction de cheville, comme l'indique la figure 268 ; mais le plus souvent
c'est à la pioche bidentée,
avec laquelle on fait un
trou de 20 à 25 centi-
mètres, trou au fond du-
quel on coude de 15 cen-
timètres le plant enraciné
ou la bouture. Dans beau-
coup de localités, l'un et

Fig. 268.

l'autre genre de bouture sont plantés également en mars
et avril; mais, dans d'autres, les boutures ne sont plantées
qu'en mai. A Sainte-Hermine, par exemple, on met en
paquets les boutures à l'époque de la taille, et on les tient
trempées le pied dans l'eau, à 30 ou 40 centimètres de
profondeur, jusqu'en mai, où la plantation a lieu : c'est la

méthode la plus générale ; quelques-uns font comme dans
la Charente : ils recouvrent d'une petite épaisseur de terre
les boutures à l'époque de la taille, et, lorsqu'elles ont
poussé quelques petites racines, en mai, ils les plantent.
A Mareuil on glisse de la cendre ou du terreau, soit au trou
de la barre, soit au trou de la pioche. Aux Sables-d'Olonne,
le franc blanc est planté en chevelées et la folle en boutures ;
à Challans, non-seulement on coude la bouture, mais on
la tord au coude pour faire sortir les racines. Généralement
on laisse deux yeux, trois au plus au-dessus de terre.

On ne taille guère la jeune vigne plantée qu'à sa deuxième
année et l'on rabat toute la tige contre le nœud le plus près
de terre ; dans tous les cas, si l'on taille la première année,
c'est toujours à un œil, même à un demi-œil, tout près de
la tige, dit-on, aux Lucs.

L'année suivante et la troisième année, on taille encore
très-court à un œil, de façon à obtenir un renflement ou
tête d'osier à 14 ou 15 centimètres de terre, après le déchaussement et le dressement des billons ; car, avant cette
opération, la tête est sur terre et souvent presque enfouie
dans la terre.

A la troisième ou quatrième année on commence à laisser.

Fig. 269.   Fig. 270.

trois petits bras avec un courson à un œil ; on ajoute ensuite
un quatrième bras (fig. 269, A et B) ; par la succession des

tailles ces souches arrivent à offrir les dispositions des souches
de la figure 270, croquis *A* et *B* : c'est là la taille des Lucs
et de Mareuil, pour la taille en gobelet du bourgogne et
surtout des bons noirs et bons blancs ou fins pineaux. On
y porte le nombre des bras à quatre et cinq avec chacun
un courson à deux yeux, mais sans gaule pour le bourgogne; pour les pineaux, les bras sont portés à cinq et à
six, avec une gaule au
plus vigoureux de ces
bras. La figure 271
donne, dans le cro-
quis *A*, la taille et la
conduite des bourgui-
gnons, et, dans le cro-
quis *B*, celles des pi-
neaux. Mais la folle blanche, qui occupe surtout les plaines,
est taillée en tête d'osier; à cinq ou six ans, on lui laisse.

Fig. 271.

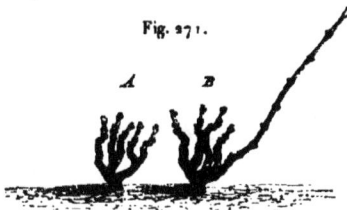

Fig. 272.

outre quatre à cinq petits coursons à un œil, une gaule de
deux à trois pieds, libre et flottante (figure 272).

Souvent la tête d'osier, avec des tailles à un œil, à deux,
trois et jusqu'à cinq yeux par courson, n'a point de gaule :
tantôt la tête d'osier est arrondie, comme à Saint-Gilles,
tantôt elle s'allonge en bras très-courts et très-bas, inégaux et bizarres. A Sainte-Hermine, M. Peltreau tient ses

tiges de vignes à 33 centimètres de hauteur, et il récolte en
moyenne 20 barriques à l'hectare : ce qui prouve au moins
qu'il n'est pas nécessaire de tenir la souche sur terre et
même en terre.

J'ai dessiné à la Ferrière une vigne plantée de trois ans,
taillée comme l'indique la figure 273; puis une autre toute

Fig. 273.   Fig. 274

différente (figure 274) : je donne, dans la figure 275, le croquis d'une vieille tête de saule, au trente-troisième, relevé
dans les vignes des sables de M. Ridier, aux Sables-d'Olonne,
au milieu de mille souches de folle analogues. Ces souches
sont d'un volume souvent considérable : elles sont toutes

Fig. 275.

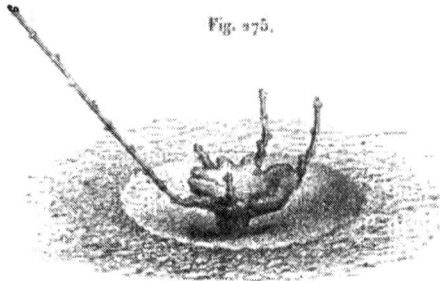

placées non-seulement au fond d'une cuvette dégagée du
sable, comme le montre la figure, mais encore elles sont
distribuées par petits carrés de 2 à 4 ares, entourés de

chaussées de sables, de 1ᵐ,5o centimètres de hauteur, destinées à les protéger contre les vents de mer. J'ai reproduit
l'aspect de ces fosses à vignes dans la figure 276.

Fig. 276.

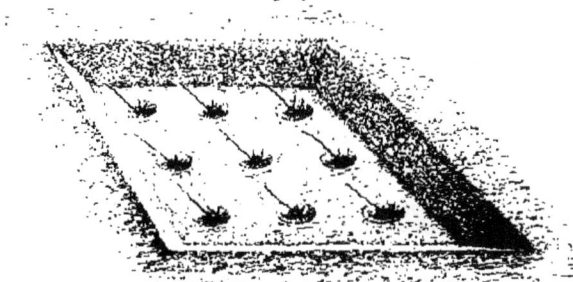

Cette nécessité de protéger les vignes, par abris rapprochés, contre les vents de mer se reproduit à peu près sur
toutes les plages à dunes sableuses où la vigne est cultivée.

Si à la figure 276 je joins les figures 277 et 278, au centième exactement, j'aurai donné une idée complète des
aspects si variés des vignes de la Vendée, après la taille. Je
dois expliquer les figures 277 et 278.

On voit dans la figure 277 deux lignes de vignes, *a a'*, *b b'*,
en tête de saule sur terre, sans bras ou membres et sans
gaule, disposition fréquente, et deux lignes avec gaules;
l'une, *c c'*, où les gaules partent de dessus la tête, et l'autre,
d d', où les gaules sont prises au-dessous.

Dans la figure 278 les souches sont à tiges et à trois
bras; les deux lignes moyennes sont sans gaule, *a a'*, *b b'*. La
ligne de gauche, *c c'*, porte une gaule sur la tête de chaque
souche, c'est-à-dire sur le sarment de l'année précédente, et
la ligne de droite, *d d'*, porte également une gaule à chaque

souche, mais sortie du pied ou du vieux bois. Cette seule différence d'aspect suffirait pour indiquer à un vigneron

Fig. 277.   Fig. 278.

du pays que les ceps de la ligne *c c'* sont des francs blancs ou des pineaux noirs, et que ceux de la ligne *d d'* sont des folles. En effet, la folle donne des fruits sur ses gourmands, c'est-à-dire sur sarments sortis de son vieux bois, et le muscadet ni le pineau n'en donneraient que sur sarments sortis sur bois de l'année précédente. Mais j'ai besoin de dire ici, de peur de confusion, que les viticulteurs de la Vendée appellent *bois nouveau* ou *jeune bois* ce qui sort du vieux bois, et *vieux bois* le sarment qui sort du bois de l'année précédente. La plupart des vignerons, même sur les coursons de la folle, s'ils en laissent quatre, auront grand soin d'en prendre deux nouveaux et deux vieux.

On laisse aussi à la folle, et parfois aux autres ceps, de longs sarments pour faire des provins ou du plant, et en même temps pour avoir du raisin; on en laisse un, deux, et parfois trois, suivant la force de la souche. On enfouit alors toute la longueur des sarments, et on ne laisse sortir que deux ou trois yeux de leur extrémité hors de terre.

Deux bonnes pratiques de la Vendée sont de tenir les vignes en lignes et de franc pied.

Dans aucun vignoble on n'a recours à l'usage des échalas: dans aucun l'ébourgeonnage, le pincement, le relevage, le liage, le rognage de juillet ni celui de septembre, non plus que l'effeuillage avant la vendange, ne sont pratiqués.

Généralement les cultures données à la terre sont au nombre de quatre quand les vignes sont bien faites : pendant les deux premières années de plantation, on donne de fréquents binages afin de favoriser la végétation; on déchausse avant la taille en janvier, février ou mars, suivant le temps. On taille et on enlève les sarments; après quoi on bêche en grandes mottes, à la pioche ou au bident : c'est-à-dire qu'on enlève la superficie de la terre et on en forme un billon très-élevé entre les souches au mois d'avril. Là deux façons différentes de former les billons sont adoptées. Dans

Fig. 279.

les terres fortes et humides, dans les argiles et les schistes on cultive en planches de trois à cinq rangs. mais plus généralement de trois, qui sont séparées par une allée de 1 mètre, *a b c d*, figure 279.

Dans cette disposition, les billons sont transversaux et vont d'une allée à l'autre, comme le montre la figure. Dans les terres plus siliceuses ou plus calcaires, où, suivant la mode du pays, les vignes sont cultivées à plein sans être séparées en planches et en ados, les billons sont longitudinaux et sans interruption, comme l'indiquent les figures 277 et 278.

A la fin de mai, on repasse en brisant les mottes et en abattant en partie les billons; puis en juin, et jusqu'à la moisson, on donne un binage général. Cette dernière culture est trop souvent omise.

Quelques-uns donnent une cinquième façon en novembre, façon qui s'applique surtout aux cultures en planches bombées : elle consiste dans le curage et le relevage des allées, dont les terres sont rejetées sur les ados.

On entretient les vignes par marcottage, par provignage et par plant enraciné rapporté dans les trous. Cette dernière méthode est la seule bonne; elle est très-pratiquée à Mareuil.

On fume rarement les vignes; quand on fume à Sainte-Hermine, on étale le fumier sur tout le sol. M. Peltreau fume en rigoles profondes entre les ceps : c'est la meilleure méthode et le meilleur emploi du fumier, qui ne sert alors qu'à la vigne et non à engendrer de mauvaises herbes; cette pratique vaut mieux aussi que la fumure au pied du cep pratiquée à Mareuil, parce que cette fumure provoque la sortie au collet d'une foule de petites racines qui sont nuisibles aux maîtresses racines.

On terre peu et rarement les vignes en Vendée; c'est pourtant le pays où le terrage serait le plus facile et le plus avantageux.

Dans les clos de la Vendée on perd ordinairement 3 mètres de largeur tout le long de deux des côtés des haies qui entourent le champ : les terres de ces allées relevées et répandues sur la vigne, par périodes régulières, vaudraient mieux que toutes les fumures.

La vendange et la vinification, en Vendée, n'offrent rien à apprendre ni à critiquer; les vins rouges et les vins blancs

s'y font exactement comme dans les deux Charentes. Ils sont
généralement d'un degré alcoolique peu élevé et ils·ne se
gardent pas longtemps; du reste, ils sont bus sur place et
sont tout à fait insuffisants pour la consommation locale.

M. Querquy, membre du conseil général, agriculteur
des plus expérimentés, en me dirigeant dans une partie de
mes explorations, m'a fait part d'observations très-intéres-
santes : il a remarqué que plus les fermes étaient petites,
plus elles rapportaient relativement; il a également remarqué et constaté que le bétail nourri avec les résidus qui
proviennent des sucreries et des distilleries de betteraves
donnait des viandes mauvaises et malsaines. L'influence de
la nourriture sur les qualités de la viande est constatée sur
tous les animaux comestibles, sur la volaille, sur les lapins,
sur les moutons, sur les porcs; il doit en être absolument
de même sur les bœufs et les vaches. Chacun sait que,
dans les campagnes, le mouton n'est bon que de septembre
en janvier. Le mouton, nourri au sec et à l'étable, n'est
plus acceptable pour qui sait ce qu'il vaut en septembre;
mais l'altération des qualités peut aller jusqu'à causer des
dérangements considérables et même des maladies. Ainsi
un lièvre de montagne ou de plaine maigre et sèche est
d'un goût excellent, d'une chair tendre et fine, il se digère
parfaitement et nourrit bien, tandis qu'un lièvre de vallées
ou de plaines humides et fertiles a un goût désagréable,
une chair longue et filamenteuse; sa digestion est souvent
impossible, il purge violemment, et, dans certains pays,
on ne peut le manger.

On a bien raison de discuter les qualités et les vertus
des vins : ne serait-il pas temps enfin d'étudier et de discuter les viandes? Les Anglais ne s'y trompent pas : ils

préfèrent de beaucoup nos viandes françaises aux leurs.
Si nous donnons la drèche et les résidus de betteraves à
nos bœufs, ils n'auront bientôt plus rien à nous envier sous
ce rapport.

M. de Puiberneau m'a conduit à son domaine de Buchi-
gnon, où j'ai vu ses plantations de vignes, essais en grand
et parfaitement dirigés. J'ai vu entre autres une jeune vigne
de malvoisie de quatre ans, dressée à branche à bois et à
branche à fruit, et qui lui avait donné déjà une fort belle
récolte en 1864. J'ai pris une des souches de cette vigne,

Fig. 280.

que je donne figure 280. J'ai
vu à Saint-Ouen, chez M. Chevallereau, membre du conseil
général, de jeunes vignes cultivées à la charrue, poussant
vigoureusement, mais taillées
si court, que plusieurs ceps
sont morts d'apoplexie. J'ai
pris deux spécimens de ces tailles, que je reproduis dans la
figure 281. On concevra, au premier coup d'œil, que ces
jeunes souches ayant des sarments de 1 centimètre et demi
à 2 centimètres de diamètre et de 4 ou 5 mètres de long,

Fig. 281.

réduites à un et à deux yeux, ne peuvent trouver un placement convenable à leur violente montée de séve. Elles
meurent positivement de trop de vigueur, rendue inutile
par une mutilation effroyable. Les vignes de M. Chevallereau,

33

de tout âge et d'une étendue de 6 hectares, étaient d'ailleurs
parfaitement conduites à la méthode du pays. M. Paren-
teau, maire de Sainte-Hermine, m'a fait visiter ses vignes
et constater leur conduite normale et anormale. Outre la culture normale que j'ai décrite, j'y ai trouvé de vieilles vignes

Fig. 282.

en muscadet, toutes à branches nombreuses, terminées
par des coursons à un et à deux yeux. Les figures 282 et

Fig. 283.

283 donnent deux souches prises au milieu de ces vignes.
La figure 282 portait un provin à son extrémité *a b c.*

DÉPARTEMENT DES DEUX-SÈVRES.

Ce département compte aujourd'hui 22,000 hectares de vignes sur une superficie totale de près de 600,000 hectares, c'est-à-dire la vingt-septième partie de son sol. Ces vignes produisent, tous rendements rouges et blancs, nord et sud compensés, 30 hectolitres à l'hectare en moyenne, au prix de 17 francs l'hectolitre, ou 510 francs bruts à l'hectare : un peu plus de 11 millions, pour les 22,000 hectares, en produit brut total.

Ces 11 millions fournissent donc le budget moyen normal de 11,000 familles moyennes de quatre individus ou de 44,000 individus, soit d'un peu plus du huitième de la population totale, qui s'élève à 333,155 habitants, sur la vingt-septième partie de son territoire.

Aux environs de Niort, à Mauzé, à Frontenay, à Beauvoir, à Melle, dominent les terrains d'oolithe moyenne et inférieure; dans le tiers sud du département et dans la moitié nord de la Charente-Inférieure, ce sont des couches de terre rouge de 15 à 40 centimètres d'épaisseur, sur les lits minces, superposés, des roches jurassiques; puis, au nord de Niort, de Parthenay et de Thouars, à l'ouest, par Bressuire et Argenton, de vastes superficies granitiques et schisteuses, propres aux prairies et à l'espèce bovine, comme dans le Limousin; tandis qu'à l'est de Parthenay, d'Air-

vault et de Thouars, se trouvent des calcaires jurassiques
inférieurs, surmontés de grandes plaques à terres meulières,
des plus propres à la vigne, comme les schistes d'Argenton-
le-Château, Bouillé-Saint-Paul, Cersay et Bouillé-Loret;
tout à fait au nord, Saint-Maixent résume autour de lui
tous les calcaires jurassiques, avec des diorites et des trapps
qui surgissent, en assez grandes étendues, au nord et au
sud-ouest.

Les parties les plus maigres du sol cultivable de ce département sont toutes excellentes pour la vigne. Les parties
les plus riches, mais les plus froides, sont propres aux prairies et au bétail; et, entre ces deux riches ressources, il
existe plus de 400,000 hectares livrés à la charrue, dont
135,000 hectares de jachères. Certes, si la population ne
se développe pas dans un pareil pays, c'est certes faute de
bons enseignements et d'encouragements bien appliqués au
développement de la population.

Le climat des Deux-Sèvres est des meilleurs pour tous
les fruits, pour tous les légumes, pour tous les produits de
la terre en un mot, mais surtout pour la vigne : elle y gèle
au printemps, elle y coule en juin, elle y brûle en août;
mais tous ces accidents, qui sont communs à nos meilleurs
pays vignobles, la Bourgogne, la Champagne, la Dordogne,
les Charentes, etc. sont diminués toujours, et prévenus souvent, par des pratiques très-simples, suivies dans d'autres
départements, et qui seront certainement en usage bientôt
dans les Deux-Sèvres comme ailleurs.

La vigne est cultivée dans les Deux-Sèvres selon deux
méthodes fort différentes, et je pourrais dire opposées.
L'une de ces méthodes est appliquée dans tout l'arrondissement de Niort et dans celui de Melle; l'autre domine abso-

lument dans l'arrondissement de Bressuire, dans les cantons de Thouars, d'Argenton-le-Château et d'Airvault.

Dans les arrondissements de Niort et de Melle on plante
la vigne à la barre, sur simple culture à la charrue, les ceps
à 1 mètre, 1 ^{m},3o, au carré; un peu moins dans l'ancienne
coutume, un peu plus dans les tendances nouvelles.

Des lignes parallèles sont tracées au cordeau, puis coupées
par d'autres lignes perpendiculaires, et les points d'intersec-
Fig. 284. tion marqués sont les lieux où la barre devra percer
le trou; la barre est une tige de fer pesant de 6 à
8 kilogrammes, ayant environ 4 centimètres de diamètre (fig. 284) sur 1 mètre de longueur, portant
en a une pointe d'acier qui termine un renflement
olivaire a b. Cet instrument est une arme spéciale
et caractéristique de la profession du vigneron niortais, comme des vignerons charentais; elle est au
vigneron comme la flèche est à l'archer, le javelot
au soldat romain. Il y a des vignerons mauvais barreurs,
bons barreurs; il y a les Jocrisses et les héros de la barre.
En effet, il faut autant de force que d'adresse et d'exercice
pour lancer la barre vigoureusement, verticalement, et
toujours dans le même trou et dans son axe; car la barre
est, en effet, lancée contre la terre et autant de fois dans le
même trou qu'il est nécessaire pour briser le rocher sous-
jacent et pénétrer jusqu'à 3o ou 4o centimètres de profondeur, à laquelle on descend la bouture à Niort, à Frontenay, à Beauvoir, à Mauzé, à Melle, en un mot, dans
tous les pays.

Barrer une vigne, c'est la planter. C'était autrefois un
acte important que de barrer une vigne, acte considéré
comme un bienfait public ou comme un événement heu-

reux de famille, dont on faisait une fête solennelle. Aujour-
d'hui cette fête, ce baptême de la vigne, en la plantant,
s'accomplit encore aux environs de Niort, surtout parmi les
vignerons.

Quand un vigneron veut barrer une vigne, il convoque
ses amis, qu'il régale d'abord dans un matinal mais bon déjeuner ; puis les fagots de boutures sont rangés symétrique-
ment sur un char autour d'une barrique de vin ; de jeunes
vignerons prennent place sur ce piédestal, tandis que les
autres vignerons se rangent militairement, la barre sur
l'épaule, et forment le cortége. Arrivés à la vigne en causant,
riant, chantant, les vignerons déchargent et défoncent le
tonneau, répartissent les plants, et en peu d'instants quarante ou cinquante paires de bras agiles et vigoureux lancent
à qui mieux mieux la terrible barre, saisissant du coin de
l'œil les mésaventures des néophytes et les traduisant en
lazzis qui volent d'un bout à l'autre de l'atelier de travail,
et distinguant les coups de maître pour les vanter et les ra-
conter plus tard. Cependant la barre perce le sol, éclate le
banc de roc et l'ébranle au loin par le mouvement de levier
disloquant que le vigneron lui imprime ; chaque trou reçoit
à mesure son sarment descendu au fond, et est rempli de
terreau rarement, mais toujours de terre fine bourrée avec
une cheville de bois. Après quelques heures d'un travail
forcené, mais joyeux et vivifiant, avec 4 litres de sueurs
répandues et remplacées par 4 litres de vin, un hectare de
vigne est planté et bien planté. Les vignerons ont fait voir
à cette terre, leur bonne mère, leur mère adorée, le produit qu'ils attendaient de sa générosité. On lui a rappelé la
gaieté, la force, le courage, la solidarité cordiale que le vin
donne à ses enfants. La terre répondra libéralement aux

bons travailleurs, aux cœurs fraternels et loyaux qui sont ses favoris.

Le plant traditionnel est la bouture, et même la bouture sans vieux bois; aujourd'hui, on tend à préférer le plant enraciné d'un ou deux ans; mais heureusement c'est encore l'exception.

Le mode de plantation adopté traditionnellement dans le Niortais comme dans les Charentes est le meilleur de tous, le plus économique et celui qui réussit le mieux, sauf de légères modifications que j'ai signalées ailleurs.

A Beauvoir, on a déjà constaté que plus la terre était pressée, mieux le succès était assuré. On a compris aussi à Frontenay, et un peu partout, qu'il y avait danger de desséchement à laisser trois et cinq yeux au-dessus de terre au sarment, et partout on n'en laisse plus que deux, rarement trois.

A Niort et à Frontenay, on plante les sarments récoltés en mars et en avril. Dans le canton de Beauvoir, on fait des paquets à la taille, on met ces paquets les pieds dans l'eau et l'on attend plus tard pour faire la plantation. A Beauvoir, on stratifie aussi les sarments sous terre, à 30 et 40 centimètres de profondeur, et on les extrait de leur fosse au moment de les planter, au mois de mai.

On ne taille la jeune vigne ni la première, ni la seconde, et souvent pas la troisième année; et, à la troisième ou quatrième année, on rase toute la tête de la vigne au-dessus du nœud le plus près de terre, sur vieux bois. C'est là une pratique ruineuse pour la vigne et pour son propriétaire.

Plusieurs vignerons, frappés des inconvénients d'une mutilation absolue, tout en demeurant de même deux et trois ans sans tailler, au lieu de faire la décapitation complète de

leur souche, choisissent une ou deux branches, les mieux
placées, qu'ils taillent à deux nœuds pour en faire deux
poussis, mouchettes ou coursons, et jettent bas tout le reste :
ceux qui agissent ainsi évitent la perte ou la mauvaise repousse des souches, et gagnent une année sur l'amputation
absolue de la tête ; mais c'est une méthode moins vicieuse.
On doit tailler dès la première année.

Sur les sarments repoussés soit au-dessous de l'amputation, soit sur les mouchettes, on choisit trois sarments les
mieux placés, en trépied, pour en faire les jarres ou bras,
et on les taille à deux yeux francs (fig. 285, croquis A et B);

Fig. 285.

l'année suivante on continue les trois jarres (croquis B,
fig. 286), et l'on en ajoute un quatrième (croquis A, même

Fig. 286.

figure); les années suivantes, principalement dans le canton
de Beauvoir, on porte les jarres ou bras à cinq, à six et
plus. J'ai compté jusqu'à huit coursons à deux et à trois
yeux sur beaucoup de souches. Malheureusement, la symétrie est loin d'être toujours observée, et les vignerons tardent
beaucoup trop à porter les bras à un nombre suffisant pour
employer toute la force de la séve ; d'où résultent les cosses

difformes, énormes et irrégulièrement montées, surtout pour le balzac, cépage très-difficile à maintenir bas et court. Les

Fig. 287.

Fig. 288.

figures 287 et 288 représentent deux jeunes souches de balzac de dix ans, et la figure 289 une souche de folle du

Fig. 289.

même âge. Le viticulteur exercé peut voir, à l'aspect de ces souches, fidèlement reproduites au trente-troisième, quelles mutilations disproportionnées on a dû faire subir à la souche pour la maintenir à une si courte végétation et pour lui imposer ces difformités.

Évidemment les plus riches tailles de Segonzac, de Cognac et de Barbezieux (cinq jarres et six ou huit coursons à trois et quatre yeux) trouveraient ici leur bonne application et produiraient facilement 60 hectolitres à l'hectare, au lieu de 30 en moyenne.

Pour compléter l'idée que l'on peut se faire exactement des tailles des arrondissements de Niort et de Melle, par les figures 285, 286, 287, 288 et 289, je donne une vue d'ensemble, au centième, des vignes de ces arrondissements, la terre étant levée en billons et les sillons raclés après la taille (fig. 290).

Les vignes, dans les Deux-Sèvres, n'ont point d'échalas.

Fig. 290.

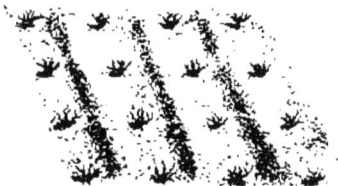

Dans la méthode niortaise, elles sont constamment maintenues en lignes parfaites et les ceps conservés de franc pied, indépendants et chacun à leur place.

Dans les premières années, on remplace les ceps manquants par boutures ou par plants enracinés; quelques viticulteurs continuent l'entretien des vignes par ce dernier mode de remplacement, qui est le seul bon, surtout si, à chaque replant, on a eu soin de rapporter de la terre neuve. Mais le plus grand nombre remplacent encore les manquants soit par un marcottage, soit en abattant une souche en fosse (provignage).

Quelques viticulteurs pratiquent l'ébourgeonnement; mais, en général, on n'ébourgeonne pas, on ne pince pas, on ne relève ni on ne lie, on ne rogne pas et l'on n'effeuille pas.

Ces opérations, qui toutes ensemble n'exigent pas vingt journées de femme, et donnent par hectare vingt-cinq rations de tête de gros bétail en fourrage vert, suffisent à assurer partout une récolte moyenne, double au moins : c'est la moitié importante de la viticulture.

On donne trois à quatre cultures aux vignes, on lève avant, pendant ou après la taille, c'est-à-dire qu'on déchausse avant la taille; on taille et on enlève les sarments: puis, à la fin d'avril et au commencement de mai, on racle le fond des sillons et l'on perfectionne le billon intermédiaire aux souches, tout en détruisant les herbes. La troisième culture, donnée à la fin de juin et au commencement de juillet, consiste à rabattre la moitié environ du billon vers la souche. Enfin quelques-uns donnent un binage général, soit à la fin de juillet, soit à la fin d'août.

Depuis dix ans on commence à fumer les vignes en sillon intermédiaire aux souches; mais c'est encore l'exception. Les vignerons disent ici, comme à Thouars, qu'on laisse aux alouettes le soin de fumer les vignes. On n'a pas non plus recours aux terrages. J'accorde qu'on ne fume pas; mais les terrages sont si peu coûteux relativement, et ils rendent la vigne si forte et si féconde, que je les recommande à tout le Niortais. Je recommande aussi avec instance de supprimer les déchaussements, les billons et toute culture profonde, et de se borner à quatre bons binages à plat; un cinquième binage en novembre est aussi d'un effet merveilleux.

Les cépages cultivés dans le Niortais et dans l'arrondissement de Melle sont naturellement les mêmes que ceux des Charentes. Ce sont, pour les blancs : la folle blanche, qu'on pourrait dire le seul plant, tant elle domine; un peu de folle jaune, un peu de colombar, un peu de gros blanc (gouais ou chasselas); en rouge, le dégoûtant domine à Frontenay, le balzac à Beauvoir, mais plus ou moins; le balzac et le dégoûtant sont les deux ceps rouges dominants; peu de maroquin, peu de chauché (pineau). Je crois que le trousseau du Jura, la mondeuse de la Savoie, le carbenet de Bourgueil, le cot rouge du Lot, le morillon blanc de Chablis, feraient merveille dans le Niortais.

Les moyennes récoltes sont beaucoup plus faibles que la vigueur de la végétation de la vigne ne le ferait supposer;

mais les mutilations de la vigne dans sa jeunesse, les gelées
du printemps, la coulure, le brûlis, la pourriture, quoiqu'il y ait très-peu d'oïdium, expliquent parfaitement cette
dépression.

La récolte médiocre est une barrique par mille ceps,
20 hectolitres à l'hectare environ. Il y a peu de vignes de
vigneron qui donnent au-dessous de deux barriques au
mille, et beaucoup qui donnent quatre et cinq barriques,
surtout en blanc; à Beauvoir, le dégoûtant donne, à l'hectare, 30 hectolitres, et le balzac le double. En fixant à
30 hectolitres la moyenne générale, je reste au-dessous
de la vérité, quoique au-dessus de toutes les déclarations
officielles.

On vendange dans des baquets rectangulaires de bois,
on vide les baquets en grands paniers portés sur la tête ou
sur les épaules ou en hottes de bois (Beauvoir) portées sur
le dos, lesquelles sont vidées sur voiture. Les uns foulent
à la vigne, les autres à la vinée; on emplit la cuve jusqu'à
30 centimètres de son bord supérieur; la grande majorité
cuve en cuve ouverte et à marc flottant, sans fouler ni rien
faire à la cuve; quelques-uns foulent tous les jours, soit
avec des bâtons fouloirs, soit aux pieds; d'autres enfoncent
le marc sous les jus par des planches superposées, chargées
de pierres; très-peu foulent le marc au pilon et rejettent
les jus par-dessus; mais tout le monde s'accorde à tirer
clair et froid, après dix, quinze et trente jours de cuvaison.
Tous les petits propriétaires s'abstiennent de presser et
font des demi-vins et des piquettes. Les grands propriétaires pressent, mais ils ne mêlent pas les vins de presse
avec les autres, ils les distillent; excepté les vins de presse,
on ne soutire pas les vins, qui sont mis tous d'ailleurs en

tonneaux vieux. Les vins sont de bonne consommation dans l'année; on les vend le plus tôt qu'il est possible, car ils ne se gardent pas. Les prix moyens des vins à boire, rouges et blancs, sont de 15 francs; ceux des vins de chaudière sont de 10 à 12 francs.

La vigne, quand elle n'est pas faite directement par le propriétaire vigneron (ce qui est de beaucoup le cas le moins fréquent; la vigne passe en totalité aux mains des vignerons), est cultivée et taillée au prix de 8 à 10 francs le mille de ceps. La vendange se paye à part 70 à 80 francs par hectare; le prix de la journée est, en moyenne, de 2 fr. 50 cent. non nourri, et de 1 fr. 50 cent. nourri; mais, même au prix de 3 francs, on ne trouve pas toujours la main-d'œuvre, qui est très-rare; tout le monde est propriétaire, et le vigneron ne cède que son temps libre. Quelques propriétaires ont des vignes à métayage et s'en trouvent fort bien.

A Bressuire même, il n'y a pas de vignes; elles sont, pour la plupart, concentrées dans les cantons de Thouars et d'Argenton-le-Château.

La plantation à Thouars, à Argenton et à Airvault, chef-lieu de canton de l'arrondissement de Parthenay, se fait sur simple culture, comme dans le Niortais; mais la barre n'est plus employée. On pratique à la pioche des rigoles de 15 à 20 centimètres de largeur et de profondeur, dans toute la longueur de la vigne à planter, ou bien des augets de même dimension en profondeur et largeur, mais de 1^m,30 à 1^m,50 de longueur, pour recevoir un cep à chacune des deux extrémités. Les plants sont des boutures ou des cheve-lées de vignes ou des visas de pépinière. Quelle que soit la nature du plant, il est coudé d'environ 15 centimètres au fond de la rigole ou de l'auget, où préalablement on a mis un peu de terreau. On le recouvre d'un peu de terre et de terreau, qu'on tasse fortement, puis on remplit en foulant avec force; on laisse deux ou trois yeux hors de terre.

Les ceps sont plantés en lignes, à 1^m,20, 1^m,30 et même 1^m,50 au carré; autrefois ils étaient à 1 mètre : la tendance est, ici aussi, à l'éloignement des ceps.

On ne taille ni la première ni la deuxième année; à la troisième, on rase la souche ou bien on choisit deux poussiers sur la tête, et l'on abat le reste, comme à Niort. J'ai dit combien ces opérations étaient funestes et combien le dressement immédiat leur était supérieur; j'en trouve ici la preuve. M. Millaud, propriétaire à Oiron, canton de Thouars, a pu récolter 28 barriques de vin blanc (plus de 64 hectolitres) dans 66 ares taillés dès la première année, à trente mois, c'est-à-dire à la troisième végétation.

Jusqu'à présent les pratiques du nord et du sud du département se ressemblent assez; mais c'est ici que la plus grande dissemblance apparaît.

Tous les ceps, dans le nord, sont dressés à un et à deux membres ou bras; deux membres sont la généralité. Sur

Fig. 291.

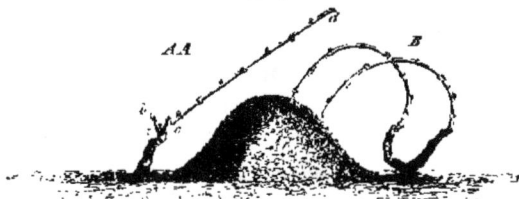

les ceps à un membre, on laisse un poussier ou branche à bois *a b* et une *vinée* ou branche à fruit *cd* (figure 291, crcquis *A A*) ; sur les ceps ayant deux membres, on laisse un poussier *a b* sur un membre et une vinée *c d* sur l'autre (figure 292, croquis *A*). L'année suivante, le poussier sera

Fig. 291.

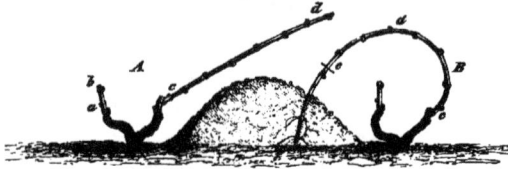

pris sur *c d* et la vinée sur *a b*. La vinée est quelquefois seule sur les ceps à un membre, mais l'oubli du poussier est très-rare. Parfois on laisse deux queues sur chaque membre (figure 291, croquis *B*), mais ce n'est que quand les vignes sont trop vigoureuses.

Après la taille, on laisse flotter librement les branches à fruit *c d*, *c d* (figures 291 et 292, croquis *A*) ; mais, dès que le vigneron ne craint plus les gelées de printemps, il les courbe et en pique l'extrémité dans la taupine ou dans le billon voisin (mêmes figures, croquis *B*).

Tant que la hauteur de la souche permet de piquer en terre l'extrémité renversée de la vinée, le vigneron pratique cette opération, qu'il préfère de beaucoup à l'attache de la vinée recourbée au cep lui-même, parce que l'évaporation par l'extrémité libre du sarment est une perte réelle. La figure 293 représente une souche élevée, avec sa vinée encore piquée dans le billon ; mais les souches atteignent une telle hauteur, que le piquage devient impossible : alors on lie la vinée au cep, comme l'indique la figure 294. Les raisins et les bois venus sur *c d e f* de la figure 293 sont bien plus beaux que ceux venus sur *c d e f* de la figure 294

Mais la différence est encore bien plus grande lorsque l'extrémité de la vinée fichée en terre prend racine, comme

Fig. 293.   Fig. 294.

l'indiquent les figures 292 et 293 ; les bois et les raisins prennent alors un volume presque double des bois et des raisins venus sans que les vinées aient été fichées en terre ou lorsqu'elles n'y ont pas pris racine. Ces sarments enracinés de la tête en bas (ou *versadis*), taillés en *e* (figures 292 croquis *B*, et 293), donnent les replants les plus beaux et les plus fertiles. Il est fâcheux que les vignerons ne prennent pas du tout les précautions nécessaires pour faire prendre racine aux vinées; mais ici la reprise est due au hasard et sans nulle intention du vigneron, quoiqu'il déclare que *cela nourrit le raisin et le cep.*

Les contrastes de la taille et du dressage de la vigne du Niortais et de Thouars tiennent à ce que les circonscriptions départementales ont été tranchées sans égard aux traditions agricoles établies par affinité de voisinage, et surtout sans égard aux limites des anciennes provinces. La taille de Thouars et d'Argenton est évidemment empruntée à Maine-et-Loire, et celle de Melle et de Niort appartient incontestablement aux deux Charentes.

Il en est de même des cépages. Les cépages rouges de Thouars sont, de temps immémorial, le breton petit et gros, le petit surtout, qui fait d'excellents vins à Thouars et à Argenton et dans les communes de ces cantons ; le plant d'abondance, qui est le liverdun ou le gros gamay, est aussi emprunté au nord. Les cépages blancs sont le comfort, plant de Brézé, pineau blanc de la Loire ou gros pineau blanc, spécial aux bons vins blancs de Saumur. C'est depuis très-peu de temps que la folle vient, aux environs de Thouars, remplacer les vieux et excellents cépages. Dans l'arrondissement de Niort, la folle, le colombar, le balzac, le dégoûtant, sont les cépages des Charentes.

A Thouars et à Argenton on échassine et l'on ébourgeonne avec soin, mais on ne fait aucune autre opération sur les bourgeons verts. On n'échalasse ni on ne relève, et on ne lie pas non plus.

On entretient par le provignage ; mais, avant de provigner, on couche les souches et on les marcotte, en recouvrant le centre d'une taupine de terre à Thouars, comme à Loudun et à Saumur. On attend ainsi un an, parfois deux ans, que les bois aient grandi, pour procéder au provignage : c'est l'*enfolie*, que je décrirai plus loin. On provigne aussi par simple marcotte. On provigne beaucoup et beaucoup trop ; on amène ainsi les vignes hors de ligne et en foule, comme à Loudun. A Airvault, que je n'ai pas vu, mais qui a plus les cépages et les coutumes du midi que ceux du nord, le véron, le balzac, le comfort et la folle (pas de breton), on garde les vignes en lignes et de franc pied, et l'on remplace par plant enraciné.

La gelée sévit souvent ici, mais les longs bois en conjurent en partie les effets; la coulure tombe surtout sur les vignes rouges, qui n'ont point une assez grande allure et dont les longues tailles ne sont pas pincées. Le brûlis est peu redoutable. On ne fume pas, on terre très-peu.

Les cultures consistent dans un déchaussement et dans une mise en taupine ou en billon, dans un rabattage en mai et dans un binage en juin ou juillet.

Les moyennes récoltes sont de 40 hectolitres à l'hectare en blanc et de 20 hectolitres en rouge ; la première récolte, payant les frais, n'a lieu qu'à cinq ans pour les raisins blancs et à sept pour le rouge. Le prix moyen est de 30 francs l'hectolitre pour le rouge et de 20 francs pour le blanc. On récolte plus de vin blanc que de rouge.

La vendange se fait dans des seaux de bois ou de fer-blanc, vidés en hotte de bois sur le dos, versés sur un égrappoir disposé sur des barriques ouvertes. On égrappe à la vigne, mais les gros propriétaires égrappent à la vinée. On emplit la cuve en laissant 30 centimètres de vide. La plupart cuvent à marc flottant, mais parmi les gros propriétaires on cuve à marc immergé ; tout le monde cuve pendant deux, trois et quatre semaines. On tire le vin clair et froid en vaisseaux vieux. On pressure et on mêle les vins de presse avec les vins de goutte. Les vins rouges se gardent très-bien et sont vraiment très-bons, particulièrement les vins dont le petit breton fait la base.

Les vins blancs, au contraire, se gardent peu et tournent facilement, non pas à la graisse, mais à une sorte de décomposition ; toutefois les vins blancs de brézé pur (pineau de la Loire) sont bons et se gardent bien.

Toutes les vignes autres que celles des vignerons propriétaires, et ces dernières sont les plus nombreuses, sont faites à la tâche, au prix de 100 à 125 francs l'hectare. La journée d'été est de 2 fr. 50 cent. et deux bouteilles de vin ; celle d'hiver est de 1 fr. 75 cent. à 2 francs. Mais les propriétaires bourgeois trouvent très-difficilement des ouvriers et même des tâcherons ; ils récoltent très-peu et parlent de vendre leurs vignes.

Entre le département de la Haute-Vienne et celui des Deux-Sèvres il existe un contraste frappant, comme on le verra. Dans la Haute-Vienne, la vigne est généralement exploitée à moitié fruits, entre le métayer, qui en fournit toute la main-d'œuvre, et le propriétaire, qui en fournit tout le capital ; dans les Deux-Sèvres, la vigne est cultivée au prix fait moyen d'un franc l'are. Or, dans la Haute-Vienne, sous le régime du métayage, la vigne donne un bon revenu, sans frais, au propriétaire ; et dans les Deux-Sèvres, sous le régime du prix fait, sans participation de l'ouvrier aux fruits, la vigne ne rapporte rien ou presque rien à celui qui ne s'en occupe pas. Le propriétaire bourgeois parle partout, à Beauvoir comme à Thouars, à Frontenay comme à Argenton, de vendre ou d'arracher ses vignes, à cause de la main-d'œuvre, moins par son prix, qui, selon moi, est très-modéré ici, que par son absence ou son peu de bon vouloir. Ces deux derniers motifs existent, en effet, dans toute leur fatalité.

Le métayage est pourtant considéré et reconnu par beaucoup de propriétaires, dans les Deux-Sèvres, comme plus avantageux au propriétaire et au métayer que le fermage à prix d'argent. M. Loury, riche propriétaire, maire de Thouars, me disait : « Nos fermiers font souvent d'assez « mauvaises affaires : dans ce cas, nous les mettons à moitié

« fruits pendant trois ou six ans ; pendant ce temps ils se
« remettent en équilibre, et ensuite nous les replaçons
« comme fermiers à prix fixe. Dans cette période de répa-
« ration, nous recevons plus de valeurs ; mais ces détails
« de partage nous fatiguent et nous ennuient, et dès que
« nous pouvons nous débarrasser de cet ennui, nous le
« faisons : nous préférons réaliser moins et être plus tran-
« quilles. »

Ce même abandon, cet amour de repos du propriétaire,
qui motive seul le fermage, c'est-à-dire le transport de la
propriété à un entrepreneur, se comprend parfaitement de
la part de ceux qui ne veulent pas faire de l'agriculture ou
qui, par d'autres occupations ou préoccupations, ne peuvent
pas en faire ; mais de la part des propriétaires qui se font
eux-mêmes leurs fermiers, qui s'astreignent à soigner et à
vendre leurs bœufs et leurs vaches, à soigner et à vendre
leurs cochons, à faire labourer, semer, faucher, rentrer,
éplucher et vendre leurs produits, cela ne se conçoit plus,
puisqu'ils se font fermiers, alors que le métayage rapporte
plus que la ferme, et que, tout en offrant moins de détails,
ceux de partager et de vendre seulement, le métayage laisse
une noble et grande tâche, celle de diriger, d'éclairer et de
soigner des hommes, des familles, au lieu des espèces ovine,
porcine, bovine, etc. Il y a là une aberration incroyable.
Cette voie mène à la perte de notre agriculture patriarcale
et nationale ; elle nous reporte au temps des catastrophes
de l'agriculture romaine et de l'empire romain, je devrais
dire au temps des Pharaons ! C'est l'économie du paga-
nisme renversant l'économie du christianisme ; et bientôt
nous aurons notre bœuf Apis et nos animaux sacrés ! Que
dis-je, ne les avons-nous point ? N'est-ce pas l'Angleterre

qui nous les fabrique ? N'a-t-elle pas transformé le bœuf en mètre cube, le dos du mouton en table et le porc en boule de graisse ? Qui ne s'incline et qui oserait ne pas s'incliner devant le Durham et devant ces idoles sans pattes, sans tête, sans os, que les grands prêtres nous affirment être la perfection physiologique, alimentaire et surtout commerciale ? Ces animaux ne sont-ils pas les dieux, les demi-dieux, les héros de nos fêtes agricoles ? A-t-on assez d'or et d'argent pour les couvrir ? Le bronze suffit-il à représenter leurs mérites ? Les peintres ont-ils assez de crayons et de couleurs, les écrivains assez d'encre pour les illustrer ? Et pourtant ces monstres, les émules de la statuaire et de la civilisation égyptiennes, ne sont que des outres remplies d'eau graisseuse en trois mois. Qu'importe ! le kilogramme d'eau se vend avec le kilogramme de viande. *O mercatores !*

Dans les Deux-Sèvres, comme dans toute la France, chacun espère sauver la vigne bourgeoise par l'emploi de la charrue ; dans l'Indre, beaucoup de vignes cultivées à la charrue sont déjà installées.

L'emploi de la charrue est une amélioration considérable, et que j'approuve entièrement dans son application possible à la viticulture ; mais les charrues ne sauveront pas plus les vignes que les batteuses et les moissonneuses n'ont sauvé et ne sauveront les blés.

C'est à M. Giraud, président du tribunal civil de Niort et de la Société d'agriculture des Deux-Sèvres, et à M. Leserph, membre du conseil général, secrétaire de la Société, que je dois ma direction et mes études dans l'arrondissement de Niort.

Dans l'excursion aux vignes, presque toutes taillées, nous

avons rencontré une vigne non taillée et bizarrement conduite, relativement au pays; sa taille était généreuse.
M. Bureau, son propriétaire, vigneron *de manu*, nous dit
qu'il taillait ainsi sa vigne depuis deux ans, et que chaque
année il y a récolté cinq barriques au mille et des sarments
de plus en plus forts, comme nous pouvions le constater
nous-même. En effet, cette vigne offrait une végétation
extraordinaire.

C'est à MM. Loury, maire de Thouars, et Courtelle, con-
trôleur des contributions directes, qu'ont été dues nos
réunions d'enquêtes de l'arrondissement de Bressuire.

Parmi mes assistants à Thouars, un des plus capables,
des plus alertes et des plus ardents était M. Audebert, adjoint à la mairie, président du conseil d'arrondissement,
décoré de la Légion d'honneur depuis quelques semaines
seulement, et âgé de quatre-vingt-six ans et sept mois.
M. Audebert, riche propriétaire de vignes et de terres, est
un prodige de santé, d'activité de corps et d'esprit. Je n'ai
pas manqué de lui demander quelle était son hygiène : il
a bien voulu me dire qu'il vivait bien, très-simplement,
comme les personnes aisées et régulières dans leurs habitudes, mais que, depuis vingt ans, il n'avait jamais manqué
de boire une demi-bouteille de son vin blanc le matin, à
son déjeuner, et le soir, à son dîner, une demi-bouteille de
son vin rouge, tous deux n'ayant jamais plus de deux ans.
Il serait mort depuis quinze ans s'il avait bu des vins à
alcools de grains ou de betteraves.

M. Courtelle cultive 2 hectares par domestiques et récolte
en moyenne 20 hectolitres en vins rouges : c'est à peu près
la moyenne de tout le monde. On fait plus de vin blanc
que de vin rouge; les vignes blanches donnent le double.

C'est à Sainte-Verge et aux Hameaux qu'on fait surtout les vins rouges. M. Loury obtient 3o hectolitres en rouge par hectare et 4o hectolitres en blanc; il a vendu 3o francs le vin blanc et 4o francs le rouge.

Les habitants de Pompois récoltent, en gros et en petit breton, jusqu'à une barrique et demie par journal, 75 hectolitres à l'hectare. M. Texier, propriétaire, dit, au contraire, que ses vignes ne lui rapportent rien et qu'il va les vendre. Le plant d'abondance remplace le breton, et la folle remplace le brézé.

DÉPARTEMENT DE LA VIENNE.

Le département de la Vienne est un des plus intéressants que j'aie visités, sous le rapport économique et sous le rapport viticole.

Sur une superficie totale de 697,000 hectares, d'un sol des mieux disposés pour toutes sortes de cultures, n'offrant ni montagnes élevées ni marais étendus, mais des collines et des plateaux d'une salubrité parfaite ou très-facile à parfaire, on trouve encore 87,000 hectares de landes, bruyères et pâtis et 126,000 hectares de jachères mortes, pour 229,000 hectares de céréales, 24,000 hectares de tubercules, racines, légumes, plantes textiles ou oléagineuses, arbres fruitiers et jardins, 52,000 hectares de prairies artificielles, 46,000 hectares de prairies naturelles, 87,000 hectares de bois et 33,560 hectares de vignes : vingt et unième partie du sol.

Mais les surfaces cultivées elles-mêmes produisent relativement bien peu. Le froment, le méteil, l'orge, donnent, en moyenne, de 10 à 12 hectolitres à l'hectare; le seigle, l'avoine, le maïs, le sarrasin, de 14 à 15 hectolitres; la pomme de terre, de 50 à 60 hectolitres; la betterave, de 18 à 20,000 kilogrammes; les prairies, de 20 à 30 quintaux métriques; enfin la vigne, de 20 à 30 hectolitres.

Pour ce dernier produit, les statistiques disent de 15 à

16 hectolitres et indiquent le prix moyen de l'hectolitre, en
vin rouge et en vin blanc compensé, au-dessous de 10 francs
l'hectolitre; ce qui porterait à 150 ou à 160 francs au plus
le revenu brut d'un hectare de vignes. Or, la seule main-
d'œuvre d'un hectare, pour la taille et deux ou trois cultures de la terre, coûte, dans le département, de 90 à
105 francs; les frais de vendange, de pressurage, de mise
en tonneaux, reviennent au moins à 4 francs l'hectolitre;
un dixième des vignes a des échalas; l'entretien d'hiver des
vignes est payé à part, et l'on ne peut pas estimer à moins de
30 francs par an la dépense du fumier; en outre, le taux
moyen du fermage d'un hectare de vigne est de 62 francs,
en sorte que la dépense annuelle dépassant 200 francs par
hectare, si la statistique disait vrai à l'égard des vignes, il
y a longtemps que la Vienne n'aurait plus de vignes. Heureusement ces données sont erronées, et je puis les rectifier
avec certitude.

Châtellerault accuse un produit moyen, en vin rouge, de
12 hectolitres dans ses vignes fines et de 25 dans ses bonnes
vignes; en vin blanc, la moyenne est de 40 hectolitres; les
vignes rouges et les vignes blanches sont à peu près égales
en quantité: d'où ressort la moyenne production de Châtellerault à 26 hectolitres.

Loudun accuse 19 hectolitres en vin rouge et 38 en vin
blanc, d'où la moyenne de 28 hectolitres.

Enfin Poitiers compte 12 hectolitres en vin blanc et 24
en vin rouge à Saint-Julien, 25 en rouge et 40 en blanc à
Saint-Georges, 25 en rouge et 50 en blanc à Neuville:
d'où la moyenne de 29 hectolitres pour Poitiers. Ces trois
moyennes réunies donnent la moyenne générale de 27 hectolitres 66 centilitres par hectare.

Je suis bien certain d'être, par ce chiffre, au-dessous de la vérité : car la plupart des propriétaires vignerons, cultivant par eux-mêmes, produisent de 50 à 100 hectolitres en blanc et de 30 à 40 en rouge; et ces propriétaires sont les plus nombreux. Les vignes à *Monsieur* produisent à peine la moitié, cela est vrai; mais c'est la moindre part.

Toutefois, pour satisfaire aux scrupules des plus timorés, je fixe à 25 hectolitres à l'hectare la production moyenne des vignes de la Vienne.

Quant au prix de l'hectolitre, il m'a été donné, pour le vin rouge, de 18 francs à Saint-Julien, de 17 francs à Neuville et de 25 francs à Saint-Georges; de 20 francs à Loudun et de 22 francs à Châtellerault : le prix moyen du vin rouge serait donc de 20 francs. Pour le vin blanc, le prix est de 13 francs à Loudun, de 10 francs à Saint-Georges et de 14 francs à Châtellerault : la moyenne serait de 12 francs. La moyenne générale serait ainsi de 16 francs l'hectolitre de tout vin.

Pour être plus que vrai, j'ai donc abaissé cette moyenne à 15 francs, et je crois pouvoir affirmer que le rendement moyen de l'hectare de vigne dans la Vienne est au moins de $25 \times 15 = 375$ francs.

Le sol de la Vienne est essentiellement propre à la vigne : les oolithes inférieure et moyenne constituent presque la moitié du département, à Poitiers, à Civray et à Montmorillon, tandis qu'à Châtellerault et à Loudun l'autre moitié est constituée par les terrains crétacés inférieurs; ces deux grandes formations comprendraient tous les sols de la Vienne, si de vastes plaques à terres de meulière ne s'étalaient par places, principalement sur les roches oolithiques. A peine remarque-t-on une grande bande granitique qui aboutit

à Montmorillon et des alluvions tourbeuses au nord de
Loudun. J'ai vu auprès de Lavoux d'immenses surfaces entièrement composées de pierres fragmentaires et lamellaires,
valant 30 francs l'hectare, dont plusieurs hectares avaient
été plantés en vignes il y a douze ans; les vignes étaient
magnifiques, très-fertiles et valant 3,000 francs, quoique
n'ayant coûté que 500 francs d'établissement par hectare.
J'ai traversé des landes à bruyères et à fougères où la vigne
donnerait ses plus riches produits.

« Les terrains cultivables ne sont pas entièrement défri-
« chés dans le département de la Vienne, » dit M. Alfred
Barbiat, chef de division à la préfecture de la Vienne, dans
son excellente statistique du département; « il existe encore
« dans plusieurs de ses arrondissements de vastes plaines
« couvertes de brandes, de fougères, de genêts ou d'ajoncs
« (87,000 hectares). »

Le climat de la Vienne est très-bon pour la vigne, un
peu froid et un peu humide au printemps, un peu brûlant
en été, très-sujet aux gelées tardives, mais pouvant donner
par cela même au vin certaines qualités qu'il n'aurait pas
ailleurs. Les climats frais donnent au raisin et à tous les
autres fruits une finesse qu'ils n'ont point où la chaleur
est l'élément permanent et dominant de la végétation; et le
froid des nuits diminue l'intensité de l'oïdium et l'anéantit
le plus souvent.

Dans de telles conditions, pourquoi la Vienne ne tire-t-elle
pas un plus grand parti de ses 33,000 hectares de vignes,
qui donneraient au moins 33 millions dans la Lorraine,
autant dans la Bourgogne, 20 millions dans la Charente,
au lieu de 12 dans ce département? C'est absolument faute
d'étude, faute d'enseignement, faute de direction agricole.

Une seconde question, qui se lie à la première, doit être posée encore ici :

Pourquoi les vignes, si faciles à planter, si promptes à rémunérer, si larges dans leur rémunération, ne sont-elles pas installées à la place des pierrailles, des brandes et des bruyères, des jachères et des misérables céréales qui désolent des superficies de plus de 100,000 hectares? Faute d'étude, faute d'enseignement, et surtout faute de population.

On enseigne qu'il faut défricher, c'est inutile ; on enseigne qu'il faut drainer, engraisser, semer, planter, soigner, récolter, mettre des capitaux, c'est inutile : *Sunt verba et voces*, qui engendrent la ruine et le désert, alimentant quelques usuriers, quelques faiseurs de sociétés illusoires, ruinant quelques aventuriers, et tout rentre dans le néant. Sans population à quoi sert la terre, à quoi servent ses produits?

C'est la population qui manque à la Vienne : il n'y a pas, dans toutes ses terres incultes, 6 à 8 hectares qui ne puissent porter une famille agricole, la nourrir, l'entretenir et lui faire produire la nourriture et l'entretien d'une autre famille, c'est-à-dire donner en tribut la moitié de ses produits.

Marier des familles au sol et leur faire faire bon ménage, telle est la science agricole de l'État; du grand propriétaire, qui est un moindre État, et du moyen propriétaire, qui est un petit État : tel est, tel devrait être le principal objet de l'enseignement agricole.

Restreindre sa propre culture à ses ressources et à ses forces, et donner, à moitié, le surplus de sa propriété à d'autres familles, en fractions également restreintes aux forces et aux ressources de chaque famille : telle est la fortune, tel est le salut de la grande propriété.

Quoi qu'il en soit, la vigne n'occupe, dans la Vienne, que 33,000 hectares environ, sur 697,000 hectares qui constituent sa superficie totale ; c'est-à-dire que la vigne y occupe la vingt et unième partie du sol. Elle n'y produit que 375 francs bruts par hectare, par conséquent 12 millions, formant le cinquième du revenu total agricole et le budget normal de 12,000 familles ou de 48,000 habitants, près du sixième de la population du département, qui s'élève à 380,000 âmes.

Dans les trois seuls arrondissements de la Vienne que j'aie visités, celui de Poitiers, celui de Châtellerault et celui de Loudun, le temps me faisant défaut pour aller étudier les intéressants vignobles de Civray et ceux moins importants de Montmorillon, la vigne est plantée sans défoncement et sur simple culture préalable.

La plantation se fait de deux façons, soit en fossettes, soit en fossés, à un ou deux rangs de plants.

On préfère aujourd'hui planter en plant enraciné d'un ou de deux ans ; mais la plupart se tiennent encore à la crossette ou sarment à vieux bois, souvent très-gros et portant des crochets (fig. 295).

Fig. 295.

Toute la partie de vieux bois *a b* est mise en terre, à 30 ou 40 centimètres, avec les crochets *c, c*, et avec un coude horizontal, de *d* en *e*, au fond de la fossette ou du fossé ; la partie *e f* du sarment *d e f* est relevée verticalement et rognée à deux yeux hors de terre. Cette bizarre bouture, qu'on abandonne avec raison, est bien moins bonne que le simple sarment sans vieux bois.

Les plants enracinés sont également coudés et couchés au fond du trou ou du fossé, généralement sur un lit préalable de terreau, de compost ou au moins de terre fine : les uns remplissent les fossettes la première année; d'autres ne les comblent que la seconde année.

Généralement les plants sont plantés et conservés en lignes, dont la distance varie de 1 mètre à 1^m,30 entre elles; mais, dans la ligne, les ceps sont à 2 mètres ou 2^m,30 en quinconce.

Dans les trois arrondissements, la coutume est de ne faire aucune taille à la deuxième et souvent à la troisième année; on laisse pousser la vigne à tous crins et en petit buisson (fig. 296). Les uns, dans les terrains secs, à la troisième ou à la quatrième année, déchaussent la souche et la coupent entièrement en *a b*; d'autres descendent jusque sous le premier collier de racines et coupent la souche en *e f*; enfin, à Neuville, on décapite la vigne en *c d*, à 10 centimètres de terre. Ces mutilations sont déplorables; mais beaucoup de propriétaires à Loudun et à Châtellerault, tous les cultivateurs à Marigny-Brizay, font tailler ou taillent dès la première année sur deux yeux. C'est au moment et à la façon de dresser la souche à sa conduite définitive qu'une profonde différence existe entre les vignes des environs de Poitiers et celles de Loudun et de Châtellerault.

Fig. 296.

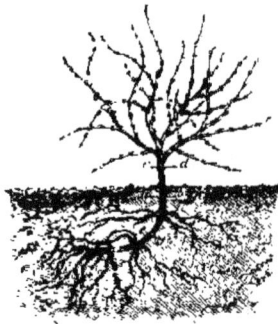

Dans l'arrondissement de Poitiers, à la fin de l'année qui suit la transplantation, si trois ou quatre sarments convenables ont repoussé, on les met tous trois ou tous quatre en *piques* ou verges pliées en terre, à trois ou quatre yeux chacune à Neuville, à sept ou huit yeux à Saint-Georges, les yeux excédants étant coupés ou borgnes, rez du prolonge-

Fig. 297.

ment du sarment qui doit servir à les fixer en terre, après qu'ils auront été recourbés en arc (fig. 297. *A*).

L'année suivante, chacune des quatre verges *a*, *b*, *c*, *d*, aura végété et poussé quatre à cinq sarments comme *a e f*, que je reproduis seule en *B. a' e' f*, pour éviter la confusion : le vigneron jettera bas, rez le bras, les deux sarments les plus bas; il gardera le troisième *a b c d*, pour en faire sa flèche, et coupera la flèche de l'année précédente immédiatement au-dessus. Cette taille, appliquée de même à chacune des flèches *b*, *c* et *d* de *A*, engendrera la taille et la disposition de la figure 298, taille normale et la plus générale dans l'arrondissement de Poitiers. Les vignerons habiles maintiennent assez bien cette disposition régulière à chaque

souche, mais ils laissent allonger les bras *a*, *d*, *c*, *b*, avec
une rapidité et une irrégularité déplorables : aussi sont-ils
obligés de les couper très-souvent et de les remplacer, tant

Fig. 298.

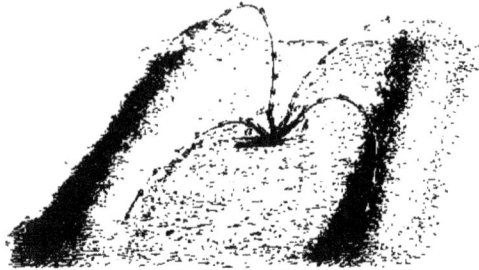

bien que mal, par les gourmands qui sortent en abondance
du pied de la souche et qui ne sont pas ébourgeonnés, ou
bien par un tiret ou courson de retour à deux yeux, qu'ils
laissent sur chaque bras ou membre, en prévision d'un rabattage prochain.

Quelle que soit, d'ailleurs, l'irrégularité de la conduite,
il n'en reste pas moins ce fait capital que, dans le Poitou, il
y a une culture spéciale, établie depuis des siècles sur le
principe de trois à quatre verges à la souche, *vineuses* (nom
du pays) à huit yeux, renouvelées tous les ans, et qu'à
mes yeux c'est une taille très-riche et qui devrait être
très-fertile. Pourquoi l'est-elle d'abord beaucoup? Pourquoi
cette fertilité disparaît-elle à 20 ou 30 ans?

Quand on a vu les souches chargées de leurs sarments,
rien n'est plus facile à comprendre que leur stérilisation et
leur dépérissement.

Lorsque les flèches ont leurs huit yeux, voici (fig. 299)
35.

comment se distribue leur végétation, dans la grande majorité des cas : les plus beaux sarments seront *d, e, f, g,*

Fig. 299.

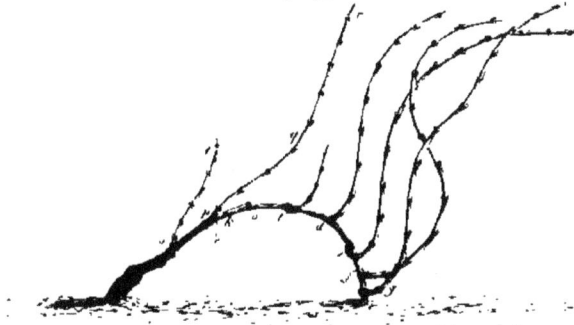

poussés à l'extrémité de la flèche : *l* et *s t* seront deux avortons, *o* n'aura pas poussé, *p q r* sera d'une moyenne force, et le vigneron le choisira pour faire sa flèche de remplacement; il dérasera *s t* en *s* et coupera l'ancienne vineuse en *c :* on comprend de suite quelle perte il impose à la végétation en retranchant les sarments *g, f, e, d,* qui constituent les sept huitièmes de la force du bras : que de séve mal employée, que de racines anéanties! Mais ce n'est pas seulement un bras qui est ainsi traité, ce sont les trois ou quatre bras du cep : chacun de ces bras, si on le continuait en cordon, formerait une treille tout entière, et l'on en supprime quatre pareils à la fois! Quelle terre pourrait réparer longtemps de pareilles pertes? et quelle pauvre et maigre constitution doit avoir le sarment *p q r,* puisqu'il n'est qu'une faible part de la séve portée dans *d, e, f, g* ? On peut juger de sa faiblesse relative par *s t* qui le précède, *l* qui le suit et *o* qui n'a pu pousser.

Si, avant le 15 mai, les bourgeons qui ont engendré les
sarments *g*, *f*, *e*, *d* avaient été pincés, *o* aurait poussé, *p q r*
serait deux fois plus vigoureux et *s t* aurait pris un développement pareil à celui de *p q r :* par contre *g*, *f*, *e*, *d* seraient restés aussi courts que *s t;* en sorte qu'en opérant la

Fig. 3oo.

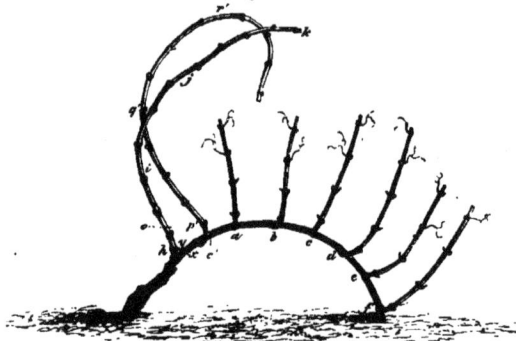

taille en *c* on aurait conservé la végétation la plus forte et
jeté bas la plus faible (fig. 3oo).

La même figure 3oo fera voir que, si l'on reprend le sarment *p q r* pour remplacer la flèche ancienne *a b c d e f*,
et que l'on coupe le sarment *h i j k* en *o*, pour en faire un
courson de retour, on aura conservé presque tous les grands
canaux séveux qui correspondent des racines à la tige, et
qu'ainsi la suppression de *a*, *b*, *c*, *d*, *e*, *f*, en *c′* n'apportera
aucun trouble grave dans leurs principaux rapports.

Ce n'est pas tout. Dans cette nouvelle conduite des bras,
si tous les bourgeons de la flèche nouvelle *p q r* étaient
pincés aussitôt qu'on aperçoit quatre petites feuilles au-
dessus de la deuxième grappe, comme cela a été fait pour

l'ancienne vineuse *a b c d e f*, et que les deux bourgeons du courson ou poussier *h* et *y* ne fussent pas pincés, toute la séve à bois se porterait sur les deux bourgeons et engendrerait deux vigoureux sarments, dont *h*, le plus bas, serait taillé à deux yeux pour faire le courson de retour et dont *y* ferait la flèche chaque année : ainsi le bras ne grandirait plus, ainsi la souche serait toujours régulière, et les deux sarments *h* et *y*, abondamment nourris, seraient toujours fertiles, tandis que *p q r* (fig. 299) est maigre et épuisé.

On peut, avec un grand avantage, appliquer l'incision annulaire, au moment de la fleur, en *y x* (fig. 300) et en *k* (fig. 299). On peut aussi planter *f g* en versadi.

Je donne, dans la figure 301, la taille telle que je la

Fig. 301.

conseille pour chaque bras : l'année suivante, on coupera en *c*.

Le dressement et la taille des arrondissements de Châtellerault et de Loudun, tout différents de ceux de Poitiers, se ressemblent beaucoup entre eux.

La plupart des souches sont dressées, à une hauteur variable qui s'augmente avec l'âge, sur deux bras : l'un qui porte un poussier ou courson à deux yeux, l'autre portant une verge de six à huit yeux et qui sera portée sur l'autre bras l'année suivante, tandis que le bras à verge deviendra un bras à courson. Souvent il ne reste plus qu'un bras, et les vignerons lui font porter le courson et la verge; parfois le bras unique ne porte qu'une verge à six yeux; mais le principe de dressement de Loudun et de Châtellerault est toujours à deux bras, l'un à poussier et l'autre à verge, plus un tiret de rabattage quand le cep monte trop. A Châtellerault, les ceps sont à 1^m,5o au carré; à Loudun, ils sont à 1 mètre au carré ou à 1^m,3o entre les lignes et à 1 mètre dans le rang.

A Châtellerault, la vigne est conservée de franc pied; mais à Loudun, par exception à tout le département, on l'entretient par un provignage excessif: trois cents provins à trois pointes par an et par hectare, telle est la règle.

Le provignage, à Loudun, se pratique souvent en deux années : la première, on étale la souche à provigner et on recouvre tous ses sarments de terre en monticule central : c'est un marcottage circulaire; l'année suivante, on provigne la souche, dont on relève le plus souvent trois brins, on fume énergiquement au provin et l'on remplit de terre. Le provin se fait souvent directement quand la souche à provigner est bien disposée. Quoi qu'il en soit, le provignage est ici, comme partout, une source d'abus et une détestable pratique : aussi M. de Messemé et M. Joly préfèrent-ils ici le maintien des francs pieds.

Voici, d'ailleurs, quelques croquis de souches relevés par moi dans l'arrondissement de Châtellerault et dans celui de Loudun; ils suffiront pour donner une idée de la conduite des vignes, de leurs analogies et de leurs différences.

Les vignes blanches, à Châtellerault, occupent une surface au moins égale à celles des vignes rouges, elles n'ont point d'échalas et sont traitées à cot et à verge, quelquefois à deux cots et à deux verges.

La figure 3o2 représente un type des souches blanches
de huit à dix ans, et la figure 3o3 une autre souche blanche

Fig. 3o2.

de quarante à cinquante ans : les verges sont laissées libres
et flottantes jusqu'après l'époque des gelées tardives. C'est
ce qu'on voit dans la figure 3o3, ainsi que dans la suivante

Fig. 3o3.   Fig. 3o4.

(fig. 3o4), qui représente un cep normal, à cot de retour et
à tiret de rabattage, en espèce rouge, par conséquent ayant
l'échalas auquel la flèche, courbée en raquette, sera attachée plus tard.

On voit à Châtellerault, ou plutôt dans l'arrondissement,
plusieurs vignes en palissades, à lisses doubles (fig. 3o5, au
centième). Les vignerons disent qu'on a recours à ce moyen

de conduite quand les vignes sont fortes; et moi je dis:
Mettez vos vignes en palissades, elles seront toujours fortes.

Fig. 3o5.

En jetant les yeux sur les figures 3o6, 3o7 et 3o8, types
du dressement de la taille des vignes du Loudunais, l'on
reconnaît une grande analogie, pour ne pas dire l'identité,
entre eux et ceux de Châtellerault. La taille *A* (fig. 3o6),
à deux coursons, à deux yeux sans verge, est souvent exclusivement appliquée, même aux cépages rouges; souvent
aussi la verge ou vinée alterne avec le poussier, croquis *B*;

Fig. 3o6.   Fig. 3o7.

enfin on voit fréquemment des ceps à une seule verge sur
une seule souche et sans courson (fig. 3o7). A Saint-
Léger il y a peu de poussiers aux souches; mais la taille
normale, à flèche et à poussier, du Loudunais est exactement donnée par la figure 3o8, croquis *A*, quand il n'y a

pas d'échalas, et croquis *B* quand la vigne est échalassée
(on ne met la flèche que quand la souche est assez forte).

Fig. 3o8.

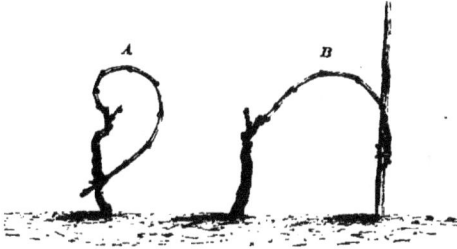

Ces deux tailles sont excellentes et de beaucoup supérieures
à celles de la figure 3o6, dont *A* n'a point de verge et dont
B a une verge sans courson de retour et un courson de retour sans verge; un bras doit avoir poussier et vinée du
même côté et tous les ans, et l'autre bras doit en porter autant : le travail d'un bras est étranger à la végétation de
l'autre. A Loudun, on ploie avec raison la flèche avant la
végétation.

Les cépages cultivés dans les trois arrondissements sont,
en rouge, le quercy ou cot rouge, le breton ou carbenet,
le balzac (qui mûrit tardivement et difficilement), le bordelais ou cot vert, le jacobin, le grollot, le chauché ou
trousseau, le pineau du Poitou, qui, avec le breton, constitue les deux plus fins cépages; le foirard est cultivé à
Loudun, mais très-peu. Les cépages blancs sont, en grande
majorité, la folle, puis le blamancep ou chenin, le gros
blanc ou gouais blanc; à Beaumont on cultive la blanquette.

Le cot rouge, le breton, le chauché, le bordelais et le

grollot, le chenin et la folle, acceptent tous la taille à
verge et à courson sur un ou plusieurs bras; mais le balzac
et la folle pourraient être taillés avec avantage à quatre,
cinq et six bras en gobelet, surmontés chacun d'un ou deux
coursons à trois ou quatre yeux, comme dans l'arrondissement de Cognac.

En somme, excepté la taille de Poitiers, qui est très-riche,
j'estime que la taille des arrondissements de Châtellerault
et de Loudun n'est point assez généreuse; défaut d'où
procède leur faible récolte moyenne. Le sol de ces arrondissements est assez vigoureux et la distance des ceps assez
grande pour permettre de donner de douze à vingt-quatre
yeux à chaque tête de vigne; or la moyenne est à peine la
moitié du strict nécessaire.

Dans tout le département, les opérations de la taille en
vert sont très-négligées, pour ne pas dire complétement
omises. A Saint-Georges on ébourgeonne, c'est-à-dire qu'on
ôte les gourmands du pied à la seconde culture, lorsque
l'on rabat les billons; mais en général, et partout ailleurs,
on n'ébourgeonne pas, on ne pince pas, on ne rogne pas et
l'on n'effeuille pas.

Les cultures données à la terre sont au nombre de deux
toujours, quelquefois de trois. On lève après la taille, quelquefois pendant, parfois avant, c'est-à-dire qu'on déchausse
les souches et que l'on forme un billon entre deux rangs.
Au mois de mai on rabat les billons; mais quand les vignes
sont sales et poussent des ronces et des chardons, on racle
avant de rabattre. En juin et juillet on bine. Un binage
après la taille, un autre fin mai, un troisième fin juin et
un quatrième fin juillet, ou fin d'août s'il n'y a pas d'herbe
en juillet, telle est la meilleure culture de la vigne. Un

raclage en novembre, pour détruire les herbes et enterrer
les feuilles, est une excellente chose.

A Loudun on fume les vignes au provin; à Châtellerault,
après douze ans on fume les vignes au collet; à Saint-
Georges on fume tous les cinq ou six ans, par 5 ou 6 mètres
cubes pour 300 ceps. Quand on déchausse la vigne et qu'on
veut fumer, on recreuse autour du cep jusqu'aux premières
racines, on dépose le fumier et l'on recouvre. Mais c'est à
Neuville qu'on fume le plus : tous les quatre ans, 40 à
50 mètres cubes de fumier, ou 100 mètres cubes tous les
sept à huit ans, sont donnés à chaque hectare de vigne.
On estime la fumure à 150 francs par an: aussi la moyenne
récolte, en blanc, est-elle de 75 hectolitres à l'hectare et
de 37 hectol. 5 décilit. en rouge.

On terre très-peu dans la Vienne, ou plutôt on n'y connaît pas assez la valeur des terrages.

Excepté à Loudun, on entretient la vigne de franc pied
par des couchures le plus souvent (marcottes), rarement
par des plants rapportés, ce qui pourtant est la meilleure
de toutes les méthodes : c'est, depuis des siècles, celle du
Médoc.

A Loudun, les vignes sont principalement travaillées à
façon, au prix de 80 francs l'hectare sans échalas: l'échalas
y est d'ailleurs une exception. La vendange, le provignage
et les travaux autres que la taille et les deux ou trois cultures sont aussi en dehors du prix fait: le provin se paye
5 centimes, l'enfolie 2 centimes et demi. La main-d'œuvre
est rare et chère: la journée se paye 1 fr. 50 centimes avec
la nourriture en hiver, et 1 fr. 75 centimes et 2 francs en
été. On donne du vin aux tâcherons; les femmes font les
javelles de sarment à moitié, et les pressureurs reçoivent

1 fr. 50 centimes et sont nourris. Les rapports de la propriété avec la main-d'œuvre ne sont pas très-bons.

A Châtellerault les vignes sont, pour la plupart, faites à façon et à journée ; le prix de la façon est de 6 à 7 francs la boisselée de 10 ares, pour la taille, le levage et le rabattage. Il y a bien peu de vignes à moitié fruits, si ce n'est chez M. Poa, ancien député, dont toutes les vignes sont faites à métayage ; quelques-unes sont affermées au taux de 60 francs par hectare.

Dans l'arrondissement de Poitiers, ce sont également le prix fait et la journée qui dominent dans la culture des vignes, et les prix sont également de 6 à 7 francs la boisselée pour les trois façons principales ; mais la boisselée n'a que 7 ares 60 centiares, ce qui porte la façon de l'hectare de 78 à 92 francs, au lieu de 60 à 70 francs à Châtellerault. Du reste, la main-d'œuvre est rare et chère à Châtellerault et à Poitiers comme à Loudun : aussi y commence-t-on à s'occuper de la charrue pour la culture des vignes.

La vendange se fait en paniers en osier, versés en hottes également en osier, goudronnées, portées en cuvier sur char. Quelques-uns foulent au cuvier, à la vigne et sur maie à la vinée ; dans l'arrondissement de Poitiers, on charge en cuve ouverte et généralement on remplit trop la cuve. On laisse cuver quinze jours ou trois semaines, et le vin est tiré clair et froid. Le marc n'est généralement pas pressé ; on le laisse en cuve et l'on jette dessus une quantité d'eau égale à la moitié du jus tiré. On fait ainsi le demi-vin et parfois des piquettes après le demi-vin. Le marc est jeté au fumier. On tire en vaisseaux de 240 à 270 litres : c'est le baril du pays ; on soutire peu ou pas du tout.

A Châtellerault, on foule à la cuve les deux ou trois premiers jours, puis on met une couche de râpes blanches (raisins blancs pressés) sur le chapeau du marc rouge. On cuve deux à trois semaines; on tire en vaisseaux vieux, on presse et on mêle le jus de presse avec ceux de la cuve. M. Marteau, grand et habile viticulteur à Vaux, ne mêle pas la presse et la cuve, il ne foule point à la cuve; ses vins se conservent parfaitement, et les autres sont peu solides.

A Loudun, on égrène à la vigne ou au pressoir, on emplit la cuve et l'on attend quelques jours, deux ou trois, avant de fouler, puis on foule à la cuve deux fois par jour pendant cinq ou six jours; enfin, après quelques jours de repos, on tire en fûts neufs, ou plutôt et le plus souvent on extrait le marc par le haut de la cuve, on le presse et on remet au fur et à mesure en cuve les jus obtenus par le pressoir; ce n'est, d'ailleurs, que quand le vin est clair et froid qu'il est mis en tonneaux; la cuvaison dure de quinze jours à trois semaines.

Je ne répéterai pas ici, à l'occasion de la vendange et de la vinification, ce que j'ai dit des améliorations qu'elles comportaient, ainsi que la viticulture des trois arrondissements étudiés, à la Société d'agriculture de la Vienne, dans sa séance extraordinaire du 20 mars 1865, car je le dis plusieurs fois dans le cours de ce travail, ces améliorations ressortiront des conclusions de l'ouvrage tout entier; mais je ne puis m'abstenir de conseiller aux propriétaires de terrains vagues, non défrichés ou peu productifs, de les lotir en 4 ou 6 hectares, d'y créer de petites métairies, d'y installer des ménages à leur solde et de leur faire planter 2 ou 3 hectares de vignes, semer les pommes de terre, du blé, des légumes, des menus grains, des fourrages, en un mot, ce qu'il leur faut pour vivre et nourrir une petite vache, deux porcs, des lapins, et même un âne au besoin, avec partage des produits, les avances cessant à la troisième ou à la quatrième année. Tout propriétaire actif, bienveillant et intelligent qui fera cela aura, à cette époque, doublé son capital, c'est-à-dire qu'il aura une valeur de 12,000 francs pour une dépense de 6,000 et créé de bons revenus sur un sol qui ne lui produisait rien [1].

Je visitai à Neuville l'importante fabrique des vinaigres naturels et de pur vin de MM. Roblin et Dècle. De vastes étuves sont garnies de centaines de barriques gerbées sur quatre rangs, depuis le sol jusqu'au plafond. Chaque barrique contient sa part de vinaigre, et reçoit le vin par en haut au moyen de tubes de distribution; et quand, sous l'influence d'une température constante de 15 à 25 degrés, l'acétification est complète, le vinaigre est tiré de chaque barrique, qui reçoit ensuite une nouvelle quantité de vin. Ces vinaigres sont délicieux, alimentaires et bienfaisants. La création d'un pareil établissement est un service rendu à tout pays vignoble important, mais c'est encore un bien plus grand service rendu à la société. Les vinaigres de vin pur, comme les eaux-de-vie, l'emporteront toujours sur les vinaigres chimiques, quels qu'ils soient, soit d'alcool de bois, soit d'alcool de grains, soit d'alcool de racines, soit même d'alcool de vin; car les alcools, élevés à la pureté chimique, ne font pas plus de vinaigre alimentaire qu'ils ne font d'eau-de-vie, et, à plus forte raison, de vins salutaires.

---

[1] C'est à M. Tourangin, préfet de la Vienne, à M. le docteur Gaillard, président de la Société d'agriculture, et à la Société elle-même que j'ai dû mes meilleures études de Poitiers et de ses environs. C'est à MM. de la Massardière, Poa et Marteau que je dois celles de Châtellerault; à MM. Trichard, Duchastenier et Chevrier, celles de Saint-Georges; à MM. Martineau et Mathé, celles de Neuville, et à M. Malopert, celles de Montamisé.

Avec MM. les maires de Saint-Georges et de Neuville et avec M. de Cougny, délégué de la Société d'agriculture de la Vienne, nous avons visité les plantations de M. le comte Paul de Laistre, au château de Mornay; là nous avons admiré 45 hectares de vignes, à branches à bois et à branches à fruit, bien alignées, bien palissées en échalas et fil de fer, cultivées à la charrue et binées à la houe à cheval, créées entièrement depuis cinq ans par l'énergique et persévérant propriétaire du vaste domaine de Mornay. Cette belle et hardie création est un exemple à suivre, car il crée à la fois richesse et population : aussi est-ce en toute justice que la grande médaille d'or de l'Empereur et les médailles d'honneur de la Société d'agriculture de la Vienne ont été décernées à M. de Laistre pour la création de son beau vignoble.

A Loudun, M. Duflos, sous-préfet, M. le docteur Gilles de la Tourette, président du Comice agricole, son fils M. le docteur Léon de la Tourette, MM. le comte de Messemé, Joly, maire des Trois-Moûtiers, Abel Poirier, le docteur Maisonneuve et Marquet, directeur de la colonie de Saint-Hilaire, m'ont fait connaître toutes les méthodes de culture de l'arrondissement avec un empressement et une cordialité dont je leur suis très-reconnaissant.

DÉPARTEMENT DE L'INDRE.

Le département de l'Indre compte environ 20,000 hectares de vignes, sur une étendue totale de près de 688,000 hectares, moins de la trente-quatrième partie du territoire, dont le revenu total agricole est d'environ 46 millions, sans le produit des vignes, et de 56 avec ce produit.

Les vignes de l'Indre donnent, en effet, un produit brut d'environ 10 millions. La moyenne production est au-dessus de 20 hectolitres ; le prix moyen du vin est un peu au-dessous de 25 francs. Au chiffre de 22 et demi pour la production et pour le prix moyen, on est bien près de la vérité : ce qui donne 500 francs bruts par hectare et 200 à 300 francs nets.

C'est là encore une belle production en produit brut et même en produit net ; c'est la plus belle production moyenne de toutes les cultures du département, bien qu'elle puisse être doublée facilement par des pratiques très-simples et très-peu coûteuses.

Ces 10 millions entretiennent 10,000 familles ou 40,000 habitants, sur une population de 277,860, un peu plus de la septième partie. L'Indre est un des départements les moins peuplés de France ; il ne compte pas un habitant par 2 hectares et demi, et pourtant son sol est excellent pour la vigne partout où l'eau et les brouillards peuvent s'écouler facilement. J'ai vu dans mes trajets de Châteauroux à Issoudun, à la Châtre, à Argenton et à Brion 50,000 hectares prédestinés à la vigne et qui ne sont guère propres qu'à la vigne. Il y en a plus de 100,000 dans tout le département, j'en suis sûr; d'ailleurs j'ai pour garant de cette affirmation le rapport de M. Jules Cornu, juge au tribunal civil et vice-président de la Société d'agriculture de Châteauroux, sur la grande médaille d'honneur au concours de 1860.

Après avoir établi par des chiffres que le revenu brut de la vigne était de 560 francs et le revenu net de 241 francs, M. Jules Cornu continue ainsi : « Veuillez vous rappeler, « Messieurs, que tous les sols de notre contrée, calcaires, « siliceux, alumineux, les terrains primitifs, de transition, « secondaires, tertiaires, volcaniques, conviennent tous par- « faitement à la vigne. Veuillez voir autour de vous, dans « toutes les parties de notre département, des essais isolés de « culture de la vigne donnant les résultats les plus avanta- « geux en Brenne, non moins que partout ailleurs, et veuillez « remarquer que le prix d'acquisition de chacun de ces « hectares de terre est loin de s'élever, comme nous l'avons « supposé en commençant, à la somme de 1,000 francs. « Or, qu'est-ce donc, en fin de compte, qu'un revenu net « de 200 francs produit par 1 hectare de terre acquis au « prix de 1,000 francs, de 500 francs, de 200 francs? C'est « un placement en bien fonds à 10, à 20, à 100 pour 100! « Messieurs, nos placements en valeurs industrielles sont-ils « toujours aussi heureux, sont-ils toujours aussi solides? »

Châteauroux, Issoudun, la Châtre, Argenton, sont assis sur les formations jurassiques, sur l'oolithe moyenne et inférieure et sur les calcaires à gryphées arquées; mais d'immenses superficies de terrains tertiaires, à meulières, recouvrent et restreignent de beaucoup les formations jurassiques de ces pays.

Les principaux vignobles de l'Indre, ceux d'Issoudun surtout, sont en pleine oolithe; un seul, au nord, celui de Vicq-sur-Nahon, qui donne le vin le meilleur du département, repose sur le terrain crétacé inférieur qui suit les cours d'eau du canton de Valençay.

Les marnes irisées, les grès bigarrés, les gneiss et les granits se montrent seulement, après les calcaires à gryphées arquées, au sud-est d'Argenton et de la Châtre, formant une zone longue et étroite tout le long de la limite méridionale du département; mais, sur les 688,000 hectares de sa superficie totale, les formations à meulières en occupent au moins 450,000. La Brenne tout entière est assise sur ces terrains.

Le climat de l'Indre est humide et froid au printemps et au commencement de l'été, partout où les calcaires ne se relèvent pas en coteaux ou en plateaux et partout où les terres retiennent les eaux; il est sec et brûlant en juillet et en août : aussi la vigne y gèle souvent en avril et mai, y coule souvent en juin et y brûle beaucoup en juillet et août. Par contre, le climat est peu favorable à l'oïdium, d'une part; et, d'autre part, il est des plus favorables à la finesse et à la salubrité des vins, car il appartient à la zone des excellents fruits sucrés.

Le département de l'Indre peut hardiment demander à la vigne : 1° son augmentation de population; 2° son argent et ses bras commanditaires de ses autres cultures, et 3° sa richesse privée et publique. La vigne est, dans l'Indre, la culture industrielle reconnue aujourd'hui indispensable

36.

à la grande et à la petite culture, pour compléter leur exploitation rémunératrice.

Je n'ai étudié dans l'Indre que les vignobles de Châteauroux, d'Issoudun, de la Châtre et d'Argenton; le temps m'a fait défaut pour visiter l'arrondissement du Blanc, et je le regrette d'autant plus que la viticulture s'y étend avec intelligence et énergie, sous l'impulsion d'hommes très-capables et très-convaincus, ayant la foi, l'espérance et la charité, les trois vertus nécessaires au succès en viticulture comme en tous labeurs de l'homme.

A Châteauroux et à Issoudun, le cépage le plus ancien, dominant encore aujourd'hui, est le *genoilleré*, que j'ai lieu de croire la mondeuse. Le genoilleré est en bien moindre quantité à la Châtre et à Argenton.

Le plant de Bordeaux, cot rouge, vient après le genoilleré à Châteauroux, tandis qu'à Issoudun ce sont les lyonnais gros et petits. Les lyonnais et le teinturier dominent à la Châtre; le bourgogne (gros gamay) et le genoilleré n'y viennent qu'ensuite, tandis qu'à Argenton on compte le bordeaux pour un tiers, le lyonnais et le liverdun pour un autre tiers, et le dernier tiers est formé de genoilleré, de limançais, de plant de Marche et de quelques teinturiers. A Issoudun on trouve aussi le bordeaux et le chambonnin, et à Châteauroux, le paillot et le vadré : tous ces cépages sont rouges. Les blancs sont, à Châteauroux, le gros blanc, plant d'Anjou (pineau de la Loire), très-fertile ; le gouais blanc et le bordelais blanc. A Issoudun on a, de plus, le meslier-sémillon ; à la Châtre, le péra ; à Argenton, le gouais et le pied de perdrix blanc. Tous les plants sont mêlés dans les vignes.

Excepté le genoilleré, que tous les vignobles s'accordent

à conduire à la taille courte, les autres cépages admettent la verge à cinq ou six yeux et plus, avec coursons ou artets (orteils), plus ou moins nombreux, sur plus ou moins de bras. Partout la souche est formée aussi près de terre qu'il est possible, au point d'exiger le plus souvent un déchaussement avant la taille.

Nulle part on ne défonce le sol avant la plantation : on plante sur simple culture; à Issoudun, même avant culture. A la Châtre seulement on plante en fossés de 66 centimètres de largeur, en boutures ou plants racinés, coudés, sur deux rangs, les ceps à 75 ou 80 centimètres les uns des autres dans le rang. Les lignes y sont groupées par quatre, en planches de 3 mètres, relevées et bombées, séparées par de larges sentiers en contre-bas des planches. On répand 6 à 10 centimètres de terre sur les plants; on ajoute du fumier et on comble le fossé. Partout ailleurs, à Châteauroux, à Issoudun, à Argenton, on plante à la fiche ou barre de fer, à 30 centimètres de profondeur, à 1 mètre au carré (autrefois à 2 pieds carrés). A Argenton, toutefois, quelques-uns plantent à la pioche, au trou, et coudent le plant.

Jusqu'à la troisième année on répare les manques par des boutures nouvelles ou de jeunes plants; plus tard, on complète par provignage.

A Issoudun, la distance diffère un peu de celle de Château-roux; elle est de 1 mètre sur 1^m,10 en quinconce.

Le dressement et la conduite de la souche sont à peu près les mêmes à Châteauroux et à Issoudun. La première année, on rabat sur un œil le ou les sarments d'un même nœud, le plus bas; la deuxième année, on rabat de même à un œil les trois ou quatre sarments qui ont poussé. A la troisième taille, quatrième année, on choisit quatre ou cinq

sarments, les mieux placés, pour les tailler à deux yeux;
les autres sont rabattus rez la souche, ou bien à un œil. A
Issoudun, on laisse ainsi jusqu'à six, huit et dix tailles à un
œil. Le bordeaux est taillé à trois yeux et, en outre, à une
baguette.

Les quatre ou cinq sarments taillés à deux yeux forment
des commencements de bras, plus prononcés à Châteauroux
qu'à Issoudun; mais, dans les deux vignobles, on a formé
une tête d'osier, une cosse, d'où sortiront ainsi les sarments
de taille, en constituant des bras très-irréguliers, sortant
d'une souche plate tout près de terre. La figure 309 et la

Fig. 309.   Fig. 310.

figure 310 donnent assez bien l'aspect de la disposition
moyenne des souches de Châteauroux et d'Issoudun, où tous

Fig. 311.

les ceps, excepté le genoilleré, ont des verges à cinq ou
six yeux et plus, piquées au
nord, comme en portent la
figure 310 et la figure 313
en a b. J'ai relevé la figure 311
au domaine de Touvent, chez
M. le sénateur Thayer, dont le très-habile jardinier dirige
une petite vigne à la taille type.

La figure 312 a été prise au milieu des vignes avoisinant

Châteauroux. Ces vignes portaient, à chaque souche, un ou deux longs sarments, avec un grand nombre de coursons très-irrégulièrement disposés ; mais les longs bois sont des-

Fig. 312.

tinés à faire des plants et à donner des fruits par leur extrémité *b c*. On jette une pelletée de terre sur leur longueur *a d b c*, entre *d* et *b*, comme le montre la figure ; c'est

Fig. 313.

là où le sarment prend racine. La figure 313 représente une des nombreuses souches des vignes de M. de Saint-Larry,

Fig. 314.

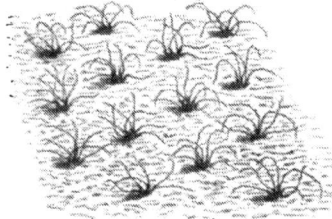

à Brion ; beaucoup de souches n'ont point l'arçon *a b*, mais des coursons nombreux et irréguliers, comme ceux de la figure 310.

La figure 314 donne, au centième, l'aspect le plus général des vignes d'Issoudun, comme la figure 309 donne le croquis de la forme la plus fréquente de chaque souche.

La Châtre et Argenton diffèrent essentiellement dans le

dressement et dans la conduite de la vigne à Châteauroux et
à Issoudun. La tête de saule n'y est point formée par des
tailles répétées à un œil : à la Châtre on rabat sur un seul
sarment à un œil ; mais, dès la seconde année, on dresse·
sur deux, trois, quatre et cinq bras : la moyenne est quatre
bras ; mais, à mesure que la souche s'affaiblit, on diminue le
nombre des bras et on le réduit à un. Chaque bras porte
tantôt un seul courson à deux ou trois yeux, tantôt deux
coursons, le plus bas à deux yeux, qu'on appelle l'*artet*,
et celui du haut à deux, trois yeux et plus, qu'on appelle

Fig. 3ı5.

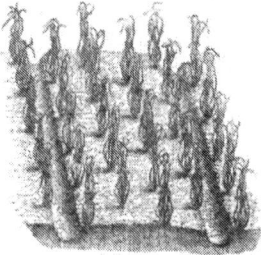

la *courge;* chaque souche est
munie d'un échalas de 1",33.

La figure 3ı5 donne, au
centième, l'aspect des vignes
de la Châtre avant la taille.
On y voit qu'elles sont sur
planches relevées, séparées
par des règles, sentes ou fossés;
chaque planche s'appelle un
échameau et compte six rangs
dans les terres sèches, et quatre rangs, comme je l'ai dit,
dans les terres humides

Fig. 3ı6.

La figure 3ı6 représente une vieille souche réduite à un

bras et à un courson *A*, et une souche de six ans à trois bras et à quatre coursons. Il y a souvent une courge à une souche, mais il n'y en a jamais qu'une. La figure 317 donne

Fig. 317.

une souche de dix à douze ans, à quatre bras et à six coursons, *A B*; la pioche du pays est représentée par *C*, et la serpe par *D*.

A Argenton, on rabat, la première année, sur un sarment à un œil; à la deuxième année, on laisse deux yeux à un sarment; à la troisième, on laisse deux sarments, à deux yeux, sur le mat ou bras (*A*, figure 318); puis on laisse

Fig. 318.

plus tard deux bras à un courson, chacun à deux, trois ou quatre yeux (*B*, fig. 318). Enfin, vers dix ans, on laisse trois mats avec chacun une courge à quatre, cinq et six yeux

et un courson de retour ou tiret de rabattage au-dessous
(fig. 319). Lorsque les souches, comme l'indique la figure 319, vieillissent, elles perdent souvent un bras et n'en

Fig. 319.   Fig. 320.

ont plus que deux (fig. 320). La règle est trois bras et trois
ou quatre yeux à chaque bras. Les vieilles souches portent
souvent, sur leur moignon, de la mousse que le vigneron
respecte. J'ai reproduit ce fait dans la figure 320 ; *a b d c* est
le moignon couvert de mousse.

On voit par les figures que non-seulement il y a un
échalas (de 4 pieds) à chaque souche, mais encore autant
d'échalas qu'il y a de courges ou flèches à chaque bras ;
chaque courge est attachée à l'échalas. A Châteauroux
quelques vignes ont des échalas, mais la majorité n'en a
pas ; à Issoudun, il n'y a pas d'échalas. On voit, de plus,
qu'un cône est creusé dans la terre pour dégager la souche
et lui former une sorte de cellule. En effet, on déchausse
avant la taille, on taille, on *marre*, c'est-à-dire qu'on perfectionne le déchaussement, et qu'après on cultive à la
pioche ; puis on fait la cellule. Dans le courant de mai on

feurre, c'est-à-dire qu'on cultive la terre en la remettant à plat. A la fin de mai on bine; après la vendange on cure, c'est-à-dire qu'on nettoie les ceps de leurs gourmands, en ôtant les échalas, qu'on met en tas : c'est une espèce de taille préparatoire. A la Châtre on fait les mêmes cultures; on plante les échalas en mai, excepté ceux des provins, que l'on place au marrage.

A Châteauroux et à Issoudun, on fait la rayure (nettoyage des raies) après la vendange ; on déchausse avant la taille, on fait les taupines, billons ou riots ; après la taille on rabat en mai et l'on bine en juin ; à Issoudun, comme à la Châtre et à Argenton, on fait un curage ou taille préparatoire.

On récolte quelques grappes à quatre ans, on paye les façons à cinq ans par la vendange, et ce n'est guère qu'à six ans que commencent les récoltes rémunératrices.

Les vignes sur roches, à joints et à lits, vivent très-longtemps; les vignes sur tuf blanc dépérissent à vingt-cinq ou trente ans.

A Châteauroux on n'ébourgeonnait pas autrefois ; on ébourgeonne aujourd'hui, mais tard et irrégulièrement ; on ne pince pas, mais on vient aux échalas ; là où il y en a, on relève et on accole ; quelques-uns même rognent, mais c'est rare ; à Issoudun on n'ébourgeonne pas. Quand les tailles poussent trop, on les pince ou plutôt on les rogne pour que le vent ne les casse pas. A la Châtre on n'ébourgeonne pas ; on relève et on lie à la fleur, mais on s'abstient de rogner ; à la fin d'août et au commencement de septembre on attache les pampres ou on les tortille ensemble, en arcades dans la ligne, par leurs sarments. A Argenton, il n'y a que les vignerons très-soigneux qui ébourgeonnent.

A Châteauroux et à Argenton, on entretient la vigne de franc pied ; il est bien rare qu'on entretienne par provignage à Châteauroux : en tout cas le franc pied domine. Mais à Issoudun et à la Châtre la vigne est entretenue par provignage énergique. A Issoudun on provigne, pour remplacer, à la marcotte ; mais depuis quinze à vingt ans on provigne pour entretenir régulièrement par souches entières rabattues en fosses ; cent soixante à deux cent provins à deux pointes, par hectare, sont la règle d'un bon entretien (5 centimes la pointe). A la Châtre on commence le provignage d'entretien à quinze ans. A Issoudun on met un peu de fumier au provin, qu'on remplit de suite (4 mètres de fumier par hectare) ; à la Châtre on met plus de fumier, mais on ne le met que la seconde année : par conséquent on ne remplit le provin qu'à cette seconde période, ce qui est mieux.

Partout on vendange en paniers et en hottes d'osier goudronnées, portées sur le dos et versées en poinçon ou en cuvier sur voiture ; on pile au poinçon ou au cuvier ; mais, à Issoudun, il existe une coutume singulière : la cuve sur voiture est percée d'un trou muni d'un cor ou d'une anche à son fond ; on foule les raisins à mesure qu'on les verse dans cette cuve, et les jus coulent, par l'anche, dans des poinçons placés sous la voiture. Ces poinçons sont remplis par la bonde : le marc dans le cuvier, les moûts dans les poinçons, sont amenés à la vinée et jetés ensemble dans les cuves qui sont en cave ; la cuve emplie et le marc égalisé, on ne touche plus au marc, et l'on attend que l'on puisse entrer dans la cave pour tirer le vin : car, tant que la cuve fermente, l'acide carbonique remplit la cave et ne permettrait pas d'y pénétrer. En général, on ne foule les raisins en cuve ni à Châteauroux, ni à la Châtre, ni à Argenton. Quelques-uns barrent leurs cuves, c'est-à-dire qu'ils placent des planches sur le marc pour le tenir baignant dans le jus, mais c'est une exception; la majorité cuve à cuve ouverte et à marc flottant, sans rien faire à la cuve.

On cuve, en général, de douze à quinze jours, et l'on tire le vin clair et froid dans des vaisseaux neufs et vieux; on ne presse ni à Châteauroux, ni à Issoudun, ni à Argenton. On fait des demi-vins et des piquettes en versant de l'eau dans les cuves après en avoir tiré le vin. A la Châtre seulement on ne cuve que huit à dix jours et l'on presse ensuite; mais on ne mêle pas le vin de presse avec le vin de cuve. A Argenton on ne cuve que huit jours pour le vin de consommation, mais on prolonge à quinze jours pour le vin de commerce.

Les vins d'Issoudun et de Châteauroux sont de bonne garde et de fort bonne consommation courante; leur base est le genoilleré et le cot rouge. Les vins de la Châtre sont plus tôt prêts à la consommation, ainsi que ceux d'Argenton; ils sont plus coulants dès la première année, mais ils se gardent peu. Il est à remarquer que le lyonnais et le noir d'Espagne à la Châtre, le lyonnais et le liverdun à Argenton, sont les raisins dominants. C'est probablement la différence de composition qui fait la différence de durée, car la plupart des conditions de la cuvaison, le sol et le climat sont à peu près les mêmes dans les quatre centres. On tire clair et froid partout; on ne mélange les vins de presse avec les vins de cuve nulle part : il ne reste donc que le lyonnais et le liverdun d'une part; le bordeaux et le genoilleré de l'autre, pour expliquer la différence de solidité et de durée des vins.

En effet, le bordeaux ou cot rouge, le genoilleré ou mondeuse, sont deux raisins qui donnent des vins de garde
partout.

Le genoilleré est un plant précieux, qui donne d'excellents vins quand les raisins sont cueillis en pleine maturité;
malheureusement il mûrit tard; le cot rouge est aussi un
bon cépage : avec ces deux cépages, et en y joignant surtout
le breton, le département de l'Indre, en vendangeant toujours à l'arrière-saison, ferait des vins d'excellente qualité.
Mais il ne faudrait cuver que de cinq à huit jours au plus,
tirer trouble et chaud, presser et mélanger la presse et la
goutte, laisser en vinée et ne descendre en cave qu'à la
Saint-Martin d'hiver; bien remplir et soutirer par les froids
de décembre, janvier et février.

Sauf une trop grande profondeur, la plantation à bouture droite se fait très-bien dans l'Indre; mais je ferai
quelques observations sur le dressement et la taille.

Fig. 321.

Dès la première année, si petits que soient les sarments de pousse, il faut en garder deux, dans le sens de la ligne, et les tailler à deux yeux comme l'indique la figure 321. Il ne faut point faire de souche en tête de saule : cela retarde la production et diminue la fertilité de la vigne pour toute sa vie.

Dès la deuxième année, les yeux de la figure 321 auront
poussé quatre beaux sarments, comme ils sont indiqués par
les lignes pointillées; tous les autres sarments seront jetés

bas en mai. Il faudra les tailler et les disposer comme
l'indique la figure 322; et, dès le mois de mai, on devra

Fig. 322

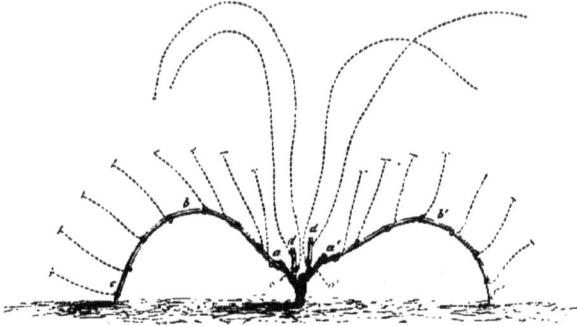

pincer tous les bourgeons sortis de *a b c, a' b' c'*, comme les
lignes pointillées l'indiquent, à trois ou quatre petites feuilles
au-dessus de la plus haute grappe; jeter bas tous les bourgeons qui ne porteront pas fruit, et laisser pousser les quatre
longs sarments qui sortiront de *d, d'*. Tous les ans on jettera
bas *a b c, a' b' c'*, en *o o'*, et l'on reproduira la même disposition de l'année précédente avec les quatre sarments sortis
de *d, d'*. ·

Le mieux serait de mettre un échalas de 4 pieds entre
d, d', à chaque souche, pour y attacher, fin mai, les quatre
sarments de la taille future; puis de rogner, après la fleur
ou à la fleur, ces quatre sarments au niveau de l'échalas, en
même temps qu'on ferait tomber toutes les repousses venues
sur les bourgeons pincés.

Joignant à ces pratiques l'emploi de la houe à cheval
pour les cultures entre les lignes à 1ᵐ,10 ou 1ᵐ,20, les ceps
à la même distance dans le rang, plus les terrages tous

les dix ans, les viticulteurs de l'Indre pourront compter sur des moyennes récoltes de 40 hectolitres au minimum à l'hectare.

L'exploitation et la culture des vignes se fait, dans le département de l'Indre, à diverses conditions. A Châteauroux toutes les vignes sont faites par les propriétaires vignerons eux-mêmes, et avec des aides à la journée, dont le prix est de 2 et de 3 francs près de la ville, de 2 fr. 50 cent. et 1 fr. 50 cent. à la campagne. Les propriétaires bourgeois font cultiver à prix fait de 150 à 200 francs par hectare (6 à 8 francs les 4 ares 20 centiares). Il en est à peu près de même à Issoudun et à la Châtre; mais à Argenton, sauf les propriétaires vignerons *de manu*, presque toutes les vignes sont à moitié.

Un vigneron fait 100 journaux (plus de 4 hectares) de vignes, mais il ne fait que cela. Le métayer n'a que 30 journaux (1 hectare 26 ares) de vignes annexés à sa métairie, qui est composée de 8 hectares de terre, 2 hectares de prairies et presque autant de vignes; environ 11 hectares en tout, dont les produits sont partagés par moitié, sauf ceux des prés, qui sont pour nourrir le cheptel également à moitié. Les fruits et légumes sont pour le métayer logé; mais il paye 130 francs en argent, dix-huit livres de beurre et douze poulets.

Les vignes d'Argenton se trouvent très-bien du métayage; elles sont parfaitement tenues et sont les plus productives du département : elles rapportent au propriétaire au moins 12 hectolitres par hectare, à 25 francs, soit 300 francs, c'est-à-dire un revenu net plus élevé que les vignes faite à journée ou à prix fait. Argenton et les communes environnantes, Vaux, Saint-Marcel, sont, par la vigne, arrivés à un degré de prospérité exceptionnel dans le département : tout le monde y est riche et content, tout s'y paye aisément; les plus beaux contingents de soldats sont donnés par ce canton.

M. le sénateur Thayer, président de la Société; MM. Émile Masquelier, grand propriétaire agriculteur, Jules Cornu, juge au tribunal de Châteauroux, vice-présidents; M. Bouault, directeur de la ferme-école de Villechaise, secrétaire, et M. Émile Damourette, directeur de la société d'assurance mutuelle de l'Indre, vice-secrétaire, ont bien voulu tracer mon itinéraire et diriger mes enquêtes sur la viticulture de l'arrondissement de Châteauroux.

MM. Berthaud-Aladenize et M. Aumerle, fondateurs et présidents de l'importante Société vigneronne d'Issoudun, m'ont guidé dans leur circonscription; M. Émile Damourette m'a conduit à la Châtre, aux Lagnys, à Brion et à Argenton, où MM. Raoux, Audiart, Perron, Pomiès, avec leurs vignerons et les autres propriétaires, m'ont fait visiter les vignes, les vendangeoirs, et m'ont donné les renseignements les plus précis sur leurs modes de culture.

Les vignes des Lagnys, commencées en 1817 par les ordres du général Bertrand, alors à Sainte-Hélène, et étendues depuis par son plus jeune fils, M. le baron Bertrand, offrent des enseignements précieux. En comparant les jeunes vignes de trois ans avec les vignes de cinquante ans, on comprend, au premier coup d'œil, aux souches ou cosses énormes et aux petits sarments des vieilles vignes, opposés aux gros et longs sarments qui s'élancent en abondance des jeunes souches, que les vieilles vignes succombent aux goîtres, aux tumeurs, aux ulcères engendrés par les mutilations à outrance. M. Perron l'avait déjà bien compris; et,

quoiqu'il ait porté la moyenne production de ses vignes à
24 hectolitres par une taille plus généreuse, il espère que
toutes les jeunes vignes qui sortiront bientôt de ses mains ne
tarderont pas à donner plus de 40 hectolitres à l'hectare. On
fait de bons vins aux Lagnys, mais surtout des vins gris et
des vins blancs délicieux. On fait beaucoup de vins gris
(rosés), de vingt-quatre à trente-six heures de cuvaison,
dans l'arrondissement de Châteauroux. Ces vins sont plus
généreux et plus fins que les rouges, et ils se conservent
mieux.

M. le baron Bertrand a fait planter aux Lagnys 112
hectares de vignes dans des terrains jusque-là sans valeur
et sans apparente fécondité. Il a ainsi assuré l'existence de
nombreux ouvriers ruraux; il a introduit et soumis à l'expérience les cépages de la Gironde et de la Bourgogne; il a
installé les cultures de vignes à la charrue et diminué par
là de plus de moitié les frais de culture; il a commencé et
il a continué, au profit de tous, l'étude des meilleurs dresse-
ments et conduites de la vigne.

Il a surtout démontré que, sur un domaine de 600 hectares de terres arables, 30 hectares de vigne rendaient
6,500 francs sur les terres les plus mauvaises, alors que
l'ensemble de tout le domaine ne donnait que 8,000 francs
sur les meilleures terres. Que sera-ce aujourd'hui avec
120 hectares, lorsqu'ils seront en rapport? Un fait pratique des plus importants ressort de la première plantation
ordonnée par le général Bertrand : sur les 8 hectares plantés
en 1817, 7 hectares l'ont été à la fiche et un à l'augette.
L'augette comporte le défoncement et l'usage du plant
coudé; la fiche n'admet pas le défoncement et n'emploie
que le plant vertical. Les 7 premiers hectares sont aujour-

d'hui encore très-vigoureux, et l'hectare en augette n'offre plus que des ceps mourants.

Des Lagnys nous sommes allés à Brion visiter la magnifique création de 120 hectares de vignes par M. de Saint-Larry; création qui a été la seconde révélation locale et un immense bienfait pour le pays, je pourrais dire pour toute la France. La démonstration faite d'une fortune considérable, créée sur des terres sans valeur, par les moyens les plus rapides, étonnera tous les agriculteurs et engendrera des merveilles. Déjà j'ai vu de nombreux imitateurs de M. de Saint-Larry; et M. Massé, grand propriétaire des environs de Bourges et président du conseil général du Cher, va, en suivant cet exemple, enrichir de vastes plateaux calcaires qui entourent au loin cette importante cité.

Sur un sol arable, ne comptant que quelques centimètres de terre végétale, recouvrant immédiatement les bancs de pierres plates, à joints et à lits, sur un plateau stérile et sans valeur, M. de Saint-Larry n'a pas craint de planter la vigne sur simple culture, en lignes à 2 mètres, les ceps à 1 mètre dans la ligne, fichés simplement à la barre, en boutures (sarments) à 30 centimètres de profondeur; et cette opération, il n'a pas craint de la faire sur 120 hectares, il y a maintenant vingt et un ans. Ces vignes rapportent aujourd'hui 15 poinçons, plus de 30 hectolitres à l'hectare, valant plus de 20 francs l'hectolitre, ce qui donne 600 francs bruts ou 72,000 francs de produits, sur lesquels il n'y a à déduire que 50 francs de frais par hectare (note fournie par l'administrateur); les cultures qui coûtent 100 francs à la main ne coûtent que 36 francs à la charrue, et, en dehors des cultures, la taille et le sarmentage sont les seules opérations accomplies, car ni l'ébourgeonnage, ni le pince-

ment, ni le relevage, ni le liage (il n'y a pas d'échalas), ni
le rognage, ni l'effeuillage, ni aucun provignage, ne sont
accomplis ici. Il faut donc distraire 6,000 francs, plus une
somme pareille pour vendange et logement de vins, soit
12,000 francs du produit brut: il reste donc 60,000 francs
nets pour un capital avancé que je ne connais pas, mais
qui certainement ne s'élève pas, j'en suis convaincu, à une
somme double, c'est-à-dire à 120,000 francs.

« Voilà, s'écrie M. Jules Cornu, dans son magnifique
« rapport sur la grande médaille d'honneur de la Société
« d'agriculture de Châteauroux, voilà, Messieurs, les mer-
« veilles que votre Société a couronnées en 1859, dans la
« personne d'un de ses membres les plus regrettés, que la
« mort est venue frapper au moment même où le succès
« récompensait enfin ses longs efforts et donnait à son
« exemple une autorité si nécessaire à la vulgarisation de sa
« méthode. »

« Pour méconnaître la richesse engendrée par la vigne,
« il faudrait, dit encore M. J. Cornu, avoir oublié aussi le
« second lauréat de votre section de viticulture : 10 hectares
« de vignes, qui, quoique cultivés à la façon la plus dispen-
« dieuse de la main de l'homme, augmentent d'un tiers le
« revenu d'une propriété de 700 hectares. »

A côté du vignoble de M. de Saint-Larry, M. Pomiès,
excellent propriétaire, possède 45 hectares de vignes établies
à l'exemple du maître, et plus productives encore. Tout
autour, des propriétaires vignerons ont aussi tenté et trouvé
leur petite fortune dans la plantation des vignes sur de
moindres espaces.

M. Jules Cornu a produit trois rapports en trois années,
motivés par les primes d'honneur instituées par la Société

d'agriculture de Châteauroux : l'un sur l'administration rurale
stérilisante en Berry ; le second, sur l'administration rurale
améliorante ; et le troisième, sur la culture intensive et sur
les causes les plus ordinaires de son insuccès. Ce sont, à mes
yeux, trois chefs-d'œuvre engendrés par la science, l'esprit
et le cœur, unis à l'observation la plus parfaite.

Je voudrais pouvoir citer ici tout le rapport de M. Jules
Cornu sur la culture améliorante, où il traite particulièrement de la vigne et des vignerons ; mais je dois me borner
à quelques citations :

« A ceux qui prétendent qu'ils ne peuvent pas opérer
« l'amélioration de leur culture parce qu'ils n'ont pas de
« capitaux pour s'y livrer, on ne peut répondre qu'en
« montrant des propriétaires qui font sur leurs immeubles
« les améliorations les plus fructueuses, les plus incontes-
« tables, et qui, pour les opérer, se passent de capital.

« Or, Messieurs, le Ciel en soit béni ! ils sont nombreux
« dans ce département, ces propriétaires : car ils sont par-
« tout sous vos yeux, autour de nos villes, à Châteauroux,
« à la Châtre, à Argenton, à Issoudun surtout ; ici même,
« au Blanc, lieu du concours.

« Quels sont-ils donc ? des capitalistes ? Non ! au contraire :
« de pauvres gens qui n'ont rien ou presque rien : le vivre,
« bien maigre ; le couvert, pas toujours ; le vêtement, à
« peine ; de pauvres gens qui n'ont rien, rien que leurs bras
« et une imperturbable confiance dans la terre. Voilà ceux
« qui tous les jours, sous vos yeux, se passent du capital
« pour en faire. . . . . . . Oui, ces pauvres gens qui n'ont
« rien, rien que leurs bras et leur amour de la terre, ils
« créent le capital qu'ils n'ont pas ; ils en créent même avec
« tant d'abondance, que bien peu des industries en activité

« de nos jours semblent pouvoir lutter de gains et de pros-
« périté avec la leur. »

La base du travail et de l'économie une fois acquise par
le vigneron, cette terre qu'il aime comme sa maîtresse et
qu'il acquiert à tout prix, M. Jules Cornu montre comment, sous les efforts de la famille rurale, va se produire
la richesse. Il établit sur des données certaines, en Berry,
le rendement moyen brut à 560 francs et le produit net
à 241 francs, avec tout le parti qu'en sait tirer le vigneron ; puis il nous montre plus loin l'économie de la famille
rurale :

« C'est ici que j'hésite à vous parler de ce budget de
« 600 francs, tout compris, pour une famille de quatre
« personnes, le père, la mère et deux garçons...... Ce
« budget austère.... vous paraîtrait impossible dans sa
« réalité, si je ne vous en expliquais le secret. C'est que la
« hausse des prix des céréales, si désastreuse qu'elle puisse
« paraître parfois pour tout consommateur, n'atteint jamais
« le vigneron. C'est que l'augmentation du prix de la viande,
« dont il use avec une grande parcimonie, il est vrai, mais
« dont il use cependant, est sans danger pour lui : car le
« vigneron se vend à lui-même, et au prix coûtant, son pain
« et sa viande, comme aussi le vin ou la boisson qu'il con-
« somme ; et avec ses habitudes d'ardent travail et d'exacte
« économie, on peut s'en rapporter à lui pour produire à
« bon marché ! »

En effet, le vigneron, comme le dit M. Cornu, possède
ou prend à loyer un coin de terre pour y faire son blé, ses
pommes de terre, sa viande par un porc ; quant à sa boisson, c'est la piquette des marcs du vin, dont il vend la totalité ou la meilleure partie.

« Après tout, ces dévoués du travail et de l'économie en
« sont-ils moins forts, leur vie en est-elle moins longue,
« leur sang moins pur, leurs unions moins fécondes, et le
« pays recrute-t-il plus difficilement parmi leurs fils de fiers
« et vigoureux soldats ? En sont-ils moins heureux ? »

Non : et c'est par cette vie pleine des bonheurs du travail
et de la sobriété que le petit vigneron, la petite propriété,
achètent la grande.

Tout cela est d'une vérité absolue.

Tout cela je l'ai vu, de mes yeux, dans plus de soixante
départements ; mais ce que j'ai vu aussi, c'est que la famille
qui possède la petite propriété, et le plus souvent en a fait
récemment la conquête, ne se multiplie point autant qu'il le
faudrait pour acquérir graduellement et fertiliser la grande
propriété ; c'est qu'elle est préoccupée de la division de son
patrimoine péniblement acquis, et qu'elle rêve l'enfant
unique ; c'est que le vrai prolétaire rural sans propriété,
par conséquent sans souci du partage entre ses enfants,
et libre d'engendrer une nombreuse famille, n'existe plus
dans les campagnes que pour mémoire et n'a aucune raison d'y être ni aucune condition pour y vivre en ménage
régulier.

Il y a plus, la conquête de la petite propriété sur la
grande ne s'accomplit facilement que parce que, le prolétariat rural n'existant pas et la main-d'œuvre faisant défaut,
les rares familles rurales actuelles peuvent vendre leur
travail à prix élevé et échanger facilement le prix de ce travail contre les propriétés restant sans exploitation, par
conséquent sans revenus. J'ai entendu, dans le Languedoc
et la Lorraine, les vignerons faire ce raisonnement et régler
leur conduite en conséquence. C'est là une des situations

les plus graves de notre époque, et pour la grande propriété et pour la société tout entière.

D'un autre côté, quand même la population rurale serait assez nombreuse pour acquérir utilement toute la grande propriété, sans doute la richesse publique, la force et la stabilité s'accroîtraient dans le sens des produits et du sang, mais elles s'abaisseraient peut-être dans le sens du progrès intellectuel et moral. Les grandes fortunes sont des leviers sociaux que des associations plus ou moins probes ne remplaceraient pas toujours : il y a là des points de vue, des études, des méditations, des sentiments élevés, des centres intellectuels et moraux, qui ne peuvent être rayés, sans décadence, d'une société civilisée.

La véritable question consiste donc aujourd'hui à éclairer la grande propriété sur ses véritables intérêts de conservation et sur ses devoirs, qui consistent, les uns et les autres, dans l'installation de nombreuses familles associées à la production du sol dont la culture leur est confiée, et dans la certitude, ou du moins dans l'espoir, pour ces familles, que leurs enfants trouveront des conditions aussi favorables à leur installation en familles nouvelles : c'est ainsi que la grande propriété se défendra pacifiquement des ouvriers propriétaires conquérants par les ouvriers prolétaires, intéressés à se maintenir contre la conquête.

J'adresse ici à M. Damourette l'expression toute particulière de ma vive gratitude pour tous les services qu'il a rendus à l'accomplissement de ma mission dans l'Indre. Son concours bienveillant m'a été d'autant plus précieux qu'il est lui-même très-versé dans toutes les questions de l'agriculture, et, par conséquent, du métayage, qu'il applique en grand avec succès, et sur lequel il a fait un excellent travail couronné *ex æquo* avec celui de M. Bignon par la Société d'agriculture de Châteauroux.

Dans ce travail, un chapitre est consacré au métayage des vignes à Argenton; M. Damourette y rappelle les renseignements qui m'ont été donnés à cet égard. Je n'ai donc rien de mieux à faire que de reproduire ici son texte :

« Un propriétaire exploite à moitié 10 hectares de vignes « au moyen de trois familles de vignerons. Deux ont une « part à peu près égale; celle du troisième, dont la famille « est très-nombreuse, est plus forte. Les vignerons donnent « toutes les façons qui se font à la main; la moitié des dé- « penses qu'entraînent les vendanges et les échalas est aussi « à leur charge. Le partage se fait dans la vigne même. « Chacun possède les cuves et les tonneaux nécessaires et « les fait préparer à ses frais; les produits sont donc à peu « près nets pour le propriétaire. Celui dont nous parlons « a eu pour sa part, en 1862, 60 pièces à 60 francs, « soit 3,600 francs, et, en 1863, 70 pièces à 50 francs, soit « 3,600 francs.

« La grappe, les javelles et les fruits récoltés dans les « vignes et sur les arbres ont largement payé les frais : c'est « un beau revenu net de 350 à 360 francs par hectare. »

Dans le Beaujolais le métayage de la vigne donne, au minimum, 500 francs par hectare, et en Suisse le minimum est de 1,000 francs.

Lorsque je constatai ce dernier fait depuis Genève jusqu'à Lausanne, je fis observer aux propriétaires que, la part du vigneron étant d'au moins 1,000 francs, ils pourraient faire faire leurs vignes à façon pour 500 francs par hectare et obtenir ainsi 1,500 francs de revenu au lieu de 1,000. Tous me répondirent : « L'expérience montre que la vigne à

façon ne donne que la moitié de la vigne à partage de fruits;
donc, au lieu de 2,000 francs bruts, nos vignes ne nous
donneraient que 1,000 francs, dont il faudrait déduire les
500 francs de frais. Si nous suivions votre conseil, nous
réduirions nos revenus de moitié. » Chacun sait que pour
l'intérêt sérieux on peut s'en rapporter aux Suisses.

DÉPARTEMENT DE LA LOIRE-INFÉRIEURE.

Sur une superficie totale de 706,000 hectares environ, le département de la Loire-Inférieure ne compte aujourd'hui que 31,000 hectares de vignes, un peu moins de la vingt-deuxième partie de son sol.

Deux cépages principaux, deux cépages blancs, le *gros plant* et le *muscadet,* font la base traditionnelle de ses vignobles, qui ne produisent des vins rouges que par de très-rares et très-petites fractions.

Le rendement moyen du muscadet, qui donne un vin fort agréable, légèrement musqué, le plus généralement consommé par la bourgeoisie, est de 36 hectolitres à l'hectare; et celui du gros plant, qui est dur, âpre, vert, est recherché par les fabricants de vin, à cause de ses qualités d'acidité et de fraîcheur; son rendement moyen est de 48 hectolitres.

Ces moyennes sont tirées des rendements des vignes de vignerons propriétaires qui en obtiennent un produit double au moins du produit de la vigne bourgeoise, faite à l'entreprise et à la journée, et de moitié plus élevé que celui de la vigne à complant ou à devoir.

Pour avoir la moyenne générale, il faut savoir encore que les vignes à gros plant occupent une superficie double de celles constituées par le muscadet, et cette moyenne générale serait de 44 hectolitres. On est donc assuré de rester au-dessous de la production vraie en la fixant à 40 hecto-litres à l'hectare. Beaucoup de vignerons récoltent des maxi-mum de 100 barriques de 230 litres en gros plant et de 60 barriques en muscadet, à l'hectare ; mais, en revanche, il y a beaucoup de propriétaires qui ne récoltent pas 10 barriques en gros plant et 6 en muscadet. Je ne parle pas des pineaux, qui ne se montrent en quantité appréciable qu'auprès d'Ingrandes, c'est-à-dire à l'extrême limite de la Loire-Inférieure avec Maine-et-Loire.

Si les rendements moyens sont faibles pour des cépages d'abondance, les prix moyens sont plus faibles encore rela-tivement : le prix moyen de l'hectolitre de gros plant, toutes valeurs locales compensées, est de 8 francs, et celui du muscadet est de 14 francs ; le produit du gros plant étant double de celui du muscadet en quantité, le prix moyen de tout vin est donc de 10 francs l'hectolitre seulement : chaque hectare de vigne représente donc un rendement brut de 400 francs, et les 31,000 hectares donnent un produit brut total de 12,400,000 francs : c'est le budget normal de 12,400 familles ou d'environ 50,000 habitants ; un peu plus du douzième de la population totale, qui est de 598,000 ha-bitants, sur la vingt-deuxième partie du sol.

Pourquoi ces faibles rendements de la vigne, pourquoi cette faible valeur des vins ? Le sol et le climat de la Loire-Inférieure n'en peuvent-ils donc produire plus et de meil-leurs ?

Les granits, les micaschistes, les meulières, occupent toute la rive gauche de la Loire jusqu'aux bords de la mer, où sont les dunes et les sables du littoral ; autour de Mache-coul sont des formations à calcaires grossiers, à gypses et argiles plastiques. Sur la rive droite, à l'ouest et au nord, sont encore les mêmes formations granitiques, schisteuses et meulières; mais à l'extrême nord et à l'est, depuis Ancenis jusqu'à Ingrandes, sont les terrains de transition où se produisent les meilleurs vins blancs du département.

Tous ces sols, d'une rare fertilité, présentent des rampes, des plateaux et des sites admirables pour la vigne.

Si le sol de la Loire-Inférieure est excellent, son climat est merveilleux, on peut le dire; il suffit de parcourir le jardin des plantes de Nantes pour reconnaître sa constitution privilégiée. Ce jardin a été créé et est encore dirigé par le docteur Écorchard, avec une science et un goût exceptionnels, et surtout avec un dévouement et un désintéressement extrêmes.

La splendeur de ce jardin, la richesse et l'éclat de ses fleurs du 15 au 30 avril, le nombre et le groupement des arbres et des arbrisseaux précieux qu'il renferme, dépasse tout ce que l'imagination peut rêver de plus ravissant en ce genre. De longues allées de magnolia grandiflora en arbres de pleine terre, aussi étendus, aussi gros et aussi élevés que des tilleuls de vingt ans; des taillis de camélias, aussi en pleine terre, entrecoupés de groupes d'azalées et de fourrés de rhododendrons : telles sont les preuves vivantes de l'excellence du climat de la Loire-Inférieure.

Avant de me rendre au jardin des plantes, j'avais visité l'établissement des sourds-muets de Saint-Gabriel, fondé par M. Chevreau, alors préfet de la Loire-Inférieure, et confié par lui à la direction du frère Louis, dont le solide et vrai mérite est rehaussé par une simplicité et une abnégation personnelles absolues.

J'entendis là pour la première fois quarante à cinquante

jeunes sourds-muets articuler et prononcer les mots aussi franchement que s'ils s'entendaient parler. Sur la question posée par signes : Qui vient vous visiter? tous répondirent à haute et nette prononciation : C'est le Dr Jules Guyot.

Mais le frère Louis ne se borne pas à rendre les sourds-muets à la vie intellectuelle et des relations sociales, il les dresse aux travaux les mieux dirigés de la viticulture et de l'horticulture ; il leur apprend à créer les ressources nécessaires à la vie et même la richesse, dans un espace de quelques hectares, par un travail manuel actif, adroit et précis, par les procédés de plantation, de conduite et de choix des essences et des sujets les meilleurs et les plus propres à assurer le succès.

C'est dans cet ordre d'enseignement que l'établissement de Saint-Gabriel produira d'excellents jardiniers et d'excellents vignerons.

Les vignes de Saint-Gabriel sont toutes conduites soit en cordons, soit à branches à bois et à branches à fruits, avec palissages, ébourgeonnages, pincements, relevages, liages, rognages et effeuillages, avec succès et au grand avantage de l'établissement.

Puisque je parle des enseignements précieux donnés à l'horticulture et à la viticulture par le docteur Écorchard et par le frère Louis, je ne puis oublier ici le vénérable Cailliaud, mort l'année dernière au delà de quatre-vingts ans, après avoir consacré une grande partie de sa longue carrière aux études et aux améliorations de la viticulture et de la vinification de son pays. Il avait planté dans sa propriété de Bois-Branlard, près de Nantes, non-seulement une collection d'études de plus de cinquante variétés des cépages qui lui semblaient devoir le mieux convenir à la

Loire-Inférieure, mais encore des carrés composés de pineaux gris, de plant dit *rouge de Bourgogne* (gros gamay rond ou liverdun), de cot, auxerrois ou pied de perdrix, de plant de la Dôle, de gamay du Beaujolais, de lyonnaise du Jonchay, de gamay de Châtillon, et enfin de quatre espèces de pineaux de Bourgogne. Chaque espèce était séparée dans ses carrés, puis conduite à la branche à bois et à la branche à fruits. M. Cailliaud avait essayé la viticulture type et l'expérience l'avait fait un de ses meilleurs partisans.

Aussitôt que cet homme de cœur et de dévouement avait constaté la supériorité d'un cépage, d'un mode de culture et d'un vin, il s'empressait de faire goûter celui-ci, de faire connaître celle-là, tandis qu'il donnait des boutures de ce cep à tous ceux qui désiraient en planter.

M. le général Thouvenin; M. Vidal, inspecteur d'agriculture; M. Couprie, président de la Société d'horticulture; MM. Goupilleau, Dupin, Van-Iseghem, et le frère Louis m'ont dirigé et accompagné dans presque toutes mes excursions (je dois à ces messieurs et aux membres du Comité viticole l'expression de ma vive gratitude).

Une des premières et des plus intéressantes explorations a été celle de Saint-Brévin, aux sables du littoral et des dunes. M. Gouin, notaire à Paimbœuf, nous conduisit à Saint-Brévin et jusqu'à ses dunes, au pied desquelles il a installé un charmant manoir entouré d'arbres et de taillis déjà grands. Aux alentours, et toujours sur les sables, MM. Gratton, Barré et Goupilleau ont créé également de curieuses installations rurales.

Accompagnés de M. Mercier, maire de Saint-Brévin, nous avons visité d'abord des vignes de vignerons plantées dans les sables purs qui précèdent les dunes, vignes offrant,

depuis des plantations d'un an jusqu'à l'âge de vingt ans,
portant fruit dès la troisième année et pouvant s'élever, par
la générosité de la taille, à l'énorme production de 100
barriques à l'hectare : M. Mercier nous en a fait voir dont

Fig. 323.

le rendement n'était pas moindre. (J'y ai pris le croquis de
la figure 323, au 33ᵉ.)

Ces vignes sont à billons très-élevés et très-bien formés,
comme l'indique la figure ; mais ces billons sont transversaux à des sentiers appelés *rèzes*, distants de 5 à 6 mètres,

Fig. 324.

suivant que les planches contiennent quatre ou cinq ceps
dans leur travers (fig. 324, au 100ᵉ).

Presque toutes les vignes sont ainsi disposées dans le
département ; pourtant il y en a un très-grand nombre qui
sont à billons parallèles, allant d'un bout à l'autre des
vignes, un peu moins élevés et ne formant point de planches
séparées par des rèzes. On pense, et M. Goupilleau me l'a

écrit, que ces billons et ces cuvettes ou fossés, auxquels ils servent d'abri, préservent les jeunes bourgeons des gelées printanières ; c'est précisément le contraire qui est vrai : toute cuvette, tout fossé, tout bas-fond, qui retient les vapeurs d'eau et les empêche d'être balayées par les vents, assure la gelée des jeunes pousses, alors que les cultures plates ou l'élévation du cep sur un billon, en le sortant de la vapeur, qui devient givre sur les bourgeons, protége parfaitement les vignes contre les gelées blanches du printemps.

Les vignes de M. Gouin sont absolument dans les dunes et tout près de la mer. M. Gouin a établi des jardins immenses qui commencent à 20 mètres du point où l'Océan vient battre son plein. Ces jardins sont protégés par une longue et solide muraille sous le vent de mer, puis découpés en carrés et abrités par des haies sèches, formées de branches en clayonnages artistement enchevêtrés, de façon à tamiser l'air : autour de ces carrés, les treilles, les arbres fruitiers de toutes sortes, sont disposés et conduits avec habileté, tandis que les milieux sont occupés par des asperges, des artichauts, des légumes, des primeurs de toutes sortes. M. Gouin transforme ainsi en jardins plantureux, et à produits précoces, des sables en apparence voués à la stérilité la plus absolue, et n'offrant, comme végétation spontanée, que le *carex arenaria*. M. Gouin a entrepris l'établissement de ses vignes et de ses jardins à fruits et à légumes sur une étendue de 33 hectares, et il va étendre ses cultures à 50 autres hectares pareils. M. Gratton opère de même sur 8 hectares, M. Barré sur 20 et M. Goupilleau sur 25.

Grâce aux exemples donnés par ces hommes d'initiative,

grâce au climat favorable dont le jardin de Nantes donne
l'idée, chaque hectare de sables compris entre Saint-Brévin
et le fort de Mindin, tout autour au nord et jusqu'à la
Prouai au sud, peut arriver et arrivera à donner de 500 à
2,000 francs de produit net, en vignes, en asperges, en
artichauts et autres produits de primeurs et de luxe. Les
semis des conifères, des genêts et des junipères réussissent à
merveille dans ces sables; mais la plus haute production de
ces boisements n'atteindrait jamais à un produit de 30 francs
par an. Ce serait donc une opération rétrograde, et peu
digne d'intelligents pionniers, que de peupler les sables en
essences forestières autrement que pour créer des abris à
des produits dix et quarante fois plus riches et plus colo-
nisateurs.

Mais, pour ces dernières cultures, il faut songer à établir à demeure sur les lieux, en leur construisant des
chaumières agréables, saines et commodes, des familles
proportionnées à l'importance des travaux, et à les inté-
resser largement aux produits, tout en pourvoyant à leurs
premières nécessités : c'est le conseil que j'ai donné à
MM. Gouin et Goupilleau, conseils qu'ils m'ont paru ne
point mépriser.

Dans l'arrondissement de Paimbœuf et à Saint-Brévin,
on plante sur bonne culture à la charrue (après fumure
dans les sables), à la barre et à boutures, préalablement
stratifiées et en séve, descendues à 50 centimètres de profondeur; on laisse trois yeux dehors, après avoir foulé la
terre vigoureusement avec un piquet; la plantation se fait
en lignes, à 66 centimètres dans le sens des rèzes et à
1^m,33 entre les ceps dans le sens des planches qui comptent
quatre ou cinq rangs. Dès la première année de taille on

laisse un ou deux sarments à deux yeux ; à la troisième année on laisse trois ou quatre bras, si le cep est assez fort. On n'aime pas deux bras seulement, et un bras moins encore. Sur chaque corne on laisse une seule *amée* ou courson, à deux yeux francs pour le gros plant et à trois yeux pour le muscadet.

On n'ébourgeonne pas, on ne pince pas, on ne rogne pas, on ne relève ni on ne lie ; on se contente parfois de détourner les pampres des rèzes. Dans les vignes *sur terre*, on déchausse après la taille ; mais, dans les sables, on déchausse auparavant ; au 15 mai on rechausse un peu ; sur terre on fait des mottes. On met à plat après la Saint-Jean.

On entretient par le provignage, mais principalement par cherches (marcottes). On met des genêts pour engrais dans les *raganes :* les raganes sont des fossés qui se font entre les ceps ; mais on ne rapporte ni terres ni sables, comme cela se fait si avantageusement à Capbreton, dans les Landes. Le mode d'exploitation le plus fréquent, dans l'arrondissement de Paimbœuf, est au tiers au profit du propriétaire. Le vigneron a les deux tiers, mais il se charge de tout ; la moyenne production pour le gros plant est de 24 barriques de 238 litres et de 16 pour le muscadet.

Les vignes franches, celles que le vigneron n'a pas plantées aux deux tiers par contrat, se font souvent à moitié. L'exploitation à façon (100 francs l'hectare environ) est l'exception. La journée varie de 1 fr. 50 cent. à 2 francs.

Fig. 325.

Les jeunes vignes sont plus régulières que les anciennes ; les souches, en majorité, sont dressées sur trois bras, à 14 ou 15 centimètres

38.

de terre, et présentent l'aspect de la figure 325, au 33ᵉ; *A* et *B* représentent les tailles de troisième année, à la pousse d'avril.

Dans l'arrondissement de Nantes, au Loroux-Bottereau, où toutes les vignes sont sur schistes, on plante sur simple culture, l'expérience ayant montré que les défoncements sont plus nuisibles qu'utiles. On plante les grandes vignes en boutures sans vieux bois, boutures qu'on réunit par paquets de cent et qu'on met dans l'eau parfois, souvent en terre, jusqu'à ce que de petites racines paraissent, pour les planter à la fin de mai, à la barre, à 25 centimètres de profondeur, à terre tassée, et à trois ou quatre yeux dehors; les plants racinés sont plantés à la pelle avec terreau ou compost.

Les distances adoptées ici sont de 80 centimètres à 1 mètre au carré; on taille la première année très-court, mais dès la seconde taille on laisse trois et quatre bras (ralles ou redales); les années suivantes on ne laisse à chaque bras qu'un courson à deux, trois et jusqu'à quatre yeux. La folle jaune et verte ou gros plant, le muscadet, sont aussi les seuls cépages. Il y a bien quelques pineaux et même quelques vignes en pineaux au Loroux, mais c'est la très-minime exception.

Au gros plant on laisse, outre trois ou quatre coursons, un daguet à sept ou huit yeux: c'est toujours un gourmand venu sur vieux bois et au-dessous de la tête; mais, dans le muscadet, on laisse toujours un long bois, venu sur la tête du jeune bois, et on le recourbe en couronne en l'entrelaçant aux bras de la souche (fig. 326 : *A*, taille du gros plant; *a b*, daguet; *B*, taille du muscadet; *c d e f*, couronne).

L'on ne fait aucune opération sur les pampres verts.

Toutes les vignes sont à planches séparées par des rèzes et
à billons transversaux. A la chute des feuilles on dérèze,
c'est-à-dire qu'on nettoie les sentiers en rejetant la terre

Fig. 326.

sur les planches. On taille en février, puis on déchausse;
en mai, on étale les billons incomplétement; en juillet on
rebêche en aplatissant plus encore les billons, mais en en
laissant voir l'ondulation.

On fume les vignes tous les sept ans au fumier d'étable,
avec litières de marais surtout, au taux de 450 charges de
cheval par hectare; la charge de cheval se compose de deux
grands paniers, dont un demi est déposé dans la ragane;
on saute une ligne sans y faire de ragane.

Les vignes sont exploitées partie à complant, au tiers ou
au quart, partie au prix fait de 7 ou 8 francs par hommée
ou de 100 à 120 francs par hectare; partie enfin à la
journée, qui est de 1 fr. 75 cent. à 2 francs ou de 1 fr. 50
cent. nourri. Il y a, d'ailleurs, très-peu de journaliers.

On vendange en seilles, on verse et on foule en basses
méplates, faites pour s'adapter à la selle d'un cheval. On
refoule sur une maie spéciale; puis on dresse le cep, c'est-
à-dire le marc, sur la maie du pressoir en forme de cube;
on le protége avec de la paille et on presse; on met les produits dans des tonneaux neufs quand il s'agit du muscadet,
vieux quand c'est du vin de gros plant. — On range les

tonneaux au cellier et l'on fait guiller, mousser dehors, en remplissant au fur et à mesure.

On recueille le muscadet avant le gros plant, quinze jours environ ; on le préfère un peu vert. Le gros plant est souvent un peu pourri quand on le récolte.

Il y avait ici des vins rouges autrefois, mais l'oïdium en a, dit-on, détruit les cépages.

A la Chapelle-Heulin, à Vallet, les coutumes et les pratiques sont les mêmes qu'au Loroux. Les terrains y sont sablonneux et très-fertiles. On laisse des daguets au gros plant et une couronne au muscadet ; c'est la couronne à peu près seule, me dit-on, qui donne le fruit. On y terre les vignes avec des pelous de pré, ce qui est une excellente pratique ; on plante surtout les vignes en plants enracinés à la pelle. A Mouzillon, la taille est plus généreuse et les récoltes sont plus abondantes qu'à Vallet et au Loroux ; j'ai vu beaucoup de souches portant deux couronnes croisées (fig. 327).

Fig. 327.

A Gorges, vignoble important, on défonce le sol à 30 ou 40 centimètres à la main pour planter. M. Paulo, propriétaire viticulteur des plus habiles, préfère le défoncement à la charrue Dombasle, suivie de la charrue fouilleuse. On choisit surtout le plant enraciné de deux ans pour planter : aussi presque tout se plante à la pelle et au trou ; le plant reste vertical. On met du terreau quand on plante sur vignes arrachées. Le plant est descendu à 20 centimètres de profondeur seulement. On plante en novembre et en avril.

La distance des lignes des ceps est de 5o à 6o centimètres, mais les ceps sont à 2 mètres dans la ligne en quinconce. On fait les planches à cinq rangs de ceps.

On forme de suite la souche à trois et à quatre bras ; et d'ailleurs, pour le muscadet et le gros plant, on suit les mêmes pratiques qu'au Loroux. On remplace surtout par marcotage.

A cet égard un vigneron, propriétaire à Monnières, signale une pratique de provignage qui mérite d'être étudiée. A Monnières, paraît-il, pour remplacer un cep manquant, on laisse à une souche voisine un sarment assez long pour atteindre à la place du cep à renouveler ; à cette distance on rogne le sarment, et l'on ne garde que les bourgeons de son extrémité, bourgeons qu'on laisse croître autant que possible ; l'année suivante on plante ce sarment à la place du cep mort, sans le séparer de la souche mère ; il paraît

Fig. 3a8.

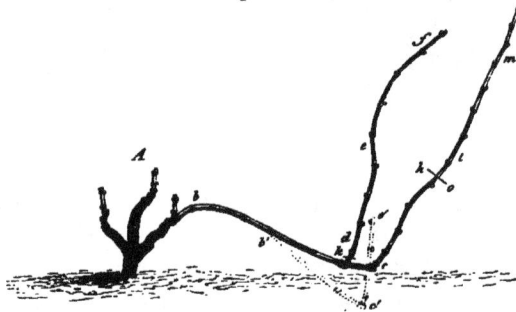

que le cep ainsi disposé devient fort beau sans fatiguer la souche mère.

Soit la souche *A*, figure 3a8, à laquelle on a laissé un

long sarment *b c*, rogné en *c*, un peu plus loin que la place
du cep à reproduire ; si deux yeux ont été laissés à ce bourgeon en *k* et *c*, il aura poussé deux beaux sarments *k d e f*,
c l m, et des fruits. L'année suivante on abattra *k d e f* en
k, on descendra *c* en *c′* dans la terre et on le rognera en *h o*,
pour donner le plant *c′ o′* ; ce mode de provignage est moins
expéditif que la marcotte, et vaut peut-être moins que le
versadi, mais il mérite d'être étudié et expérimenté avec
le versadi.

M. Boisteau, maire de Gorges, a planté depuis longtemps
5 hectares en vignes rouges, comprenant cent espèces
différentes de raisin ; il a, de plus, fait de nombreux essais
de vinification.

Dans la commune de Brains on plante principalement en
boutures ; à Saint-Jean-de-Boiseau, les terres sont tellement
inondées, que les vignerons sont obligés de dresser très-
haut leurs souches. On taille à un œil à la deuxième et à la
troisième année, et ce n'est qu'à la quatrième qu'on forme
deux ou trois ralles (bras) ; on taille un courson à un seul
nœud sur chaque ralle ; mais, à dix ans, chaque souche est
munie de cinq à six bras. A Brains, on laisse une couronne
au muscadet ; mais, outre la courbe qu'on lui fait décrire,
on tord encore son sarment sur l'axe. Souvent on fait pré-
céder la couronne d'un courson de retour, ce qui ne se fait
pas ailleurs ; mais une meilleure pratique encore, c'est qu'on
remplace les manquants par de nouveaux plants enracinés,
même dans les vieilles vignes, avec grand succès ; il est
vrai qu'on a soin de rapporter du terreau au trou. On fume
beaucoup et l'on a obtenu d'excellents effets de la chaux et
de la boue d'étang, sur fond de schistes ; on terre beaucoup aussi à Brains. Le prix des façons est de 120 francs par

hectare, celui de la journée est de 1 fr. 50 cent. l'hiver et de
2 francs l'été. La main-d'œuvre est rare; mais si le propriétaire donne le vin, il a autant de journaliers qu'il en
veut. Il y a aussi des vignes à complant. Trois sommes font
la barrique. A la vendange, un homme est chargé de dési-
gner la somme que le propriétaire choisit sur les trois : on
l'appelle l'*écarteur*.

C'est la vigne du propriétaire à façon qui donne le moins;
vient ensuite la vigne à complant; mais la vigne du propriétaire vigneron cultivant lui-même est la plus fertile.

La moyenne production est de 25 barriques à l'hectare
pour le gros plant et de 15 barriques pour le muscadet;
le prix moyen du vin du premier est de 15 francs, celui
du second est de 25 francs la pièce.

A Bouguenais, nous avons visité les vignes de M. Van-
Iseghem, vice-président de la Société d'horticulture de
Nantes; là se trouvaient réunis un grand nombre de membres
de cette société, ainsi que son président, M. Couprie. M. Van-
Iseghem nous a fait voir de très-belles jeunes vignes en gamay
de Magny, cultivées à doubles branches à fruits (fig. 329)

Fig. 329.

et donnant des vins rouges très-bons, tout à fait analogues
à ceux du Beaujolais. Ces vignes constituent une étude
en grand, bien précieuse pour le pays, tant pour la qualité que pour la quantité. M. Van-Iseghem a observé que
le gamay de Magny mûrissait bien, mais dix à douze jours

après le muscadet, à peu près en même temps que le gros
plant. M. Van-Iseghem m'a fait voir aussi de vieilles vignes
en gros plant, taillées à six ou huit bras horizontaux, partant
d'une souche centrale, élevée d'environ 25 centimètres au-

Fig. 330

dessus de terre et donnant jusqu'à 100 hectolitres à l'hectare (figure 330); mais ces souches sont encore plus curieuses par leur forme que par leur fécondité.

La règle du vigneron, à Bouguenais et aux environs,
c'est qu'en toute saison le vigneron puisse s'asseoir sur sa
souche et y déjeûner comme il ferait sur un siége ordinaire,
sans rien déranger à la végétation. En effet, bien que les
bourgeons fussent déjà poussés et fort tendres, nous avons
pu nous asseoir, M. Van-Iseghem et moi, en face l'un de
l'autre, chacun sur une souche prise au hasard, et nous y
reposer sans avoir fait tomber un seul bourgeon. M. Van-
Iseghem a fait goûter aux assistants des vins de gamay magny
très-agréables, de pineau gris et de muscadet très-bons;
mais son vin de gros plant était vert, âpre et peu acceptable pour boisson courante. Il a fait faire devant moi la
rézure, le déchaussage et le billon, puis la mise en rai-
neaux (petits sillons), puis enfin la mise à plat; en un mot.
il a rendu ma visite aussi instructive que possible.

A mesure qu'on remonte là Loire, rive droite, de Nantes à Ingrandes, le gros plant diminue pour laisser dominer le muscadet et apparaître le pineau à la frontière de Maine-et-Loire. Le pineau donne des vins de 3o à 4o francs l'hectolitre, mais il ne produit guère que 15 à 2o hectolitres à l'hectare ; tandis que le muscadet continue à en donner 35 à 4o, et le gros plant, 5o à 6o.

Dans l'arrondissement d'Ancenis, les cultures diffèrent peu de celles des autres parties du département : le gros plant continue à être traité à courson, à deux yeux et à sous-gorge ou à daguet; le muscadet, à courson à deux et trois yeux et à une ou deux couronnes sur la tête, et le pineau se traite comme le muscadet, à couronne et à un œil de plus par courson.

A Varades, on défonce à 4o ou 6o centimètres les vieilles vignes seulement; sur les terrains vierges on plante sur simple labour. On plante à bouture simple et à bouture à racines de l'année, mais on préfère le plant de deux ans. On forme de suite la souche à quatre et à cinq bras, et l'on se plaint que les vignerons suppriment les couronnes aux muscadets malgré les propriétaires. Je note ce fait parce que les prétendus principes de la viticulture d'aujourd'hui sont, pour plus de moitié, fondés sur ce qui facilite et abrége la tâche des vignerons, sans qu'ils prennent le moindre souci de la production.

On ploie toutes les couronnes en taillant; cette pratique vaut mieux que la ployure en mai. On ne fait ici encore aucune opération sur le vert; pourtant M. l'adjoint de Varades déclare qu'ayant pratiqué le rognage sur une vigne de Bourgogne qui donnait peu, sa récolte est devenue magnifique. Les cultures sont les mêmes qu'à Nantes, ainsi

que les opérations de la vendange et de la vinification. Il y
a moins de vignes à complant ici, mais le prix des journées
et celui des façons sont semblables à ceux des autres arrondissements.

La seule différence dans les cultures de Varades et d'Ingrandes, c'est que le pineau est assez abondant dans ce
dernier vignoble et qu'on y ébourgeonne avec soin.

Par le récit de nos courses et par les croquis que j'ai
donnés, je crois qu'on peut se faire une idée exacte et complète de la viticulture et de la vinification de la Loire-Inférieure. Je compléterai cet aperçu en donnant le croquis
d'un des meilleurs pressoirs qui aient été inventés, et dont

Fig. 331.

l'usage, aujourd'hui très-répandu, a consacré les bons services (figure 331). P, pressoir prêt à recevoir le marc à
presser; P', marc en presse; M, maie intermédiaire et commune à deux pressoirs pour recevoir et fouler les jus avant
de former le cep (marc à presser).

En tournant la roue A par ses poignées verticales B, on

fait remonter ou descendre très-vite le blin *C*. Pour presser, quand le blin est descendu sur les madriers, on engrène les pignons *D* sous la denture de la roue *A*. Ces pignons sont commandés par les roues à manettes *E*, qui ajoutent une grande puissance à la pression. On laisse écouler le jus, et, pour dernier effort d'écrasement, on applique le levier à encliquetage *G*.

Ces pressoirs sont de M. Dezaunay, à Nantes; leur prix varie de 350 à 1,100 francs.

En résumé, il ne se fait que des vins blancs dans tout le département de la Loire-Inférieure; et ces vins blancs sont produits, les plus grossiers et les plus abondants, par le gros plant, que j'ai lieu de croire, avec MM. Cailliaud et Demangeat, être la folle. Le gros plant a deux variétés comme la folle, la blanche et la verte. Les vins de gros plant sont enlevés par Bordeaux pour les coupages et la fabrication des vins rouges, parce qu'ils sont neutres et frais; il s'en consomme aussi beaucoup sur place; mais la consommation, bourgeoise surtout, préfère les vins blancs de muscadet, qui sont bien meilleurs en effet et sont souvent fort délicats. Les vins de muscadet sont, au contraire, délaissés par le commerce, à cause d'un petit goût musqué qui les rend moins propres à se mêler aux vins de fabrique. Les vins de pineau sont encore meilleurs, mais ils n'existent à l'état pur que pour mémoire.

DÉPARTEMENT DE MAINE-ET-LOIRE.

Sur une superficie de 712,000 hectares, le département de Maine-et-Loire cultive environ 31,000 hectares de vignes, dont le produit moyen (toute compensation faite entre les vignes fines, rouges et blanches, et les vignes communes, tant pour leur rendement, qui varie de 12 à 33 hectolitres à l'hectare, que pour leurs superficies respectives, qui sont d'un de vignes fines sur quatre, pour tout le département) est de 27 hectolitres et demi à l'hectare.

Le prix moyen de l'hectolitre est de 26 francs (même compensation faite entre les prix moyens des vins fins, de 37 fr. 50 cent. à Angers, de 69 francs à Saumur, et ceux des vins communs, de 18 fr. 50 cent. ces derniers entrant pour trois quarts dans la moyenne totale).

Le rendement brut moyen de chaque hectare est donc d'un peu plus de 700 francs; et le produit total des 31,000 hectares est d'environ 22 millions; plus du sixième du revenu total agricole, sur la vingt-deuxième partie du sol du département.

Ces 22 millions fournissent le budget annuel de 22,000 familles ou de 88,000 habitants, environ le sixième de la population de Maine-et-Loire, qui est de 532,325 individus.

Si nous examinons le produit de la vigne relatif aux autres cultures principales du département, nous trouvons

que la pomme de terre y donne, en moyenne brute, 200 fr.,
les prairies de même, les colzas 320 francs, le froment
300 francs, le lin 500 francs, le chanvre 600 francs et la
vigne 700 francs.

La vigne est donc ici, comme à peu près partout, la plus
riche production rurale; y est-elle aussi la plus favorable
au propriétaire par le revenu net? Oui : mais elle le serait
bien plus si le propriétaire avait pu étudier la viticulture
comme il a pu étudier les autres cultures, et s'il intéressait
son vigneron au produit, tout en le faisant profiter de son
instruction.

Quoi qu'il en soit, la vigne rapporte 700 francs et coûte
250 francs de frais annuels en moyenne.

Ces 250 francs sont formés de : façons, 90 francs; fourniture de vin au vigneron, 15 francs; vendange et pressurage, 45 francs; provignage, 25 francs; fournitures, paille,
échalas, fumier, 65 francs. C'est là un maximum des dépenses faites annuellement pour 1 hectare de vigne en
Maine-et-Loire. La vigne y donne donc, en produit net
moyen, 450 francs; tandis que le lin n'y donne que 330 fr.,
le chanvre 153 francs, le colza 239 francs, le froment
190 francs, et la pomme de terre 122 francs, abstraction
faite du loyer du sol.

De toutes ces cultures, les plus riches, avec la prairie
irriguée, qui rapporte 200 francs, et la prairie non irriguée,
qui en rapporte 150, deux seulement ne sont point portées
à leur perfection : celle de la vigne, dont le rendement
moyen, en fins cépages, peut être porté et est porté de fait
par quelques bons propriétaires à 40 hectolitres à l'hectare, sans que la qualité ni le prix moyen, de 26 francs
l'hectolitre, soient amoindris, et la pomme de terre, dont

le rendement moyen peut être facilement porté de 60 à 200 hectolitres à l'hectare.

La pomme de terre, comme alimentation directe de l'homme, est bien supérieure à la betterave, elle vaut presque le blé; son plus grand défaut, c'est de ne pouvoir être consommée que pendant sept ou huit mois de l'année.

Sa culture, son rendement possible par are, dans chaque localité, sa quantité nécessaire à l'homme, aux animaux domestiques, ses meilleurs modes d'emploi, de conservation, ses proportions dans l'assolement, devraient être étudiés, enseignés et recommandés, en première ligne, dans les exploitations rurales grandes et petites. Sans la culture de la pomme de terre, la moitié de la population irlandaise serait anéantie, un tiers de l'aisance disparaîtrait de l'Allemagne. C'est la pomme de terre qui peut nourrir le plus d'hommes possible dans le plus petit espace possible; c'est la ressource immédiate de la famille agricole. Mais qu'importent aux spéculateurs les voies et moyens de la vie rurale! Ce qui leur importe surtout, ce sont les produits industriels qui sortent de l'agriculture et non ce qui nourrit l'agriculture; ce sont les moyens de faire et de multiplier des bénéfices sur des produits réalisés et échangeables à l'infini.

La vigne dans Maine-et-Loire est déjà d'une grande importance et s'accroîtra d'année en année, car elle est là sur un terrain et sous un climat suffisamment favorables à la production des bons vins ordinaires et même des vins fins.

La plus forte moitié du département, à l'ouest d'une ligne qui passerait par Châteauneuf, Briollay, Andard, Brissac, Chavaignes et Nueil, est formée, sur la rive droite et un peu sur la rive gauche de la Loire, jusqu'à la limite nord, de terrains de transition supérieurs et moyens, de micaschistes, de gneiss et de granit, sur toute la rive gauche, jusqu'à la limite sud. Quant à la petite moitié *est* du département, elle est entièrement formée de larges alluvions de la Loire, au centre; de grès verts et de terrains moyens à droite et à gauche des alluvions.

En résumé, Saumur est placé au milieu des grès verts, des terrains tertiaires moyens et des alluvions de la Loire; Baugé de même; Angers et Segré occupent les terrains de transition, et Cholet est exclusivement entouré de terrains schisteux et granitiques.

Le climat de Maine-et-Loire, dont la perfection et la plus complète expression se résument à Angers, est bien connu pour sa clémence et sa générosité. Pour en constater la supériorité, il suffit de parcourir les splendides jardins et les pépinières de M. André Leroy, où tous les cépages du midi mûrissent leurs fruits en treille et en pleine terre, et où les camélias et les magnoliers de toutes variétés, ainsi qu'une infinité de plantes méridionales, prospèrent et se maintiennent pendant les hivers, sans la moindre protection.

Les deux cépages dominants dans le département de Maine-et-Loire, sous le nom de *pineau blanc* et de *pineau rouge*, sont, comme je l'ai dit, le gros pineau blanc et le breton ou carbenet, tous deux d'une maturité tardive; ils mûrissent moins bien sur les terrains de transition et sur les granits d'Angers que sur les terrains plus récents de Saumur. Tout en réservant ces cépages, de première qualité pour les sites et les terrains les plus chauds, je crois qu'il y aurait avantage à adopter les petits gamays à Angers, et surtout à Cholet, et les verts dorés noirs, l'épinette blanche de la Champagne, à Saumur et à Baugé, sur les plateaux et dans les sites les moins favorisés.

Le département de Maine-et-Loire produit de temps immémorial des vins blancs surtout, qui jouissent d'une réputation bien méritée, et quelques vins rouges qui auraient atteint une aussi grande importance et une réputation non moins bonne si la culture des cépages rouges avait été plus étendue; mais concentrée dans quelques petits vignobles qui environnent Saumur, vignobles dont Champigny offre l'expression la plus haute et la plus connue dans son clos des Cordeliers, elle n'a pu étendre au loin sa renommée, ne pouvant étendre beaucoup sa consommation.

Cette omission dans le développement des vignes à vin rouge, alors que la production de ce vin est insuffisante pour alimenter le département lui-même, alors que la consommation du vin rouge, plus alimentaire, plus tonique et agitant moins le système nerveux que le vin blanc, paraît devoir prédominer dans l'usage le plus général, a frappé quelques bons esprits. M. Guillory, qui jusqu'en ces derniers temps a été, depuis longues années, le président et l'âme de la grande Société industrielle d'Angers, si connue par son activité progressive, a voulu éclairer cette importante question et la traiter expérimentalement dans sa propriété de la Roche-aux-Moines, où des expériences en grand se poursuivent depuis 1841.

M. Guillory a donc choisi douze variétés de cépages noirs pour les essayer en végétation et en vin, avant de les recommander à personne : c'est bien là la marche que doit suivre tout expérimentateur sérieux.

Parmi les espèces essayées par M. Guillory, je citerai le pineau noirien, le pineau blanc ou chardenet, le pineau gris ou bureau; il a dû les abandonner, parce que, quoique fertiles et donnant des produits précoces et excellents pendant

39.

les premières années, ils sont bientôt devenus stériles en fruits et chétifs en bois.

En effet, les calcaires sont les sols de prédilection de ces cépages, et jamais ils n'ont été cultivés en grand dans les terrains de transition ni dans les terrains primitifs; toutefois il n'est pas encore démontré qu'ils n'y réussiraient pas et qu'ils n'y donneraient pas des produits supérieurs, abondants et durables; les résultats mêmes obtenus par M. Guillory me portent à penser qu'ils y auraient réuni peut-être tous ces avantages si la taille de ces cépages avait répondu à la générosité du sol.

Les pineaux noirs, blancs et gris se stérilisent et languissent, dans un terrain vigoureux, si leur tige n'est pas étendue et si elle ne porte pas au moins une longue verge; ce fait se produit, même quand ils ont abondamment fructifié à la taille courte, dans les cinq ou six premières années de leur existence.

La prompte stérilisation et le prompt dépérissement d'un cep sont le plus souvent le résultat composé : 1° de la vigueur de l'espèce, ne pouvant supporter une taille restreinte: 2° de la générosité du sol.

Plus un cépage est vigoureux, plus sa taille est courte, moins il donnera de fruits, plus il succombera rapidement, en proportion directe de la richesse du sol. Plus un cep est débile et avide, plus sa taille est courte, plus il sera fécond en proportion de la richesse du sol; mais sa vie utile n'y dépassera pas douze à quinze ans, s'il n'est pas provigné.

C'est, avant tout, la plantation, la taille et la conduite qui font la précocité du rendement rémunérateur. Le cépage à grande allure, planté profondément, rabattu pendant trois ou quatre ans, puis mis à la taille courte et à un ou deux bras, comme dressement définitif, pourra sembler le plus stérile et le plus chétif des cépages, quoiqu'il en soit réellement le plus vigoureux et le plus fertile ; un cépage à petite allure, traité de même, sera proclamé le plus vigoureux et le plus fécond. M. Becquerel a communiqué à la Société impériale et centrale d'agriculture de France un fait bien simple et qui exprime clairement ce que je veux faire comprendre ici : ce savant observateur avait dans son jardin plusieurs ceps de pineau noir, conduits à tige restreinte et à taille courte et qui ne donnaient jamais rien ; il les lâcha en treilles et ils se couvrirent de fruits, non-seulement sans s'épuiser, mais encore en augmentant de vigueur.

A côté de chaque vigne, un cep de chaque espèce qui la constitue devrait être conduit à grande allure, en cordons ou en treilles, à courte et à longue taille.

C'est seulement ainsi qu'on pourrait classer la vigueur et la fécondité de chaque cep, de même que ses convenances ou ses disconvenances à l'égard du sol.

M. Guillory a essayé aussi, sous le nom de plants communs, le liverdun, le gamay de Malain et la varenne de la Meuse ; le meilleur, et le seul que je recommanderais, est sans contredit le gamay de Malain, avec la lyonnaise du Jonchay et les petits gamays du Beaujolais ; ces derniers donnant de fort bons vins dans les terrains primitifs et de transition et de moins bons dans les calcaires. Mais ces cépages n'ont pas les allures vigoureuses et élancées des fins cépages bourguignons et girondins. M. Guillory signale ce fait avec beaucoup de raison, en constatant qu'ils portent mal la verge et en remarquant qu'il faut soutenir ces ceps par des échalas.

Si le breton était d'une maturité moins tardive, Maine-et-Loire ne devrait point chercher d'autre cépage pour la production de ses vins rouges. C'est le breton qui donne le bon vin de Champigny et des environs, dans Maine-et-Loire; ceux de la Chartre et de Château-du-Loir, dans la Sarthe; ceux de Bourgueil, dans Indre-et-Loire ; et ces vins, dans les grandes années comme 1865, sont admirables et réunissent toutes les qualités désirables pour les vins alimentaires de toute qualité : saveur ferme et agréable, bouquet suffisant, couleur parfaite, générosité, action digestive et tonique prolongée. Le vin de breton est un produit qui devrait se multiplier de confiance, partout où le cépage précieux qui le donne peut mûrir ses fruits. Quand le breton mûrit mal, son vin est toujours sain, mais d'une verdeur astringente et d'une faiblesse alcoolique qui le rendent peu acceptable.

C'est dans le sens de la plantation des raisins du meilleur choix que le mouvement viticole a été tenté par la Société industrielle, sous l'impulsion de MM. Guillory, depuis vingt-cinq ans, et André Leroy, vice-président; le docteur Pigot, président actuel, le docteur Laroche et plusieurs autres membres de cette société se sont mis à planter les vignes rouges, et c'est à leur persévérance que ce progrès réel devra son extension.

On distingue dans Maine-et-Loire deux ordres de vignes, relativement à la couleur de leurs cépages : les vignes rouges et les vignes blanches. Dans les vignes rouges, les ceps à verges et les ceps à coursons appartiennent à des espèces différentes; tandis que dans les vignes blanches les ceps à verges ou sans verges sont les mêmes, le gros et le menu pineau blanc de la Loire.

On distingue les vignes blanches sans verges, ou vignes fines, et les vignes blanches à verges, ou vignes communes, les vignes à échalas et les vignes sans supports; viennent ensuite, en rouge et en blanc, mais surtout en rouge, les vignes en rangées sans cultures intercalaires et les vignes en rangées avec cultures intercalaires ou en jouelles. Ces deux dernières sortes de vignes s'étendent principalement sur la rive droite de la Loire, dans l'arrondissement de Saumur.

Les vins distingués d'Angers sont recueillis, sur la vive droite de la Loire, à Savennières, à la Roche-aux-Moines; rouges et blancs, à la Pointe, à Épiré; mais le vin le plus renommé est celui de la Coulée de Serrant. La Poissonnière, la Rousselière, donnent aussi de fort bons produits. C'est au contraire sur la rive gauche de la Loire que sont produits les bons vins de Saumur. Champigny et Nueil, pour les vins rouges; les clos Morains, pour vins rouges et blancs, tiennent le haut de l'échelle. Distré, Chassé, Turquant, Varrains et la plupart des vignobles environnant Saumur donnent, avec ceux de Rablay, Martigné-Briand, Beaulieu, Fraye et la plupart des crus échelonnés le long de la rivière du Layon, de très-bons vins blancs, qui ont fait et soutiennent la réputation de Maine-et-Loire.

Saumur, en Maine-et-Loire, comme Beaune dans la Côte-d'Or, est à juste titre en possession du nom et du marché principal des vins du département, parce que l'étendue de ses fins crus est plus considérable que celle des fins crus d'Angers.

C'est un fait bien établi qu'il ne suffit pas de produire un peu de vin exquis pour acquérir et mériter un nom commercial; il faut en produire beaucoup de bon, de façon à constituer une base de marché. Un fait non moins certain, c'est qu'un marché à bons vins étant une fois établi dans un centre, un marché à vins communs en devient toujours avantageusement l'accessoire; parce que les prix des vins communs se ressentent toujours un peu des prix des vins fins et que la même provenance en facilite aussi la vente.

On désignait autrefois les vins fins de Maine-et-Loire sous le nom de *vins pour la mer,* parce qu'on les recherchait pour l'exportation, et les vins communs sous le nom de *vins pour Paris,* parce qu'ils sont recherchés pour les coupages du commerce de la capitale.

Quoique les cépages d'Angers et de Saumur soient les mêmes, les méthodes de culture diffèrent néanmoins beaucoup.

Ainsi, pour la plantation, on défonce partout le terrain de 40 à 60 centimètres à Angers, et on plante, soit en défonçant, soit en pots de 40 centimètres carrés après la défonce. A Saumur, rive gauche, la plupart des viticulteurs ne défoncent pas et plantent en fossés parallèles ou plutôt en rigoles de 30 centimètres carrés de section.

A Angers, l'emploi de l'échalas, paisseau ou charnier, est l'exception et ne s'applique qu'aux cépages rouges et même à certains cépages rouges, tandis qu'à Saumur l'emploi des tuteurs et des palissages est la règle.

A Angers, les ceps sont tenus le plus possible de franc pied, à trois têtes au moins et jusqu'à quatre, cinq, six et plus avec l'âge. A Saumur, la règle est deux têtes par cep et les provignages sont très-multipliés. A Angers, la taille normale est toute à coursons, à deux yeux; toutefois, depuis quelques temps, on a adopté une verge pour les vignes communes à pineaux blancs et une pour les bretons et les

cots rouges. A Saumur, toutes les vignes fines sont à coursons, mais toutes les vignes communes sont à un courson,
sur une tête, et à une verge ou vineuse, sur l'autre tête.

A Angers, la plupart des vignes sont en planches à sept
ou huit rangs longitudinaux, séparées par des fossés ou sentiers creux; les planches sont, au printemps, cultivées en
billons perpendiculaires aux sentiers, élevés entre les rangs
transversaux des ceps. A Saumur, les planches ne sont pas
généralement usitées; la culture en billons est remplacée
par une simple culture en mottes, entre les souches. Il est
vrai que les terrains sont le plus souvent schistoïdes, com-
pactes, à Angers, et seulement argilo-sableux et calcaires à
Saumur.

La distance des ceps est plus rapprochée à Angers qu'à
Saumur, où le nombre des ceps n'excède guère six mille à
l'hectare, tandis qu'à Angers le nombre des ceps dépasse
huit mille. Dans les deux contrées, les plants en boutures
ou en chevelus, soit en pots, soit en rigoles, sont coudés
sur le sol, à 25 ou 30 centimètres de profondeur, relevés
verticalement, et la fosse est remplie avec la terre du sol et
souvent avec addition de terres neuves ou de sable limoneux de la Loire, excellent amendement. On plante très-
peu à la cheville.

Mais, quel qu'ait été le mode de plantation, le dressement
de la vigne est, et surtout était, fort différent à Saumur et à
Angers. Je dis *est* et *était* fort différent, car aujourd'hui la
viticulture est en progrès; quelques viticulteurs adoptent
promptement, et avec succès, de meilleures méthodes. Ces
viticulteurs sont loin d'être en majorité, et leurs pratiques
ne constituent point encore les pratiques locales; toutefois,
dans les enquêtes et dans les publications, ces hommes de

la vigne, naturellement les plus intelligents et les plus ardents, donnent comme méthodes du pays celles qu'ils y
ont introduites, et s'il ne se trouve là aucun vigneron de
la coutume et de la tradition qui proteste, on est induit en
erreur. Il m'a donc semblé qu'à Angers la vigne était immédiatement soumise à une taille avant sa végétation de
seconde année, et que cette taille consistait à rabattre le
cep sur son sarment le plus bas et le plus beau et à tailler
ce sarment à un ou deux yeux francs; que cette taille était
répétée et maintenue de même avant la troisième végétation, et que ce n'était qu'avant la quatrième qu'on accor-
dait au cep deux coursons, à deux yeux francs, devant
former deux bras; l'année suivante, on en ajoute un troisième, et c'est là le dressement moyen et normal. Mais plus
tard, et selon l'opportunité et la force de la vigne, on en
ajoute un quatrième, un cinquième et jusqu'à sept ou huit
(j'ai vu un cep portant douze têtes). Pour les pineaux blancs,
qui constituent les deux tiers des vignes, chaque tête ne
portait qu'un courson à deux yeux; ce n'est que depuis
cinq ou six ans que dans les vignes communes on donne
une verge par cep, verge alternant d'une tête à l'autre.
Pour les cépages rouges nains, les gamays, les liverduns,
trois bras à coursons sont la règle; pour les bretons et les
cots, trois bras, deux à coursons et un à verge de 5o à 6o
centimètres. Les gamays, liverduns et varennes sont les
seuls qui sont soutenus par des échalas; si les cots et les
bretons en sont munis aujourd'hui, c'est par progrès tout
récent. Voici, du reste, les différents types que j'ai recueillis
dans l'arrondissement d'Angers. Les figures 332, 333 et 334
donnent les spécimens les plus ordinaires des vignes
blanches.

La figure 332 donne une idée des souches de pineau blanc à sept ou huit ans. Ce n'est guère qu'à cet âge que

Fig. 332.

commence une production sérieuse, par suite du retard de quatre ans pour donner deux têtes à la vigne. La même récolte serait produite trois ans plus tôt si la vigne était dressée dès la deuxième année : c'est ce que M. Hennequin, viticulteur habile, près d'Angers, a fort bien prouvé en dressant immédiatement ses plants sur trois bras.

Fig. 333.

La figure 333 (*A* en pleine végétation et *B* à la taille sèche) a été prise sur des vignes de douze ans.

La figure 334 (*A* et *B*) a été prise sur des vignes de vingt ans. Souvent, à cet âge, on ne voit que deux et trois bras aux souches, ou du moins à un grand nombre.

Fig. 334 *A.*

Fig. 334 *B.*

Quant la figure 335 , elle représente une souche qui comptait au moins cent ans, au dire des assistants; elle

Fig. 335.

portait douze coursons à deux yeux et quarante-huit grappes
aussi grosses, aussi mûres et à grains aussi serrés et aussi
rebondis que les grappes des souches environnantes n'ayant
que six, quatre et trois têtes à la taille; plus belles que
celles des souches à une et à deux têtes; ses pampres étaient
aussi les plus vigoureux. Cette souche n'avait ni d'autre
terrain ni d'autre culture que toutes celles de la vigne à
laquelle elle appartenait; elle ne devait sa force, sa fécondité et son âge qu'à l'étendue et à la riche constitution de
sa tête; et la preuve de cette vérité est écrite dans toutes
les vignes de Maine-et-Loire.

Autrefois l'aspect des vignes rouges était à peu près le
même que celui des vignes blanches, si ce n'est qu'elles
montaient un peu plus que ces dernières; mais aujourd'hui
la flèche ajoutée au cot, et surtout au breton, le modifie un

Fig. 336.

peu. Toutefois la vigne de la figure 336, dont j'ai pris le croquis à la Roche-aux-Moines, sur les carbenets-sauvignons

cultivés en terrasse chez M. Guillory, est encore dressée sur
un type analogue à celui de la figure 333, c'est-à-dire sur
trois bras : seulement un des trois bras porte une verge;
mais les souches se soutiennent encore bien sans échalas.

La figure 337 est un type des vignes rouges en gamays et
liverduns, pris dans les vignes très-soignées de M. le docteur Laroche, dans sa propriété du Grand-Baunay, aux

Fig. 337.

Fig. 338.

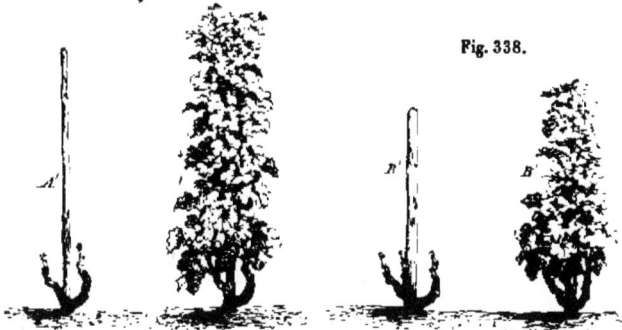

Fouassières. Chaque souche est formée sur deux têtes, avec
chacune un courson à deux yeux francs; et la figure 338
représente les cultures de varenne, liverdun et gamay, à
trois membres et à trois coursons à deux yeux, avec échalas
en ardoises de 1ᵐ,20, parfaitement installées, sur une
grande échelle, par M. Guillory dans son domaine de la
Roche-aux-Moines.

La vigne la mieux disposée pour la durée, la force et la
fécondité des cépages nains est sans contredit la vigne que
M. André Leroy a créée, en gamay de Malain, près de son
vaste établissement de pépinières, à Angers même, vigne

qu'il conduit suivant une méthode en éventail ou en cordon
bilatéral : cette méthode excellente est la seule vraiment
convenable pour tous les cépages à coursons cultivés en
ligne et à l'aide d'instruments attelés. M. André Leroy rapporte son installation au procédé de M. Gentil Jacob ; mais
s'il a été inspiré par les excellentes idées de ce viticulteur
émérite, il a singulièrement modifié les préceptes publiés
par lui en 1857, et, je dois le dire, dans le sens le plus
heureux. Ainsi les lignes de M. Leroy sont bien à 1^m,33, mais
les ceps dans la ligne sont également à 1^m,33. Les cordons
ou bras obliques en haut $a\,b$, $a\,b$, figure 339, sont atta-

Fig. 339.

chés à une traverse *TT*, à 25 centimètres de terre, et les
pampres qui sortent des coursons *c c c c c c c c* sont accolés
ou s'accolent eux-mêmes à la traverse *t t*, à environ 60 centimètres plus haut. Quand les bras $a\,b$ cessent d'être fertiles, après quatre ou cinq ans de durée, on les rabat en $c\,a$,
au-dessus du premier courson, auquel on emprunte un
bon sarment, pour en faire un nouveau jeune bras qui sera
fertile d'abord et donnera ensuite des coursons fertiles pendant quatre ou cinq autres années.

Que les vignes soient cultivées à la main ou à la charrue,
cette disposition en palissade est admirable et également

économique. Les labours s'y font avec plus de rapidité et
de netteté, les épamprages s'y exécutent au ciseau ou au
croissant; les ratissoires s'y meuvent sans aucun obstacle et
y font une besogne à la fois mieux exécutée et trois fois
plus rapide; l'air et le soleil y développent leur maximum
d'action : en un mot, c'est dans un sens analogue que doivent être conduites toutes les vignes à coursons, c'est-à-dire
à double bras portant leurs coursons pendant plusieurs
années; car chaque souche peut prendre ainsi une étendue
qui assure toujours sa force et sa fécondité.

Dans tout Maine-et-Loire, des quatre phases de l'épamprage, on ne pratique guère qu'un ébourgeonnement vers
la fin de mai ou au commencement de juin; au moment du
rabattage des mottes du terrain là où l'on ne lie pas les
pampres, et avant le relevage et l'accolage là où l'on est
dans l'usage de les lier.

L'aspect des vignes dans le Saumurois est fort différent
de celui des vignes d'Angers. Voici, par exemple, des types
de vignes fines, blanches, prises au château de Morains,
vignoble très-renommé, à M. de Fontenailles : ce sont trois
souches, figure 340 : l'une, *A*, d'environ quinze ans, qui
est montée à 60 centimètres et a l'aspect d'une souche de
franc pied; l'autre, *B*, qui est un provignage de deux ans,
à un seul courson; et la troisième, *C*, résultant d'un provignage de quatre ans, à deux coursons. *B* et *C*, en quinze
ou vingt ans, atteindront la hauteur de *A* et devront être
provignées de nouveau, car le provignage se fait à Saumur
sur trois cents ceps à l'hectare par an, ce qui dérange singulièrement les alignements et suppose un renouvellement
total en vingt années sur six mille ceps, du moins dans les
vignes fines, c'est-à-dire taillées à deux coursons par souche,

à deux yeux et souvent à un œil. Sous ce régime, la vigne,
quoique excessivement vigoureuse, coule beaucoup et s'use
vite ; il n'en est pas de même dans les vignes communes,
c'est-à-dire à verges ou vineuses, ou bien à quatre coursons

Fig. 34o.

à deux yeux et plus. J'ai vu chez M. du Bault, président du
Comice de Saumur, de vieilles vignes, à coursons nombreux
et à verges, de plus de cent cinquante ans, donnant des
bois et des fruits en abondance.

La vigne fait de tels efforts pour suppléer au peu de
bourgeons qu'on laisse sur sa tête, qu'elle pousse des gourmands en quantité; mais surtout elle pousse ses sous-yeux

à côté de l'œil laissé. On voit très-souvent deux et même trois pampres vigoureux partant du même point; c'est ce qui existait dans les souches de la figure 340, *A* et *B*, en *a a a a.*

Les vignes blanches communes sont généralement taillées à longues verges dans l'arrondissement de Saumur. Les plus belles et les mieux dirigées que j'aie vues étaient chez M. du Bault, à son domaine près de Distré, où nous avons pu étudier des pépinières plantées à la charrue et très-bien réussies; des jeunes vignes d'un an, de deux ans et de trois ans de végétation, à rangées distantes de 1 mètre à 1^m,66, cultivées à l'aide d'animaux de trait et d'une végétation luxuriante. Les vignes de trois ans étaient déjà formées à poussier et à verge; elles étaient déjà chargées de fruits. Plus loin, des vignes de cinq et de six ans faisaient espérer vingt-cinq barriques à l'hectare au minimum. C'est une de ces souches que je reproduis dans la figure 341. Toutes les souches sont munies d'un paisseau de sept pieds (2^m,33) et sont richement taillées, à un courson à deux yeux francs, en *a*, et à une longue verge *b b b b,* attachée au paisseau obliquement au-dessus de l'horizontale, inclinaison reconnue à Saumur, comme à Saint-Émilion, meilleure que l'horizontale et comme assurant plus de séve aux fruits.

C'est ici le cas de traiter une question des plus graves, puisqu'elle est à peu près résolue par l'expérience séculaire du département de Maine-et-Loire. Le même cépage, le pineau blanc de la Loire, lorsqu'il est taillé à courson à deux yeux, peut donner et donne des vins blancs fins qui sont vendus en moyenne 150 francs la barrique; et lorsqu'il est taillé à verge, il ne donne plus que des vins d'une valeur de 50 francs. Ici l'influence de la taille sur la qualité

du vin ne saurait être méconnue ; toutefois il faut reconnaître de suite que les vignes fines ne sont pas seulement
constituées par la taille, mais par leur sol et par leur site,

Fig. 341.

et que dans les sites et les sols à vignes fines la taille à
verge donnerait des vins bien supérieurs aux vins récoltés
dans les sols et dans les sites à vignes communes. Mais il
n'en existera pas moins une différence de qualité qu'on
peut estimer à un huitième approximativement.

Cette différence existera toujours dans les cépages qui
produisent volontiers et abondamment, sur .coursons, de

40.

grosses grappes à grains très-juteux, les chasselas, les gamays, les grenaches, les aramons, etc. Le pineau de la Loire
est un de ces cépages. Un trop grand nombre de ces grosses
grappes le long d'un même sarment, canal alimentaire trop
étroit pour leurs grands besoins, n'y puisent pas toujours la
nourriture et les qualités que chacune pourrait avoir par un
service de séve plus abondant. Il en est de même pour des
pêches trop nombreuses laissées sur une même brindille
fruitière. Aussi, quand on peut consacrer tout le diamètre
d'un seul sarment au service de deux ou de quatre grappes
à grosse consommation d'eau, on place les fruits dans de
meilleures conditions de perfection, sans le moindre doute.

Donc, dans ces sortes de cépages, il vaut mieux chercher
l'abondance des fruits et la force du végétal dans le nombre
des bras, sur une même souche, et tailler sur chaque bras
un courson à deux, trois ou quatre yeux au plus, en pin-
çant les deux ou trois bourgeons supérieurs, que de chercher le même résultat au moyen de flèches ou branches à
fruits, à dix ou quinze yeux.

Mais il est des cépages, tels que le carbenet-sauvignon,
le noirien, etc. qui refusent absolument de donner des
fruits en quantité suffisante sur coursons à deux et même
à trois et à quatre yeux. Ces cépages sont, en général, à
grappes peu volumineuses, à grains moyens, exigeant peu
de liquide pour leur alimentation et même coulant s'ils ont
trop de liquide à leur disposition : ceux-là exigent impé-
rieusement une taille longue, sous peine de ne pas donner
de produits rémunérateurs; mais, chose facile à comprendre,
la taille longue n'en diminue pas la qualité comme elle le
fait sur les cépages qui produisent facilement sur coursons:
ainsi les médocs, les bourgueils, les champigny, les saint-

émilion, viennent sur la taille longue du breton ou carbenet-sauvignon ; les vins des côtes du Rhône sont produits par la taille longue de la sérine et du vionnier, etc. D'un autre côté, les inconvénients des tailles longues sont tout à fait évités par une sage suppression de surabondance et par les pincements des pampres habilement dirigés. Il y a donc une pratique intelligente à appliquer à chaque cépage pour en obtenir, à peu près à coup sûr, la quantité et la qualité de récolte voulue pour la vente et pour le profit.

Il est difficile, sans doute, de posséder la science viticole, mais l'art spécial à la culture de chaque cep est très-facile à bien pratiquer ; et, comme chaque bon vignoble ne doit jamais compter qu'un ou deux ceps dans ses vignes, rien n'est plus facile que d'établir les pratiques propres à chaque contrée et à chaque cépage.

Pour moi, le pineau blanc de la Loire peut réunir quantité et qualité, étant conduit sur deux bras à plusieurs coursons près de terre, comme M. André Leroy conduit son gamay de Malain, si l'on veut cultiver à la charrue, et à six ou huit bras ou têtes, si l'on veut cultiver à la main ; mais il ne doit pas être cultivé à deux têtes seulement, si l'on ne veut se ruiner par l'exiguïté des produits et par les frais d'un provignage trop répété. Il conviendrait mieux de donner alors, comme on le fait, une verge et un poussier ; mais il faudrait une verge et un poussier à chaque tête, s'il y en a deux, car l'alternance de la verge et du poussier sur deux bras est une fausse manœuvre qui nuit à la souche, comme je l'ai démontré.

Mme de la Martinière m'a déclaré qu'elle avait dû se dé-barrasser de vignes à taille courte, qui ne lui donnaient rien, en les vendant à des paysans qui les ont traitées à longues vinées, et leur ont ainsi rendu une grande force et une grande fécondité.

Dans la figure 341, que j'ai copiée scrupuleusement, on peut voir que les pampres du courson *a* portent de très-

Fig. 342

beaux raisins; on n'en verra point au contraire sur le courson *a* de la figure 342. C'est que la souche 341 est un pineau de la Loire et que la souche 342 est le breton ou carbenet-sauvignon, qui donne peu ou point sur courson.

C'est chez M. de Fontenailles, dans ses beaux clos du château de Morains, où il cultive aussi les fins cépages rouges, que j'ai relevé le croquis 342, comme type des cultures rouges qui sont pratiquées, pour les vins fins, dans le Saumurois. C'est la même conduite que pour les vignes blanches communes, avec un peu moins d'expansion à la flèche. Ainsi le breton, à flèche, donne les vins fins, et le pineau de la Loire, à flèche, donne les vins communs. Il n'est pas possible de trouver une démonstration plus complète de la différence d'action de la branche à fruit suivant le cépage, je pourrais dire aussi suivant le climat; car des pays chauds, de l'Aude par exemple, plusieurs personnes m'ont écrit : « Nos moûts tirés des raisins venus sur branches à fruits « donnent des vins plus frais et plus agréables que nos vins « tirés des raisins de même cépage à courson; ceux-ci sont « trop sucrés et trop aromatiques, ils fermentent mal et se « gardent moins bien. »

Ici et sur toute la rive droite de la Loire, très-peu sur la rive gauche, on cultive aussi la vigne rouge et blanche, mais la rouge pour trois quarts, en rangées, haies ou treilles plus ou moins distantes les unes des autres, avec ou sans cultures intercalaires.

Ces rangées, haies ou treilles sont généralement dressées sur des palissades à pieux plus ou moins distants et plus ou moins élevés. Quelquefois même des arbres fruitiers, de distance en distance, suppléent les pieux; mais la disposition la plus générale des palis consiste dans des pieux plantés en lignes, à $1^m,50$ ou à 2 mètres les uns des autres, portant deux traverses, la plus basse à 60 ou à 70 centimètres du sol, la plus haute à $1^m,10$ ou $1^m,25$. Les ceps sont plantés à $0^m,70$ ou à $1^m,30$ les uns des autres et dressés à une vineuse, avec ou sans courson de retour; mais, avec

longues vinées, et leur ont ainsi rendu une gr...
une grande fécondité.

Dans la figure 341, que j'ai copiée scr...
peut voir que les pampres du courson...

Fig. 34a

...rouges
...et à longs bois. Les
pineaux de la Loire
donnent, sous la
même culture, les
vins blancs les plus
inférieurs. On pra-
tique particuliè-
rement dans l'ar-
rondissement de
Saumur, mais ex-
clusivement sur la
rive gauche de la Loire, un mode spécial de peuplement et

d'entretien des vignes pleines sur lequel je dois m'arrêter un instant.

Autrefois, on plantait les rangs d'une jeune vigne à une distance double de celle qu'ils devaient laisser plus tard entre eux. Chacun des jeunes ceps était abandonné à lui-même et sans être taillé jusqu'à la troisième et même jusqu'à la quatrième année, fig. 344.

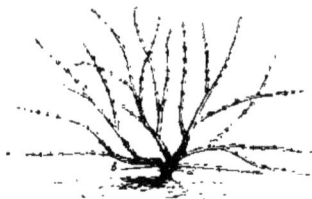

Fig. 344.

A cette époque on coupait, au printemps, toute la tête de la jeune souche en *a* ou en *b*, pour laisser un petit sarment, appelé *queue de rat*, comme amorce de végétation et préservatif d'apoplexie foudroyante. Ces deux sections, débarrassées de la tête, sont représentées, figure 345 *A* et *B*; *B* porte la queue de rat *cd*. Cette pré-

Fig. 345.

caution de garder quelques yeux sur une petite branche est loin d'être inutile, car j'ai vu beaucoup de ceps entièrement mutilés, comme *A*, mourir à la montée de la séve, qui est si rapide et si forte, qu'elle n'a pas le temps d'établir de nouveaux yeux, et le cep est radicalement tué. La queue de rat, d'ailleurs, favorise la sortie des sarments neufs plutôt qu'elle n'y met obstacle. Quoi qu'il en soit, le viticulteur obtient généralement, autour de la section *A* et *B*, la sortie de quatre à huit gourmands vigoureux, à peu près disposés comme l'indique la figure 346. L'hiver suivant, ces sarments sont étalés sur le sol, rangés comme les rais d'une roue de voiture et recouverts, à leur centre, d'un mamelon de l'âge, les souches s'étendent et portent deux, trois et jusqu'à quatre branches à fruit, ou bien une branche à fruit et un grand nombre de coursons sur leur tête. Les vignes ainsi traitées vivent très-longtemps, sont très-vigoureuses et rap-portent beaucoup. Je donne la fig. 343 comme un des meil-leurs types de ces cultures tradition-nelles, qui sont en breton le plus gé-néralement : aussi les vins rouges de Brains, Allonnes, Neuillé, Varennes, Russé, etc. sont-ils estimés et fort bons en effet, malgré la culture en rangées et à longs bois. Les pineaux de la Loire donnent, sous la même culture, les vins blancs les plus inférieurs. On pra-tique particuliè-rement dans l'ar-rondissement de Saumur, mais ex-clusivement sur la

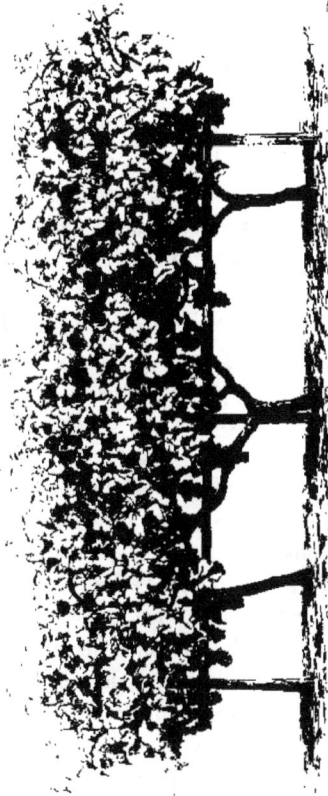

Fig. 343.

rive gauche de la Loire, un mode spécial de peuplement et

d'entretien des vignes pleines sur lequel je dois m'arrêter
un instant.

Autrefois, on plantait les rangs d'une jeune vigne à une
distance double de celle qu'ils devaient laisser plus tard entre
eux. Chacun des jeunes ceps était abandonné à lui-même
et sans être taillé jusqu'à la troisième et même jusqu'à la
quatrième année, fig. 344.

Fig. 344.

A cette époque on coupait,
au printemps, toute la tête
de la jeune souche en *a* ou
en *b*, pour laisser un petit
sarment, appelé *queue de
rat*, comme amorce de
végétation et préservatif
d'apoplexie toudroyante. Ces deux sections, débarrassées de
la tête, sont représentées, figure 345 *A* et *B*; *B* porte la
queue de rat *cd*. Cette pré-

Fig. 345.

caution de garder quel-
ques yeux sur une petite
branche est loin d'être inu-
tile, car j'ai vu beaucoup de ceps entièrement mutilés,
comme *A*, mourir à la montée de la séve, qui est si rapide et si forte, qu'elle n'a pas le temps d'établir de nouveaux yeux, et le cep est radicalement tué. La queue de
rat, d'ailleurs, favorise la sortie des sarments neufs plutôt
qu'elle n'y met obstacle. Quoi qu'il en soit, le viticulteur
obtient généralement, autour de la section *A* et *B*, la sortie
de quatre à huit gourmands vigoureux, à peu près disposés
comme l'indique la figure 346. L'hiver suivant, ces sarments
sont étalés sur le sol, rangés comme les rais d'une roue
de voiture et recouverts, à leur centre, d'un mamelon de

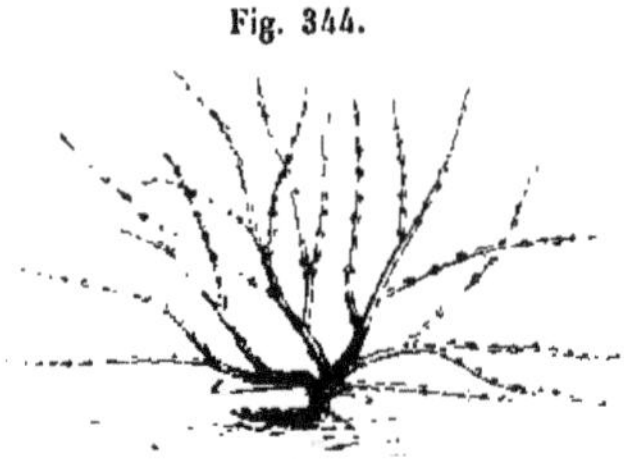

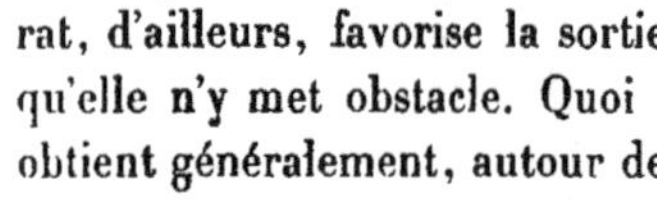

terre de 60 à 80 centimètres de base et de 40 à 50 centimètres de haut à son centre ; les sarments sortent autour

Fig. 346.

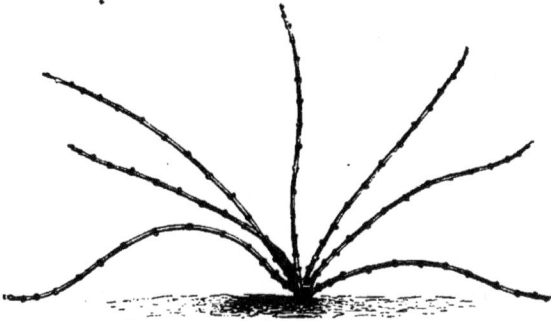

de la base de cette motte et sont rognés à deux yeux francs
hors de terre. J'essaye de donner une idée de cette disposition dans la figure 347. On appelle cette opération *enfo-
lier* une souche, mettre
une souche en enfolie.
C'est là un mode de mar-
cottage très-connu et
très-usité pour faire des
chevelées, mais que je
n'ai vu nulle part (excepté à Loudun, qui l'a sans doute
emprunté à Saumur) appliqué au peuplement et à l'entretien des vignes, si ce n'est dans cet arrondissement.

Fig. 347.

Cette première année d'*enfolie* (*infoliare*, enfeuiller) donne
une assez bonne récolte de fruits : c'est déjà la quatrième
ou cinquième année de plantation. Chaque sarment a pris de
nombreuses racines ; l'hiver suivant, on enlève la motte;
on conserve à la souche deux sarments, qu'on provigne

sur place et sur deux rangs, s'il s'agit de compléter une jeune vigne ; quant aux autres sarments, on les coupe rez la souche pour en faire des plants, soit à vendre, soit à utiliser ailleurs.

Le même procédé s'appliquait et s'applique encore à l'entretien des vignes faites et anciennes. Au milieu des places vides, on plante dans un trou un sarment enraciné ou une bouture qu'on laisse pousser deux, trois et quatre ans, bouture dont on coupe la tête et qu'on enfolie ensuite. Dans le cas d'entretien, on garde trois ou quatre branches à provigner, si elles sont nécessaires, et le reste donne encore du plant.

Aujourd'hui ces pratiques sont encore les plus générales ; mais la tendance est de donner à la vigne plantée tous ses ceps, et de remplacer les manquants des vieilles vignes par de jeunes plants enracinés, sans avoir recours à l'enfoliation, qui n'apporte avec elle que des désavantages.

Les vignes, à Angers, sont maintenues de franc pied de temps immémorial. Quand on en arrache, on replante à la même place, mais après un intervalle de huit ou dix ans de repos, à moins qu'on ne substitue le rouge au blanc ou *vice versâ*, ou encore un cépage à un autre ; auquel cas la replantation se fait beaucoup plus tôt et même immédiatement : c'est ce qu'a fait avec succès M. Guillory, en substituant, sur ses belles terrasses de la Roche-aux-Moines, le carbenet-sauvignon au noirien. A Saumur, on ne laisse que cinq ans d'intervalle.

Les façons régulières données à la vigne consistent dans le *résage* et la *déchausse*, qui se pratiquent de novembre en février, au moyen d'une pioche à deux dents, laquelle prend environ 10 centimètres d'épaisseur du sol, au pied des souches, pour en faire un billon entre leurs rangs (*cheve-lage* à Angers). Avant la déchausse, les échalas ont été enlevés sur la rive gauche (Saumur) ; mais ils restent fixes sur la rive droite. La taille a lieu en février et mars ; elle est suivie du provignage, qui, outre l'enfoliage, se fait aussi par l'abattage des souches dans une fosse qu'on remplit d'un peu de terre, puis de fumier, puis du reste de la terre. La fumure au provin est de règle ; il est bien rare qu'on' fume autrement les vignes, soit dans un trou autour du collet des souches, soit en fossés entre les rangs ; les bons viticulteurs fument, tous les dix ans, de cette dernière façon, qui est la meilleure, surtout si la rigole est profonde.

On terre très-peu les vignes à Angers ; mais un excellent amendement, très-souvent employé, est le *sable limoneux* de la Loire ou *pouf*.

Après le provignage vient le béchage en mottes, à la fin d'avril et de mai ; on plante ensuite les échalas, qui sont en chêne, de 1^m,5o, ou en saule, de 2 à 3 mètres. On prétend que la vigne aime mieux le saule : oui, parce qu'il est rond et plus long.

A la fin de mai et de juin, on ébourgeonne et on accole, puis on rabat les mottes, de la fin de juin jusqu'à la moisson ; on ne peut pas préciser les époques des façons dans les vignes bourgeoises aujourd'hui, car les vignerons les font quand ils veulent. A la véraison, dans les vignes fines, surtout à Saumur, on relève et on rogne les pampres trop longs et trop touffus. Sur la rive droite, toutes les cultures sont faites à la charrue, surtout par des bœufs ; le complément, le long des rangs, est fait à main d'homme.

Les difficultés et la rareté de la main-d'œuvre ont produit sur la valeur foncière des vignes une baisse singulière :

ainsi, bien que les produits soient plus abondants et plus chers, et que, par conséquent, le revenu de la vigne se soit notablement élevé, les vignes qui valaient, il y a douze ou quinze ans, 12,000 et 8,000 francs l'hectare, ne valent aujourd'hui que 6,000 et 4,000 francs au plus; et pourtant le rendement brut a presque doublé. Cela se conçoit parfaitement et prouve que, là où il n'y a pas d'hommes, la terre, avec ou sans fruits, n'a pas de valeur; que là où il y a peu d'hommes, elle a peu de valeur; et qu'elle n'en a beaucoup que là où il y a beaucoup d'hommes.

Une observation curieuse, faite dans Maine-et-Loire, est encore celle-ci : dès qu'un paysan aisé possède 2 hectares de vignes, il refuse d'en acquérir davantage; cela prouve l'extrême bon sens du paysan vigneron de Maine-et-Loire : il sait qu'il n'obtient de grands profits de la vigne que s'il peut la cultiver lui-même, et échapper ainsi à la rareté, à la cherté et à la mauvaise qualité de la main-d'œuvre étrangère à la famille.

Les vendanges des vins blancs d'Anjou, surtout celles des vins fins, sont faites de temps immémorial sur les meilleures bases et avec un grand soin : d'abord elles sont commencées très-tard, et seulement alors qu'une grande partie des grains des raisins est *blettie*, c'est-à-dire fermentée, comme les nèfles, les cormes, etc. mais non pourrie comme on le pense généralement, et comme on pourrait le croire à l'aspect des grappes. A Saumur, on fait deux récoltes : la première consiste dans le choix des grappes les plus mûres et les plus parfaites, qui donnent les vins de première qualité, et la seconde recueille tout le reste, qu'on appelle le *tri*.

Les pressoirs et les tonneaux sont en caves, le plus sou-

vent pratiquées dans les rochers ; les raisins sont cueillis en
seaux, versés en hottes d'osier goudronnées, hottes portées
à dos d'hommes, versées en portoires mises sur voitures :
les portoires sont vidées dans un conduit passant par un
soupirail de façon à précipiter leur contenu sur les pressoirs.

A Angers, on vendange en une seule fois ; mais dans
certains crus, comme au clos de la Coulée de Serrant, les
grappes étant mises dans un large cuvier, on les agite avec
un trident, de façon à ce que les grains verts ne puissent
être écrasés ; on recueille le premier jus, vierge de pression, et on le met en tonneaux pour obtenir la première
qualité.

Dans tout l'Anjou, on s'abstient de fouler le raisin avant
de former le marc, nommé cep dans le pays ; et l'on presse
deux fois pour les vins fins, et trois fois pour les vins communs. On s'attache à opérer promptement le pressurage ;
ce qui assure, dit-on avec raison, la limpidité et la moindre
coloration des jus.

Quelques propriétaires enlèvent leurs vins de dessus la
lie huit à dix jours après l'entonnage, mais la plupart sou-
tirent à la fin de décembre et encore en janvier ; quand on
veut mettre en bouteilles en février, le dernier soutirage
est précédé d'un collage à l'ichtyocolle ; la mise en bouteilles.
en mars, donne les vins mousseux naturels de Maine-et-
Loire.

Si les vins sont gardés un an en pièces, ils sont secs et
très-capiteux ; mais, chose singulière ! on m'a assuré à Saumur que, si les vins blancs étaient mis en bouteilles en
janvier et février, ils ne moussaient pas et gardaient une
liqueur fraîche et agréable. Cela m'a rappelé qu'à Sillery la
tradition prétend que les sillerys non mousseux, si renom-

més autrefois, étaient mis en bouteille en décembre. Il y a là un fait pratique qui semble en contradiction avec la théorie de la fermentation et de la production de la mousse des vins blancs.

Contrairement aux habitudes, les vins fins de Saumur sont laissés sur lie et achetés de préférence en cet état, par les négociants belges surtout; tandis que les vins communs sont soutirés avec soin.

La récolte des vins rouges, dans Maine-et-Loire, est loin d'avoir l'importance de celle des vins blancs. Les vignes rouges y existent pourtant de temps immémorial, et leurs vins jouissent d'une bonne et légitime réputation.

Les raisins rouges sont vendangés plus tôt que les raisins blancs. Dans les meilleurs crus, au clos des Cordeliers par exemple, on égrappe, on foule, on emplit la cuve, que l'on recouvre d'une toile et d'un couvercle en bois blanc posé sur les bords. On laisse fermenter; et, en cours de fermentation, on brasse trois ou quatre fois la cuve avec un bâton fouleur, puis l'on recouvre à chaque fois. Lorsque la fermentation a cessé et que le marc est descendu, on tire le vin, on le met en poinçons, on presse le marc, mais on ne mêle pas les vins de presse avec les vins de goutte.

Les viticulteurs modernes, à la tête desquels s'est placé M. Guillory aîné, par ses plantations d'essai de divers cépages rouges, par ses publications excellentes sur les cépages blancs et rouges de Maine-et-Loire, par ses constructions de pressoirs perfectionnés, les viticulteurs modernes, dis-je, traitent leurs vins rouges un peu différemment.

Les raisins, récoltés bien mûrs et apportés à la vinée, sont versés sur un faux fond adapté à la partie intérieure et supérieure de la cuve, foulés aux pieds et précipités dans la cuve par le retournement des compartiments du faux fond. La cuve est remplie jusqu'à ce faux fond, à 30 centimètres en contre-bas du bord. Le faux fond est alors fixé et calé contre et sur le marc : de cette façon le marc ne peut monter lorsque la fermentation est en activité, et c'est le jus seul qui s'élève et le recouvre ; mais c'est là la pratique la moins ordinaire.

La cuvaison dure ainsi de trois à quinze jours, mais de cinq à huit seulement pour le carbenet-sauvignon, le liverdun et le malain.

« Il est bien démontré aujourd'hui, dit M. Guillory, dans « son excellente monographie des vignes et des vins rouges « de Maine-et-Loire, qu'il y a avantage pour la qualité à « *décuver sitôt que le chapeau commence à s'affaisser;* il n'en « résulte aucun inconvénient pour la couleur lorsqu'on mêle « les vins de goutte et de pressoir, car, si dans ce cas le vin « fin est plus incolore et celui de la presse plus foncé, l'in- « verse a lieu dans l'autre condition. »

Après M. Daligny, ancien sous-préfet, agriculteur dévoué et des plus distingués, qui m'a guidé dans une partie de l'arrondissement d'Angers, c'est M. André Leroy qui m'a dirigé et renseigné le plus et le mieux.

M. André Leroy est connu dans le monde entier par ses immenses et magnifiques pépinières, et par les services qu'il a rendus à la science et à l'art de l'arboriculture. Toute une ville de jardiniers arboriculteurs s'est groupée autour de lui et il en traite les habitants avec les droits et les devoirs de la paternité. Il ne voit point de concurrents dans ceux qui l'imitent, en s'installant dans le cercle de sa réputation; il ne voit que des enfants qu'il conseille, qu'il secourt, et dont il place les produits quand ils ne sauraient qu'en

faire. Grand enseignement, noble exemple! La concurrence
est un principe de sauvages, ce n'est point une loi de la civilisation; le christianisme, la civilisation par excellence, ne
l'a point admise; il n'admet que le gain limité par la conscience et les besoins, que la valeur correspondant à un
service proportionné au travail utile accompli. Je devais citer
ici ce fait important d'économie et de morale sociales.

Au milieu des vignobles de Varrains et de Champigny,
nous sommes allés visiter le château de Morains, où M. de
Fontenailles crée une exploitation des vins blancs mousseux.

J'ai goûté chez lui des vins délicieux, sentant le fruit,
frais, droits, sans goût local, pleins de séve et d'agréments,
pouvant égaler le troisième rang des bons champagnes.
J'ai goûté plus tard, chez M. Persac, des vins mousseux de
M. Inkermann aussi parfaits.

M. du Bault nous a conduits à ses vignes, entre Distré et
le Coudray. M. du Bault, président du Comité agricole de
Saumur, est un viticulteur des plus distingués et un agriculteur des plus complets. Toutes les tailles de vignes, à
coursons multiples et à longs bois, sont appliquées, sous ses
yeux et par lui, tant à l'état de cultures jardinières qu'en
grandes cultures vignobles. Il possède deux fermes dont nous
avons parcouru les terres et les vignes, et son mode d'exploitation est des plus intéressants.

Chacune de ses fermes, de 50 hectares, est cultivée par
fermiers domestiques, logés dans leur propre mobilier. Pour
l'homme, la femme et les enfants, par ménage, M. du Bault
donne de 400 à 470 francs de gages en argent, 12 hectolitres de froment, 2 barriques de vin blanc, 2 barriques
de piquette, 52 kilogrammes de viande, dont 26 en salaison
et 26 en viande de boucherie. Chaque fermier a trois vaches

et garde 1 livre de beurre par semaine; il a du lait, des œufs, des pommes de terre, des cochons, un jardin et les fruits pour son usage; le tout d'une valeur égale à 400 à 470 francs : en tout de 800 à 1,000 francs, logement compris. M. du Bault retire ainsi 140 à 150 francs par hectare, environ 7,000 francs par ferme. Ce qui m'a frappé surtout, c'est la valeur que M. du Bault attache à l'intervention de l'homme en agriculture. *J'ai là*, me disait-il, *une femme qui me rapporte 1,000 francs nets par an.* Oui ! telle autre femme ne lui aurait rapporté que 500 francs et telle autre rien. C'est bien l'homme et la femme qui rapportent en agriculture; c'est le travail actif et intelligent plus que tout autre élément qui rapporte; et, pour faire rapporter à l'homme aujourd'hui, il faut qu'il ait un intérêt important dans le produit, parce que le dévouement à l'œuvre sans participation n'est plus possible à obtenir.

M. Courtillier m'a fait visiter les collections de raisins de table, en treilles, et surtout les collections de vignes, en ceps et en cultures pleines, qu'il a créées et enrichies depuis vingt ans. Là j'ai vu les pineaux, les gamays, les meuniers, les bretons, les mesliers, les cots, etc. avec leurs fruits; mais j'ai surtout remarqué deux espèces nouvelles, créées de semis, le *précoce de Saumur* et le *muscat Eugénie,* raisins délicieux, mûrissant avant tous autres; et la *vicane du Rhône,* qui, par ses qualités et sa fécondité, mériterait d'être cultivée en grand. Déjà M. Courtillier en a donné assez de sujets pour que du vin soit produit et étudié. Je soupçonne que la vicane est le même cépage que celui des coteaux de Sainte-Foy et du château de Bramafan qui dominent Lyon, et dont les vins sont excellents et inaltérables.

DÉPARTEMENT D'INDRE-ET-LOIRE.

Le département d'Indre-et-Loire est constitué par la Touraine, et chacun sait que la Touraine est une des plus belles, des plus fertiles et des plus illustres provinces de France. Tous les poëtes et tous les historiens ont célébré son heureux climat, la beauté de ses sites, la fécondité de son sol, la splendeur de ses habitations de ville et de campagne, la distinction de ses seigneurs, la civilité et la pureté du langage de tous ses habitants, la galanterie de ses chevaliers et de ses dames remarquablement belles, la gentillesse de toutes ses jeunes filles; en un mot, la Touraine a toujours été, à juste titre, considérée comme un séjour enchanteur, où le corps, le cœur et l'esprit des natures élégantes et délicates trouvaient une complète satisfaction. Cela veut dire que de temps immémorial la Touraine a produit des vins, sinon d'une réputation extraordinaire, au moins de qualités charmantes, et qu'elle a eu l'esprit d'en boire et d'en faire boire à ses hôtes la meilleure partie.

Vendre du vin, c'est créer de la richesse d'argent, sans doute; mais on crée aussi cette richesse en vendant des choux, du bois, du fer, des pierres, etc.; *boire* aux repas un vin naturellement bon, c'est créer une richesse beaucoup plus précieuse, car c'est acquérir la santé, le contentement, l'activité et la cordialité de première main. La Touraine avec

41.

ses vouvray, ses joué, ses bourgueils, ses saint-avertin et ses autres vins, a d'abord fondé son bonheur, et puis elle a pu et elle pourra, de plus en plus, en fournir aux autres.

Quand je pense aux bienfaits de l'usage des vins naturels et aux tristes effets de ces boissons composées par la cupidité cachée sous le manteau de la science et même de l'humanité, je ne puis m'empêcher de rire tout bas de la sottise humaine; et plus cette sottise se prend aux faux airs d'institut, de philanthropie, d'économie sociale et politique, plus cette comédie me semble grotesque.

En face d'un chimiste, d'un fabricant et d'un marchand qui pilent des betteraves, des pommes de terre, du grain, des grappes d'aramon, de teret-bouret, de foirard, etc. et qui, ayant saccharifié, fermenté, distillé et parfumé tout cela, en font différents mélanges qu'ils affirment représenter le beaujolais, le mâconnais, le beaune, le médoc, l'hermitage, le vouvray, le joué, le bourgueil, je vois de suite, en imagination, un autre chimiste, un autre fabricant, un autre marchand, qui pilent de la chair de chien, d'âne, de corbeau, de chèvre, de renard, de poisson, de crocodile, etc. et qui disent au public : Achetez notre marchandise! elle est vérifiée, poinçonnée et garantie. Ceci est une perdrix, ceci un filet de bœuf, ceci une côtelette de mouton, ceci un jambon de Mayence, ceci un poulet fin, une brochette de mauviettes, un cuisseau de chevreuil, un caneton de Rouen, une rouelle de veau! Si vous en doutez, faites-en faire l'essai scientifique! vous aurez la preuve qu'il y a autant d'azote, de carbone, d'oxygène et d'hydrogène dans ce que je vous offre pour 5o centimes que dans ce qui vous coûterait ailleurs 2 francs. Vous trouverez les mêmes réactions

avec les acides, les alcalis et les dissolvants chimiques; si
vous critiquez, et que vous nous accusiez de falsifier, nous
répondrons que nous améliorons! Qu'est-ce que le poulet?
une chair blanche et fade; eh bien! un peu de chair d'âne
et un morceau de saurien produisent un aliment plus sa-
voureux, plus corsé : et d'ailleurs du poulet, il n'y en a pas
assez! et la loi d'économie politique *que la consommation veut
être satisfaite* est inflexible; donc, en vendant de la chair
d'âne et de saurien pour du poulet, nous satisfaisons aux
besoins impérieux de l'humanité, donc nous sommes bien-
faiteurs de l'humanité! Devant ce boniment des marchands
de boissons et des marchands d'aliments mélangés, coupés,
falsifiés, ne discutez pas trop longtemps, car ils vous accu-
seront de n'avoir pas le sou (le plus grave délit du jour);
ils en appelleront à leurs gourmets, à leurs journaux, à leurs
avocats, et gare à vous! car vous attaquez les sciences, les
arts, l'industrie, le commerce, l'économie politique et surtout la liberté! donc, vous troublez la société.

Quoi qu'il en soit, la Touraine a été jusqu'à présent un
des plus heureux pays de France : qu'elle garde donc son
breton, son pineau noir, noble d'Orléans, son beurot dit
malvoisie, son cot rouge et même son meunier, pour faire
ses bons vins rouges; qu'elle garde son chenin, son gros
pineau, son menu pineau, pour faire ses vins blancs de
Vouvray et ses analogues; qu'elle éloigne le grollot, le teinturier, en noir, et la folle et le gouais, en blanc. Elle s'assurera ainsi, en aliments liquides, des équivalents du bon
bœuf, du bon mouton, du dindon, du poulet, du canard,
du faisan, de la perdrix, en aliments solides; elle augmen-
tera ainsi son bonheur matériel et moral, elle gardera sa
charmante humeur et sa civilisation distinguée, tout en aug-

mentant sa richesse, déjà grande, par la vente du superflu de ses bons produits.

Le département d'Indre-et-Loire, sur une superficie de 611,370 hectares, cultive environ 40,000 hectares de vignes ; un peu moins de la quinzième partie de l'étendue totale de son sol.

Le rendement moyen est de 20 hectolitres à l'hectare pour un quart des vignes, de 40 pour la moitié et de 60 pour le dernier quart : par conséquent, de 40 hectolitres à l'hectare en moyenne générale ; le prix moyen est de 24 francs pour les vins fins, de 20 francs pour les vins moyens et de 16 francs l'hectolitre pour les inférieurs : soit de 20 francs toute compensation faite. D'où le produit total moyen est brut de 800 francs par hectare, et de 32 millions de francs environ pour les 40,000 hectares ; plus du tiers du revenu total agricole.

Ces 32 millions de francs répondent au budget de 32,000 familles rurales, ou de 128,000 individus ; plus du tiers de la population, qui est d'environ 325,000 habitants.

Si nous cherchons le revenu net, nous trouvons qu'un closier, qui cultive 2 hectares (3 arpents du pays), est logé ; qu'il jouit d'un petit jardin, possède une vache qu'il nourrit sur la propriété, reçoit environ 100 francs pour façon par hectare (soit 200 francs pour deux) et 50 francs pour provignage ; ajoutons 150 francs de frais de vendanges et de pressurages, 40 francs de fumier, 40 francs d'échalas, 20 francs d'autres menus frais, et nous trouverons un total de 500 francs pour 2 hectares. En estimant le logement, le jardin et les impôts à 100 francs, la dépense totale sera de 600 francs, soit 300 francs, en moyenne, par hectare. Certaines vignes, les blanches surtout, n'ont pas d'échalas, comme à Vouvray, mais les provignages sont, en revanche, plus nombreux et plus dispendieux que dans les vignes palissées; en somme, 300 francs par hectare sont une dépense maximum. Le produit net est donc de 500 francs ou d'environ 20 millions pour tout le département.

Le produit brut de toutes les céréales ensemble, jachères comprises, ne s'élève pas à 200 francs par hectare; le froment n'y donne brut que 320 francs et 170 francs net, l'engrais en dehors; les pommes de terre, 202 francs brut et 130 francs net; le chanvre, 600 francs brut et 338 francs net; les prairies artificielles, 270 francs brut et 240 francs net; enfin les prairies irriguées, 280 francs brut et 250 francs net.

Il est facile de voir, d'après cet aperçu, qu'aucun produit agricole important ne peut atteindre au produit brut, non plus qu'au produit net de la vigne, en Touraine; comme cela est d'ailleurs à peu près par toute la France.

Tout le département d'Indre-et-Loire est fondé sur le terrain crétacé inférieur, dont tous les grands cours d'eau, la Loire, le Cher, l'Indre, la Claise, la Creuse et la Vienne, ont mis à nu les affleurements; ceux-ci forment les coteaux bordant les vallées d'alluvions récentes créées par ces rivières; et tous les plateaux sont constitués par les terrains tertiaires moyens, sables, argiles, terres à meulières.

Tous les cépages se plaisent dans ces terrains; et si le climat, quoique fort doux, était seulement encore un peu plus chaud, presque tous y mûriraient leurs fruits; on sait que c'est dans la Touraine, à son domaine de la Dorée, commune d'Esvres, que M. le comte Odart a réuni sa précieuse collection de vignes.

Les gelées printanières ne sévissent gravement contre la vigne qu'une année sur quatre, au plus. C'est là un bien heureux climat, réuni à un excellent sol ; il n'est donc pas surprenant que les vignes soient aussi anciennes en Touraine que l'existence historique de cette province.

Je ne saurais dire par quelles phases diverses leur culture a passé ; mais leur dernier état traditionnel, s'il révèle l'abandon de certaines bonnes pratiques, telles que les alignements parfaits, les ébourgeonnages et les rognages des pampres, prouve aussi que tous les principes essentiels de la viticulture y ont été connus et adoptés.

Ainsi les cépages nobles, ordinaires et communs y sont parfaitement distingués ; ceux qui exigent les tailles longues pour être fertiles, et ceux qui peuvent supporter la taille courte ou bien admettent une taille mixte, sont également signalés et traités à peu près selon leurs exigences. Toutefois rien n'est bien arrêté ni bien régulier à cet égard ; mais l'incertitude et les diversités de conduite tiennent surtout à l'abandon des vignes aux vignerons ou closiers du pays, qu'aucun enseignement sérieux n'est venu jusqu'en ces derniers temps préserver des déviations de la routine individuelle. Aujourd'hui les propriétaires, grands et petits, ont pris en main, pour la plupart, la constatation et l'application des vrais principes de la viticulture ; et leur intervention éclairée a réalisé en Touraine des progrès que je n'ai rencontrés nulle part ailleurs aussi généralisés. Toutefois la viticulture traditionnelle domine encore, et je dois d'abord en faire connaître les principaux traits.

Avant tout, je dois dire que les bords de la Loire, depuis Blois jusqu'à Nantes, présentent beaucoup d'analogie dans leurs cultures, dans leurs cépages et dans leur vinification : c'est ce qui ressortira de l'exposé suivant.

Les plantations de vignes sont faites le plus souvent, dans

le département, sans que le terrain soit préalablement
défoncé dans toute son étendue; la défonce générale est
exceptionnelle. La coutume la plus répandue consiste à
ouvrir des fossés parallèles, de 80 centimètres à 1^m,20 de
distance, d'axe en axe, pour les vignes pleines et de pied.
Les fossés ont une largeur de 60 à 70 centimètres, et les
intervalles d'un mètre à 1^m,30. La profondeur des fossés
est de 30 centimètres et plus, parce que généralement on
a l'excellente habitude de mettre au fond des ajoncs, des
bruyères, de la paille, et même du fumier, que l'on recouvre de terre avant de planter. Quelques-uns mettent ces
engrais par-dessus le plant.

Une pratique assez générale, dans la plantation au fossé,
c'est d'échancrer, de 10 à 15 centimètres, la paroi verticale du fossé (aujoux), de façon à installer le plant dans la
partie dure de l'intervalle (gondoux), à l'appuyer contre le
sol non défoncé, le pied de la bouture ou du plant enraciné

Fig. 348.

étant toujours coudé et traînant sur le fond du fossé; on
voit ces dispositions dans la figure 348 : *eeeee* sont les
échancrures et *p p p p* les plants; *b c* s'appelle l'aujoux

et *c' d f* le gondoux. C'est ainsi que, l'aujoux n'ayant que 60 centimètres, les 10 centimètres d'échancrures, prélevés de chaque côté sur le gondoux, remettent les ceps à quatre-vingts centimètres de distance entre leurs lignes.

Un mode de plantation aussi très-usité est la plantation en augeot ou en fossette : souvent, pour ce mode de plantation, le terrain a été cultivé en totalité, à 30 ou 35 centimètres ; généralement la profondeur du coude traîné sur le sol n'excède pas ce chiffre.

Quelques-uns emploient la bouture, avec ou sans vieux bois, pour planter ; mais la préférence est donnée aux plants enracinés, soit de marcottes, soit, et plus souvent, de chevelus de deux ou de trois ans de pépinière. Les uns laissent deux nœuds hors de terre, d'autres n'en laissent qu'un ; les uns tassent vigoureusement la terre, d'autres l'appuient seulement.

Dans le canton de Chinon, les plants sont à 1^m,10, à 1^m,30 au plus, en vignes pleines ; et dans ces derniers vignobles on fait des fossés de plantation d'un mètre, qu'on ne remplit qu'en trois ans, à mesure que la végétation s'élève. A Restigné, à Bourgueil, à Saint-Nicolas, les vignes en rangées sont ainsi disposées : les lignes à 2 mètres et les ceps à 1^m,30 dans les lignes ; elles contiennent 3 à 4,000 ceps à l'hectare, tandis que les vignes pleines en contiennent de 6 à 7,000 : dans l'arrondissement de Tours, on compte de 9 à 11,000 ceps à l'hectare.

Le dressement traditionnel de la vigne consistait d'abord à laisser la jeune souche pendant deux et souvent trois ans sans la tailler ; bien que cette pratique soit encore observée, on peut dire cependant qu'on la juge à sa valeur, et qu'on l'abandonne pour un dressement beaucoup plus rapide et

même immédiat. Pour toutes les vignes pleines à vins rouges
la règle générale du dressement, dans Indre-et-Loire (je ne
parle pas de l'arrondissement de Loches, que malheureusement, et à mon grand regret, je n'ai pu visiter), est de donner
deux bras à chaque souche ; l'un portant un *avant-vin*, poussier
ou coursou, à deux yeux, et l'autre une *vinée*, verge ou
branche à fruit, de 6 à 15 nœuds. Pour les vignes fines à
cep et à vin blancs, à Vouvray par exemple, le plus souvent
la vigne n'a qu'un bras surmonté d'un seul coursou, à deux
ou trois yeux, parfois à un seul œil; mais, pour les vignes
communes, le coursou et la verge s'appliquent souvent aux
ceps blancs comme aux ceps rouges.

Avant d'arriver à ce dressement définitif de la verge et du
coursou, la plupart des vignerons taillent sur un seul sarment, le plus bas, un coursou à deux ou trois yeux, pendant trois ou quatre ans, sous le prétexte, étrange parce
qu'il produit l'effet inverse, de fortifier le pied ou les racines
de la vigne, en lui laissant le moins de tige possible.

Entre les deux excès, de tenir la tige à l'état nain et
rachitique pendant trois ou quatre années et de laisser développer sans règle, pendant ce même temps, une tige
énorme pour la supprimer tout à coup, l'expérience de trente
départements donne la véritable mesure, qui consiste à
profiter sans délai des sarments poussés l'année précédente
pour dresser la vigne dans le sens où l'on veut la conduire
toujours.

Je puis assurer que, sous ce dressement immédiat, non-
seulement la vigne pourra produire à la seconde, au plus
tard à la troisième année, de quoi payer ses frais d'installation et de culture, mais encore qu'elle acquerra plus de force
en tige et en racine, plus de fécondité et plus de longévité

que par les deux conduites qui dominaient dans Indre-et-Loire.

Dans les vignes à tailles longues, la coutume est, pour les vignes pleines et en pied, de tailler un des deux bras, le plus faible, à un courson (poussier) à deux nœuds, *a*, fig. 349, et le plus fort, à verge (vinée) de 40 à 90 centimètres de longueur, *bb*, même figure. Pour les vignes en rangées, qu'on n'observe guère que dans

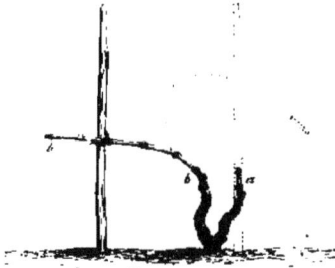

Fig. 349.

le canton de Bourgueil, il en est de même souvent (*B*, figure 350); souvent aussi les deux bras portent chacun une

Fig. 350.

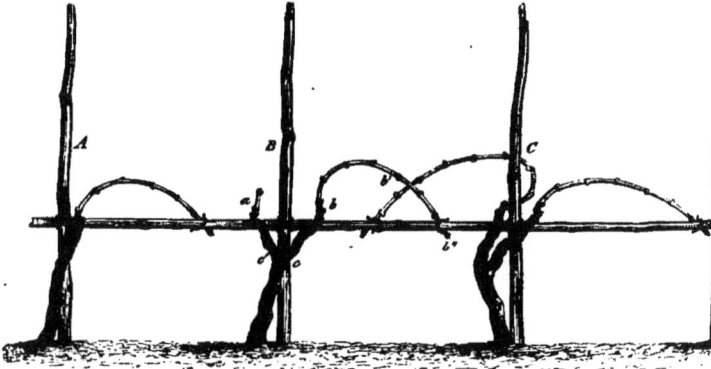

verge *C*; ou, s'il n'y a qu'un bras à la souche, la souche n'a qu'une verge (*A*, même figure); dans les deux derniers cas, sans poussier.

Je répète ici que l'alternance annuelle de la verge, de *b* en *a* (fig. 349), était une fatigue et un épuisement pour la souche, et j'en ai donné les motifs.

Le poussier ne doit jamais être sur un autre bras que celui qui porte la verge, afin que, la verge de l'année précédente étant supprimée, celle qui la remplacera sur le poussier puisse profiter de toute la séve et de toutes les racines créées au profit du même bras (fig. 351, *A* et *B*).

Fig. 351.

Le poussier (courson) joue un rôle important dans la conduite de la vigne; son usage est indispensable pour assurer une vigueur constante aux bois de la taille à venir, et une fécondité inépuisable au sarment qu'il produit pour la flèche.

Toutes les vignes à longues tailles de la Touraine, soit en vignes de pied (fig. 349), soit en rangées (fig. 350

et 351), doivent donc être taillées comme celles de la figure 351, *A* et *B;* plutôt comme *B* que comme *A.*

La grande majorité des vignes à longues tailles de la Touraine est traitée comme l'indique la figure 349, ou du moins sur les mêmes principes (car le principe est le

Fig. 352.

même si la verge est renversée sur la souche et l'échalas plus au centre, comme je l'indique au pointillé et comme j'en ai vu beaucoup); mais dans quelques circonscriptions, et notamment à Chinon, lorsque les souches sont assez fortes, la verge d'un bras est fixée au vieux bois (fig. 352).

Quant aux vignes en rangées, concentrées surtout au canton de Bourgueil et faisant suite aux allures de Saumur, elles varient beaucoup dans leur mode de palissage, sans changer non plus de principes. Quelques-unes ont une seule traverse en bois, à deux pieds de terre (limande); d'autres en ont deux, la plus basse à 70 centimètres du sol et la seconde à 1^m,10. Aujourd'hui les traverses en bois sont de plus en plus remplacées par des fils de fer. Enfin la distance la plus usitée entre les rangées est de 2 mètres; mais elle est souvent beaucoup plus grande, et, dans ce cas, elle reçoit des cultures intercalaires en céréales, légumes ou racines; la distance des ceps varie aussi, dans la ligne, depuis 66 centimètres jusqu'à 1^m,10 et 1^m,30; mais, quelles que soient ces variations, la conduite à une verge, deux et plus sur chaque souche, avec ou sans coursons sur bras séparés, demeure la règle et la pratique.

Les cots rouges, espèce la plus répandue en Touraine,

le breton, cépage le plus fin et le meilleur de l'arrondissement de Chinon, l'arnoison rouge, l'orléans ou le pineau
noirien, le morillon, le beurot ou pineau gris, dit *malvoisie*,
le meunier, sont tous munis de verges; le grollot et le teinturier n'en portent que par exception.

On en donne aussi, dans les grosses vignes blanches, au
chenin et même au pineau blanc; mais, dans les vignes de
Vouvray, les gros et menus pineaux blancs sont à taille
très-courte et très-restreinte; le grollot, le massé doux, le
teinturier, la folle blanche, les gamays, sont tenus à courson,
à un, deux ou trois nœuds, à un, deux, trois et jusqu'à quatre
et cinq bras. Les vignes blanches à taille courte sont en
général sans échalas; mais les vignes rouges ou à vin rouge
en sont toutes munies.

J'indique, dans la figure 353, la taille la plus normale
des vignes fines de Vouvray, en gros et en menu pineau :

Fig. 353.

A est la taille sur sarment de provin; *B*, celle qui la suit d'un
an, *C* de trois ans et *D* de quatre. On voit qu'un seul courson est laissé méthodiquement par souche, et que la taille
est prise sur le sarment du haut; quand la souche est forte
on laisse un ergot *e*. On trouve rarement deux bras sur une
souche, dans les vignes bien bourgeoises; mais, dans celles
des vignerons, deux bras et même deux verges sont accordés
à un grand nombre de ceps.

La conduite des vignes de Vouvray exige de très-fréquents provignages, qui ne s'élèvent pas à moins d'un vingtième de la totalité des ceps par année, c'est-à-dire à cinq cents provins par hectare. En effet, ces ceps mutilés et rabougris ne pourraient pas vivre plus de quinze ans fertiles, si l'on ne se décidait à les faire courir sous terre par ces provignages réitérés; mais, chose singulière, ces ceps de Vouvray sont taillés court et sur une seule tête pour obtenir de la qualité, et l'on semble oublier que les vins de provins sont les plus inférieurs qu'on produise.

Je suis profondément convaincu que si la souche de franc pied était tenue comme à Chablis, à 4, 5 et 6 membres ou bras, sans provignage, elle donnerait à Vouvray beaucoup plus de vin et d'une meilleure qualité, avec moins de main-d'œuvre et de frais.

La figure 354 donne les tailles de grollot relevées, par

Fig. 354.

moi à Cinq-Mars, où ce cépage est le plus et le mieux cultivé. Là, toutes les vignes sont en lignes, en général de franc pied, à 2, 3, 4 et 5 bras; elles ont toutes leurs échalas de $1^m,33$ à $1^m,5o$, ou bien elles sont palissées sur fils de fer soutenus par des pieux : aussi leur moyenne production est-elle de 5o à 6o hectolitres à l'hectare, et j'en ai vu, de mes yeux, chargées à plus de 1oo hectolitres.

Bien que le gros et le petit pineau de la Loire soient dominants, à Vouvray, dans les vignes à vins fins et à vins ordinaires blancs; bien que les plants nobles dominent dans les bons crus de Joué; bien que les bretons* dominent à Bourgueil, les grollots à Cinq-Mars et les folles à Richelieu, il n'y a pourtant pas de localité où la culture d'un seul cépage et où une seule et même méthode de culture soient absolument et exclusivement adoptées. C'est ainsi qu'à côté des nobles de Joué on cultive beaucoup de vignes en grollot, et c'est ainsi qu'à Cinq-Mars on trouve des vignes en grollot à taille courte; mais on y trouve aussi des vignes à pineau de la Loire avec des cots, des orléans, des meuniers, des massés doux, etc. Dans une même vigne, surtout dans les vignes cultivées traditionnellement, on trouve un peu de tous les cépages que j'ai nommés, les uns à taille courte, les autres à taille longue : souvent ceux qui exigent la taille longue sont à taille courte et réciproquement, suivant la force et l'âge des ceps, mais surtout suivant l'idée du closier, qui impose ses volontés de plus en plus.

Dans les cultures traditionnelles de la vigne, en Touraine, on pratique bien peu des opérations qui se font en d'autres pays sur les pampres ou rameaux verts. Dans certains vignobles on n'en fait aucune : on n'ébourgeonne pas, on ne pince pas, on ne rogne pas, on n'épointe ni on n'effeuille avant la vendange; et là où il n'y a pas d'échalas, on ne relève ni on ne lie les pampres. Il en est ainsi dans beaucoup d'autres localités; généralement on fait tomber les gourmands et on épointe un peu avant la fleur, avant de relever et d'accoler; mais, le plus souvent, cette opération se fait irrégulièrement et plutôt pour employer les pampres à la nourriture du bétail que pour façonner la vigne. On ne rogne une vigne qu'en cas d'excès de végétation ; on rogne et on effeuille parfois avant la vendange. A Cinq-Mars, on ébourgeonne avec soin dès les premiers jours de mai ; à l'accolage, on supprime les sommets des petits bourgeons à fruit, puis, après l'accolage, on rogne les pampres à hauteur d'échalas (1ᵐ,3o); à la fin d'août on épointe encore et on éclaircit de leur trop de feuilles l'intérieur des souches. On rogne aussi dans les bonnes vignes de Joué, à l'accolage ; six semaines après, on abat encore les repousses ; mais on n'ébourgeonne pas au printemps, on n'effeuille ni on n'épointe avant la vendange. A Restigné et à Chinon, on ébourgeonne à la fin de mai et de juin, et on pince les petits pampres fructifères; on relève et l'on accole en juillet, époque à laquelle quelques viticulteurs ébroutent le sommet des pampres de la verge; puis on éclaircit les feuilles et l'on épointe avant la vendange.

Voici, du reste, l'aspect des ceps conduits à la coutume traditionnelle de chaque localité, dans les vignes que j'ai visitées du 4 au 12 septembre de cette année.

Fig. 355.

La figure 355 reproduit un cep de cot rouge relevé à Amboise, dans le beau clos de vigne de M. Briau, où tous les ceps à taille longue sont traités à peu près de même, c'est-à-dire très-bien individuellement, car, entre eux, ils sont en foule comme chez M. Baslin à la Croix-de-Bléré, comme à Bléré et dans une grande partie des vignes du département; pourtant beaucoup de bons propriétaires ont toujours maintenu la ligne, et la plupart aujourd'hui s'empressent de la rétablir.

La figure 356 est un cep de noble d'Orléans (pineau noirien), relevé par moi dans le vignoble du château de Joué, à M. de Germonières, où ce cépage, avec le beurot ou pineau gris et le cot, le morillon noir et le meunier en petite proportion, donne les meilleurs vins rouges et les vins nobles de Touraine. Dans ce vignoble, bien que les ceps soient isolés, la ligne est parfaitement maintenue.

Fig. 356.   Fig. 357.

Elle est maintenue aussi chez M. André, maire de la commune d'Esvres, qui a planté depuis vingt ans 28 hectares de vignes en lignes, à 1^m,10 en quinconce, pour les cultiver à la charrue et à la herse en tout sens. Il n'a pas hésité même à mutiler d'anciennes vignes pour y appliquer le même système de culture. La figure 357 offre la disposition d'un de ces ceps (cot rouge) couvert de fruits.

42.

Je joins aux trois figures qui précèdent la figure 358.
relevée à Restigné, chez M. Foucher, dans ses vignes de
la Płatrie, vignes à sou-

Fig. 358.

ches isolées de breton, à
grands échalas de 6 à 8
pieds (en saule ou en sa-
pineaux de 10 à 12 ans),
représentant une grande
partie des vignes an-
ciennes d'Ingrandes, de
Restigné, de Bourgueil
et de Saint-Nicolas-de-
Bourgueil, dont les sou-
ches, bizarrement con-
tournées, élèvent parfois
leurs troncs jusqu'aux
deux tiers des échalas et
comptent 100 à 150 ans
d'existence, tout en se
couvrant de pampres et de fruits ; la figure 359, prise chez

Fig. 359.

M. Biloin à son clos de la Grille, près Chinon, premier cru
de l'arrondissement et tout composé de plants nobles, qui
représente un franc pineau noir, à verge, sans échalas comme
la plupart des souches assez fortes de ce vignoble; enfin
la figure 360, qui offre l'aspect des vignes en rangées. Ces

Fig. 360.

dernières figures donneront une idée complète, je crois, de
toutes les conduites traditionnelles de la vigne à verges, en
rouge et en blanc, dans les arrondissements de Tours et de
Chinon.

La figure 361 donne une idée assez exacte de la disposition générale des vignes fines blanches, et notamment des
meilleures vignes de Vouvray; elle est empruntée aux excellents crus de M. Durocher et de M. Nicolle.

Quant à la taille courte des cépages rouges, elle se substitue, arbitrairement souvent, à la taille longue sur les mêmes

Fig. 361.

ceps et dans une même vigne : ainsi la figure 362 reproduit
une souche de gros noir teinturier, à plusieurs bras à coursons, relevée dans les vignes de M. Bacot de Romans, à

Fig. 362.   Fig. 363.

Vernou-sur-Brenne; tandis qu'à côté, et pêle-mêle, on pouvait voir le même cépage traité comme l'indique plus haut
la figure 358.

La figure 363 reproduit aussi deux ceps, à coursons, réunis sur un seul échalas, selon une coutume très-répandue : *A* est un malvoisie, ou beurot, et *B* un cot rouge, qui tous deux portent admirablement la longue verge. Pourquoi sont-ils à coursons, au milieu de mille autres de même espèce qui sont vigoureux et couverts de fruits parce qu'ils ont une verge ? Le vigneron répondra que c'est parce qu'ils sont faibles et qu'il faut les restaurer; la vérité est que, par le courson, il les achève.

Mais, dans plusieurs vignobles, la taille courte est systématiquement appliquée à certains cépages comme le grollot, le massé doux, etc. C'est à Cinq-Mars principalement que la culture du grollot est le plus et le mieux suivie; et c'est là que j'ai relevé le cep de la figure 364.

Fig. 364.

Je ne parle point encore des vignes progressives et surtout des vignes types récemment établies; je renvoie cet examen à la fin de l'étude des pratiques traditionnelles.

L'entretien des vignes se fait par abattage de souches en fosses, par marcottes, ou par plant de pépinière rapporté et mis en place; mais le provignage, excessif à Vouvray, est très-modéré ailleurs, et, dans la plus grande partie du département, il ne sert qu'à remplacer les plants morts. La culture de franc pied domine. A Cinq-Mars, on arrache les vignes de trente à cinquante ans, et on laisse reposer la terre, occupée par des cultures herbacées, pendant quatre à six ans avant de replanter.

Les cultures données à la vigne sont généralement au nombre de trois; on déchausse et on met en mottes après la taille, en mars et avril; on pioche, on secoue et on diminue les mottes, en mai et juin; et l'on bine, tout à fait à plat, en juin et juillet, avant la moisson : telles sont, par exemple, les cultures de Joué. A Vouvray le binage ou mise à plat se donne à la fin d'août, à la véraison; à Cinq-Mars on ajoute souvent une façon d'hiver. Dans l'arrondissement de Chinon, dans le canton de Bourgueil, particulièrement dans les vignes en allées, on chausse ou l'on fait la planche en mars; on déchausse et on met en mottes en mai; on bine et on diminue les mottes en juin et juillet, et l'on sarcle à la véraison. A Saint-Avertin, aussitôt la feuille tombée, on bêche pour enterrer les feuilles; après la taille, on déchausse et l'on met en mottes dans le milieu du rang; à la fin de mai, on diminue les meulons en rechaussant; enfin on met à plat avant la moisson.

On ne fume guère les vignes qu'au provin et en plantant; dans les vignes en coteaux rapides, comme à Vouvray, tous les quatre à cinq ans on remonte les terres.

Dans l'arrondissement de Tours, on vendange en seilles ou seaux en bois; on verse les raisins en hottes portées sur le dos, vidées en tonneaux sur voitures et conduits à la vinée. Là on foule aux pieds, soit en tonneaux, soit sur cuves, qu'on remplit rarement en un jour et trop souvent en deux, quatre et jusqu'à six jours. On cuve le plus généralement en cuve ouverte, à marc flottant; on enfonce le marc deux fois par jour pendant la fermentation et on laisse en cuve huit, dix et jusqu'à quinze jours. On tire le vin clair et froid, et l'on mêle le vin de presse et celui de goutte, excepté la dernière serre : telle est la tradition. Quelques-uns seulement cuvent à marc immergé sous le liquide par un châssis à claire-voie.

Aux fins vignobles de Joué, on ne presse pas les marcs. Les vins de ce vignoble valent, en moyenne, la première classe 110 francs et la seconde 75 francs. Ils sont bons à boire en deux ans. Leur couleur, leur franchise, leur vinosité délicate, en font de très-bons ordinaires, aussi sains qu'agréables. A Saint-Marc, on emploie beaucoup les cuves en maçonnerie.

Dans l'arrondissement de Chinon, à Bourgueil, Restigné, Ingrandes, on verse la vendange des hottes sur un égrappoir placé sur les barils; on égrappe et on laisse les rafles à la vigne. On cuve huit à dix jours, on refoule pendant la fermentation, on ne mélange les produits de la presse avec ceux de la cuve qu'au mois de mars, après soutirage. On tire en général en vaisseaux neufs. A Chinon, les caves sont excellentes.

Les vins de Bourgueil et des environs ont moins de finesse et moins de bouquet que les vins de Médoc; ils sont moins moelleux, mais ils en ont toutes les qualités hygiéniques, et, selon moi, ils sont plus toniques et plus stimulants, ayant plus de vinosité et d'astringence : leur bouquet et leur goût de framboise les rendent d'ailleurs fort agréables; ce sont d'excellents ordinaires, dignes d'être recherchés et bien payés. Il en est de même, d'ailleurs, de tous les vins de breton. Ils seraient encore meilleurs s'ils n'étaient cuvés que cinq à six jours; il ne serait pas nécessaire de les attendre huit à dix ans pour les boire dans leur perfection.

A Vouvray, les vendanges pour vins blancs se font très-tard, quand le raisin commence à blettir, généralement du 20 octobre au 10 novembre; on verse immédiatement le raisin, soit de la hotte, soit du poinçon, sur le pressoir, et l'on presse sans fouler préalablement, surtout pour les vins fins. On met les jus en fûts à mesure qu'ils coulent et on les laisse fermenter au tonneau. Les vins de Vouvray, quand ils proviennent des meilleures expositions et de bonnes années, mais surtout quand ils sont bien faits et bien soignés, atteignent un degré de perfection qui les placerait au premier rang des vins blancs fins, si ces productions exceptionnelles étaient plus abondantes et plus soutenues; mais les vins de Vouvray, quoique de consommation très-saine, très-tonique et très-agréable, sont généralement assez variables dans leur tenue et dans leur état définitif : le sucre abondant qu'ils contiennent leur fait subir plusieurs phases de liqueur, de siccité, de production d'acide carbonique; et, quand cette période de travail est passée, ils n'ont souvent plus de liqueur et sont très-capiteux. Malgré leurs phases de fermentations successives, les vins de Vouvray sont très-solides, très-durables et toujours très-salutaires.

J'ai déjà dit que les vignes étaient, en général, cultivées par des closiers et j'ai signalé les conditions de ce mode d'exploitation. A Cinq-Mars, le prix normal des façons de l'hectare est de 150 francs; la valeur des journées est, en moyenne, de 2 à 2 fr. 50 cent. Mais la main-d'œuvre se fait de plus en plus chère et de plus en plus rare : les closiers s'imposent; et la bourgeoisie tire un parti moitié moindre de ses vignes que les vignerons propriétaires. Aussi est-on persuadé qu'avant peu, dans la plupart des vignobles du département, il n'existera plus de vignes bourgeoises.

Mais, avant dix ans d'ici, c'est précisément le contraire qui se manifestera en Touraine.

Jamais, dans aucun département de France, le progrès

viticole n'a été entrepris et établi par tant de bons et grands
propriétaires et sur une aussi vaste étendue de vignes que
dans Indre-et-Loire.

Déjà depuis quinze ans M. Pelletier, propriétaire à Saint-
Règle, avait songé à discipliner la vigne en foule autour de
sa propriété : déjà il l'installait en lignes à 1 mètre de distance, les ceps à 1 mètre dans la ligne, sur trois fils de fer
tendus sur des pieux, ou gros charniers, à 8 mètres d'espacement; chaque cep portant deux verges de 90 centimètres
à 1 mètre, attachées en T sur le fil de fer le plus bas et se
croisant par deux, d'une souche à l'autre; les pampres s'attachant aux deux fils de fer supérieurs. J'ai vu cette vigne,
en 1865, chargée de fruits (cots rouges) également mûrs,
au taux de 24 barriques à l'hectare, c'est-à-dire de 60 hectolitres; elle avait donné jusque-là une moyenne de 18 bar-

Fig. 365.

riques ou de 45 hectolitres, en offrant toujours des bois
de remplacement de toute beauté (fig. 365).

A son domaine de Nitray, M. le baron Charles Liébert
a établi 10 hectares de vignes, sur 30 hectares qui consti-

tuent aujourd'hui son vignoble, en lignes à 1ᵐ,20, les ceps
à 1ᵐ,20 dans le rang, sur palissages à trois fils de fer, chaque
souche portant une verge simple, parfois deux attachées
au fil inférieur. Les pampres sont ébourgeonnés dès que la
végétation a atteint 10 à 15 centimètres de hauteur; ils
sont ébourgeonnés de nouveau et tous pincés au niveau du
deuxième fil de fer, à la fleur; les cultures sont données à
la charrue et complétées à la main.

Sous cette conduite, ces vignes donnent, en moyenne,
40 hectolitres à l'hectare; autant, me disait M. Charles Liébert, dans les 10 hectares sur fil de fer que dans les 20
hectares conduits en foule et selon la coutume du pays.
M. Liébert ajoutait que tous ses produits nets lui venaient
de la vigne, et qu'il ne faisait de l'agriculture qu'en vue
d'assurer les produits de son vignoble. C'est là une direction
aussi judicieuse que lucrative, sanctionnée par l'heureuse
expérience séculaire de tous les domaines, grands ou petits,

Fig. 366.

où la vigne entre pour un cinquième au moins dans la
culture.

La figure 366 donne l'aspect des vignes palissées de
M. Liébert; on y voit, en *a a a a*, les contre-bourgeons

qui se sont produits et qui ont gagné le fil de fer supérieur après le pincement à la fleur, au-dessus du fil de fer moyen.

C'est à Saint-Avertin, près de Tours, vignoble des plus riches et des mieux cultivés de la Touraine, chez M. Rouillé-Courbe, président de la section de viticulture, vice-président de la Société d'agriculture d'Indre-et-Loire, que j'ai vu les premiers spécimens de la viticulture type, installée depuis un an seulement sur une vigne de meunier et depuis deux ans sur une vigne de cots, toutes deux anciennes, par M. Pécault, arboriculteur et vigneron des plus habiles et des plus précis dans la pratique.

Dans sa jolie campagne de Saint-Avertin, M. Rouillé-Courbe a voulu joindre à sa viticulture traditionnelle de plants nobles les cultures progressives de la vigne, qu'il avait eu l'occasion d'étudier dans ses excursions faites, pour juger et récompenser les meilleures méthodes de viticulture, au nom de la Société d'agriculture.

C'est à la viticulture type qu'il a dû s'arrêter, comme la plus rationnelle et la meilleure en effet; et c'est à M. Pécault, qui déjà depuis longtemps avait installé cette méthode avec succès, qu'il dut confier la transformation de portions de vignes ou trop faibles ou trop peu fécondes.

Fig. 367.

La dernière vigne transformée était presque toute en meunier, parfaitement disposée par M. Pécault; cette vigne offrait une végétation un peu faible (fig. 367) et inspirait quelques inquiétudes à M. Pécault et à M. Rouillé-Courbe; je les rassurai en leur disant que cette petite défaillance se manifestait souvent la première année, mais qu'elle était remplacée, l'année suivante,

Fig. 368.

par une végétation très-vigoureuse. M. Pécault me dit qu'en effet c'est ce qui était arrivé à la vigne de cot, qui, à sa deuxième feuille, avait poussé vigoureusement, quoique ayant été débile la première année. J'ai vu cette vigne, qui offrait une vigueur très-grande en bois et de nombreux et magnifiques raisins (fig. 368).

Les lignes de ces deux vignes étaient espacées à 1 ^{m},5o : évidemment cet espacement fait perdre une partie de la récolte, puisque les ceps, étant limités à 1 mètre dans le rang, ne peuvent prendre plus d'expansion ni de charge de fruits; or l'expérience montre qu'un mètre carré suffit à la dimension d'une souche à une branche à fruit de 9o centimètres: il y a donc un demi-mètre carré de perdu par souche; c'est ce que nous retrouverons dans toutes les vignes types dressées par M. Pécault; mais c'est là une très-faible déviation, que certainement M. Pécault rectifiera.

Ces deux vignes de M. Rouillé-Courbe étaient parfaitement conduites, ébourgeonnées, pincées, puis liées, rognées, redrugeonnées et repincées; leurs fruits étaient plus beaux, plus abondants et plus que doubles de ceux des vignes traditionnelles du même clos.

M. Rouillé-Courbe m'a fait voir une vigne de huit ans, plantée et dressée à la méthode ancienne, qui donnait des

fruits pour la première fois, dans des terres excellentes, où,
par les méthodes de plantation et de dressement progressifs,
les jeunes vignes devraient donner une plus belle récolte à
la troisième année. Récolter à huit ans, c'est la ruine; récolter à trois ans, c'est la fortune, en viticulture : c'est 1,500 fr.
de capital et cinq ans du temps de la vie gagnés.

Chez M. Bacot de Romans, à Vernou, j'ai vu des vignes
mises en lignes et sur fil de fer déjà conduites à branches
à bois et à branches à fruit sur des bases bonnes, mais in-
complètes. M. Nollet, jardinier-chef très-expérimenté, l'a
parfaitement compris, et je suis assuré qu'il amènera les
vignerons à réaliser la perfection.

M. Nollet me disait, avec raison, qu'il serait à désirer
que des jardiniers fussent dressés aux pratiques de la viticulture progressive et mis à la tête des vignobles à réfor-
mer, à planter et à conduire, parce que les données générales de l'arboriculture les mettent à même de comprendre
plus vite et plus solidement les nécessités de la vigne en
plein champ. C'est précisément ce que M. Pécault vient de
prouver, en grand, dans toute la Touraine et dans les départements voisins; c'est aussi ce que M. Davaux, jardinier de la colonie pénitentiaire de Mettray, a mis hors de
doute en installant à la méthode type la belle pépinière
de cette intéressante colonie.

A Saint-Cyr-sur-Loire, dans une propriété de campagne
appartenant à M. Galais, il a suffi à M. Pécault de donner
les premières indications et de faire dresser et conduire
quelques ares de vignes sous ses yeux, pour permettre à
Mme Galais, qui s'occupe de ses vignes avec une rare intelligence, de transformer 2 hectares de vignes anciennes en
vignes types de la plus grande perfection : ces vignes étaient

chargées, à notre estimation, de 75 à 80 hectolitres à l'hectare, en cots et grollots, aussi également et aussi parfaitement mûrs, tout le long des branches à fruits, que ceux des vieilles vignes voisines à coursons.

La figure 369 donne une idée très-exacte des vignes transformées. Loin d'être exagérée, cette figure, pour rester

Fig. 369.

claire, supprime des rangées de fruits qui se recouvraient, sur un grand nombre de ceps, sans laisser d'intervalle.

Ces vignes étaient si scrupuleusement établies sur les principes que j'avais réunis et posés, qu'ayant dans notre voiture mon rapport sur l'Est, où j'ai fait graver une vue d'ensemble des vignes de M. de la Loyère, j'allai chercher ce travail, et, avant de l'ouvrir, je dis à Mme Galais : « Vos vignes, à la méthode de M. Pécault, sont tellement belles et m'ont tellement frappé, que je viens de les faire graver par le télégraphe, qui me les renvoie à l'instant. Voyez, Madame, si la gravure est bien réussie, » ajoutai-je en la mettant sous les yeux de Mme Galais. La surprise fut telle, la ressemblance était si complète, qu'on prit un moment ma plaisanterie pour une réalité.

Outre ses vignes transformées, M. Galais a créé un hectare de vignes, en 1861, dont il m'a remis le compte de produits et dépenses, année par année. Je donne ce compte tel qu'il m'a été remis, parce qu'il est à lui seul un enseignement précieux et complet.

Distance des lignes, 1ᵐ,50. *Distance des ceps*, 1 *mètre*.
Ceps à l'hectare, 6,500.

PREMIÈRE ANNÉE : 1861.	DÉPENSES.	PRODUITS.
Défoncement et préparation du sol à la charrue.	100ᶠ 00ᵉ	
6,500 plants chevelus, de 2 ans, à 5 fr. le cent.	325 00	
900 fagots d'ajoncs, à 15 fr. le cent........	135 00	
6,500 échalas, à 55 fr. le mille..........	357 50	
1,300 mètres de fil de fer n° 12, à 13 fr. le cent.	169 00	
29 journées d'homme pour plantation des chevelus, à 2 francs....................	58 00	
24 journées de femme à 1 fr. pour porter les ajoncs...........................	24 00	
1 journée de labour pour couvrir les ajoncs et combler les aujoux..................	7 00	
4 journées de labour pour entretien des cultures de saison........................	28 00	
6 journées d'homme pour nettoyer, à la houe, autour des ceps....................	12 00	
	1,215 50	
DEUXIÈME ANNÉE : 1862.		
Quatre façons à la charrue, y compris une après la chute des feuilles, douze journées à 7 fr..	84ᶠ 00ᵉ	
25 journées d'homme à 1ᶠ,75 et 2 francs pour la taille et le complétement des cultures.....	46 00	
8 journées pour installer les échalas et les fils de fer...........................	16 00	
5 journées de femme pour le palissage à 1ᶠ,25.	6 25	
Récolte : 2ʰ,50 à 20 francs l'hectol..........		50ᶠ
	152 25	

	DÉPENSES.	PRODUITS.
TROISIÈME ANNÉE : 1863.		
1 2 journées de labour à 7 fr. (quatre façons)..	84ᶠ 00ᶜ	
8 journées d'homme pour la taille et attacher les verges à l'échalas à 1ᶠ,75.	14 00	
26 journées à 2 francs pour plier et attacher les verges horizontalement, labour et pincement.	52 00	
42ʰ,5 vendu 32 francs l'hectol.		1,360ᶠ
9 journées de femme pour palissage à 1ᶠ,25 le cent.	11 25	
	161 25	
QUATRIÈME ANNÉE : 1864.		
1 2 journées de labour à 7 fr. (quatre façons)..	84ᶠ 00ᶜ	
1 1 journées à 1ᶠ,75 pour la taille et attacher les verges.	19 25	
3 1 journées à 2 francs pour plier et attacher les verges, pour labour complémentaire.	62 00	
1 5 journées de femme pour palissage à 1ᶠ,25..	18 75	
82ʰ,5 vendu 27ᶠ,20 l'hectol.		2,244
	184 00	
1865 et années suivantes.	184 00	
90 hectol. à 25 francs l'un.		2,250
Total général de la dépense.	1,913 00	5,904
A tous ces prix il faut joindre, pour frais de ven- danges de 217 hectolitres 1/2, pressurage et mise en tonneau à 2 francs l'hectolitre.	434 00	
Plus 16 francs d'impôts et 50 francs de loyer.	66 00	
	2,413 00	
A déduire.		2,413
Reste un bénéfice net pour les quatre premières années.		3,491

La dépense de première année doit être réduite de 260 francs de chevelus, qui seraient avantageusement remplacés par 65 francs de boutures, et de 150 francs sur les échalas, qui peuvent être remplacés par des sapineaux traités au sulfate de cuivre, coûtant 32 francs le mille, et valant autant, sinon mieux, que le chêne. Les boutures bien choisies, bien préparées et bien plantées, sont plus hâtives en végétation et plus fructifères, la seconde et la troisième année, que les plants enracinés.

Nous avons visité au domaine de Thorigny, chez M. de Sazilly, 5 hectares 20 ares de vignes parfaitement établies et conduites à la méthode type; au point que la figure 369 en donnerait aussi l'image parfaite, si la grêle n'avait pas détruit un tiers ou moitié de la récolte. Les rangs sont malheureusement à 1ᵐ,50 comme chez M. Galais, au lieu d'être à 1ᵐ,20 ce qui diminue la récolte d'au moins un quart.

Tous les enseignements sont réunis chez M. de Sazilly : jeune vigne n'ayant rien rapporté à dix ans, mise en pleine et énorme fructification; vieilles vignes, presque stériles, rendues fertiles par leur transformation; jeunes vignes dressées et rendant 36 hectolitres à la troisième année.

Dans la commune de Monts, au château de Candé, propriété de M. Drake del Castillo, nous avons vu des vignes transformées de la méthode médocaine en la méthode type, c'est-à-dire de la taille à deux astes et à deux cots de retour, mises à la taille à un seul long bois et à un seul cot de retour. Les vignes transformées étaient belles, fort belles même (à 90 hectolitres à l'hectare) en certains endroits; mais cette transformation n'était pas nécessaire. La première installation de M. Drake del Castillo était excellente, et elle eût été aussi fructifère et aussi vigoureuse que l'autre avec de simples modifications que j'ai signalées au Médoc, dans mon rapport sur la Gironde : mettre un échalas de 1ᵐ,33 ou de 1ᵐ,50 à chaque souche, pour y faire monter les bour-

43.

geons des deux cots de retour, et appliquer avec soin les
ébourgeonnements, les pincements hâtifs et réitérés aux
astes; faire les liages et les rognages au-dessus de l'échalas
aux bourgeons des coursons. Avec ce complément à la culture médocaine, viticulture type à deux bras au lieu d'un,
bilatérale au lieu d'unilatérale, la vigueur et la fécondité
sont les mêmes. La figure 370 indique quel serait le sque-

Fig. 370.

lette de la méthode médocaine perfectionnée. Il ne manque
au Médoc que les échalas de souche, au lieu du carasson de
souche, pour élever et soutenir ses bourgeons de remplacement, et l'application raisonnée des quatre opérations de
l'épamprage : mais c'est surtout le pincement des bourgeons
des astes *hhhhhh* et le rognage des bourgeons des cots, en
eee, qui font défaut. Quant au labourage, il se fait mieux
dans 90 centimètres que dans 1^m,5o.

L'application la mieux dirigée, la plus complète, que j'aie
vue en Touraine, sur la transformation des vieilles vignes
en vignes types, est sans contredit celle que M. Hainguerlot
a fait faire dans son clos de vignes attenant au parc de son
château de Villandry, sur une étendue qui m'a paru être

d'environ 6 hectares; trois hectares ont été disposés à 1ᵐ,33 entre les lignes, par la suppression d'un rang intermédiaire, et traités à un courson à bois et à une branche à fruit horizontale, avec les palissages, les pincements et les rognages représentés dans les figures 368 et 369.

Un hectare et demi a été traité de même, les rangs de vignes étant conservés tels qu'ils étaient, c'est-à-dire à 66 centimètres; et enfin, pour servir de terme de comparaison, 1 hectare et demi a été laissé à son état ancien. Ces trois dispositions, parfaitement établies et traitées, présentaient, au moment de ma visite (10 septembre 1865), une production relative qui pouvait être ainsi classée : la vigne ancienne, 12 barriques (30 hectolitres) à l'hectare; la vigne type à rangs à 1ᵐ,33, 24 barriques (60 hectolitres), et la vigne type à rangs à 66 centimètres, 36 barriques (90 hectolitres) à l'hectare. Tous les raisins, cots et meuniers, étaient également mûrs, également beaux, et tous les bois également vigoureux dans les trois parties.

Ma surprise a été d'autant plus grande et plus agréable, en présence de cette belle étude, qu'ayant eu l'honneur de voir plusieurs fois M. Hainguerlot, deux ans auparavant, à Paris, ses conversations viticoles m'offraient beaucoup plus d'objections et de doutes que d'adhésions. Aussi, je l'avoue, je ne faisais pas un grand fond sur sa conversion et moins encore sur son initiative. Je connais maintenant sa manière, qui est la bonne : dire peu et faire beaucoup; ne rien promettre et tout réaliser; et, quand le succès est complet, assurer n'y être pour rien : « Je n'ai, m'écrit-il au 15 septembre, « d'autre mérite que d'avoir prescrit à mon jardinier-chef, « Louis Marais, de suivre les règles contenues dans votre « livre : aussi est-ce mon jardinier qui a tout le mérite de

« l'exécution. » J'ai pu reconnaître, en effet, que M. Louis
Marais est un arboriculteur hors ligne, et qu'il a parfaitement compris et accompli toutes les pratiques de la bonne
viticulture; mais un habile lieutenant fait d'autant mieux
qu'il est dirigé par un capitaine de plus grande valeur.

M. le marquis de Quinemont, membre du Corps législatif, a appliqué les cultures à la charrue et les principes
de la viticulture type sur de bien plus grandes étendues dans
son domaine de Paviers, près de l'Ile-Bouchard.

66 hectares, dont 10 de vieilles vignes de 30 à 40 ans
et 56 de vignes jeunes de 5 à 10 ans, la plus grande partie en breton, en cots et en chenin blanc, pour les vins fins,
et la plus faible en grollot, gamay, bourgogne et folle, pour
les vins communs, sont établis sur deux rangs de fil de fer,
portés, de 4 mètres en 4 mètres, par des sapineaux passés
au sulfate de fer; les vignes sont en lignes, à $1^m,50$ et à
$1^m,66$. Tous les ceps sont à une verge et à un courson de
retour, parfois à deux verges et à deux coursons de retour;
toutes les vignes anciennes portent deux coursons et deux
verges; les verges sont partout palissées horizontalement.

Les ébourgeonnages et les pincements, sur les branches
à fruit, sont pratiqués avec soin et réitérés jusqu'à deux et
trois fois, à cause de la vigueur de la végétation, après les
relevages et les accolages; avant la vendange, l'effeuillage et l'épointage complètent les opérations de l'épamprage.

Deux labours à la charrue sont donnés pendant l'hiver :
l'un, à la chute des feuilles, en petits billons; l'autre, après
les gelées, refendant les billons et enterrant les feuilles.
D'après le cours de la végétation, quatre labours à la charrue sont donnés, et plus, s'il le faut, dès que les herbes se

montrent : toutes ces cultures sont faites par la ferme, au prix de 45 francs par hectare; mais, en outre, un bêchage d'hiver à la main est donné entre les souches et en dehors, et deux bêchages, souvent trois, sont donnés à la main autour des ceps, l'été, pour compléter le travail à la charrue.

La récolte moyenne générale de M. de Quinemont a été, cette année, de 46 hectolitres à l'hectare seulement, à cause des jeunes vignes; mais j'ai vu des vignes chargées dans une bien plus grande proportion, et partout les bois de remplacement étaient d'une vigueur remarquable. Avec les cots, les bretons et les chenins, les vins du château de Paviers sont d'une solide et grande qualité.

En dehors des progrès viticoles que j'ai pu constater par moi-même, beaucoup d'autres sont réalisés avec autant de perfection et de succès dans la Touraine; beaucoup sont en voie de réalisation.

J'ai eu le très-vif et très-sincère regret de n'avoir pu visiter les vignes de M. le comte de Naives, commune de Mettray, que tous les membres du comité de viticulture me signalaient comme les plus belles des vignes transformées et créées à la méthode type.

Dans la même commune, M. de Blainville avait aussi transformé, en 1861 et 1862, 2 hectares de vieilles vignes avec un succès croissant; M. Decout, à Rochecorbon; M. Vergé, à Veigné; Mme Léonide Guyot, à Noizay; M. Martineau, M. le duc de Luynes, M. le comte de Contades, à Luynes; M. Datry, à Saint-Avertin; M. le docteur Imbert, à Saint-Symphorien; M. de Vonne, à Saché; M. Bignon, M. le marquis de la Ferté, ont transformé et planté des étendues plus ou moins considérables, de 1 à 8 hectares,

pour être conduites à la méthode type, presque tous sous
l'initiative et sous la direction de M. Pécault.

Je réunis ici et je cite tous ces noms pour montrer de
quel esprit de progrès agricole les grands propriétaires sont
animés dans la Touraine, et pour les donner en exemple à
ceux qui croient que la viticulture est une culture spéciale,
en dehors et au-dessous des grands agriculteurs. La vigne
comme l'horticulture se lie partout avec avantage à la grande
et à la petite culture, et toutes les tendances sont à la fusion
définitive de la production simultanée du pain, du vin,
de la viande, des légumes et des fruits, partout où la vigne
peut mûrir ses fruits, c'est-à-dire dans soixante-dix départements au moins.

En visitant Indre-et-Loire, il m'était impossible de ne
pas rendre à M. le comte Odart l'hommage qui lui était dû
par tous les viticulteurs du monde, mais par les viticulteurs
de la France surtout[1].

J'ai tenu à très-grand honneur de visiter la Dorée (commune d'Esvres), domaine où l'éminent patriarche de la viticulture française (88 ans) a complété et vérifié, par une
longue pratique, ses belles études ampélographiques, centre
d'où sont partis ses précieuses leçons et ses importants écrits.
Son Ampélographie universelle restera comme le cadre le
plus naturel et le plus complet, cadre d'ailleurs toujours
ouvert, de la classification et de l'appréciation des divers
cépages. Son Manuel du vigneron est, sans contredit, le
meilleur exposé des vraies données de la viticulture traditionnelle; et, dans son Ampélographie comme dans son
Manuel, la plupart des grandes questions de la viticulture

[1] M. le comte Odart est décédé à Tours, le 20 août 1866, dans sa quatre-
vingt-neuvième année.

et de la vinification sont traitées ou posées de main de maître.

La Dorée n'offrait rien du luxe et du goût du jour, mais elle offrait, dans un vaste enclos, la collection des cépages les plus importants et les mieux étudiés par le plus éminent des viticulteurs modernes. Elle m'a donc paru, comme son propriétaire, digne d'admiration et de respect.

M. Houssard, président de la Société d'agriculture, sciences et arts d'Indre-et-Loire, membre du conseil général et député au Corps législatif; M. Rouillé-Courbe, président de la section d'agriculture de cette société, m'ont dirigé dans l'étude de l'arrondissement de Tours, et M. le marquis de Quinemont dans celui de Chinon. Je dois mes remercîments avant tout à ces Messieurs, ainsi qu'à M. l'abbé Chevalier, le savant secrétaire perpétuel.

Je terminerai l'exposé de mes observations dans Indre-et-Loire par une théorie qui m'y fut opposée par un des administrateurs du Crédit mobilier dont je venais de visiter la propriété.

« Si la *famille rurale,* me disait-il, produit plus aujourd'hui dans sa petite exploitation que la grande agriculture industrielle, c'est que les grandes associations de capitaux ne se sont pas encore portées sur l'agriculture, et notamment sur les cultures spéciales : le jour où nous ferons en grand l'exploitation de la vigne, la petite production du vigneron serait bien vite abattue par les moindres prix de revient et les plus grands moyens de production des grandes entreprises. »

L'expérience de tous les pays et de tous les temps a prouvé, et prouve encore tous les jours, que cette opinion qui domine dans les hautes régions de l'agriculture, de la finance et même de l'administration, est une erreur déplorable; elle peut favoriser la spéculation, mais elle écrase positivement la production et la consommation. 600 hectares exploités en pain, viande, vin et autres denrées nécessaires à la nourriture et à l'entretien, par cent familles à moitié fruits, chacune vivant de ses produits, donneront toujours au propriétaire et à la société une somme double des produits que donneraient les mêmes 600 hectares exploités par un seul agriculteur ou entrepreneur d'agriculture ; le double en pain, le double en viande, le double en vin, en fruits et légumes, et cela sans que jamais les colons soient sujets à la misère ni le propriétaire à la ruine ; double fléau qui sévit aujourd'hui sur les uns et sur les autres, mais qui n'atteint jamais la petite propriété, suffisant à l'emploi des forces d'une même famille, quand cette propriété réunit tous les produits indispensables à la vie.

DÉPARTEMENT DE LOIR-ET-CHER.

Le département de Loir-et-Cher, dans la superficie duquel la Sologne entre pour près de la moitié, cultivait 26,000 hectares de vignes en 1852 ; il en cultive environ 28,000 hectares aujourd'hui, par suite de l'accroissement pris dans ces dernières années par la viticulture, surtout en Sologne et aux environs de Romorantin : c'est la vingt-troisième partie de son territoire, lequel comprend 635,000 hectares.

La production moyenne de l'hectare de vigne, toute compensation faite, est de 26 hectolitres, dont le prix moyen, vins blancs et vins rouges balancés, est de 18 fr. l'hectolitre : sur ces données, le produit brut moyen par hectare est de 468 francs ; la dépense annuelle moyenne est de 298 francs, vendanges, provignages, échalas, fumier et terrassements compris : d'où le produit net par hectare ressort à 170 francs.

Le produit brut de l'hectare, dans l'arrondissement de Vendôme, s'élève à 800 francs, le rendement moyen étant de 40 hectolitres, dont le prix moyen est de 20 francs. Le produit brut total des vignes du département de Loir-et-Cher serait donc au moins de 18 millions de francs, plus du tiers de son revenu total agricole.

Ce produit brut répond à l'entretien de 18,000 familles

moyennes ou de 72,000 habitants, près du tiers de la population totale, qui est de 275,000 âmes.

La vigne et ses produits jouent donc un rôle capital dans Loir-et-Cher, et l'importance de ce rôle ne fera que s'accroître.

Le progrès viticole s'organise partout, dans Loir-et-Cher, sous l'impulsion de la Société d'agriculture et par l'exemple des grands propriétaires. La vigne s'y étend avec sûreté un peu partout, mais surtout dans la Sologne, comprise entre la Loire, le Cher et le chemin de fer d'Orléans à Vierzon.

Autrefois, me dit M. Salvat, secrétaire de la Société d'agriculture, la vigne prospérait dans toutes les parties de la Sologne. On en retrouve partout les souches; et les contrats antérieurs à la révocation de l'édit de Nantes portent pour la plupart la mention de vignes, soit comme comprises dans les exploitations, les locations ou les ventes, soit comme désignation de limites aux propriétés mentionnées. Dans ces mêmes contrats, il est très-rarement question d'étangs. Depuis la révocation de l'édit de Nantes, il n'est plus question que d'étangs et jamais de vignes en Sologne, jusqu'au commencement du xixᵉ siècle. Ainsi la Sologne aurait été très-vignoble et très-peuplée avant la révocation de l'édit de Nantes.

Si un gouvernement peut faire tant de mal d'un trait de plume, un autre gouvernement peut donc faire beaucoup de bien par le même procédé en sens inverse, c'est-à-dire en attirant ou en créant des populations, au lieu de les chasser ou de les détruire.

M. Thuaud de Beauchêne, membre du conseil général de Loir-et-Cher, vice-président du comité central de la

Sologne et maire de Romorantin, a rendu d'immenses services, dans le vrai sens du progrès et de la stabilité sociales, en arrachant à la misère industrielle et urbaine un grand nombre de familles, pour les rendre au travail et au bien-être agricole. J'ai été bien heureux d'entendre ce patriarche, si digne et si justement aimé, déclarer hautement que la vigne seule, annexée par parties aux exploitations agricoles de la Sologne, rendrait à cette province sa population et sa richesse naturelles. Romorantin et ses habitants nombreux, qui doivent leur aisance à la viticulture, sont là pour appuyer et pour prouver ses dires.

Il en sera un jour ainsi partout, car la Sologne offre partout la meilleure constitution géologique pour les cots, le meunier, le gascon et le gamay, en cépages rouges, et pour l'arbois, le blancheton, le romorantin et le chasselas, en cépages blancs. Ses terres siliceuses avec fond d'argile, argilo-siliceuses, mélangées de graviers et de cailloux, sont des terres privilégiées partout pour la vigne. Amendées par l'argile extraite du sous-sol ou par l'apport des marnes calcaires, elles peuvent produire en abondance et éternellement les plus riches récoltes de vin, sans fumier.

Entre la Loire et le Cosson, on trouve les calcaires de la Beauce, qui se prolongent de la rive droite à la rive gauche, et qui sont très-favorables aux auxerrois, pineaux noirs ou au lignage. Enfin, sur les bords du Cher sont les affleurements des grès verts, les meilleurs terrains qu'on puisse désirer pour tous les cépages; ces affleurements se retrouvent le long du Loir, à Vendôme, à Montoire, etc.

Le climat de la Sologne, rendu malsain, humide et pluvieux par les étangs, les bois et les landes incultes, et surtout par son sous-sol argileux imperméable, est déjà rede-

venu très-sain et très-favorable aux raisins meuniers, aux
gouais, aux romorantins, aux chasselas, aux gamays, partout où la culture de la vigne et les autres cultures ont
repris possession de la plus grande étendue du sol. Sur
les bords du Cher, sur ceux de la Loire, ainsi que sur
le Loir et sur toute la portion beauceronne, le climat est
aussi sain, aussi parfait, pour la production des vins frais,
qu'on puisse le souhaiter; par la culture et par l'usage
alimentaire de ces vins, il est redevenu sain pour les habitants.

La culture de la vigne, dans Loir-et-Cher, tient beaucoup de celle d'Indre-et-Loire dans sa partie sud et ouest
et beaucoup de celle du Loiret dans sa moitié nord et est;
mais elle présente des variations nombreuses, suivant les
différents centres où on l'observe, et, de plus, elle offre des
cultures progressives et même des méthodes tout à fait originales et dignes d'attention. Je vais d'abord jeter un coup
d'œil général sur ces différences ou ces analogies dans leurs
pratiques les plus traditionnelles.

La vigne est à peu près partout plantée sans défoncement général et profond du sol. Autrefois on n'employait
guère que les boutures à la plantation; aujourd'hui le plant
enraciné y entre au mois pour moitié. Jamais on ne plante
à la cheville; c'est toujours en petites fosses (gîtes de lièvre).
en rigoles ou en fossés, que sont disposés les plants; toujours en lignes, par deux, pour en faire un troisième rang
au milieu ou pour en faire quatre, les lignes complémentaires devant résulter d'un provignage à trois, quatre ou
cinq ans, lorsque les lignes plantées auront poussé des
sarments suffisamment forts pour permettre cette opération. Mais que les plants soient enracinés ou de simples

boutures, toujours ils sont coudés horizontalement, de 20 à 30 centimètres, sous terre.

Dans l'arrondissement de Blois, les lignes de vignes sont en planches (échemeau) à deux, trois et à quatre rangs, séparées par des sentiers qu'elles dominent de 20 à 25 centimètres, et ces planches sont d'autant plus bombées et en relief qu'elles contiennent moins de rangs. La plantation se fait le plus souvent sur trèfle retourné ou sur simple labour, avant le creusement des sentiers. Les terres des sentiers sont rejetées sur les planches où se trouvent déjà les jeunes plants, dont la profondeur est ainsi accrue de toute l'épaisseur de terre ajoutée; ce qui porte cette profondeur à 30 ou 40 centimètres.

Sur les bords de la rive gauche de la Loire on voit beaucoup de planches à deux rangs, principalement pour les noirs à verges; mais la majorité est à trois rangs, surtout en se dirigeant sur Cour-Cheverny, Cheverny et environs; aux Montils et aux alentours, les planches sont à quatre rangs ou bien la culture est à plat. A Romorantin, les planches sont à trois rangs; à Selles, Châtillon, Noyers et Saint-Aignan, elles sont à quatre. Enfin à Montrichard, à Chissay et à Saint-Georges, les vignes sont cultivées à plat, ainsi que dans quelques points des environs de Blois; mais c'est une exception dans le département.

La distance des lignes varie de 60 à 80 centimètres, et la distance des pieds, en quinconce, de 75 centimètres jusqu'à 1ᵐ,50 dans la ligne.

Les variations sont aussi très-grandes relativement à l'emploi des échalas.

Dans le val de la Loire tout est échalassé; mais dans la partie dite *Sologne* et sur les plateaux à l'ouest de Blois les

vignes blanches n'ont pas d'échalas le plus généralement.
Entre Chailles, les Montils et Monthou, j'en ai vu beaucoup
de rouges qui n'étaient pas plus échalassées que les blanches. A Chissay, à Montrichard, les rouges et les blanches
sont également sans échalas; mais, à Saint-Aignan, Châtillon, Noyers, Selles-sur-Cher, l'échalas domine absolument, à un et souvent à deux par souche; il en est de
même à Romorantin. Mais à Cheverny et aux environs,
les vignes à vins rouges en sont seules munies; là les éche-
meaux des vignes rouges n'ont que deux rangs et ceux des
blanches en ont trois. A Menars et à Mer, deux échalas par
souche sont presque la règle; enfin, dans le val de Loir et sur
la côte des Grouets et des Noëls, beaucoup de souches ont
quatre à six membres allongés, munis chacun d'un échalas.

Aujourd'hui les fils de fer tendus sont souvent substitués
aux échalas. C'est ainsi qu'à Bouxeuil M. de Belot a fait
dresser une belle vigne blanche, en orbois, à trois cornes
et à trois coursons, sur un fil de fer porté sur pieux à
6o centimètres du sol; c'est ainsi que M. le vicomte de la
Salle, à Chitenay, fait dresser ses lignes sur trois fils de
fer; que M. le curé de Seur conduit des gamays à coursons
en cordons superposés à deux étages, protégés par des pail-
lassons contre les gelées de printemps, et des meuniers, à
cot et à verge, palissés et protégés de même; c'est ainsi
que M. Salvat, à Nozieux, a dressé une vigne en romorantin, à branches à bois et à branches à fruit, sur deux fils
de fer; que tous les vignerons associés de Montlivault, à
mesure des arrachages, remplacent les échalas par les fils
de fer tendus. Enfin, à Mer, M. de Montlaur dresse aussi ses
vignes sur deux fils de fer, l'un à 3o centimètres, l'autre à
6o centimètres de terre.

J'ai vu tous ces essais très-bien établis et donnant de très-bons résultats.

Les échalas sont en cœur de chêne ou en sapineaux de 1^m,33 de long; ces derniers durent peu, à moins qu'ils ne soient passés au sulfate de cuivre.

Avant d'aborder la comparaison des tailles et de la conduite des vignes de Loir-et-Cher, je dois examiner les différents cépages du pays.

On cultive, dans les arrondissements de Blois et de Romorantin, en cépages rouges, l'auvernat noir, qui est le franc pineau de Bourgogne, le noirien de la Côte-d'Or, l'auvernat gris ou meunier, le cot, cahors ou cot rouge et vert, le lignage ou massé doux ou sucrin, le gascon, mondeuse ou persaigne, enfin le gros noir ou teinturier et le gamay; en cépages blancs, le romorantin ou gros pineau blanc de la Loire, le chenin, l'orbois, arbois ou meslier du Gâtinais, le blancheton ou folle blanche, le gouais, et rarement le chasselas. Autrefois l'auvernat blanc ou chardenet était très-cultivé; on en trouve encore, mais très-peu, sur la côte des Noëls et sur les coteaux des Grouets.

Ces nombreux cépages, rouges et blancs, se rencontrent un peu partout; mais, dans chaque centre de production, un ou deux dominent les autres et constituent des vins à part.

Ainsi la côte des Grouets, qui donne d'excellents vins rouges, et dont la réputation est depuis longtemps établie comme bons ordinaires de table, est surtout plantée d'auvernat noir (pineau) et de lignage.

La côte des Noëls produit ses bons vins blancs avec le gros pineau blanc de la Loire (romorantin), l'orbois et l'auvernat blanc ou chardenet; le blancheton est très-cultivé

II.   44

dans ces parages, mais, s'il donne abondamment, je ne crois pas qu'il produise des vins de qualité : il produirait, au contraire, d'excellentes eaux-de-vie, production qui était organisée dans le pays avant 1816. Les vins rouges communs y sont surtout produits par le gamay et le gascon, tout le long de la rive gauche correspondante de la Loire. Sur la rive droite, à Menars, à Mer et à Seur, on retrouve l'auvernat noir, le meunier, le cot, constituant de bons vins rouges.

Autour de Blois, au nord et à l'ouest surtout, on cultive beaucoup de gros noirs.

A Cour-Cheverny et aux environs, les cots, le gamay, le gascon, un peu de meunier et le gros noir constituent les cépages rouges et donnent des vins d'ordinaire que Jullien classe après ceux des Grouets et de Mer-la-Ville; les blancs sont surtout l'orbois, le gouais et le romorantin. M. le marquis de Vibraye a importé dans son domaine de Cheverny un cépage de Sauterne, le sémillon blanc, qui paraît réussir à merveille en Sologne.

A Romorantin, le meunier constitue les trois quarts des vignes ainsi qu'à Noyers et aux environs; le gascon, le gamay, le gros noir, viennent s'y joindre en petite quantité pour produire les vins rouges de deuxième classe, estimés au niveau de ceux de Cour-Cheverny; l'auvernat blanc, le gros pineau blanc (Romorantin), sont les raisins blancs qui dominent. Il se fait d'ailleurs très-peu de vins blancs sur cette partie de la Sauldre, de même que tout le long du Cher.

A Selles-sur-Cher, à Villefranche, à Mennetou, à Châtillon, à Saint-Aignan, à Thézée, à Montrichard, à Saint-Georges et à Chissay, ce sont les cots rouges et verts qui dominent. On y trouve un peu de gros noir, de meunier, de massé doux; l'orbois et l'auvernat blanc y sont également cultivés. Monthou donne aussi des vins rouges de même qualité.

Ce sont ces fertiles pays qui, par leurs cots principalement, ont établi la réputation des vins du Cher, vins corsés, colorés, spiritueux et de garde; ils sont aussi désignés sous le nom de vins frais par le commerce, qui les associe avec grand avantage à des vins moins solides, moins corsés et moins colorés. Les vins de Romorantin et de la Sauldre, ou plutôt les vins de meunier, sont vendus aussi sous le nom de vins du Cher et de vins frais; mais, si ces vins sont plus agréables à consommer dans la première et la seconde année que les vins de cot, ils sont moins durables, moins corsés et moins colorés.

Aux Montils et sur leurs plateaux, en allant vers Blois, sont des vignes blanches de meslier et de blancheton et des vignes rouges de gascon, de gamay et de gros noir.

La coutume la plus générale et la plus ancienne dans l'arrondissement de Blois, pour dresser la jeune vigne, était et est encore de laisser les plants un ou deux ans sans les tailler; puis, à la deuxième ou à la troisième année, de couper la tige, ou tout au moins de la rabattre sur les sarments les plus bas, et de raser ceux-ci près du vieux bois, en leur laissant à peine un œil (cette opération s'appelle *écharboter*). A l'année qui suit l'écharbotage, on taille les plus beaux sarments et les mieux placés de la repousse, à un, deux ou trois yeux, pour en former plusieurs cornes, quatre, cinq, six, mais généralement trois. La plupart des vignes sont dressées à trois cornes, à un seul courson chacune, courson taillé à deux ou trois yeux; la verge n'est pas

44.

de règle : elle n'est appliquée à aucun cep dans les environs
de Blois, si ce n'est, m'a-t-on dit, au gros noir, auquel on
laisse des verges de 1 mètre.

J'ai vu sur les plateaux qui succèdent aux Montils, en allant vers Blois, beaucoup de vignes blanches et de vignes
rouges, sans échalas, présentant les meilleurs types de ces

Fig. 371.

tailles. Je donne un spécimen de cette taille dans. la figure 371; *A* représente la souche taillée, et *B*, sa végétation. C'est en allant de Blois à Cheverny que j'ai vu les
spécimens du même dressement avec échalas, et à Bouxeuil,
chez M. de Belot, avec fil de fer (fig. 372).

Mais à cette règle on compte un grand nombre d'exceptions; c'est-à-dire que, dans le dressement des souches sans
verges, à deux et trois cornes d'abord, on ajoute plus tard
quatre, six et jusqu'à neuf cornes partant de la même
souche, tantôt dans les vignes blanches sans échalas, tantôt
dans les vignes rouges avec échalas.

Parfois chaque corne est allongée d'un rang à un autre

dans les vignes en lignes, parfois aussi dans le même rang. C'est ainsi qu'à Nozieux, dans les vignes traditionnelles de

Fig. 372.

M. Salvat, j'ai pu relever, comme types, les figures 373 et 374. C'est là un vrai provignage à l'air libre qui, pour la

Fig. 373.

vigueur de la vigne et sa durée, est préférable au provignage souterrain, parce que l'allonge n'a point de racines gourmandes.

Je dis *racines gourmandes*, parce que les racines ont leurs

gourmands aussi évidents et aussi nuisibles que les tiges
peuvent en avoir. Ainsi, de même que les arboriculteurs ont

Fig. 374.

bien soin d'abattre les jeunes pousses qui diminuent la vigueur de la tête de l'arbre, lesquelles finiraient par la faire
périr, de même on devrait et l'on doit ôter toutes les jeunes
racines qui se développent entre le mésophyte ou le niveau
du sol jusqu'aux mères racines; parce que toutes les jeunes
racines affaiblissent les racines mères, les empêchent de
s'étendre et peuvent même les faire périr. J'ai cité les vignobles où la suppression de ces gourmands radiculaires
ne permet aucun doute sur l'inconvénient de les laisser se
développer et sur l'avantage de leur suppression.

Entre Menars et Mer, j'ai vu des vignes en auvernat noir,
meunier et cot, en billons à deux rangs, disposées comme
l'indiquent les figures 375 et 376. C'est bien là une double

méthode empruntée ou prêtée à Orléans, comme nous en retrouverons une troisième à Romorantin.

Mais ce n'est pas seulement par le nombre des cornes

Fig. 375.

que se manifestent les variétés de conduite, c'est aussi par l'emploi des verges et des demi-verges. Ainsi, très-souvent,

Fig. 376.

presque toujours, les bons vignerons donnent des verges

aux cots et aux meuniers, des demi-verges à l'orbois, à l'auvernat noir et blanc, au gros noir, etc.

A Romorantin, on n'écharbote pas, non plus qu'à Saint-Aignan. On dresse dès la première année sur un sarment,

Fig. 377.

le plus bas, à deux yeux; le meunier est dressé et conduit à peu près comme en certains points de l'Orléanais; chaque souche à trois ou quatre membres, généralement trois, dont un porte une verge pliée en cercle et les autres des coursons à trois yeux et parfois une demi-verge.

La figure 377 reproduit la disposition la plus commune des meuniers, et la figure 378, la disposition relative des ceps sur la planche.

Fig. 378.

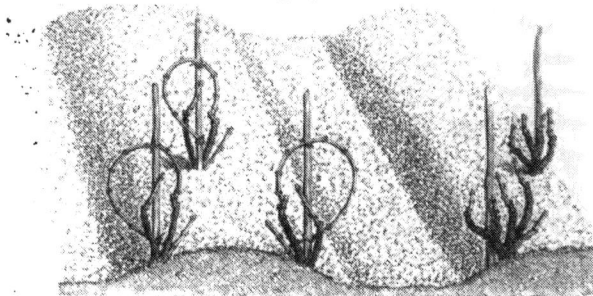

L'auvernat blanc est taillé comme le meunier, ainsi que le cot; l'orbois est taillé à trois ou cinq cornes surmontées d'un sarment, à trois ou quatre yeux, comme le gros noir ou teinturier, qui est le plus cultivé pour donner de la couleur. Le gamay, le gascon, le gouais, le gros plant, sont mêlés au meunier et au gros noir en très-faible proportion.

Le gros noir, à Romorantin, est toujours conduit à cornes (quatre en moyenne) et à coursons à trois nœuds; il ne porte jamais de verges. La figure 378 donne, à droite, deux souches de gros noir prises dans les vignes de M. Gaveau, excellent vigneron.

La verge alterne tous les ans d'une corne à l'autre; il est très-rare qu'elle soit reprise sur la même deux fois de suite.

A Noyers, le meunier n'a point de verges, et toutes les souches sont à six et huit membres, surmontés de coursons à trois yeux qui souvent sont pris, comme à Romorantin,

Fig. 379.

sur jeune sarment sorti du vieux bois. Chaque souche a son échalas.

A Saint-Aignan et aux environs, le cot rouge est le cep dominant. Il est dressé à deux ou trois têtes, à un ou deux coursons, et à une ou deux verges soutenues par un ou deux échalas. Tantôt les verges sont renversées sur le cep, figure 379, tantôt en dehors du cep, figure 380. Ces verges sont tantôt alternées, tantôt reproduites tous les ans sur la même corne. Le gros noir et l'orbois sont à plusieurs coursons, à trois ou quatre nœuds et à une demi-verge. L'auvernat blanc est traité comme le cot. Toutes les

verges sont abaissées et attachées en mai, après les gelées.
Cette opération coûte 2 fr. 5o cent. le mille. Dans plusieurs
vignobles elles sont fixées à la taille de mars.

Les vignes de Montrichard, de Saint-Georges et de Chis-

Fig. 38o.

say offrent des types tout à fait originaux de dressement
et de conduite des ceps, dignes d'une mention spéciale;
j'en parlerai plus loin et à part.

Les diverses opérations pratiquées, en cours de végétation, sur les pampres des vignes dans Loir-et-Cher sont
généralement très-simples. Sur toutes les vignes sans échalas, on relève et on lie les pampres de chaque souche à la
fin d'août ou au commencement de septembre, soit isolément, soit deux à deux, en arcades, avec un lien de paille,
pour favoriser la maturation par l'air et le soleil. Sur les
vignes à échalas (charnier), on relève et on lie en juillet,
parfois à la fin d'août, où l'on rogne seulement les pampres
qui dépassent l'échalas, à moins qu'on ne les lie deux à
deux. Aux environs de Blois on n'ébourgeonne pas. A Romorantin, on ébourgeonne mal et tard, seulement au mo-

ment où l'on relève les pampres et où on les accole, avant
la fin de juin; on ne les rogne qu'à la fin d'août.

A Saint-Aignan, avant, pendant et après la fleur, on relève, on attache les pampres, par deux liens de paille, à
l'échalas. Au 15 août et jusqu'à la fin on relève encore, on
met un troisième lien et l'on rogne à hauteur des échalas.

Les opérations traditionnelles sur les pousses vertes de
la vigne ne comprennent donc ni l'ébourgeonnement ni le
·pincement avant le 15 mai, ni la mise bas des repousses,
ni le rognage de tous les pampres à 60 à 80 centimètres
au-dessus de la souche aussitôt la défloraison, opérations
qui; aujourd'hui méthodiquement pratiquées, augmentent
les récoltes dans une notable proportion et assurent la
fécondité de l'année suivante.

En revanche, les cultures de la terre y sont très-nom-
breuses et très-accidentées. En général elles sont au nombre
de cinq : on cure et on relève les terres des sentiers sur les
planches en novembre; on déchausse en mars à la taille;
on marre et l'on met en mottes en avril et en mai; on bine
avant la moisson, et souvent on bine à la véraison, fin
d'août et de septembre. A Blois, à Cheverny, à Romorantin,
toutes ces façons sont généralement données. A Saint-Aignan, les façons sont réduites à quatre et souvent à trois.
On déchausse depuis janvier jusqu'en avril, avant la taille.
Dans la plupart des autres vignobles, cette opération se
fait après la taille et consiste à former, en travers des
planches, un sillon au pied des ceps. Le marrage, ou mise
en mottes, se fait après la taille. Vers le 15 mai on remarre
parfois, c'est-à-dire qu'on abaisse les mottes et on fiche les
échalas. Avant la moisson, on bine. Autrefois on curait les
sentiers en novembre et on les curait une deuxième fois

après la fleur; mais la rareté de la main-d'œuvre fait supprimer, de jour en jour, les cultures souvent les plus importantes.

Dans la plus grande partie des vignobles des arrondissements de Blois et de Romorantin, la vigne est considérée comme devant être maintenue de franc pied; sauf les provignages complémentaires de la première plantation, le provignage n'est plus employé que pour remplacer les ceps morts; encore les remplace-t-on souvent par le plant enraciné, ce qui est beaucoup mieux; mais à Saint-Aignan, à Châtillon et dans quelques vignobles environnants, le provignage est appliqué à la perpétuation et au rajeunissement de la vigne, comme en Bourgogne, sur le pied de 6 à 800 provins, à 2 ou 3 pointes, par hectare, sur 20,000 ceps. C'est un renouvellement de la vigne par quinzième, ce qui coûte en moyenne 60 francs par hectare et par an, à 2 centimes et demi la pointe. C'est là une grande dépense, qui pourrait être avantageusement supprimée, puisque, avec d'aussi bonnes terres, les 20,000 ceps provignés de Saint-Aignan ne donnent que 25 à 30 hectolitres de récolte moyenne, tandis que la moyenne récolte de Cheverny est de 30 à 40 avec 8,000 ceps, non perpétués par le provignage excessif.

Les vignes de franc pied durent depuis vingt ans jusqu'à cent ans et plus; à Romorantin par exemple, où le franc pied est de règle, dans les mauvaises terres on arrache à vingt ans, dans les bonnes à quatre-vingts; la durée moyenne de la vigne est de cinquante ans.

En Sologne, on fume les vignes après la chute des feuilles, sur le pied de 50 à 75 mètres cubes par hectare; quelques-uns vont à 100 et 140 mètres cubes, ce qui est évidem-

ment exagéré. Avec les terrages d'argile ou les marnages,
la vigne pourrait bien se passer de fumier en Sologne. Dans
les environs de Blois, le taux de la fumure est beaucoup
moindre, car M. Charrier, secrétaire du Comité, estime à
25 francs par an la dépense du fumier; ce qui suppose,
au plus, 15 mètres cubes tous les trois ans, ou un litre et
demi par pied et par an.

A Romorantin, à Noyers surtout, on fume beaucoup; à
Saint-Aignan et en Berry (le Cher sépare la Sologne du
Berry) on ne fume pas, mais on terre souvent. Il importe
de dire ici qu'en Sologne et aux environs de Blois, comme
en Berry, on enfouit, dans les fossés de plantation, des
bruyères, des rameaux de sapin, des fougères, en un mot des
amendements végétaux et ligneux qui ajoutent singulièrement aux forces de végétation et de fructification de la vigne.

Dans l'arrondissement de Blois, la culture des vignes se
fait par closiers, à façon et par les vignerons propriétaires :
très-peu de vignes sont affermées. Les conditions de la
closerie sont à peu de chose près les mêmes que dans
Indre-et-Loire. Les façons ne dépassent pas 90 ou 100
francs par hectare. A Cheverny, cette dépense est de 100
francs sans échalas et de 120 francs avec échalas.

Les closiers sont des vignerons qu'on loge, auxquels on
donne de 4 à 6 ares de jardin et qu'on paye à forfait de 90
à 130 francs l'hectare, suivant les lieux, pour toutes les
façons, sauf les fumures, les vendanges, les provignages, etc.
Les closiers ont encore tout ou partie des sarments et le
droit d'avoir une vache dont le fumier leur appartient.

Le prix à forfait sans participation au fruit, l'octroi des
sarments et d'une vache avec abandon de fumier, sont autant de conditions de ruine de la vigne. Pourtant on dit ici :

« Toujours closerie a acheté métairie, jamais métairie n'a
« acheté closerie. »

Ceci est encore une vérité pour le propriétaire vigneron
de sa propre closerie, mais n'en est plus une pour le propriétaire bourgeois, qui n'obtient pas la moitié des produits
qu'obtient le vigneron et qui fait à peine ses affaires par
la cherté où le mauvais vouloir de la main-d'œuvre. Il en
serait autrement si le propriétaire donnait un dixième du
produit à ses closiers.

Dans l'arrondissement de Romorantin et dans la vallée
du Cher, l'exploitation par closerie disparaît et est remplacée par le prix fait, lequel s'élève, à Romorantin même,
de 200 à 250 francs par hectare, et à Saint-Aignan, de 130
à 150 francs, sans compter le piquage ou le dépiquage,
l'abaissement et le liage des verges, non plus que les provins; opérations qui, avec les fournitures, doublent au moins
la dépense.

Les vendanges se font à peu près partout en paniers ou
en seilles, versées dans des hottes portées à dos d'homme,
hottes vidées dans des poinçons ou des bannes disposées
hors de la vigne. Ces vaisseaux sont chargés et portés sur
voitures à la vinée; on y foule la vendange, puis on la verse
en cuve. Là les pratiques varient.

Aux environs de Blois, la cuve étant pleine et la vendange égalisée, on attend un ou deux jours que le marc soit
monté, et, à partir de ce moment, on foule la cuve deux fois
par jour pendant quatre ou cinq jours. Du septième au neuvième jour on tire, on pressure, et l'on mêle les jus de
presse avec ceux de la cuve.

A Romorantin, on foule à la banne et l'on s'abstient de
fouler à la cuve; la fermentation s'accomplit à cuve ou-

verte et à marc flottant, comme à Blois; très-peu de propriétaires cuvent à marc plongé et à cuve fermée. Mais, à Romorantin, la cuvaison dure, en moyenne, quinze jours. On tire le vin clair et froid et l'on ne mélange pas les vins de presse avec les vins de goutte.

Enfin, à Saint-Aignan, la cuvaison dure de dix à quinze jours; le vin.est tiré froid et le vin de presse est mis à part. Mais on foule seulement pendant les deux premiers jours à la cuve, qu'on ferme ensuite par un couvercle luté avec soin.

Excepté aux environs de Blois et à Cheverny, les vins sont généralement cuvés de six à huit jours de trop dans Loir-et-Cher, surtout à Romorantin, où les meuniers font la base du vin rouge, vin agréable et de peu de durée, qui serait plus généreux et plus durable s'il était tiré après cinq ou huit jours de cuvaison et si les vins de goutte y étaient mêlés avec les vins de presse.

Si, à Montrichard, à Thézée, à Saint-Georges, à Chissay, les vendanges et la vinification diffèrent peu dans leurs pratiques avec celles des pays environnants, il n'en est pas de même du dressement, de la culture et de la conduite de la vigne, bien que les cépages dominants soient toujours les cots, les pineaux noirs et blancs, l'orbois, le pineau de la Loire et le chasselas exceptionnellement.

A Montrichard et aux environs, les planches ont disparu pour faire place aux cultures à plat. Les alignements ne sont plus respectés; les échalas ont aussi disparu partout, si ce n'est pour le gros noir, qui, dit-on, ne saurait s'en passer. Enfin les souches sont pourvues de deux, trois et jusqu'à quatre longues verges sur un seul cep; chaque verge est assise sur un membre, ce qui n'empêche pas le même cep de porter encore deux, trois ou quatre autres membres sur-

montés d'un courson. La moyenne est de quatre membres.
dont deux à verges et deux à coursons; mais, à vrai dire.
quoique chaque cep soit toujours conduit sur le même principe de coursons et de verges, ils diffèrent tous les uns des
autres par le nombre et la direction des verges.

Beaucoup de ceps n'ont qu'une longue verge sur un bras
et un courson taillé à deux nœuds sur un autre bras : ce
sont les ceps faibles ou plantés dans un sol maigre. Je donne,

Fig. 381.

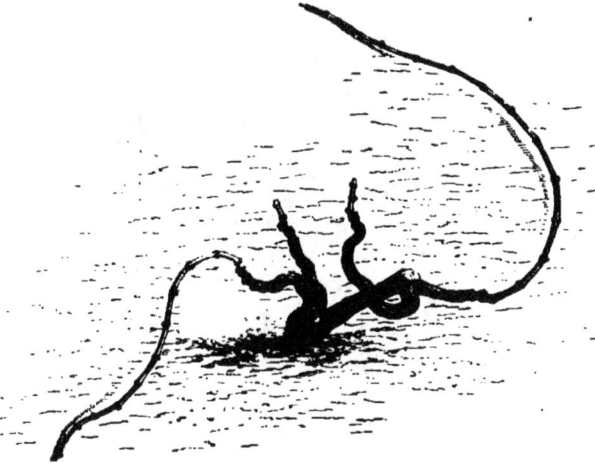

dans la figure 381, un type de souche à la taille d'hiver,
et, dans la figure 382, cette même souche telle que je l'ai
vue, couverte de ses fruits.

Les membres sont plus ou moins irrégulièrement allongés en vieux bois; car les sarments propres à faire de bonnes
verges sont choisis par les vignerons là où ils se trouvent,

comme on le verra dans les croquis suivants. Toutes les
verges sont laissées de toute leur longueur, de 1 mètre à
1ᵐ,5o jusqu'à 2 mètres et plus, sans même retrancher la

Fig. 382.

petite extrémité où les nœuds sont très-rapprochés, ne fût-
elle pas aoûtée; c'est l'hiver qui se charge de faire tomber
cette extrémité.

Comme on le voit dans la figure 382, les verges sont
soutenues, à environ 3o centimètres au-dessus du sol, par

des petites fourches; mais ces supports ne sont jamais mis en place qu'au moment où le fruit se dispose à tourner vers sa maturité, pour éviter sa pourriture. On voit aussi que les membres à coursons n'ont point de grappes, tandis que les verges sont d'un bout à l'autre, et jusqu'à la plus petite extrémité, couvertes de raisins magnifiques, d'une maturité parfaite, à gros grains, égaux et très-juteux. Ces verges de la figure 382, dont l'une mesure 2 mètres et l'autre $1^m,50$, portent chacune plusieurs kilogrammes de raisin.

C'est au pied des ruines du château de Montrichard que j'ai recueilli les croquis des gravures 381 et 382. J'y joins

Fig. 383.

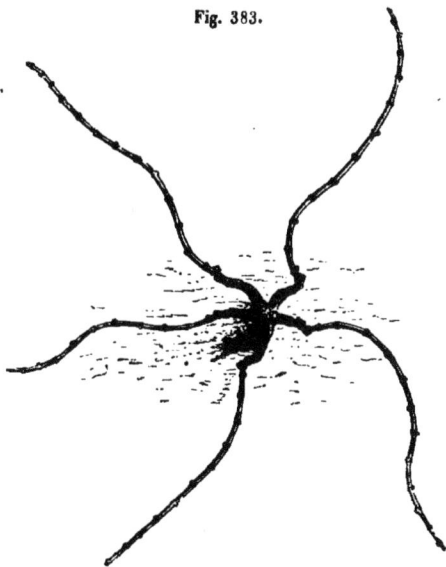

les croquis 383, comme exemple d'extension maximum,

et 384, comme minimum assez fréquent. Ce minimum se rapproche singulièrement des tailles de Saint-Aignan et d'Indre-et-Loire.

Les verges sont parfois conservées pendant deux ou trois

Fig. 384.

ans, taillées à la Thomery et toujours fertiles. Les verges servent souvent aussi au remplacement par provignage. Cette riche taille est loin d'épuiser les vignes, car tous les croquis ci-dessus sont pris dans des vignes qui comptent cent et cent cinquante ans d'existence, et qui sont encore d'une fécondité et d'une vigueur extraordinaires.

Mais les cultures de Montrichard et des environs, qui sont l'exagération des cultures à deux bras, à courson et à verge (les verges sont appelées, à Saint-Georges, traîneaux), ne sont elles-mêmes qu'une faible introduction à d'étranges et fantastiques cultures, pratiquées à quatre kilomètres de Montrichard, sur le Cher, près de la route d'Amboise, sous le nom de cultures en chintres (altération de cintre) ou en chaintres (contraction de chaînes traînantes). Je préférerais la seconde orthographe, parce qu'elle répond mieux à l'idée qu'on peut se faire de cette méthode.

Les vignes en chaintres ou à chaînes traînantes, sauf les vignes en crosse d'Évian, sont le dernier mot de la philosophie de la végétation, de la fécondité et de la longévité de la vigne, dont elles offrent la plus haute expression, avec les treilles, dont elles atteignent les dimensions et dont elles ont les bras longs et multipliés; seulement, au lieu de

45.

porter des coursons comme les treilles à la Thomery, ce

Fig. 385.

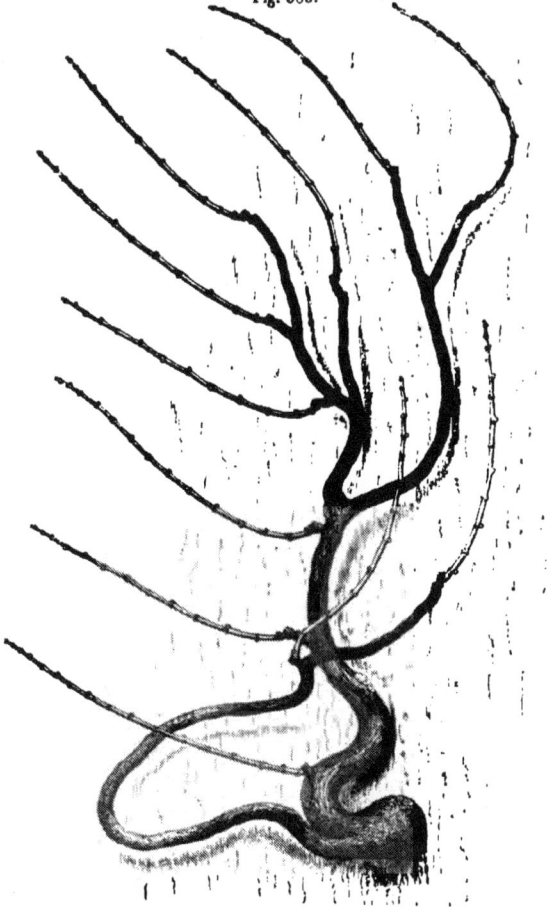

sont de longues et nombreuses verges qu'elles portent

comme les treilles ou treillons de la Savoie et de l'Isère. En
outre, au lieu de s'étaler contre des murailles ou d'être
soutenues en l'air par des treillages dispendieux d'établissement et d'entretien, elles s'étalent librement sur la terre nue
et nettoyée de toute herbe par les labours, hersages et rou-
lages. C'est la terre qui leur sert d'espalier au lieu des murailles, et qui leur réfléchit la chaleur, condition de perfection du fruit bien supérieure à l'isolement dans l'air, comme
les treilles et treillons de la Savoie et de l'Isère, comme
les treilles sur arbres ou sur châssis des Hautes- et Basses-
Pyrénées, d'Évian, de Celles en Dordogne, et d'autres pays.

En présence des vignes en chaintres, je ne sais plus comment exprimer, même approximativement, par le dessin,
le développement d'un cep, la splendeur de sa végétation
et surtout de sa fructification. J'en donne d'abord une idée
simple, par une souche réduite au quarantième et relevée
scrupuleusement sur place, dans la figure 385 ; puis une
idée d'ensemble par la figure 386, au centième, prise sur

Fig. 386.

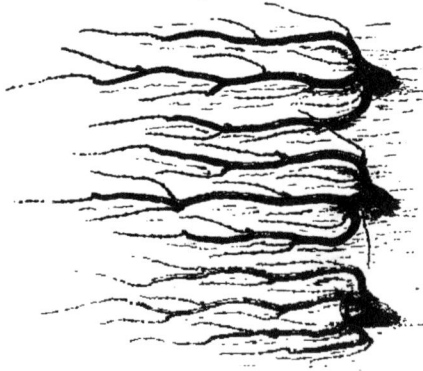

une vigne voisine, plus régulièrement conduite et plus jeune.

Le cep de la figure 385 a environ 4^m,50 de long sur 1^m,50 de large; il offre non-seulement onze branches à fruits de 1 mètre à 2 de longueur, mais encore dix sarments de remplacement, qui sortiront du collet, et de beaux sarments complémentaires à prendre le long des verges, en bien plus grand nombre qu'il n'en faut pour reproduire autant de branches à fruits l'année suivante.

La figure 386 représente trois ceps en chaintres, de quinze ans, dont les pieds, en bouture ordinaire, ont été plantés sur simple labour, sur une même ligne et le long d'un sentier, à 2 mètres de distance; puis ils ont été formés successivement sur un, deux et trois bras principaux, par autant de longs bois servant d'abord de verges. Sur ces verges poussent des fruits et des sarments; parmi ces derniers, une verge est choisie en prolongement du bras et un ou deux coursons sont laissés pour donner des verges latérales l'année suivante: c'est ainsi que les bras se sont allongés successivement jusqu'à 5 ou 6 mètres, tout en conservant des points d'où sortent des verges latérales. Ces longs bras peuvent être, et sont souvent, raccourcis et rabattus pour être refaits de la même façon. C'est là une conduite très-

Fig. 387.

rationnelle et très-propre à entretenir une grande vigueur et une grande fécondité. Je l'ai dit, ce sont les treilles et treillons de l'Isère par terre.

Je donne, dans la figure 387, une verge au trente-troi-

sième au moment de la taille, et, dans la figure 388, son
développement au moment de la maturité du raisin, à la

Fig. 388.

même échelle. Chacune des verges qui sont aux ceps,
fig. 385 et 386, offre bien cet aspect.

On conçoit que la moitié, le tiers au moins, des yeux
nombreux de ces verges ne sortent point à la montée de
la séve, et que, si les gelées printanières emportent les yeux
sortis, les yeux demeurés endormis les remplacent immédiatement en s'emparant alors de la séve abandonnée : aussi,
là où cette méthode est pratiquée, les gelées printanières
ont-elles très-peu d'influence sur la récolte, ce qui est un
avantage énorme.

Aussitôt la vendange faite, on détourne ou l'on relève de
dessus le terrain occupé tous les bras des chaintres, soit
pour les ranger en une ligne étroite contre le sentier, soit
pour les porter vers l'espace qui est au delà ; et dès lors
on laboure à la charrue l'espace devenu libre, comme on
ferait d'un champ ordinaire qu'on peut herser et rouler,
puis regarnir de ses ceps. On peut même, en mettant une
plus grande distance entre les pieds, réserver, dans ce sens,

une bande de deux mètres pour y ranger les bras et les verges jusqu'après une récolte de céréales, de prairie arti-ficielle, de racines, de tubercules et de légumes, et, aus-sitôt la récolte faite, labourer, herser, rouler et étendre les ceps sur le champ débarrassé, pour favoriser le dernier développement et la maturation du raisin : c'est ce qui s'est fait et se fait encore. C'est même à cet espoir de double récolte qu'il faut attribuer l'invention de ce mode de cul-ture.

C'est·à Denys Lussaudeau, simple vigneron, dit M. le comte de Gourcy dans ses précieux *Voyages agricoles*, si riches en faits importants et parfaitement observés, qu'est due l'invention de la culture de la vigne en chaintre.

M. de Gourcy a visité plusieurs fois Denys Lussaudeau, qui habite le hameau de Beaune, à moitié chemin de Mont-richard à Chissay, et voici en abrégé les renseignements qu'il en a obtenus.

Il y a vingt-cinq ans (en 1841) que maître Denys, c'est ainsi qu'on l'appelle dans le pays, ayant hérité de son père des terres valant alors un millier d'écus (3,000 francs), comprit que ce qu'il avait de mieux à faire était de les trans-former en vignes, cultivées à la charrue, tout en récoltant, pour vivre, du blé et du fourrage dans les intervalles des ceps.

Maître Denys a donc loué une charrue attelée et a tiré un sillon à 2 mètres du bord d'un de ses champs, tandis que sa femme le suivait, armée d'une gaule de 2 mètres, et enfonçait une bouture, à chaque longueur de gaule, dans le sillon; puis le mari traçait un second sillon ser-vant à fermer le premier. Ils recommencèrent la même opération 12 mètres de distance de la première installation, et ainsi de suite jusqu'à la fin de leur champ. M. Denys cultiva ensuite l'entre-deux, laissant un mètre de chaque côté des lignes de cep, à cultiver désormais à bras; à la cinquième année, lorsque les ceps furent vigoureux et bien munis de sarments à verges, il songea à les étaler dans les espaces destinés aux cultures de blé, dans une partie, et de prairie artificielle, dans l'autre. Ce dernier espace fauché, récolté et labouré à la Saint-Jean, au plus tard, servait à étendre les ceps et leurs verges, supportées par de petites fourches jusqu'après la vendange. La récolte terminée, il rangeait les membres et leurs verges dans la zone de 2 mètres allouées à leur culture spéciale, et il semait son froment et sa prairie.

Presque toutes les vignes de Chissay et des environs sont plantées et conduites à la manière de M. Denys Lussaudeau.

Les vignes ainsi plantées donnent, après cinq ans, au moins autant que les vignes ayant un cep tous les mètres vingt, au carré, et donnent, en outre, 37 ares de blé et autant de fourrage par hectare, ne laissant que 25 ares à cultiver à bras. Aussi maître Denys, qui n'a eu en totalité que 5 à 6,000 francs d'héritage, possède-t-il aujourd'hui plus de 60,000 francs. Il a récolté sur un hectare, planté à sa manière, plus de quarante pièces de vin de 245 litres, vendues 80 francs, soit 3,200 francs de produit sur 25 ares de vignes, et sur les 75 autres ares, 8 hectolitres de blé à 20 francs et trois cents bottes de fourrage à 30 francs, soit 250 francs des cultures intercalaires, en tout 3,450 francs par hectare.

Tous ces faits sont empruntés à l'ouvrage de M. le comte de Gourcy (*Voyages agricoles*, Paris, chez Mme veuve Bou-

chard-Huzard, rue de l'Éperon, 5), qui les tient directement de M. Denys Lussaudeau et de M. Lemaître, adjoint
de Chissay, qui les confirme. Je les ai moi-même constatés
sur place, avec MM. Ranz et avec M. le marquis de Ferrières ; mais je regrette infiniment de n'avoir pas vu M. Denys, dont j'aurais été heureux d'écouter les enseignements.

Quoi qu'il en soit, tout en rendant pleine justice à la
grande inspiration de M. Denys et en l'approuvant presque
sans restriction quant à la conduite de la vigne, je ne puis
admettre l'utilité de la distance de 12 mètres entre les
lignes, ni la valeur relative des cultures intercalaires.

Le voisinage des céréales et des fourrages verts fait couler la vigne en bouton et en fleur, tandis que le tapis de
verdure et les chevelus portent un préjudice incroyable à
ses racines. La vigne veut une terre aride et nue à la surface du sol : à de grandes distances, si les ceps ont de grandes
tiges, et à une distance moindre, si les ceps ont une petite
tige. Or les chaintres s'étendent de 5 à 6 mètres en tige ;
il faut donc, pour le maximum de leur production, 5 à 6
mètres de terres dénudées autour d'eux. La culture en
chaintres est des plus propres aux murgers et aux roches
nues.

Je mentionne ici que tous les sommets des ceps sont dirigés au nord ou nord-est, pour éviter les fâcheux effets des
coups de vent du sud et du sud-ouest.

Je n'ai point eu le temps d'analyser les manœuvres ni
d'étudier les dépenses nécessitées par cette conduite de la
vigne ; mais cette méthode doit être facile et économique.
puisqu'elle est suivie par les simples vignerons et imitée
par les plus grands propriétaires.

Dans tous les cas, c'est là une culture des plus productives et donnant les meilleurs vins du Cher, avec les méthodes de Montrichard, Saint-Georges, Thézée, etc. qui reposent également sur les tailles longues et multipliées, c'est-à-dire sur les mêmes principes de fructification que la culture en chaintres.

M. le marquis de Ferrières a mis à l'essai, sur 20 hectares que j'ai vus, un perfectionnement de la culture en chaintres qui pourrait avoir grand succès : ce perfectionnement consiste à développer sur chaque cep un seul grand cordon, avec verges à droite et à gauche. Cette régularité et cette simplicité données au développement du cep faciliteraient évidemment les changements de lieu et l'arrangement régulier des verges sur le sol : c'est le cordon à longues tailles sur terre et sans palissage.

Les vignes de Chissay et des environs prouvent de la façon la plus irréfutable qu'on peut obtenir, sous certaines conduites, autant et plus des fins cépages que des cépages grossiers à taille courte et restreinte : ainsi les cots rouges et verts, les pineaux noirs et blancs, les carbenets et les sémillons, les braquets du midi et les rieslings du nord, les malvoisies et les muscats se conduiraient à merveille à la taille en chaintres.

Les terres argilo-sableuses dans lesquelles les cultures en chaintres sont établies sont bonnes, il faut le dire ; toutefois elles ne constituent des terres à blé que de troisième qualité. Les chaintres réussiraient d'ailleurs beaucoup mieux dans les terres médiocres que les vignes à taille courte et restreinte, parce que la puissance de la tige donne toujours une force correspondante aux racines.

A Saint-Claude, dans son joli domaine de Nozieux, où M. Salvat se livre, avec un succès connu de tous les agro-

nomes, à l'exploitation progressive de toutes les branches
de l'agriculture, j'ai pu étudier les vignes traditionnelles
de la fameuse côte des Noëls, qui commence à Vineuil et
s'étend jusqu'à Saint-Dié, rive droite de la Loire : cette
côte est depuis longtemps connue pour la production de
très-bons vins blancs.

C'est dans les vignes parfaitement tenues de M. Salvat
que j'ai pris le croquis des figures 372 et 373, et que j'ai
vu une vigne de romorantin très-bien installée, à la méthode type, à branche à bois et à branche à fruit, palissée
horizontalement et offrant une bonne récolte.

Je regrette de n'avoir pu visiter sur la même rive la
fameuse côte des Grouets, bordant la Loire en aval de Blois;
mes regrets sont d'autant plus vifs que sur cette côte est
la Justinière, où M. Arnaud Tizon, grand propriétaire, a
dressé vingt-cinq hectares de très-belles vignes, cultivées
à la charrue et conduites à la méthode type, dont il obtient
les plus brillants résultats.

De Nozieux nous sommes allés visiter la commune de
Montlivault, dont les principaux vignerons propriétaires ont
constitué entre eux une association des plus intéressantes
et des plus remarquables par ses heureux effets. Cette société a pris pour base de ses cultures les principes que j'ai
exposés dans mon traité de la viticulture et de la vinification ; elle les applique, non pas en aveugle et d'une façon
absolue, mais en hommes qui savent choisir et concilier le
présent avec l'avenir, la tradition avec le progrès.

Toutes les vignes des sociétaires, très-nombreux et constituant la majorité des habitants de Montlivault, sont en
lignes, sur souches basses, en cordons à branche à bois et à
branche à fruit ou bien à simples coursons, ébourgeonnées,

pincées, rognées et palissées sur fil de fer, à mesure qu'on renouvelle les vignes et que les échalas sont usés.

.Il y a entre eux concours, non concurrence : c'est le principe chrétien opposé au paradoxe de l'équilibre par antagonisme. Tous s'éclairent mutuellement, tous s'entr'aident; et une commission procède, tous les ans, à l'examen des vignes aux périodes principales de leurs façons et de leur végétation, non pour blâmer ni pour louer, mais bien pour en tirer des observations et des conclusions qui servent à l'enseignement mutuel.

Les vignerons de Montlivault ont ainsi porté le rendement moyen de leurs vignes à 80 hectolitres à l'hectare; plusieurs cultivent à la charrue, tous cultivent à plat; avec une entente parfaite et cordiale, ils organisent peu à peu un progrès durable.

J'ai lu quelques procès-verbaux de cette société respectable. Ces procès-verbaux sont admirables de justesse dans la pose et dans la solution des questions, ainsi que dans leur rédaction. J'étais heureux et fier d'avoir été pour quelque chose, sans m'en douter, dans la constitution d'une telle société, et du bon accueil qu'elle m'a fait.

De Montlivault, le comité m'a conduit à Mer; c'est entre Menars et Suèvres que j'ai pris le croquis des souches fig. 375, et près de Mer celui de la figure 376.

M. le marquis de Vibraye m'a fait accueil à son magnifique domaine de Cheverny; après m'avoir dirigé à Nozieux, à Montlivault, à Mer, à Suèvres et à Menars avec le comité, il m'a conduit à Chitenay et à Seur; puis, au retour, il m'a fait visiter les vignes à Cheverny, où il avait réuni quelques vignerons propriétaires.

Parmi ces propriétaires vignerons se trouvait M. Letour-

neur, qui passe pour le plus expérimenté de tous les viticulteurs du pays, et qui m'a donné les renseignements les
plus précis sur les cultures de la Sologne. Il a publié une
brochure sur la viticulture locale, dans laquelle on trouve
d'excellentes choses : « Voyez l'exemple des vignerons pro-
« priétaires, écrit-il, ils fument bien leurs terres et peu leurs
« vignes, et ils obtiennent de bonnes récoltes des deux cô-
« tés ; mais ils ont soin de donner de bonnes façons à temps,
« de bien tailler avec discernement, et surtout de ne point
« conserver de vieilles vignes usées qui coûtent plus qu'elles
« ne rapportent. »

Voilà en peu de mots des vérités capitales sur la viticulture : la vigne, en effet, demande peu de fumier si elle
peut être amendée par les terres, et les énormes fumures
qu'on lui prodigue ne sont nécessitées que par les déplorables tailles qu'on lui impose; puis l'assolement des vignes
à vingt-cinq, quarante et soixante ans est la condition
essentielle de leur constante et riche fécondité.

Voici, d'après M. Letourneur, les frais que coûte un hectare de jeune vigne, plantée et cultivée à la main, pendant
trois ans, c'est-à-dire jusqu'à sa production : 578 francs,
ou, en moyenne, 190 francs par an; et 390 francs, à la
charrue, ou 130 francs par an ; moyennant quoi, à la quatrième année et pendant un temps indéfini, on obtient
des moyennes récoltes de 50 hectolitres, dont la valeur
peut varier de 10 à 20 francs, et donner ainsi un produit
brut de 600 francs par hectare et un produit net d'au
moins 400 francs : d'où il suit que des terres de Sologne
qui auraient coûté 500 francs l'hectare et 500 francs de
mise en vignes, en tout 1,000 francs, rapporteraient au
moins 400 francs par an, c'est-à-dire au moins 40 p. o/o.

Mais quand les vignes, en Sologne, ne rapporteraient que 20, que 10 p. o/o! N'est-ce pas autant et plus que n'y rapporte le blé? Et le vin ne balance-t-il pas le blé dans l'alimentation? M. Rouher, ministre d'État, ne disait-il pas avec raison, cette année même, au Corps Législatif, que la consommation du froment diminuait du tiers ou même de moitié dans les années d'abondance et de bon marché du vin? Pourquoi donc la Sologne n'aurait-elle pas son complément ou son équilibre du pain par la production de son vin?

Mais c'est surtout la santé, l'activité, l'énergie de ses habitants qui sera portée à un aussi haut degré qu'en aucune autre partie de la France avec l'usage abondant du vin dans toutes les familles. Pour acquérir la preuve de ce fait, il suffit de voir la force, l'activité et la santé des vignerons de Cheverny et de Romorantin.

Non-seulement la vigne, en Sologne, donne des vins abondants et d'une bonne qualité, mais elle donnait en 1816 des eaux-de-vie qui ne le cédaient en rien au cognac, et M. de Vibraye en produit qui sont délicieuses. En effet, le blancheton, qui n'est autre chose que la folle blanche de la Charente, vient à merveille en Sologne et y donne des produits abondants.

La vigne, en Sologne, est dans son sol de prédilection pour la durée et la quantité des produits. M. de Vibraye me disait qu'entre Mur, Courmemin et Fontaines-en-Sologne, il existe un cep séculaire d'orbois dont la tige, en saule pleureur, a 9 mètres de diamètre et donne 228 litres de vin. Un autre groupe de huit à dix vieux ceps de cot, en pleine Sologne aussi et au milieu des ajoncs, donne six et jusqu'à sept pièces de vin.

Les vignes prospèrent à Chaumont-sur-Tharonne, a l'ouest, tout près de la Motte-Beuvron; et, à Vouzon, j'ai vu une jolie vigne, ancienne, couverte de beaux fruits au nord-nord-est et contre la Motte-Beuvron. M. Maréchal, ingénieur en chef de la Sologne, a fait dresser une carte où tous les points occupés aujourd'hui ou autrefois par la vigne, en dehors des vignobles des bords de la Loire et du Cher, sont désignés par des cercles. On compte ainsi quarante localités, dans toutes les parties de la Sologne, où les vignes sont ou ont été cultivées de longue main et avec succès, dans des clos de petite étendue.

Cette carte est annexée à un excellent rapport de M. Mutrecy-Maréchal, où cet habile ingénieur montre que la vigne assurerait la salubrité, la richesse et le repeuplement de la Sologne. Il conclut avec raison à ce que cette grande transformation soit déterminée et dirigée par la création d'un grand vignoble école et modèle au centre de cette riche contrée méconnue. Mais, lorsque M. Mutrecy-Maréchal a lu son rapport au Comité central de la Sologne, le vent était à l'agriculture étrangère à la France, à la culture intensive et extensive, aux machines, au bétail étranger, aux valeurs mobilières, aux institutions de crédit, et non à l'agriculture réelle, tirée de la connaissance des lieux, des hommes, de leurs besoins et de leurs aptitudes. La vigne était et est encore, pour les meneurs de la Sologne, une importunité. Aussi le beau travail de M. Maréchal fut-il enterré par le silence.

C'est dans les vignes de M. Gaveau, vigneron propriétaire à Romorantin, qui m'a donné toutes les indications possibles, que j'ai pris les croquis des figures 377 et 378.

M. Rouet jeune, président de l'importante Société vigne-

ronne de Saint-Aignan, m'a fait connaître les modes de
cultures locales, et j'ai relevé chez M. Bodin les ceps des
figures 379 et 380.

M. Ranz m'a fait visiter ses vignes situées au pied des
ruines curieuses de l'ancien château de Montrichard, et
celles de Chissay, puis celles qui environnent sa charmante
habitation située à mi-coteau et à un kilomètre de la ville,
sa cuverie et ses pressoirs parfaitement soignés, et une voiture à vendange armée d'une grue disposée pour y charger

Fig. 389.

les poinçons pleins de raisin au moyen d'une petite grue
tournante parfaitement imaginée, fig. 389.

En retournant à Blois, j'ai visité, en passant à la Charmoise, une vigne que le regrettable M. Malingié avait dressée à branche à bois et à branche à fruit; elle offrait une récolte magnifique, et double au moins de celle des vignes voisines.

J'ai étudié à part l'arrondissement de Vendôme, qui compte seulement 4,160 hectares de vignes, groupées pour la plupart à droite et à gauche du Loir. Malgré un sol généralement argilo-siliceux, qui tient l'eau et se durcit après les pluies, les vignes y sont tenues très-proprement.

Les plantations sont le plus souvent à 1 mètre au carré. Les plants restent un ou deux ans sans être taillés, puis ils sont recepés près du sol, et les sarments qui sortent après cette mutilation sont provignés et servent à garnir ainsi les vignes de 25,000 à 45,000 ceps à l'hectare.

Chaque cep ainsi obtenu reçoit un échalas pendant ses premières années seulement. Ce cep est taillé à un ou deux coursons à deux ou trois yeux, et de plus il reçoit un *fouet*, ou long bois piqué en terre par son extrémité libre : ce fouet n'est accordé que tous les deux ans et aux ceps très-forts.

Quand l'échalas est usé, on relève et on lie les pampres de deux souches ensemble; on entretient les vignes par un provignage effréné, 3,000 provins à l'hectare à 15 francs le mille.

La plupart des vins blancs de l'arrondissement sont fournis par le pineau blanc de la Loire et quelques-uns par le sémillon blanc ou par le surin; les vins de surin sont excellents, et ce sont ces vins qu'aimait tant Henri IV et non les vins de Surênes, comme quelques-uns le croient. En effet *la Bonne aventure au gué*, séjour et souvenir des galanteries d'Antoine de Bourbon, père de Henri IV, est située entre Vendôme et Montoire, à portée des vins de surin.

L'auvernat noir et le meunier donnaient autrefois d'excellents vins rouges; aujourd'hui c'est le cot et le meunier. Malheureusement on tend à leur substituer le pineau d'Aunis ou balzac pour le rouge et le blancheton ou folle blanche pour le vin blanc. On introduit aussi le grollot et le gros gamay; il existe quelques teinturiers. Les vendanges, les cuvaisons et le surplus des pratiques s'accomplissent comme dans les autres parties du département.

M. Martelière, maire de Vendôme, et M. Baumetz, président du Comité de viticulture, m'ont dirigé dans mes études. M. Baumetz, agriculteur et viticulteur des plus distingués, m'a conduit aux vignobles de Vendôme et de Montoire. M. le marquis de Nadaillac m'a fait visiter ceux du canton de Morée.

A Prépatour, M. Baumetz a planté 3 hectares de vignes pour être conduites à branches à bois et à branches à fruit, palissées en fil de fer et cultivées à la houe à cheval; un tiers de ces vignes était à sa troisième année et promettait une récolte abondante.

Une vieille vigne de surin avait été transformée par lui à la méthode type. Ses produits s'étaient élevés par ce fait de 25 à 60 hectolitres la première année, et la deuxième elle promettait plus encore.

A Montoire, M. Chauvin, maire de la ville, et Mme Chauvin m'ont accueilli gracieusement et mis en rapport avec les viticulteurs.

Nous avons visité chez M. Gérard 5 hectares de vignes palissées au fil de fer, cultivées à la charrue, à branches à bois et à branches à fruits, d'une végétation et d'une fructification magnifiques.

Mme Chauvin me disait que les jardiniers de Montoire

nourrissent leurs familles, gagnent de l'argent et achètent
des terres en cultivant un demi-hectare.

Ce fait bien établi montre la puissance de l'homme intelligent, exercé et rompu au travail de la terre limitée à ses
propres forces; il fournit un puissant argument en faveur de
l'association de l'ouvrier rural à la propriété, avec participation aux produits.

Oui, si le prolétaire agricole ne tenait de la terre que
ce qu'il en peut cultiver, sans réclamer la main-d'œuvre
d'autrui, s'il vivait de ses produits à partage et s'il échappait
ainsi aux exactions du commerce et de la spéculation usu-
raire, la France serait peuplée au double et pourrait tout
avoir en abondance et à bon marché.

Malgré les chemins de fer et les facilités d'échange, le
cultivateur direct de la terre ne doit point spécialiser sa
production : il doit toujours vendre le plus et n'acheter que
le moins possible; car tout ce qu'on lui vend est au double et
au triple de sa valeur réelle. Le prolétaire rural doit produire d'abord tout son nécessaire, pour pouvoir vendre à
tout prix son superflu. L'agriculture n'a point, ne doit point
avoir de prix de revient : le prix de revient regarde le capital argent, le commerce, l'industrie, la spéculation. L'agriculture doit nourrir largement les agriculteurs : peu importe ensuite qu'elle vende cher ou bon marché le surplus.

RÉSUMÉ SYNTHÉTIQUE ET ANALYTIQUE

DE

LA RÉGION DE L'OUEST

OU RÉGION DE LA CHARENTE ET DU BASSIN INFÉRIEUR DE LA LOIRE.

La région de l'Ouest cultive 441,000 hectares de vignes, sur une superficie totale de 6,597,000 hectares : la quinzième partie de son sol environ.

Les 441,000 hectares de vignes produisent un revenu brut de 234 millions de francs : plus du quart du produit total agricole, qui est d'environ 763 millions. Ces 234 millions représentent aussi le budget normal de 234,000 familles rurales, ou de 936,000 habitants : tout près du quart de la population totale de la région, qui est de 3,828,000 individus.

La région de l'Ouest produit 15,462,500 hectolitres de vin, dont le prix moyen ressort à 15 fr. 13 cent. l'hectolitre.

Les divergences des cultures, des vinifications et de l'emploi des vins dans les départements qui composent cette région sont telles, qu'il est à peu près impossible de leur assigner des règles communes ou des oppositions utiles à l'enseignement : je me bornerai donc ici à quelques observations générales, sans récapituler la plantation, le dressement, la conduite, etc. qui doivent être étudiés dans chaque département.

La Charente et la Charente-Inférieure ont étendu leur influence sur deux départements limitrophes, la Vendée et les Deux-Sèvres, un peu sur le sud-ouest de la Loire-Inférieur, dans l'arrondissement de Rochechouart (Haute-Vienne) et dans celui de Civray (Vienne), en y propageant leurs principaux cépages, la folle, en blanc, et le balzac, en rouge, ainsi que la plupart de leurs pratiques viticoles. D'un autre côté. Maine-et-Loire, Indre-et-Loire, Loir-et-Cher, ont deux cépages caractéristiques, en blanc, le gros et le menu pineau de la Loire, qui s'étendent à l'est de la Loire-Inférieure, et en rouge, les cots, le breton et les noiriens, qui rayonnent dans la Vienne, à Loudun et à Châtellerault. Le breton a son centre principal à Bourgueil, entre Chinon et Saumur, où il donne d'excellents vins; mais il disparaît en remontant vers l'est de la région, où les cots, les chardenets, les pineaux noirs, les beurots et le meunier fournissent les vins nobles de Joué, de Saint-Avertin et des environs de Tours; puis les cots dominent dans Loir-et-Cher avec les meuniers et fournissent, en quantité, des vins rouges moins fins, les vins dits du Cher, mais plus recherchés par le commerce comme vins frais de coupage. Les vins blancs des Janières et de Saumur, ceux de Vouvray très-estimés, sont produits par le gros et le menu pineau blanc de la Loire, de même que tous les bons vins blancs d'Anjou et de Touraine. L'Indre seul paraît marcher avec une grande indépendance, non-seulement des autres départements, mais encore dans ses subdivisions; il offre un très-bon cépage spécial, le genoilleré, qui a le seul défaut d'être tardif. Le muscadet paraît aussi spécial à la Loire-Inférieure et à

l'ouest de la Vendée. En résumé, excepté les deux Charentes, qui offrent une grande uniformité de cépages et de
cultures, au sud de la région, et Maine-et-Loire et Indre-
et-Loire au nord, tous les autres départements subissent
plus ou moins l'influence de ces deux extrêmes. Toutefois
l'arrondissement de Poitiers a une culture originale et très-
remarquable qui ne se rencontre nulle part ailleurs.

C'est dans le sud de la région de l'Ouest que se produisent les eaux-de-vie si renommées de Cognac et des deux
Charentes; lesquelles, malgré leur supériorité, sont bien
loin d'avoir élevé les produits de la vigne à la hauteur du
prix des vins de consommation directe de la Touraine et de
l'Anjou, à surface égale : tant il est vrai que les produits
de grande consommation engendreront toujours plus de
richesse que ceux de consommation exceptionnelle.

Les observations les plus constantes, les plus dignes d'intérêt et communes à tous les départements, sont les suivantes : plus les vignes sont jeunes, c'est-à-dire plus elles
approchent de dix à trente ans, plus elles rapportent et moins
elles coûtent. Plus les vignes sont taillées généreusement,
plus elles comptent d'yeux conservés à la taille sur chaque
souche, plus elles sont fertiles, vigoureuses et durables.
Lorsqu'elles sont cultivées par tâcherons, hors de l'action
directe du propriétaire, elles rapportent le moins; lorsqu'elles sont cultivées avec participation du vigneron aux
fruits, elles rapportent plus. Lorsqu'elles sont cultivées par
le propriétaire vigneron lui-même, elles rapportent, au
moins, le double des premières et la moitié en sus des
secondes.

Quand les vignes sont vieilles et cultivées traditionnellement à la tâche, elles ne rapportent rien ou presque rien au

propriétaire : le propriétaire est disposé à les vendre, et le vigneron est disposé à les acheter; mais bientôt son empressement sera moindre, car le vigneron sent déjà que pour gagner beaucoup, avec la vigne, il ne doit pas en acheter plus qu'il n'en peut cultiver. S'il a lui-même besoin d'une autre main-d'œuvre que la sienne, ses avantages disparaissent. Telle est la situation à Saumur, où le défaut de main-d'œuvre produit ce singulier effet, que le capital des vignes a diminué d'un grand tiers, tandis que leur produit a doublé. Chacun y fait ce qu'il peut de vignes et en tire un bon profit; mais personne ne veut en acheter. Telle sera bientôt la situation de toute la France, viticole et agricole, si la ruche à faire l'excès de produit qu'on appelle capital n'est pas multipliée, si le prolétariat rural n'est pas installé sur le sol de la moyenne et de la grande propriété.

Le capital, c'est le travail, ce sont les journées d'ouvrier condensées : et ce même capital ne peut se résoudre qu'en ce qui le compose, c'est-à-dire en travail et en journées d'ouvrier. Sans l'homme, le capital ne peut se faire, et sans l'homme le capital n'a ni emploi ni valeur.

L'homme fait le capital, comme l'abeille fait le miel, et à moins que l'effet ne puisse être plus grand que sa cause (ce qui est une absurdité scientifique, une impossibilité mathématique), le capital ne produira et n'entretiendra jamais autant d'hommes qu'il en faut pour le produire. Donc la base de la richesse sociale, c'est l'homme et non le capital.

Jamais le capital ne se reproduira par lui-même plus que le miel ne peut se reproduire! que l'abeille l'emporte, le colporte, le tripote, ou bien qu'elle laisse aux frelons le soin de l'emporter, de le colporter, de le tripoter; jamais ni elle ni les frelons ne l'augmenteront : ils ne peuvent que le

consommer, le faire consommer, le gâter ou le perdre ;
ainsi est et sera éternellement le capital produit, transporté, colporté, tripoté par les hommes.

C'est l'agriculture pratiquée par la main de l'homme qui
seule, avec les produits naturels de la terre, fournit les matières premières de toute consommation humaine ; c'est le
travail humain, appliqué au sol, qui fait tout le capital.
Quelques transformations que subissent ces éléments ou
matières premières, par l'industrie, l'art, la science et le
trafic des hommes, les hommes ne feront que transformer,
user, amoindrir, anéantir, ce qui sera d'abord, et avant
tout, sorti de la main de l'ouvrier du sol, pour redemander
sans cesse à cet ouvrier un nouveau capital pour remplacer
le capital transformé, amoindri, consommé.

Donc l'emploi du capital comme principe créateur, au
lieu de son emploi comme simple conséquence et comme
force déduite de l'homme, conduit à l'anéantissement de ce
dernier, par conséquent à la ruine et à la perte de l'humanité. Cette conséquence est consacrée par l'histoire plus
encore que par la science et la logique.

Mais cette erreur, qui fait délaisser l'homme pour ne
considérer que le capital, n'est pas la seule qui trouble de
fond en comble la régularité du travail, la légitime distribution des forces et le bien-être général et particulier. Les
prétendues lois de l'offre et de la demande, comme règles
absolues de la valeur des produits, pourraient être vraies si
le capital argent avait faim, avait soif; s'il avait, en un mot,
besoin de vivre, ou s'il était exposé à mourir comme le
capital homme ; elles pourraient être justes si l'offre et la
demande s'accomplissaient à armes égales, à besoins égaux ;
mais entre deux êtres, dont l'un est vivant, ayant faim,

ayant soif, et voulant à tout prix conserver son existence, et dont l'autre n'a ni besoins à satisfaire ni péril à braver, la valeur fixée par l'offre et la demande n'est pas une valeur, c'est une exaction, une violence. Non, ce qui règle la valeur dans une société civilisée, chrétienne par conséquent, ce n'est pas l'offre et la demande, c'est la conscience, c'est-à-dire la loi civile, morale et religieuse.

Or cette triple loi a une règle absolue : tout homme qui vend à un autre, surtout les objets nécessaires à sa vie, au delà de la valeur du *travail utile* qu'ils résument, tant du producteur direct que de l'industriel, du transporteur et du détenteur, cet homme outrage la conscience et commet un délit. S'il mesure la valeur sur la nécessité pour le demandeur de sauver son existence, il commet un crime.

C'est ainsi que, de tout temps, l'usure a été qualifiée délit et crime avec justice ; car l'usurier mesure son prêt non pas à la valeur réelle du service rendu ni du travail utile qu'il représente, mais à la proportion et à l'urgence des besoins de l'emprunteur. Il prête cher au pauvre, même sur gage suffisant, et bon marché au riche ; il ne rend pas service, il exploite l'ignorance, la misère et la fatalité : donc l'offre et la demande ne règlent pas équitablement la valeur.

L'usure existe d'ailleurs pour les produits vendus comme pour l'argent prêté : pour les marchandises correspondant aux nécessités du travail qui fait vivre, aussi bien que pour les nécessités directes des aliments, des vêtements, des abris, le demandeur est à la merci du détenteur ; le capital constitue ainsi, entre les mains de celui qui le possède, le moyen tout-puissant, irrésistible, d'épuiser, d'anéantir, celui qui ne le possède pas, quand les lois civiles, quand la morale et la religion, quand la conscience publique, ne frappent

pas ces iniquités, ces violences du fort contre le faible, d'ana-
thème et de pénalités. Qui donc a le droit d'exiger ou de
recevoir, en toutes choses, une valeur plus grande que celle
de son travail utile fourni?

Dans les révolutions, et partout, là où la loi ne peut plus
contenir le capital homme, c'est le capital monnaie qui
tremble, qui est opprimé, qui est détruit, parce que, en
l'absence de l'organisation sociale et des lois protectrices
de la société, c'est le capital homme qui est cent fois plus
puissant que le capital monnaie; mais, sous une forte organisation sociale, c'est le capital monnaie qui cherche à
violenter, à épuiser le capital homme.

Que sera cette oppression, cette lutte injuste et odieuse
dont les principaux leviers sont la coalition des fonds et
l'accaparement, si à l'emploi des capitaux réels vient se
joindre la faculté de créer des valeurs fictives, c'est-à-dire
des papiers de circulation et de crédit? Le crédit, dans ce
sens, c'est le pouvoir donné à celui qui n'a rien produit
et ne possède rien de faire concurrence et échec à celui
qui a créé, par le travail, les valeurs qu'il possède.

Je dis cela parce que l'agriculture a besoin d'hommes,
parce que la viticulture surtout a besoin d'hommes, et que,
pour que les hommes se multiplient dans les campagnes, il
faut protéger, encourager la famille agricole, avant tout,
et par l'égalité devant la nécessité de vivre et par la recon-
naissance de sa valeur en face de la valeur d'un capital réel
ou fictif dont tous les efforts et tous les effets lui sont
opposés : en effet le capital, fiduciaire surtout, multiplie à
l'infini les intermédiaires, les parasites, qui, sans rien produire et sans travail utile correspondant, et n'ajoutant rien,
absolument rien, à la richesse publique, tirent, des produits

réels, des prix doubles et triples de ceux accordés au travail producteur. Exemple :

A l'automne de 1865, j'étais au Coudray, dans le beau jardin parc de M. du Bault, président du Comice agricole de Saumur, où des treilles et des ceps pliaient sous le poids de magnifiques grappes de chasselas doré ; ces fruits d'élite étaient vendus, les années précédentes, aux marchands de Paris, 5o à 6o centimes le kilogramme. Ces mêmes marchands coalisés en offraient 5 centimes cette année : *telle était l'offre*. Rentré à Paris, je fis chercher partout du chasselas pareil, et nulle part je ne pus en trouver à moins de 1 franc le kilogramme : *telle était la réponse à la demande ;* tel est l'effet de la concurrence, telles sont les conséquences de l'*usure* commerciale tolérée. En plus et en moins, du petit au grand, tous les produits du sol, de la terre et de la mer sont à peu près traités de même, grâce aux priviléges, aux immunités, aux tolérances, accordés à la superfétation commerciale, aux prétentions industrielles, aux entreprises financières.

FIN DU TOME DEUXIÈME.

TABLE DES MATIÈRES.

RÉGION DU CENTRE-SUD

OU RÉGION DES MASSIFS DES CÉVENNES ET DE L'AUVERGNE.

Pages.

DÉPARTEMENT DU TARN . . . .   1 à 22

Statistique viticole. — Sol. — Climat. — Mode de culture. — Plantation. — Taille. — Cépages. — Faut-il vendanger sur le vert ou attendre la parfaite maturité pour vendanger? — Cuvaison. — Cordes et ses cultures. — Vins d'Albi. — Castres. — Gaillac. — Appréciation des vins du Tarn. ,

DÉPARTEMENT DU LOT . . . .   23 à 42

Statistique viticole. — Sol. — Mode de culture. — Production moyenne. — Taille. — Vignes devenues *sauvages*. — Plantation de la vigne. — Cépages. — Qualité des vins; le chasselas, le rogomme. — Mode d'exploitation. — Vignes des cantons de Martel et de Vayrac.

DÉPARTEMENT DE L'AVEYRON . . . .   43 à 66

Différence de culture dans le Tarn et l'Aveyron. — Taille et liage. — Plantations dans les trois arrondissements de Villefranche, Rodez et Espalion. — Cépages. — Ébourgeonnage, *épointage*. — Cultures. — Vendanges. — Méthode pour faire de bons vins. — Mode d'exploitation : relations entre vignerons et propriétaires. — Sol. — Statistique viticole.

Pages.

DÉPARTEMENT DE LA LOZÈRE........................... 67 à 72

Statistique viticole. — Sol. — Climat. — Cépages. — Plantation, conduite, culture de la vigne. — Vendange. — Qualité des vins de la Lozère.

DÉPARTEMENT DE L'ARDÈCHE .... 73 à 98

Statistique viticole. — Productions de ce département. — Culture de la vigne. — Cépages. — Terrasses; leur culture. — Conduite de la vigne. — Taille. — Modes de plantation. — Disposition des boutures. — Dressage. — Ébourgeonnage. — Culture. — Mode d'exploitation. — Vendange; cuvaison. — Vignes de l'arrondissement de Tournon. — Provignage. — Culture. — Qualité des vins. — Sol.

DÉPARTEMENT DE LA HAUTE-LOIRE .'.................... 99 à 114

Statistique viticole. — Qualité des vins. — Cépages. — Vignettes de la Haute-Loire. — Ceps de vigne au Puy. — Climat; coulure. — Vignes de Brioude. — Rendement; mode de culture; provignage, dressage, taille, piochage, binage. — Modes de fumure. — Confection des vins. — Domaine d'Alleret. — Trois modes d'exploitation sont pratiqués dans l'arrondissement de Brioude.

DÉPARTEMENT DU CANTAL.......................... 115 à 118

Statistique viticole. — Vignes de Massiac. — Entretien avec M. Dupuy et M. d'Arnoux. — Productions.

DÉPARTEMENT DE LA CORRÈZE........................... 119 à 138

Statistique viticole. — Sol. — Climat. — Mode de culture dans le canton d'Argentat. — Vendange. — Confection des vins. — Qualité des vins. — Mode d'exploitation. — Culture à Beaulieu. — Cépages. — Oïdium à Beaulieu; moyen de le combattre. — Vendange. — Cuvaison. — Qualité des vins. — Mode d'exploitation. — Culture de la vigne à Brives. — Cépages de Brives et de ses environs. — Vins. — Exploitation. — Cultures à Meyssac. — Récolte moyenne. — Améliorations à faire.

DÉPARTEMENT DE LA HAUTE-VIENNE...................... 139 à 154

Étendue de la vigne dans la Haute-Vienne. — Vignes de l'arrondissement de Limoges : Verneuil, l'agnac. — Qualité des vins. — Vins de Bellac; causes de la faiblesse de ces vins. — Sol. — Productions. — Mode d'exploitation; métayage. — Considérations générales sur le mode d'exploitation. — Statistique. — Procédés de viticulture. — Plantation; taille. — Provignage. — Cultures de la terre. — Confection des vins. — Cultures à Bellac, à Magnac, dans la commune de Bussière-Boffy.

Département du Puy-de-Dôme......................... 155 à 194

Statistique viticole. — Rendement moyen. — Mode d'exploitation. — Qualité des vins. — Sol. — Plantation de la vigne. — Modes de plantation des boutures. — Provignage. — Taille. — Échalassage, palissage. — Arquet; vinouse. — Taille à branche à bois et à branche à fruit. — Épamprage. — Ébourgeonnage; émasidronage. — Nouage; chabannage. — Cultures. — Cépages. — Terrage; fumures. — Oïdium; brande; remède contre ces maladies. — Époque des vendanges. — Récoltes; foulage; égrappage. — Confection des vins. — Qualité des vins. — Aubière et ses cultures.

Résumé synthétique et analytique de la région du centre-sud.. 195 à 208

Statistique viticole. — Cultures; influence de la viticulture méridionale. — Taille. — Disposition des vignes. — Conduite. — Rendement moyen. — Qualité des vins. — Mode d'exploitation. — Le propriétaire et l'ouvrier rural. — Intervention de la machine dans la culture de la vigne. — Construction de métairies. — La France agricole; sa population.

RÉGION DE L'EST OU RÉGION DES RAMPES JURASSIQUES.

Département des Hautes-Alpes....................... 209 à 224

Statistique viticole. — Sol. — Famille agricole; fortune territoriale. — Cépages. — Culture de la vigne. — Plantation; provignage. — Roches schisteuses. — Mode d'exploitation. — Taille.

Département de la Drôme.......................... 225 à 244

Statistique viticole. — Climat. — Sol. — Cépage spécial : la petite syra. — Méthode de culture de Tournon. — Plantation; provignage. — Taille. — Cultures. — Vendange. — Confection des vins. — Qualité. — Taille dans le canton de Tain. — Cultures des vignes à Crest. — Confection des vins dans l'arrondissement de Montélimar.

Département de l'Isère............................ 245 à 276

Statistique viticole. — Sol. — Climat. — Cépages. — Cultures dans l'arrondissement de Grenoble. — Plantation; quatre modes différents

Pags.

de viticulture.— Taille. — Ébourgeonnage. — Provignage. — Vignes
en lisses basses et taille qu'on leur donne. — Vignes en treilles hautes.
·— Vendanges. — Qualité des vins. — Conduite des vignes basses et
pleines, en coteau, dans l'arrondissement de Saint-Marcellin. — Vignes
en lisses basses.—Cépages.--- Qualité des vins. — Culture des vignes
dans l'arrondissement de Vienne. — Rendement moyen. — Cépages. —
Vendanges. — Confection des vins. — Viticulture de l'arrondissement
de la Tour-du-Pin. — Mode d'exploitation des vignes dans l'Isère.

DÉPARTEMENT DE LA SAVOIE. . . . . 277 à 298

    Statistique viticole. — Sol. — Disposition générale des vignes. —
Plantation. — Provignage. — Taille. — Conduite. — Vignes en espaliers, en treilles, en lignes de jouelles, en haies. — Cépages.— Qualité
des vins. — Vendange; confection des vins. — Mode d'exploitation.

DÉPARTEMENT DE LA HAUTE-SAVOIE. . . . . 299 à 342

    Statistique viticole. — Sol. — Cultures en crosses d'Evian. —
Avantages des cultures à grande arborescence. — Rendement moyen
des vignes en crosses. — Plantation.— Taille. — Dressement des ceps
sur crosse.— Mode de culture des vignes basses à Évian. — Confection
des vins. — Méthode Cazenave modifiée à la manière d'Évian; ses
avantages. — Cépages. — Viticulture à Annecy. — Vignes de l'arrondissement de Bonneville. — Cultures de Saint-Julien. — Mode d'exploitation des vignes de Thonon.

DÉPARTEMENT DE L'AIN. . . . . 343 à 368

    Statistique viticole. — Sol. — Climat. — Modes de culture dans
l'arrondissement de Belley. — Taille. — Qualité des vins. — Récolte
moyenne. — Vignes d'Ambérieux. — Cépages. — Vignobles du Revermont; cultures de Treffort, de Ceyzériat. — Cépages principaux :
le mescle et le chétuan. — Plantation. — Taille. — Mode d'exploitation. — Viticulture à Montluel.

DÉPARTEMENT DU JURA. . . . . 369 à 392

    Statistique viticole. — Préparation du sol. — Plantation. — Sol. --
Provignage. — Conduite de la vigne en courgées; avantages et inconvénients de cette méthode. — Ébourgeonnage. — Cépages. — Cultures
de la terre. — Récoltes moyennes. --- Vendanges. — Confection des
vins. — Mode d'exploitation.

Pages.

Département du Doubs............................... 393 à 414

Statistique viticole. — Sol. — Climat. — Cépages. — Taille. —
Disposition des vignes. — Plantation. — Semis de nœuds de sarments.
— Provignage. — Moyenne récolte. — Confection des vins. — Qualité. — Mode d'exploitation. — Vignobles de Miserey, de Quingey,
d'Ornans, de Baume-les-Dames.

Département de la Haute-Saône....................... 415 à 430

Statistique viticole. — Sol. — Climat. — Culture des vignes à
Champlitte. — Provignage. — Taille. — Ébourgeonnage. — Vendanges. — Confection des vins. — Vignes du canton de Gy. — Vignobles des environs de Vesoul. — Méthode de culture. — Taille. —
Cépages. — Vendanges. — Qualité des vins. — Mode d'exploitation.

Résumé synthétique et analytique de la région de l'est...... 431 à 438

Statistique viticole. — Sol. — Climat. — Cépages. — Mode de
plantation. — Taille. — Conduite. — Proportion des vignes relativement aux autres cultures. — Rôle économique de la vigne.

RÉGION DE L'OUEST OU RÉGION DE LA CHARENTE

ET DU BASSIN INFÉRIEUR DE LA LOIRE.

Département de la Charente....................... 439 à 468

Production viticole. — Statistique. — Sol. — Climat. — Plantation. — Taille. — Trois dispositions de la vigne : vignes pleines, vignes
en allées et vignes à bœufs. — Déchaussage ; ébourgeonnage ; terrage.
— Moyennes récoltes. — Cépages. — Vendanges. — Confection des
vins. — Distillation. — Mode d'exploitation.

Département de la Charente-Inférieure................. 469 à 500

Statistique viticole. — Sol et plantation. — Espacement des ceps.
— Conduite et taille. — Épamprages. — Cépages. — Palissages. —
Remplacement des ceps. — Assolement. — Rajeunissement. — Cul-
ture. — Engrais. — Vendanges. — Fermentation. — Caves et chais.
— Vaisseaux vinaires. — Distillation. — Emploi des marcs. —
Maladies.

Département de la Vendée......................... 501 à 516

Aspect général des campagnes de la Vendée. — Sol. — Climat. —

Pages.

Cépages. — Statistique viticole. — Plantation. — Taille. — Cultures données à la terre. — Fumure. — Vendange et vinification.

DÉPARTEMENT DES DEUX-SÈVRES.......................... 517 à 538

Statistique viticole. — Sol. — Climat. — Méthodes de culture. — Taille. — Ébourgeonnement. — Cépages. — Récolte moyenne. — Vendanges.—Confection des vins.— Mode d'exploitation.— Vignobles de Thouars, d'Argenton, d'Airvault.— Différence d'exploitation entre la Haute-Vienne et les Deux-Sèvres.

DÉPARTEMENT DE LA VIENNE............................ 539 à 560

Statistique viticole. — Sol. — Climat. — Plantation. — Taille. — Cépages. — Cultures données à la terre. — Mode d'exploitation. — Vendanges et vinification. — Fabrique de vinaigres à Neuville.

DÉPARTEMENT DE L'INDRE.................... .... 561 à 586

Statistique viticole. — Sol. — Climat. — Cépages. — Plantation. — Taille. — Ébourgeonnement. — Vendanges et vinification. — Qualité des vins.— Mode d'exploitation.— Vue générale sur l'état de la viticulture.

DÉPARTEMENT DE LA LOIRE-INFÉRIEURE.................... 587 à 606

Statistique viticole.— Cépages principaux.— Rendement moyen.— Sol. — Climat. — Vignes de Saint-Brévin, du Loroux-Bottereau, de la Chapelle-Heulin, de Gorges, de Brains, de Bouguenais, d'Ingrandes, d'Ancenis, de Varades. — Qualité des vins.

DÉPARTEMENT DE MAINE-ET-LOIRE....................... 607 à 642

Statistique viticole. — Sol. — Climat. — Cépages. — Méthode de culture à Angers et à Saumur. — Vignes rouges et vignes blanches.— Ébourgeonnement. — Taille. — Palissages. — Enfolie. — Replantation. — Façons données à la vigne. — Vendanges. — Vinification.

DÉPARTEMENT D'INDRE-ET-LOIRE .... 643 à 682

Coup d'œil général sur la Touraine. — Statistique viticole. — Sol. — Climat. — Plantation. — Dressement. — Taille. — Palissage. — Entretien des vignes. — Cultures données à la vigne. — Vendanges. — Confection des vins. — Vignobles de Saint-Règle, de Nitray, de Saint-Avertin, de Vernou, de Saint-Cyr sur-Loire, de Monts, de Villandry, de Paviers, d'Esvres. — Théorie sur la famille rurale.

Pages:

Département de Loir-et-Cher........................ 683 à 724

Statistique viticole. — Sol. — Climat. — Méthodes de culture. — Plantation. — Cépages. — Taille et conduite des vignes. — Épamprage. — Cultures données à la terre. — Fumures. — Mode d'exploitation. — Vendanges. — Vinification. — Vignes de Montrichard, de Saint-Georges, de Chissay, de Montlivault, de Cheverny, de Romorantin. — Vignobles de l'arrondissement de Vendôme.

Résumé synthétique et analytique de la région de l'ouest..... 725 à 732

Statistique et rôle économique de la vigne. — Cépages. — Eaux-de-vie. — Observations communes à tous les départements. — L'homme et le capital.

Printed in the USA
CPSIA information can be obtained
at www.ICGtesting.com
LVHW010316140124
768648LV00015B/930

9 781018 445311